2024 개정판 박문각  숨에 끝

SERIES

단끝

단끝
전기기능사

필기 핵심이론 + 기출문제

최근 5년 CBT 복원 기출문제(2019~2023) 수록

정용걸 편저

단숨에 끝내는
핵심이론

CBT 복원
기출문제

제2판

전기분야
최다 조회수
100만 뷰

박문각

PREFACE
이 책의 **머리말**

전기는 오늘날 모든 분야에서 경제 발달의 원동력이 되고 있습니다. 특히 컴퓨터와 반도체 기술 등의 발전과 동시에 전기를 이용하는 기술이 진보함에 따라 정보화 사회, 고도산업 사회가 진전될수록 전기는 인류문화를 창조해 나가는 주역으로 그 중요성을 더해 가고 있습니다.

전기는 우리의 일상생활에 있어서도 쓰이지 않는 곳을 찾아보기 힘들 정도로 생활과 밀접한 관계가 있고, 국민의 생명과 재산을 보호하는 데에도 보이지 않는 곳에서 큰 역할을 하고 있습니다. 한마디로 현대사회에 있어 전기는 우리의 생활에서 의·식·주와 같은 필수적인 존재가 되었고, 앞으로 그 쓰임새는 더욱 많아질 것이 확실합니다.

이러한 시대의 흐름과 더불어 전기분야에 대한 관심은 매우 높아졌지만, 쉽게 입문하는 것에 대한 두려움이 함께 존재하는 것도 사실입니다. 이는 초보자에게는 전기가 이해하기 쉽지 않은 난해한 학문이라는 사실 때문입니다.

이 책은 전기 분야에 처음 입문하려는 초보자들을 고려하여, 전기기능사 시험과목 중 제일 어려운 과목의 기초인 초보이론을 제0과목으로 교재 앞에 수록을 하였고, 초보이론의 동영상을 수강할 수 있습니다. 초보전기Ⅰ: 초보이론 동영상을 보시면 쉽고 빠르게 전기에 대한 지식을 쌓고 자격증 취득에 도전할 수 있도록 하였습니다.

제0과목 초보이론, 제1과목 전기이론, 제2과목 전기기기, 제3과목 전기설비로 Chapter를 구성하여 사전 지식이 없더라도 체계적으로 혼자 공부할 수 있도록 하였으며, 출제예상문제를 각 Chapter마다 분리하고 수록하여 수험생들이 더 쉽게 이해할 수 있도록 하였습니다.

아무쪼록 이 책을 통하여 수험생들이 전기기능사 합격의 기쁨을 누릴 수 있기를 바라며, 전기계열의 종사자로써 이 사회의 훌륭한 전기인이 되기를 기원합니다.

저자 정용걸

동영상 교육사이트

무지개평생교육원 http://www.mukoom.com
유튜브채널 '전기왕정원장'

■ **시행처** : 한국산업인력공단

■ **검정기준**

등급	검정기준
기사	해당 국가기술자격의 종목에 관한 공학적 기술이론 지식을 가지고 설계 · 시공 · 분석 등의 업무를 수행할 수 있는 능력 보유
산업기사	해당 국가기술자격의 종목에 관한 기술기초이론 지식 또는 숙련기능을 바탕으로 복합적인 기초기술 및 기능업무를 수행할 수 있는 능력 보유
기능사	해당 국가기술자격의 종목에 관한 숙련기능을 가지고 제작 · 제조 · 조작 · 운전 · 보수 · 정비 · 채취 · 검사 또는 작업관리 및 이에 관련되는 업무를 수행할 수 있는 능력 보유

■ **시험과목, 검정방법, 합격기준**

구분		시험과목	검정방법	합격기준
전기기사	필기	• 전기자기학 • 전력공학 • 전기기기 • 회로이론 및 제어공학 • 전기설비기술기준	객관식 4지 택일형, 과목당 20문항 (과목당 30분)	과목당 40점 이상, 전과목 평균 60점 이상 (100점 만점 기준)
	실기	전기설비 설계 및 관리	필답형 (2시간 30분)	60점 이상 (100점 만점 기준)
전기 산업기사	필기	• 전기자기학 • 전력공학 • 전기기기 • 회로이론 • 전기설비기술기준	객관식 4지 택일형, 과목당 20문항 (과목당 30분)	과목당 40점 이상, 전과목 평균 60점 이상 (100점 만점 기준)
	실기	전기설비 설계 및 관리	필답형(2시간)	60점 이상 (100점 만점 기준)
전기 기능사	필기	전기이론 전기기기 전기설비	객관식 4지택일형 (60문항)	60점 이상 (100점 만점 기준)
	실기	전기설비작업	작업형 (5시간 정도, 전기설비작업)	60점 이상 (100점 만점 기준)

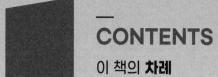

CONTENTS
이 책의 **차례**

제2과목

전기기기

핵심이론편

CONTENTS
이 책의 **차례**

제3과목

전기설비

핵심이론편

CONTENTS
이 책의 **차례**

전기기초

01 전기의 기초

(1) 옴의 법칙

① 전류

$$I = \frac{V}{R}\,[\text{A}] \quad V = I \cdot R \quad R = \frac{V}{I}$$

여기서, V : 전압[V], I : 전류[A], $R = \left(\rho \frac{l}{A} \right)$: 저항

수관(배관) 물의 흐름 = 수류   전선 : 전류의 흐름 = 전류

배관의 굵기가 가늘면 수류   전선의 굵기가 가늘면 전류
가 적고 저항이 크다.   가 적고 전기 저항이 크다.

배관의 굵기가 크면 수류가   전선의 굵기가 크면 전류
많고 저항이 작다.   가 크고 전기 저항이 작다.

② 전압(수압), 물(수류)

배관이 가늘어서 물의 저항이 크다.
수압이 크면 물의 수량이 크다.

배관이 굵어서 물의 저항이 작다.
수압이 작으면 물의 수량이 작다.

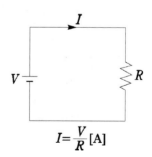

$$I = \frac{V}{R}\,[\text{A}]$$

(2) 전압원의 직렬 연결과 병렬 연결

① 직렬 연결

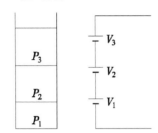

수압 : $P = P_1 + P_2 + P_3$

전압 : $V = V_1 + V_2 + V_3$

② 병렬 연결

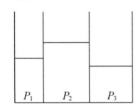 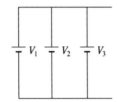

수압 : $P = P_1 = P_2 = P_3$

전압 : $V = V_1 = V_2 = V_3$

(3) 저항(배관)의 직렬 연결과 병렬 연결

① 배관의 직렬 연결 : 수류일정   ② 저항의 직렬 연결 : 전류일정

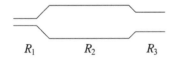 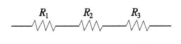

③ 배관의 병렬 연결 : 수압일정   ④ 저항의 병렬 연결 : 전압일정

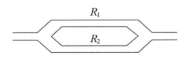 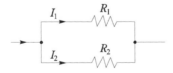

배관의 병렬 연결에서 물(수류)   저항의 병렬 연결에서 전류가
이 나누어 흐른다.   나누어 흐른다.

(4) 총정리

① 저항의 직렬 연결(전류일정 : 전압분배)

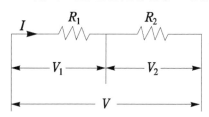

$$\left(I = \frac{V}{R} = \frac{V}{R_1 + R_2}[\text{A}]\right)$$

$$V_1 = \frac{R_1}{R_1 + R_2} \times V$$

$$V_2 = \frac{R_2}{R_1 + R_2} \times V$$

② 저항의 병렬 연결(전압일정 : 전류분배)

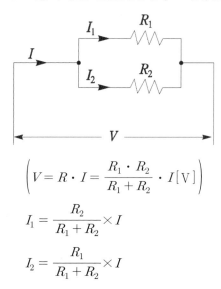

$$\left(V = R \cdot I = \frac{R_1 \cdot R_2}{R_1 + R_2} \cdot I[\text{V}]\right)$$

$$I_1 = \frac{R_2}{R_1 + R_2} \times I$$

$$I_2 = \frac{R_1}{R_1 + R_2} \times I$$

01

저항 $R_1[\Omega]$과 $R_2[\Omega]$을 직렬로 연결하고 $V[V]$의 전압을 가할 때 저항 R_1 양단의 전압은?

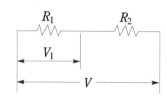

① $\dfrac{R_1}{R_1 + R_2} V$ ② $\dfrac{R_1 R_2}{R_1 + R_2} V$

③ $\dfrac{R_2}{R_1 + R_2} V$ ④ $\dfrac{R_1 + R_2}{R_1 R_2} V$

해설

- $I = \dfrac{V}{R_T} = \dfrac{V}{R_1 + R_2}[V]$

- $V_1 = IR_1 = \dfrac{R_1}{R_1 + R_2} V[V]$

02

8$[\Omega]$, 6$[\Omega]$, 11$[\Omega]$의 저항 3개가 직렬로 접속된 회로에 4[A]의 전류가 흐르면 가해준 전압은 몇 [V]인가?

① 60   ② 80
③ 100   ④ 120

해설

합성저항 $R_0 = 8 + 6 + 11 = 25[\Omega]$
$V = IR_0 = 4 \times 25 = 100[V]$

03

120$[\Omega]$의 저항 4개를 접속하여 얻을 수 있는 가장 작은 값은?

① 30$[\Omega]$ ② 50$[\Omega]$
③ 12$[\Omega]$ ④ 420$[\Omega]$

해설

① 모두 직렬 접속 시 가장 큰 저항값을 얻는다.
$R_0 = NR = 4 \times 120 = 480[\Omega]$
② 모두 병렬 접속 시 가장 작은 저항값을 얻는다.
$R_0 = \dfrac{R}{N} = \dfrac{120}{4} = 30[\Omega]$

04

그림과 같은 회로에서 4$[\Omega]$에 흐르는 전류[A]는?

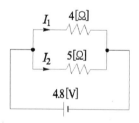

① 0.8[A]   ② 1.0[A]
③ 1.2[A]   ④ 2.0[A]

해설

병렬 연결에서 전압 일정 $I = \dfrac{V}{R}$에서 4[A]에 흐르는 전류
$I_1 = \dfrac{4.8}{4} = 1.2[A]$

정답 01 ① 02 ③ 03 ① 04 ③

05

그림의 회로에서 I_1[A]는?

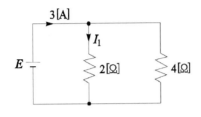

① 4   ② 3

③ 2   ④ 1

해설

$$I_1 = \frac{R_2}{R_1 + R_2} \times I = \frac{4}{2+4} \times 3 = 2[A]$$

06

그림에서 전류 I_1[A]는?

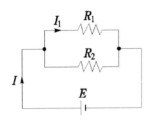

① $I + I_2$ ② $\dfrac{R_2}{R_1 + R_2} I$

③ $\dfrac{R_1}{R_1 + R_2} I$ ④ $\dfrac{R_1 + R_2}{R_2} I$

해설

$$I_1 = \frac{R_2}{R_1 + R_2} \cdot I[A]$$

$$I_2 = \frac{R_1}{R_1 + R_2} \cdot I[A]$$

병렬회로의 전류 분배는 각 저항에 반비례한다.

07

10[Ω]과 15[Ω]의 병렬회로에서 10[Ω]에 흐르는 전류가 3[A]이라면 전체 전류[A]는?

① 2   ② 3

③ 4   ④ 5

해설

저항 10[Ω]에 흐르는 전압 $V_{10} = IR = 3 \times 10 = 30[V]$
병렬회로이므로 저항 15[Ω]에도 30[V]가 인가된다.

$$I_{15} = \frac{V}{R} = \frac{30}{15} = 2[A]$$

$$\therefore I_0 = I_{10} + I_{15} = 3 + 2 = 5[A]$$

[별해]

$$I_1 = \frac{R_2}{R_1 + R_2} \times I \text{에서} \quad I = \frac{R_1 + R_2}{R_2} \times I_1 = \frac{10+15}{15} \times 3 = 5[A]$$

02
CHAPTER

용어

(1) 전기도체(electric conductor)

전기도체는 자유전자가 많아서 아주 작은 외부 전압으로도 전류의 흐름이 용이한 물질을 말한다.

(2) 반도체(semiconductor)

반도체는 Ge, Si, Se 등과 같은 물질로써 전기도체에 비해 비교적 자유전자수가 적으므로 전류를 흘리는 능력이 떨어지는 물체를 말한다.

(3) 부도체(insulator)

부도체는 자유전자의 수가 매우 적어 거의 전류가 흐르지 않은 물질로써 일명 절연체(insulator)라고도 하며 주로 고무, 플라스틱, 유리 등의 재료로써 전기절연을 목적으로 사용된다.

(4) 전하량(전기량) : $Q = ne = It = CV[\text{C}]$

전하량 : 전하가 갖는 전기의 총량

전자가 갖는 총 전하량 $Q = $ 전자의 개수 $\times -1.602 \times 10^{-19}[\text{C}]$

(5) 전류(Current) : $I = \dfrac{V}{R} = \dfrac{Q}{t}[\text{A}]$

① 전류 : 단위 시간 동안에 도체 회로의 한 단면을 통과하는 전하량

② 도체의 어느 단면을 $Q[\text{C}]$의 전하가 t초 동안에 이동되었다면 전류 I는 다음 식으로 나타낸다.

$$I = \frac{Q}{t}[\text{A}]$$

③ 이동하는 전하량이 시간에 따라 변화한다면 전류도 시간에 따라 변화하므로 $dt[\text{s}]$ 시간 동안에 전하량이 $dq(C)$만큼 변화되었다면 전류 $i(t)$는

$$i(t) = \frac{dq}{dt}[\text{A}]$$

(6) 전압 (Voltage) : V[V]

① 전압 : 두 점 간의 에너지 차

② $V = \dfrac{W[\mathrm{J}]}{Q[\mathrm{C}]}[\mathrm{V}]$ 또는 $W = QV[\mathrm{J}]$

즉, 1[C]의 전하를 한 곳에서 다른 곳으로 이동시키는 데 1[J]의
에너지가 소모되었다면 두 점 간의 전압(전위차)은 1[V]가 된다.

(7) 전력

① 전력 : 일을 하기 위해 사용된 에너지를 전기적으로 표현한 것으
로서 단위시간 동안에 사용된 전기에너지의 양으로 정의한다.

② 도선에 흐르는 전류가 $t(s)$ 동안에 W[J]의 일을 행하였다면 전
력 P[W]는 다음 식으로 표현된다.

$$P = \frac{W}{t} = VI = I^2 R = \frac{V^2}{R}\ [\mathrm{W}]$$

(8) 전력량

전력을 일정시간 사용하였을 때의 총 사용 에너지(energy)

$$W = P \cdot t = VI \cdot t = I^2 R t = \frac{V^2}{R} t[\mathrm{J}]$$

(9) 열량

$$H = 0.24\,W = 0.24\,VIt = 0.24 I^2 R t = 0.24 \frac{V^2}{R} t[\mathrm{cal}]$$

출제예상문제

01

1[Ah]는 몇 [C]인가?

① 60   ② 120
③ 3,600   ④ 7,200

해설

$Q = I \cdot t [A \cdot sec] = [C]$

$Q = 1[A] \times 3,600[sec] = 3,600[C]$

02

어떤 도체를 t초 동안에 $Q[C]$의 전기량이 이동하면 이때 흐르는 전류 I는?

① $I = Q \cdot t$ ② $I = \dfrac{1}{Qt}$

③ $I = \dfrac{t}{Q}$ ④ $I = \dfrac{Q}{t}$

해설

$Q = I \cdot t$에서 $I = \dfrac{Q}{t}[c/s] = [A]$

03

어떤 도체의 단면을 30분 동안에 5,400[C]의 전기량의 이동했다고 하면 전류의 크기는 몇 [A]인가?

① 1   ② 2
③ 3   ④ 4

해설

$I = \dfrac{Q}{t} = \dfrac{5,400}{30 \times 60} = 3[A]$

04

50[V]를 가하여 30[C]을 3초 걸려서 이동시켰다. 이때의 전력은?

① 1.5[kW]   ② 1[kW]
③ 0.5[kW]   ④ 0.498[kW]

해설

전력 $P = VI = V \times \dfrac{Q}{t} = 50 \times \dfrac{30}{3} = 500[W] = 0.5[kW]$

05

10[kΩ] 저항의 허용 전력은 10[kW]라 한다. 이때의 허용 전류는 몇 [A]인가?

① 100   ② 10
③ 1   ④ 0.1

해설

$P = I^2 R[W]$

$\therefore I = \sqrt{\dfrac{P}{R}} = \sqrt{\dfrac{10 \times 10^3}{10 \times 10^3}} = 1[A]$

06

20[A]의 전류를 흘렸을 때의 전력이 60[W]인 저항이 30[A]를 흘렸을 때의 전력[W]은 얼마인가?

① 80[W]   ② 90[W]
③ 120[W]   ④ 135[W]

해설

$P = I^2 R[W]$에서, 저항 $R = \dfrac{P}{I^2} = \dfrac{60}{20^2} = 0.15[Ω]$

0.15[Ω]의 저항에 30[A]의 전류를 흘리면 전력은
$P = I^2 R = 30^2 \times 0.15 = 135[W]$

정답 01 ③ 02 ④ 03 ③ 04 ③ 05 ③ 06 ④

07

1[W]와 같은 것은?

① 1[J]
② 1[J/sec]
③ 1[cal]
④ 1[cal/sec]

해설

1[W] = 1[J/sec]

08

1[J]과 같은 것은 다음 중 어느 것인가?

① 1[cal]
② 1[W · sec]
③ 1[kg · m]
④ 1[N · m]

해설

- 전력의 단위는 [J/s] 또는 [W],
  전력량의 단위는 [W] × 시간[s]
- [J/s] × [s] = [J] 또는 [W] × [s] = [W · s]
  ∴ 1[J] = 1[W · s]

09

1[J]은 몇 [cal]인가?

① 860
② 0.00024
③ 4.18605
④ 0.24

해설

1[cal] = 4.186[J], 1[J] = 0.24[cal], 1[kWh] = 860[kcal]

10

줄(Joule)의 법칙에서 발열량 계산식을 옳게 표시한 것은 어느 것인가? (단, I : 전류[A], R : 저항[Ω], t : 시간[sec]이다.)

① $H = 0.24I^2R$
② $H = 0.024I^2Rt$
③ $H = 0.024I^2R^2$
④ $H = 0.24I^2Rt$

해설

$H = 0.24I^2Rt[cal]$

11

100[V]의 전압에서 5[A]의 전류가 흐르는 전기 다리미를 1시간 사용했을 때 발생되는 열량[kcal]은?

① 약 260
② 약 430
③ 약 860
④ 약 940

해설

$H = 0.24I^2Rt = 0.24VIt = 0.24 \times 100 \times 5 \times 3600 \times 10^{-3}$
$= 432[kcal]$

12

어떤 저항에 100[V]의 전압을 가하였더니 3[A]의 전류가 흐르고 360[cal]의 열량이 생겼다. 전류가 흐른 시간은 몇 초인가?

① 5초
② 10초
③ 6.5초
④ 13초

해설

$H = 0.24Pt = 0.24VIt[cal]$
$\therefore t = \dfrac{H}{0.24VI} = \dfrac{360}{0.24 \times 100 \times 3} = 5[sec]$

13

전류의 열작용과 관계가 있는 것은 어느 것인가?

① 키르히호프의 법칙
② 줄의 법칙
③ 플레밍의 법칙
④ 전류의 옴의 법칙

해설

저항 $R[Ω]$에서 전류 $I[A]$의 전류를 $t[sec]$동안 흘렸을 때 발생한 열을 줄열이라고 한다.
$H = I^2Rt[J]$

정답 07 ② 08 ② 09 ④ 10 ④ 11 ② 12 ① 13 ②

03 CHAPTER
교류 기초 정리

(1) R만의 회로

$Z = R = R \angle 0° [\Omega]$

$Y = \dfrac{1}{Z} = \dfrac{1}{R} [\text{V}]$ ($\dfrac{1}{R} = G$: 컨덕턴스)

$v = i \cdot R$ $(V = I \cdot R) [\text{V}]$

$i = \dfrac{v}{R}$ $\left(I = \dfrac{V}{R} \right) [\text{A}]$

$W = p \cdot t = VIt = I^2 Rt = \dfrac{V^2}{R} t [\text{J}]$

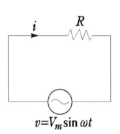

(2) L만의 회로

$Z = j\omega L = \omega L \angle 90° [\Omega]$

　($X_L [\Omega]$: 유도성 리액턴스)

$Y = \dfrac{1}{Z} = \dfrac{1}{j\omega L} = -j\dfrac{1}{\omega L} = -jB [\text{℧}]$

　(B : 유도 서셉턴스)

$v = L \dfrac{di}{dt} [\text{V}]$ 　　　$i = \dfrac{1}{L} \displaystyle\int v\, dt [\text{A}]$

자기 축적에너지 $W = \dfrac{1}{2} LI^2 [\text{J}]$

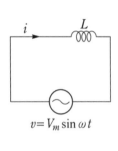

(3) C만의 회로

$Z = \dfrac{1}{j\omega C} = -j\dfrac{1}{\omega C} = \dfrac{1}{\omega C} \angle -90° [\Omega]$

　($X_C [\Omega]$: 용량성 리액턴스)

$Y = \dfrac{1}{Z} = j\omega C = jB [\text{℧}]$

　(B : 용량 서셉턴스)

$v = \dfrac{1}{C} \displaystyle\int i\, dt [\text{V}]$ 　　　$i = C \dfrac{dv}{dt} [\text{A}]$

정전에너지 : $W = \dfrac{1}{2} CV^2 [\text{J}]$

(ω : 각주파수 · 각속도)

　$\omega = 2\pi f \ [\text{rad/s}]$

　$T = \dfrac{1}{f} \ [\text{sec}]$

　($f[Hz]$: 주파수, $T = \dfrac{1}{f} [\text{sec}]$: 주기)

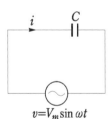

01

50[Hz]의 각속도[rad/sec]는?

① 860 ② 314
③ 277 ④ 155

해설

각속도 $\omega = 2\pi f$[rad/sec]

$\omega = 2\pi \times 50 = 100\pi = 314$[rad/sec]($\because \pi = 3.14$)

02

$e = 100\sin\left(377t - \dfrac{\pi}{6}\right)$[V]인 파형의 주파수는 몇 [Hz]인가?

① 50 ② 60
③ 90 ④ 100

해설

각속도 $\omega = 2\pi f$[rad/sec], $\omega = 377$

$f = \dfrac{\omega}{2\pi} = \dfrac{377}{2\pi} = 60$[Hz]

03

용량 리액턴스와 반비례하는 것은?

① 주파수 ② 저항
③ 임피던스 ④ 전압

해설

용량 리액턴스 $X_c = \dfrac{1}{\omega C} = \dfrac{1}{2\pi fC}$[Ω], 즉 용량 리액턴스와 주파수는 반비례한다.

04

주파수 1[MHz], 리액턴스 150[Ω]인 회로의 인덕턴스는 몇 [μH]인가?

① 24 ② 20
③ 10 ④ 5

해설

$X_L = \omega L = 2\pi fL$

$L = \dfrac{X_L}{2\pi f} = \dfrac{150}{2\pi \times 1 \times 10^6} = 23.87 \times 10^{-6}$[H] ≒ 23.87[μF]

05

콘덴서의 정전용량이 10[μF]의 60[Hz]에 대한 용량 리액턴스[Ω]는?

① 164 ② 209
③ 265 ④ 377

해설

용량 리액턴스

$X_c = \dfrac{1}{\omega C} = \dfrac{1}{2\pi fC} = \dfrac{1}{2 \times \pi \times 60 \times 10 \times 10^{-6}} = 265$[Ω]

06

100[mH]의 인덕턴스를 가진 회로에 50[Hz], 1000[V]의 교류 전압을 인가할 때 흐르는 전류[A]는?

① 0.00318 ② 0.0318
③ 0.318 ④ 31.8

해설

$X_L = 2\pi fL$[Ω]

$I = \dfrac{V}{X_L} = \dfrac{V}{2\pi fL} = \dfrac{1{,}000}{2 \times 3.14 \times 50 \times 100 \times 10^{-3}} = 31.8$[A]가 된다.

정답 01 ② 02 ② 03 ① 04 ① 05 ③ 06 ④

07

5[μF]의 콘덴서를 1,000[V]로 충전하면 축적되는 에너지는 몇[J]인가?

① 2.5　　　　　　② 4

③ 1　　　　　　　④ 10

해설

축적되는 에너지 $W = \dfrac{1}{2}CV^2$

$W = \dfrac{1}{2} \times 5 \times 10^{-6} \times 1,000^2 = 2.5[J]$

08

백열전구를 점등했을 경우 전압과 전류의 위상 관계는?

① 전류가 90° 앞선다.
② 전류가 90° 뒤진다.
③ 전류가 45° 앞선다.
④ 위상이 같다.

해설

백열전구의 경우 저항만 존재하므로 전압과 전류의 위상차가 없다.

09

L만의 회로에서 전압, 전류의 위상 관계는?

① 전류가 전압보다 90° 앞선다.
② 동상이다.
③ 전압이 전류보다 90° 뒤진다.
④ 전압이 전류보다 90° 앞선다.

해설

L만의 회로에서는 전압이 전류보다 90° 앞선다.

10

C만의 회로에서 전압, 전류의 위상 관계는?

① 동상이다.
② 전압이 전류보다 90° 앞선다.
③ 전압이 전류보다 90° 뒤진다.
④ 전류가 전압보다 90° 뒤진다.

해설

C만의 회로에서는 전류가 전압보다 90° 앞선다(전압이 전류보다 90° 뒤진다).

정답 07 ①　08 ④　09 ④　10 ③

저항

저항 : 전류의 흐름을 방해하는 전기적인 양을 말한다.

MKS 단위로는 옴(Ohm 기호[Ω])을 사용한다.

$$R = \frac{V}{I}\,[\Omega], \qquad G = \frac{1}{R}\,[\mho][s]$$

(1) 옴의 법칙(Ohm's law)

"전류는 전압에 비례하고 저항에 반비례한다"는 것이 옴의 법칙으로서, 전압(V), 전류(I), 저항(R)의 관계는 다음 식으로 된다.

$$I = \frac{V}{R}$$

(2) 저항의 접속

① 직렬 연결(전류 일정, 전압 분배)

$$R_0 = R_1 + R_2$$

$$I = \frac{V}{R_0} = \frac{V}{R_1 + R_2}\,[A]$$

$$V_1 = R_1 \cdot I = \frac{R_1}{R_1 + R_2}\,V\,[V]$$

$$V_2 = R_2 \cdot I = \frac{R_2}{R_1 + R_2}\,V\,[V]$$

② 병렬 연결(전압 일정, 전류 분배)

$$R_0 = \frac{R_1 \cdot R_2}{R_1 + R_2}$$

$$V = I \cdot R_0 = I \cdot \frac{R_1 \cdot R_2}{R_1 + R_2}$$

$$I_1 = \frac{V}{R_1} = \frac{1}{R_1} \cdot \frac{R_1 \cdot R_2}{R_1 + R_2}\,I = \frac{R_2}{R_1 + R_2}\,I\,[A]$$

$$I_2 = \frac{V}{R_2} = \frac{1}{R_2} \cdot \frac{R_1 \cdot R_2}{R_1 + R_2}\,I = \frac{R_1}{R_1 + R_2}\,I\,[A]$$

(3) 컨덕턴스의 접속

① 직렬

$$G = \frac{G_1 \cdot G_2}{G_1 + G_2}$$

$$V_1 = \frac{G_2}{G_1 + G_2} V\,[\text{V}]$$

$$V_2 = \frac{G_1}{G_1 + G_2} V\,[\text{V}]$$

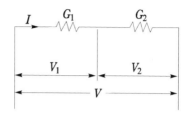

② 병렬

$$G_0 = G_1 + G_2$$

$$I_1 = \frac{G_1}{G_1 + G_2} I\,[\text{A}]$$

$$I_2 = \frac{G_2}{G_1 + G_2} I\,[\text{A}]$$

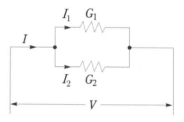

04

CHAPTER

출제예상문제

01

저항 $R_1[\Omega]$과 $R_2[\Omega]$을 직렬로 연결하고 $V[V]$의 전압을 가할 때 저항 R_1 양단의 전압은?

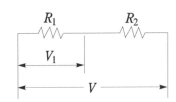

① $\dfrac{R_1}{R_1+R_2}V$ ② $\dfrac{R_1 R_2}{R_1+R_2}V$

③ $\dfrac{R_2}{R_1+R_2}V$ ④ $\dfrac{R_1+R_2}{R_1 R_2}V$

해설

- $I = \dfrac{V}{R_T} = \dfrac{V}{R_1+R_2}[V]$

- $V_1 = IR_1 = \dfrac{R_1}{R_1+R_2}V[V]$

02

8[Ω], 6[Ω], 11[Ω]의 저항 3개가 직렬로 접속된 회로에 4[A]의 전류가 흐르면 가해준 전압은 몇 [V]인가?

① 60 ② 80

③ 100 ④ 120

해설

합성저항 $R_0 = 8+6+11 = 25[\Omega]$

$V = IR_0 = 4 \times 25 = 100[V]$

03

120[Ω]의 저항 4개를 접속하여 얻을 수 있는 가장 작은 값은?

① 30[Ω] ② 50[Ω]

③ 12[Ω] ④ 420[Ω]

해설

- 모두 직렬접속 시 가장 큰 저항값을 얻는다.

$R_0 = NR = 4 \times 120 = 480[\Omega]$

- 모두 병렬접속 시 가장 작은 저항값을 얻는다.

$R_0 = \dfrac{R}{N} = \dfrac{120}{4} = 30[\Omega]$

04

그림과 같은 회로에서 4[Ω]에 흐르는 전류[A]는?

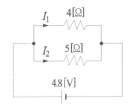

① 0.8[A] ② 1.0[A]

③ 1.2[A] ④ 2.0[A]

해설

병렬 연결에서 전압 일정 $I = \dfrac{V}{R}$에서 4[A]에 흐르는 전류

$I_1 = \dfrac{4.8}{4} = 1.2[A]$

정답 01 ① 02 ③ 03 ① 04 ③

05

그림의 회로에서 $I_1[A]$는?

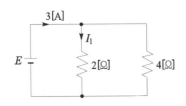

① 4   ② 3

③ 2   ④ 1

해설

$$I_1 = \frac{R_2}{R_1 + R_2} \times I = \frac{4}{2+4} \times 3 = 2[A]$$

06

그림에서 전류 $I_1[A]$는?

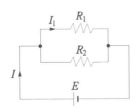

① $I + I_2$ ② $\dfrac{R_2}{R_1 + R_2} I$

③ $\dfrac{R_1}{R_1 + R_2} I$ ④ $\dfrac{R_1 + R_2}{R_2} I$

해설

$$I_1 = \frac{R_2}{R_1 + R_2} \cdot I[A]$$

$$I_2 = \frac{R_1}{R_1 + R_2} \cdot I[A]$$

병렬회로의 전류 분배는 각 저항에 반비례한다.

07

10[Ω]과 15[Ω]의 병렬회로에서 10[Ω]에 흐르는 전류가 3[A]이라면 전체 전류[A]는?

① 2   ② 3

③ 4   ④ 5

해설

저항 10[Ω]에 흐르는 전압 $V_{10} = IR = 3 \times 10 = 30[V]$
병렬회로이므로 저항 15[Ω]에도 30[V]가 인가된다.

$$I_{15} = \frac{V}{R} = \frac{30}{15} = 2[A]$$

$$\therefore I_0 = I_{10} + I_{15} = 3 + 2 = 5[A]$$

[별해]

$$I_1 = \frac{R_2}{R_1 + R_2} \times I \text{에서} \quad I = \frac{R_1 + R_2}{R_2} \times I_1 = \frac{10 + 15}{15} \times 3 = 5[A]$$

정답 **05** ③   **06** ②   **07** ④

인덕턴스

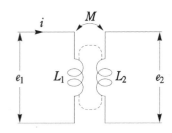

$$e_1 = -L\frac{di}{dt}$$

$$e_2 = -M\frac{di}{dt}$$: 2차 측에서는 L 대신 M이 사용된다.

$$M = k\sqrt{L_1 L_2}$$

여기서, L_1, L_2 : 자기 인덕턴스, M : 상호 인덕턴스

k : 결합계수(1차 측에 쇄교된 자속이 2차 측에 얼마만큼 수용되었
는지를 나타내는 계수)

(1) 인덕턴스의 직렬 연결

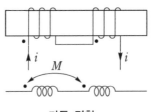

가동 결합

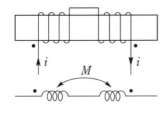

차동 결합

$$L = L_1 + L_2 \pm 2M = L_1 + L_2 \pm 2k\sqrt{L_1 \cdot L_2}$$

$$(\because M = k\sqrt{L_1 \cdot L_2})$$

$\oplus$ 가동 결합　•이 같은 방향

$\ominus$ 차동 결합　•이 다른 방향

(2) 인덕턴스의 병렬 연결

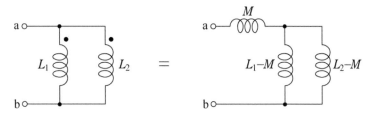

합성 인덕턴스

$$L_0 = M + \frac{(L_1 - M) \cdot (L_2 - M)}{(L_1 - M) + (L_2 - M)}$$

$$= M + \frac{L_1 L_2 - M(L_1 + L_2) + M^2}{L_1 + L_2 - 2M}$$

$$= \frac{M(L_1 + L_2) - 2M^2 + L_1 L_2 - M(L_1 + L_2) + M^2}{L_1 + L_2 - 2M}$$

$$= \frac{L_1 L_2 - M^2}{L_1 + L_2 - 2M}[\text{H}]$$

(3) L에 축척되는 에너지

$$W = \frac{1}{2} L I^2 [\text{J}]$$

01

어떤 코일에 전류가 0.2초 동안에 2[A] 변화하여 기전력이 4[V] 유기되었다면 이 회로의 자체 인덕턴스는 몇 [H]인가?

① 0.4
② 0.2
③ 0.3
④ 0.1

해설

$e = L\dfrac{di}{dt}$

$L = \dfrac{dt \times e}{di} = \dfrac{0.2 \times 4}{2} = 0.4[\text{H}]$

02

상호 인덕턴스 200[μH]인 회로의 1차 코일에 3[A]의 전류가 3[sec] 동안에 15[A]로 변화하였다면 2차 회로에 유기되는 기전력[V]은?

① 40
② 40×10^{-4}
③ 80
④ 8×10^{-4}

해설

상호 인덕턴스에 의한 전자유도법칙의 유도기전력

$e_2 = \left| -M\dfrac{di_1}{dt} \right| = 200 \times 10^{-6} \times \dfrac{15-3}{3} = 8 \times 10^{-4}[\text{V}]$가 된다.

03

자체 인덕턴스 20[mH]와 80[mH]인 두 개의 코일이 있다. 양 코일 사이에 누설 자속이 없다고 하면 상호 인덕턴스는 몇 [mH]인가?

① 1,600
② 160
③ 400
④ 40

해설

누설 자속이 없다면 $k=1$

$\therefore M = \sqrt{L_1 L_2} = \sqrt{20 \times 80} = 40[\text{mH}]$

04

0.25[H]와 0.23[H]의 자체 인덕턴스를 직렬로 접속할 때 합성 인덕턴스의 최대값은?

① 1.2[H]
② 0.96[H]
③ 0.48[H]
④ 0.24[H]

해설

$M = \sqrt{L_1 L_2}$ (∵ 최대값이 되려면 $k=1$)

$L_0 = L_1 + L_2 + 2\sqrt{L_1 L_2} = 0.25 + 0.23 + 2\sqrt{0.25 \times 0.23} \fallingdotseq 0.96[\text{H}]$

05

자체 인덕턴스가 L_1, L_2 상호 인덕턴스 M인 코일이 자기적으로 결합을 했을 때 합성 인덕턴스는?

① $L_1 + L_2 + M$
② $L_1 + L_2 - M$
③ $L_1 + L_2 \pm M$
④ $L_1 + L_2 \pm 2M$

해설

$L_0 = L_1 + L_2 \pm 2M$

• 가동결합 : $L_0 = L_1 + L_2 + 2M$
• 차동결합 : $L_0 = L_1 + L_2 - 2M$

정답 **01** ① **02** ④ **03** ④ **04** ② **05** ④

06

동일한 인덕턴스 L[H]인 두 코일을 같은 방향으로 감고 직렬 연결했을 때의 합성 인덕턴스는? (단, 두 코일의 결합 계수가 1이다.)

① L　　　　　　② $2L$
③ $3L$　　　　　　④ $4L$

해설

$L_0 = L_1 + L_2 + 2k\sqrt{L_1 L_2} = L + L + 2\sqrt{L \cdot L} = 4L$

07

L[H]의 코일에 I[A]의 전류가 흐를 때 저축되는 에너지는 몇 [J]인가?

① LI　　　　　　② $\frac{1}{2}LI$
③ LI^2　　　　　④ $\frac{1}{2}LI^2$

해설

코일에 축적되는 에너지

$W = \frac{VI}{2} \cdot t = \frac{1}{2}L\frac{I}{t} \cdot I \cdot t = \frac{1}{2}LI^2$[J]

08

0.1[H]인 자체 인덕턴스 L에 5[A]의 전류가 흐를 때 L에 축적되는 에너지는 몇 [J]인가?

① 4.5　　　　　　② 2.56
③ 1.25　　　　　　④ 3.52

해설

$W = \frac{1}{2}LI^2 = \frac{1}{2} \times 0.1 \times 5^2 = 1.25$[J]

06
CHAPTER

정전용량 $\left(C = \dfrac{Q}{V}\right)$

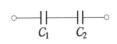

(1) 콘덴서의 직렬 연결

C_1 C_2

• 저항의 병렬결선과 동일 방법

• $C_0 = \dfrac{C_1 C_2}{C_1 + C_2}$

(2) 콘덴서의 병렬 연결

• $C_0 = C_1 + C_2$

c_1

c_2

• 저항의 직렬결선과 동일 방법

(3) 콘덴서 직렬 연결 시 전압의 분배법칙

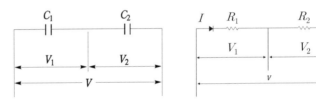
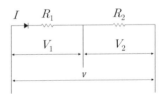

각각의 콘덴서에 걸리는 전압	각각의 저항에 걸리는 전압

$V_1 = \dfrac{\dfrac{1}{C_1}}{\dfrac{1}{C_1} + \dfrac{1}{C_2}} \times V = \dfrac{C_2}{C_1 + C_2} \times V$

$V_1 = \dfrac{R_1}{R_1 + R_2} \times V$

$V_2 = \dfrac{\dfrac{1}{C_2}}{\dfrac{1}{C_1} + \dfrac{1}{C_2}} \times V = \dfrac{C_1}{C_1 + C_2} \times V$

$V_1 = \dfrac{R_2}{R_1 + R_2} \times V$

(4) 콘덴서에 축적되는 에너지

$$W = \dfrac{1}{2} C V^2 [\mathrm{J}] = \dfrac{Q^2}{2C} = \dfrac{1}{2} Q V [\mathrm{J}]$$

출제예상문제

01

정전용량에 가장 적합한 것은?

① $C = QV$ ② $Q = CV$

③ $V = CQ$ ④ $C = PV$

02

1[V]의 전압을 가하여 1[C]의 전하를 축적하는 콘덴서의 정전용량은?

① 1[F]   ② 1[V/m]

③ $1[C/m^2]$ ④ 1[N]

해설

$Q = CV$[C]에서 $C[F] = \dfrac{Q[C]}{V[V]}$

1[F]은 1[V]의 전압을 가하여 1[C]의 전하가 축적되는 경우의 정전용량이다.

03

정전용량 4[μF]의 콘덴서에 1000[V]의 전압을 가할 때 축적되는 전하는 얼마인가?

① 2×10^{-3}[C]   ② 3×10^{-3}[C]

③ 4×10^{-3}[C]   ④ 5×10^{-3}[C]

해설

$Q = CV = 4 \times 10^{-6} \times 1,000 = 4 \times 10^{-3}$[C]

04

그림에서 ab간의 합성정전용량 C_0는?

a ○—| C_1 |—| C_2 |—○ b

① $C_0 = \dfrac{C_1 C_2}{C_1 + C_2}$ ② $C_0 = \dfrac{C_1 + C_2}{C_1 C_2}$

③ $C_0 = C_1 + C_2$ ④ $C_0 = \dfrac{C_1 + C_2}{C_1}$

05

2[μF], 3[μF], 4[μF]의 콘덴서 3개를 병렬로 연결할 때 합성정전용량[μF]은?

① 0.7   ② 9

③ 1.5   ④ 12

해설

$C_0 = C_1 + C_2 + C_3 = 2 + 3 + 4 = 9[\mu F]$

06

그림과 같이 접속된 회로에서 콘덴서의 합성용량은?

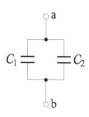

① $C_1 + C_2$ ② $C_1 C_2$

③ $\dfrac{C_1 C_2}{C_1 + C_2}$ ④ $\dfrac{1}{C_1 + C_2}$

정답   01 ②   02 ①   03 ③   04 ①   05 ②   06 ①

07

그림에서 콘덴서의 합성정전용량은 얼마인가?

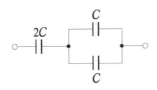

① C
② $2C$
③ $3C$
④ $4C$

해설

병렬회로의 합성용량은 $2C$

따라서 전체 합성용량은 $C_0 = \dfrac{2C \cdot 2C}{2C + 2C} = C$

08

A–B 사이 콘덴서의 합성정전용량은 얼마인가?

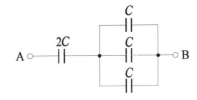

① $1C$
② $1.2C$
③ $2C$
④ $2.4C$

해설

병렬회로의 합성용량은 $3C$

따라서, 전체 합성용량은 $C_0 = \dfrac{2C \times 3C}{2C + 3C} = 1.2C$

09

콘덴서를 그림과 같이 접속했을 때 C_x의 정전용량은?
(단, $C_1 = 2[\mu F]$, $C_2 = 3[\mu F]$, ab간의 합성정전용량
$C_0 = 3.4[\mu F]$이다.)

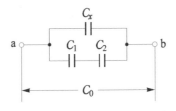

① $0.2[\mu F]$
② $1.2[\mu F]$
③ $2.2[\mu F]$
④ $3.2[\mu F]$

해설

C_x와 C_1, C_2는 병렬

$C_0 = C_x + \dfrac{C_1 \cdot C_2}{C_1 + C_2}$

$\therefore\ C_x = C_0 - \dfrac{C_1 \cdot C_2}{C_1 + C_2} = 3.4 - \dfrac{2 \times 3}{2 + 3} = 2.2[\mu F]$

10

C_1과 C_2의 직렬회로에서 $V[V]$의 전압을 가할 때
C_1에 걸리는 전압 V_1은?

① $\dfrac{C_1}{C_1 + C_2} V$
② $\dfrac{C_1 + C_2}{C_1} V$
③ $\dfrac{C_2}{C_1 + C_2} V$
④ $\dfrac{C_1 + C_2}{C_2} V$

해설

$V_1 = \dfrac{C_2}{C_1 + C_2} V$

정답 07 ① 08 ② 09 ③ 10 ③

11

4[μF]와 6[μF] 콘덴서를 직렬로 접속하고 100[V]의 전압을 가했을 경우 6[μF]의 콘덴서에 걸리는 단자 전압[V]은?

① 40[V]　　　　② 60[V]

③ 80[V]　　　　④ 100[V]

해설

$$V_2 = \frac{C_1}{C_1 + C_2} V = \frac{4}{4+6} \times 100 = 40[\text{V}]$$

12

어떤 콘덴서에 V[V]의 전압을 가해서 Q[C]의 전하를 충전할 때 저장되는 에너지[J]는?

① $2QV$　　　　② $\frac{1}{2}QV^2$

③ $2QV^2$　　　　④ $\frac{1}{2}QV$

해설

$$W = \frac{1}{2}QV = \frac{1}{2}CV^2 = \frac{Q^2}{2C}[\text{J}]$$

13

20[μF]의 콘덴서를 2[kV]로 충전하면 저장되는 에너지[J]는?

① 10　　　　② 20

③ 40　　　　④ 60

해설

$$W = \frac{1}{2}QV = \frac{1}{2}CV^2 = \frac{1}{2} \times 20 \times 10^{-6} \times (2 \times 10^3)^2 = 40[\text{J}]$$

14

어떤 콘덴서를 300[V]로 충전하는 데 9[J]의 전력량이 필요하였다. 이 콘덴서의 정전용량은 얼마인가?

① 0.2[μF]　　　　② 2[μF]

③ 20[μF]　　　　④ 200[μF]

해설

$$W = \frac{1}{2}CV^2$$

$$\therefore C = \frac{2W}{V^2} = \frac{2 \times 9 \times 10^6}{300^2} = 200[\mu\text{F}]$$

15

정전 콘덴서의 전위차와 축적된 에너지와의 관계식을 나타내는 선은 어느 것인가?

① 직선　　　　② 포물선

③ 타원　　　　④ 쌍곡선

해설

$W = \frac{1}{2}CV^2$ 에너지는 전압의 제곱에 비례하기 때문에 포물선을 나타낸다.

11 ①　**12** ④　**13** ③　**14** ④　**15** ②

Chapter 06 정전용량 $\left(C = \frac{Q}{V}\right)$ 33

복소수 계산

(1) $Z_1 = 3 + j4$ **(직각좌표계)**

$$= \sqrt{실수^2 + 허수^2} \angle \tan^{-1}\frac{허수}{실수}$$

$$= \sqrt{3^2 + 4^2} \angle \tan^{-1}\frac{4}{3}$$

$= 5 \angle 53.13°$ (극좌표) $\Rightarrow$ 곱셈($\times$), 나눗셈($\div$)에서 주로 사용

$= 5(\cos 53.13° + j\sin 53.13°)$ (삼각함수 좌표)

$= 3 + j4$ $\Rightarrow$ 덧셈($+$), 뺄셈($-$)에서 주로 사용

(2) $Z_2 = 3 - j4$ **(직각좌표계)**

$$= \sqrt{실수^2 + 허수^2} \angle \tan^{-1}\frac{허수}{실수}$$

$$= \sqrt{3^2 + 4^2} \angle \tan^{-1}\frac{-4}{3}$$

$= 5 \angle -53.13°$ (극좌표) $\Rightarrow$ 곱셈($\times$), 나눗셈($\div$)에서 주로 사용

$= 5(\cos 53.13° - j\sin 53.13°)$ (삼각함수 좌표)

$= 3 - j4$ $\Rightarrow$ 덧셈($+$), 뺄셈($-$)에서 주로 사용

(3) $R - L$ **직렬회로**

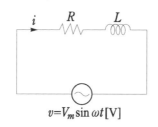
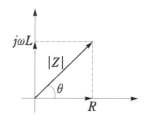

$$Z = R + j\omega L = \sqrt{R^2 + (\omega L)^2} \angle \tan^{-1}\frac{\omega L}{R}$$

(4) $R-C$ 직렬회로

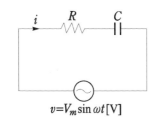 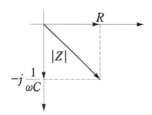

$$Z = R - j\frac{1}{\omega C} = \sqrt{R^2 + \left(\frac{1}{\omega C}\right)^2} \angle -\tan^{-1}\frac{1}{R\omega C}$$

(5) $R-L-C$ 직렬회로

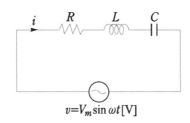

① $\omega L > \dfrac{1}{\omega C} \rightarrow 1$ 상한

② $\omega L < \dfrac{1}{\omega C} \rightarrow 4$ 상한

③ $\omega L = \dfrac{1}{\omega C}$

　㉠ $\omega L > \dfrac{1}{\omega C}$

　　$Z = R + j\left(\omega L - \dfrac{1}{\omega C}\right)$

　　$= \sqrt{R^2 + \left(\omega L - \dfrac{1}{\omega C}\right)^2} \angle \tan^{-1}\dfrac{\omega L - \dfrac{1}{\omega C}}{R}$

　㉡ $\omega L < \dfrac{1}{\omega C}$

　　$Z = R - j\left(\dfrac{1}{\omega C} - \omega L\right)$

　　$= \sqrt{R^2 + \left(\dfrac{1}{\omega C} - \omega L\right)^2} \angle \tan^{-1}\dfrac{-\left(\dfrac{1}{\omega C} - \omega L\right)}{R}$

(6) $R-L$ 병렬회로

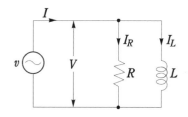

$$Y = Y_1 + Y_2 = \frac{1}{R} - j\frac{1}{\omega L}$$

$$= \sqrt{\left(\frac{1}{R}\right)^2 + \left(\frac{1}{\omega L}\right)^2} \angle -\tan^{-1}\frac{R}{\omega L}$$

(7) $R-C$ 병렬회로

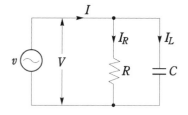

$$Y = Y_1 + Y_2$$

$$= \frac{1}{R} + \frac{1}{\dfrac{1}{j\omega C}} = \frac{1}{R} + j\omega C$$

$$Y = \sqrt{\left(\frac{1}{R}\right)^2 + (\omega C)^2} \angle \tan^{-1} R\omega C$$

(8) $R-L-C$ 병렬회로

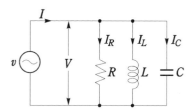

$$Y = Y_1 + Y_2 + Y_3$$

$$= \frac{1}{R} - j\frac{1}{\omega L} + j\omega C$$

$$= \frac{1}{R} + j\left(\omega C - \frac{1}{\omega L}\right)$$

01

저항 R과 유도 리액턴스 X_L을 직렬 접속할 때 임피던스는 얼마인가?

① $R + X_L$
② $\sqrt{R + X_L}$
③ $R^2 + X_L^2$
④ $\sqrt{R^2 + X_L^2}$

해설

$Z = \sqrt{R^2 + X_L^2} = \sqrt{R^2 + (\omega L)^2}$

02

$R - C$ 직렬 회로의 합성 임피던스 크기는?

① $\sqrt{R^2 + \dfrac{1}{\omega^2 C}}$
② $\sqrt{R^2 + \dfrac{1}{\omega C^2}}$
③ $\sqrt{R^2 + \dfrac{1}{\omega C}}$
④ $\sqrt{R^2 + \dfrac{1}{\omega^2 C^2}}$

해설

$Z = \sqrt{R^2 + X_c^2} = \sqrt{R^2 + \left(\dfrac{1}{\omega C}\right)^2} = \sqrt{R^2 + \dfrac{1}{\omega^2 C^2}}$

03

$R = 3[\Omega]$, $\omega L = 8[\Omega]$, $\dfrac{1}{\omega C} = 4[\Omega]$의 RLC 직렬 회로의 임피던스[Ω]는?

① 5
② 7
③ 12.4
④ 15

해설

$Z = \sqrt{R^2 + (X_L - X_c)^2} = \sqrt{3^2 + (8-4)^2} = 5[\Omega]$

04

어떤 회로에 $E = 50[\text{V}]$의 교류 전압을 가하면 $I = 8 + j6[\text{A}]$의 전류가 흐른다. 이 회로의 임피던스는?

① $4 + j3[\Omega]$
② $4 - j3[\Omega]$
③ $3 - j4[\Omega]$
④ $3 + j4[\Omega]$

해설

$Z = \dfrac{V}{I} = \dfrac{50}{8+j6} = \dfrac{50(8-j6)}{(8+j6)(8-j6)} = \dfrac{400 - j300}{8^2 + 6^2} = 4 - j3[\Omega]$

05

그림과 같은 회로에서 벡터 어드미턴스 $Y[\mho]$는?

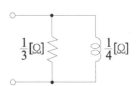

① $3 - j4$
② $4 + j3$
③ $3 + j4$
④ $5 - j4$

해설

$Y = \dfrac{1}{R} + \dfrac{1}{jX_L} = 3 - j4[\mho]$

06

그림과 같은 회로의 합성 어드미턴스는 몇 [℧]인가?

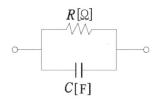

① $\dfrac{1}{R}(1+j\omega CR)$ ② $j\dfrac{R}{\omega CR-1}$

③ $R-j\dfrac{1}{\omega C}$ ④ $\dfrac{1}{R}-j\dfrac{1}{\omega C}$

해설

$Y=\dfrac{1}{R}+j\omega C=\dfrac{1}{R}(1+j\omega CR)[℧]$

07

$R=25[\Omega]$, $X_L=5[\Omega]$, $X_C=10[\Omega]$을 병렬로 접속한 회로의 어드미턴스 $Y[℧]$는?

① $4-j0.1[℧]$ ② $4+j0.1[℧]$

③ $0.04+j0.1[℧]$ ④ $0.04-j0.1[℧]$

해설

$Y_0=\dfrac{1}{R}+j\dfrac{1}{jX_L}+\dfrac{1}{-jX_C}=\dfrac{1}{25}-j\dfrac{1}{5}+j\dfrac{1}{10}=0.04-j0.1[℧]$

08

어드미턴스 $Y=a+jb$에서 b는?

① 저항이다.
② 컨덕턴스이다.
③ 리액턴스이다.
④ 서셉턴스(susceptance)이다.

해설

$Y=a+jb$에서 a는 컨덕턴스, b는 서셉턴스이다.

08

CHAPTER

진공 중의 정전계 및 정자계

01 쿨롱의 법칙

(1) 정전계

$$F = \frac{Q_1 Q_2}{4\pi \epsilon_0 r^2} [\text{N}] = 9 \times 10^9 \times \frac{Q_1 Q_2}{r^2}$$

진공의 유전율 $\epsilon_0 = 8.855 \times 10^{-12} [\text{F/m}]$

$\epsilon = \epsilon_0 \epsilon_s$

(ϵ_s : 비유전율) 진공 또는 공기일 때 $\epsilon_s = 1$

(2) 정자계

$$F = \frac{m_1 m_2}{4\pi \mu_0 r^2} [\text{N}] = 6.33 \times 10^4 \times \frac{m_1 m_2}{r^2}$$

진공의 투자율 $\mu_0 = 4\pi \times 10^{-7} [\text{H/m}]$

$\mu = \mu_0 \mu_s$

(μ_s : 비투자율) 진공 또는 공기일 때 $\mu_s = 1$

02 전(자)계의 세기

(1) 전계의 세기

단위점전하 +1[C]에 작용하는 힘
① 점전하

- $E = \dfrac{Q \cdot 1}{4\pi\epsilon_0 r^2} = \dfrac{Q}{4\pi\epsilon_0 r^2} [\text{V/m}]$

- $E = \dfrac{F}{Q} [\text{N/C}], \quad F = QE [\text{N}]$

(2) 자계의 세기

자계 내의 임의의 점에 단위점자하 +1[Wb]를 놓았을 때 작용하는 힘
단위 : 점자극 +1[Wb]에 작용하는 힘
① 점자하

- $H = \dfrac{m \cdot 1}{4\pi\mu_0 r^2} = \dfrac{m}{4\pi\mu_0 r^2} [\text{AT/m}], \ [\text{A/m}] = 6.33 \times 10^4 \times \dfrac{m}{r^2}$

- $H = \dfrac{F}{m} [\text{N/Wb}] \qquad F = mH [\text{N}]$

03 전(자)위

(1) 전위(점전하)

$$V = -\int_{\infty}^{r} E dx = E \cdot r = \frac{Q}{4\pi\epsilon_0 r}\,[\text{V}]$$

(2) 자위(점자하)

$$U = -\int_{\infty}^{r} H dx = H \cdot r = \frac{m}{4\pi\mu_0 r}\,[\text{AT}]$$

04 전(자)속밀도

(1) 전속밀도

$$D = \frac{Q}{S} = \frac{Q}{4\pi r^2} \times \frac{\epsilon_0}{\epsilon_0} = \epsilon_0 E\,[\text{C}/\text{m}^2]$$

(2) 자속밀도

$$B = \frac{m}{S} = \frac{m}{4\pi r^2} \times \frac{\mu_0}{\mu_0} = \mu_0 H\,[\text{Wb}/\text{m}^2]$$

05 전(자)기력선수

(1) 전기력선수 $= \dfrac{Q}{\epsilon_0}$

전속수 $= Q$

(2) 자기력선수 $= \dfrac{m}{\mu_0}$

자속선수 $= m$

01

1[C]의 전하량을 갖는 두 점전하가 공기 중에 1[m] 떨어져 놓여 있을 때 점전하 사이에 작용하는 힘은 몇 [N]인가?

① 1   ② 3×10^9

③ 9×10^9 ④ 10^{-5}

해설

$F = \dfrac{Q_1 Q_2}{4\pi \epsilon r^2} = 9 \times 10^9 \times \dfrac{Q^2}{r^2} = 9 \times 10^9 \times \dfrac{1}{1} = 9 \times 10^9 [\text{N}]$

02

진공 중에 2×10^{-5}[C] 과 1×10^{-6}[C]인 두 개의 점전하가 50[cm] 떨어져 있을 때 두 전하 사이에 작용하는 힘은 몇 [N]인가?

① 0.72   ② 0.92

③ 1.82   ④ 2.02

해설

$F = \dfrac{Q_1 Q_2}{4\pi \epsilon_0 r^2} = 9 \times 10^9 \times \dfrac{2 \times 10^{-5} \times 1 \times 10^{-6}}{0.5^2} = 0.72[\text{N}]$

03

공기 중에서 가상 접지극 m_1, m_2[Wb]를 r[m] 떼어 놓았을 때 두 자극 간의 작용력이 F[N]이었다면 이때의 거리 r[m]는?

① $\sqrt{\dfrac{m_1 m_2}{F}}$

② $\dfrac{6.33 \times 10^4 m_1 m_2}{F}$

③ $\sqrt{\dfrac{6.33 \times 10^4 \times m_1 m_2}{F}}$

④ $\sqrt{\dfrac{9 \times 10^9 \times m_1 m_2}{F}}$

해설

$F = \dfrac{m_1 m_2}{4\pi \mu_0 r^2} = 6.33 \times 10^4 \times \dfrac{m_1 m_2}{r^2}$

$r = \sqrt{\dfrac{6.33 \times 10^4 \times m_1 m_2}{F}}$

04

전장의 세기가 100[V/m]의 전장에 $5[\mu C]$의 전하를 놓을 때 작용하는 힘[N]은?

① 5×10^{-4} ② 5×10^{-6}

③ 20×10^{-4} ④ 20×10^{-6}

해설

$F = QE = 5 \times 10^{-6} \times 100 = 5 \times 10^{-4}[\text{N}]$

05

자장의 세기가 H[AT/m]인 곳에 m[Wb]의 자극을 놓았을 때 작용하는 힘이 F[N]라 하면 어떤 식이 성립되는가?

① $F = \dfrac{H}{m}$ ② $F = mH$

③ $F = \dfrac{m}{H}$ ④ $F = 6.33 \times 10^4 mH$

해설

힘과 자계의 세기는 다음과 같은 관계식을 갖는다.

$F = mH$

정답   01 ③   02 ①   03 ③   04 ①   05 ②

06

진공 중 놓인 1[μC]의 점전하에서 3[m] 되는 점의 전계[V/m]는?

① 10^{-3} ② 10^{-1}

③ 10^2 ④ 10^3

해설

$E = \dfrac{Q}{4\pi\epsilon_0 r^2} = 9 \times 10^9 \times \dfrac{10^{-6}}{3^2} = 10^3 [\text{V/m}]$

07

자극의 크기 $m = 4$[Wb]의 점자극으로부터 $r = 4$[m] 떨어진 점의 자계의 세기[AT/m]를 구하면?

① 7.9×10^3 ② 6.3×10^4

③ 1.6×10^4 ④ 1.3×10^3

해설

$H = \dfrac{m}{4\pi\mu_0 r^2} = 6.33 \times 10^4 \times \dfrac{4}{4^2} = 1.6 \times 10^4 [\text{AT/m}]$

08

공기 중 7×10^{-9}[C]의 전하에서 70[cm] 떨어진 점의 전위 [V]는?

① 9   ② 54

③ 90   ④ 540

해설

$V = \dfrac{Q}{4\pi\epsilon_0 r} = 9 \times 10^9 \times \dfrac{Q}{r} = 9 \times 10^9 \times \dfrac{7 \times 10^{-9}}{70 \times 10^{-2}} = 90 [\text{V}]$

09

자계의 세기가 1,000[AT/m]이고 자속밀도가 0.5[Wb/m²]인 경우 투자율[H/m]은?

① 5×10^{-5} ② 5×10^{-2}

③ 5×10^{-3} ④ 5×10^{-4}

해설

자속밀도 $B = \mu H [\text{Wb/m}^2]$

투자율 $\mu = \dfrac{B}{H} = \dfrac{0.5}{1,000} = 5 \times 10^{-4} [\text{H/m}]$

10

진공 중에서 4π[Wb]의 자하로부터 발산되는 총 자력선의 수는?

① 4π ② 10^7

③ $4\pi \times 10^7$ ④ $\dfrac{10^7}{4\pi}$

해설

자력선수 $= \dfrac{m}{\mu_0} = \dfrac{4\pi}{4\pi \times 10^{-7}} = 10^7$

11

유전율 ϵ의 유전체 내에 있는 전하 Q[C]에서 나오는 전기력 선수는 어떻게 되는가?

① $\dfrac{Q}{F}$ ② $\dfrac{Q}{\epsilon_s}$

③ $\dfrac{Q}{V}$ ④ $\dfrac{Q}{\epsilon}$

해설

전속수 $= Q$

전기력선수 $= \dfrac{Q}{\epsilon}$

유전체와 자성체

01 전기저항, 자기저항

(1) 전기저항

① $R = \rho\dfrac{l}{A} = \dfrac{l}{k \cdot A}$ k : 도전율

② $R = \dfrac{V}{I}$

(2) 자기저항(R_m)

① $R_m = \dfrac{l}{\mu A}\,[\text{AT/Wb}]$

② $R_m = \dfrac{F}{\phi} = \dfrac{NI}{\phi}\,[\text{AT/Wb}]$

02 전류와 자속

(1) 전류 $I = \dfrac{V}{R}$

(2) 자속 $\phi = \dfrac{F}{R_m} = \dfrac{NI}{\dfrac{l}{\mu A}} = \dfrac{\mu ANI}{l}\,[\text{Wb}]$

03 단위 체적당 에너지, 단위 면적당 힘

(1) 단위 체적당 에너지(정전계)

$$w = \frac{1}{2}\epsilon E^2 = \frac{D^2}{2\epsilon} = \frac{1}{2}ED[\text{J/m}^3]$$

$$f = \frac{1}{2}\epsilon E^2 = \frac{D^2}{2\epsilon} = \frac{1}{2}ED[\text{N/m}^2]$$

(2) 단위 체적당 에너지(정자계)

$$w = \frac{1}{2}\mu H^2 = \frac{B^2}{2\mu} = \frac{1}{2}HB[\text{J/m}^3]$$

$$f = \frac{1}{2}\mu H^2 = \frac{B^2}{2\mu} = \frac{1}{2}HB[\text{N/m}^2]$$

01

고유저항 ρ, 길이 l, 지름 D인 전선의 저항은?

① $\rho \cdot \dfrac{4l}{\pi D^2}$　　　　② $\rho \cdot \dfrac{2l}{\pi D^2}$

③ $\rho \cdot \dfrac{l}{2\pi D^2}$　　　　④ $\rho \cdot \dfrac{l}{\pi D^2}$

해설

지름이 D[m]인 전선의 단면적 $A = \pi \left(\dfrac{D}{2}\right)^2 = \dfrac{\pi D^2}{4}$

$\therefore R = \rho \dfrac{l}{A} = \rho \dfrac{l}{\pi D^2 / 4} = \rho \cdot \dfrac{4l}{\pi D^2} [\Omega]$

02

1[$\Omega \cdot$ m]와 같은 것은?

① $1[\mu \Omega \cdot \text{cm}]$　　　　② $10^6 [\Omega \cdot \text{mm}^2/\text{m}]$

③ $10^2 [\Omega \cdot \text{mm}^2]$　　　　④ $10^4 [\Omega \cdot \text{cm}]$

해설

고유 저항의 단위 1[$\Omega \cdot$ m] = 1[$\Omega \cdot \text{m}^2/\text{m}$]

$= 1[\Omega \cdot (10^3 \text{ mm})^2/\text{m}] = 1 \times 10^6 [\Omega \cdot \text{mm}^2/\text{m}]$

03

굵기 4[mm], 길이 1[km]의 경동선의 전기저항은?
(단, 경동선의 고유 저항 ρ는 1 / 55[$\Omega \cdot \text{mm}^2/\text{m}$]이다.)

① $1.2[\Omega]$　　　　② $1.4[\Omega]$

③ $1.6[\Omega]$　　　　④ $1.8[\Omega]$

해설

$R = \rho \dfrac{l}{A} = \dfrac{4 \cdot \rho \cdot l}{\pi D^2} = \dfrac{4 \times \frac{1}{55} \times 1{,}000}{\pi \times 4^2} \fallingdotseq 1.4[\Omega]$

04

어떤 도선의 길이가 l인 것을 잡아 늘려서 nl로 할 때 이 도선의 저항은 몇 배로 증가하는가?

① n배　　　　② $\sqrt{n}$ 배

③ $\dfrac{1}{n}$ 배　　　　④ n^2 배

해설

체적은 변하지 않으므로 길이가 n배로 되면 단면적은 $\dfrac{1}{n}$ 배로 줄어든다.

$R' = \rho \dfrac{nl}{A/n} = n^2 \rho \dfrac{l}{A}$

$\therefore$ 길이를 n배로 잡아 늘리면 저항은 n^2배로 증가한다.

05

어떤 막대꼴 철심이 있다. 단면적이 0.5[m^2], 길이가 0.8[m], 비투자율이 20이다. 이 철심의 자기 저항은 몇 [AT/Wb]인가?

① 6.37×10^4　　　　② 4.45×10^4

③ 3.6×10^4　　　　④ 9.7×10^5

해설

$R_m = \dfrac{l}{\mu A} = \dfrac{l}{\mu_0 \mu_s A} = \dfrac{0.8}{4\pi \times 10^{-7} \times 20 \times 0.5}$

$\quad = 6.37 \times 10^4 [\text{AT/Wb}]$

06

자기회로의 자기 저항은?

① 자기회로의 단면적에 비례
② 투자율에 반비례
③ 자기회로의 길이에 반비례
④ 단면적에 반비례하고 길이의 제곱에 비례

정답 　01 ①　02 ②　03 ②　04 ④　05 ①　06 ②

해설

$$R_m = \frac{l}{\mu A}$$

07

철심이 든 환상 솔레노이드에서 1,000[AT]의 기자력에 의해서 철심 내에 5×10^{-5}[Wb]의 자속이 통과하면 이 철심 내의 자기 저항은 몇 [AT/Wb]인가?

① 5×10^2　　　　② 2×10^7

③ 5×10^{-2}　　　④ 2×10^{-7}

해설

$$R_m = \frac{F}{\phi} = \frac{NI}{\phi} = \frac{1,000}{5 \times 10^{-5}} = 2 \times 10^7 [\text{AT/Wb}]$$

08

유전율이 ϵ, 전장의 세기가 E일 때 유전체의 단위부피에 저축되는 에너지[J/m³]는 얼마인가?

① $\frac{E}{2\epsilon}$　　　　② $\frac{\epsilon E}{2}$

③ $\frac{\epsilon E^2}{2}$　　　④ $\frac{\epsilon^2 E}{2}$

해설

$$W = \frac{1}{2}\epsilon E^2$$

09

전계의 세기 50[V/m], 전속밀도 100[C/m²]인 유전체의 단위 체적에 축적되는 에너지[J/m³]는?

① 2　　　　② 250

③ 2,500　　④ 5,000

해설

$$W = \frac{1}{2}ED = \frac{1}{2} \times 50 \times 100 = 2,500 [\text{J/m}^3]$$

10

자속밀도 B, 자장의 세기 H, 투자율 μ일 때 단위 체적당 저장 에너지[J/m³] 식이 잘못된 것은?

① $\frac{1}{2}BH$　　　　② $\frac{1}{2}\mu H^2$

③ $\frac{B^2}{2\mu}$　　　　④ $\frac{HB}{2\mu}$

해설

$$W = \frac{1}{2}BH = \frac{1}{2}\mu H^2 = \frac{B^2}{2\mu}[\text{J/m}^3] \quad (\because B = \mu H)$$

11

철심의 공극에서 자장의 세기가 2,000[AT/m], 자속밀도가 2.5×10^{-3}[Wb/m²]이라면 공극에서의 단위 체적당 자기 에너지 [J/m³]는?

① 4.0　　　　② 3.5

③ 3.0　　　　④ 2.5

해설

$$W = \frac{1}{2}BH = \frac{1}{2} \times 2.5 \times 10^{-3} \times 2,000 = 2.5 [\text{J/m}^3]$$

정답　07 ②　08 ③　09 ③　10 ④　11 ④

전기기능사 기초수학

01 4칙 연산

이항하면

$+ \rightarrow -$

$- \rightarrow +$

$\times \rightarrow \div$

$\div \rightarrow \times$

예 $I = \dfrac{V}{R}$ [A]

$\quad V = I \cdot R$

$\quad R = \dfrac{V}{I}$

02 지수함수 계산

(1) $a^n \times a^m = a^{n+m}$

(2) $a^n \div a^m = \dfrac{a^n}{a^m} = a^{n-m}$

(3) $(a^n)^m = a^{n \times m}$

예 • $10^7 \times 10^2 = 10^{7+2} = 10^9$

• $10^7 \times 10^{-2} = 10^{7-2} = 10^5$

예 • $10^7 \div 10^2 = \dfrac{10^7}{10^2} = 10^{7-2} = 10^5$

• $10^7 \div 10^{-2} = \dfrac{10^7}{10^{-2}} = 10^{7+2} = 10^9$

예 $(10^7)^2 = 10^{7 \times 2} = 10^{14}$

예 $\sqrt{2} \times \sqrt{2} = 2^{\frac{1}{2}} \times 2^{\frac{1}{2}} = 2^{\frac{1}{2}+\frac{1}{2}} = 2^1 = 2$

예 $\sqrt{3} \times \sqrt{3} = 3^{\frac{1}{2}} \times 3^{\frac{1}{2}} = 3^{\frac{1}{2}+\frac{1}{2}} = 3^1 = 3$

예 $\sqrt{4} \times \sqrt{2^2} = (2^2)^{\frac{1}{2}} = 2^{2 \times \frac{1}{2}} = 2^1 = 2$

$\sqrt{4} = \sqrt{2^2}$

$\sqrt{9} = \sqrt{3^2}$

예 $\sqrt{9} \times \sqrt{3^2} = (3^2)^{\frac{1}{2}} = 3^{2 \times \frac{1}{2}} = 3^1 = 3$

예 $\sqrt{1} = \sqrt{1^2} = 1$

문제 01 진공 중에 2×10^{-5}[C]과 1×10^{-6}[C]인 두 개의 점전하가 50[cm] 떨어져 있을 때 두 전하 사이에 작용하는 힘은 몇 [N]인가?

$$F = \frac{Q_1 Q_2}{4\pi\epsilon_0 r^2} = 9 \times 10^9 \times \frac{2 \times 10^{-5} \times 1 \times 10^{-6}}{0.5^2} = 0.72 [\text{N}]$$

문제 02 진공 중 놓인 1[μC]의 점전하에서 3[m]되는 점의 전계[V/m]는?

$$E = \frac{Q}{4\pi\epsilon_0 r^2} = 9 \times 10^9 \times \frac{10^{-6}}{3^2} = 10^3 [\text{V/m}]$$

03 삼각함수

(1) 특수각의 도수법 환산(호도법 $\times \frac{180}{\pi}$ = 도수법)

$2\pi = 360°$ $\pi = 180°$

$\frac{\pi}{2} = 90°$ $\frac{\pi}{3} = 60°$

$\frac{\pi}{4} = 45°$ $\frac{\pi}{6} = 30°$

(2) 특수각의 삼각함수값

	0°	30°	45°	60°	90°
sin	$\frac{\sqrt{0}}{2} = 0$	$\frac{\sqrt{1}}{2} = \frac{1}{2}$	$\frac{\sqrt{2}}{2} = \frac{1}{\sqrt{2}}$	$\frac{\sqrt{3}}{2}$	$\frac{\sqrt{4}}{2} = 1$
cos	$\frac{\sqrt{4}}{2} = 1$	$\frac{\sqrt{3}}{2}$	$\frac{\sqrt{2}}{2} = \frac{1}{\sqrt{2}}$	$\frac{\sqrt{1}}{2} = \frac{1}{2}$	$\frac{\sqrt{0}}{2} = 0$
tan	$\frac{0}{3} = 0$	$\frac{\sqrt{3}}{3} = \frac{1}{\sqrt{3}}$	$\frac{\sqrt{3} \cdot \sqrt{3}}{3} = 1$	$\frac{\sqrt{3} \cdot \sqrt{3} \cdot \sqrt{3}}{3} = \sqrt{3}$	∞

04 단위

▸ 전압, 전류, 저항 등에 쓰이는 보조 단위

기호	읽는 법	배수	기호	읽는 법	배수
T	테라(tear)	10^{12}	c	센티(centi)	10^{-2}
G	기가(giga)	10^{9}	m	밀리(milli)	10^{-3}
M	메가(mega)	10^{6}	μ	마이크로(micro)	10^{-6}
K	킬로(kilo)	10^{3}	n	나노(nano)	10^{-9}
h	헥토(hecto)	10^{2}	p	피코(pico)	10^{-12}
D	데카(deca)	10	f	펨토(femto)	10^{-15}
d	데시(deci)	10^{-1}	a	아토(atto)	10^{-18}

05 그리스문자

▸ 그리스 문자

그리스 문자		호칭	그리스 문자		호칭
A	α	알파	N	ν	뉴
B	β	베타	Ξ	ξ	크사이
Γ	γ	감마	O	o	오미크론
Δ	δ	델타	Π	π	파이
E	ϵ	입실론	P	ρ	로
Z	ζ	제타	Σ	σ	시그마
H	η	이타	T	τ	타우어
Θ	θ	쎄타	Y	υ	입실론
I	ι	요타	Φ	ϕ	파이
K	κ	카파	X	χ	카이
Λ	λ	람다	Ψ	ψ	프사이
M	μ	뮤	Ω	ω	오메가

11

CHAPTER

공학용 계산기 활용법

■ 복소수 계산

(1) $Z_1 = 3 + j4$ (직각좌표계)

$$= \sqrt{실수^2 + 허수^2} \angle \tan^{-1}\frac{허수}{실수}$$

$$= \sqrt{3^2 + 4^2} \angle \tan^{-1}\frac{4}{3}$$

$$= 5 \angle 53.13° \text{ (극좌표)} \quad \Rightarrow \text{ 곱셈(×), 나눗셈(÷)에서 주로 사용}$$

$$= 5(\cos 53.13° + j\sin 53.13°) \quad \text{(삼각함수 좌표)}$$

$$= 3 + j4 \quad \Rightarrow \text{ 덧셈(+), 뺄셈(−)에서 주로 사용}$$

(2) $Z_2 = 3 - j4$ (직각좌표계)

$$= \sqrt{실수^2 + 허수^2} \angle \tan^{-1}\frac{허수}{실수}$$

$$= \sqrt{3^2 + 4^2} \angle \tan^{-1}\frac{-4}{3}$$

$$= 5 \angle -53.13° \text{ (극좌표)} \quad \Rightarrow \text{ 곱셈(×), 나눗셈(÷)에서 주로 사용}$$

$$= 5(\cos 53.13° - j\sin 53.13°) \quad \text{(삼각함수 좌표)}$$

$$= 3 - j4 \quad \Rightarrow \text{ 덧셈(+), 뺄셈(−)에서 주로 사용}$$

(3) $R - L$ 직렬회로

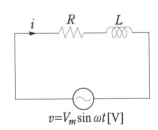
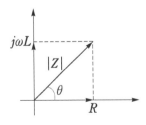

$$Z = R + j\omega L = \sqrt{R^2 + (\omega L)^2} \angle \tan^{-1}\frac{\omega L}{R}$$

01

임피던스 $Z = 15 + j4[\Omega]$의 회로에 $I = 10(2+j)[A]$를 흘리는 데 필요한 전압[V]을 구하면?

① $10(26 + j23)$ 　　　② $10(34 + j23)$

③ $10(30 + j4)$ 　　　④ $10(15 + j8)$

해설

$V = ZI = (15 + j4) \times 10(2 + j) = 10(26 + j23)[V]$

02

$Z_1 = 2 + j11[\Omega]$, $Z_2 = 4 - j3[\Omega]$의 직렬 회로에 교류 전압 100[V]를 인가할 때 회로에 흐르는 전류[A]는?

① 10 　　　② 8

③ 6 　　　④ 4

해설

$I = \dfrac{V}{Z} = \dfrac{V}{Z_1 + Z_2} = \dfrac{100}{2 + j11 + 4 - j3} = 10\angle -53.1°$

03

$Z_1 = 3 + j10[\Omega]$, $Z_2 = 3 - j2[\Omega]$의 임피던스를 직렬로 하고 양단에 100[V]의 전압을 가했을 때 각 임피던스 양단의 전압은?

① $V_1 = 98 + j36, V_2 = 2 + j36$

② $V_1 = 98 - j36, V_2 = 2 + j36$

③ $V_1 = 98 + j36, V_2 = 2 - j36$

④ $V_1 = 98 - j36, V_2 = 2 - j36$

해설

$I = \dfrac{Z}{Z_1 + Z_2} = \dfrac{100}{3 + j10 + 3 - j2} = 6 - j8[A]$

$\therefore V_1 = Z_1 I = (3 + j10)(6 - j8) = 98 + j36[V]$

$V_2 = Z_2 I = (3 - j2)(6 - j8) = 2 - j36[V]$

04

그림과 같은 브리지 회로가 평형하기 위한 Z의 값은?

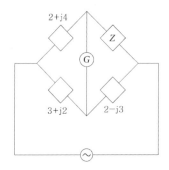

① $2 + j4$ 　　　② $-2 + j4$

③ $4 + j2$ 　　　④ $4 - j2$

해설

$Z \times (3 + j2) = (2 + j4) \times (2 - j3)$

$Z = \dfrac{(2 + j4) \times (2 - j3)}{3 + j2} = 4 - j2$

용어 해설

전기 회로 용어 해설

- 감극제(depolarizer) : 분극작용을 막기 위해 쓰이는 물질
- 감쇠정수(attenuation constant) : 선로에서 단위 길이당 감쇠의 정도를 나타내는 정수
- 검류계(galvano-meter) : 미약한 전류를 측정하기 위한 계기
- 고유저항(specific resistance) : 전류의 흐름을 방해하는 물질의 고유한 성질
- 고조파(higher harmonic wave) : 기본파보다 높은 주파수, 고주파와 구별
- 고주파 : 일반적으로 무선주파수에 사용(HF)
- 과도상태(transient state) : 회로에서 스위치를 닫은 후 정상상태에 이르는 사이의 상태
- 과도현상(transient phenomena) : 회로에서 스위치를 닫은 후 정상상태에 이르는 사이에 나타나는 여러 가지 현상
- 교류(alternating current) : 시간의 변화에 따라 크기와 방향이 주기적으로 변하는 전압·전류
- 국부작용(local action) : 전지의 전극에 사용하고 있는 아연판이 불순물에 의한 전지작용으로 인해 자기 방전하는 현상
- 기전력(electromotiveforce, emf) : 전압을 연속적으로 만들어주는 힘
- 누설전류(leakage current) : 절연물의 양단에 전압을 가하면 절연물에는 절연저항으로 나눈 값의 전류가 흐르고 이를 누설전류라 한다.
- 다상교류(multi phase A·C) : 3개 이상의 상을 가진 교류
- 도전율(conductivity) : 고유저항의 역수, 단위는 [℧/m], 기호로는 δ로 나타낸다.

- 동상(in-phase) : 동일한 주파수에서 위상차가 없는 경우를 말함
- 등가회로(equivalent circuit) : 서로 다른 회로라도 전기적으로 같은 작용을 하는 회로
- 리액턴스(reactance) : 교류에서 저항 이외에 전류의 흐름을 방해하는 작용을 하는 성분
- 마력(HP)과 와트(W) 사이의 관계

$$1[HP] = 746[W] ≒ \frac{3}{4}[kW]$$

- 맥동률(ripple factor) : 교류분을 포함한 직류에 있어서 직류분에 대한 교류분의 비, 리플 백분율이라고도 한다.
- 메거(Megger) : $10^6[\Omega]$ 이상의 고저항 측정
- 무효전력(wattless power) : 실제로 아무런 일도 할 수 없는 전력
- 무효율(reactive factor) : 전압과 전류의 위상차인 사인(sin) 값
- 벡터량(vector quantity) : 크기와 방향 2개의 요소로 표시되는 양
- 복소 전력(complex power) : 실수와 허수로 구성되는 전력
- 부하(load) : 전구등과 같이 전원에서 전기를 공급받아 어떤 일을 하는 기계나 기구
- 분극(성극)작용(polarization effect) : 전지에 부하를 걸면 양극 표면에 수소가스가 생겨 전류의 흐름을 방해하는 현상
- 분포정수회로(distributed constant circuit) : 선로정수 R, L, C, G가 균등하게 분포되어 있는 회로
- 비정현파 교류(non-sinusoidal wave A.C) : 파형이 일그러져 정현파가 되지 않는 교류
- 비진동상태(non-oscillatory state) : 전류가 시간에 따라 증가하다가 점차 감소하는 상태

- **사이클**(cycle) : 0에서 2π까지 1회의 변화
- **상전류**(phase current) : 다상 교류 회로에서 각상에 흐르는 전류
- **상전압**(phase voltage) : 다상 교류 회로에서 각상에 걸리는 전압
- **서셉턴스**(susceptance) : 어드미턴스의 허수부를 말한다.
- **선간전압**(line voltage) : 다상 교류 회로에서 단자간에 걸리는 전압
- **선로정수**(line constant) : 선로에 발생하는 저항, 인덕턴스, 정전용량, 누설컨덕턴스 등을 말한다.
- **선전류**(line current) : 다상 교류회로에서 단자로부터 유입 또는 유출되는 교류
- **선택도**(selectivity) : 공진곡선의 첨예도 및 공진시의 전압확대비를 나타낸다.
- **선형**(linear) **소자** : 전압과 전류 특성이 직선적으로 비례하는 소자로 R, L, C가 이에 해당된다.
- **순시값** : 교류의 임의의 시간에 있어서 전압 또는 전류의 값
- **시정수**(time constant) : 과도상태에 대한 변화의 속도를 나타내는 척도가 되는 정수
- **실효값** : 실제적인 열 효율값, 일반적으로 지칭하는 전압이나 전류값
  예 110[V], 220[V], 3[A], 10[A])
- **어드미턴스**(admittance) : 임피던스의 역수, Y[℧]로 표시한다.
- **역률**(power factor) : 전압과 전류의 위상차의 코사인(cos) 값
- **영상 임피던스**(image impedance) : 4단자망의 입·출력 단자에 임피던스를 접속하는 경우 좌우에서 본 임피던스 값이 거울의 영상과 같은 관계에 있는 임피던스
- **영상 전달정수**(image transfer constant) : 전력비의 제곱근에 자연대수를 취한 값으로 입력과 출력의 전력전달 효율을 나타내는 정수

- **왜형률**(distortion factor) : 전고조파의 실효값을 기본파의 실효값으로 나눈 값으로 파형의 일그러짐 정도를 나타낸다.
- **용량 리액턴스**(capacitive reactance) : 콘덴서의 충전작용에 의한 리액턴스
- **위상**(phase) : 주파수가 동일한 2개 이상의 교류가 동시에 존재할 때, 상호간의 시간적인 차이
- **위상정수**(phase constant) : 선로에서 단위 길이 당 위상의 변화정도를 나타내는 정수
- **위상차**(phase difference) : 2개 이상의 동일한 교류의 위상의 차
- **유도 리액턴스**(inductive reactance) : 인덕턴스의 유도 작용에 의한 리액턴스
- **유효전력**(active power) : 전원에서 부하로 실제 소비되는 전력
- **인덕턴스**(inductance) : 코일의 권수, 형태 및 철심의 재질 등에 의해 결정되는 상수, 단위는 (henry)로 나타낸다.
- **임계상태**(critical state) : 전류가 시간에 따라 증가하다가 어느 시각에 최대값으로 되고 점차 감소하는 상태
- **임피던스 정합**(impedance matching) : 회로망의 접속점에서 좌우를 본 입력 임피던스와 출력 임피던스의 크기를 같게 하는 것
- **임피던스**(impedance) : 교류에서 전류가 흐를 때의 전류의 흐름을 방해하는 R, L, C의 벡터적인 합
- **자동제어**(automatic control) : 제어장치에 의해 자동적으로 행해지는 제어
- **전기량**(quantity of electricity) : 전하가 가지고 있는 전기의 량
- **전달함수**(transfer function) : 모든 초기값을 0으로 하였을 때 출력신호의 라플라스 변환과 입력 신호의 라플라스 변환의 비
- **전류의 3대 작용** : ① 발열 작용(열작용) ② 자기 작용 ③ 화학 작용

- **전류의 발열작용** : 전열기에 전류를 흘리면 열이 발생하는 현상
- **전리**(ionization) : 물에 녹아 양이온과 음이온으로 분리되는 현상, 황산구리($CuSO_4$)
- **전위**(electric potential) : 임의의 점에서의 전압의 값
- **전파정수**(propagation constant) : 선로에서 전파되는 정도를 나타내는 정수
- **절연물** : 전기가 잘 통하지 않는 것
- **절연저항** : 절연물의 저항
- **정류회로**(commutation circuit) : 교류를 직류로 변환하는 회로
- **정상상태**(steady state) : 회로에서 전류가 일정한 값에 도달한 상태
- **정전류원**(constant current source) : 부하의 크기에 관계없이 출력전류의 크기가 일정한 전원
- **정전압원**(constant voltage source) : 부하의 크기에 관계없이 단자전압의 크기가 일정한 전원
- **정전용량**(electrostatic capacity) : 콘덴서가 전하를 축적할 수 있는 능력
- **정현파 교류** = 사인파 교류
  (시간의 변화에 따라 크기와 방향이 주기적으로 변화하는 전압, 전류)
- **제어**(control) : 기계나 설비 등을 사용목적에 알맞도록 조절하는 것
- **주기**(period) : 1 사이클의 변화에 요하는 시간
- **주파수** : 1초 동안 반복되는 사이클 수
- **직류**(direct current) : 시간의 변화에 따라 크기와 방향이 일정한 전압·전류
- **진동상태**(oscillatory state) : 전류가 시간에 따라 (+)값으로 증가하다가 어느 시각에 (−)값으로 감소하며 감쇠 진동 특성을 갖는 상태
- **최대값**(maximum value) : 교류의 순시값 중에서 가장 큰 값
- **컨덕턴스**(conductance) : 저항의 역수, 단위는 [℧], 기호로는 G로 나타낸다.

- **콘덴서**(condenser) : 2개의 도체 사이에 절연물을 넣어서 정전용량을 가지게 한 소자
- **특성임피던스**(characteristic impedance) : 선로에서 전압과 전류가 일정한 비
- **파고율**(crest factor) : 최대값을 실효값으로 나눈 값으로 파두(wave front)의 날카로운 정도를 나타낸다.
- **파장**(wave length) : 1 주기에 대한 거리 간격
- **파형** : 전압, 전류 등이 시간의 흐름에 따라 변화하는 양
- **파형율**(form factor) : 실효값을 평균값으로 나눈 값으로 파의 기울기 정도를 나타낸다.
- **평균값** : 순시값의 반주기에 대하여 평균한 값
- **폐회로**(closed circuit) : 회로망 중에서 닫혀진 회로
- **푸우리에 급수**(Fourier series) : 주기적인 비정현파를 해석하기 위한 급수
- **피상 전력**(apparent power) : 전원에서 공급되는 전력
- **허용전류**(allowable current) : 전선에 안전하게 흘릴 수 있는 최대 전류
- **화학당량**(chemical equivalent) : 어떤 원소의 원자량을 원자가로 나눈 값

  $$화학당량 = \frac{원자량}{원자가}$$

- **회로망**(network) : 복잡한 전기회로에서 회로가 구성하는 일정한 망
- **휘트스톤 브리지**(Wheatstone bridge) : $0.5 \sim 10^5$ [Ω]의 중저항 측정
- **ω(각속도)** : 1초 동안 회전한 각도[rad/s]
- **4 단자 정수**(four terminal constants) : 4단자망의 전기적인 성질을 나타내는 정수
- **4 단자망**(four terminal network) : 입력과 출력에 각각 2개의 단자를 가진 회로
- **a 접점**(arbeit contact) : 평상시 열려 있는 접점으로, 일명 make 접점이라고도 부른다.
- **b 접점**(break contact) : 평상시 닫혀 있는 접점

제 **1** 과목

전기이론

핵심이론편

01 CHAPTER

직류 회로

전기는 우리의 일상과 산업 현장 등에서 널리 이용되고 있다. 이 장은 직류회로를 중심으로 전류와 전압 및 저항의 성질을 이해하고 직류회로와 여러 가지 법칙과 전기적 현상과 작용 등을 알아본다.

전기의 본질 : 전기의 발생은 본질적으로 전자의 이동에 의해서 발생된다. 따라서 물질의 구조와 성질을 이해하고 전자의 이동을 정확히 파악해 보자.

▶ 물질의 전자와 양성자의 관계

제1절 원자와 분자

① 원자란 원소의 화학적 상태를 결정하는 최소의 기본 단위를 말하여 물질의 매우 작은 분자이다.
② 물질은 분자 또는 원자의 결합이며, 원자는 양전기를 가진 원자핵과 음전기를 가진 전자로 구성되어 있으며, 원자핵은 전자와 같은 수의 양자와 전기를 전혀 가지지 않는 중성자로 구성되어 있다.
③ 양자는 전자의 수와 같고, 중성자는 전기를 전혀 갖고 있지 않다.
④ 최외각 전자란 원자 내에서 원자핵의 주위를 돌고 있는 정해진 궤도에 일정수의 전자만이 존재할 수 있는데, 이때 가장 바깥쪽의 궤도를 돌고 있는 전자를 최외각 전자라 한다.
⑤ 자유전자(free electron)란 최외각 전자가 원자핵의 결합력이 약해져 외부의 자극에 쉽게 궤도를 이탈한 것을 자유전자라 한다.
⑥ 1개의 전자 전기량 : $e = -1.602 \times 10^{-19}[\text{C}]$
⑦ 1개의 전자 질량 : $9.109 \times 10^{-31}[\text{kg}]$
⑧ 전하란 물질의 마찰에 의하여 대전된 물체가 가지고 있는 전기를 말한다.

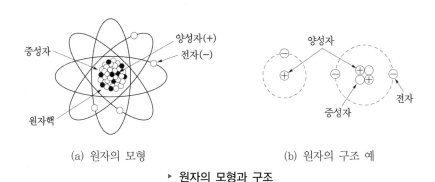

(a) 원자의 모형　　　　　(b) 원자의 구조 예

▶ **원자의 모형과 구조**

제2절　**전기 회로**

01 전류와 전압

(1) 전압 (전위차)

물은 수위가 높은 곳에서 낮은 곳으로 흐르게 되며, 이 세기는 수위 차, 즉 수압에 비례하게 된다. 즉, 수위가 높은 물은 그에 해당하는 위치 에너지를 가지고 있으며 이것이 수로를 통하여 흐를 때 이것이 속도와 압력의 에너지로 변환되어 수로의 도중에 수차가 있으면 이 것을 돌리는 일을 하게 된다. 이는 전기에 대해서도 같이 생각해 볼 수 있다. 물의 수위는 전기회로 내의 전위(electric potential)로 정 의하며, 이 전류는 전위가 높은 곳에서 낮은 곳으로 흐른다고 본다. 즉, 두 전하를 흐르게 하는 전기적인 에너지 차이 또는 전기적인 압 력의 차이를 두 점의 전위차(electric potential difference) 또는 전압(voltage)이라 한다.

$$V = \frac{W}{Q}\,[\mathrm{J/C}] = [\mathrm{V}]$$

$$W = QV\,[\mathrm{J}]$$

따라서 전류는 전위가 높은 곳에서 낮은 쪽으로 흐르며, 이 세기는 전위차, 전압에 비례한다. 전압의 기호로는 V로 나타내며, 단위로 는 볼트(volt, 기호[V])를 사용한다.

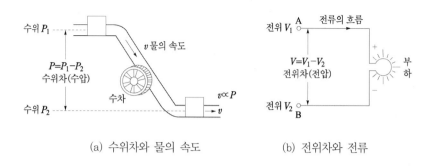

(a) 수위차와 물의 속도   (b) 전위차와 전류

▸ **수위차와 전위차의 관계**

만약 $Q[\text{C}]$의 전하가 어느 두 점 사이를 이동해서 $W[\text{J}]$의 일을 하고, 이때 두 점의 전위차가 $V[\text{V}]$ 생겼다면, 다음과 같은 관계식이 성립한다.

$$V = \frac{W}{Q}\,[\text{J/C}] = [\text{V}], \quad W = QV\,[\text{J}]$$

(2) 기전력

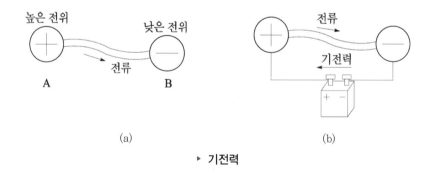

(a)   (b)

▸ **기전력**

위 그림과 같이 대전체에 전지를 연결하여 전위차를 일정하게 유지시켜 주면 계속하여 전류를 흘릴 수 있게 된다. 여기서 전지와 같이 전위차를 만들어 주는 힘을 기전력(emf : electromotive force)이라 한다. 기전력의 크기도 역시 연속적으로 발생되는 전위차의 대소, 즉 전압으로 표시되기 때문에 기전력의 단위는 전압과 같이 볼트[V]를 사용한다.

02 전류

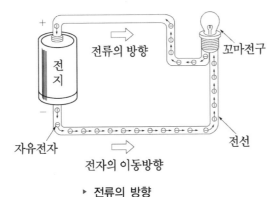

▸ **전류의 방향**

전기 회로에서 에너지가 전송되려면 전하의 이동이 있어야 한다. 이 전하의 이동을 전류(electric current)라고 한다.

그림과 같이 전지의 두 전극 사이에 구리 등의 금속 도체를 연결하면 도체 내에서 전하, 즉 자유 전자가 이동하여 전류가 흐르게 되는데, 이때의 자유전자는 음극에서 금속선을 통하여 양극으로 이동하고 전류의 방향은 전자가 이동하는 방향의 반대 방향으로 정한다.

이와 같이 전자는 음(−)극에서 양(+)극으로 이동하고, 전류는 양(+)극에서 음(−)극으로 흐른다. 기호는 I로 나타내며, 단위는 암페어(ampere, 기호는 [A])를 사용한다.

따라서 다음과 같은 식이 성립한다.

$$I = \frac{Q}{t}[\text{A}], \qquad Q = I \cdot t[\text{C}]$$

여기서 실제로 우리가 사용하는 전류는 그림 (a)와 같이 시간에 따라 전류가 한 방향으로만 흐르는 직류(DC : direct current)와 (b)와 같이 시간에 따라 크기와 방향이 주기적으로 변화하는 교류(AC : alternating current)로 분류된다.

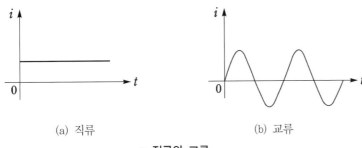

| (a) 직류 | (b) 교류 |

▸ **직류와 교류**

03 저항

전류의 흐름을 방해하는 성질을 가지는 회로의 소자를 전기 저항(electric resistance) 또는 간단히 저항(resistance)이라고 한다. 이 저항은 물질 (material)의 고유저항, 길이(length), 단면적(cross section area), 온도(temperature)의 4가지 요소에 따라서 그 값이 결정된다.

(1) 전기적 저항 $R = \rho \dfrac{l}{A} [\Omega]$

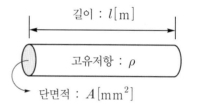

여기서, ρ : 고유저항, l : 길이, A : 단면적

다음과 같이 길이 l, 단면적 A의 도체 내에 전류가 흐르고 있을 때의 R을 전기 저항이라 하며 이 전기 저항은

$$R = \rho \dfrac{l}{A} [\Omega]$$

여기서, ρ는 저항률(resistivity) 또는 고유저항(specific resistance) 이라고 하며, 단위는 $[\Omega \cdot m]$를 사용하는데 도체의 재질에 따라 그 고유한 값을 가진다. 또한 전기 저항은 도체의 길이에 비례하고 도체의 단면적에 반비례한다.

국제 표준 연동의 고유저항 : $\rho_s = 1.7241 \times 10^{-8} [\Omega \cdot m]$

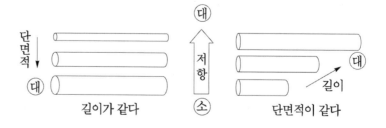

▶ 도체 저항의 단면적과 길이 관계

(2) 저항의 온도계수

온도에 따라 물질의 저항은 변화한다. 저항의 변화하는 상태는 물질에 따라 다르며, 저항의 온도가 1[℃] 올라갈 때 원래의 저항값에 대한 저항의 증가 비율을 온도계수(temperature coefficient)라고 한다.

온도 상승 전의 저항의 값을 R_0라고 하고 $t[℃]$에서의 저항값을 R_t라 할 때, 온도가 1[℃] 높아지면 R_0의 α_0배, $t[℃]$ 높아지면 그의 t배가 되므로 $\alpha_0 t R_0$만큼 커지므로 도선의 저항 R_t는 다음과 같은 관계식을 성립하게 된다.

$$R_t = R_0 + \alpha_0 t R_0 = R_0(1 + \alpha_0 t)$$

여기서, α_0란 국제 표준 연동에서의 온도계수 $\dfrac{1}{234.5}$이다. 일반적인 금속체에선 온도가 증가하면 저항은 증가하게 된다(α_0는 0보다 크므로). 하지만 탄소, 전해액, 반도체 등에서는 이 값이 0보다 적으므로 온도가 높아지면 저항은 감소하게 된다.

물질	고유저항 ρ(20[℃]) [$\mu\Omega \cdot cm$]	% 전도율 (20[℃])	온도 계수 (20[℃])
순 동	1.7241	100	0.00393
경동선	1.7774	97	0.00381
아연도금철선	13.262	13	–
순알루미늄(99.5[%])	2.733	63.3	0.0042
순니켈	7.500	23.1	0.0054
은	1.585	109	0.00405
니크롬 I	109.0	1.57	0.00019
니크롬 II	112.0	1.54	0.000172

(3) 절연 저항

일반적으로 절연물이란 전류를 흘리기 어려운 물질을 말한다. 우리는 이러한 성질을 이용하여 전류의 차폐재로서 절연물을 사용하게 된다. 다음 그림과 같이 절연물을 전극에 삽입하고 고전압을 가하게 될 경우 약하기는 하나 전류가 흐르게 된다. 이러한 전류를 누설전류(leakage current)라고 한다. 이것은 절연물에 가하는 전압과 흐르는 전압의 비로 나타낼 수 있으며 이를 절연 저항(insulation resistance)이라고 한다. 즉 V[V]의 전압을 가할 때 누설전류 I_l[A]가 흘렀다면, 절연 저항은 다음과 같이 정리할 수 있다.

$$R_절 = \frac{V}{I_l}\,[\Omega]$$

절연물의 저항값은 대단히 큰 값을 가지고 있으며 온도 계수는 음이 되며, 인가 전압이 높을수록 절연 저항은 적게 되는 성질이 있다. 또한 절연 저항은 전선의 길이가 길어질수록 적어지는데, 이것은 전선의 길이가 길수록 누설 전류에 대한 단면적이 늘어나 누설 전류가 많아지기 때문이다.

(4) 접지 저항

그림과 같이 전기 회로의 한 쪽 끝이나 전기기기의 외함 등을 대지와 같은 전위로 유지하도록 하는 것을 접지(earth)라고 한다. 이와 같이 접지를 하면 전류가 누설되거나 고전압이 발생되더라도 감전 사고를 방지할 수 있다.

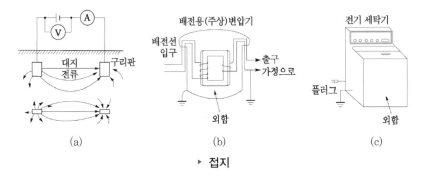

▶ 접지

(5) 접촉 저항

전기회로를 개폐하기 위하여 스위치를 사용하는데 이때 스위치의 날과 날받이에 접촉이 불량하면 전류가 흐를 때 그 부분에서 전압강하가 생기고 열이 발생한다. 이와 같이 접촉의 상태에 따라 정해지는 저항을 접촉 저항(contact resistance)이라 한다.

04 저항의 접속법

전기회로에서는 2개 이상의 저항을 전원에 접속하는 방법으로는 직렬 접속(series connection)과 병렬 접속(parallel connection)이 있다. 또한 이 두 가지를 혼합한 직·병렬 접속(series-parallel connection)이 있다.

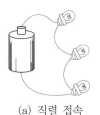 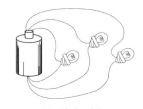 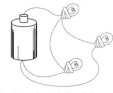

(a) 직렬 접속   (b) 병렬 접속   (c) 직·병렬 접속

▸ **저항의 접속법**

(1) 직렬 연결

그림은 2개의 저항 R_1과 R_2를 직렬로 접속하고 전압 V[V]를 가하였을 때 I[A]의 전류가 흐르고 있음을 나타낸다. 이 회로의 합성 저항을 구하면 다음과 같이 된다.

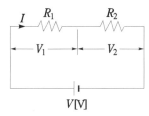

$$R_0 = R_1 + R_2$$

(2) 병렬 연결

그림은 2개의 저항 R_1과 R_2를 병렬로 접속하고 전압 V[V]를 가하였을 때 각 저항 R_1과 R_2에 I_1과 I_2전류가 흐르고 있음을 나타내고 있다 이 회로의 합성 저항은 다음과 같다.

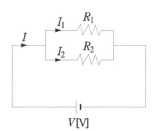

$$R_0 = \frac{R_1 \times R_2}{R_1 + R_2}$$

05 옴의 법칙

독일의 물리학자 옴(George Simon Ohm, 1787~1854)은 전압과 전류, 저항의 상호 관계를 실험적으로 증명한 법칙을 1827년 발표하였다. 이것은 저항에 흐르는 전류의 크기는 저항에 인가한 전압에 비례하며, 전기저항에는 반비례한다는 것이다. 이것을 옴의 법칙(Ohm's law)이라고 한다. 이는 다음과 같은 관계식을 가진다.

$$I = \frac{V}{R}[\text{A}]$$

$$V = IR[\text{V}]$$

$$R = \frac{V}{I}[\Omega]$$

전압 $V = IR\,[\text{V}]$ $\qquad$ $V = \dfrac{I}{G}\,[\text{V}]$

전류 $I = \dfrac{V}{R}\,[\text{V}]$ $\qquad$ $I = G\cdot V\,[\text{V}]$

저항 $R = \dfrac{V}{I}\,[\Omega]$

$G = \dfrac{1}{R} = \dfrac{I}{V}\,[\mho] = [\text{S}]$ 가 된다.

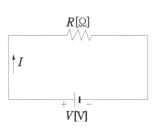

06 저항의 접속

(1) 직렬 연결(전류일정, 전압분배)

직렬 접속의 경우 $R_0 = R_1 + R_2$

전압의 분배

$$V_1 = \dfrac{R_1}{R_1 + R_2} \times V$$

$$V_2 = \dfrac{R_2}{R_1 + R_2} \times V$$

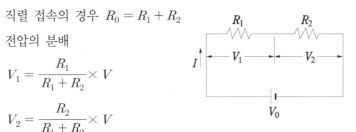

(2) 병렬 연결(전압일정, 전류분배)

병렬 접속의 경우

$$R_0 = \dfrac{1}{\dfrac{1}{R_1} + \dfrac{1}{R_2}} = \dfrac{R_1 R_2}{R_1 + R_2}\,[\Omega]$$

전류의 분배

$$I_1 = \dfrac{R_2}{R_1 + R_2} \times I\,[\text{A}]$$

$$I_2 = \dfrac{R_1}{R_1 + R_2} \times I\,[\text{A}]$$

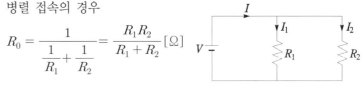

(3) 저항의 직·병렬 접속

합성 저항

$$R_0 = R + \dfrac{R_1 R_2}{R_1 + R_2}\,[\Omega]$$

$$I = \dfrac{V}{R_0}\,[\text{A}]$$

$$V = IR_0\,[\text{V}],\ V_1 = IR\,[\text{V}]$$

$$V_2 = I \times \dfrac{R_1 R_2}{R_1 + R_2}\,[\text{V}]$$

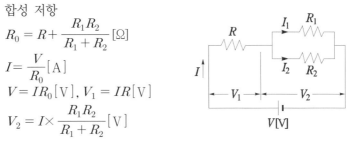

$$I_1 = \frac{V_2}{R_1}, \qquad I_2 = \frac{V_2}{R_2}$$

$$I_1 = \frac{R_2}{R_1 + R_2}I, \qquad I_2 = \frac{R_1}{R_1 + R_2}I$$

> ✓ Check
>
> **전류계와 전압계의 연결**
> - 전류계 : 직렬 연결
> - 전압계 : 병렬 연결

07 키르히호프법칙

간단한 회로에서의 전압, 전류, 저항을 계산하는 데 옴의 법칙이 가능하나 복잡한 회로망을 해석하는 데는 옴의 법칙으로는 해결하기가 어렵다. 이러한 복잡한 회로를 해석하는 데 키르히호프법칙(Kirchhoff's law)을 사용하는데 여기에는 제1법칙인 전류 법칙과 제2법칙인 전압 법칙이 있다.

(1) 제1법칙 → 전류 평형의 법칙

임의의 한 접속점에 들어오는 전류의 합은 흘러 나가는 전류의 합과 같다. 이는 전류의 연속성을 나타내는 법칙으로써 키르히호프 제1법칙 또는 전류 법칙(KCL : Kirchhoff's current law)이라 한다.

즉 $\sum$ 유입 전류 $= \sum$ 유출 전류

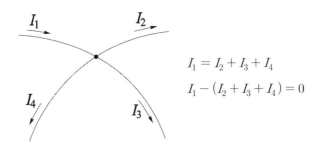

$$I_1 = I_2 + I_3 + I_4$$
$$I_1 - (I_2 + I_3 + I_4) = 0$$

이는 임의의 시간 동안에 회로 내의 한 접속점에 유입된 전하만큼 반드시 그 점에서 유출되므로 전하는 축적될 수도 없고, 발생할 수도 없음을 의미한다. 이를 전하 보존 법칙이라 한다.

(2) 제2법칙 → 전압 평형의 법칙

'임의의 한 폐회로 내에서의 전압강하는 전체의 기전력 합과 같다.'
라는 법칙은 전압과 기전력의 평형성을 나타내는 법칙으로 키르히
호프의 제2법칙 또는 전압 법칙 (KVL : Kirchhoff's voltage law)이
라 한다.

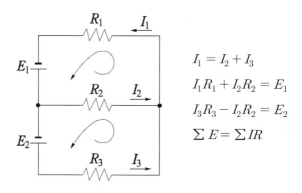

$$I_1 = I_2 + I_3$$
$$I_1 R_1 + I_2 R_2 = E_1$$
$$I_3 R_3 - I_2 R_2 = E_2$$
$$\sum E = \sum IR$$

즉 $\sum$ 기전력 $= \sum$ 전압강하

이것은 임의의 폐회로에서 한쪽 방향으로 일주하면서 취한 전압 상
승의 대수합은 전압강하의 대수합과 같다는 의미이다.

08 브리지 회로

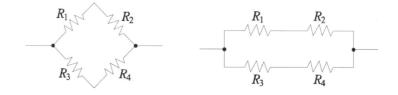

브리지 회로의 평형 조건은 다음과 같다. $R_1 R_4 = R_2 R_3$가 된다. 즉
평형이 되면 R_5에 흐르는 전류가 0이 되면서 a점과 b점의 전위가 같
아지게 된다는 걸 알 수 있다. 즉 이미 알고 있는 저항과 측정하고자
하는 미지의 저항과의 관계를 나타내고 있다.

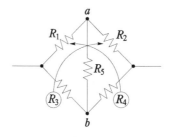

09 전지의 접속

(1) 직렬 접속

기전력이 E_1, E_2, E_3[V]이며 내부 저항이 r_1, r_2, r_3[Ω]인 전지3
개를 그림과 같이 직렬로 접속하고 이것에 부하 저항 R[Ω]을 연결
하였을 때 부하에 흐르는 전류 I[A]를 구한다면 다음과 같다.

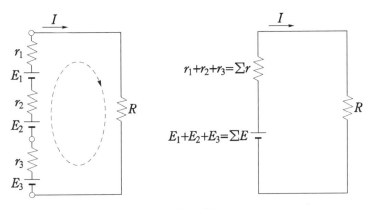

▸ **전지의 직렬 접속**

이 식을 키르히호프의 전압 법칙에 따라 적용하게 되면 다음과 같이
된다.

$$E_1 + E_2 + E_3 = r_1 I + r_2 I + r_3 I + RI\,[\mathrm{V}]$$

또한 이 식을 정리하면 $I = \dfrac{E_1 + E_2 + E_3}{r_1 + r_2 + r_3 + R}$[A]가 된다. 이때의

부하 전류 $I = \dfrac{nE}{nr + R}$[A]

여기서, n : 전지의 직렬개수,　E : 전지 기전력,
R : 부하저항,　r : 내부저항

이때 기전력, 내부저항은 n배가 되지만 용량은 불변이다.

(2) 병렬 접속

기전력이 E[V]이고 내부 저항이 r[Ω]인 같은 전지 m개를 그림과
같이 병렬 접속하고 이것에 부하 저항 R[Ω]을 연결하였을 경우 여
기에 흐르는 전류 I[A]는 다음과 같다.

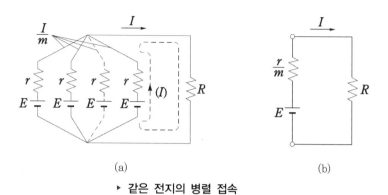

▶ **같은 전지의 병렬 접속**

역시 키르히호프의 전압 법칙을 적용하면 $\frac{r}{m}I + RI = E$가 되며 이 식을 다시 정리하면 $I = \dfrac{E}{\frac{r}{m} + R}$[A]가 된다. 즉 부하전류 I[A]는 다음과 같다.

$$I = \frac{E}{\frac{r}{m} + R}$$

여기서, m : 전지의 병렬개수, E : 전지 기전력,

R : 부하저항, r : 내부저항

이때 기전력은 불변하며, 내부저항은 $\frac{1}{m}$배가 되며, 용량은 m배가 된다.

(3) 전지의 직·병렬 접속

기전력이 E[V]이고 내부 저항이 r[Ω]인 같은 전지 n개를 직렬로 접속한 것을 m조의 병렬로 그림과 같이 접속하고 이것에 부하 저항 R[Ω]을 연결하였을 때 부하에 흐르는 전류 I[A]를 구해보자. 그림 (a)에서 전지의 기전력과 내부 저항이 같으므로 n개의 합성 기전력 nE[V], 합성 내부 저항은 nr[Ω]이므로 그림 (b)와 같은 등 가 회로가 된다. 다시 m조의 병렬로 접속한 전지의 기전력을 nE [V], 합성 내부 저항을 $\frac{n}{m}r$[Ω]이므로 그림 (c)와 같은 등가 회로 가 된다. 따라서 전류 I[A]는 다음과 같이 된다.

$$I = \frac{nE}{\frac{n}{m}r + R}[\text{A}]$$

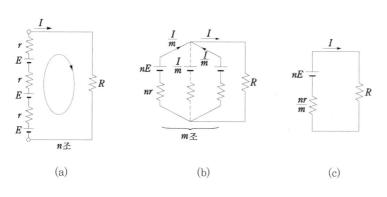

제1과목

◆ 전기이론

(a)　　　　　　　(b)　　　　　　　(c)

▸ 같은 전지의 직·병렬 접속

10 배율기와 분류기

(1) 배율기

전압계의 측정 범위를 넓히기 위하여 전압계와 직렬로 저항을 접속하여 측정한다. 이때 직렬로 연결한 저항을 배율기(multiplier)라고 한다.

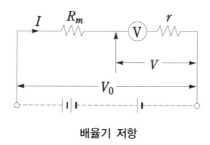

배율기 저항

$$V_0 = V\left(\frac{R_m}{r} + 1\right)$$

여기서, V_0 : 최대로 측정할 수 있는 전압

V : 전압계의 지시 전압

R_m : 배율기 저항

r : 전압계 내부저항

n : 배수 $\left(\dfrac{V_0}{V}\right)$

$R_m = (n-1)r$

(2) 분류기

전류계의 측정 범위를 넓히기 위하여 전류계와 병렬로 저항을 접속하여 측정한다. 이때 병렬로 연결한 저항을 분류기라고 한다.

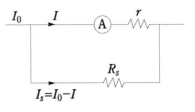

분류기 저항

$$I_0 = I\left(\frac{r}{R_s} + 1\right)[\text{A}]$$

여기서, I_0 : 최대로 측정할 수 있는 전류

I : 전류계의 지시 전류

R_s : 분류기 저항

r : 전류계 내부 저항

n : 배수 $(\frac{I_0}{I})$

11 전력, 전력량, 열량

(1) 전력

전기가 하는 일을 전기 에너지라고 한다. 단위시간, 1초[sec] 동안에 전송되는 전기 에너지를 전력(electric power)이라 한다. 기호로는 P로 나타내며, 단위는 와트(Watt, 기호 [W])를 사용한다. 이는 다음과 같은 관계식을 갖는다.

$$\text{전력 } P = \frac{W}{t} = VI = I^2 R = \frac{V^2}{R}[\text{W}]$$

즉 1 와트[W]는 1초[sec] 동안에 변환되거나 전송되는 에너지가 1 줄[J]일 때의 전력을 말하게 된다. 여기서 와트[W]는 [J/sec]와 같은 단위가 된다.

또한, 단위 시간의 전기적 에너지를 전력이라고 하며, 단위 시간의 기계 에너지는 동력 또는 공률이라고 하는데, 전동기와 같은 기계 동력의 단위로 사용되는 마력[horse power, 기호 [HP])과 와트[W]는 다음과 같은 관계를 갖는다.

1[HP] = 746[W]

(2) 전력량

단위 시간 1[sec] 동안 전기 에너지를 전력이라고 하는데, 어느 일정 시간 동안의 전기 에너지가 한 일의 양을 전력량이라 한다. 즉 전력량 W는 전력 P[W]에 시간 t[sec]의 곱으로 나타낸다.

전력량 $W = Pt = I^2Rt = \dfrac{V^2}{R}t$[J]

여기서 전력량의 단위는 줄(joule, 기호 [J])이 된다. 하지만 실용상 단위로는 [W·sec]를 많이 사용하며, [Wh] 또는 [kWh] 등의 단위를 사용한다. 또한, 전력량을 측정하는 것을 전력량계라 하며, 가정이나 사무실 등에서 사용하는 전기 기기의 전력 소비량을 측정하는 곳에서는 적산 전력계(watt hour meter)를 사용한다.

(3) 열량

줄의 법칙

① $H = 0.24W = 0.24Pt = 0.24VIt = 0.24I^2Rt$

    $= 0.24\dfrac{V^2}{R}t$[cal]

② $H = mc\Delta T$[cal]

여기서 열량의 단위로는 칼로리(calorie, 기호 [cal])라는 단위를 가장 많이 사용하며, 1[cal]는 4.2[J]이라고 한다.

제3절 **열전 효과**

01 제어백 효과

그림과 같이 구리와 콘스탄탄을 접속하고 다른 쪽에 전압계를 연결하여 그 접속부를 가열하게 되면 전압이 발생하게 되는데 이와 같이 서로 다른 금속을 접합하여 접속점에 온도차를 주면 기전력이 발생하는 현상을 열전 효과 또는 제어백 효과(Seebeck effect)라 한다. 이때 발생되는 기전력을 열기전력(thermo-electromotive force)이라 하고 전류를 열전류(thermoelectric current)라 하고, 이러한 장치를 열전쌍(thermoelectric couple) 또는 열전대라 한다.

또한 열기전력의 크기가 온도에 따라 변화하는 성질을 이용하여 온도를 측정할 수 있는데 이것을 열전 온도계(thermoelectric thermometer)라 한다.

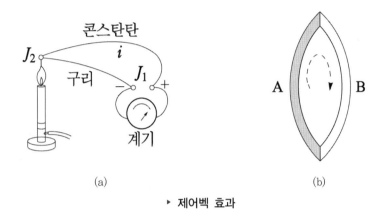

(a)   (b)

▸ 제어벡 효과

02 펠티어 효과

아래 그림과 같이 비스무트와 안티몬을 접속하고 그림과 같은 방향으로 전류를 흘리면 C에서는 주위의 열을 흡수하는 현상이 생기고 A, B에서는 발열 현상이 나타난다. 즉 서로 다른 금속을 접합하여 접속점에 전류를 흘리면 열의 발생, 열을 흡수하는 현상을 펠티어 효과(Peltier effect)라 한다.

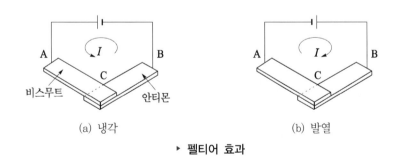

(a) 냉각   (b) 발열

▸ 펠티어 효과

03 톰슨 효과

동일 금속을 접합하여 접속점에 전류를 흘리면 열의 발생, 열을 흡수하는 현상

제4절 전기 화학

01 전기분해

전해액에 전류를 흘려 화학적으로 금속을 석출하는 현상을 전기분해라 한다.

02 패러데이 법칙(전기분해의 법칙)

패러데이(Faraday)는 전기분해 현상을 실험적으로 연구한 결과 1933년 다음과 같은 중요한 사실을 발견하였다.

• 석출량은 통과한 전기량에 비례한다.

• 같은 양의 전극에서 석출된 물질의 양은 그 물질의 화학당량에 비례한다.

• 석출량 $W = KQ = KIt$ [g]

이것을 전기분해에 관한 패러데이의 법칙(Faraday's law)이라고 한다. 즉 석출량은 이동한 전기량 $Q = It$에 비례하게 되는데, 그 비례상수 k는 1[C]의 전기량으로 석출되는 양이며 이것을 전기 화학당량(electro chemical equivalent)이라 한다.

03 전지

화학 에너지를 전기 에너지로 변환하는 장치를 전지라고 한다. 이러한 전지 중에는 재생할 수 없는 것을 1차 전지(primary cell)라 하고, 외부에서 에너지를 주면 반응이 가역적이 되는 것을 2차 전지(secondary cell)라 한다.

(1) 보통 건전지

아래 그림과 같이 염화암모늄(NH_4Cl) 용액 속에 아연판과 탄소판을 넣고 그 판에 전압계를 접속하면 약 1.5~1.7[V] 전압이 나타나게 된다. 스위치를 닫아 부하에 연결하면 전류가 흐르게 되는데, 이것은 아연 전극이 염화암모늄 용액에 Zn^{++}의 이온 상태로 융해가 되어 아연판은 음전하를 가지게 되며 용액 중의 H^+의 이온이 탄소판에 부착하여 탄소판이 양전하를 갖기 때문이다. 이 전압을 이용하게 되어 부하에 전류를 흘리면 탄소판에서 수소 기포가 발생하여 전압계의 지시는 떨어지며 전류계의 값은 거의 0을 지시한다. 이것은 탄소판에서 발생한 수소 기포가 탄소판에 부착하여 전류의 흐름을 방해하는 작용을 하기 때문인데, 이와 같이 전지에 전류가 흐르면 양극에 수소가 생겨 기전력이 감소하는 현상을 분극 작용(polarization effect)이라 한다.

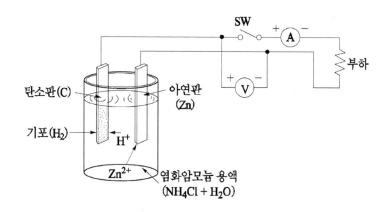

▶ 르클랑셰 전지의 원리

따라서, 이와 같은 작용을 막기 위하여 수소를 어떤 화학 약품으로 화합시켜 수소 가스를 없애야 하는데, 이 목적으로 쓰이는 것을 감극제(depolarizer)라 한다.

전지에서 이상화 망간(MnO_2)을 용액 속에 넣으면 수소는 산화되어 물이 되고 전도성이 높아져 전압계의 지시는 올라가고 계속 전류를 흘릴 수 있게 된다. 그러나 장시간 사용하게 되면 염화암모늄 용액의 농도가 점차 작아지므로 전압이 감소하여 사용할 수 없게 되는데, 이와 같은 전지를 르클랑셰 전지(Leclanche cell)라 하며 그 전압은 약 1.5[V]가 된다.

(2) 납(연) 축전지

아래 그림과 같이 묽은 황산(비중 약 1.2~1.3) 용액에 납(Pb)판과 이산화납(PbO_2) 판을 넣으면 이산화납에 (+), 납에 (−)의 약 2[V]의 전압이 나타난다. 이와 같은 전지를 납 축전지(lead storage battery)라 한다.

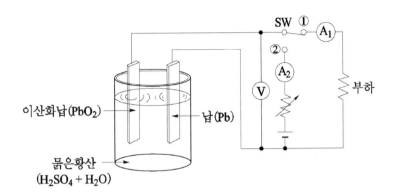

▸ **납축전지의 원리**

납축전지의 화학 반응식은 다음과 같다.

$$\underset{\text{양극}}{PbO_2} + \underset{\text{전해액}}{2H_2SO_4} + \underset{\text{음극}}{Pb} \underset{\text{(충전)}}{\overset{\text{(방전)}}{\rightleftarrows}} \underset{\text{양극}}{PbSO_4} + \underset{\text{전해액}}{2H_2O} + \underset{\text{음극}}{PbSO_4}$$

충전의 경우 전지의 단자 전압이 어느 한도를 넘으면 양극에서는 산소와 음극에서는 수소가 발생하게 되는데, 이때 전압이 갑자기 증대하게 된다. 이때 충전 완료 전압은 대략 2.4[V] 정도로 하며, 특히 방전의 경우 전압이 지나치게 떨어지게 되면 극판 위에 비가역성의 백색 황산납의 결정이 생겨 극판이 휘고 내부 저항이 증가하게 된다. 납축전지의 용량은 충분히 충전한 다음 전류를 흘려 방전 종지 전압이 될 때까지의 전기량으로 나타내며 단위로는 [Ah]를 사용하게 된다. 따라서 축전지의 용량 Q는 다음과 같다.

$$Q = I \times H [\text{Ah}]$$

01

어떤 물질이 정상 상태보다 전자의 수가 많거나 적어졌을 경우를 무엇이라고 하는가?

① 방전
② 전기량
③ 대전
④ 전하

해설

정상 상태보다 전자의 수가 많거나 적어졌을 경우 대전(electrification) 되었다고 한다.

02

전자 1개가 갖는 전기량은?

① $e = 1.602 \times 10^{-10}$ [C]
② $e = 1.602 \times 10^{-15}$ [C]
③ $e = 1.602 \times 10^{-19}$ [C]
④ $e = 1.602 \times 10^{-20}$ [C]

해설

전자 1개가 갖는 전기량 $e = 1.602 \times 10^{-19}$[C]가 된다.

03

원자핵의 구속력을 벗어나서 물질 내에서 자유로이 이동할 수 있는 것은?

① 중성자
② 음성자
③ 정공
④ 자유전자

해설

자유전자란 최외각 전자가 원자핵과의 결합력이 약해져 외부의 자극에 쉽게 궤도를 이탈한 것

04

어느 도체에 3[A]의 전류를 1시간 동안 흘렸다. 이동된 전기량은 얼마인가?

① 180[C]
② 1,800[C]
③ 10,800[C]
④ 28,000[C]

해설

$Q = I \cdot t$[C]
$Q = 3 \times 3,600 = 10,800$[C]

05

어떤 도체를 t 초 동안에 Q[C]의 전기량이 이동하면 이때 흐르는 전류 I는?

① $I = V \cdot t$
② $I = \dfrac{1}{Vt}$
③ $I = \dfrac{t}{Q}$
④ $I = \dfrac{Q}{t}$

해설

$Q = I \times t$[C], $\quad I = \dfrac{Q}{t}$[A]

06

3[V]의 기전력으로 300[C]의 전기량이 이동할 때 몇 [J]의 일을 하게 될 것인가?

① 900
② 700
③ 600
④ 500

해설

$W = V \cdot Q = 3 \times 300 = 900$[J]

정답 01 ③ 02 ③ 03 ④ 04 ③ 05 ④ 06 ①

07

그림과 같은 회로에서 각 저항에 생기는 전압 강하와 단자 전압[V]은 얼마인가?

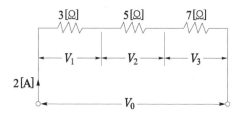

① $V_1 = 8$, $V_2 = 5$, $V_3 = 10$, $V_0 = 25$
② $V_1 = 6$, $V_2 = 10$, $V_3 = 14$, $V_0 = 30$
③ $V_1 = 10$, $V_2 = 5$, $V_3 = 14$, $V_0 = 27$
④ $V_1 = 6$, $V_2 = 5$, $V_3 = 9$, $V_0 = 22$

해설
$V_1 = IR_1 = 2 \times 3 = 6[\text{V}]$
$V_2 = IR_2 = 2 \times 5 = 10[\text{V}]$
$V_3 = 2 \times 7 = 14[\text{V}]$
$V_0 = (3+5+7) \times 2 = 30[\text{V}]$

08

전기량의 단위는 어떻게 되는가?

① [C] ② [F]
③ [A] ④ [H]

해설
전기량의 단위는 쿨롱[C]을 사용한다.

09

부하의 전압과 전류를 측정할 때 전압계와 전류계를 연결하는 방법이 옳게 된 것은?

① 전압계는 병렬 연결, 전류계는 직렬 연결한다.
② 전압계는 직렬 연결, 전류계는 병렬 연결한다.
③ 전압계는 전류계는 모두 병렬 연결한다.
④ 전압계는 전류계는 모두 직렬 연결한다.

해설
전압계는 병렬로 연결하고, 전류계는 직렬로 연결한다.

10

옴의 법칙을 옳게 설명한 것은?

① 저항과 전류는 비례한다.
② 전압과 전류는 반비례한다.
③ 전압은 저항과 반비례한다.
④ 전압과 전류는 비례한다.

해설
옴의 법칙 $I = \dfrac{V}{R}[\text{A}]$이므로 전압과 전류는 비례한다.

11

전류를 흐르게 하는 능력을 무엇이라 하는가?

① 전기량 ② 기전력
③ 양성자 ④ 저항

해설
전류를 흐르게 하는 능력을 기전력이라 한다.

12

300[Ω]의 저항 3개를 사용하여 가장 작은 합성 저항을 얻는 경우는 몇 [Ω]인가?

① 10 ② 20
③ 50 ④ 100

해설
저항의 경우 직렬로 연결하면 그 값은 커지고 병렬로 연결하면 그 값은 작아진다.
그러므로 $R = \dfrac{300}{3} = 100[\Omega]$이 된다.

정답 07 ② 08 ① 09 ① 10 ④ 11 ② 12 ④

13

1[W·sec]는 어느 것과 같은 것인가?

① 1[kcal]
② 1[N·m²]
③ 1[J]
④ 860[kWh]

해설

1[W·sec] = 1[J]가 된다.

14

6개의 같은 저항을 병렬로 접속하여 120[V]에 접속하니 30[A]의 전류가 흘렀다. 저항 1개의 저항값은 얼마인가?

① 4
② 6
③ 12
④ 24

해설

6개의 합성저항 $R = \dfrac{V}{I} = \dfrac{120}{30} = 4[\Omega]$

병렬합성저항은 $R = \dfrac{r}{n}$

$r = nR = 6 \times 4 = 24[\Omega]$

15

3[Ω]과 6[Ω]의 저항을 직렬 연결할 경우 병렬의 몇 배인가?

① $\dfrac{1}{4.5}$
② 4.5
③ $\dfrac{1}{6.5}$
④ 6.5

해설

직렬 연결 시의 합성저항 $R_{01} = 3 + 6 = 9[\Omega]$

병렬 연결 시의 합성저항 $R_{02} = \dfrac{3 \times 6}{3 + 6} = 2[\Omega]$

$\dfrac{R_{01}}{R_{02}} = \dfrac{9}{2} = 4.5$배가 된다.

16

일정한 직류 전원에 저항을 접속하여 전류를 흘릴 때 이 전류값을 10[%] 증가시키려면 저항은 처음의 몇 [%]가 되어야 하는가?

① 0.8
② 0.91
③ 1.4
④ 1.8

해설

저항 $R = \dfrac{V}{I}$ 저항과 전류는 서로 반비례 관계이므로

$R' = \dfrac{1}{1.1} = 0.91$이 된다.

17

30[℧]의 컨덕턴스를 가진 저항체에 1.5[V]의 전압을 가하면 전류[A]는?

① 20
② 45
③ 50
④ 90

해설

$I = \dfrac{V}{R} = GV = 30 \times 1.5 = 45[A]$

18

다음 중 저항기의 저항체로서 필요한 조건이 아닌 것은 어느 것인가?

① 고유 저항이 클 것
② 저항의 온도 계수가 작을 것
③ 구리에 대한 열기전력이 클 것
④ 가격이 저렴할 것

해설

저항체의 필요 조건
- 고유 저항이 클 것
- 저항의 온도 계수가 적을 것
- 구리에 대한 열기전력이 작을 것
- 가격이 저렴할 것

정답 13 ③ 14 ④ 15 ② 16 ② 17 ② 18 ③

19

지멘스(Siemens)는 무엇의 단위인가?

① 인덕턴스　　　　② 컨덕턴스
③ 캐패시턴스　　　④ 도전율

저항의 역수인 컨덕턴스(conductance)는 $[\frac{1}{\Omega}]$의 단위를 사용하고 이를 mho[℧] 또는 지멘스라 한다.

20

M.K.S 단위계에서 고유 저항의 단위는?

① $[\Omega \cdot m]$　　　② $[\Omega \cdot mm^2/m]$
③ $[Wb]$　　　　　④ $[\Omega \cdot cm]$

고유저항의 단위는 $[\Omega \cdot m]$

21

4[℧]와 6[℧]의 컨덕턴스를 병렬로 접속하면 합성 컨덕턴스는 몇 [℧]인가?

① 6　　　　　② 10
③ 12　　　　④ 18

컨덕턴스는 저항의 역수로서 병렬 접속의 경우 저항의 직렬 접속과 같다.
$G_0 = G_1 + G_2 = 4+6 = 10[℧]$

22

8[Ω], 6[Ω], 11[Ω]의 저항 3개가 직렬 접속된 회로에 4[A]의 전류가 흐르면 가해준 전압은 몇 [V]인가?

① 60　　　　② 80
③ 100　　　④ 120

$V = IR_0 = 4 \times 25 = 100[V]$
$R_0 = R_1 + R_2 + R_3 = 8+6+11 = 25[\Omega]$

23

표준 연동의 고유 저항값[$\Omega \cdot mm^2/m$]은?

① $\frac{1}{50}$　　　② $\frac{1}{55}$
③ $\frac{1}{58}$　　　④ $\frac{1}{60}$

• 연동의 고유저항은 $\frac{1}{58}[\Omega \cdot mm^2/m]$
• 경동의 고유저항은 $\frac{1}{55}[\Omega \cdot mm^2/m]$

24

저항 R_1, R_2, R_3가 병렬로 접속되어 있을 때 합성 저항은?

① $\frac{R_1 R_2 R_3}{R_2 R_3 + R_1 R_2 + R_1 R_3}$

② $\frac{R_1 + R_2 + R_3}{R_2 R_3 + R_1 R_2 + R_1 R_3}$

③ $\frac{R_2 R_3 + R_1 R_2 + R_1 R_3}{R_1 + R_2 + R_3}$

④ $\frac{R_2 R_3 + R_1 R_2 + R_1 R_3}{R_1 R_2 R_3}$

$R_0 = \frac{1}{\frac{1}{R_1}+\frac{1}{R_2}+\frac{1}{R_3}} = \frac{R_1 R_2 R_3}{R_1 R_2 + R_2 R_3 + R_3 R_1}[\Omega]$

정답 19 ② 20 ① 21 ② 22 ③ 23 ③ 24 ①

Chapter 01 직류 회로 79

25

4[Ω], 5[Ω], 8[Ω]의 저항 3개를 병렬로 접속하고 여기에 40[V]의 전압을 가했을 때 전 전류는 몇 [A]인가?

① 10[A]　② 16[A]　③ 20[A]　④ 23[A]

해설

$$I = \frac{V}{R_0} = \frac{40}{1.74} \fallingdotseq 23[A]$$

$$R_0 = \frac{R_1 R_2 R_3}{R_1 R_2 + R_2 R_3 + R_3 R_1} = \frac{4 \times 5 \times 8}{4 \times 5 + 5 \times 8 + 8 \times 4} = 1.74$$

26

그림에서 전류 I_1[A]는?

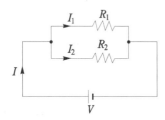

① $I + I_2$

② $\dfrac{R_2}{R_1 + R_2} I$

③ $\dfrac{R_1}{R_1 + R_2} I$

④ $\dfrac{R_1 + R_2}{R_1} I$

해설

$$I_1 = \frac{R_2}{R_1 + R_2} I[A], \quad I_2 = \frac{R_1}{R_1 + R_2} I[A]$$

27

그림의 회로에서 I_1[A]은?

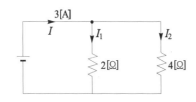

① 10　② 5　③ 4　④ 2

해설

$$I_1 = \frac{R_2}{R_1 + R_2} I = \frac{4}{2+4} \times 3 = 2[A]$$

28

그림과 같은 회로에 저항이 $R_1 > R_2 > R_3 > R_4$일 때 전류가 최소로 흐르는 저항은?

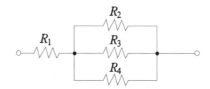

① R_1　　　② R_2

③ R_3　　　④ R_4

해설

$I_1 = I_2 + I_3 + I_4$

전류의 크기는 저항에 반비례하여 흐르기 때문에 대소 관계는 다음 같다.

$I_1 > I_4 > I_3 > I_2$

29

그림에서 a, b 간의 합성 저항은?

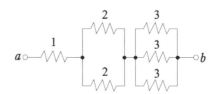

① 6[Ω]　　　② 5[Ω]

③ 4[Ω]　　　④ 3[Ω]

해설

$$R_{ab} = 1 + \frac{2}{2} + \frac{3}{3} = 3[\Omega]$$

정답 25 ④　26 ②　27 ④　28 ②　29 ④

30

10[Ω]과 15[Ω]의 병렬회로에서 10[Ω]에 흐르는 전류가 3[A]이라면 전체 전류[A]는?

① 5   ② 10   ③ 15   ④ 20

해설

병렬이므로 전압이 일정하다.

$V_{10} = IR = 3 \times 10 = 30[V]$

$I_{15} = \dfrac{V}{R} = \dfrac{30}{15} = 2[A]$

$I_0 = 3 + 2 = 5[A]$

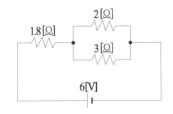

10[Ω]

15[Ω]

31

그림과 같은 회로에서 2[Ω]에 흐르는 전류[A]는?

2[Ω]

1.8[Ω]

3[Ω]

6[V]

① 0.5   ② 1   ③ 1.2   ④ 1.5

해설

$R_0 = R_1 + \dfrac{R_2 R_3}{R_2 + R_3} = 1.8 + \dfrac{2 \times 3}{2 + 3} = 3[\Omega]$

$I = \dfrac{6}{3} = 2[A]$

2[Ω]의 전류 $I_1 = \dfrac{3}{2+3} \times 2 = 1.2[A]$

32

키르히호프의 법칙을 잘못 설명한 것은?

① 키르히호프의 제1법칙을 적용한다.
② 각 폐회로에서 키르히호프의 제2법칙을 적용한다.
③ 계산결과 전류가 ＋로 표시된 것은 처음에 정한 방향과 반대 방향임을 나타낸다.
④ 각 회로의 전류를 문자로 나타내고 방향을 가정한다.

해설

키르히호프 법칙을 계산 후 계산결과가 −값이 나오게 되면 처음 정한 방향과 반대 방향임을 나타낸다.

33

기전력 2[V], 용량 10[Ah]인 축전지를 6개 직렬로 연결하여 사용할 때의 기전력은 12[V]로 된다. 이때 용량은?

① 60[Ah]   ② 10[Ah]

③ 120[Ah]   ④ 600[Ah]

해설

전지를 직렬 연결할 경우 용량은 변하지 않는다.

34

패러데이의 법칙을 설명한 것은?

① 전극에서 석출되는 물질의 양은 통과한 전기량의 제곱에 비례한다.
② 전극에서 석출되는 물질의 양은 통과한 전기량의 제곱에 반비례한다.
③ 전극에서 석출되는 물질의 양은 통과한 전기량에 비례한다.
④ 전극에서 석출되는 물질의 양은 통과한 전기량에 반비례한다.

해설

패러데이 법칙
• 석출량은 통과한 전기량에 비례한다.
• 같은 양의 전극에서 석출된 물질의 양은 그 물질의 화학 당량에 비례한다.
• 석출량 $W = KQ = KIt[g]$

정답 **30** ① **31** ③ **32** ③ **33** ② **34** ③

35

용량 180[Ah]의 납축전지를 10[h]의 방전율로 사용하면 방전전류[A]는?

① 18   ② 180
③ 1,800   ④ 3,600

해설

축전지 용량[Ah] = 방전전류[A] × 방전시간[h]

∴ 방전전류 $= \dfrac{180}{10} = 18[A]$

36

전지를 쓰지 않고 오래 두면 못쓰게 되는 까닭은?

① 정전 유도 작용   ② 분극 작용
③ 국부 작용   ④ 전해 작용

해설

전지 내부에 불순물에 의해 순환전류가 흘러 기전력이 감소하는 작용을 국부 작용이라 한다.

37

전기분해에 의하여 석출된 물질의 양을 W[g], 시간을 t[sec], 전류를 I[A]라 하면 패러데이 법칙은 어느 것인가?

① $W = KIt$ ② $W = KtI^2$
③ $W = K^2$ ④ $W = KIt \times 60$

해설

패러데이 법칙의 석출량 $W = KQ = KIt$[g]와 같다.

38

2개의 서로 다른 금속을 접합하여 두 접합점에 온도차를 주면 기전력이 발생하는 현상은?

① 렌츠 법칙   ② 펠티어 효과
③ 제베크 효과   ④ 패러데이 법칙

해설

제어백(제베크)효과는 서로 다른 두 종류의 금속을 접합하여 두 접속점에 온도차를 주면 회로 내에 기전력이 발생하여 전류가 흐르는 현상을 말한다.

39

전기 냉동기는 다음 어떤 효과를 응용한 것인가?

① 페란티 효과   ② 초전도 효과
③ 펠티어 효과   ④ 줄 효과

해설

전기 냉동기는 펠티어 효과를 이용한 것이다.

40

두 종류의 금속의 접합부에 전류를 흘리면 전류의 방향에 따라 줄열 이외의 열의 흡수 또는 발생 현상이 생긴다. 이러한 현상을 무엇이라 하는가?

① 제베크 효과   ② 페란티 효과
③ 펠티어 효과   ④ 줄효과

해설

펠티어 효과란 서로 다른 두 종류의 금속을 접합하여 접합부에 전류를 흘리면 한쪽선 열을 발생, 다른 한쪽선 열을 흡수하는 현상을 말한다.

41

전기 도금을 하려고 할 때 도금하려는 물체가 접속해야 하는 극은?

① 음극   ② 양극
③ 어디든지 관계없다. ④ 접속할 수 없다.

해설

전기 도금이란 양극의 물질이 음극에 석출되는 것을 말한다.

정답 35 ① 36 ③ 37 ① 38 ③ 39 ③ 40 ③ 41 ①

42

1[Ω · m]와 같은 것은?

① $1[\mu\Omega \cdot cm]$　　　② $10^6[\Omega \cdot mm^2/m]$

③ $10^2[\Omega \cdot mm^2]$　　　④ $10^4[\Omega \cdot cm]$

해설
고유 저항의 단위는 1[Ω · m]=10^6[Ω · mm²/m]가 된다.

43

어떤 전압계의 배율을 10배로 하려면 배율기의 저항을 전압계 내부저항의 몇 배로 하여야 하는가?

① 9　　　　　　　② 10

③ $\dfrac{1}{9}$　　　　　　④ $\dfrac{1}{100}$

해설
$R_m = (n-1)r = (10-1) \times r = 9 \times r$
배율기 저항은 전압계 내부저항에 9배가 된다.

44

100[V]의 전압을 측정하고자 10[V]의 전압계를 사용할 때 배율기의 저항은 전압계 내부 저항에 몇 배로 하면 되는가?

① 5　　　　　　　② 9

③ 12　　　　　　④ 15

해설
$V_0 = V\left(\dfrac{R_m}{r}+1\right)$　　배율 $m = \dfrac{V_0}{V}$

$m = \left(\dfrac{R_m}{r}+1\right)$　　　$R_m = r(m-1)$이 된다.

$r(10-1) = 9r$이 된다.

45

전류계의 측정 범위를 확대하기 위하여 전류계와 병렬 접속하는 저항기는?

① 배율기　　　　② 분류기

③ 동기기　　　　④ 변압기

해설
전류계와 병렬로 접속하는 저항기를 분류기라고 한다.

46

분류기의 배율을 나타낸 식은 무엇인가? (단, R_s는 분류기의 저항이다.)

① $\dfrac{r}{R_s}+1$　　　　② $\dfrac{R_s}{r}+1$

③ $\dfrac{r}{R_s}$　　　　　④ $\dfrac{R_s+1}{r}$

해설
분류기의 배율은 $m = \dfrac{I_0}{I} = \left(\dfrac{r}{R_s}+1\right)$이 된다.

47

굵기 4[mm], 길이 1[km]의 경동선의 전기저항은?
(단, 경동선의 고유저항 ρ는 1/55[Ω · mm²/m]이다.)

① 1.0[Ω]　　　　② 1.4[Ω]

③ 1.8[Ω]　　　　④ 2.0[Ω]

해설
저항 $R = \rho\dfrac{l}{A} = \rho\dfrac{l}{\dfrac{\pi d^2}{4}} = \dfrac{4 \times \dfrac{1}{55} \times 1,000}{\pi \times 4^2} \fallingdotseq 1.4[\Omega]$

정답　42 ②　43 ①　44 ②　45 ②　46 ①　47 ②

48

고유저항이 가장 큰 것은 어느 것인가?

① 니켈
② 구리
③ 백금
④ 알루미늄

해설

• 니켈 → $6.9 \times 10^{-8} [\Omega \cdot m]$
• 구리 → $1.69 \times 10^{-8} [\Omega \cdot m]$
• 백금 → $10.5 \times 10^{-8} [\Omega \cdot m]$
• 알루미늄 → $2.62 \times 10^{-8} [\Omega \cdot m]$

49

국제 표준 연동의 고유저항은 몇[$\Omega \cdot m$]인가?

① 1.7241×10^{-5}
② 1.7241×10^{-7}
③ 1.7241×10^{-8}
④ 1.7241×10^{-10}

해설

연동의 고유저항 $= \dfrac{1}{58} [\Omega \cdot mm^2/m] = \dfrac{1}{58} \times 10^{-6} [\Omega \cdot m^2/m]$

$\qquad\qquad\qquad = 1.7241 \times 10^{-8} [\Omega \cdot m]$

50

0[℃]에서 20[Ω]인 구리선이 90[℃]로 되면 증가된 저항은 몇[Ω]인가?

① 약 $20.7[\Omega]$
② 약 $24.7[\Omega]$
③ 약 $26.7[\Omega]$
④ 약 $27.7[\Omega]$

해설

저항의 온도계수 $\alpha_t = \dfrac{1}{234.5 + t} = \dfrac{1}{234.5 + 0} = 0.00426$

증가된 저항 $R_2 = R_1 [1 + \alpha_t (t_2 - t_1)]$

$\qquad\qquad\qquad = 20 \times [1 + 0.00426 (90 - 0)] \fallingdotseq 27.7 [\Omega]$

51

도선의 길이를 A배, 단면적을 B배로 하면 전기저항은 몇 배가 되는가?

① AB
② $\dfrac{A}{B}$
③ $\dfrac{B}{A}$
④ $\dfrac{2}{AB}$

해설

$R = \rho \dfrac{l}{S} [\Omega]$ l : 길이, S : 단면적

$R' = \rho \dfrac{A \times l}{B \times S}$ 이 된다.

$R' = \dfrac{A}{B}$ 배가 된다.

52

50[V]를 가하여 30[C]을 3초 걸려서 이동시켰다. 이 때의 전력은 몇 [kW]인가?

① 12[kW]
② 10[kW]
③ 0.5[kW]
④ 0.1[kW]

해설

$P = \dfrac{W}{t} = \dfrac{Q \times V}{t} = \dfrac{30 \times 50}{3} = 500 [W] = 0.5 [kW]$

$W = QV [J]$

53

20[A]의 전류를 흘렸을 때의 전력이 60[W]인 저항이 30[A]를 흘렸을 때의 전력[W]은 얼마인가?

① 80[W]
② 95[W]
③ 100[W]
④ 135[W]

해설

$P = I^2 R [W]$

$60 : 20^2 = P : 30^2$

$20^2 \times P = 60 \times 30^2$

$P = \dfrac{60 \times 30^2}{20^2} = 135 [W]$

54

100[V]에서 5[A]가 흐르는 전열기에 120[V]를 가하면 흐르는 전류[A]는 얼마인가?

① 5
② 6
③ 7
④ 8

해설

$R = \dfrac{V_1}{I_1} = \dfrac{100}{5} = 20[\Omega]$

$I_2 = \dfrac{V_2}{R} = \dfrac{120}{20} = 6[A]$

55

저항값이 일정한 저항에 가해지고 있는 전압을 3배로 하면 소비 전력은 몇 배가 되는가?

① $\dfrac{1}{3}$ 배
② 9배
③ 3배
④ 1배

해설

$P = \dfrac{V^2}{R}$ $P \propto V^2$

$P = 3^2 = 9$배가 된다.

56

5 마력은 몇[W]인가?

① 2,000
② 2,750
③ 3,500
④ 3,730

해설

1마력 = 746[W]

5마력 = 5 × 746 = 3,730[W]

57

그림과 같은 회로에서 a, b간의 전압이 60[V]일 때 저항에서 소비되는 전력이 960[W]라 하면 $R[\Omega]$의 값은?

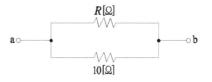

① 2[Ω]
② 4[Ω]
③ 6[Ω]
④ 9[Ω]

해설

병렬이므로 전압이 일정하다.

10[Ω]의 소비 전력 $P = \dfrac{V^2}{R} = \dfrac{60^2}{10} = 360[W]$

소비되는 전력 $P_0 = 960 - 360 = 600[W]$

$\therefore R = \dfrac{V^2}{P} = \dfrac{60^2}{600} = 6[\Omega]$이 된다.

58

전류의 열작용과 관계가 있는 것은 어느 것인가?

① 키르히호프의 법칙
② 줄의 법칙
③ 패러데이 법칙
④ 전류의 옴의 법칙

해설

저항에 전류를 흘렸을 경우 발생되는 열을 줄 열이라고 한다.

59

줄(Joule)의 법칙에서 발열량 계산식을 옳게 표시한 것은 어느 것인가? (단, I : 전류[A], R : 저항[Ω], t : 시간[sec]이다.)

① $H = 0.24 I^2 R$
② $H = 24 I^2 R t$
③ $H = 0.024 I^2 R^2$
④ $H = 0.24 I^2 R t$

해설

$H = 0.24 I^2 R t [cal]$

정답 54 ② 55 ② 56 ④ 57 ③ 58 ② 59 ④

제1과목 ◆ 전기이론

60

전력에 대한 설명 중 틀린 것은?

① 단위는[J/sec]이다.
② 단위시간의 전기에너지이다.
③ 전력량은 열량으로 환산할 수 있다.
④ 전력을 열량으로 환산할 수 있다.

해설
전력량은 열량으로 환산이 가능하나 전력 자체는 열량으로 환산이 불가능하다.

61

100[V]의 전압에서 5[A]의 전류가 흐르는 전기다리미를 1시간 사용했을 때 발생되는 열량[kcal]은?

① 약 260   ② 약 430
③ 약 860   ④ 약 940

해설
$H = 0.24I^2Rt$ 여기서, t : 시간[sec]
$H = 0.24I^2Rt = 0.24\,VIt$
$= 0.24 \times 100 \times 5 \times 60 \times 60 \times 10^{-3} = 432[\text{kcal}]$

62

10[Ω]의 저항에 1[A]의 전류를 20분 동안 흘렸다. 이 경우 에너지는 몇 [J]인가?

① 2,000   ② 12,000
③ 15,000   ④ 20,000

해설
$W = I^2Rt[\text{J}] = 1^2 \times 10 \times 20 \times 60 = 12,000[\text{J}]$

63

어떤 저항에 100[V]의 전압을 가하였더니 3[A]의 전류가 흐르고 360[cal]의 열량이 생겼다. 전류가 흐른 시간은 몇 초인가?

① 5초   ② 1초
③ 20초   ④ 25초

해설
$H = 0.24I^2Rt[\text{cal}]$
$t = \dfrac{H}{0.24I^2R} = \dfrac{H}{0.24\,VI} = \dfrac{360}{0.24 \times 100 \times 3} = 5[\text{sec}]$

64

10[kΩ] 저항의 허용 전력은 10[kW]라 한다. 이때의 허용 전류는 몇 [A]인가?

① 50   ② 20
③ 1   ④ 0.1

해설
$P = I^2R[\text{W}], \qquad I^2 = \dfrac{P}{R}[\text{A}]$
$I = \sqrt{\dfrac{P}{R}} = \sqrt{\dfrac{10 \times 10^3}{10 \times 10^3}} = 1[\text{A}]$

정답 60 ④ 61 ② 62 ② 63 ① 64 ③

02
CHAPTER

정전계

두 종류의 물체를 마찰시키면 마찰 전기가 발생하게 되는데, 이를 정전기라 하고 앞에서 배운 이동하는 전기와 달리 그 작용이나 성질이 매우 다르다. 이 장에서는 정전기에 대한 여러 가지 현상과 작용 및 콘덴서에 대해 알아보기로 한다.

제1절 정전력

그림과 같이 양(+)으로 대전된 유리구와 음(−)으로 대전된 에보나이트 구를 각각 실로 매달아 놓았을 때에는 서로 끌어당기는 흡인력이 생긴다. 하지만 그림 (b)와 같이 양(+)으로 대전된 유리구를 양쪽에 실로 매달아 놓았을 때에는 서로 밀어내는 반발력이 생긴다. 이와 같이 두 전하 사이에 작용하는 힘을 정전기력(electrostatic force)이라 한다.

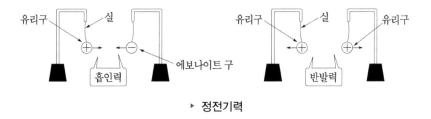

▶ **정전기력**

01 쿨롱의 법칙

정전기력의 크기에 관하여 쿨롱은 다음과 같은 법칙을 발견하였는데 그것은 두 점전하(point charge) 사이에 작용하는 정전력의 크기는 Q_1과 Q_2의 곱에 비례하고 전하 사이의 거리 r[m]의 제곱에 반비례한다. 따라서 이를 정전기에 관한 쿨롱의 법칙(Coulomb's law)이라 한다.

유전율이 ϵ인 유전체 중에서 정전기력의 크기 F[N]은 다음과 같다.

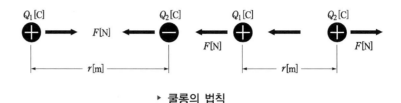

▸ **쿨롱의 법칙**

$$F = \frac{Q_1 Q_2}{4\pi \epsilon_0 r^2}[\text{N}] = 9 \times 10^9 \times \frac{Q_1 Q_2}{r^2}[\text{N}]$$

여기서, $\epsilon_0 = 8.855 \times 10^{-12}[\text{F/m}]$, ϵ_0 : 진공의 유전율

✓Check

- 유전율 $\epsilon = \epsilon_0 \epsilon_s [\text{F/m}]$
- 진공의 유전율 $\epsilon_0 = 8.855 \times 10^{-12}[\text{F/m}]$
- 비유전율 ϵ_s(진공 또는 공기 중에선 1이 된다.)

제2절 │ 전장의 세기

어떤 대전체 주위에 전하를 놓으면 전기력이 작용하게 되는데, 이러한 전기력이 작용하는 공간을 전계 또는 전기장(electric field) 또는 전장이라고 하며, 정지 상태의 전하에 대한 전기장을 정전기장(electrostatic field)이라 한다.

01 전장의 세기 $= E[\text{N/C}], [\text{V/m}]$

임의의 전장 속의 한 점에 1[C]의 전하를 놓았을 때 이 전하에 작용하는 힘을 전계의 세기라 한다.

$$F = QE[\text{N}]$$

여기서, 전계의 세기 $E = \dfrac{F}{Q}[\text{N/C}]$

유전율 ϵ의 유전체 내에 점전하 $Q_1[\text{C}]$에 의한 전기장이 형성되고, 점전하 $Q_1[\text{C}]$에서 $r[\text{m}]$ 떨어진 점 P에 $Q_2[\text{C}]$의 점전하가 놓였을 때, 이것에 대해서 작용하는 힘은 다음과 같은 관계식을 갖는다.

$$F = \frac{1}{4\pi\epsilon} \times \frac{Q_1 \times Q_2}{r^2} \, [\text{N}]$$

$$E = \frac{Q_1 Q_2}{4\pi\epsilon_0 r^2} \times \frac{1}{Q} = \frac{Q}{4\pi\epsilon_0 r^2} \, [\text{V/m}] \ (\text{여기서}, \ Q_1 = Q_2 = Q)$$

02 전계의 계산

① 균일하게 대전된 구의 전계

$$E = \frac{Q}{4\pi\epsilon_0 \, r^2} \, [\text{V/m}] \qquad Q : \text{점전하}$$

② 균일하게 대전된 무한히 긴 원통의 전계

$$E = \frac{\lambda}{2\pi\epsilon_0 r} \, [\text{V/m}] \qquad \lambda : \text{선전하}$$

③ 무한히 넓은 평면의 전계

$$E = \frac{\rho}{2\epsilon_0} \, [\text{V/m}] \qquad \rho : \text{면전하}$$

제3절 | 전위

01 전위

전위란 전기장의 한 점에서 단위 전하가 가지는 전기적인 위치 에너지를 말한다.

$$V = E\,r = \frac{Q}{4\pi\epsilon_0 r} = 9 \times 10^9 \times \frac{Q}{r} \, [\text{V}]$$

여기서, V : 전위[V], Q : 전기량, r : 거리[m], E : 전계의 세기[V/m]

02 전위차

그림과 같이 양(+)전하의 대전체에 의한 전기장 내의 한 점에 단위 양(+)전하를 놓으면 대전체와 같은 전하이므로 반발력을 받게 된다. 이때 단위 양(+)전하를 B점에서 A점으로 옮기기 위해서는 외부에서 또는 일 에너지를 가해 주어야 하는데, 이 경우 A점이 B점보다

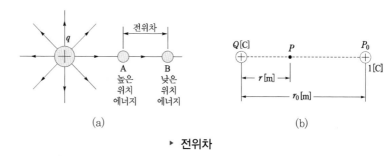

▶ **전위차**

전기적인 위치에너지, 즉 전위가 높다고 하며 두 점 에너지 차를 말한다. 즉 단위전하를 옮기는 데 필요한 일의 양으로 정의할 수 있다.

전위차 $V_{AB} = V_A - V_B = \dfrac{Q}{4\pi\epsilon}\left(\dfrac{1}{r_A} - \dfrac{1}{r_B}\right)$

[(높은 전위(A) – 낮은 전위(B)]가 된다.

제4절 전기력선의 성질

전하에 의해 발생되는 전기장은 지구 주변에 존재하는 중력장과 마찬가지로 힘이 존재하는 공간이지만 눈으로 확인할 수 없다. 공간상에 존재하는 전장의 세기와 방향을 가시적으로 나타낸 선을 전기력선(lines of electric force)이라 한다. 이는 전계 내에서 단위 전하 +1[C]이 아무 저항 없이 전기력에 따라 이동할 때 그려지는 가상 선을 의미한다.

전기력선은 다음과 같은 성질을 갖고 있다.

① 전기력선의 밀도는 전계의 세기와 같다.
② 전기력선은 불연속이다.
③ 전기력선은 전위가 높은 곳에서 낮은 곳으로 향한다. ($\oplus \rightarrow \ominus$)
④ 대전, 평형 시 전하는 표면에만 분포한다.
⑤ 전기력선은 도체 표면에 수직한다.
⑥ 전하는 뾰족한 부분일수록 많이 모이려는 성질이 있다.

> ✓Check
>
> **전기장의 세기와 전기력선의 관계**
> 공간상에서 전기장의 분포를 가시적으로 나타낸 선을 전기력선이라고 정의하며, 구체적으로 전기장의 세기와 전기력선의 수의 관계를 알아볼 필요가 있다.

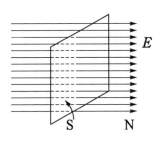
(a) 강전기장(강 전계)

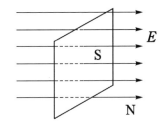
(b) 약전기장(약 전계)

▸ **수직인 단면을 통과하는 전기력선수**

그림과 같이 균일한 전장 내에 수직인 단면적 $S\,[\mathrm{m^2}]$을 통과하는 전기력선수 N은 전기장의 세기 $E\,[\mathrm{N/C}]$이 단면적 $S\,[\mathrm{m^2}]$이 클수록 커지므로 다음과 같이 나타낼 수가 있다.

전기력선수 $N = E \cdot S\,[\mathrm{N \cdot m^2/C}]\,[\text{선}]$

이와 같이 전기력선수는 전기장의 세기와 전기력선이 통과한 단면적에 비례한다.

점전하에 의한 전기장의 세기는 쿨롱의 법칙으로 구할 수 있으나 점전하가 아닌 경우엔 직접 구하기가 매우 어렵다. 따라서 임의의 폐곡면 내의 전체 전하량 $Q\,[\mathrm{C}]$가 있을 때 이 폐곡면을 통해서 나오는 전기력선의 총수는 $\dfrac{Q}{\epsilon}$개라는 것을 가우스의 정리(Gauss's theorem)를 사용하면 쉽게 구할 수가 있다.

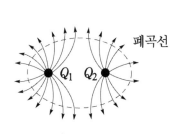

가우스 정리

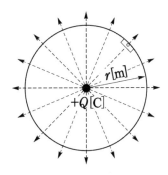

점전하에 의한 전기장

제5절 전속밀도

전기장의 계산에서 $Q[\mathrm{C}]$의 전하에서 출입하는 전기력선의 총 수는 유전체의 유전율에 따라 달라지게 되는데, 이는 진공 중에서는 $\dfrac{Q}{\epsilon_0}$개가 되고, 유전율 ϵ의 유전체 중에서는 $\dfrac{Q}{\epsilon}$개가 된다는 것을 알 수 있었다. 여기서 유전체 내에서 주위 매질의 종류와 관계 없이 $Q[\mathrm{C}]$의 전하에서 Q개의 역선이 나온다고 가정하여 이것을 전속(dielectric flux) 또는 유전속이라고 한다. 즉, $Q[\mathrm{C}]$의 전하에서는 $Q[\mathrm{C}]$의 전속이 나오게 된다는 것이다. 또한 단위면적을 지나는 전속을 전속밀도(dielectric flux density)라 하며, 단위는 $[\mathrm{C/m^2}]$이며 기호는 D로 나타낸다.

전속밀도 $D = \dfrac{Q}{4\pi r^2} = \dfrac{Q}{4\pi r^2} \times \dfrac{\epsilon}{\epsilon} = \dfrac{\epsilon Q}{4\pi \epsilon r^2} = \epsilon E [\mathrm{C/m^2}]$이 된다.

전기력선수$= \dfrac{Q}{\epsilon}$, 전속수$= Q$

제6절 정전용량

콘덴서는 커패시턴스라고도 불리며, 전기를 저장할 수 있는 축전지라고도 한다. 단위는 패럿[F]을 사용한다. 콘덴서는 직류전압을 인가하면, 양극판에 전하가 축적되고, 전하가 축적되는 순간에는 콘덴서에 전류가 흐르지만 충전이 완료되면 전류가 흐르지 않는 특성이 있다. 또한 콘덴서의 용량은 유전체의 두께에는 반비례하고, 면적에는 비례하는 특성이 있다.

01 정전용량

도체에 전위가 주어지면 그 도체에 보유된 전하량이 결정되며, 도체의 전위 V와 전하 Q의 일정한 비례관계를 정전용량이라 하며, 커패시턴스(capacitance)라고 한다. 여기서 1[F]이라는 것은 1[V]의 전압을 가하여 1[C]의 전하가 축전된 경우의 정전용량을 말한다.

$Q = CV[\mathrm{C}]$

여기서, Q : 전기량[C], C : 정전용량[F], V : 전위[V]

$C = \dfrac{Q}{V}$ [F] 가 된다.

① 구의 정전용량

$C = \dfrac{Q}{V} = 4\pi\epsilon_0 r$ [F]

여기서, r : 구의 반지름[m]

$\qquad C$: 구의 정전용량[F]

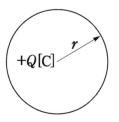

▸ **구 도체의 정전용량**

② 평행판 도체의 정전용량

$C = \dfrac{\epsilon_0}{d} A$ [F]

여기서, A : 전극의 면적[m²]

$\qquad d$: 전극간의 거리[m]

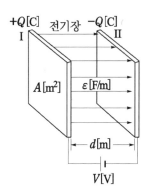

▸ **평행판 도체의 정전용량**

02 정전용량의 접속

① **직렬 접속**(내전압이 증가되며, 합성 정전용량 감소)

직렬 접속 시 합성 정전용량은 저항의 병렬 접속 시와 같이 계산한다.

즉, $C_0 = \dfrac{1}{\dfrac{1}{C_1} + \dfrac{1}{C_2} + \dfrac{1}{C_3} + \cdots + \dfrac{1}{C_n}}$ [F] 가 된다.

그림에서 전압

$V_1 = \dfrac{\dfrac{1}{C_1}}{\dfrac{1}{C_1} + \dfrac{1}{C_2} + \dfrac{1}{C_3}} \times V$

$$V_2 = \frac{\dfrac{1}{C_2}}{\dfrac{1}{C_1} + \dfrac{1}{C_2} + \dfrac{1}{C_3}} \times V$$

$$V_3 = \frac{\dfrac{1}{C_3}}{\dfrac{1}{C_1} + \dfrac{1}{C_2} + \dfrac{1}{C_3}} \times V$$

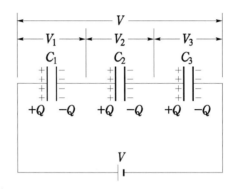

▸ 콘덴서의 직렬 접속

② 병렬 접속(내전압 일정하며, 합성 정전용량 증가)

병렬 접속 시 합성 정전용량은 저항의 직렬 접속 시와 같이 계산한다.

합성 정전용량 $C_0 = C_1 + C_2 + C_3 + \cdots + C_n \, [\mathrm{F}]$

이때의 전기량은 다음과 같이 분배된다.

$$Q_1 = \frac{C_1}{C_1 + C_2} \times Q$$

$$Q_2 = \frac{C_2}{C_1 + C_2} \times Q$$

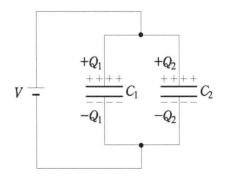

▸ 콘덴서의 병렬 접속

제7절 콘덴서의 축적 에너지

01 축적 에너지

정전용량 C인 콘덴서의 두 전극에 전압 V를 가하게 되면 $Q = CV$의 전하가 축적된다. 이는 도체의 전하량이 0의 상태에서 점차 증가하여 일정량 Q[C]이 될 때까지 전하가 저장되는 것을 의미하고 이러한 전하를 공급하기 위해서는 에너지가 필요하게 되는데 이러한 에너지를 축적 에너지라 한다.

02 정전 에너지(electrostatic energy)

임의의 전하를 전위가 낮은 곳에서 높은 곳으로 이동하기 위해서는 외부에서 일을 가해 주어야 하는데, 이때 소요된 일이 곧 전하가 현재 위치에서 갖는 에너지를 말한다. 또한 정전 에너지는 다음과 같은 관계식을 갖는다.

$$W = \frac{1}{2}QV = \frac{1}{2}CV^2 = \frac{Q^2}{2C}[\text{J}]$$

$$\omega = \frac{1}{2}\epsilon E^2 = \frac{D^2}{2\epsilon} = \frac{1}{2}ED[\text{J/m}^3]$$

$$f = \frac{1}{2}\epsilon E^2 = \frac{D^2}{2\epsilon} = \frac{1}{2}ED[\text{N/m}^2]$$

02
CHAPTER
출제예상문제

01

유전율의 단위는?

① [F/m]
② [H]
③ $[C/m^2]$
④ [H/m]

해설

유전율 ϵ[F/m]가 된다.

02

진공의 유전율[F/m]은?

① $4\pi \times 10^{-7}$
② 6.33×10^4
③ 8.855×10^{-12}
④ 6.33×10^{-12}

해설

진공의 유전율 $\epsilon = 8.855 \times 10^{-12}$[F/m]의 값을 갖는다.

03

같은 양의 점전하가 진공 중에 1[m]의 간격으로 있을 때 9×10^9[N]의 힘이 작용했다면, 이때 점전하의 전기량[C]은 얼마인가?

① 9×10^9
② 9×10^4
③ 3×10^3
④ 1

해설

$$F = 9 \times 10^9 \times \frac{Q^2}{r^2}$$

$$Q^2 = \frac{F \times r^2}{9 \times 10^9} = \frac{9 \times 10^9 \times 1^2}{9 \times 10^9} = 1 \qquad Q = 1[C]$$

04

다음 중 진공 중의 두 점전하 Q_1, Q_2가 거리 r 사이에서 작용하는 정전력의 크기를 올바르게 나타낸 것은?

① $F = 6.33 \times 10^4 \dfrac{Q_1 Q_2}{r^2}$

② $F = 6.33 \times 10^4 \dfrac{Q_1 Q_2}{r}$

③ $F = 9 \times 10^9 \dfrac{Q_1 Q_2}{r^2}$

④ $F = 9 \times 10^9 \dfrac{Q_1 Q_2}{r}$

해설

쿨롱의 법칙 $F = \dfrac{Q_1 Q_2}{4\pi\epsilon_0 r^2} = 9 \times 10^9 \times \dfrac{Q_1 Q_2}{r^2}$[N]이 된다.

05

진공 중에서 1[m] 거리로 10^{-5}[C]과 10^{-6}[C]의 두 점전하를 놓았을 때 그 사이에 작용하는 힘[F]은?

① 9×10^1
② 9×10^2
③ 9×10^{-1}
④ 9×10^{-2}

해설

$$F = \frac{Q_1 Q_2}{4\pi\epsilon_0 r} = 9 \times 10^9 \times \frac{Q_1 Q_2}{r^2}$$

$$= 9 \times 10^9 \times \frac{10^{-5} \times 10^{-6}}{1^2} = 9 \times 10^{-2}[N]$$

정답 01 ①   02 ③   03 ④   04 ③   05 ④

06

전장 중에 단위 전하를 놓았을 때 그것에 작용하는 힘은 어느 값인가?

① 전계의 세기   ② 전하
③ 쿨롱의 법칙   ④ 전속밀도

해설

전장 중에 단위 전하를 놓았을 때 작용하는 힘을 전장의 세기 또는 전계의 세기라 한다.

07

유리 중에 2×10^{-5}[C]의 두 전하가 10[cm] 떨어져 있을 때의 정전력[N]은? (단, 유리의 비유전율은 5이다.)

① 36   ② 42
③ 66   ④ 72

해설

두 점전하 사이에 작용하는 힘

$$F = 9 \times 10^9 \times \frac{Q_1 Q_2}{\epsilon_s r^2}$$

$$F = 9 \times 10^9 \times \frac{(2 \times 10^{-5})^2}{5 \times 0.1^2} = 72 [\text{N}]$$

08

전장의 세기의 단위 [V/m]와 같은 것은?

① [N/C]   ② [N²/m]
③ [C/N]   ④ [C/m²]

해설

전장의 세기의 단위는 [N/C]=[V/m]가 된다.

09

100[V/m]의 전장에 어떤 전하를 놓으면 0.1[N]의 힘이 작용한다고 한다. 이때 전하의 양은 몇 [C]인가?

① 1   ② 0.1
③ 0.01   ④ 0.001

해설

$F = QE[\text{N}]$

$Q = \dfrac{F}{E} = \dfrac{0.1}{100} = 0.001$[C]이 된다.

10

공기 중에서 2×10^{-5}[C]의 점전하로부터 1[cm]의 거리에 있는 점의 전장의 세기[V/m]는?

① 18×10^{-6} ② 18×10^8
③ 18×10^6 ④ 18×10^{-8}

해설

$$E = 9 \times 10^9 \times \frac{2 \times 10^{-5}}{(10^{-2})^2} = 18 \times 10^8 [\text{V/m}]$$

11

진공 중에 놓인 반지름 r[m]의 도체 구에 Q[C]의 전하를 주었을 때 그 표면의 전장의 세기[V/m]는?

① $\dfrac{Q}{2\pi r}$ ② $\dfrac{Q}{4\pi \epsilon_0 r^2}$
③ $\dfrac{Q}{2\pi \epsilon_0 r^2}$ ④ $\dfrac{Q}{4\pi r}$

해설

구의 전계의 세기 $E = \dfrac{Q}{4\pi \epsilon_0 r^2}$[V/m]가 된다.

정답   06 ①   07 ④   08 ①   09 ④   10 ②   11 ②

12

전장의 세기가 100[V/m]의 전장에 5[μC]의 전하를 놓을 때 작용하는 힘[N]은?

① 5×10^{-4} ② 5×10^{-6}

③ 20×10^{-4} ④ 20×10^{-6}

해설

$F = QE = 5 \times 10^{-6} \times 100 = 5 \times 10^{-4}[N]$

13

공기 중에서 3×10^{-7}[C]인 전하로부터 10[cm] 떨어진 점의 전위[V]는?

① 17×10^{3} ② 17×10^{-3}

③ 27×10^{3} ④ 27×10^{-3}

해설

전위 $V = \dfrac{Q}{4\pi\epsilon_0 r} = 9 \times 10^9 \times \dfrac{Q}{r} = 9 \times 10^9 \times \dfrac{3 \times 10^{-7}}{10 \times 10^{-2}}$
$= 27 \times 10^3 [V]$

14

공기 중 7×10^{-9}[C]의 전하에서 70[cm] 떨어진 점의 전위[V]는?

① 9 ② 54

③ 90 ④ 540

해설

$V = \dfrac{Q}{4\pi\epsilon_0 r} = 9 \times 10^9 \times \dfrac{Q}{r} = 9 \times 10^9 \times \dfrac{7 \times 10^{-9}}{70 \times 10^{-2}} = 90[V]$

15

유전율 ϵ의 유전체 내에 있는 전하 Q[C]에서 나오는 전기력선수는 어떻게 되는가?

① $\dfrac{Q}{F}$ ② $\dfrac{Q}{\epsilon_s}$

③ $\dfrac{Q}{V}$ ④ $\dfrac{Q}{\epsilon}$

해설

전속수 $= Q$
전기력선수 $= \dfrac{Q}{\epsilon}$

16

평등전장 40[V/m]의 전장방향으로 10[cm] 떨어진 두 점 사이의 전위차는?

① 0.4[V] ② 4[V]

③ 40[V] ④ 400[V]

해설

전위 $V = rE = 0.1 \times 40 = 4[V]$

17

0.02[μF]의 콘덴서에 12[μC]의 전하를 공급하면 몇 [V]의 전위차가 나타나는가?

① 200 ② 400

③ 600 ④ 1,200

해설

전위차 $V = \dfrac{Q}{C} = \dfrac{12 \times 10^{-6}}{0.02 \times 10^{-6}} = \dfrac{12}{0.02} = 600[V]$

정답 12 ① 13 ③ 14 ③ 15 ④ 16 ② 17 ③

18

유전율 ϵ 의 유전체 내에 있는 전하 Q[C]에서 나오는 유전속수는?

① Q

② $\dfrac{Q}{V}$

③ $\dfrac{Q}{\epsilon_s}$

④ $\dfrac{Q}{\epsilon}$

해설

전속수 $= Q$

전기력선수 $= \dfrac{Q}{\epsilon}$

19

다음 전기력선의 성질 중 맞지 않는 것은?

① 양전하에서 나와 음전하에서 끝난다.
② 전기력선의 접선 방향이 전장의 방향이다.
③ 전기력선 밀도가 그 곳의 전장의 세기와 같다.
④ 등전위면과 전기력선은 교차하지 않는다.

해설

전기력선의 성질
① 전기력선의 밀도는 전계의 세기와 같다.
② 전기력선은 불연속이다.
③ 전기력선은 전위가 높은 곳에서 낮은 곳으로 향한다.
④ 대전, 평형 시 전하는 표면에만 분포
⑤ 전기력선은 도체 표면에 수직한다.
⑥ 전하는 뾰족한 부분일수록 많이 모이려는 성질이 있다.
⑦ 전기력선은 등전위면과 수직이다.

20

전기력선의 성질 중 맞지 않는 것은?

① 전기력선의 접선은 그 접점에서 전장의 방향을 나타낸다.
② 전기력선은 등전위면과 평행이다.
③ 전기력선의 밀도는 전장의 세기를 나타낸다.
④ 전기력선은 불연속이다.

해설

전기력선의 성질
• 전기력선은 등전위면과 수직이다.

21

전기력선 밀도와 같은 것은?

① 정전력
② 전속밀도
③ 전하 밀도
④ 전장의 세기

해설

전기력선의 성질
• 전기력선의 밀도는 전계의 세기와 같다.

22

다음 중 전속의 성질 중 맞지 않는 것은?

① 전속은 양전하에서 나와 음전하에서 끝난다.
② 전속이 나오는 곳 또는 끝나는 곳에서는 전속과 같은 전하가 있다.
③ $+Q$[C]의 전하로부터 $\dfrac{Q}{\epsilon}$ 개의 전속이 나온다.
④ 전속은 금속판에 출입하는 경우 그 표면에 수직이 된다.

해설

전속은 $+Q$[C]의 전하로부터 Q개의 전속이 나온다.

23

평행 평판의 정전용량은 간격을 d, 평행판의 면적을 S라 하면 콘덴서의 정전용량 식은? (단, ϵ 은 유전율이다.)

① $C = \epsilon S d$

② $C = \dfrac{d}{\epsilon S}$

③ $C = \dfrac{S}{\epsilon d}$

④ $C = \dfrac{\epsilon S}{d}$

해설

평행판 콘덴서의 정전용량 $C = \dfrac{\epsilon S}{d}$

24

정전용량에 가장 적합한 것은?

① $C = QV$
② $Q = CV$
③ $V = \dfrac{C}{Q}$
④ $C = PV$

해설

$Q = CV$

25

다음 중 비유전율이 가장 작은 것은?

① 공기
② 고무
③ 산화티탄
④ 로셀염

해설

공기의 경우 비유전율이 거의 1에 가깝다.

26

정전용량 4[μF]의 콘덴서에 1,000[V]의 전압을 가할 때 축적되는 전하는 얼마인가?

① $2 \times 10^{-3}[\text{C}]$
② $3 \times 10^{-3}[\text{C}]$
③ $4 \times 10^{-3}[\text{C}]$
④ $5 \times 10^{-3}[\text{C}]$

해설

$Q = CV = 4 \times 10^{-6} \times 1,000 = 4 \times 10^{-3}[\text{C}]$

27

가우스 정리를 이용하여 구하는 것은?

① 전계의 세기
② 전위
③ 전위
④ 전하 간의 힘

28

그림과 같이 접속된 회로에서 콘덴서의 합성용량은?

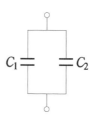

① $C_1 + C_2$
② $C_1 C_2$
③ $\dfrac{C_1 C_2}{C_1 + C_2}$
④ $\dfrac{1}{C_1 + C_2}$

해설

콘덴서의 병렬 연결은 저항의 직렬 연결과 같다.
$C_0 = C_1 + C_2$가 된다.

29

콘덴서의 유전율이 2배로 변화하면 그 때의 용량은 몇 배가 되는가?

① $\dfrac{1}{2}$배
② 2배
③ 4배
④ $\dfrac{1}{4}$배

해설

$C = \dfrac{\epsilon S}{d}$에서 콘덴서의 용량과 유전율은 서로 비례하므로 유전율이 2배가 되면 용량도 2배가 된다.

30

C_1, C_2인 콘덴서가 직렬로 연결되어 있다. 합성 정전 용량을 C라 하면 C_1, C_2와는 어떠한 관계가 있는가?

① $C = C_1 + C_2$
② $C > C_2$
③ $C < C_1$
④ $C > C_1$

정답 24 ② 25 ① 26 ③ 27 ① 28 ① 29 ② 30 ③

해설

콘덴서를 직렬 연결할 경우 저항의 병렬 연결과 같아진다. 즉, 합성 정전용량은 두 개의 콘덴서의 한 개보다 작아야 한다.

31

정전용량이 10[μF]인 콘덴서 2개를 병렬로 했을 때의 합성용량은 직렬로 했을 때의 합성용량의 몇 배인가?

① 6 ② $\frac{1}{2}$

③ 2 ④ 4

해설

콘덴서를 병렬 연결할 경우는 저항의 직렬 연결이 된다.
$C_0 = 10 + 10 = 20[\mu F]$
콘덴서를 직렬 연결할 경우는 저항의 병렬 연결과 같다.
$C_0 = \frac{10 \times 10}{10 + 10} = 5[\mu F]$가 된다.

즉, 병렬로 했을 때 직렬에 4배가 되는 셈이다.

32

그림에서 콘덴서의 합성 정전용량은 얼마인가?

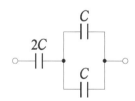

① $1C$ ② $1.2C$

③ $2C$ ④ $2.4C$

해설

병렬회로의 합성용량은 $2C$가 된다.
전체 직렬 회로의 합성용량 $C_0 = \frac{2C \times 2C}{2C + 2C} = C$가 된다.

33

그림과 같이 접속된 회로에서 콘덴서의 합성용량은?

① $C_0 = \frac{C_1 C_2}{C_1 + C_2}$ ② $C_0 = \frac{C_1 + C_2}{C_1 C_2}$

③ $C_0 = C_1 + C_2$ ④ $C_0 = \frac{C_1 + C_2}{C_1}$

해설

콘덴서의 직렬 연결은 저항의 병렬 연결과 같다.
$C_0 = \frac{C_1 C_2}{C_1 + C_2}[F]$

34

C_1과 C_2의 직렬회로에서 $V[V]$의 전압을 가할 때 C_1에 걸리는 전압 V_1은?

① $\frac{C_1}{C_1 + C_2} V$ ② $\frac{C_1 + C_2}{C_1} V$

③ $\frac{C_1 + C_2}{C_2} V$ ④ $\frac{C_2}{C_1 + C_2} V$

해설

C_1에 걸리는 V_1전압은 다음과 같다.
$V_1 = \frac{C_2}{C_1 + C_2} V, \quad V_2 = \frac{C_1}{C_1 + C_2} V$

35

4[μF]와 6[μF] 콘덴서를 직렬로 접속하고 100[V]의 전압을 가했을 경우 6[μF]의 콘덴서에 걸리는 단자 전압[V]은?

① 40[V] ② 60[V]

③ 80[V] ④ 100[V]

정답 31 ④ 32 ① 33 ① 34 ④ 35 ①

$$V_2 = \frac{C_1}{C_1 + C_2} \times V = \frac{4}{4+6} \times 100 = 40[V]$$

36

정전 흡인력은?

① 전압의 제곱에 비례한다.
② 전압의 제곱에 반비례한다.
③ 전압의 제곱근에 반비례한다.
④ 전압의 제곱근에 비례한다.

해설

정전 에너지 $W = \frac{1}{2}CV^2 = \frac{\epsilon s V^2}{2d}[J]\ (C = \frac{\epsilon s}{d})$

정전 흡인력 $F = \frac{W}{d} = \frac{\epsilon s V^2}{2d^2}[N]$

37

어떤 콘덴서에 전압 $V = 20[V]$를 가할 때 전하 $Q = 800[\mu C]$이 축적되었다면 이때 축적되는 에너지는 몇 [J]인가?

① 0.008　　　　② 0.8
③ 0.08　　　　④ 8

해설

축적 에너지 $W = \frac{1}{2}QV = \frac{1}{2} \times 800 \times 10^{-6} \times 20 = 0.008[J]$

38

정전 콘덴서의 전위차와 축적된 에너지와의 관계식을 나타내는 선은 어느 것인가?

① 직선　　　　② 포물선
③ 타원　　　　④ 쌍곡선

해설

$W = \frac{1}{2}CV^2$ 에너지는 전압의 제곱에 비례하기 때문에 포물선을 나타낸다.

39

$C[F]$의 콘덴서에 100[V]의 직류 전압을 가하였더니 축적된 에너지가 100[J]이었다면 콘덴서는 몇 [F]인가?

① 0.2　　　　② 0.02
③ 0.3　　　　④ 0.4

해설

$W = \frac{1}{2}CV^2$

$C = \frac{2W}{V^2} = \frac{2 \times 100}{100^2} = 0.02[F]$

40

전계의 세기 50[V/m], 전속밀도 100[C/m²]인 유전체의 단위 체적에 축적되는 에너지[J/m³]는?

① 2　　　　② 250
③ 2,500　　　　④ 5,000

해설

단위 체적당 축적 에너지

$w = \frac{1}{2}ED = \frac{1}{2} \times 50 \times 100 = 2,500[J/m^3]$

정답　36 ①　37 ①　38 ②　39 ②　40 ③

03 정자계

제1절 자기 현상

자석이 있으면 그 주변에는 자력선이 존재하며 이에 의해서 힘이 작용한다. 이 힘이 작용하는 가상적인 선을 자력선이라 하며, 자력선이 존재하는 공간을 자계라 한다.

즉, 1개의 자석에 N극과 S극이 동시에 존재하며, 각각 자기량은 자극 간의 자기 작용의 반대가 된다.

제2절 자기에 관련된 쿨롱의 법칙

자석 사이에 작용하는 힘의 성질은 정전기에서와 같은 쿨롱의 법칙이 적용된다. 그런데 자석에서는 N극과 S극을 분리할 수 없으므로 한 자석의 두 극이 서로 영향을 미치지 않는 경우의 것을 가정하여 이 자극을 점 자극(point magnetic pole)이라 한다.

> ✓ Check
>
> **쿨롱의 법칙** : 두 자극 사이에 작용하는 힘의 크기는 두 자극의 세기 m_1, m_2 (자하)의 곱에 비례하고 두 자극 사이의 거리 r[m]의 제곱에 반비례한다는 것을 말하며 이것을 자기에 관한 쿨롱의 법칙(coulomb's law)이라 한다.

그림과 같이 두 자극 m_1, m_2[Wb]가 r[m] 떨어져 있을 때의 두 자극 사이에 작용하는 힘 F의 방향은 서로 다른 자극일 때에는 흡인력이 발생하고, 같은 자극일 때에는 반발력이 발생하여, 크기는 다음과 같이 되는 것을 알 수 있다.

$$F = \frac{m_1 m_2}{4\pi\mu_0 r^2} [\text{N}]$$

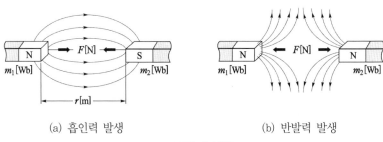

(a) 흡인력 발생   (b) 반발력 발생

▶ **쿨롱의 법칙**

$\mu_0 = 4\pi \times 10^{-7} [\text{H/m}]$: 진공의 투자율

$$F = \frac{m_1 m_2}{4\pi \mu_0 r^2} = 6.33 \times 10^4 \times \frac{m_1 m_2}{r^2} [\text{N}]$$

✓ **Check**

- 투자율 $\mu = \mu_0 \mu_s [\text{H/m}]$
- 진공의 투자율 $\mu_0 = 4\pi \times 10^{-7}$
- 비투자율 μ_s (진공 or 공기 중일 때 1)

제3절   자기장의 성질(자계의 세기)

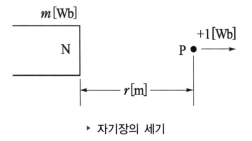

▶ **자기장의 세기**

자기장 내에 있는 자하에는 자기장에 의한 힘이 작용하는데, 이 힘의 크기와 방향을 표시한 것을 자기장의 세기(intensity of magnetic field)라 한다. 즉, 자기적의 힘이 존재하는 공간을 자계라 한다. 이때 자계 중의 한 점에 단위 자하 +1[Wb]를 놓았을 경우 작용하는 힘의 크기 및 방향을 자계의 세기라 한다. 자계의 세기의 단위는 [AT/m] 또는 [N/Wb]가 된다.

① 구의 점 자하

$$H = \frac{m}{4\pi\mu_0 r^2}\,[\text{AT/m}]$$

$$H = 6.33 \times 10^4 \times \frac{m}{r^2}\,[\text{N/Wb}]$$

② 자기장의 세기가 $H[\text{AT/m}]$인 점에서 $m[\text{Wb}]$의 자하가 놓였을 때 $m[\text{Wb}]$가 받는 힘은 다음과 같다.

$$F = mH[N]$$

제4절　**자위와 자속**

01 자위　$u = \dfrac{m}{4\pi\mu_0 r}\,[\text{A T}]$

02 자속

자기장의 계산에서 $m[\text{Wb}]$의 자하에 출입하는 자기력선의 총 수는 자성체의 투자율에 따라 달라지게 되는데, 이때 진공 중에서는 $\dfrac{m}{\mu_0}$ 개가 되며, 투자율 μ의 자성체 중에서는 $\dfrac{m}{\mu}$ 개가 되는데, 여기서는 자성체 내에서 주위 매질의 종류와 관계없이 $m[\text{Wb}]$의 자하에서 m 개의 자기적인 선이 나오게 되는데 이것을 자속(magnetic flux, 기호로는 ϕ)이라 하며, 자속의 단위로는 자극의 세기와 같은 웨버(weber, [Wb])를 사용한다.

$$\phi = B \cdot A[\text{Wb}]$$

03 자속밀도

단위면적을 지나는 자속을 자속밀도(magnetic flux density)라 한다. 기호로는 B로 나타내며, 단위는 $[\text{Wb/m}^2]$ 또는 이와 동등한 테슬라(tesla, [T])가 된다.

$$B = \frac{\phi}{A}\,[\text{Wb/m}^2]$$

또는 자속밀도와 자기장은 다음과 같은 관계를 갖는다.

$$B = \mu H = \mu_0 \mu_s H\,[\text{Wb/m}^2]$$

04 자기력선수 $= \dfrac{m}{\mu_0}$

05 자속수 $= m$

| 제5절 | 전류에 의한 자기현상 |

전류가 흐르는 도선 주위에 자침을 놓으면 도선에 흐르는 전류에 의하여 자침이 움직인다는 사실로부터 도선 전류 주위에 자기장(magnetic field)이 발생한다는 것을 1819년 에르스테드(Oersted)에 의해 발견 정리되었으나, 그 후 암페어(Ampere), 패러데이(Faraday), 맥스웰(Maxwell) 등에 의하여 발전이 거듭되어 오늘날 전기와 자기의 관계를 명확하게 정의할 수 있게 되었다.

전류가 흐르고 있는 도체 부근에 자침을 대면 자침은 일정한 방향으로 회전하게 된다. 또한 전류의 방향이 바뀌면 자침의 방향도 바뀌게 된다. 즉 전류가 흐르는 도체 주위에 자계가 형성된다는 것을 알 수 있다. 이러한 현상을 자기현상이라 한다.

01 암페어의 오른손 법칙

직선 도체에 전류가 흐르게 되면 자계가 형성된다. 즉, 도체에 수직의 상태에서 오른나사가 진행하는 방향으로 전류가 흐를 때 나사를 돌리는 방향으로 자력선이 발생하는 이를 암페어의 오른 나사의 법칙(Ampere's right-handed screw rule)이라 한다.

02 무한장 직선의 외부의 자계세기

그림과 같이 무한히 긴 직선 도선에 $I[\text{A}]$의 전류가 흐를 때 도선에서 $r[\text{m}]$ 떨어진 점 P의 자기장의 세기는 다음과 같이 구할 수 있다. 도선을 중심으로 반지름 $r[\text{m}]$인 원주 위의 모든 점의 자기장의 세기는 같고, 그 방향은 원의 접선 방향이다. 그리고 P점의 자기장의 세기를 H[AT/m]라 하면 암페어의 주회 적분 법칙을 적용하면 반지름 r [m]인 원주를 따라 폐곡선 C를 적분을 행하면 원주의 길이는 $2\pi r$이 된다. 이를 정리하면 다음과 같다.

$$H = \frac{I}{2\pi r} \, [\text{AT/m}]$$

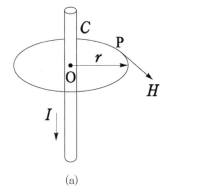

(a)

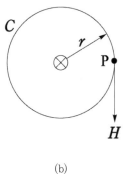

(b)

▶ 무한장 직선 전류에 의한 자기장의 세기

03 원형 코일의 자계의 세기

그림과 같이 반지름 r[m]이고 감은 횟수 1회인 원형코일에 I[A]의 전류를 흘릴 때 코일 중심 O에 발생하는 자기장의 세기 H는 다음과 같이 구할 수가 있다.

$$H = \frac{NI}{2r} \, [\text{AT/m}]$$

여기서, r : 반지름[m]

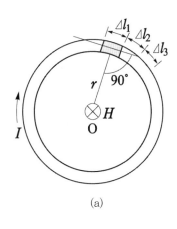

(a)

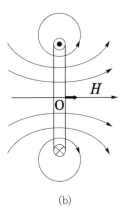

(b)

▶ 원형 코일 중심의 자기장의 세기

04 환상 솔레노이드

그림과 같이 원형 철심에 코일을 감아 놓은 형태를 토로이드(toroid) 또는 환상 솔레노이드(ring solenoid), 무한 솔레노이드(endless solenoid)라고 한다.

즉, 평균 반지름이 r[m]인 환상 솔레노이드의 코일 감은 횟수를 N이라 하고, I[A]의 전류를 흘릴 때, 환상 솔레노이드의 내부 자기장의 H는 다음과 같다.

$$H = \frac{NI}{2\pi r}[\text{AT/m}]$$

여기서, r : 반지름[m]

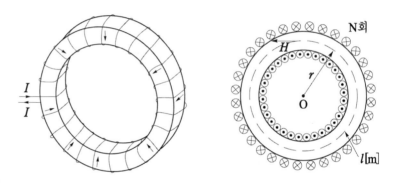

▶ 환상 솔레노이드에 의한 자기장의 세기

05 무한장 솔레노이드

$H = nI$[AT/m]   여기서, n : 단위 길이 당 권수[회/m]

06 비오-사바르의 법칙

전류에 의한 자장의 세기는 암페어의 주회 적분 법칙에 의해 구할 수 있다. 이 법칙에 의해 자기장의 세기를 구할 때는 무한장 도선의 대칭성 자기장에 한정되는 경우가 많다. 비오(Biot)와 사바르(Savart)는 전류에 의한 자기장의 세기를 구하는 모든 경우에 적용할 수 있는 일반적인 식을 실험에 의해 유도했는데, 그 실험은 다음과 같다. 그림과 같이 도선에 I[A]의 전류를 흘릴 때 도선의 미소 부분 Δl에서 $r[\text{m}]$ 떨어진 점 P점에서 Δl에 의한 자기장의 세기 $\Delta H[\text{AT/m}]$는 다음 식으로 나타낼 수 있다.

$$\Delta H = \frac{I \cdot \Delta l}{4\pi r^2} \sin\theta \, [\text{AT/m}]$$

(전류와 자장의 크기)

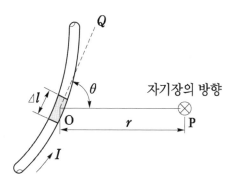

▸ 비오–사바르의 법칙

제6절   자기 모멘트와 작용하는 힘

01 자기 모멘트

자석은 N극이나 S극이 단독으로 존재할 수 없으므로 자석의 작용을 취급할 때에는 두 극을 동시에 생각해야 한다. 자극의 세기가 $m[\text{Wb}]$이고 길이가 $l[\text{m}]$인 자석에서 자극의 세기와 자석의 길이의 곱을 자기 모멘트(magnet moment)라 한다.

$$M = m \times l \, [\text{Wb} \cdot \text{m}]$$

그림과 같이 자기장의 세기 $H[\text{AT/m}]$인 평등 자기장 내에 자극의 세기 $m[\text{Wb}]$의 자침을 자기장의 방향과 θ각도로 놓으면, N극와 S극 사이에는 각각 $f = mH[\text{N}]$의 힘이 작용하게 되는데 그림과 같은 방향으로 회전하려는 $f_2 = f\sin\theta$의 힘이 작용하게 된다. 이를 회전력 또는 토크(torque)라 한다. 이때의 토크

$$T = MH\sin\theta \, [\text{N} \cdot \text{m}]$$

가 된다.

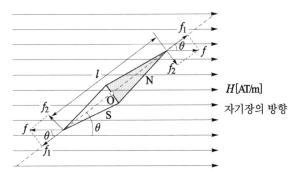

▶ **자기장 내의 자침에 작용하는 토크**

02 자계 내에서 선전류에 작용하는 힘

전류가 흐르는 직선 도선을 자계 내에 놓으면 작용하는 힘으로써 플레밍의 왼손 법칙(전동기)에 의해 그 크기가 결정이 된다.

$$F = IBl\sin\theta[\text{N}]$$

여기서, I : 도체 전류, B : 자속밀도, l : 도체의 길이

03 평행 도체 전류 사이에 작용하는 힘

평행한 두 도체 사이에 같은 방향의 전류를 흘리면 그림 (a)와 같이 흡인력이 작용하고, 서로 반대 방향의 전류를 흘리면 그림 (b)와 같이 반발력이 작용한다. 같은 방향으로 전류가 흐르면 이를 그림 (a)와 같이 두 도체에 안쪽의 자력선은 서로 반대 방향이므로 상쇄되어 자력선 밀도가 낮아지고 바깥쪽의 자력선 밀도는 높아져 두 도체 사이에는 흡인력이 발생한다. 또한 (b)와 같은 경우 두 도체 안쪽의 자력선 밀도는 높아지고 바깥쪽 자력선의 밀도는 낮아지므로 두 도체 사이에 반발력이 작용하게 된다.

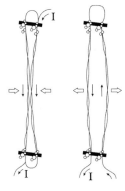

(a) 흡인력   (b) 반발력

▶ **힘의 방향**

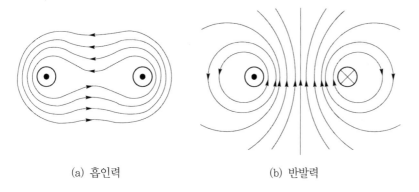

(a) 흡인력   (b) 반발력

‣ **자력선 분포**

또한 평행한 직선 전류의 사이에 작용하는 힘의 크기는 다음과 같다.

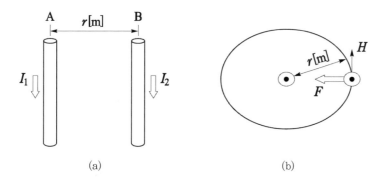

(a)   (b)

‣ **평행한 직선 전류 사이에 작용하는 힘의 크기**

$$F = \frac{2I_1 I_2}{r} \mu_s \times 10^{-7} [\text{N/m}]$$

여기서 같은 방향의 전류가 흐르면 흡인력이 되며, 반대 방향이면 반발력이 된다.

04 유도기전력

$$e = vBl \sin\theta [\text{V}]$$

여기서, v : 속도, e : 유도기전력, B : 자속밀도, l : 길이

제7절 | 자성체와 히스테리시스 곡선

01 자성체

물질을 자계에 놓으면 그 물질은 자성을 나타내는데 이때 물질이 자화되었다고 한다. 여기서 자화되는 물질을 자성체(magnetic substance), 자화되지 않는 물질을 비자성체(non-magnetic substance)라고 한다. 자성체의 종류는 크게 상자성체, 반자성체, 강자성체로 나눌 수 있다. 상자성체 중에서도 특히 자화 특성이 큰 물질을 강자성체라고 한다.

> ✓Check
>
> • 상자성체 : 백금, 알루미늄, 산소, 공기
> • 강자성체 : 철, 니켈, 코발트
> • 반자성체 : 은, 구리, 비스무트, 물

02 히스테리시스 곡선

히스테리시스 곡선이 횡축과 만나는 점은 보자력이 되며, 종축과 만나는 점은 잔류자기가 된다.

히스테리시스 손 : $P_h = \eta f B_m^{1.6} [\text{W/m}^3]$

와류손(맴돌이 전류 손) : $P_e = k f^2 \cdot B_m^2 [\text{W/m}^3]$

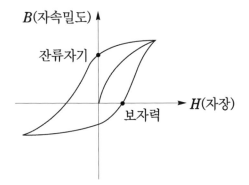

03 영구자석과 전자석

① 영구자석 : 잔류자기와 보자력이 모두 큰 것
② 전자석 : 잔류자기는 크고 보자력은 작은 것

제8절 자기 회로

(1) 기자력 $F = NI$[AT]

(2) 자기 회로의 자기저항 $R_m = \dfrac{l}{\mu A}$ [AT/Wb]

$$R_m = \frac{F}{\phi} = \frac{NI}{\phi} \, [\text{AT/Wb}]$$

(3) 자속 $\phi = \dfrac{NI}{R_m} = \dfrac{\mu A \, NI}{l}$ [Wb]

제9절 전자 유도

전자 유도(electromagnetic induction)는 자속의 변화에 의해 도체에 기전력이 발생하는 현상을 말한다. 또한 이때 발생되는 기전력을 유도 기전력(induced electromotive force)이라고 한다.

01 패러데이 법칙

유도 기전력의 크기는 폐회로에 쇄교하는 자속의 시간적 변화율에 비례한다는 것이며 이는 기전력의 크기를 결정한다.
이를 패러데이의 전자 유도 법칙(Faraday's law of electromagnetic induction)이라 한다.

$$e = -N \frac{d\phi}{dt} \, [\text{V}]$$

02 렌츠의 법칙

전자유도 현상에 의해 발생하는 기전력은 자속의 반대 방향으로 전류가 발생한다는 것이 렌츠의 법칙이다. 이는 기전력의 방향을 결정한다.
이를 렌츠의 법칙(Lenz's law)이라 한다.

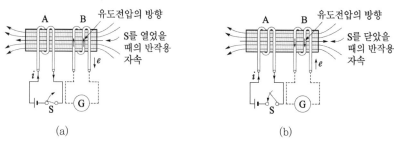

▶ 렌츠의 법칙

제10절 인덕턴스

그림과 같이 코일을 감아 놓고 코일에 흐르는 전류를 변화시키면 코일 내부에 지나는 자속도 변화한다. 이에 따라 전자 유도에 의해 코일 자체에서 렌츠의 법칙에 따라 자속의 변화를 방해하려는 유도 기전력이 발생하는데, 자체에 유도 기전력이 발생되는 것을 자체 유도(self-induction)라 한다. 이는 다음과 같이 된다.

자체 유도 기전력 $e = -L\dfrac{di}{dt}$ [V]

여기서, L을 자기 인덕턴스(self inductance)라고 한다. 또한 단위는 헨리(henry : 기호는 [H])를 사용한다. 또한 $N\phi = L\,I$이므로 자체 인덕턴스 L은 다음과 같다.

$L = \dfrac{N\phi}{I}$ [H]

따라서 코일 자체의 인덕턴스 L은 코일에 1[A]의 전류를 흘렸을 때의 자속 쇄교와 같다.

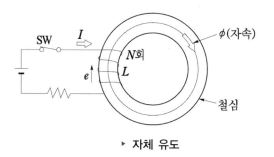

▶ 자체 유도

01 자기 유도 작용

전류의 변화에 의한 쇄교 자속도 변화하기 때문에 코일 자체에 전자 유도 작용으로 역기전력이 유도되는 현상을 자기 유도 작용이라 한다. 자기 유도 인덕턴스는 다음과 같다.

$$L = \frac{N\phi}{I} = \frac{\mu A N^2}{l}\,[\text{H}]$$

02 상호 유도 작용

그림과 같이 자기 회로에 2개의 코일을 감아 놓은 상태에서 떨어져 있는 코일 상호간의 작용으로 기전력이 유도되는 현상을 상호 유도 작용이라 한다. 상호 유도 인덕턴스 M은 다음과 같다.

$$M = \frac{\mu A N_1 N_2}{l}\,[\text{H}]$$

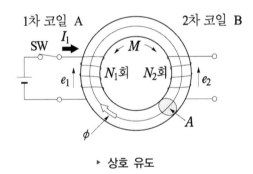

▸ 상호 유도

03 상호 인덕턴스와 자기 인덕턴스와의 관계

그림과 같이 코일 A, B의 감은 횟수를 N_1, N_2라 하고 자기회로의 길이를 $l\,[\text{m}]$, 단면적을 $A\,[\text{m}^2]$, 투자율을 μ라고 하면 누설자속이 없다고 한 상태에서 코일 A, B의 자체 인덕턴스 L_1, L_2와 상호 인덕턴스 M은 다음과 같다.

$$L_1 = \frac{\mu A N_1^2}{l}, \quad L_2 = \frac{\mu A N_2^2}{l}, \quad M = \frac{\mu A N_1 N_2}{l}\,[\text{H}]$$

또한 이들 사이는 다음과 같은 관계가 성립한다.

$$M = k\sqrt{L_1 L_2}$$

k : 결합 계수 → 1차 코일과 2차 코일의 자속에 의한 결합의 정도를 나타낸다.

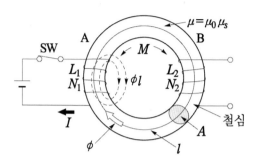

▸ **결합 계수**

04 코일의 접속

(1) 직렬 접속

$$L_0 = L_1 + L_2 \pm 2M[\text{H}]$$

가동결합이면 +, 차동결합이면 −가 된다.

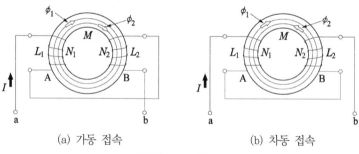

(a) 가동 접속   (b) 차동 접속

▸ **인덕턴스의 접속**

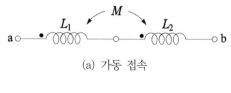

(a) 가동 접속

(b) 차동 접속

▸ **인덕턴스의 접속과 기호**

(2) 병렬 접속

$$L_0 = \frac{L_1 L_2 - M^2}{L_1 + L_2 \pm 2M}$$ 가동결합이면 $-$, 차동결합이면 $+$ 가 된다.

01 코일에 축적되는 자계 에너지

코일에 전류가 흐르면 코일 주위에 자기장을 발생시켜 전자 에너지를 저장하게 된다. 따라서 자체 인덕턴스 L[H]인 코일에 I[A]의 전류가 흐를 때 코일 내에 축적되는 에너지 W[J]는 다음과 같다.

$$W = \frac{1}{2} L I^2 [\text{J}]$$

02 자계의 에너지 밀도

$$w = \frac{1}{2} \mu H^2 = \frac{B^2}{2\mu} = \frac{1}{2} BH [\text{J/m}^3]$$

03 단위면적당의 흡인력

$$f = \frac{1}{2} \mu H^2 = \frac{B^2}{2\mu} = \frac{1}{2} HB [\text{N/m}^2]$$

01

다음 중 공기의 비투자율은 어느 것인가?

① 0.1　　　　　　② 1
③ 100　　　　　　④ 1,000

해설

공기의 비투자율은 1이다.

02

두 자극 사이에 작용하는 힘의 크기를 나타낸 것은?
($m_1 m_2$: 자극의 세기, μ : 투자율, r : 자극 간의 거리)

① $F = \dfrac{m}{4\pi \mu r^2}$ [N]　　② $F = \dfrac{m}{4\pi \mu r}$ [N]

③ $F = \dfrac{m_1 m_2}{4\pi \mu r^2}$ [N]　　④ $F = \dfrac{m_1 m_2}{4\pi \mu r}$ [N]

해설

작용하는 힘 $F = \dfrac{m_1 m_2}{4\pi \mu_0 r^2} = 6.33 \times 10^4 \times \dfrac{m_1 m_2}{r^2}$ [N]

03

진공 중의 투자율 μ_0[H/m]는 얼마인가?

① 8.855×10^{-12}　　② $4\pi \times 10^{-7}$
③ 6.33×10^4　　　　④ 9×10^9

해설

진공의 투자율 $\mu_0 = 4\pi \times 10^{-7}$[H/m]

04

두 자극 사이에 작용하는 힘의 세기는 무엇에 비례하는가?

① 투자율　　　　② 자극 간의 거리
③ 유전율　　　　④ 자극의 세기

해설

작용하는 힘 $F = \dfrac{m_1 m_2}{4\pi \mu_0 r^2}$ 이므로 작용하는 힘의 세기는 자극의 세기와 비례한다.

05

1[Wb]은 무엇의 단위인가?

① 자극의 세기　　② 전기량
③ 기자력　　　　④ 자기저항

해설

1[Wb]는 자극의 세기의 단위이다.

06

공기 중에서 10[cm]의 거리에 있는 두 자극의 세기가 각각 5×10^{-3}[Wb]와 3×10^{-3}[Wb]이면 이때 작용하는 힘은 얼마인가?

① 63[N]　　　　　② 65[N]
③ 68[N]　　　　　④ 95[N]

해설

작용하는 힘

$F = \dfrac{m_1 m_2}{4\pi \mu_0 r^2} = 6.33 \times 10^3 \times \dfrac{m_1 m_2}{r^2}$

$F = 6.33 \times 10^4 \times \dfrac{5 \times 10^{-3} \times 3 \times 10^{-3}}{(0.1)^2} = 95$[N]

정답 01 ②　02 ③　03 ②　04 ④　05 ①　06 ④

07

M.K.S 단위계에서 자계의 세기의 단위는?

① [AT]
② [Wb/m]
③ $[\text{Wb/m}^2]$
④ [AT/m]

해설

자계의 세기의 단위는 [AT/m]가 된다.

08

진공 중에서 2[Wb]의 점 자극으로부터 4[m] 떨어진 점의 자계의 세기는 몇 [AT/m]인가?

① 7.9×10^2
② 7.9×10^3
③ 5.4×10^2
④ 5.4×10^3

해설

자계의 세기 $H = \dfrac{m}{4\pi\mu_0 r^2} = 6.33 \times 10^4 \times \dfrac{m}{r^2}$

$\qquad\qquad = 6.33 \times 10^4 \times \dfrac{2}{4^2} = 7.9 \times 10^3 [\text{AT/m}]$

09

공기 중에서 m[Wb]의 자극으로부터 나오는 자력선의 총수는 얼마인가?

① m
② $\dfrac{\mu_0}{m}$
③ $\mu_0 m$
④ $\dfrac{m}{\mu_0}$

해설

자력선의 총수 $\dfrac{m}{\mu_0}$

10

10[AT/m]의 자계 중에 어떤 자극을 놓았을 때 300[N]의 힘을 받는다고 한다. 자극의 세기 m[Wb]는?

① 30
② 40
③ 50
④ 60

해설

힘 $F = mH[\text{N}]$

$\qquad m = \dfrac{F}{H} = \dfrac{300}{10} = 30[\text{Wb}]$

11

자장의 세기가 H[AT/m]인 곳에 m[Wb]의 자극을 놓았을 때 작용하는 힘이 F[N]라 하면 어떤 식이 성립되는가?

① $F = \dfrac{H}{m}$
② $F = mH$
③ $F = \dfrac{m}{H}$
④ $F = 6.33 \times 10^4 mH$

해설

힘과 자계의 세기는 다음과 같은 관계식을 갖는다.

$F = mH$

12

지구의 자장의 3요소가 아닌 것은?

① 복각
② 수평 분력
③ 편각
④ 사각

해설

지구 자기의 3요소는 복각, 편각, 수평 분력이다.

정답 07 ④ 08 ② 09 ④ 10 ① 11 ② 12 ④

13

전류에 의한 자장의 방향을 결정하는 것은 무슨 법칙인가?

① 암페어의 오른손 법칙
② 플레밍의 오른손 법칙
③ 플레밍의 왼손 법칙
④ 패러데이 법칙

해설

전류에 의한 자장의 방향을 결정하는 법칙을 암페어의 오른손 법칙이라 한다.

14

긴 직선도체에 I의 전류가 흐를 때 이 도선으로부터 r만큼 떨어진 곳의 자기장의 세기는?

① I에 반비례하고 r에 비례한다.
② I에 비례하고 r의 제곱에 반비례한다.
③ I의 제곱에 비례하고 r에 반비례한다.
④ I에 비례하고 r에 반비례한다.

해설

무한장 직선의 자계의 세기 $H=\dfrac{I}{2\pi r}[\text{AT/m}]$

즉, 전류에 비례하고 반지름에 반비례한다.

15

비오-사바르의 법칙은 다음의 어떤 관계를 나타낸 것인가?

① 전기와 전장의 세기 ② 기전력과 회전력
③ 전류와 전장의 세기 ④ 전류와 자계의 세기

해설

비오사바르 법칙은 전류와 자계의 세기의 관계를 나타낸 법칙이다.

16

자계의 세기가 1,000[AT/m]이고 자속밀도가 0.5[Wb/m²]인 경우 투자율[H/m]은?

① 5×10^{-5}　　② 5×10^{-2}
③ 5×10^{-3}　　④ 5×10^{-4}

해설

자속밀도 $B=\mu H[\text{Wb/m}^2]$

투자율 $\mu=\dfrac{B}{H}=\dfrac{0.5}{1,000}=5\times10^{-4}[\text{H/m}]$

17

그림에서 전류 I가 3[A], r이 35[cm]인 점의 자장의 세기 H[AT/m]를 구하면? (단, 도선은 매우 긴 직선이다.)

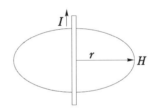

① 0.478　　② 1.0　　③ 1.36　　④ 3.89

해설

$H=\dfrac{I}{2\pi r}=\dfrac{3}{2\pi\times0.35}=1.36[\text{AT/m}]$

18

무한히 긴 직선 도체에 I[A]의 전류를 흘리는 경우, 도체의 중심의 r[m] 떨어진 점에서의 자계의 세기 [AT/m]는?

① $\dfrac{I}{2r}$　　　　② $\dfrac{I}{2\pi r}$

③ $\dfrac{I}{4r}$　　　　④ $\dfrac{I}{4\pi r}$

정답 13 ①　14 ④　15 ④　16 ④　17 ③　18 ②

해설

무한장 직선의 자계의 세기 $H = \dfrac{I}{2\pi r}$ [A/m]

19

$r = 0.5$[m], $I = 0.1$[A], $N = 10$회일 때 원형코일 중심의 자계의 세기 H는 얼마인가?

① 1[AT/m]   ② 4[AT/m]

③ 7[AT/m]   ④ 5[AT/m]

해설

원형코일 중심의 자계의 세기

$H = \dfrac{NI}{2r} = \dfrac{10 \times 0.1}{2 \times 0.5} = 1$[AT/m]

20

공심 솔레노이드 내부 자장의 세기가 200[AT/m]일 경우 자속밀도[Wb/m²]는?

① $6\pi \times 10^{-7}$ ② $8\pi \times 10^{-5}$

③ $10\pi \times 10^{-7}$ ④ $16\pi \times 10^{-4}$

해설

$B = \mu_0 H = 4\pi \times 10^{-7} \times 200 = 8\pi \times 10^{-5} [\text{Wb/m}^2]$

21

반지름 r[m], 권수 N회의 환상 솔레노이드에 I[A]의 전류가 흐를 때 그 중심의 자계의 세기 H[AT/m]는?

① $\dfrac{NI}{2\pi r}$[AT/m]   ② $\dfrac{NI}{2r}$[AT/m]

③ $\dfrac{NI}{r^2}$[AT/m]   ④ $\dfrac{NI}{4\pi r^2}$[AT/m]

해설

환상 솔레노이드의 자계의 세기

$H = \dfrac{NI}{2\pi r}$[AT/m]

22

그림과 같은 환상 솔레노이드의 평균길이 l이 40[cm]이고 감은 횟수가 200회일 때 이것에 0.5[A]의 전류를 흘리면 자계의 세기[AT/m]는?

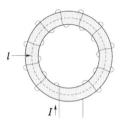

① 20   ② 100   ③ 250   ④ 8,000

해설

환상 솔레노이드의 자계의 세기

$H = \dfrac{NI}{2\pi r} = \dfrac{NI}{l} = \dfrac{200 \times 0.5}{0.4} = 250$[AT/m]

23

단위 길이당 권수 100회인 무한장 솔레노이드에 10[A]의 전류가 흐를 때 솔레노이드 내부의 자장[AT/m]은?

① 10   ② 15

③ 150   ④ 1,000

해설

무한장 솔레노이드의 자계의 세기

$H = nI = 100 \times 10 = 1,000$[AT/m]가 된다.

24

자속밀도의 단위는?

① [Wb]   ② [Wb/m²]

③ [AT/Wb]   ④ [AT]

해설

자속밀도 $B = \dfrac{\phi}{A}$[Wb/m²]

정답   19 ①   20 ②   21 ①   22 ③   23 ④   24 ②

25

면적 3[cm²]의 면을 진공 중에서 수직으로 3.6×10^{-4}[Wb]의 자속이 지날 때 자속밀도는 얼마인가?

① $10.8[\text{Wb/m}^2]$

② $6.6 \times 10^{-4}[\text{Wb/m}^2]$

③ $1.2[\text{Wb/m}^2]$

④ $0.83[\text{Wb/m}^2]$

해설

$B = \dfrac{\phi}{A} = \dfrac{3.6 \times 10^{-4}}{3 \times 10^{-4}} = 1.2[\text{Wb/m}^2]$

26

단위 길이당의 권수가 n인 무한장 솔레노이드에 I[A]를 흘렸을 때의 솔레노이드 내부의 자계의 세기 [AT/m]는 어떻게 되는가?

① nI

② $\dfrac{I}{2\pi n}$

③ $\dfrac{nI}{2\pi r}$

④ $2\pi n^2 I$

해설

무한장 솔레노이드의 외부의 자계의 세기는 0이지만, 솔레노이드 내부의 자계의 세기 $H = nI$[AT/m]가 된다.

27

200회 감은 어떤 코일에 15[A]의 전류를 흐르게 할 때의 기자력[AT]은?

① 15

② 200

③ 150

④ 3,000

해설

기자력 $F = NI = 200 \times 15 = 3,000$[AT]가 된다.

28

코일의 감긴 수와 전류와의 곱은 무엇인가?

① 역률

② 효율

③ 기자력

④ 기전력

해설

기자력 $F = NI$이다. 즉 기자력은 코일의 권수와 전류의 곱으로 나타낼 수 있다.

29

길이 10[cm]의 균일한 자로에 도선을 200회 감고 2[A]의 전류를 흘릴 경우 자로의 자계의 세기 [AT/m]는 어떻게 되는가?

① 400

② 4,000

③ 200

④ 2,000

해설

자계의 세기 $H = \dfrac{NI}{l}$이므로 $H = \dfrac{200 \times 2}{0.1} = 4,000$[AT/m]가 된다.

30

자속을 만드는 원동력이 되는 것은?

① 정전력

② 회전력

③ 기자력

④ 전기력

해설

자속 ϕ를 만드는 원동력은 기자력이 된다.

정답 25 ③ 26 ① 27 ④ 28 ③ 29 ② 30 ③

31

자기저항 100[AT/Wb]인 회로에 400[AT]의 기자력을 가할 때 자속 [Wb]은?

① 4 　　　　　　② 3

③ 2 　　　　　　④ 1

해설

자속 $\phi = \dfrac{NI}{R_m} = \dfrac{F}{R_m} = \dfrac{400}{100} = 4[\text{Wb}]$

32

평행한 왕복 도체에 흐르는 전류에 의한 작용력은?

① 흡인력 　　　　② 반발력

③ 회전력 　　　　④ 변함이 없다.

해설

왕복 도체의 경우 전류의 방향이 반대이므로, 반발력이 작용한다.

33

전동기의 회전방향과 관계가 있는 법칙은?

① 암페어의 오른손 법칙

② 렌츠의 법칙

③ 플레밍의 오른손 법칙

④ 플레밍의 왼손 법칙

해설

전동기의 회전방향은 플레밍의 왼손 법칙으로 알 수 있다.

34

공기 중에서 자속밀도 15[Wb/m²]의 평등자장 중에 길이 5[cm]의 도선을 자장의 방향과 45°의 각도로 놓고 이 도체에 2[A]의 전류가 흐르면 도선에 작용하는 힘은 몇 [N]인가?

① 1.06 　　　　　② 2.73

③ 3.46 　　　　　④ 5.18

해설

도선에 작용하는 힘

$F = IBl\sin\theta = 2 \times 15 \times 0.05 \times \sin 45° = 1.06[\text{N}]$

35

r[m] 떨어진 두 평행 도체에 각각 I_1, I_2[A]의 전류가 흐를 때 전선 단위 길이당 작용하는 힘[N/m²]은?

① $\dfrac{I_1 I_2}{r^2} \times 10^{-7}$ 　　　② $\dfrac{I_1 I_2}{r} \times 10^{-7}$

③ $\dfrac{2I_1 I_2}{r^2} \times 10^{-7}$ 　　④ $\dfrac{2I_1 I_2}{r} \times 10^{-7}$

해설

평행 도선에 작용하는 힘 $F = \dfrac{2I_1 I_2}{r} \times 10^{-7}[\text{N/m}^2]$

36

전자 유도 현상에 의하여 생기는 유기기전력의 방향을 정하는 법칙은?

① 플레밍의 오른손 법칙

② 패러데이 법칙

③ 렌츠의 법칙

④ 비오-사바르 법칙

해설

유기기전력의 방향을 결정하는 법칙은 렌츠의 법칙이다.

정답 31 ① 32 ② 33 ④ 34 ① 35 ④ 36 ③

37

영구자석의 재료로서 적당한 것은?

① 잔류자기가 크고 보자력이 작은 것
② 잔류자기가 적고 보자력이 큰 것
③ 잔류자기와 보자력이 모두 작은 것
④ 잔류자기와 보자력이 모두 큰 것

해설
영구자석은 잔류자기와 보자력이 모두 크다.

38

2[Wb/m²]의 자장 내에 길이 30[cm]의 도선을 자장과 직각으로 놓고 v[m/s]의 속도로 이동할 때 생기는 기전력이 3.6[V]였다면 속도 v[m/s]는?

① 6
② 12
③ 18
④ 36

해설
도체에 유기되는 기전력 $e = Blv\sin\theta$[V]

$v = \dfrac{e}{Bl\sin\theta} = \dfrac{3.6}{2 \times 0.3} = 6$[m/s]

39

히스테리시스 곡선이 종축과 만나는 점의 값은 무엇을 나타내는가?

① 기자력
② 잔류자기
③ 자속
④ 보자력

해설
히스테리시스 곡선의 종축과 만나는 점은 잔류자기이며 횡축과 만나는 점은 보자력이다.

40

다음 중 반자성체 물질의 특색을 나타낸 것은?

① $\mu_s < 1$
② $\mu_s \gg 1$
③ $\mu_s = 1$
④ $\mu_s > 1$

해설
• 상자성체 $(\mu_s > 1)$
• 반자성체 $(\mu_s < 1)$
• 강자성체 $(\mu_s \gg 1)$

41

히스테리시스 곡선의 횡축과 종축은 어느 것을 나타내는가?

① 자장과 자속밀도
② 잔류자기와 보자력
③ 투자율과 잔류자기
④ 자장과 비투자율

해설
히스테리시스 곡선에서 종축은 자속밀도이고, 횡축은 자장의 세기이다.

42

다음 중 강자성체가 아닌 것은?

① 니켈
② 철
③ 백금
④ 코발트

해설
백금은 상자성체에 해당이 된다.

정답 37 ④ 38 ① 39 ② 40 ① 41 ① 42 ③

43

다음 물질 중에서 반자성체가 아닌 것은?

① 게르마늄　　　② 망간
③ 구리　　　　　④ 비스무트

해설
망간은 강자성체에 해당이 된다.

44

히스테리시스 손은 최대자속밀도의 몇 승에 비례하는가?

① 1　　　　　　② 1.6
③ 1.8　　　　　④ 2

해설
히스테리시스 손실 $P_h = \eta \cdot f \cdot B_m^{1.6}[\text{W/m}^3]$

45

플레밍의 오른손 법칙에서 중지 손가락의 방향은?

① 운동 방향
② 전류의 방향
③ 유도기전력의 방향
④ 자력선의 방향

해설
플레밍의 오른손 법칙
• 엄지 : 운동의 방향
• 검지 : 자속의 방향
• 중지 : 기전력의 방향

46

코일권수 100회인 코일 면에 수직으로 자속 0.8[Wb]가 관통하고 있다. 이 자속을 0.1[sec] 동안에 없애면 코일에 유도되는 기전력[V]은?

① 0.4　　　　　② 40
③ 80　　　　　　④ 800

해설
$$e = \left| -N\frac{d\phi}{dt} \right| = 100 \times \frac{0.8}{0.1} = 800[\text{V}]$$

47

전자유도 현상에 의하여 생기는 유도 기전력의 크기를 정의하는 법칙은?

① 렌츠의 법칙　　　② 패러데이의 법칙
③ 앙페르의 법칙　　④ 가우스 법칙

해설
기전력의 크기를 결정하는 법칙은 패러데이 법칙이다.

48

어떤 코일에 전류가 0.2초 동안에 2[A] 변화하여 기전력이 4[V] 유기되었다면 이 회로의 자체 인덕턴스는 몇 [H]인가?

① 0.4　　　　　② 0.2
③ 0.3　　　　　④ 0.1

해설
$$e = L\frac{di}{dt}$$
$$L = \frac{dt \times e}{di} = \frac{0.2 \times 4}{2} = 0.4[\text{H}]$$

정답 43 ② 44 ② 45 ③ 46 ④ 47 ② 48 ①

제1과목 ✦ 전기이론

49

권선 수 50인 코일에 5[A]의 전류가 흘렀을 때 10^{-3} [Wb]의 자속이 코일 전체를 쇄교하였다면 이 코일의 자체 인덕턴스[mH]는?

① 10   ② 15

③ 20   ④ 30

해설

$LI = N\phi$

$L = \dfrac{N\phi}{I} = \dfrac{50 \times 10^{-3}}{5} = 10 \times 10^{-3}[\text{H}] = 10[\text{mH}]$

50

상호 인덕턴스 200[μH]인 회로의 1차 코일에 3[A]의 전류가 3[sec] 동안에 15[A]로 변화하였다면 2차 회로에 유기되는 기전력[V]은?

① 40   ② 40×10^{-4}

③ 80   ④ 8×10^{-4}

해설

상호 인덕턴스에 의한 전자유도법칙의 유도기전력

$e_2 = \left| -M\dfrac{di_1}{dt} \right| = 200 \times 10^{-6} \times \dfrac{15-3}{3} = 8 \times 10^{-4}[\text{V}]$가 된다.

51

자기 인덕턴스가 L_1, L_2, 상호 인덕턴스 M 결합계수가 1일 때의 관계는 다음 중 어느 것인가?

① $L_1 L_2 > M$ ② $\sqrt{L_1 L_2} = M$

③ $\sqrt{L_1 L_2} > M$ ④ $L_1 L_2 = M$

해설

$M = k\sqrt{L_1 L_2} \qquad k = 1$

$M = \sqrt{L_1 L_2}$

52

코일의 자체 인덕턴스는 권수 N의 몇 제곱에 비례하는가?

① N ② N^2

③ N^3 ④ N^4

해설

자체 인덕턴스

$L = \dfrac{N\phi}{I} = \dfrac{\mu S N^2}{l}$ 이므로 권선 수 N^2에 비례한다.

53

다음 그림에서 $A = 4 \times 10^{-4}[\text{m}^2]$, $l = 0.4[\text{m}]$, $N = 1{,}000$회, $\mu_s = 1{,}000$일 때 자체 인덕턴스 L은 몇 [H]인가?

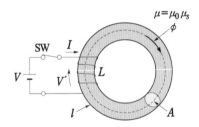

① 1.26   ② 1.79

③ 3.14   ④ 7.79

해설

$L = \dfrac{N\phi}{I} = \dfrac{\mu A N^2}{l} = \dfrac{\mu_0 \mu_s A N^2}{l}$

$= \dfrac{4\pi \times 10^{-7} \times 1{,}000 \times 4 \times 10^{-4} \times 1{,}000^2}{0.4} = 1.26[\text{H}]$

▶ 정답   49 ①   50 ④   51 ②   52 ②   53 ①

54

동일한 인덕턴스 L[H]인 두 코일을 같은 방향으로 감고 직렬 연결했을 때의 합성 인덕턴스는? (단, 두 코일의 결합 계수가 1이다.)

① L
② $2L$
③ $3L$
④ $4L$

해설

$L_0 = L_1 + L_2 + 2M$

$M = k\sqrt{L_1 L_2}$ 에서 $k=1$이고 $L_1 = L_2 = L$이므로 $M = L$

$\therefore L_0 = L + L + 2L = 4L$

55

0.5[A]의 전류가 흐르는 코일에 저축된 전자 에너지를 0.2[J]로 하기 위한 인덕턴스[H]는 얼마인가?

① 0.4
② 1.6
③ 2.0
④ 2.2

해설

축적되는 에너지 $W = \dfrac{1}{2}LI^2$[J]

여기서, 인덕턴스 $L = \dfrac{2W}{I^2} = \dfrac{2 \times 0.2}{0.5^2} = 1.6$[H]

56

코일에 흐르고 있는 전류가 5배로 되면 축적되는 전자 에너지는 몇 배가 되겠는가?

① 10
② 15
③ 20
④ 25

해설

축적되는 에너지 $W = \dfrac{1}{2}LI^2$[J]에서

W는 I^2에 비례하므로 $5^2 = 25$배가 된다.

57

자기 인덕턴스 8[H]의 코일에 5[A]의 전류가 흐를 때 자로에 저축되는 에너지[J]는?

① 5
② 10
③ 15
④ 100

해설

축적되는 에너지 $W = \dfrac{1}{2}LI^2 = \dfrac{1}{2} \times 8 \times 5^2 = 100$[J]

58

자기 인덕턴스 L_1, L_2, 상호 인덕턴스 M의 코일을 같은 방향으로 직렬 연결할 경우 합성 인덕턴스는?

① $L_1 + L_2 - 2M$
② $L_1 + L_2 - M$
③ $L_1 - L_2 + 2M$
④ $L_1 + L_2 + 2M$

해설

직렬 연결의 경우 같은 방향이면 가동 결합이 된다.
합성 인덕턴스 $L_0 = L_1 + L_2 + 2M$가 된다.

정답 54 ④ 55 ② 56 ④ 57 ④ 58 ④

교류 회로

교류란 시간이 변함에 따라 크기와 방향이 주기적으로 변하는 전압과 전류를 말한다. 우리는 일상 생활이나 산업 현장에서 주로 교류 전기를 사용하는데, 이는 직류 전기에 비해 전기의 변환이나 전송 등의 여러 가지 편리성과 특징을 갖고 있기 때문이다. 따라서 교류 발생과 교류 회로에서의 저항이나 인덕턴스와 정전용량 등의 소자에 의한 여러 가지 특징과 작용을 알아보고, 이러한 교류 소자에 의한 전압과 전류의 관계 등을 이해하기 쉽도록 복소 기호법에 대해 알아보자.

이때 우리는 시간의 변화에 따라 크기와 방향이 달라지는 정현파 교류의 순시값과, 실효값, 평균값에 대해 알아본다.

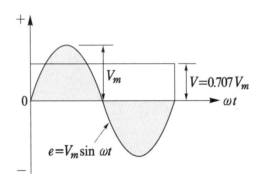

▶ 실효값과 최대값의 관계

| 제1절 | 교류 회로 |

01 주기와 주파수

위의 그림과 같이 교류의 파형은 시간에 따라 주기적으로 반복됨을 알 수 있는데 이때 교류 파형의 1회 변화를 1사이클(cycle)라 하며, 1사이클의 변화에 필요한 시간을 주기(period)라 한다. 주기의 기호는 T 라고 표시하며 단위는 초[sec]를 사용하게 된다.

주파수(frequency)는 1초 동안 반복되는 사이클 수를 의미하며, 기호는 f 로 나타내며 단위는 헤르츠(hertz)로 [Hz]를 사용하게 된다.

주기는 주파수와 다음 관계를 갖는다.

$$T = \frac{1}{f} [\text{sec}]$$

주파수와 주기는 다음 관계를 갖는다.

$$f = \frac{1}{T} [\text{Hz}]$$

02 각속도(angular velocity)

정현파 교류는 발전기 코일의 회전에 의해 발생되므로 이 코일의 이동을 회전각도로 표시한다. 이 회전 각도를 각속도 또는 각 주파수라고 표기한다.
각속도 ω는 다음 관계를 갖는다.

$$\omega = 2\pi f [\text{rad/sec}]$$

제2절 순시값과 최대값, 실효값

정현파 교류의 전압 v와 전류 i는 다음과 같은 식으로 나타낸다.

01 순시값

$$v = V_m \sin\omega t [\text{V}]$$
$$i = I_m \sin\omega t [\text{A}]$$

또한 v의 파형은 다음과 같이 나타낼 수가 있다.

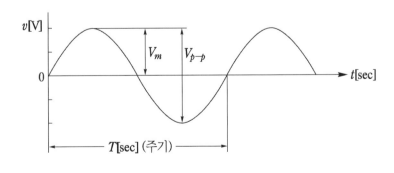

▸ 정현파 교류

위의 그림과 같이 교류전압 v[V]는 시간에 따라 변화하고 있으며 임의 의 순간 전압을 순시값(instantaneous value)이라 하며, 순시값을 나타내는 기호는 전압 v, 전류 i와 같은 소문자를 사용한다. 교류의 순시 값 중 가장 큰 값은 최대값(maximum value) 또는 진폭(amplitude)이라고 하며 기호는 전압은 V_m, 전류는 I_m과 같이 나타낸다.

02 실효값

교류의 크기를 교류와 동일한 일을 하는 직류의 크기로 바꿨을 때의 값을 교류의 실효값(effective value)이라 한다. 또한 이때의 전압의 실효값은 V[V]라 하며, 전류의 실효값은 I[A]로 나타낸다. 다음은 전압 V의 실효값을 나타낸다.

$$V = \frac{V_m}{\sqrt{2}} = 0.707\, V_m$$

아래 그림은 실효값과 최대값의 관계의 그림을 나타낸다.

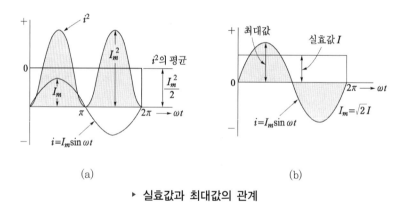

(a)   (b)

▸ **실효값과 최대값의 관계**

즉, 실효값과 최대값의 관계는 그림 (a)와 같이 i^2에 대한 1주기의 평균값을 구하게 되면 $\frac{I_m^2}{2}$가 된다. 따라서 직류 전력과 교류 전력이 같을 때 다음 관계식이 성립이 된다.

$$I^2 R[\text{W}] = \frac{I_m^2}{2} R[\text{W}]$$

따라서 전류의 최대값과 실효값의 관계를 살펴보면 다음과 같이 된다.

$$I = \frac{I_m}{\sqrt{2}} \fallingdotseq 0.707 I_m \, [\text{A}]$$

03 평균값

교류의 크기를 나타내는 방법으로 교류의 순시값의 1주기 동안의 평균을 취하여 그 값을 교류의 평균값(average value)이라 한다. 하지만 정현파의 경우 (+)방향과 (−)방향의 크기가 대칭이므로 1주기의 동안의 평균값은 0이 된다. 따라서 정현파 교류의 1/2주기 동안의 평균을 취하여 전압의 평균값은 $V_a [\text{V}]$, 전류의 평균값은 $I_a [\text{A}]$로 나타낼 수 있다.

다음은 전압의 평균값을 나타낸 것이다.

$$V_{av} = \frac{1}{T} \int_0^T v \, dt = \frac{2}{\pi} V_m \fallingdotseq 0.637 V_m$$

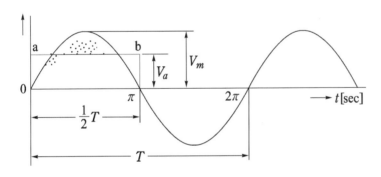

▶ **정현파 교류의 평균값**

04 위상차

주파수가 같은 2개 이상의 교류 파형 간의 차이를 나타내는 것을 위상차라 한다. 같은 주기와 진폭을 갖는 파동이라도 위상차가 있을 수가 있다.

$$v_1 = V_m \sin \omega t$$
$$v_2 = V_m \sin (\omega t - \theta)$$

위상차 $\phi = v_1 - v_2 = \omega t - (\omega t - \theta) = \theta$가 된다.

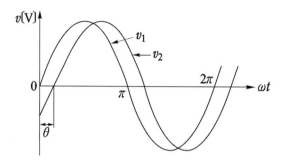

▸ 교류 전압의 위상차

05 파형률과 파고율

구형파를 기준으로 비정현파의 일그러짐을 나타냄으로써 파형률과 파고율이 사용된다.

(1) 파형률(Form factor)

교류의 파형에서 실효값을 평균값으로 나눈 값으로서 비정현파의 파형 평활도를 나타낸 것을 말한다.

$$\text{파형률} = \frac{\text{실효값}}{\text{평균값}}$$

(2) 파고율(Peak factor, Crest factor)

교류 파형에서 최대값을 실효값으로 나눈 값으로서 각종 파형의 날카로움의 정도를 나타내기 위한 것을 말한다.

$$\text{파고율} = \frac{\text{최대값}}{\text{실효값}}$$

다음은 각 파형의 실효값, 평균값, 파고율과 파형률을 나타낸 값이다.

파형	실효값	평균값	파형률	파고율
정현파	$\dfrac{V_m}{\sqrt{2}}$	$\dfrac{2V_m}{\pi}$	1.11	1.414
정현반파	$\dfrac{V_m}{2}$	$\dfrac{V_m}{\pi}$	1.57	2
삼각파	$\dfrac{V_m}{\sqrt{3}}$	$\dfrac{V_m}{2}$	1.15	1.73
구형반파	$\dfrac{V_m}{\sqrt{2}}$	$\dfrac{V_m}{2}$	1.41	1.41
구형파	V_m	V_m	1	1

06 복소수의 계산

교류는 시간에 따라 그 크기와 방향이 변화하는데, 따라서 교류 회로를 해석함에 있어서 순시값으로 표시된 여러 정현파를 복소수로 대치시키면 복잡한 정현파 계산은 간단한 복소수로 계산이 되어, 교류회로의 해석은 직류 회로처럼 대수적인 방법으로 처리할 수 있는 이점이 있다.

아래 그림과 같이 정현파 교류 전류의 순시값이

$$i = I_m \sin(\omega t + \theta) = \sqrt{2}\, I \sin(2\pi f t + \theta)[\text{A}]$$

라면 이를 벡터로 표시해 본다.

이때의 실효값이 I이고 위상각이 θ인 정현파 교류는 그림 (b)와 같이 벡터의 크기가 실효값이 I이고, 기준선 OX로부터의 편각이 위상인 θ인 벡터로 표시할 수 있다.

$$\dot{I} = I \angle \theta [\text{A}]$$

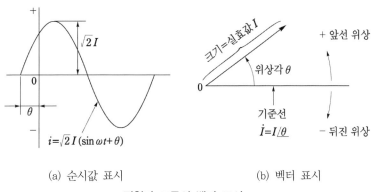

(a) 순시값 표시   (b) 벡터 표시

▶ **정현파 교류의 벡터 표시**

즉, 교류의 전압이나 전류를 벡터로 나타낼 경우, 그 크기는 실효값 V, I로 나타내며, 위상각 θ로 나타낸다. 주파수 f가 같다면 각속도 ω도 같기 때문에 다루고자 하는 정현파 교류들이 모두 동일 주파수를 가진다면 실효값과 위상각의 2개의 양을 가지는 벡터로 표현이 가능하다.

여기서 복소수(complex number)는 실수(real number)와 허수(imaginary number)로 이루어진 수로서, 허수는 제곱을 하면 음수가 되는 수를 나타내며, 허수의 단위는 i이지만 공학에선 i를 전류로 나타내는데 사용하고 복소수를 나타낼 때는 j를 사용하여 나타낸다.

$$j = \sqrt{-1}, \qquad j^2 = -1$$

이 된다.

복소수 $\dot{Z} = (실수부) + j(허수부) = a + jb$

로서 나타낼 수 있다.

위 식에서 복소수 $\dot{Z}$와 같이 문자 위에 점(dot)를 찍어 표현하며, 복소수의 크기는 절대값(absolute value)으로 나타낸다.

$$Z = \sqrt{(실수부)^2 + (허수부)^2} = \sqrt{a^2 + b^2}$$

이 된다.

(1) 직각좌표계

직각 좌표축상의 성분으로 벡터를 표시하는 것을 직각 좌표 형식이라 한다.

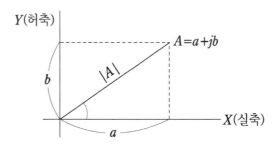

▸ **복소수의 직각 좌표 표시**

여기서, 벡터 $\dot{A}$ 크기와 편각은 다음과 같다.

$$A(크기) = |\dot{A}| = \sqrt{(실수부)^2 + (허수부)^2} = \sqrt{a^2 + b^2}$$

$$\theta(편각) = \tan^{-1}\frac{허수부}{실수부} = \tan^{-1}\frac{b}{a}$$

이는 덧셈과 뺄셈을 할 때 주로 사용된다.

(2) 극 좌표계

벡터 $\dot{A}$의 절대값을 A, 편각을 θ라 하면, 이 벡터의 실수부 성분 a와 b는 다음과 같이 표시할 수 있다.

$$a = A\cos\theta, \quad b = A\sin\theta$$

다시 벡터 $\dot{A}$를 표시하면

$$\dot{A} = A\cos\theta + jA\sin\theta = A(\cos\theta + j\sin\theta)$$

위와 같이 표시하는 식을 삼각함수 형식이라 하며, 이것을 절대값과 편각을 이용하면

$$\dot{A} = A \angle \theta$$

이와 같이 표시하는 방법을 극좌표 형식이라 한다.
곱셈과 나눗셈에 주로 사용된다.

제3절   교류의 *R-L-C* 회로

일반적으로 교류 회로에 있어서 전압이나 전류는 저항만의 회로에서는 직류와 같이 취급할 수 있지만 인덕턴스나 정전용량이 있는 회로에서는 그렇지가 않다. 따라서 교류에 있어서의 저항, 인덕턴스, 정전용량의 성질이 어떻게 작용하는가를 알아본다.

01 *R*만의 회로

저항 R만의 회로에서는 전류의 크기는 전압의 크기를 저항으로 나눈 값이 되고, 전압과 전류는 동상이 된다.
저항은 전원으로부터 공급받는 에너지를 열로 소비하는 회로 소자이다.

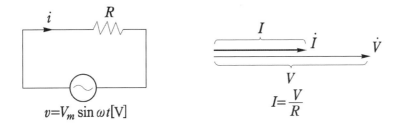

R만의 회로의 위상은 전압과 전류는 동위상이 된다. 전압과 전류의 크기를 실효값으로 나타내면 다음과 같은 관계가 성립한다.

$$I = \frac{V}{R}$$

02 L 만의 회로

다수의 코일을 감아서 만든 2단자 소자를 인덕턴스라고 부른다. 단위는 헨리(henry)[H]를 사용한다. 아래 그림과 같이 자체 인덕턴스 L[H]의 코일에 정현파 순시 전류 i를 흘리게 되면, 코일의 자체 유도 작용에 의하여 코일에는 다음과 같은 유도 전압 v'가 유기된다.

$$v' = -L\frac{\Delta i}{\Delta t} = -\sqrt{2}\,\omega L\,I\cos\omega t = -\sqrt{2}\,\omega L\,I\sin\left(\omega t + \frac{\pi}{2}\right)[\mathrm{V}]$$

아래 그림 (a)와 같이 코일 회로에 전류 i를 계속 흐르게 하기 위해서는 전압 v'를 제거할 수 있는 크기가 같고 위상이 반대인 전압 v[V]를 가해야 한다.

$$v = -v' = \sqrt{2}\,\omega L\,I\sin\omega t = \sqrt{2}\,\omega L\,I\sin\left(\omega t + \frac{\pi}{2}\right)[\mathrm{V}]$$

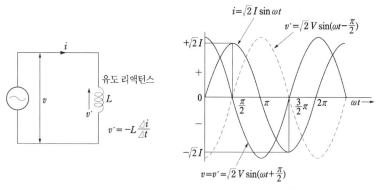

(a) L만의 회로   (b) 전압과 전류의 파형

▸ **인덕턴스(L)만의 회로**

즉, 전압 v의 위상은 전류 i의 위상보다 $\dfrac{\pi}{2}$[rad]만큼 앞서며, 전류 i의 위상이 전압 v의 위상보다 $\dfrac{\pi}{2}$[rad]만큼 뒤진다는 것을 알 수 있다. 따라서 인덕턴스 L만의 회로에서는 저항 회로와는 달리 위상이 서로 $\dfrac{\pi}{2}$[rad] 만큼 차이가 있다.

여기서 전압과 전류와의 관계를 살펴보면

$$I = \frac{V}{X_L} = \frac{V}{\omega L} = \frac{V}{2\pi f L}[\mathrm{A}]$$

이 된다. 결과적으로 교류 인덕턴스 회로에서의 전류의 크기는 ωL에 반비례한다. 또한 전류의 크기를 제한할 뿐만 아니라, 회로의 전류의 위상도 전압보다 $\dfrac{\pi}{2}$[rad]만큼 뒤지게 하는데, 이러한 작용을 하는 ωL을 유도 리액턴스(inductive reactance)라고 하며 기호로는 X_L로 나타내며, 단위는 저항 [Ω]을 사용한다.

$$\omega L = X_L [\Omega]$$

여기서, X_L : 유도 리액턴스

$$X_L = \omega L = 2\pi f L [\Omega]$$

✔Check

> L만의 회로의 위상은 V가 I보다 90° 앞선다(진상).
>
> I는 V보다 90° 뒤진다(지상).

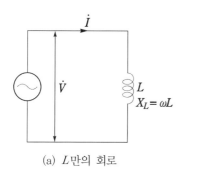 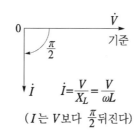

(a) L만의 회로 (b) 전압과 전류의 벡터도

▸ 인덕턴스(L)만의 회로와 벡터도

03 C만의 회로

커패시턴스라고 하며 이는 전하가 갖는 정전 에너지를 저장할 수 있는 전기 소자를 나타낸다. 단위로는 패럿[Farad][F]을 사용한다. 아래 그림과 같이 정전용량 C[F]의 콘덴서 회로에 정현파 교류 전압을 가하면, 콘덴서에 축적되는 전하 q[C]은 다음과 같다.

$$q = Cv = \sqrt{2}\,CV\sin\omega t\,[C]$$

이때 전류

$$i = \frac{\Delta q}{\Delta t} = \frac{\Delta(\sqrt{2}\,CV\sin\omega t)}{\Delta t} = \sqrt{2}\,\omega\,CV\sin\left(\omega t + \frac{\pi}{2}\right)[A]$$

가 된다. 여기서, 전류 $I = \omega CV$ 라고 하면

$$i = \sqrt{2}\,\omega CV \sin\left(\omega t + \frac{\pi}{2}\right) = \sqrt{2}\,I \sin\left(\omega t + \frac{\pi}{2}\right)[\text{A}]$$

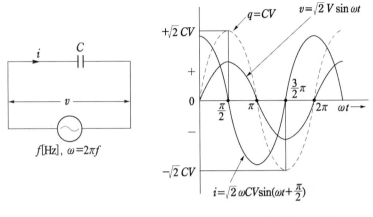

(a) C 만의 회로   (b) 전압 전류의 파형

▸ **정전용량(C)만의 회로**

가 된다. 정전용량 C 만의 회로에서는 전압 v 의 위상은 전류 i 의 위상보다 $\frac{\pi}{2}$ [rad]만큼 뒤지며, 또한 전류 i 의 위상이 전압 v 의 위상보다 $\frac{\pi}{2}$ [rad]만큼 앞선다. 따라서 정전용량 C만의 회로에서 가해진 전압과 이 회로에 흐르는 전류를 비교하면 파형과 주파수는 같고, 저항회로와 달리 서로 $\frac{\pi}{2}$ [rad]만큼 차이가 있다.

C만의 회로에서의 전류 I[A]와 전압 V[V]의 실효값의 관계를 살펴보면 다음과 같은 관계가 성립한다.

$I = \omega CV = \dfrac{V}{\dfrac{1}{\omega C}}$ [A]이다. 교류 정전용량 회로에서의 전류의 크기 I

[A]는 $\dfrac{1}{\omega C}$ 에 반비례하며, $\dfrac{1}{\omega C}$ 은 전류의 크기를 제한할 뿐만 아니라, 회로 전류의 위상도 전압보다 $\frac{\pi}{2}$ [rad]만큼 앞서게 만든다. 이와 같은 작용을 하는 $\dfrac{1}{\omega C}$ 을 용량 리액턴스(capacitive reactance)라고 하며, 기호로는 X_c 로 나타내며, 단위는 저항과 같은 [Ω]을 사용하며 다음과 같은 관계를 성립한다.

$$X_c = \frac{1}{\omega C} = \frac{1}{2\pi f C}[\Omega]$$

이 된다.

$$I = \frac{V}{X_c} = \frac{V}{\dfrac{1}{\omega C}} = 2\pi f C V$$

가 된다.

$$\frac{1}{\omega C} = X_c[\Omega]$$

여기서, X_c : 용량 리액턴스$[\Omega]$

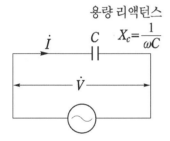

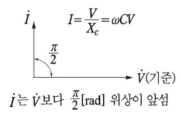

i는 $\dot{V}$보다 $\frac{\pi}{2}$[rad] 위상이 앞섬

(a) 벡터에 의한 C만의 회로   (b) 전압 전류의 벡터도

▸ 정전용량(C)만의 회로와 벡터도

✓Check

C만의 회로의 위상은 V가 I보다 90° 뒤진다(지상).
I는 V보다 90° 앞선다(진상).

제4절 R-L-C 직렬 회로

위에서 저항, 인덕턴스, 정전용량이 하나만 있는 경우의 성질과 작용에 대해 알아보았으므로, 이번엔 실제적인 교류 회로의 대부분은 두 개 이상의 소자가 직렬 또는 병렬로 연결되어 있기 때문에 이들의 전압과 전류의 크기와 위상의 관계와 임피던스에 대해 알아보자.

01 *R-L* 직렬 회로

먼저 아래 그림과 같이 저항 $R[\Omega]$과 자체 인덕턴스 $L[H]$를 직렬 접속한 회로에서 주파수 $f[Hz]$, 전압 $V[V]$의 교류를 가할 때, 회로에 흐르는 전류를 $I[A]$라 하면 저항 양단에 걸리는 전압 V_R과 인덕턴스 L에 걸리는 전압 V_L은 다음과 같이 된다.

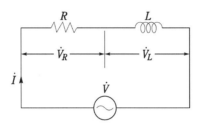
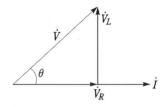

$$V_R = IR$$

$$V_L = I\omega L$$

$$V = \sqrt{V_R^2 + V_L^2} = \sqrt{(IR)^2 + (I\omega L)^2} = I\sqrt{R^2 + \omega^2 L^2}$$
$$= I\sqrt{R^2 + X_L^2}\,[V]$$

$$Z = \sqrt{R^2 + X_L^2} = \sqrt{R^2 + (\omega L)^2}\,[\Omega]$$

이때, Z는 회로에 가한 전압과 전류의 비를 나타내는 값으로 직류에 있어서는 전기 저항에 상당하는 것으로서 교류에서는 임피던스(impedance)라고 하며 단위는 $[\Omega]$이라 한다.

※ 임피던스 $Z = R + jX[\Omega]$. 즉, X의 값에 따라 임피던스는 달라진다.

$$I = \frac{V}{Z} = \frac{V}{\sqrt{R^2 + X_L^2}} = \frac{V}{\sqrt{R^2 + (\omega L)^2}}\,[A] \qquad (X_L = \omega L)$$

역률 $\quad \cos\theta = \dfrac{R}{Z} = \dfrac{R}{\sqrt{R^2 + (\omega L)^2}}$

무효율 $\quad \sin\theta = \dfrac{X}{Z} = \dfrac{\omega L}{\sqrt{R^2 + (\omega L)^2}}$

이때의 위상차 $\theta = \tan^{-1}\dfrac{X_L}{R}\,[rad]$

즉, 전류가 전압보다 θ만큼 위상이 뒤진다.

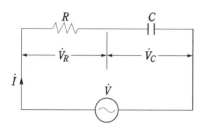

02 $R-C$ 직렬 회로

그림과 같이 저항 $R[\Omega]$과 정전용량 $C[F]$을 직렬 접속한 회로에서 주파수 $f[Hz]$, 전압 $V[V]$의 교류를 가할 때, 회로에 흐르는 전류를 $I[A]$라 하면, 저항 R 양단에 걸리는 전압 V_R과 정전용량 C에 걸리는 전압 V_c는 다음과 같다.

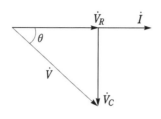

$$V_R = IR$$

$$V_C = \frac{I}{\omega C}$$

$$V = \sqrt{V_R^2 + V_C^2} = \sqrt{(IR)^2 + \left(\frac{I}{\omega C}\right)^2}$$

$$= I\sqrt{R^2 + \left(\frac{1}{\omega C}\right)^2} = I\sqrt{R^2 + X_C^2}\,[V]$$

$$Z = \sqrt{R^2 + X_C^2} = \sqrt{R^2 + \left(\frac{1}{\omega C}\right)^2}\,[\Omega]$$

$$I = \frac{V}{Z} = \frac{V}{X_C} = \frac{V}{\dfrac{1}{\omega C}}\,[A]$$

역률 $\quad \cos\theta = \dfrac{R}{Z} = \dfrac{R}{\sqrt{R^2 + \left(\dfrac{1}{\omega C}\right)^2}}$

무효율 $\quad \sin\theta = \dfrac{X_c}{Z} = \dfrac{\dfrac{1}{\omega C}}{\sqrt{R^2 + \left(\dfrac{1}{\omega C}\right)^2}}$

이때의 위상차 $\theta = \tan^{-1}\dfrac{X_C}{R}\,[rad]$

즉, 전류가 전압보다 θ만큼 위상이 앞선다.

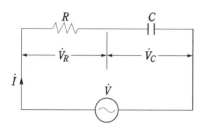

03 *R-L-C* 직렬 회로

그림과 같이 저항 $R[\Omega]$, 인덕턴스 $L[\mathrm{H}]$, 정전용량 $C[\mathrm{F}]$을 직렬 접속한 회로에 주파수 $f[\mathrm{Hz}]$, 전압 $V[\mathrm{V}]$의 교류 전압을 가할 때, 회로에 흐르는 전류를 $I[\mathrm{A}]$라 하면 저항 R에 걸리는 전압 V_R과 인덕턴스 L에 걸리는 전압 V_L, 정전용량 C에 걸리는 전압 V_c는 다음과 같다.

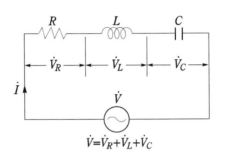
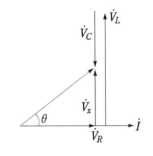

$$\dot{V} = \dot{V}_R + \dot{V}_L + \dot{V}_C$$

$$V = \sqrt{V_R^2 + (V_L - V_C)^2} = I \sqrt{R^2 + (X_L - X_C)^2} \; [\mathrm{V}]$$

$$Z = \sqrt{R^2 + (X_L - X_C)^2} = \sqrt{R^2 + \left(\omega L - \frac{1}{\omega C}\right)^2} \; [\Omega]$$

역률 $\quad \cos\theta = \dfrac{R}{Z} = \dfrac{R}{\sqrt{R^2 + (X_L - X_c)^2}} = \dfrac{R}{\sqrt{R^2 + \left(\omega L - \dfrac{1}{\omega C}\right)^2}}$

무효율 $\sin\theta = \dfrac{X_L - X_c}{Z} = \dfrac{\omega L - \dfrac{1}{\omega C}}{\sqrt{R^2 + \left(\omega L - \dfrac{1}{\omega C}\right)^2}}$

- $\omega L > \dfrac{1}{\omega C}$ 인 경우 전류가 전압보다 $\tan^{-1} \dfrac{\omega L - \dfrac{1}{\omega C}}{R}$ 만큼 뒤진다.

- $\omega L < \dfrac{1}{\omega C}$ 인 경우 전류가 전압보다 $\tan^{-1} \dfrac{\dfrac{1}{\omega C} - \omega L}{R}$ 만큼 앞선다.

제5절 *R-L-C* 병렬 회로

01 *R-L* 병렬 회로

그림과 같이 저항 $R[\Omega]$과 자체 인덕턴스 $L[H]$를 병렬 접속한 회로에서 주파수 $f[Hz]$, 전압 $V[V]$의 교류를 가할 때, 회로에 흐르는 전류를 $I[A]$라 하면, 저항 R에 흐르는 전류 I_R과 인덕턴스 L에 흐르는 전류 I_L은 다음과 같다.

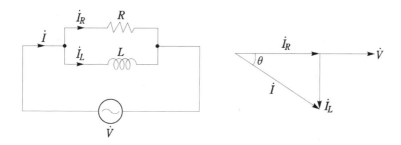

$$I = \sqrt{I_R^2 + I_L^2} = \sqrt{\left(\frac{V}{R}\right)^2 + \left(\frac{V}{\omega L}\right)^2} = V\sqrt{\left(\frac{1}{R}\right)^2 + \left(\frac{1}{\omega L}\right)^2}$$

$$= V\sqrt{\left(\frac{1}{R}\right)^2 + \left(\frac{1}{X_L}\right)^2}\,[A]$$

$$Z = \frac{V}{I} = \frac{1}{\sqrt{\left(\frac{1}{R}\right)^2 + \left(\frac{1}{\omega L}\right)^2}} = \frac{R\omega L}{\sqrt{R^2 + \omega^2 L^2}}\,[\Omega]$$

역률

$$\cos\theta = \frac{\dfrac{1}{R}}{Y} = \frac{\dfrac{1}{R}}{\sqrt{\left(\dfrac{1}{R}\right)^2 + \left(\dfrac{1}{\omega L}\right)^2}} \times \frac{R\omega L}{R\omega L} = \frac{\omega L}{\sqrt{R^2 + (\omega L)^2}}$$

무효율

$$\sin\theta = \frac{\dfrac{1}{\omega L}}{Y} = \frac{\dfrac{1}{\omega L}}{\sqrt{\left(\dfrac{1}{R}\right)^2 + \left(\dfrac{1}{\omega L}\right)^2}} \times \frac{R\omega L}{R\omega L} = \frac{R}{\sqrt{R^2 + (\omega L)^2}}$$

이때의 위상차 $\theta = \tan^{-1}\dfrac{R}{\omega L}\,[rad]$

즉, 전류는 전압보다 위상이 $\tan^{-1}\dfrac{R}{\omega L}$ 만큼 뒤진다.

02 R-C 병렬 회로

그림과 같이 저항 $R[\Omega]$과 정전용량 $C[F]$을 병렬 접속한 회로에서 주파수 $f[Hz]$, 전압 $V[V]$의 교류를 가할 때, 회로에 흐르는 전류를 $I[A]$라 하면, 저항 R에 흐르는 전류 I_R과 정전용량 C에 흐르는 전류 I_c는 다음과 같다.

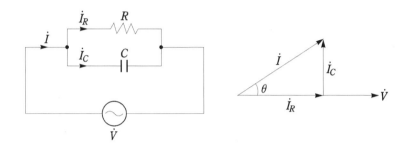

$$I = \sqrt{I_R^2 + I_C^2} = \sqrt{\left(\frac{V}{R}\right)^2 + (\omega C V)^2} = V\sqrt{\left(\frac{1}{R}\right)^2 + (\omega C)^2} \ [A]$$

$$Z = \frac{V}{I} = \frac{1}{\sqrt{\left(\frac{1}{R}\right)^2 + (\omega C)^2}} \ [\Omega]$$

역률

$$\cos\theta = \frac{\frac{1}{R}}{Y} = \frac{\frac{1}{R}}{\sqrt{\left(\frac{1}{R}\right)^2 + (\omega C)^2}} \times \frac{\frac{R}{\omega C}}{\frac{R}{\omega C}} = \frac{\frac{1}{\omega C}}{\sqrt{R^2 + \left(\frac{1}{\omega C}\right)^2}}$$

무효율

$$\sin\theta = \frac{\omega C}{Y} = \frac{\omega C}{\sqrt{\left(\frac{1}{R}\right)^2 + (\omega C)^2}} \times \frac{\frac{R}{\omega C}}{\frac{R}{\omega C}} = \frac{R}{\sqrt{R^2 + \left(\frac{1}{\omega C}\right)^2}}$$

이때의 위상차 $\theta = \tan^{-1} R\omega C[rad]$

즉, 전류는 전압보다 위상이 $\theta = \tan^{-1} R\omega C$만큼 앞선다.

03 R-L-C 병렬 회로

그림과 같이 저항 $R[\Omega]$, 인덕턴스 $L[H]$, 정전용량 $C[F]$을 병렬 접속한 회로에 주파수 $f[Hz]$, 전압 $V[V]$의 교류를 가할 때 회로에 흐르는 전류를 $I[A]$라 하면, 저항 R에 흐르는 전류 I_R, 인덕턴스 L에 흐르는 전류 I_L, 정전용량 C에 흐르는 전류 I_c는 다음과 같이 된다.

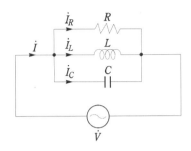 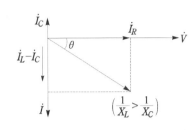

$$I = \sqrt{I_R^2 + (I_L - I_C)^2} = V\sqrt{\left(\frac{1}{R}\right)^2 + \left(\frac{1}{X_L} - \frac{1}{X_C}\right)^2} \ [\text{A}]$$

$$Z = \frac{V}{I} = \frac{1}{\sqrt{\left(\frac{1}{R}\right)^2 + \left(\frac{1}{X_L} - \frac{1}{X_C}\right)^2}} \ [\Omega]$$

위상차 $\quad \theta = \tan^{-1} \dfrac{\dfrac{1}{X_L} - \dfrac{1}{X_C}}{\dfrac{1}{R}} \ [\text{rad}]$

- $\dfrac{1}{X_L} > \dfrac{1}{X_C}$ 인 경우 I 는 V 보다 위상각 θ 만큼 뒤진다.

- $\dfrac{1}{X_L} < \dfrac{1}{X_C}$ 인 경우 I 는 V 보다 위상각 θ 만큼 앞선다.

04 공진

교류 회로에서 유도 리액턴스와 용량 리액턴스가 같을 때 일어나는 현상을 공진(resonance)현상이라 한다. 이는 허수부가 0이 되는 조건을 말한다. $\left(\omega L = \dfrac{1}{\omega C}\right)$ 이를 응용한 라디오나 TV 등에서 원하는 방송 주파수를 선택할 때 또는 무선 통신에서 송신기와 수신기가 서로 통화할 수 있도록 주파수 동조(tuning)에 사용되며, 공진에는 직렬 공진과 병렬 공진이 있다.

(1) 직렬 공진의 경우 $Z = R + j\left(\omega L - \dfrac{1}{\omega C}\right)$

RLC 직렬 회로에서 전원 전압의 크기를 일정하게 유지하고 주파수만 변화시키면 리액턴스는 낮은 주파수에서는 용량성 리액턴스가 우세하여 RC 회로와 같은 특성을 가지며, 높은 주파수에서는 유도성

리액턴스가 우세하여 RL 회로와 같은 특성을 갖는다. 또한 용량성 리액턴스와 유도성 리액턴스가 동일한 리액턴스의 $X = 0$인 점이 존재한다.

이때 직렬 공진의 경우 다음 관계식이 성립된다.

$$\omega L = \frac{1}{\omega C} \quad \rightarrow \quad \omega^2 = \frac{1}{LC} \qquad \omega = \frac{1}{\sqrt{LC}}$$

이때의 각주파수 $\quad \omega = \frac{1}{\sqrt{LC}}$

그러므로 공진 주파수 $\quad f_r = \frac{1}{2\pi\sqrt{LC}}$

아래 그림은 RLC 직렬 공진 회로의 주파수 특성을 나타낸다.

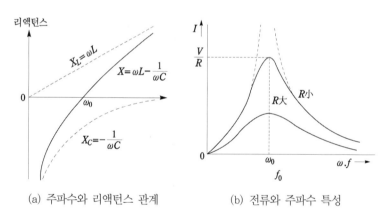

(a) 주파수와 리액턴스 관계   (b) 전류와 주파수 특성

▸ RLC 직렬 공진 회로의 주파수 특성

✓Check

직렬 공진의 조건
- 전압과 전류가 동위상
- 역률이 1인 경우
- 전류가 최대

(2) 병렬 공진의 경우 $Y = \frac{1}{R} + j\left(\omega C - \frac{1}{\omega L}\right)$

병렬 공진 시 허수의 항은 0이 되므로 회로의 전 전류 I는 전압 V와 동상이 되고, 전류가 최소로 흐르게 된다. 이 현상을 병렬 공진(parallel resonance) 또는 반 공진(anti-resonance)이라 한다.

$$\omega C = \frac{1}{\omega L} \;\rightarrow\; \omega^2 = \frac{1}{LC} \quad \omega = \frac{1}{\sqrt{LC}}$$

공진 주파수 $\;f_r = \dfrac{1}{2\pi\sqrt{LC}}$

✓Check

병렬 공진의 조건
- 전압과 전류가 동위상
- 역률이 1인 경우
- 전류가 최소

제6절 **교류 전력**

교류 회로에서도 직류 회로와 마찬가지로 회로에 전압과 전류의 곱으로 전력을 나타내는데, 교류 전력은 시간에 따라 변화하는 순시 전압과 순시 전류의 곱으로 나타낸 순시 전력으로서 1주기 동안 평균한 값을 간단히 전력 또는 평균전력, 유효전력이라 한다.

01 단상의 교류 전력

(1) 유효전력

우리가 일상생활에서 실제로 소비하는 전력을 말하며 단위는 와트[Watt : W]가 사용된다. 그림과 같이 회로에 인가되는 전압 V와 전류 I 사이에 θ의 위상차가 있을 때, 이 전류 I를 전압과 동상인 성분 $I\cos\theta$와 전압과 $\dfrac{\pi}{2}$[rad]의 위상차를 갖는 성분 $I\sin\theta$로 나눌 수 있다. 여기서, $I\cos\theta$는 전압과 동상이고 평균 전력 $VI\cos\theta$에 관계가 있으므로 유효전류 I_p라 하고, $I\sin\theta$는 전압과 $\dfrac{\pi}{2}$[rad]의 위상차가 있으므로 부하에서 전력이 소비되지 않고 부하와 전원 사이에 충전과 방전이 반복되는 평균 전력과 관계가 없는 무효 전류 I_r이 된다. 따라서 전압과 유효 전류 $I\cos\theta$의 곱 $VI\cos\theta$를 유효전력(active power)이라 한다.

$$P = VI\cos\theta\,[\mathrm{W}] = \frac{V_m}{\sqrt{2}} \times \frac{I_m}{\sqrt{2}}\cos\theta = \frac{V_m I_m}{2}\cos\theta$$

$$= I^2 R = \frac{V^2}{R} = P_a \cos\theta\,[\mathrm{W}]$$

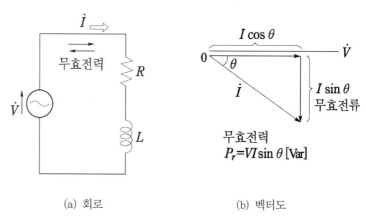

(a) 회로   (b) 벡터도

▶ **전류와 전력 관계**

(2) 무효전력

회로의 L과 C의 에너지가 축적되는 효과로 생기는 전력으로서 실제 에너지를 소비하지 않는 전력이다. 단위는 바[Volt-ampere reactive : Var]를 사용한다.

$$P_r = VI\sin\theta\,[\mathrm{Var}] = \frac{V_m}{\sqrt{2}} \times \frac{I_m}{\sqrt{2}}\sin\theta = \frac{V_m I_m}{2}\sin\theta$$

$$= I^2 X = \frac{V^2}{X} = P_a \sin\theta\,[\mathrm{Var}]$$

(3) 피상전력

교류 회로에서 전압 $V[\mathrm{V}]$와 흐르는 전류의 크기 $I[\mathrm{A}]$만의 곱 VI를 피상 전력(apparent power) P_a이라 하고 단위는 볼트 암페어(volt-ampere : 기호 $[\mathrm{VA}]$)를 사용한다. 이는 위상 관계를 고려하지 않고 단지 회로에 인가된 전압과 전류의 크기만을 생각해서 겉보기 전력이라도 부른다. 추상적인 전력이 된다.

$$P_a = VI[\mathrm{VA}] = I^2 \cdot Z = \sqrt{P^2 + P_r^{\,2}}\,[\mathrm{VA}]$$

(4) 역률과 무효율

① **역률**(Power factor) : 전원에서 공급되는 전력이 부하에서 유효하게 이용되는 비율의 의미를 역률이라 하며, θ를 역률각이라 한다.

$$\cos\theta = \frac{P}{P_a} = \frac{P}{VI} = \frac{P}{\sqrt{P^2 + P_r^2}} = \frac{R}{|Z|} = \frac{G}{|Y|}$$

② **무효율**(Reactive factor)

$$\sin\theta = \frac{P_r}{P_a} = \frac{P_r}{VI} = \frac{P_r}{\sqrt{P^2 + P_r^2}} = \frac{X}{|Z|} = \frac{B}{|Y|}$$

제7절 회로망 정리

01 중첩의 정리

2개 이상의 전원을 포함하는 선형 회로망에 있어서 임의의 점의 전위 또는 전류는 각 전원이 단독으로 존재한다고 했을 때 그 점의 전위 또는 전류의 합과 같다는 것을 중첩의 원리(principle of superposition)라 한다. 여기서, 전원을 개별적으로 작용시킨다는 것은 다른 전원을 제거한다는 것을 말하며, 이때 전압원은 단락하고 전류원은 개방하는 것이다.

(a) 본 회로   (b) E_2을 제거한 회로   (c) E_1을 제거한 회로

▶ 중첩의 원리

즉, 전류원은 개방회로(open circuit)로 대치되어야 하고 전압원은 단락회로(short circuit)로 대치되어야 한다.

① E_1만 작용할 때에 R_3에 흐르는 전류 I_{31}이라고 한다면

$$I_{31} = \left(\cfrac{E_1}{R_1 + \cfrac{R_2 R_3}{R_2 + R_3}} \right) \times \cfrac{R_2}{R_2 + R_3} \, [\text{A}]$$

② E_2 만 작용할 때에 R_3 에 흐르는 전류 I_{32} 이라고 한다면

$$I_{32} = \left(\cfrac{E_2}{R_2 + \cfrac{R_1 R_3}{R_1 + R_3}} \right) \times \cfrac{R_1}{R_1 + R_3} \, [\text{A}]$$

③ E_1 과 E_2 가 모두 작용할 때 R_3 에 흐르는 전류 I_3 는 중첩의 원리에 의하여 I_{31} 과 I_{32} 의 합이다.

$$I_3 = I_{31} + I_{32} = \frac{R_2 E_1 + R_1 E_2}{R_1 R_2 + R_2 R_3 + R_3 R_1} \, [\text{A}]$$

02 테브낭의 정리(Thevenin's theorem)

보통 복잡한 회로의 일부의 전류, 혹은 전위를 구할 때 사용되는 방법으로 임의의 회로에 대한 개방 단자 1-2 전압 V_0 회로에 포함된 모든 에너지원이 작동되지 않도록 전압원 단락, 전류원은 개방 후 출력 측에서 구한 합성 저항을 R_0 라고 하면,

단자 1-2에 부하 R 을 연결하는 경우 부하에 흐르는 전류 I 는

$$I = \frac{V_0}{R_0 + R} \, [\text{A}]$$

가 된다.

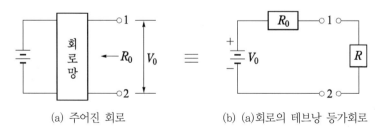

(a) 주어진 회로   (b) (a)회로의 테브낭 등가회로

▸ 테브낭의 정리와 등가회로

03 밀만의 정리

그림 (a)와 같이 여러 개의 전압 전원이 병렬로 접속되어 있는 경우 전압 전원을 (b)와 같은 등가 전류 전원으로 변환시켜 단자 a-b 사이

의 전압 V_{ab}를 계산할 수 있는데 이와 같은 방법을 밀만의 정리 (Millman's theorem)라 한다.

$$\therefore V_{ab} = \frac{I_1 + I_2 + \cdots + I_n}{Y_1 + Y_2 + \cdots \ Y_n} = \frac{\sum\limits_{k=1}^{n} I_k}{\sum\limits_{k=1}^{n} Y_k} \ [\mathrm{V}]$$

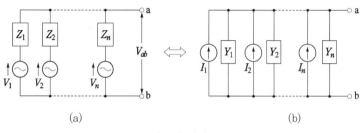

▸ 밀만의 정리

제8절 다상 교류

01 3상 교류

3상 교류 회로의 전력은 각 상의 전력의 합이다. 그러므로 3상이 평형이든 불평형이든 각 상의 평균 전력의 합이 3상 전체 전력이 된다. 여기서 상전압(phase voltage) V_p라 하고, 각 상에 흐르는 전류를 상전류(phase current) I_p라 하며, 부하에 전력을 공급하는 도선 사이의 전압을 선간전압(line voltage) V_l, 도선에 흐르는 전류를 선전류(line current) I_l이라 한다.

(1) Y결선(성형결선, 스타결선)

그림과 같이 전원과 부하를 Y형으로 접속하는 방법으로 Y결선 (Y-connection) 또는 성형결선(star connection)이라 한다.

① $V_l = \sqrt{3} \, V_p \ \left(V_p = \dfrac{V_l}{\sqrt{3}} \right)$

② $I_l = I_p$ (3상 Y결선에서 전류가 나오면 상전류가 된다.)

③ V_l은 V_p보다 위상이 $30°$ 앞선다.

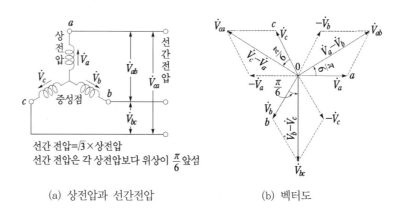

선간 전압=√3×상전압
선간 전압은 각 상전압보다 위상이 $\dfrac{\pi}{6}$ 앞섬

(a) 상전압과 선간전압   (b) 벡터도

▸ Y결선의 상전압과 선간전압

(2) △결선(삼각결선)

그림과 같이 전원과 부하를 △형으로 접속하는 방법을 △결선 (delta connection) 또는 삼각결선이라 한다.

① $V_l = V_p$ (3상 △결선에서 전압이 나오면 상전압이 된다.)

② $I_l = \sqrt{3} \, I_p$

③ I_l 은 I_p 보다 위상이 $30°$ 뒤진다.

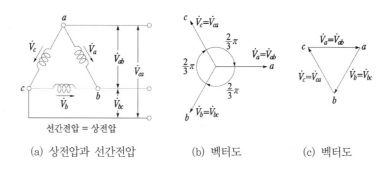

선간전압 = 상전압

(a) 상전압과 선간전압   (b) 벡터도   (c) 벡터도

▸ △결선의 상전압과 선간전압

(3) 3상 전력(Y결선, △결선 모두 같다.)

① 유효전력

$$P = 3V_p I_p \cos\theta = \sqrt{3} \, V_l I_l \cos\theta \, [\mathrm{W}] = 3I_p^{\,2} \cdot R \, [\mathrm{W}]$$

② 무효전력

$$P = 3V_p I_p \sin\theta = \sqrt{3} \, V_l I_l \sin\theta \, [\mathrm{Var}] = 3I_p^{\,2} \cdot X \, [\mathrm{Var}]$$

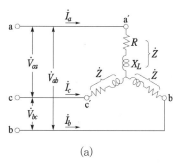 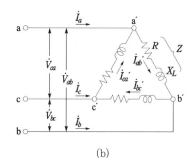

▸ 평형 3상 부하 회로의 전력

(4) V 결선 : △결선 운전 중 변압기 1대 고장 시

① 출력 : $P_V = \sqrt{3}\,P_n\,[\text{kVA}]$

P_n : 변압기 한 대 용량

② 출력비 : $\dfrac{P_V}{P_\Delta} = \dfrac{\sqrt{3}\,P_n}{3P_n} = \dfrac{1}{\sqrt{3}} = 0.577 = 57.7\,[\%]$

③ 이용률 $= \dfrac{\sqrt{3}\,P_n}{2P_n} = \dfrac{\sqrt{3}}{2} = 0.866 = 86.6\,[\%]$

제9절 **임피던스 변환과 2전력계법**

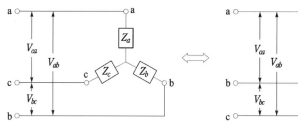 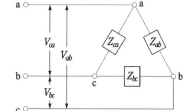

01 △ → Y 결선 변환

- $Z_a = \dfrac{Z_{ab} \cdot Z_{ca}}{Z_{ab} + Z_{bc} + Z_{ca}} = \dfrac{Z^2}{3Z} = \dfrac{Z}{3}$

- $Z_b = \dfrac{Z_{ab} \cdot Z_{bc}}{Z_{ab} + Z_{bc} + Z_{ca}}$

- $Z_c = \dfrac{Z_{bc} \cdot Z_{ca}}{Z_{ab} + Z_{bc} + Z_{ca}}$

$\Delta \rightarrow$ Y 결선 변환 시 임피던스 $Z = \dfrac{1}{3}$ 배, 선전류 $\dfrac{1}{3}$ 배, 소비전력 $\dfrac{1}{3}$ 배

02 Y → △ 결선 변환

$$\bullet\ Z_{ab} = \frac{Z_a \cdot Z_b + Z_b \cdot Z_c + Z_c \cdot Z_a}{Z_c} = \frac{3Z^2}{Z} = 3Z$$

$$\bullet\ Z_{bc} = \frac{Z_a \cdot Z_b + Z_b \cdot Z_c + Z_c \cdot Z_a}{Z_a}$$

$$\bullet\ Z_{ca} = \frac{Z_a \cdot Z_b + Z_b \cdot Z_c + Z_c \cdot Z_a}{Z_b}$$

Y → △ 결선 변환시 임피던스 $Z = 3$ 배, 선전류 3 배, 소비전력 3 배

03 2전력계법

3상 부하 회로에서 불평형의 경우에도 2대의 단상 전력계를 그림과 같이 접속하여 측정하는 방법으로, 전력계 W_1, W_2의 지시값을 P_1, P_2라 하면

• 유효전력 $P = P_1 + P_2 = \sqrt{3}\,VI\cos\theta\,[\mathrm{W}]$

• 무효전력 $P_r = \sqrt{3}\,(P_1 - P_2) = \sqrt{3}\,VI\sin\theta\,[\mathrm{Var}]$

• 피상전력 $P_a = 2\sqrt{P_1^2 + P_2^2 - P_1 P_2}\,[\mathrm{VA}]$

• 역률 $\cos\theta = \dfrac{P_1 + P_2}{2\sqrt{P_1^2 + P_2^2 - P_1 P_2}}$

이 된다.

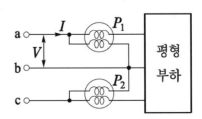

제10절 비 정현파 교류

비 정현파 교류는 파형이 정현파와는 다르나 규칙적으로 반복하는 교류로서 위상, 진폭, 주파수가 다른 무수히 많은 정현파 교류의 합성파로 이루어진 것이며, 이러한 비 정현 주기파는 푸리에 분석을 통하여 주파수가 상이한 여러 개의 정현파의 합으로 표현하여 해석한다.
다음은 비사인파의 분류이다.

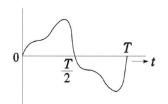

(a) 연속파(대칭파)

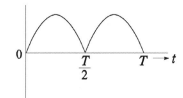

(b) 연속파(비대칭파)

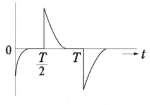

(c) 불연속파(대칭파)

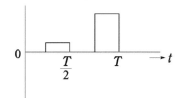

(d) 불연속파(비대칭파)

▸ **비사인파의 분류**

01 선형 회로와 비선형 회로

① 선형 회로(linear circuit) : 전압 전류의 특성이 직선이어서 전압과 전류가 비례하는 회로로 일그러짐이 없다.
② 비선형 회로(non-linear circuit) : 전압 전류의 특성이 비 직선이어서 전압과 전류가 비례하지 않아 일그러짐이 생긴다.

02 비정현파 교류의 푸리에 급수에 의한 전개

$$f(t) = a_0 + \sum_{n=1}^{\infty} a_n \cos n\omega t + \sum_{n=1}^{\infty} a_n \sin n\omega t$$

여기서 $a_0 =$ 직류분

$$\sum_{n=1}^{\infty} a_n \cos n\omega t = \cos 항, \quad \sum_{n=1}^{\infty} a_n \sin n\omega t = \sin 항$$

03 비정현파의 실효값과 전력

$$v = \sqrt{2}\, V_1 \sin\omega t + \sqrt{2}\, V_2 \sin\omega t + \cdots$$

$$i = \sqrt{2}\, I_1 \sin(\omega t + \theta) + \sqrt{2}\, I_2 \sin(2\omega t + \theta) + \cdots$$

$$V = \sqrt{V_1^2 + V_2^2 + \cdots}$$

$$I = \sqrt{I_1^2 + I_2^2 + \cdots}$$

$$P = V_1 I_1 \cos\theta_1 + V_2 I_2 \cos\theta_2 + \cdots$$

$$\cos\theta = \frac{P}{VI} = \frac{V_1 I_1 \cos\theta_1 + V_2 I_2 \cos\theta_2}{\sqrt{V_1^2 + V_2^2 \cdots} \times \sqrt{I_1^2 + I_2^2 \cdots}}\ \text{가 된다.}$$

왜형률(D) : 비정현파에서 기본파에 대하여 고조파 성분이 어느 정도 포함되어 있는가를 나타내는 정도를 일그러짐율(distortion factor) 또는 왜형률이라 한다.

$$\text{왜형률}\ \ D = \frac{\text{전고조파의 실효값}}{\text{기본파의 실효값}} = \frac{\sqrt{V_2^2 + V_3^2 + \cdots}}{V_1}$$

제11절 | 4단자 회로망

신호가 유입하거나 유출하는 한 쌍의 단자를 포트(port)라 하며 한 쌍의 단자만을 갖는 회로망을 2단자 회로망(two terminal network) 또는 1포트(one port) 회로망이라 한다. 반면 한 쌍의 입력 단자와 또 다른 한 쌍의 출력 단자로 구성된 단자가 두 쌍인 회로망을 4단자 회로망(four terminal network) 또는 2포트(two port) 회로망이라 하고 그 특성을 두 단자 쌍의 전압, 전류의 상호 관계에 의해서 결정된다. 선형 회로망의 경우 이 4개의 변수, 즉 입력 단자의 전압, 전류와의 출력 단자의 전압, 전류에서 임의의 두 변수는 나머지 두 변수와의 상호 관계에 의하여 4단자 정수(parameter)의 1차식으로 표현된다.

• 2단자망 : 2개의 단자(입출력이 1쌍)를 이용하는 회로망
• 4단자망 : 4개의 단자(입출력이 2쌍)를 이용하는 회로망

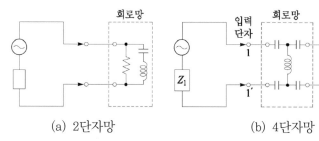

(a) 2단자망   (b) 4단자망

▸ **2단자망과 4단자망**

01 4단자 회로망

그림과 같이 회로망의 입출력 단자를 두 개의 단자 쌍을 갖는 회로를 4단자 회로망 또는 4단자망(four terminal network)이라 한다.

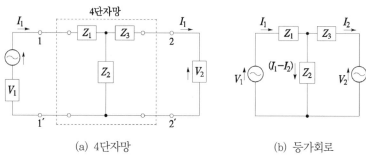

(a) 4단자망   (b) 등가회로

▸ **4단자망의 전압 및 전류**

(1) Z 파라미터

$$\begin{bmatrix} V_1 \\ V_2 \end{bmatrix} = \begin{bmatrix} Z_{11} & Z_{12} \\ Z_{21} & Z_{22} \end{bmatrix} \begin{bmatrix} I_1 \\ I_2 \end{bmatrix}$$

$V_1 = Z_{11}I_1 + Z_{12}I_2$

$V_2 = Z_{21}I_1 + Z_{22}I_2$

여기서 Z_{11} : I_1 전류가 흐를 때 걸려있는 임피던스의 합

$$Z_{11} = Z_1 + Z_3$$

Z_{22} : I_2 전류가 흐를 때 걸려있는 임피던스의 합

$$Z_{22} = Z_2 + Z_3$$

$Z_{12} = Z_{21}$: I_1과 I_2가 공통으로 걸려있는 임피던스의 합

$Z_{12} = Z_{21} = Z_3(-Z_3)$ (−의 경우 전류의 방향이 반대일 때)

(2) Y 파라미터

$$\begin{bmatrix} I_1 \\ I_2 \end{bmatrix} = \begin{bmatrix} Y_{11} & Y_{12} \\ Y_{21} & Y_{22} \end{bmatrix} \begin{bmatrix} V_1 \\ V_2 \end{bmatrix}$$

$$I_1 = Y_{11} V_1 + Y_{12} V_2$$

$$I_2 = Y_{21} V_1 + Y_{22} V_2$$

여기서, Y_{11} : V_1 전압에 걸려있는 어드미턴스의 합

$$Y_{11} = Y_1 + Y_2$$

Y_{22} : V_2 전압에 걸려있는 어드미턴스의 합

$$Y_{22} = Y_2 + Y_3$$

$Y_{12} = Y_{21}$: V_1과 V_2 전압에 공통으로 되는 어드미턴스의 합

$Y_{12} = Y_{21} = Y_2(- Y_2)$ (−의 경우 전류의 방향이 반대일 경우)

02 4단자 상수

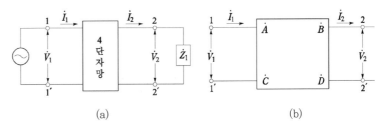

▶ 4단자망의 전압과 전류

4단자 망에서 $\dot{A}$, $\dot{B}$, $\dot{C}$, $\dot{D}$의 상수를 사용하여 입력측의 전압 V_1과 전류 I_1을 출력측의 전압 V_2와 전류 I_2의 함수로 나타내면 다음과 같이 된다.

$$\begin{bmatrix} V_1 \\ I_1 \end{bmatrix} = \begin{bmatrix} A & B \\ C & D \end{bmatrix} \begin{bmatrix} V_2 \\ I_2 \end{bmatrix}$$

$$V_1 = A V_2 + BI_2$$

$$I_1 = CV_2 + DI_2$$

$$A = \left. \frac{V_1}{V_2} \right|_{I_2 = 0} \qquad \text{: 출력측 개방시(전압비)}$$

$$B = \frac{V_1}{I_2}\bigg|_{V_2 = 0} \qquad : \text{출력측 단락시(Z) = 직렬성분}$$

$$C = \frac{I_1}{V_2}\bigg|_{I_2 = 0} \qquad : \text{출력측 개방시(Y) = 병렬성분}$$

$$D = \frac{I_1}{I_2}\bigg|_{V_2 = 0} \qquad : \text{출력측 개방시(전류비)}$$

4단자 상수의 관계식은 다음과 같다.

$$AD - BC = 1$$

03 영상 임피던스와 영상 전달 상수

(1) 영상 임피던스

회로망에서 최대 전력을 전송하기 위하여 입력 임피던스와 출력 임피던스를 같게 하는 것을 임피던스 정합이라고 한다.

$$Z_{01} = \frac{V_1}{I_1} = \frac{A V_2 + BI_2}{CV_2 + DI_2} = \frac{A\dfrac{V_2}{I_2} + B}{C\dfrac{V_2}{I_2} + D} = \frac{A Z_{02} + B}{CZ_{02} + D} = Z_{01}$$

$$Z_{02} = \frac{V_2}{I_2} = \frac{D V_1 + BI_1}{CV_1 + AI_1} = \frac{D\dfrac{V_1}{I_1} + B}{C\dfrac{V_1}{I_1} + D} = \frac{D Z_{01} + B}{CZ_{01} + D} = Z_{02}$$

$$Z_{01} = \sqrt{\frac{AB}{CD}}, \qquad Z_{02} = \sqrt{\frac{BD}{AC}}$$

$$Z_{01} \cdot Z_{02} = \frac{B}{C}, \qquad \frac{Z_{02}}{Z_{01}} = \frac{D}{A}$$

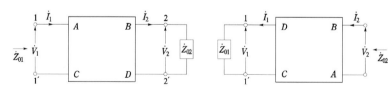

    (a) 단자 1–1′가 입력일 경우   (b) 단자 2–2′ 단락

▸ **영상 임피던스**

(2) 영상 전달 상수(image transfer constant)

영상 임피던스를 접속한 4단자 회로망에서 입력전력과 출력전력의 비를 4단자 상수로 나타내면 이 전력비의 제곱근에 자연 대수를 취한 식을 영상 전달 상수 θ 라고 한다.

$$\theta = \ln\left(\sqrt{AD} + \sqrt{BC}\right) = \cosh^{-1}\sqrt{AD} = \sinh^{-1}\sqrt{BC}$$

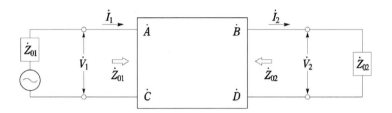

▸ 영상 전달 상수

04
CHAPTER

출제예상문제

01

50[Hz]의 각속도[rad/sec]는?

① 577   ② 314

③ 277   ④ 155

해설

각속도 $\omega = 2\pi f$[rad/sec]

$\omega = 2\pi \times 50 = 100\pi = 314$[rad/sec] $(\because \pi = 3.14)$

02

어느 교류 순시값이 $v = 141\sin(100\pi t - 30°)$라면 이 교류의 주기는 몇 [sec]인가?

① 20[sec]   ② 0.02[sec]

③ 2[sec]   ④ 0.2[sec]

해설

각속도 $\omega = 2\pi f$, $\omega = 100\pi$이므로

$$f = \frac{\omega}{2\pi} = \frac{100\pi}{2\pi} = 50[\text{Hz}]\text{가 된다.}$$

주기와 주파수는 반비례 관계이므로

$$T = \frac{1}{f} = \frac{1}{50} = 0.02[\text{sec}]$$

03

$e = 100\sin\left(377t - \dfrac{\pi}{6}\right)$[V]인 파형의 주파수는 몇 [Hz]인가?

① 50   ② 60

③ 90   ④ 100

해설

각속도 $\omega = 2\pi f$[rad/sec] $\omega = 377$

$f = \dfrac{\omega}{2\pi} = \dfrac{377}{2\pi} = 60[\text{Hz}]$가 된다.

04

정현파 교류의 주파수가 60[Hz]인 경우 각속도[rad/sec]는?

① 214   ② 314

③ 277   ④ 377

해설

각속도 $\omega = 2\pi f = 2 \times \pi \times 60 = 376.8$[rad/sec]

05

최대값이 E_m인 경우 정현파의 평균값은 몇 [V]인가?

① $1.414 E_m$ ② $\dfrac{\pi}{2} E_m$

③ $\dfrac{E_m}{\sqrt{2}}$ ④ $\dfrac{2}{\pi} E_m$

해설

정현파의 평균값은 다음과 같이 나타낼 수 있다.

$E_{av} = \dfrac{2E_m}{\pi}$가 된다.

06

일반적으로 교류 전압계의 지시는?

① 실효값   ② 순시값

③ 평균값   ④ 최대값

해설

교류 계기의 지시값은 실효값을 지시한다.

정답   01 ②   02 ②   03 ②   04 ④   05 ④   06 ①

07

어떤 교류 전압의 평균값이 382[V]일 때 실효값은 약 얼마인가?

① 124　　　　　　　② 224

③ 324　　　　　　　④ 424

해설

정현파의 평균값 $V_a = \dfrac{2}{\pi}V_m$ 에서

$V_m = \dfrac{\pi}{2}V_a = \dfrac{\pi}{2} \times 382 = 600[\text{V}]$

정현파의 실효값 $V = \dfrac{V_m}{\sqrt{2}} = \dfrac{600}{\sqrt{2}} = 424[\text{V}]$

08

어떤 교류의 최대값이 100π[V]이면 평균값은 얼마인가?

① 100　　　　　　　② 127

③ 200　　　　　　　④ 377

해설

정현파의 평균값 $V_{av} = \dfrac{2}{\pi}V_m = \dfrac{2}{\pi} \times 100\pi = 200[\text{V}]$

09

실효값이 100[V]인 경우 교류의 최대값은 몇 [V]인가?

① 90[V]　　　　　　② 100[V]

③ 141.4[V]　　　　　④ 314[V]

해설

정현파의 실효값 $V = \dfrac{V_m}{\sqrt{2}}$

최대값 $V_m = \sqrt{2}\,V = \sqrt{2} \times 100 = 141.4[\text{V}]$가 된다.

10

어떤 정현파 교류의 평균 전압이 191[V]이면 최대값은 몇 [V]가 되겠는가?

① 191　　　　　　　② 270

③ 300　　　　　　　④ 380

해설

정현파의 평균값 $V_{av} = \dfrac{2}{\pi}V_m$ 이 된다.

최대값 $V_m = \dfrac{\pi}{2}V_{av} = \dfrac{\pi}{2} \times 191 = 300[\text{V}]$

11

어떤 교류의 최대값이 141.4[V]이고 위상이 60° 앞선 전압을 복소수로 표시하면?

① $100 \angle -30°$　　　② $100 \angle 60°$

③ $141.4 \angle -60°$　　④ $141.4 \angle 60°$

해설

$\dfrac{141.4}{\sqrt{2}} = 100 \angle 60°$

12

$v = V_m \cos\omega t$ 와 $i = I_m \sin\omega t$ 의 위상차는 어떻게 되는가?

① 30°　　　　　　　② 60°

③ 90°　　　　　　　④ 120°

해설

$\cos\theta$의 위상이 $\sin\theta$보다 위상이 90° 앞서므로

$\cos\omega t = \sin(90° + \omega t)$

따라서, 전압과 전류의 위상차 $\theta = 90° - 0 = 90°$가 된다.

정답 07 ④　08 ③　09 ③　10 ③　11 ②　12 ③

13

$V_m \sin(\omega t + 30°)$와 $I_m \cos(\omega t - 90°)$와의 위상차는?

① 30°   ② 60°   ③ 90°   ④ 120°

해설

$\cos\omega t = \sin(\omega t + 90°)$이므로 $I_m \cos(\omega t - 90°)$는 $I_m \sin\omega t$가 된다. 즉, 위상차 $\theta = 30° - 0° = 30°$가 된다.

14

파형률과 파고율이 똑같고 그 값이 1에 해당하는 파형은?

① 정현파   ② 삼각파
③ 정현 반파   ④ 구형파

해설

구형파의 파고율과 파형률의 값은 둘 다 1이다.

15

정현파 교류의 파고율은?

① $\dfrac{\pi}{2}$ ② $\sqrt{2}$

③ $\dfrac{\pi}{\sqrt{2}}$ ④ $\dfrac{2}{\sqrt{2}}$

해설

파고율 $= \dfrac{최대값}{실효값} = \dfrac{E_m}{E} = \dfrac{\sqrt{2}E}{E} = \sqrt{2} = 1.414$

16

주기파의 파형률을 나타내는 식은?

① $\dfrac{실효값}{평균값}$ ② $\dfrac{실효값}{최대값}$

③ $\dfrac{최대값}{실효값}$ ④ $\dfrac{평균값}{실효값}$

해설

파형률 $= \dfrac{실효값}{평균값}$

17

$v = 50\sqrt{2} \sin\left(\omega t - \dfrac{\pi}{6}\right)$[V]를 복소수로 나타내면?

① $25\sqrt{3} - j25$ ② $25\sqrt{3} + j25$
③ $25\sqrt{2} - j25$ ④ $25\sqrt{2} + j25$

해설

$$V = 50\angle -\dfrac{\pi}{6} = 50\left[\cos\left(-\dfrac{\pi}{6}\right) + j\sin\left(-\dfrac{\pi}{6}\right)\right]$$
$$= 50\left(\cos\dfrac{\pi}{6} - j\sin\dfrac{\pi}{6}\right) = 25\sqrt{3} - j25$$

18

백열전구를 점등했을 경우 전압과 전류의 위상관계는?

① 전류가 90° 앞선다.   ② 전류가 90° 뒤진다.
③ 전류가 45° 앞선다.   ④ 위상이 같다.

해설

백열전구의 경우 저항만 존재하므로 전압과 전류의 위상차가 없다.

19

어떤 회로에 전압을 가하니 90° 위상이 뒤진 전류가 흘렀다. 이 회로는?

① 저항성분   ② 유도성
③ 용량성   ④ 무유도성

해설

전류와 전압이 동위상이면 저항 성분이 되며,
• 전류가 90° 뒤지면 유도성 회로
• 전류가 90° 앞서면 용량성 회로

정답   **13** ①   **14** ④   **15** ②   **16** ①   **17** ①   **18** ④   **19** ②

제1과목 ✦ 전기이론

20

주파수 1[MHz], 리액턴스 150[Ω]인 회로의 인덕턴스 몇 [μH]인가?

① 24   ② 20

③ 10   ④ 5

해설

$X_L = \omega L = 2\pi f L$

$L = \dfrac{X_L}{2\pi f} = \dfrac{150}{2\pi \times 1 \times 10^6} ≒ 23.87 \times 10^{-6} [\text{H}] ≒ 23.87 [\mu\text{H}]$

21

100[mH]의 인덕턴스를 가진 회로에 50[Hz], 1,000[V]의 교류 전압을 인가할 때 흐르는 전류[A]는?

① 0.0318   ② 3.18

③ 0.318   ④ 31.8

해설

$X_L = 2\pi f L [\Omega]$

$I = \dfrac{V}{X_L} = \dfrac{V}{2\pi f L} = \dfrac{1,000}{2 \times 3.14 \times 50 \times 0.1} = 31.8 [\text{A}]$가 된다.

22

어떤 코일에 60[Hz]의 교류 전압을 가하니 리액턴스가 628[Ω]이었다. 이 코일의 자체 인덕턴스[H]는?

① 1   ② 2.0

③ 1.7   ④ 2.5

해설

유도 리액턴스 $X_L = 2\pi f L$

인덕턴스 $L = \dfrac{X_L}{2\pi f} = \dfrac{628}{2\pi \times 60} = 1.7 [\text{H}]$

23

L만의 회로에서 전압, 전류의 위상 관계는?

① 전류가 전압보다 90° 앞선다.
② 동상이다.
③ 전압이 전류보다 90° 뒤진다.
④ 전압이 전류보다 90° 앞선다.

해설

L만의 회로에서는 전압이 전류보다 90° 앞선다.

24

용량 리액턴스와 반비례하는 것은?

① 주파수   ② 저항
③ 임피던스   ④ 전압

해설

용량 리액턴스 $X_c = \dfrac{1}{\omega C} = \dfrac{1}{2\pi f C} [\Omega]$

즉, 용량 리액턴스와 주파수는 반비례한다.

25

콘덴서의 정전용량이 10[μF]의 60[Hz]에 대한 용량 리액턴스[Ω]는?

① 164   ② 209

③ 265   ④ 377

해설

용량성 리액턴스 $X_c = \dfrac{1}{\omega C} = \dfrac{1}{2\pi f C}$

$= \dfrac{1}{2 \times \pi \times 60 \times 10 \times 10^{-6}} = 265 [\Omega]$

정답 20 ①   21 ④   22 ③   23 ④   24 ①   25 ③

26

$R=100[\Omega]$, $C=30[\mu F]$의 직렬 회로에 $f=60[Hz]$, $V=100[V]$의 교류 전압을 가할 때 X_C의 용량 리액턴스[Ω]는?

① 57.4 ② 67.5 ③ 88.4 ④ 97.9

해설

$$X_c = \frac{1}{\omega C} = \frac{1}{2\pi f C} = \frac{1}{2\pi \times 60 \times 30 \times 10^{-6}} = 88.4[\Omega]$$

27

용량 리액턴스를 나타내는 것은?

① $\omega^2 C$ ② ωC

③ $\dfrac{1}{2\pi f C}$ ④ $2\pi f L$

해설

용량 리액턴스 $X_c = \dfrac{1}{\omega C} = \dfrac{1}{2\pi f C}$

28

C만의 회로에서 전압, 전류의 위상 관계는?

① 동상이다.
② 전압이 전류보다 90° 앞선다.
③ 전압이 전류보다 90° 뒤진다.
④ 전류가 전압보다 90° 뒤진다.

해설

C만의 회로에서는 전류가 전압보다 90° 앞선다(전압이 전류보다 90° 뒤진다).

29

저항 3[Ω], 유도 리액턴스 4[Ω]의 직렬 회로에 교류 전압 100[V]를 가할 때 흐르는 전류와 위상각은?

① 17.7[A], 37° ② 17.7[A], 53°
③ 20[A], 37° ④ 20[A], 53°

해설

$$\theta = \tan^{-1}\frac{X_L}{R} = \tan^{-1}\frac{4}{3} = 53°$$

$$I = \frac{V}{Z} = \frac{100}{\sqrt{3^2+4^2}} = 20[A]$$

30

저항 R과 유도 리액턴스 X_L을 직렬 접속할 때 임피던스는 얼마인가?

① $R^2 + X_L$ ② $\sqrt{R + X_L}$

③ $R^2 + X_L^2$ ④ $\sqrt{R^2 + X_L^2}$

해설

$$Z = \sqrt{R^2 + X_L^2} = \sqrt{R^2 + (\omega L)^2}$$

31

4[Ω]의 저항과 8[mH]의 인덕턴스가 직렬로 접속된 회로에 $f=60[Hz]$, $E=100[V]$의 교류 전압을 가하면 전류는 몇 [A]인가?

① 20[A] ② 15[A] ③ 24[A] ④ 12[A]

해설

$$X_L = \omega L = 2\pi f L = 2\pi \times 60 \times 8 \times 10^{-3} = 3[\Omega]$$

$$Z = \sqrt{R^2 + X_L^2} = \sqrt{4^2 + 3^2} = 5[\Omega]$$

$$I = \frac{V}{Z} = \frac{100}{5} = 20[A]$$

32

저항 8[Ω]와 용량 리액턴스 6[Ω]의 직렬 회로에 30[A]의 전류가 흐른다면 가해 준 전압[V]은?

① 100 ② 150 ③ 220 ④ 300

해설

$$Z = \sqrt{R^2 + X_c^2} = \sqrt{8^2 + 6^2} = 10[\Omega]$$

$$V = IZ, \quad V = 30 \times 10 = 300[V]$$

정답 26 ③ 27 ③ 28 ③ 29 ④ 30 ④ 31 ① 32 ④

33

$R-L$ 직렬 회로에서 저항이 12[Ω]이고 역률이 80[%]라면 리액턴스[Ω]는?

① 9   ② 11

③ 13   ④ 15

해설

$R-L$ 직렬 회로의 역률 $\cos\theta = \dfrac{R}{Z}$

$Z = \dfrac{R}{\cos\theta} = \dfrac{12}{0.8} = 15[\Omega]$

$Z = \sqrt{R^2 + X_L^2}$

$X_L = \sqrt{Z^2 - R^2} = \sqrt{15^2 - 12^2} = 9[\Omega]$

34

$R,\ X_L$ 직렬회로의 역률을 나타낸 식은?

① $\dfrac{R}{\sqrt{R^2 + X_L^2}}$ ② $\sqrt{R^2 + X_L^2}$

③ $\dfrac{X_L}{\sqrt{R^2 + X_L^2}}$ ④ $\dfrac{R^2}{\sqrt{R^2 + X_L^2}}$

해설

역률 $\cos\theta = \dfrac{R}{Z} = \dfrac{R}{\sqrt{R^2 + X_L^2}}$

35

$R-C$ 직렬 회로의 합성 임피던스의 크기는?

① $\sqrt{R^2 + \dfrac{1}{\omega^2 C}}$ ② $\sqrt{R^2 + \dfrac{1}{\omega C^2}}$

③ $\sqrt{R^2 + \dfrac{1}{\omega C}}$ ④ $\sqrt{R^2 + \dfrac{1}{\omega^2 C^2}}$

해설

$R-C$ 직렬 회로의 합성 임피던스

$Z = \sqrt{R^2 + X_C^2} = \sqrt{R^2 + \left(\dfrac{1}{\omega C}\right)^2} = \sqrt{R^2 + \dfrac{1}{\omega^2 C^2}}$

36

$R = 15[\Omega]$인 $R-C$ 직렬회로에 60[Hz], 100[V]의 전압을 가하여 4[A]의 전류가 흘렀다면 용량 리액턴스[Ω]는?

① 10   ② 20

③ 30   ④ 45

해설

용량 리액턴스 $X_c = \dfrac{1}{2\pi f C}$

$Z = \dfrac{V}{I} = \dfrac{100}{4} = 25[\Omega]$

$Z = \sqrt{R^2 + X_c^2}$

$X_c = \sqrt{Z^2 - R^2} = \sqrt{25^2 - 15^2} = 20[\Omega]$

37

$R = 3[\Omega]$, $X_C = 4[\Omega]$이 직렬로 접속된 회로에 $I = 12[A]$의 전류를 통할 때의 전압[V]은?

① $25 + j\,30$ ② $25 - j\,30$

③ $36 - j\,48$ ④ $36 + j\,48$

해설

$Z = R - jX = 3 - j4[\Omega]$

$\therefore V = I \times Z = 12 \times (3 - j4) = 36 - j48[V]$

38

$R = 3[\Omega]$, $\omega L = 8[\Omega]$, $\dfrac{1}{\omega C} = 4[\Omega]$의 RLC 직렬회로의 임피던스[Ω]는?

① 5   ② 10

③ 14   ④ 15

해설

RLC 직렬 회로의 임피던스는 다음과 같다.

$Z = \sqrt{R^2 + (X_L - X_c)^2} = \sqrt{3^2 + (8 - 4)^2} = 5[\Omega]$

정답 33 ①   34 ①   35 ④   36 ②   37 ③   38 ①

39

저항 8[Ω], 유도 리액턴스 10[Ω], 용량 리액턴스 4[Ω]인 직렬 회로의 역률은?

① 0.6   ② 0.8

③ 0.9   ④ 0.95

해설

$$\cos\theta = \frac{R}{Z} = \frac{R}{\sqrt{R^2+(X_L-X_c)^2}} = \frac{8}{\sqrt{8^2+(10-4)^2}} = 0.8$$

40

$R=4[\Omega]$, $X_L=8[\Omega]$, $X_C=5[\Omega]$의 RLC 직렬회로에 20[V]의 교류를 가할 때 유도 리액턴스 X_L에 걸리는 전압은?

① 16[V]   ② 20[V]

③ 28[V]   ④ 32[V]

해설

$$Z = \sqrt{R^2+(X_L-X_C)^2} = \sqrt{4^2+(8-5)^2} = 5[\Omega]$$

$$I = \frac{V}{Z} = \frac{20}{5} = 4[A]$$

$$V_L = I \times X_L = 4 \times 8 = 32[V]$$

41

어드미턴스 Y_1, Y_2가 병렬일 때 합성 어드미턴스[S]는?

① $\dfrac{Y_1 Y_2}{Y_1+Y_2}$ ② Y_1+Y_2

③ $\dfrac{1}{Y_1+Y_2}$ ④ $\dfrac{1}{Y_1}+\dfrac{1}{Y_2}$

해설

어드미턴스의 병렬 연결은 임피던스의 직렬 연결과 같다.
합성 어드미턴스 $Y_0 = Y_1 + Y_2$가 된다.

42

임피던스의 역수는?

① 어드미턴스   ② 컨덕턴스
③ 서셉턴스   ④ 저항

해설

임피던스 $Z=\dfrac{1}{Y}$가 된다.

43

저항 R과 유도 리액턴스 X_L이 병렬로 연결된 회로의 임피던스는?

① $\dfrac{R}{\sqrt{R^2+X_L^2}}$ ② $\dfrac{X_L}{\sqrt{R^2+X_L^2}}$

③ $\dfrac{1}{\sqrt{R^2+X_L^2}}$ ④ $\dfrac{RX_L}{\sqrt{R^2+X_L^2}}$

해설

$R-L$ 병렬 합성 임피던스

$$Z = \frac{1}{\sqrt{\left(\frac{1}{R}\right)^2+\left(\frac{1}{X_L}\right)^2}} = \frac{RX_L}{\sqrt{R^2+X_L^2}}[\Omega]$$

44

저항 8[Ω], 유도 리액턴스 6[Ω]의 병렬회로의 위상각은 얼마인가?

① 41.9°   ② 45°

③ 49°   ④ 53.1°

해설

$R-L$ 병렬 회로의 위상각

$$\theta = \tan^{-1}\frac{\frac{1}{X_L}}{\frac{1}{R}} = \tan^{-1}\frac{R}{X_L} = \tan^{-1}\frac{8}{6} = 53.1°$$

정답 39 ②   40 ④   41 ②   42 ①   43 ④   44 ④

45

저항 30[Ω], 유도 리액턴스 40[Ω]을 병렬로 접속하고 그 양단에 120[V] 교류 전압을 가할 때 전 전류[A]는?

① 4

② 4.5

③ 5

④ 7

해설

$$I_R = \frac{V}{R} = \frac{120}{30} = 4[A]$$

$$I_L = \frac{V}{X_L} = \frac{120}{40} = 3[A]$$

$$I = \sqrt{I_R^2 + I_L^2} = \sqrt{4^2 + 3^2} = 5[A]$$

46

저항이 3[Ω], 유도 리액턴스가 4[Ω]의 병렬회로에서 역률은 얼마인가?

① 0.4

② 0.6

③ 0.8

④ 0.9

해설

$R-L$ 병렬회로에서의 역률

$$\cos = \frac{X}{Z} = \frac{X_L}{\sqrt{R^2 + X_L^2}} = \frac{4}{\sqrt{3^2 + 4^2}} = \frac{4}{5} = 0.8$$

47

어드미턴스의 실수부는 무엇을 나타내는가?

① 임피던스

② 리액턴스

③ 컨덕턴스

④ 저항

해설

어드미턴스 $Y = G - jB[℧]$

여기서, G(실수부) : 컨덕턴스, B(허수부) : 서셉턴스

48

그림과 같은 R, C 병렬회로의 역률은?

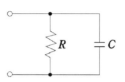

① $\dfrac{1}{\sqrt{1 + (\omega RC)^2}}$

② $\sqrt{1 + (\omega RC)}$

③ $\dfrac{1}{\sqrt{1 - (\omega RC)^2}}$

④ $1 + (\omega RC)$

해설

$$\cos\theta = \frac{X_C}{\sqrt{R^2 + (X_C)^2}} = \frac{\dfrac{1}{\omega C}}{\sqrt{R^2 + \left(\dfrac{1}{\omega C}\right)^2}} = \frac{1}{\sqrt{1 + (\omega CR)^2}}$$

49

직렬 공진 시 최대가 되는 것은?

① 전류

② 임피던스

③ 리액턴스

④ 저항

해설

직렬 공진의 경우 임피던스 값이 최소가 되므로 전류는 최대가 된다.

50

RLC 직렬 회로에서 $\omega L = \dfrac{1}{\omega C}$일 때 다음 설명 중 옳지 않은 것은?

① 리액턴스 성분이 0이 된다.

② 합성 임피던스는 최대가 된다.

③ 회로의 전류는 최대가 된다.

④ 공진 현상이 일어난다.

정답 45 ③ 46 ③ 47 ③ 48 ① 49 ① 50 ②

해설

공진이 되는 경우이므로 $\omega L = \dfrac{1}{\omega C}$이 같게 되는 조건이다.

그러므로 합성 임피던스는 최소가 된다.

51

$R-L-C$ 직렬 회로로 접속한 회로에서 최대 전류가 흐르게 하는 조건은?

① $\dfrac{1}{\omega L} + \omega C = 0$ ② $\omega L - \dfrac{1}{\omega C} = 0$

③ $\omega L - \dfrac{1}{\omega C} = 2$ ④ $\omega L + \dfrac{1}{\omega C} = 0$

해설

공진의 조건을 말하고 있다. 이 경우 $\omega L = \dfrac{1}{\omega C}$와 같으므로

$\omega L - \dfrac{1}{\omega C} = 0$이 된다.

52

병렬 공진 시 최소가 되는 것은?

① 전압   ② 전류   ③ 임피던스   ④ 저항

해설

병렬 공진 시 어드미턴스 값이 최소가 되므로 전류는 최소가 된다.

53

40[Ω]의 저항과 30[Ω]의 리액턴스를 직렬로 접속시키고, 100[V]의 교류전압을 가할 때 소비전력[W]은?

① 100   ② 150   ③ 160   ④ 200

해설

직렬의 경우 전류 일정

즉, 전력 $P = I^2 R = 2^2 \times 40 = 160[W]$

$I = \dfrac{V}{Z} = \dfrac{100}{50} = 2[A]$

$Z = \sqrt{40^2 + 30^2} = 50[\Omega]$

54

교류의 피상전력을 나타내는 것은?

① $VI\sin\theta$ ② VI

③ $VI\cos\theta$ ④ $VI\tan\theta$

해설

피상전력 $P_a = VI[VA]$가 된다.

55

전압 $v = 100\sin\omega t$ [V]에 $i = 20\sin(\omega t - 30°)$[A]이라면 소비전력[W]은?

① 500   ② 866

③ 1,732   ④ 2,000

해설

$P = \dfrac{1}{2} \times V_m \times I_m \times \cos\theta = \dfrac{1}{2} \times 100 \times 20 \times \cos 30° = 866[W]$가 된다.

56

다음 그림의 소비전력[W]은 얼마인가?

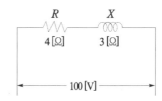

① 1,000[W]   ② 1,200[W]

③ 1,500[W]   ④ 1,600[W]

해설

$P = I^2 R = \dfrac{V^2}{R^2 + X^2} \times R = \dfrac{100^2}{4^2 + 3^2} \times 4 = 1,600[W]$

정답 51 ②   52 ②   53 ③   54 ②   55 ②   56 ④

57

교류 회로에서 무효전력이 0이 되는 부하는?

① R만의 부하 ② 용량 리액턴스만의 부하
③ $R-C$ 부하 ④ $R-L$ 부하

해설
무효전력이 0이 되는 부하는 저항만 존재하는 부하가 된다.

58

무효전력의 단위는?

① Var ② Watt
③ Volt-Amp ④ Coul/sec

해설
무효전력 P_r의 단위는 [Var]가 된다.

59

[Var]는 무엇의 단위인가?

① 피상전력 ② 역률
③ 유효전력 ④ 무효전력

해설
[Var]는 무효전력의 단위가 된다.

60

피상전력이 P_a[kVA]이고 무효전력이 P_r[kVar]이라면 유효전력[kW]은?

① $\sqrt{P_a^2 - P_r^2}$ ② $\sqrt{P_a - P_r}$
③ $\sqrt{P_r - P_a}$ ④ $\sqrt{P_r^2 - P_a^2}$

해설
유효전력 $P = \sqrt{P_a^2 - P_r^2}$

61

피상전력 60[kVA], 무효전력 36[kVar]인 부하의 전력[kW]은?

① 10 ② 20
③ 36 ④ 48

해설
피상전력 $P_a = \sqrt{P^2 + P_r^2}$
$P = \sqrt{P_a^2 - P_r^2} = \sqrt{60^2 - 36^2} = 48[\text{kW}]$

62

피상전력이 400[kVA], 유효전력이 300[kW]일 때 역률은?

① 0.5 ② 0.75
③ 0.866 ④ 0.97

해설
역률 $\cos\theta = \dfrac{\text{유효전력}}{\text{피상전력}} = \dfrac{300}{400} = 0.75$

63

그림에서 1[Ω]의 저항 단자에 걸리는 전압의 크기는 몇 [V]인가?

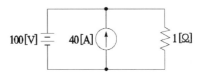

① 140 ② 100
③ 60 ④ 40

해설
전류원은 왼쪽 저항이 없는 전압원 회로에서 모두 소모되므로 저항에 걸리는 전압원 뿐이므로 100[V]가 된다.

정답 57 ① 58 ① 59 ④ 60 ① 61 ④ 62 ② 63 ②

64

다음 회로망을 테브닝의 정리를 이용하여 등가 전압
원으로 고쳤을 때 V_0의 값은?

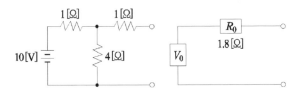

① 4[V]   ② 5[V]

③ 6[V]   ④ 8[V]

해설

등가 저항 $R_0 = \dfrac{1 \times 4}{1+4} + 1 = 1.8\,[\Omega]$

등가 전압원 $V_0 = \dfrac{4}{1+4} \times 10 = 8[\mathrm{V}]$

65

상전압이 173[V]인 3상 평형 Y결선인 교류 전압의 선
간전압의 크기는 몇 [V]인가?

① 173   ② 193

③ 215   ④ 300

해설

Y결선의 경우 선간전압 $V_l = \sqrt{3}\,V_p$의 관계식을 가지므로

$V_l = \sqrt{3}\,V_p = \sqrt{3} \times 173 = 299.64[\mathrm{V}]$

66

평형 3상 Y결선의 상전압 V_P와 선간전압 V_l과의 관
계는?

① $V_P = V_l$ ② $V_l = \sqrt{3}\,V_P$

③ $V_P = \sqrt{3}\,V_l$ ④ $V_l = 3\,V_P$

해설

Y결선의 경우 선간전압 $V_l = \sqrt{3}\,V_p$의 관계식을 갖는다.

67

상전압 200[V], 1상의 부하 임피던스 $Z = 8 + j6[\Omega]$
인 $\triangle$ 결선의 선전류[A]는 얼마인가?

① 28.3   ② 34.6

③ 40.45   ④ 47.7

해설

△결선의 경우 선전류 $I_l = \sqrt{3}\,I_p$의 관계식을 갖는다.

$I_p = \dfrac{V_p}{Z} = \dfrac{200}{\sqrt{8^2 + 6^2}} = 20[\mathrm{A}]$

$I_l = \sqrt{3}\,I_p = \sqrt{3} \times 20 = 34.6[\mathrm{A}]$

68

△결선의 전원이 있다. 선로의 전류가 30[A], 선간전
압이 220[V]이다. 전원의 상전압 및 상전류는 각각
얼마인가?

① 220[V], 30[A]   ② 127[V], 30[A]

③ 127[V], 17.3[A]   ④ 220[V], 17.3[A]

해설

△결선의 경우 선간전압과 상전압이 같다. 하지만 선전류
$I_l = \sqrt{3}\,I_p$의 관계식을 갖는다.

$V_l = V_p = 220[\mathrm{V}], \quad I_l = \sqrt{3}\,I_p$

$I_p = \dfrac{I_l}{\sqrt{3}} = \dfrac{30}{\sqrt{3}} = 17.3[\mathrm{A}]$

69

어느 공장의 평형 3상 부하 전압을 측정하였을 때 선
간전압이 200[V], 소비전력 21[kW], 역률 80[%]였
다. 이때 전류는 대략 얼마인가?

① 60[A]   ② 64[A]

③ 76[A]   ④ 82[A]

정답   64 ④   65 ④   66 ②   67 ②   68 ④   69 ③

해설

유효전력 $P = \sqrt{3}\,VI\cos\theta[\text{W}]$

$I = \dfrac{P}{\sqrt{3}\,V\cos\theta} = \dfrac{21 \times 10^3}{\sqrt{3} \times 200 \times 0.8} = 76[\text{A}]$

70

어떤 평형 3상 부하에 220[V]의 3상을 가하니 전류는 8.6[A]였다. 역률 0.8일 때 전력[W]은?

① 2,621   ② 2,879

③ 3,000   ④ 3,422

해설

유효전력 $P = \sqrt{3}\,V_l I_l \cos\theta = \sqrt{3} \times 220 \times 8.6 \times 0.8 = 2,621[\text{W}]$

71

△결선 변압기 1개가 고장이 나서 V결선으로 바꾸었을 때 출력은 고장 전 출력의 몇 배인가?

① $\dfrac{1}{2}$ ② $\dfrac{\sqrt{3}}{3}$

③ $\dfrac{2}{3}$ ④ $\dfrac{\sqrt{3}}{2}$

해설

V결선의 출력비 $= \dfrac{V결선시\ 전력(P_V)}{\triangle결선의\ 전력(P_\triangle)} = \dfrac{\sqrt{3}\,VI}{3\,VI} = \dfrac{\sqrt{3}}{3}$

72

V결선 시 변압기의 이용률은 몇 [%]인가?

① 57.7   ② 70

③ 86.6   ④ 98

해설

V결선의 이용률 $= \dfrac{V결선시\ 용량}{변압기\ 2대의\ 용량}$

$= \dfrac{\sqrt{3}\,P}{2P} = 0.866(86.6[\%])$

73

용량 10[kVA]의 단상 변압기 3대로 3상 평형 부하에 전력을 공급하던 중 1대가 고장이므로 2대로 V결선하려고 한다. 공급할 수 있는 전력은 얼마인가?

① 5[kVA]   ② 15[kVA]

③ $10\sqrt{3}$ [kVA]   ④ $20\sqrt{3}$ [kVA]

해설

V결선의 출력

$P_V = \sqrt{3}\,P_n = \sqrt{3} \times 10 = 10\sqrt{3}$ [kVA]

74

세 변의 저항 $R_a = R_b = R_c = 15[\Omega]$인 Y결선 회로가 있다. 이것과 등가인 △결선 회로의 각변의 저항 [Ω]은?

① 15   ② 20

③ 25   ④ 45

해설

Y결선에서 △로 변환할 경우 임피던스는 3배가 된다.

즉, $15 \times 3 = 45[\Omega]$가 된다.

75

30[Ω]의 저항으로 △결선 회로를 만든 다음 그것을 다시 Y회로로 변환하면 한 변의 저항은?

① 10[Ω]   ② 20[Ω]

③ 30[Ω]   ④ 90[Ω]

해설

△결선에서 Y결선으로 변환할 경우 임피던스는 1/3배가 된다.

$30 \times \dfrac{1}{3} = 10[\Omega]$

정답   **70** ①   **71** ②   **72** ③   **73** ③   **74** ④   **75** ①

76

2전력계법에 의해 평형 3상 전력을 측정하였더니 전력계가 800[W], 400[W]를 지시하였다. 이때 소비전력 및 역률은 각각 얼마인가?

① 40[W], 70.7[%]

② 400[W], 70.7[%]

③ 1,200[W], 86.6[%]

④ 400[W], 86.6[%]

해설

2전력계법의 유효전력

$P = P_1 + P_2 = 800 + 400 = 1,200\,[\text{W}]$

$\cos\theta = \dfrac{P_1 + P_2}{2\sqrt{P_1^2 + P_2^2 - P_1 P_2}}$

$= \dfrac{800 + 400}{2\sqrt{800^2 + 400^2 - 800 \times 400}} = \dfrac{1,200}{1,385} \fallingdotseq 0.866$

77

전력계 2개를 접속하여 역률을 계산하고자 한다. 다음 중 옳은 계산식은 어느 것인가? (단, 전력계 W_1의 지시값을 P_1, W_2의 지시값을 P_2라 한다.)

① $\dfrac{2\sqrt{P_1^2 + P_2^2 - P_1 P_2}}{P_1 + P_2}$

② $\dfrac{P_1 + P_2}{2\sqrt{P_1^2 + P_2^2 - P_1 P_2}}$

③ $\dfrac{2\sqrt{P_1^2 + P_2^2 - P_1 P_2}}{P_1 - P_2}$

④ $\dfrac{P_1 - P_2}{2\sqrt{P_1^2 + P_2^2 - P_1 P_2}}$

해설

2전력계법의 역률 $\cos = \dfrac{P_1 + P_2}{2\sqrt{P_1^2 + P_2^2 - P_1 P_2}}$

78

2전력계법에서 지시 $P_1 = 100[\text{W}]$, $P_2 = 200[\text{W}]$일 때 역률은?

① 0.866

② 0.707

③ 0.67

④ 0.5

해설

2전력계법의 역률

$\cos = \dfrac{P_1 + P_2}{2\sqrt{P_1^2 + P_2^2 - P_1 P_2}} = \dfrac{100 + 200}{2\sqrt{100^2 + 200^2 - 100 \times 200}}$

$= \dfrac{300}{346.4} = 0.866$

79

왜형률이라 함은?

① $\dfrac{\text{기본파의 실효값}}{\text{고조파의 실효값}}$

② $\dfrac{\text{고조파의 실효값}}{\text{기본파의 실효값}}$

③ $\dfrac{\text{기본파의 평균값}}{\text{기본파의 실효값}}$

④ $\dfrac{\text{기본파의 최대값}}{\text{기본파의 실효값}}$

해설

왜형률 = $\dfrac{\text{고조파의 실효값}}{\text{기본파의 실효값}}$

80

다음 중 옳다고 생각되는 것은 어느 것인가?

① 비사인파 = 교류분 + 기본파 + 고조파

② 비사인파 = 직류분 + 기본파 + 고조파

③ 비사인파 = 직류분 + 교류분 + 고조파

④ 비사인파 = 기본파 + 직류분 + 교류분

정답 76 ③ 77 ② 78 ① 79 ② 80 ②

해설

비사인파 = 기본파 + 고조파 + 직류분

81

전압이 $e = 10\sin 10t + 20\sin 20t$ **[V]이고, 전류가**
$i = 20\sin 10t + 10\sin 20t$ **[A]이면 소비전력[W]은?**

① 200   ② 400

③ 600   ④ 800

해설

$P = VI$

$P = \dfrac{10}{\sqrt{2}} \times \dfrac{20}{\sqrt{2}} + \dfrac{20}{\sqrt{2}} \times \dfrac{10}{\sqrt{2}} = 100 + 100 = 200[\text{W}]$

82

$i = 30\sin \omega t + 40\sin(3\omega t + 30°)$ **일 때 실효값[A]**
은 얼마인가?

① $50\sqrt{2}$ ② 50

③ 25   ④ $25\sqrt{2}$

해설

실효값 $I = \sqrt{\left(\dfrac{30}{\sqrt{2}}\right)^2 + \left(\dfrac{40}{\sqrt{2}}\right)^2} = \dfrac{50}{\sqrt{2}} = 25\sqrt{2}$ [A]가 된다.

83

4단자 상수 $\dot{A}$, $\dot{B}$, $\dot{C}$, $\dot{D}$**의 관계식 중 타당한 것은?**

① $\dot{A}\dot{B} - \dot{C}\dot{D} = 1$ ② $\dot{A}\dot{D} - \dot{B}\dot{C} = 1$

③ $\dot{A}\dot{B} + \dot{C}\dot{D} = 1$ ④ $\dot{A}\dot{D} + \dot{B}\dot{C} = 1$

해설

4단자 정수의 관계식 $AD - BC = 1$

84

4단자 상수 $\dot{A}$, $\dot{B}$, $\dot{C}$, $\dot{D}$ **중에서 임피던스 단위를**
갖는 것은?

① $\dot{D}$ ② $\dot{B}$

③ $\dot{C}$ ④ $\dot{A}$

해설

4단자 정수 중 임피던스의 단위를 갖는 것은 B가 된다.
어드미턴스 단위를 갖는 것은 C가 된다.

핵심이론편

직류기

제1절 **직류발전기의 구조**

■ 직류기의 3요소 : 계자, 전기자, 정류자

(1) 계자 : 주 자속을 만드는 부분

(2) 전기자 : 주 자속을 끊어 유기기전력을 발생한다.

철심의 경우 규소강판과 성층철심을 사용한다.
- 규소강판 : 히스테리시스손 감소
- 성층철심 : 와류손 감소

(3) 정류자 : 교류를 직류로 변환

편수 $k = \dfrac{u}{2}s$

여기서, u : 자극수, s : 슬롯수

(4) brush

내부의 회로와 외부의 회로를 전기적으로 연결하는 부분이다.
- 탄소 brush : 접촉저항이 크기 때문에 직류기에서 사용한다.
- 금속 흑연질 brush : 저전압 대전류 기계 기구에 사용한다.

제2절 **전기자권선법**

현재 사용되는 전기자권선법은 기전력을 양호하고 안정되게 유지하기 위하여 고상권, 폐로권, 2층권을 선택하여 사용하고 있다.

① 환상권

② 고상권 ┬ 개로권
　　　　　└ 폐로권 ┬ 단층권
　　　　　　　　　　└ 이층권 ┬ 중권
　　　　　　　　　　　　　　　└ 파권

여기서 직류기는 이층권을 사용한다. 직류 발전기는 그 용도에 따라 중권과 파권으로 구분하여 권선법을 선택하며 중권과 파권은 다음과 같은 특성을 가진다.

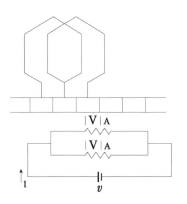

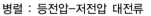

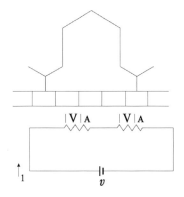

병렬 : 등전압–저전압 대전류   직렬 : 등전류–고전압 소전류

(1) 중권(병렬권) : 전기자 병렬 회로수는 극수와 같다.

$a = p = b$

여기서,

a : 전기자 병렬 회로수, p : 극수, b : 브러쉬의 수

• 다중중권 : $a = mp$

  여기서, m : 다중도

  용도 : 저전압, 대전류용에 적합하다.

(2) 파권(직렬권) : 전기자 병렬 회로수는 언제나 2이다.

$a = 2 = b$

여기서,

a : 전기자 병렬 회로수, p : 극수, b : 브러쉬의 수

• 다중파권 : $a = 2m$

  여기서, m : 다중도

  용도 : 소전류, 고전압에 적합하다.

제3절 유기기전력

도체가 1개인 경우의 유기기전력

$e = Blv[\text{V}]$

여기서,

B : 자속밀도[Wb/m²], $\quad l$: 도체의 길이[m], $\quad v$: 속도[m/s]

회전자 주변속도 $\quad v = \pi D \dfrac{N}{60}[\text{m/s}]$

유기기전력 $\quad E = \dfrac{PZ}{a}\phi\dfrac{N}{60} = K\phi N[\text{V}]$

여기서, Z : 총 전기자 도체수, $\qquad P$: 극수

$\qquad \phi$: 극당 자속수[Wb], $\qquad N$: 회전속도[rpm]

$\qquad K$: 상수 $\left(\dfrac{PZ}{60a}\right)$, $\qquad\qquad a$: 전기자 병렬 회로수

유기기전력 E와 자속수와 회전수는 비례하는 걸 명심하자.
또한 자속과 회전수는 반비례한다.

제4절 전기자 반작용

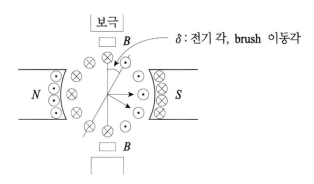

전기자 전류에 의해 생기는 자속이 계자에서 발생되는 주 자속에 영향을
주어 주 자속이 일그러지고 감소하게 된다.

01 현상

① 주 자속이 감소(감자현상)

② 전기적인 중성 측이 이동
- 발전기 : 회전방향
- 전동기 : 회전 반대방향

③ 국부적인 섬락 발생

④ 발전기의 경우 $\phi\downarrow = P\downarrow, E\downarrow, V\downarrow$
   전동기의 경우 $\phi\downarrow = T\downarrow, N\uparrow$

02 방지법

① **보상권선** : 계자극의 홈을 파서 권선을(전기자권선의 반대방향으로 감는다.) 전기자와 직렬로 연결하여 반대방향의 전류를 흘려줌으로써 전기자반작용의 기자력을 상쇄할 수 있다. 이것을 보상권선이라 한다.

② **보극** : 중성 측에서 발생되는 전기자 반작용은 상쇄할 수 없기 때문에 보조극을 설치하여 중성 측에서 발생되는 전기자 반작용을 상쇄시킨다.

③ brush의 이동

제5절 정류작용

직류발전기의 경우 전기자권선에서 유기되는 기전력은 교류이므로 이를 직류로 변환하는 작용을 정류라 한다. 즉 전기자 코일이 brush에 단락된 후 brush를 지날 때 전류의 방향이 바뀌는 것을 이용하여 교류를 직류로 바꾸는 작용을 말한다.

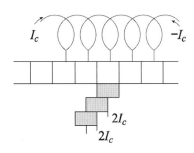

01 정류 주기 : 코일이 brush에 단락된 순간부터 단락의 끝날 때까지의 시간을 말한다.

02 정류의 종류

① **직선 정류** : 가장 이상적인 정류(불꽃이 없다.)

② **정현파 정류** : 양호한 정류 (불꽃이 없다.)

③ **부족 정류** : 정류 말기 brush 뒤편에서 불꽃이 발생한다.

④ **과 정류** : 정류 초기 brush 앞편에서 불꽃이 발생한다.

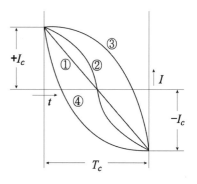

03 정류의 개선 대책

① 정류 시 발생하는 평균 리액턴스 전압을 작게 해야 한다.

리액턴스 전압 $e_L = L \cdot \dfrac{di}{dt} = L\,\dfrac{2I_c}{T_c}\,[\text{V}]$

② 단절권 사용

③ 정류 주기를 크게 한다.

④ 보극 설치(전압 정류)

⑤ 탄소 브러쉬(저항 정류)

⑥ 보상권선 설치(전기자 반작용 감소 효과)

제6절 │ 직류기의 발전기와 전동기 종류 및 특징

01 타여자 발전기

별도의 독립된 여자 전원을 가지고 있다.

02 자여자 발전기

자여자 발전기의 경우 전기자와 계자권선의 접속에 따라 분권, 직권, 복권발전기로 나눌 수 있다.

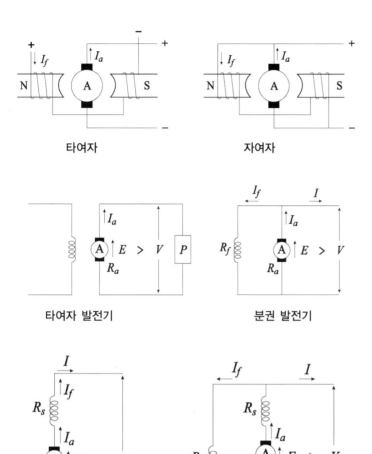

타여자 발전기의 특성식을 살펴보면 다음과 같다.

$E = V + I_a R_a$

$I_a = I, \quad P = VI$

여기서, E : 유기기전력, V : 단자전압, I_a : 전기자 전류

(1) 직권 발전기 : 전기자와 계자권선을 직렬로 접속

(2) 분권 발전기 : 전기자와 계자권선을 병렬로 접속

(3) 복권 발전기 : 전기자와 계자권선을 직·병렬로 접속하여, 직권 계자권선의 자속과 분권 계자권선의 자속이 더해지면 가동 복권 발전기가 되고, 상쇄되면 차동 복권 발전기가 된다.

복권 발전기 ┌→ 분권 발전기 사용 : 직권 계자권선 단락(short)
　　　　　　└→ 직권 발전기 사용 : 분권 계자권선 개방(open)

03 자여자 전동기 : 직권 전동기, 분권 전동기

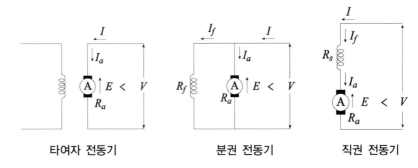

타여자 전동기 분권 전동기 직권 전동기

자여자 전동기의 특성 식을 보면 다음과 같다.

$$E = V - I_a R_a [\text{V}]$$

여기서, E : 역기전력, V : 단자전압, I_a 전기자 전류

$$\eta = \frac{출력}{입력} = \frac{P}{VI}, \qquad I = \frac{P}{\eta \cdot V} [\text{A}]$$

제7절 직류발전기의 특성

① 무부하 포화곡선 : E(유기기전력)와 I_f(계자전류)와의 관계 곡선
② 부하 포화곡선 : V(단자전압)와 I_f(계자전류)와의 관계 곡선
③ 외부 특성곡선 : V(단자전압)와 I(부하전류)와의 관계 곡선

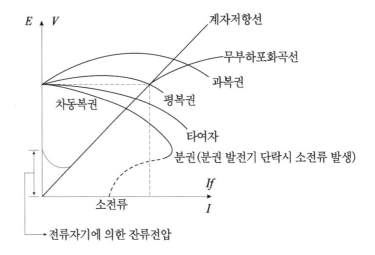

제8절 전압 변동률

$$\epsilon = \frac{V_0 - V}{V} \times 100$$

$$V_0 = (\epsilon + 1)V$$

$$V = \frac{V_0}{(\epsilon + 1)}$$

여기서, V : 정격전압, V_0 : 무부하전압

$\epsilon > 0$: 분권, 타여자 발전기

$\epsilon = 0$: 평복권 ($V_0 = V$: 무부하전압과 정격전압이 같다)

$\epsilon < 0$: 과복권

제9절 수하특성

부하전류가 증가하면 단자전압이 급격히 떨어지는 현상
용접기(＝누설변압기) − 누설리액턴스가 크며, 전압변동이 크다.

제10절 직류발전기의 병렬 운전 조건

1대의 발전기로 용량이 부족하거나, 부하의 변동의 폭이 클 때에는 경부하에 대해 효율 좋게 운전하기 위하여, 전부하 시에는 두 대로 병렬 운전하고, 경부하 시 한 대만을 운전한다.

(1) 병렬 운전 조건(용량과는 무관하다)
① 극성이 같을 것
② 정격전압이 같을 것

(2) 병렬 운전 시 부하분담의 비는 다음과 같이 결정된다.
① 저항이 같으면 유기 전압이 큰 측이 부하를 더 많이 분담한다.

② 유기 전압이 같은 경우 부하는 전기자 회로 저항에 반비례해서 분배된다.

$$V = E_1 - I_1 R_1 = E_2 - I_2 R_2$$
$$I = I_1 + I_2$$

제11절 토크

전동기는 전기적인 에너지를 기계적인 에너지로 변환하여 사용하는 기계이다.

01 회전력

$$T = \frac{P_m}{\omega} = \frac{P_m}{2\pi \dfrac{N}{60}} \frac{60 P_m}{2\pi N} = \frac{60 I_a E}{2\pi N} = \frac{60 I_a (V - I_a R_a)}{2\pi N} [\mathrm{N \cdot m}]$$

$$\frac{60 I_a}{2\pi N} \times E = \frac{60 I_a}{2\pi N} \times \frac{PZ\phi N}{60a} = \frac{PZ}{2\pi a} \phi I_a [\mathrm{N \cdot m}]$$

$$T = \frac{1}{9.8} \times \frac{P_m}{\omega} = \frac{1}{9.8} \times \frac{P_m}{2\pi \dfrac{N}{6}} = \frac{1}{9.8} \times \frac{60 P_m}{2\pi N} = \frac{1}{9.8} \times \frac{60}{2\pi} \times \frac{P_m}{N}$$

$$= 0.975 \frac{P_m}{N} = 0.975 \frac{E \cdot I_a}{N} [\mathrm{kg \cdot m}]$$

$$\therefore \ T = \frac{60 I_a (V - I_a R_a)}{2\pi N} = \frac{P_m Z}{2\pi a} \phi I_a [\mathrm{N \cdot m}]$$

$$T = 0.975 \frac{P_m}{N} = 0.975 \frac{E \cdot I_a}{N} [\mathrm{kg \cdot m}]$$

각속도 $\omega = 2\pi \dfrac{N}{60}$

기계적 동력 $P_m = E \cdot I_a \times 10^{-3} [\mathrm{kW}]$

역기전력 $E = \dfrac{PZ\phi N}{60a} = V - I_a R_a [\mathrm{V}]$

여기서, P : 극수, P_m : 기계적 동력

제12절 특성 곡선 및 속도 제어

01 직류전동기의 특성 곡선

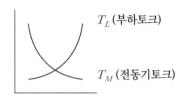

T_L (부하토크)

T_M (전동기토크)

(1) 속도 특성 곡선 : $N - I$ 관계 곡선

(2) 토크 특성 곡선 : $T - I$ 관계 곡선

① 토크의 대소 관계 $\dfrac{dT_L}{d_m} > \dfrac{dT_M}{d_m}$

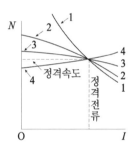

1 : 직권 전동기
2 : 가동 복권 전동기
3 : 분권 전동기
4 : 차동 복권 전동기

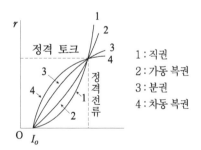

1 : 직권
2 : 가동 복권
3 : 분권
4 : 차동 복권

② 직류전동기 속도, 토크의 대소 관계

직권전동기 → 가동복권전동기 → 분권전동기 → 차동복권전동기

(3) 분권전동기 : 정속도 전동기

① 무여자 하지 말 것

② 계자권선을 단선시키지 말 것

★ 위의 경우 위험속도에 도달

$$T \propto I_a \propto \frac{1}{N}$$

(4) 직권전동기 : 전차용 전동기

① 무부하 하지 말 것

② 벨트 운전하지 말 것

$$T \propto I_a^2 \propto \frac{1}{N^2}$$

02 기동 및 속도제어

(1) 직류전동기의 속도 $n = K \cdot \dfrac{V - I_a R_a}{\phi}$

① **전압 제어** : 전압 V를 제어하는 방식으로 광범위한 속도제어가 가능하다.

여기서, 워드레오나드 방식과 일그너 방식, 승압기 방식 등이 있다.

• 워드레오나드 방식과 일그너 방식의 차이점 : 플라이 휠

• 플라이 휠 : 속도가 급격히 변하는 것을 막아준다.

② **계자 제어** : ϕ의 값을 조절하는 방식으로 정 출력 제어 방식이다.

③ **저항 제어** : 저항 R_a의 값을 조절하는 방식으로 효율이 나쁘다.

④ **기동**

기동 시 기동전류 I_{as} 는 정격전류 I_n에 1.5 배이므로 전기자권선 은 정격전류보다 큰 1.5배의 전류가 흐르 게 되므로 기동전류를 작게 하기 위해 기동 저항기 설치

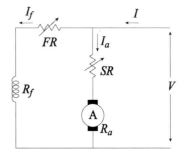

㉮ 기동저항기(SR) : 최대위치 → 기동전류는 적은 것이 좋다.

㉯ 계자저항기(FR) : 최소위치 → 계자전류는 큰 것이 좋다.

$$I_{as} = \frac{V}{R_a + SR} = 1.5 I_n$$

제13절 제동법

(1) 발전 제동 : 운전 중인 전동기를 전원에서 분리하면 발전기로 동작하여 이때 발생되는 전력을 열로써 소비하는 제동법을 말한다.

(2) 회생 제동 : 운전 중인 전동기를 전원에서 분리하면 발전기로 동작하는데 이때 발생된 전력을 전원에 반환하는 제동방법을 말한다.

(3) 플러깅(plugging) 제동 : 급제동 시 사용하는 방법으로서 역전(역상) 제동이라고도 한다. 제동 시의 전원 3선 중 2선의 방향을 바꾸어 전동기를 역회전시켜 속도를 급감시킨 후 속도가 0에 가까워지면 전동기를 전원에서 분리하는 제동방법을 말한다.

제14절 효율과 손실

(1) 효율

- 실측 효율 $\eta = \dfrac{출력}{입력} \times 100$

- 규약 효율 $\eta_{발} = \dfrac{출력}{입력} \times 100 = \dfrac{출력}{출력 + 손실}$

$$= \dfrac{출력}{출력 + 고정손 + 부하손} \times 100\,[\%]$$

$$\eta_{전} = \dfrac{출력}{입력} \times 100 = \dfrac{입력 - 손실}{입력} \times 100\,[\%]$$

(2) 손실

- 고정손 : 철손, 기계손(베어링손, 마찰손, 풍손)

- 부하손 : 동손, 표유부하손(표유부하손의 경우 계산으로 구할 수 없는 값이다.)

- 최대효율조건 : 고정손 = 부하손

제15절 절연물의 허용온도와 시험법

(1) 허용온도

절연재료	Y	A	E	B	F	H	C
허용온도	90°	105°	120°	130°	155°	180°	180°초과

(2) 토크 측정 시험법

① 대형 직류기의 토크 측정 시험 : 전기 동력계법

② 소ㆍ중형 직류기의 토크 측정 시험 : 프로니 브레이크법

(3) 온도 시험법

① 실부하법

② 반환부하법

반환부하법의 종류 : 홉킨스법, 카프법, 브론델법

01

직류기에서 3요소라 할 수 있는 것은?

① 계자, 전기자, 정류자
② 계자, 전기자, 브러시
③ 정류자, 계자, 브러시
④ 보극, 보상권선, 전기자권선

해설

직류기의 3요소
• 계자 : 주 자속을 만드는 부분
• 전기자 : 주 자속을 절단하여 기전력을 만드는 부분
• 정류자 : 만들어진 교류를 직류로 변환하는 부분

02

저전압 대 전류에 가장 적합한 brush는?

① 탄소흑연   ② 전기흑연
③ 금속흑연   ④ 흑연

해설

금속흑연질 brush의 경우 저전압 대 전류에 적합한 brush이다.

03

직류기의 전기자 철심용 강판의 두께는 몇 [mm]인가?

① 0.1 ~ 0.2   ② 0.35 ~ 0.5
③ 0.55 ~ 0.7   ④ 1

해설

전기자는 0.35~0.5[mm]의 강판으로 성층한(히스테리시스손과 와류손을 감소시키기 위하여 규소가 1~4[%] 함유된 규소강판) 전기자 철심과 전기자권선을 사용한다.

04

전기기계에 있어서 히스테리시스 손을 감소시키기 위하여 어떻게 하는 것이 좋은가?

① 성층철심 사용   ② 규소강판 사용
③ 보극 설치   ④ 보상권선 설치

해설

히스테리시스 손 → 규소강판
와류손 → 성층철심
규소강판 + 성층철심 = 철손 감소

05

직류기의 전기자에 사용되는 권선법은?

① 단층권   ② 2층권
③ 환상권   ④ 개로권

해설

현재 사용되는 전기자권선법 → 고상권, 폐로권, 이층권

06

자극 수 4, 슬롯 수 40, 슬롯의 내부의 코일 변수 4인 단중 중권 직류기의 정류자 편수 k는 얼마인가?

① 20   ② 40
③ 60   ④ 80

해설

정류자 편수 $k = \dfrac{u}{2}s$

u : 한 슬롯 내의 코일 변수, s : 슬롯 수

$k = \dfrac{4}{2} \times 40 = 80$

정답 01 ① 02 ③ 03 ② 04 ② 05 ② 06 ④

07

직류기의 브러시에 탄소를 사용하는 이유는?

① 접촉저항이 높기 때문
② 고유저항이 동보다 크기 때문
③ 접촉저항이 낮기 때문
④ 고유저항이 동보다 작기 때문

해설
탄소 브러시의 경우 접촉저항이 크기 때문에 저항 정류에서 이용한다.

08

직류기의 권선을 단중 파권으로 감으면?

① 효율이 좋다.
② 내부 병렬 회로수가 극수에 관계없이 언제나 2이다.
③ 저압 대 전류용 권선이다.
④ 전류가 크다.

해설
단중 파권의 경우 $a = 2 = b$이다. 전기자 병렬 회로수는 극수에 관계없이 언제나 2가 된다.

09

직류기에서 단중 중권의 병렬 회로수는 극수의 몇 배인가?

① 1배
② 2배
③ 3배
④ 4배

해설
단중 중권의 경우 $a = p = b$ 즉, 전기자 병렬 회로수와 극수는 같다.

10

자속밀도 0.8[Wb/m²]의 평등자계 내에 길이 0.5[m]의 도체를 자계에 직각으로 놓고, 이것을 30[m/s]의 속도로 운전하면 이 도체에 유기되는 기전력[V]은?

① 40
② 25
③ 24
④ 12

해설
$e = Blv = 0.8 \times 0.5 \times 30 = 12[V]$

11

직류기의 파권 권선의 이점은 무엇인가?

① 내부 병렬 회로수가 극수만큼 생긴다.
② 전압이 높아진다.
③ 전압이 작아진다.
④ 출력이 증가한다.

해설
고전압, 소전류에 이용되며 전압을 높일 수 있는 장점이 있다.

12

4극 중권 직류 발전기의 전 전류가 I[A]이면, 각 전기자권선에 흐르는 전류[A]는?

① $\dfrac{I}{4}$
② I
③ $\dfrac{I}{2}$
④ $\dfrac{4}{I}$

해설
중권의 경우 $a = P = b$이므로 극수와 전기자 병렬 회로수는 같다. 전체전류 I를 전기자 병렬 회로수로 나누면 각 전기자권선에 흐르는 전류는 $I/4$[A]가 된다.

정답 07 ① 08 ② 09 ① 10 ④ 11 ② 12 ①

13

전기자 도체의 굵기, 권수, 극수가 모두 동일할 때 단중 파권은 단중 중권에 비해 전류와 전압의 관계는?

① 소전류 저전압   ② 대전류 저전압
③ 소전류 고전압   ④ 대전류 고전압

해설

- 단중 파권 → 고전압 소전류
- 단중 중권 → 저전압 대전류

14

직류기에서 유기기전력을 구하는 식은 어느 것인가?

① $E = \dfrac{PZ\phi I_a}{60a}$ ② $E = K\phi I_a$

③ $E = \dfrac{PZ\phi I_a}{2\pi a}$ ④ $\dfrac{PZ\phi N}{60a}$

해설

유기기전력 $E = \dfrac{PZ\phi N}{60a}$

15

매분 1,200으로 회전하는 직류기의 전기자 주변속도 v_s는 몇 [m/s]인가? (단, 전기자의 지름은 3[m]이다.)

① 10π ② 30π
③ 60π ④ 90π

해설

전기자 주변속도 $v_s = \pi D \dfrac{N}{60}$[m/s]

$v_s = \pi \times 3 \times \dfrac{1,200}{60} = 60\pi$[m/s]

16

8극의 중권 발전기의 전기자 도체수가 500이고 매극의 자속수 0.02[Wb], 회전수 600[rpm]일 때 유기기전력은 몇 [V]인가?

① 40   ② 50
③ 100   ④ 200

해설

$E = \dfrac{PZ\phi N}{60a}$

중권이므로 $a = P = b$ 전기자 병렬 회로수와 극수가 같다.

$E = \dfrac{500 \times 0.02 \times 600 \times 8}{60 \times 8} = 100$[V]

17

직류 분권 발전기의 극수 8, 전기자 총 도체수 600으로 매분 800회전할 때, 유기기전력은 110[V]라 한다. 전기자권선이 중권일 때 매 극의 자속수 [Wb]는?

① 0.03104   ② 0.02375
③ 0.01375   ④ 0.01014

해설

$E = \dfrac{PZ\phi N}{60a}$, $\phi = \dfrac{E \times 60a}{PZN}$

중권이므로 $a = P = b$ 전기자 병렬 회로수와 극수가 같다.

$\phi = \dfrac{110 \times 60 \times 8}{600 \times 800 \times 8} = 0.01375$[Wb]

18

직류발전기의 기전력 E, 자속 ϕ, 회전속도 N과의 관계식은?

① $E \propto \phi N$ ② $E \propto \dfrac{\phi^2}{N}$

③ $N \propto \dfrac{N}{\phi^2}$ ④ $E \propto \phi N^2$

해설

직류발전기 유기기전력 $E = K\phi N$

정답 13 ③   14 ④   15 ③   16 ③   17 ③   18 ①

19

직류발전기에서 자극수 6, 전기자 도체수 400, 각 자극의 유효 자속수 0.01[Wb], 회전수 600[rpm]인 경우 유기기전력[V]은? (단, 전기자권선은 파권이다.)

① 90
② 120
③ 150
④ 180

해설

$E = \dfrac{PZ\phi N}{60a}$

파권이므로 $a = 2 = b$ 전기자 병렬 회로수는 극수에 상관없이 언제나 2이다.

$E = \dfrac{6 \times 400 \times 0.01 \times 600}{60 \times 2} = 120[V]$

20

직류발전기의 전기자 반작용에 의해 일어나는 현상은 무엇인가?

① 기전력 감소
② 철손 감소
③ 철손 증가
④ 기전력 증가

해설

전기자 반작용은 전기자 기자력이 계자 기자력에 영향을 주는 현상을 말하며 이로 인해 주 자속이 감소한다.
발전기의 경우 $\phi\downarrow$할 경우 $E\downarrow$도 감소하게 된다.

21

전기자 반작용의 영향으로서 옳지 않은 것은?

① 중성축의 이동
② 전동기의 속도 저하
③ 발전기는 기전력 감소
④ 국부적 섬락

해설

전기자 반작용에 의해 주 자속이 감소하게 되는데 전동기의 경우 자속이 감소하면 속도는 증가하게 된다.

22

전기자 반작용의 원인이 되는 것은 무엇인가?

① 철손 전류
② 계자권선의 전류
③ 전기자권선의 전류
④ 와전류

해설

전기자 반작용의 원인은 전기자권선의 전류가 만든 자속이 계자권선의 주 자속에 영향을 주기 때문이다.

23

전기자 반작용을 방지하기 위한 보상권선의 전류 방향은?

① 계자권선의 전류방향과 같다.
② 계자권선의 전류방향과 반대이다.
③ 전기자권선의 전류방향과 같다.
④ 전기자권선의 전류방향과 반대이다.

해설

전기자 반작용을 방지하기 위한 보상권선의 전류방향은 전기자권선의 전류와 반대 방향이 된다.

24

직류발전기의 전기자 반작용을 설명함에 있어 그 영향을 없애는 데 가장 유효한 것은?

① 균압환
② 탄소 브러시
③ 보상권선
④ 보극

해설

전기자 반작용의 가장 우선시 되는 대책은 보상권선이다.

정답 19 ② 20 ① 21 ② 22 ③ 23 ④ 24 ③

25

보극이 없는 직류 발전기는 부하의 증가에 따라서 브러시의 위치는?

① 회전방향으로 이동한다.
② 그대로 둔다.
③ 회전방향과 반대로 이동한다.
④ 극의 중간에 놓는다.

해설

발전기의 경우 회전방향으로 이동하며, 전동기의 경우는 회전 반대방향으로 이동한다.

26

다음은 정류곡선을 나타낸다. 양호한 정류를 얻을 수 있는 곡선은?

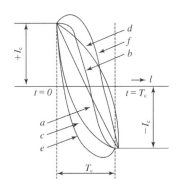

① a, b
② a, f
③ c, d
④ b, e

해설

• c → 정현파 정류 : 양호한 정류(불꽃이 없다.)
• d → 직선 정류 : 가장 양호한 정류(불꽃이 없다.)

27

직류기의 정류작용에서 전압정류의 역할을 하는 것은?

① 탄소 brush
② 보극
③ 리액턴스 코일
④ 보상권선

해설

• 보극 → 전압정류
• 탄소 brush → 저항정류

28

직류기에서 불꽃 없는 정류를 얻는 데 가장 유효한 방법은?

① 탄소 brush와 보상권선
② 자기포화와 brush의 이동
③ 보극과 보상권선
④ 보극과 탄소 brush

해설

• 전기자 반작용 대책 → 보극, 보상권선
• 정류 → 보극, 탄소 brush

29

저항정류의 역할을 하는 것은 무엇인가?

① 탄소 brush
② 보상권선
③ 보극
④ 리액턴스 코일

해설

• 보극 → 전압정류
• 탄소 brush → 저항정류

30

보극이 없는 직류 발전기의 운전 중 중성점의 위치가 변하지 않는 경우는 어떠한 경우인가?

① 전부하시
② 과부하시
③ 중부하시
④ 무부하시

해설

무부하의 경우 전류는 흐르지 않으므로 전기자 반작용은 존재하지 않으므로 중성축의 위치는 변하지 않는다.

정답 25 ① 26 ③ 27 ② 28 ④ 29 ① 30 ④

31

직류발전기의 무부하 포화곡선이 표시하는 관계는?

① 부하전류와 계자전류
② 단자전압과 부하전류
③ 유기기전력과 계자전류
④ 계자전류와 단자전압

해설

무부하 포화곡선은 유기기전력과 계자전류와의 관계를 나타낸 곡선이다.

32

무부하에서 자기여자로 확립하지 못하는 직류 발전기는 무엇인가?

① 타여자
② 직권
③ 분권
④ 복권

해설

직권의 경우 부하전류와 계자전류가 같이 흐르는 특징을 가지고 있다. 부하전류가 0이 되면 계자전류도 0이 되어 자속도 0이 되므로 무부하에서 자기여자로 확립하지 못하게 된다.

33

직류 직권 발전기의 전기자 전류는 100[A]일 때 단자전압은 몇 [V]인가? (단, 전기자 저항은 0.02[Ω]이며 계자저항은 0.05[Ω], 유기기전력은 110[V]이다.)

① 95
② 100
③ 103
④ 105

해설

$V = E - I_a(R_a + R_s)$ 이므로
$V = 110 - 100(0.02 + 0.05) = 103[V]$

34

분권발전기의 단자전압 220[V], 부하전류 50[A]이다. 유기기전력은? (단, 전기자저항은 0.2[Ω]이고, 계자전류 및 전기자 반작용은 무시한다.)

① 200[V]
② 220[V]
③ 230[V]
④ 240[V]

해설

$E = V + I_a R_a = 220 + (50 \times 0.2) = 230[V]$

35

직류 분권 발전기를 역회전시키면 기전력은 어떻게 되는가?

① 섬락이 일어난다.
② 과전압이 일어난다.
③ 정상운전과 같다.
④ 발전하지 않는다.

해설

자여자 발전기의 경우 잔류자기가 없으면 발전이 되지 않는다. 자여자 발전기가 역회전하는 경우 잔류자기가 소멸되어 발전하지 않게 된다.

36

직류발전기에서 계자철심에 잔류자기가 없어도 발전을 할 수 있는 발전기는?

① 복권 발전기
② 분권 발전기
③ 직권 발전기
④ 타여자 발전기

해설

타여자 발전기의 경우 외부로부터 전원을 공급받기 때문에 잔류자기가 존재하지 않아도 된다.

정답 31 ③ 32 ② 33 ③ 34 ③ 35 ④ 36 ④

37

유기기전력이 120[V]이고, 600[rpm]의 타여자 발전기가 있다. 여자전류는 2[A]에서 불변이고 회전수를 500[rpm]으로 할 때 유기기전력은 몇 [V]인가?

① 100 ② 110
③ 120 ④ 130

해설

유기기전력과 속도 N은 비례하므로

$120 : 600 = x : 500$

$x = \dfrac{120 \times 500}{600} = 100[V]$

38

타여자 발전기가 계자를 일정하게 유지하고 회전수를 500[rpm]으로 할 때 100[V]를 유기하였다. 600[rpm]으로 할 때는 몇 [V]를 유기하는가?

① 120 ② 150
③ 180 ④ 210

해설

유기기전력과 회전수 N은 비례하므로

$500 : 100 = 600 : x$

$x = \dfrac{100 \times 600}{500} = 120[V]$

39

직류발전기의 외부 특성 곡선은 누구와의 관계 곡선인가?

① 유기기전력 – 계자전류
② 단자전압 – 부하전류
③ 유기기전력 – 부하전류
④ 단자전압 – 계자전류

해설

외부 특성 곡선은 단자전압과 부하전류와의 관계곡선을 나타낸다.

40

무부하전압 230[V], 정격전압 210[V]인 발전기의 전압변동률은 몇 [%]인가?

① 7.5 ② 9.5
③ 11.5 ④ 12.5

해설

전압변동률 $\epsilon = \dfrac{V_0 - V}{V} \times 100[\%]$

$\epsilon = \dfrac{230 - 210}{210} \times 100 = 9.5[\%]$

41

분권전동기의 정격 회전수가 1,500[rpm]이다. 속도변동률이 5[%]이면 공급전압과 계자저항의 값을 변화시키지 않고 이것을 무부하로 하였을 때는 회전수[rpm]는?

① 3,000 ② 2,000
③ 1,575 ④ 1,165

해설

속도 변동률 $\epsilon = \dfrac{N_0 - N}{N} \times 100$

$N_0 = (1 + \epsilon)N$이므로

$N_0 = (1 + 0.05) \times 1,500 = 1,575[rpm]$가 된다.

42

정격전압 200[V], 무부하전압 220[V]인 발전기의 전압변동은?

① 0.04 ② 0.05
③ 0.1 ④ 0.15

해설

전압변동률 $\epsilon = \dfrac{V_0 - V}{V}$

$\epsilon = \dfrac{220 - 200}{200} = 0.1$이 된다.

정답	37 ①	38 ①	39 ②	40 ②	41 ③	42 ③

43

무부하전압을 V_0, 정격전압을 V라 할 때 직류 발전기의 전압변동률[%]은?

① $\dfrac{V - V_0}{V_0} \times 100$ ② $\dfrac{V_0 - V}{V} \times 100$

③ $\dfrac{V_0 - V}{V_0} \times 100$ ④ $\dfrac{V - V_0}{V} \times 100$

해설

전압변동률 $\epsilon = \dfrac{V_0 - V}{V} \times 100$

44

용접에 쓰는 직류 발전기에 필요한 조건 중에서 가장 중요한 것은?

① 전압변동률이 작을 것
② 경부하일 때 효율이 좋을 것
③ 전류 대 전압특성이 수하특성일 것
④ 과부하에 견딜 것

해설

차동 복권 발전기의 경우 수하특성을 가지므로 전기 용접용 발전기에 사용된다.

45

직류 분권 발전기의 병렬 운전을 하기 위한 발전기의 용량 P와 정격전압 V와의 관계는?

① P는 같고 V는 임의
② P도 V도 같다.
③ P는 임의 V는 같다.
④ P도 V도 임의

해설

직류기의 병렬 운전 조건에서는 극성과 단자전압은 일치, 수하특성일 것. 단, 용량과는 무관하다.

46

직류 분권 발전기를 병렬 운전할 때 불필요한 것은?

① 극성이 같을 것
② 단자전압이 같을 것
③ 외부 특성은 수하특성일 것
④ 용량이 같을 것

해설

직류기의 병렬 운전 조건에서는 극성과 단자전압은 일치, 수하특성일 것. 단, 용량과는 무관하다.

47

직류발전기의 병렬 운전에 있어 균압선을 설치하는 목적은?

① 운전을 안정하게 한다.
② 손실을 경감한다.
③ 전압의 이상상승을 방지한다.
④ 고조파의 발생을 방지한다.

해설

직권과 복권기를 병렬 운전할 경우 안정운진을 위해 균압선을 설치하여 준다.

48

다음 중 병렬 운전 시 균압선을 설치해야 하는 직류 발전기는?

① 직류 복권 발전기
② 직류 분권 발전기
③ 유도 발전기
④ 동기 발전기

정답 43 ② 44 ③ 45 ③ 46 ④ 47 ① 48 ①

49

직류 전동기의 원리에 해당하는 법칙은?

① 플레밍의 오른손 법칙
② 렌츠의 법칙
③ 패러데이 법칙
④ 플레밍의 왼손 법칙

해설

• 발전기 → 플레밍의 오른손 법칙
• 전동기 → 플레밍의 왼손 법칙

50

직류 전동기의 회전수는 자속이 감소하면 어떻게 되는가?

① 불변이다.　　② 정지한다.
③ 저하한다.　　④ 상승한다.

해설

$\phi\downarrow$할 경우 전동기의 경우 $T\downarrow N\uparrow$ 하므로 증가한다.

51

출력 3[kW], 회전수 1,500[rpm]인 전동기 토크[kg·m]는?

① 1　　　　　　② 1.5
③ 2　　　　　　④ 3

해설

$$T=0.975\frac{P}{N}=0.975\times\frac{3,000}{1,500}=2[\text{kg}\cdot\text{m}]$$

52

직류기의 회전수 n[rps], 토크 T[N·m]일 때 기계적인 동력 P[W]와의 관계는?

① $2\pi n T$　　　　　② $\dfrac{Tn}{2\pi}$

③ $\dfrac{2\pi n}{T}$　　　　　④ $\dfrac{T}{2\pi n}$

해설

출력과 토크는 $P=\omega T=2\pi n T$[W]가 된다.

53

상수가 K이고, 자속을 ϕ, 전류를 I_a라고 한다면 직류 전동기의 토크 T는 무엇인가?

① $K\phi N$　　　　　② $K\phi N^2$
③ $K\phi I_a N$　　　　④ $K\phi I_a$

해설

$T=K\phi I_a$

54

직류 직권 전동기에서 토크 T와 회전수 N과의 관계는?

① $T\propto N$　　　　② $T\propto N^2$
③ $T\propto \dfrac{1}{N}$　　　④ $T\propto \dfrac{1}{N^2}$

해설

직권의 경우 $T\propto I_a^2\propto \dfrac{1}{N^2}$

55

직류 전동기 중 기동토크가 가장 큰 것은?

① 타여자　　　　② 분권
③ 직권　　　　　④ 복권

해설

직류 전동기 중 기동토크가 가장 큰 것은 직권이다.

정답 49 ④　50 ④　51 ③　52 ①　53 ④　54 ④　55 ③

56

직류 복권 전동기 중에서 무부하전압과 전부하전압이 같도록 만들어진 것은?

① 과복권　　　　② 평복권
③ 부족복권　　　④ 차동복권

해설
평복권의 경우 $V_0 = V$가 같게 설계되어 있다.

57

출력이 6.28[HP]이고, 속도가 175[rpm]인 직류 직권 전동기의 토크는 몇 [kg · m]인가?

① 36.1　　　　② 26.1
③ 16.1　　　　④ 6.1

해설
$$T = 0.975 \frac{P}{N} [\text{kg · m}]$$
$$1[\text{HP}] = 746[\text{W}]$$
$$T = 0.975 \times \frac{6.28 \times 746}{175} = 26.1[\text{kg · m}]$$

58

직류 직권 전동기의 용도로서 가장 적합한 것은?

① 펌프　　　　② 세탁기
③ 압연기　　　④ 전차

해설
직권기는 기동의 토크가 클 때 속도가 작으므로 전차용 전동기에 가장 적합하다.

59

직류 직권 전동기에서 단자 전압이 일정할 경우 부하 전류가 $\frac{1}{4}$이 되면 부하 토크는?

① 변하지 않는다.　　② $\frac{1}{2}$ 배
③ $\frac{1}{4}$ 배　　　　　④ $\frac{1}{16}$ 배

해설
직권의 경우 $T \propto I_a^2 \propto \frac{1}{N^2}$이 되므로
$T = \left(\frac{1}{4}\right)^2 = \frac{1}{16}$이 된다.

60

직류 직권 전동기가 전차용에 사용되는 이유는?

① 속도가 클 때 토크가 크다.
② 토크가 클 때 속도가 작다.
③ 기동토크가 크고, 속도는 불변이다.
④ 토크는 I^2, 출력은 I에 비례한다.

해설
직권의 경우 토크가 클 때 속도는 작다.

61

직류 분권 전동기에서 위험한 상태에 놓인 것은?

① 정격전압 무여자
② 저전압 과여자
③ 전기자에 고저항 접속
④ 계자에 저저항 접속

해설
분권전동기의 경우 계자권선을 단선시키거나 무여자로 운전할 경우 위험속도에 도달할 우려가 있다.

정답 56 ② 57 ② 58 ④ 59 ④ 60 ② 61 ①

62

벨트 운전이나 무부하로 운전해서는 안 되는 직류 전동기는?

① 직권
② 가동복권
③ 분권
④ 차동복권

해설

직권전동기의 경우 벨트 운전이나 무부하로 운전할 경우 위험 속도에 도달할 우려가 있다.

63

직류 직권전동기에서 벨트를 걸고 운전하면 안 되는 이유는?

① 손실이 많아진다.
② 직결하지 않으면 속도제어가 곤란하다.
③ 벨트가 벗겨지면 위험속도에 도달한다.
④ 벨트가 마모하여 보수가 곤란하다.

해설

직권전동기의 경우 벨트가 벗겨지면 위험속도에 도달할 우려가 있다.

64

분권전동기를 기동할 경우 계자저항기의 저항값을 어떻게 놓는가?

① 0으로 놓는다.
② 최대로 놓는다.
③ 중간으로 놓는다.
④ 떼어 놓는다.

해설

• 기동 시의 기동저항기의 위치는 최대에 놓는다(기동전류 최소).
• 기동 시의 계자저항기의 위치는 최소(0)로 놓는다(계자전류 최대).

65

직류전동기의 운전 중 계자 저항이 증가하면?

① 전기자 전류 증가
② 역기전력 감소
③ 회전속도 증가
④ 여자전류 증가

해설

계자 저항이 증가하면 계자 전류는 감소하므로 자속도 감소하게 된다. 결과적으로 $\phi\downarrow$ 할 경우 전동기의 속도는 증가한다.

66

직류기의 속도제어법 중 워드레오나드 방식의 목적은?

① 정류개선
② 계자자속조정
③ 속도제어
④ 병렬 운전

해설

워드레오나드 방식, 일그너 방식 → 직류기의 속도제어법

67

직류전동기의 속도 제어법 중에서 정 출력 제어에 속하는 것은?

① 계자제어법
② 전기자 저항제어법
③ 전압제어법
④ 워드레오나드 제어법

해설

직류기의 속도 제어법

① 전압제어 : 가장 광범위한 제어
② 계자제어 : 정 출력 제어
③ 저항제어 : 효율이 나쁘다.

정답 62 ① 63 ③ 64 ① 65 ③ 66 ③ 67 ①

68

속도제어법 중 속도제어가 가장 원활한 방식은?

① 계자제어　　　　② 저항제어
③ 전압제어　　　　④ 직·병렬제어

해설

전압제어의 경우 가장 광범위한 속도제어가 가능하다.

69

직류전동기의 규약효율은 어떤 식으로 표시된 식에 의하여 구하여진 값인가?

① $\eta = \dfrac{출력}{입력} \times 100\,[\%]$

② $\eta = \dfrac{출력}{출력+손실} \times 100\,[\%]$

③ $\eta = \dfrac{입력-손실}{입력} \times 100\,[\%]$

④ $\eta = \dfrac{입력}{출력+손실} \times 100\,[\%]$

해설

발전기는 출력 기준, 전동기는 입력기준

• $\eta = \dfrac{입력-손실}{입력} \times 100\,[\%]$ (전동기)

• $\eta = \dfrac{출력}{출력+손실} \times 100\,[\%]$ (발전기)

70

직류기의 손실 중 기계손에 해당하는 것은?

① 풍손　　　　　　② 와류손
③ 표유부하손　　　④ 브러시 전기손

해설

기계손 → 마찰손, 베어링손, 풍손

71

전동기의 급정지 또는 역회전에 적합한 제동방식은 무엇인가?

① 회생 제동　　　　② 발전 제동
③ 플러깅 제동　　　④ 공기 제동

해설

플러깅 제동의 경우 전동기를 급제동 시 사용하는 제동 방식이다.

72

직류기의 효율이 최대로 되는 경우는?

① 기계손 = 전기자동손
② 와류손 = 히스테리시스 손
③ 전부하동손 = 철손
④ 부하손 = 고정손

해설

효율이 최대가 되는 조건은 "고정손 = 부하손"일 경우이다.

73

일정전압으로 운전하고 있는 직류 발전기의 손실이 $\alpha + \beta I^2$으로 표시될 때, 효율이 최대가 되는 전류는? (단, α, β 는 정수이다.)

① $\dfrac{\alpha}{\beta}$　　　　　　② $\dfrac{\beta}{\alpha}$

③ $\sqrt{\dfrac{\alpha}{\beta}}$　　　　　④ $\sqrt{\dfrac{\beta}{\alpha}}$

해설

전 손실$= \alpha + \beta I^2$에서 $\alpha = \beta I^2$이므로 (α : 고정손, βI^2 : 부하손)

$I = \sqrt{\dfrac{\alpha}{\beta}}\,[\mathrm{A}]$

정답　68 ③　69 ③　70 ①　71 ③　72 ④　73 ③

74

E종 절연물의 최고허용온도[℃]는?

① 105　　　　　② 130

③ 120　　　　　④ 90

해설

절연물의 허용온도

절연재료	Y	A	E	B	F	H	C
허용온도	90°	105°	120°	130°	155°	180°	180°초과

75

대형 직류전동기의 토크를 측정하는 데 가장 적당한 방법은?

① 와전류제동기

② 전기 동력계법

③ 프로니 브레이크법

④ 반환부하법

해설

토크 측정법

① 소・중형 직류기 : 프로니 브레이크법

② 대형 직류기 : 전기 동력계법

76

직류기의 온도시험에는 실부하법과 반환부하법이 있다. 이 중에서 반환부하법에 해당되지 않는 것은?

① 홉킨스법　　　② 프로니 브레이크법

③ 브론델법　　　④ 카프법

해설

반환부하법

① 홉킨스법　② 카프법　③ 브론델법

동기기

제1절 동기속도와 유기기전력

동기발전기의 경우 직류기와 같은 플레밍의 오른손 법칙에 따라 기전력을 유기하는데 회전계자형의 구조를 하고 있다.
동기기의 속도와 주파수의 관계식은 다음과 같다.

$$N_s = \frac{120}{P} f \,[\text{rpm}]$$

여기서, N_s : 동기속도[rpm], P : 극수, f : 주파수

유기기전력 $E = 4.44 f \phi k_w W[\text{V}]$

$$\phi = \frac{E}{4.44 f \, k_w \cdot W}$$

여기서, E : 1상의 기전력[V], ϕ : 1극당 자속[Wb]
W : 직렬로 접속된 코일권수, k_w : 권선계수

제2절 분류

(1) 회전에 의한 분류

① 회전 계자형 : 회전자 → 계자, 고정자 → 전기자(동기기)

② 회전 전기자형 : 회전자 → 전기자, 고정자 → 계자(직류기)

(2) 원동기에 의한 분류

① 수차 발전기(철극형) : 직축형, 저속기로서 단락비가 크다.

② 터빈 발전기(원통형) : 횡축형, 고속기로서 단락비가 작다.

(3) 통풍 방식에 의한 분류 : 자기 통풍형, 타력 통풍형

(4) 냉각 방식에 의한 분류 : 공기 냉각식, 가스 냉각식, 수냉식

제3절 전기자권선법

(1) 집중권과 분포권

① 집중권 : 매극 매상의 슬롯수가 1개이다.

② 분포권 : 교류 발전기의 고조파를 감소시키고 누설리액턴스를 줄이며 기전력의 파형을 개선하기 위해 분포권을 사용한다.

$$분포권\ 계수\ K_d = \frac{\sin\dfrac{\pi}{2m}}{q\sin\dfrac{\pi}{2mq}}$$

여기서, q : 매극 매상당 슬롯수

　　　　s : 슬롯수

　　　　p : 극수

　　　　m : 상수

(2) 전절권과 단절권

① 전절권 : 극 간격과 코일간격이 같은 것을 전절권이라 한다.

② 단절권 : 교류 발전기의 고조파를 제거하고 동의 양이 감소하여 기계기구를 축소가 가능하며 기전력의 파형을 개선할 수 있기 때문에 단절권을 사용한다.

$$단절권\ 계수\quad K_p = \sin\frac{1}{2}\beta\pi$$

여기서, $\beta = \dfrac{코일간격}{극간격}$

제4절 전기자 반작용

3상 부하 전류에 의한 자속이 주 자속에 영향을 주는 현상으로서 이때 흐르는 전류는 전압과 전류가 동상인 전류, 진상전류, 지상의 전류가 흐를 수 있으며, 이는 전기자 반작용에 따라 달라진다.

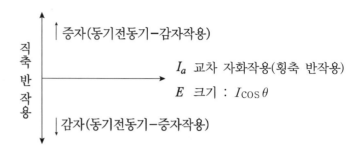

(1) 횡축 반작용(교차 자화작용) : 기전력과 전기자 전류가 동위상,
크기($I\cos\theta$)

(2) 직축 반작용

① 발전기의 경우
- 증자작용 : 진상인 전류(앞선 전류)
- 감자작용 : 지상인 전류(뒤진 전류)

② 전동기의 경우
- 증자작용 : 지상인 전류(뒤진 전류)
- 감자작용 : 진상인 전류(앞선 전류)

제5절 | 동기 임피던스

동기 임피던스의 경우 전기자 저항, 전기자 반작용 리액턴스와 누설리액
턴스로 표현한다.

$$Z_s = r_a + jx_s \fallingdotseq x_s = x_a + x_l$$

여기서, x_a 전기자 반작용 리액턴스와 x_l 누설리액턴스의 합을 x_s 동기
리액턴스라 본다. 또한 전기자 저항의 값이 무시할 수 있을 정도로 그 값
이 작아 실용상 동기 임피던스와 동기리액턴스의 값을 같게 본다.

(1) 동기리액턴스 : 지속단락전류 제한

(2) 누설리액턴스 : 순간(돌발)단락전류 제한

(3) 단락 시 처음에는 큰 전류이나 점차 감소한다.

제6절 **출력**

(1) **원통형(비철극형)** : $P = \dfrac{EV}{x_s}\sin\delta$

　　$\delta = 90°$일 때 최대가 된다.

(2) **철극형(비원통형)** : $\delta = 60°$일 때 최대

　　$x_q < x_d$

　　여기서, x_d : 직축 반작용 리액턴스

　　　　　　x_q : 횡축 반작용 리액턴스

제7절 **전압 변동률**

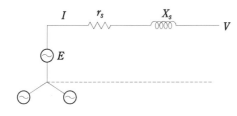 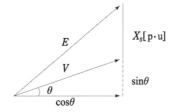

$\epsilon = \dfrac{V_0 - V}{V} \times 100 = \dfrac{E - V}{V} \times 100$

① 유도 부하　$\epsilon \ \oplus \ (V_0 > V)$

② 용량 부하　$\epsilon \ \ominus \ (V_0 < V)$

9791169875684

제8절 | 동기발전기의 특성 곡선

(1) 무부하 포화곡선 : E(유기기전력)와 I_f(계자전류) 관계곡선

(2) 3상 단락곡선 : I_s(단락전류)와 I_f(계자전류) 관계곡선

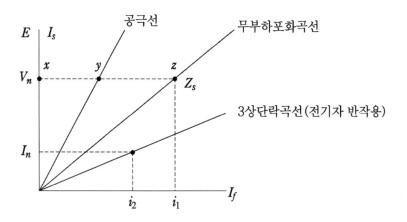

① 포화율 : 무부하 포화곡선과 공극선으로부터 포화율을 산출한다.

$$\delta = \frac{yz}{xy}$$

② 3상 단락곡선과 단락비

단락비 : 무부하 포화곡선과 3상 단락곡선으로부터 구할 수 있다.
또한 단락전류의 크기는 다음과 같다.

$$I_s = \frac{E}{Z_s} \fallingdotseq \frac{E}{X_s}[\text{A}]$$

즉, 단락전류는 동기리액턴스에 의해 그 크기가 결정이 된다.

$$K_s = \frac{i_1}{i_2} = \frac{\text{정격전압을 유기하는 데 필요한 여자전류}}{\text{정격전류와 같은 단락전류를 유기하는 데 필요한 여자전류}}$$

단락비가 크다 – 철기계

㉠ 안정도가 높다.

㉡ 전압변동률, 전압강하율, 전압강하가 작다.

㉢ 효율이 나쁘다.

㉣ 동기 임피던스(리액턴스)가 작다.

3상 단락곡선이 직선화되는 이유 : 전기자 반작용에 영향으로 인해
단락비의 범위는 터빈 발전기의 경우 0.6~1.0
수차 발전기의 경우는 0.9~1.2 정도이다.

③ 동기 임피던스와 퍼센트 동기 임피던스

$$Z_s = \frac{E}{I_s} = \frac{\dfrac{V}{\sqrt{3}}}{I_s}\,[\Omega]$$

$$\%Z_s = \frac{I_n Z_s}{E} \times 100 = \frac{\sqrt{3}\,V I_n Z_s}{\sqrt{3}\,VE} \times 100 = \frac{P_n Z_s}{10\,V^2}\,[\%]$$

여기서, P_n : 기준용량[kVA], V : 정격전압[kV]

제9절　동기발전기의 병렬 운전

(1) 병렬 운전 조건

① 기전력의 크기가 같을 것 : 무효순환전류(무효횡류)가 발생

무효순환전류　$I_c = \dfrac{E_r}{2Z_s}\,[A]$

여기서, E_r : 기전력의 차

② 기전력의 위상이 같을 것 : 동기화 전류(유효횡류)가 발생

③ 기전력의 주파수가 같을 것 : 동기화 전류가 교대로 주기적으로 흘러 난조의 원인이 된다.

④ 기전력의 파형이 같을 것 : 파형이 다를 경우 순시 기전력의 크기가 다르기 때문에 고조파 무효순환전류가 흐른다.

제10절 부하 분담비와 난조

01 부하 분담비

역률과 ϕ(여자)는 반비례 관계이므로
A기의 역률을 좋게 하려면 B기의 여자를 강하게 또는 A기의 여자를
약하게 한다.

02 난조

부하가 급변하면서 회전자 속도가 동기속도 중심으로 진동하게 되는
현상

(1) 원인

① 원동기 조속기 감도가 예민할 때
② 부하의 급변
③ 전기 저항이 너무 클 때
④ 원동기 토크에 고조파가 포함될 때

(2) 방지책

제동권선 설치 및 관성 모멘트를 크게 한다.

제11절 발전기의 자기 여자 작용

발전기에 장거리 선로가 연결 시 무부하 선로 충전 전류에 의해 단자전압
이 상승하여 절연이 파괴되는 현상을 말한다.

(1) 방지책

① 발전기 2대 이상을 병렬 운전한다.
② 동기 조상기를 부족여자로 한다.
③ 단락비가 큰 기계를 사용한다.
④ 송전선로의 수전단에 변압기를 접속한다.
⑤ 수전단에 리액턴스를 병렬로 접속한다.

제12절　동기전동기

(1) 특징

① 정속도 전동기이며 속도 조정을 할 수 없다.

② 역률 1로 조정할 수 있다.

③ 유도전동기에 비해 전부하 효율이 양호하다.

④ 기동이 어렵고, 설비비가 비싸다.

　(유도전동기를 기동 전동기로 사용 시 동기전동기보다 2극을 적게 한다.)

(2) 특성 곡선

위상 특성 곡선 : $I_a - I_f$ 관계 곡선

부하를 일정하게 하고, 계자전류의 변화에 대한 전기자 전류의 변화를 나타낸 곡선을 말한다.

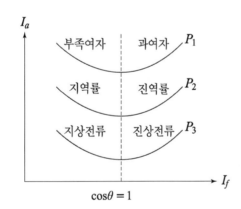

01

동기발전기에 회전계자형을 사용하는 경우가 많다. 그 이유로 적합하지 않은 것은?

① 전기자보다 계자극을 회전자로 하는 것이 기계적으로는 튼튼하다.
② 기전력의 파형을 개선한다.
③ 전기자권선은 고전압으로 결선이 복잡하다.
④ 계자회로는 직류 저전압으로 소요전력이 적다.

해설

기전력의 파형을 개선하기 위한 것은 분포권과 단절권의 특징이다.

02

3상 동기발전기의 전기자권선은 어떠한 결선을 하는가?

① △결선
② 지그재그 결선
③ 스코트 결선
④ Y결선

해설

발전기의 내부를 Y결선하게 되면 발전기의 내부에는 순환전류가 흐르지 않는 장점이 있다.

03

주파수 60[Hz], 회전수 1,800[rpm]의 동기기의 극수는?

① 2
② 4
③ 6
④ 8

해설

동기속도 $N_s = \dfrac{120}{p}f$[rpm]에서

$p = \dfrac{120}{N_s}f = \dfrac{120}{1,800} \times 60 = 4$[극]이 된다.

04

회전계자형을 쓰는 발전기는 어느 것인가?

① 직류발전기
② 회전발전기
③ 동기발전기
④ 유도전동기

해설

동기발전기의 경우 회전계자형을 사용한다.

05

50[Hz] 12극, 회전자의 바깥지름 2[m]인 동기발전기에 있어서 자극면의 주변속도[m/s]는?

① 10
② 20
③ 30
④ 50

해설

$v_s = \pi D \dfrac{N_s}{60}$[m/s]이므로

$N_s = \dfrac{120}{p}f = \dfrac{120}{12} \times 50 = 500$[rpm]

$v_s = 3.14 \times 2 \times \dfrac{500}{60} = 52$[m/s]가 된다.

06

동기발전기의 경우는 무엇에 의해 회전수가 결정되는가?

① 정격전압과 주파수
② 주파수와 역률
③ 주파수와 극수
④ 역률과 전류

해설

동기속도 $N_s = \dfrac{120}{P}f$[rpm]이므로 주파수와 극수에 의해 결정이 된다.

정답 01 ② 02 ④ 03 ② 04 ③ 05 ④ 06 ③

07

750[rpm], 극수가 8극인 동기기의 주파수는 몇 [Hz]인가?

① 40   ② 50
③ 60   ④ 70

해설

동기속도 $N_s = \dfrac{120}{P}f$[rpm]이므로

$f = \dfrac{N_s \times P}{120} = \dfrac{750 \times 8}{120} = 50$[Hz]가 된다.

08

극수가 2극이며 3,000[rpm]으로 운전하는 교류발전기와 병렬로 극수 48극인 발전기의 회전수[rpm]은?

① 120   ② 125
③ 130   ④ 140

해설

발전기의 병렬 운전 조건 중 주파수는 일치해야 한다.

$f = \dfrac{N_s \times P}{120} = \dfrac{3,000 \times 2}{120} = 50$[Hz]

$N_s = \dfrac{120}{P}f = \dfrac{120 \times 50}{48} = 125$[rpm]이 된다.

09

교류기에서 집중권이란 매극, 매상의 슬롯수가 몇 개인 것을 말하는가?

① $\dfrac{1}{2}$개   ② 1개
③ 2개   ④ 5개

해설

집중권은 매극, 매상의 슬롯이 1개이다.

10

동기발전기의 전기자권선의 분포권계수를 나타내는 식은? (단, 상수는 m, 1극 1상의 슬롯수는 q 이다.)

① $\dfrac{q\sin\dfrac{\pi}{2mq}}{\sin\dfrac{\pi}{2m}}$ ② $\dfrac{\sin\dfrac{\pi}{2m}}{q\sin\dfrac{\pi}{2mq}}$

③ $q\sin\dfrac{\pi}{2mq}$ ④ $\sin\dfrac{\pi}{2mq}$

해설

$K_d = \dfrac{\sin\dfrac{\pi}{2m}}{q\sin\dfrac{\pi}{2mq}}$ (분포권 계수)

11

동기발전기의 전기자 권선법에서 단절권을 채택하는 목적은 무엇인가?

① 고조파를 제거한다.
② 누설리액턴스를 감소한다.
③ 기전력을 높게 한다.
④ 역률을 좋게 한다.

해설

동기발전기의 전기자권선법에서 단절권을 채택하는 이유는 고조파를 제거하여 기전력의 파형을 개선하기 위함이다.

12

동기기의 전기자 권선법이 아닌 것은?

① 분포권   ② 전절권
③ 2층권   ④ 중권

해설

전절권은 현재 사용되는 권선법이 아니다.

정답 07 ②   08 ②   09 ②   10 ②   11 ①   12 ②

13

동기발전기의 전기자 권선을 분포권으로 하면?

① 집중권에 비하여 합성 유기기전력이 높아진다.
② 권선의 리액턴스가 커진다.
③ 파형이 좋아진다.
④ 난조를 방지한다.

해설

동기발전기의 전기자권선을 분포권으로 하면 고조파를 감소시켜 기전력의 파형을 개선시킨다.

14

코일 피치와 극간격의 비를 β 라 하면 기본파 기전력에 대한 단절권 계수는?

① $\sin \beta\pi$
② $\cos \beta\pi$
③ $\sin \dfrac{\beta\pi}{2}$
④ $\cos \dfrac{\beta\pi}{2}$

해설

단절권 계수 $K_p = \sin \dfrac{1}{2}\beta\pi$, $\beta = \dfrac{코일간격}{극간격}$

15

교류기에서 권선의 절약뿐 아니라 기전력의 특정 고조파를 제거시키는 권선은 어느 것인가?

① 단절권
② 분포권
③ 전절권
④ 집중권

해설

단절권의 경우 동량이 절약되어 권선의 절약뿐 아니라 고조파를 제거시켜 기전력의 파형을 개선하는 데 적합하다.

16

3상 동기발전기에 무부하전압보다 90° 늦은 전기자 전류가 흐를 때 전기자 반작용은?

① 교차자화작용을 한다.
② 자축과 일치하는 증자작용을 한다.
③ 자축과 일치하는 감자작용을 한다.
④ 자기여자작용을 한다.

해설

발전기의 경우 늦은 전기자 전류가 흐를 경우 자극 축과 일치하는 감자작용을 한다.

17

동기발전기의 전기자 반작용의 원인은?

① 전기자 전류
② 여자전류
③ 동기리액턴스
④ 동기임피던스

해설

전기자 반작용이란 전기자 전류에 의해 생긴 자속이 계자극에 영향을 주는 현상

18

동기발전기에서 앞선 전류가 흐를 때 어느 것이 옳은가?

① 감자작용을 받는다.
② 증자작용을 받는다.
③ 속도가 상승한다.
④ 효율이 좋아진다.

해설

발전기의 경우 앞선 전류가 흐를 경우 증자작용을 받는다.

정답 13 ③ 14 ③ 15 ① 16 ③ 17 ① 18 ②

19

동기발전기 1상의 유기기전력을 E, 단자전압을 V, 동기 리액턴스를 X_s라 하고, 부하각을 δ라 하면 출력은 어떻게 되는가?

① $\dfrac{E^2 V}{X_s} \sin\delta$ 　② $\dfrac{E V^2}{X_s} \sin\delta$

③ $\dfrac{EV}{X_s} \sin\delta$ 　④ $\dfrac{E^2 V}{X_s} \cos\delta$

해설

동기발전기의 출력 $P = \dfrac{EV}{X_s} \sin\delta$

20

동기발전기에서 전기자 전류를 I, 유기기전력과 전기자 전류와의 위상각이 θ라 하면 횡축 반작용을 하는 성분은?

① $I \cot\theta$ 　② $I \tan\theta$
③ $I \sin\theta$ 　④ $I \cos\theta$

해설

횡축 반작용 $I\cos\theta$

21

3상 동기발전기에서 부하 각은 몇 도에서 최대가 되는가?

① $0°$ 　② $30°$
③ $90°$ 　④ $180°$

해설

동기발전기의 출력 $P = \dfrac{EV}{X_s} \sin\delta$에서 부하 각은 $90°$일 때 1이 된다.

22

무부하 포화곡선과 공극선을 써서 산출할 수 있는 것은?

① 동기 임피던스 　② 단락비
③ 전기자 반작용 　④ 포화율

해설

무부하 포화곡선과 공극선으로 포화율을 산출할 수 있다.

23

3상 교류발전기의 단락비를 계산하는 데 필요한 시험은?

① 돌발단락시험과 부하시험
② 단상 단락시험과 3상 단락시험
③ 정상, 영상, 역상 임피던스의 측정시험
④ 무부하 포화시험과 3상 단락시험

해설

단락비 → 3상 단락곡선과 무부하 포화시험

24

동기발전기의 돌발단락전류를 주로 제한하는 것은?

① 동기 리액턴스 　② 누설 리액턴스
③ 권선저항 　④ 역상 리액턴스

해설

순간(돌발)단락전류를 제한하는 것은 누설 리액턴스이다.

25

수차 발전기의 단락비는 보통 얼마인가?

① $0.1 \sim 0.5$ 　② $0.5 \sim 0.9$
③ $0.9 \sim 1.2$ 　④ $2.0 \sim 2.2$

해설

• 터빈 발전기의 경우 : $0.6 \sim 1.0$
• 수차 발전기의 경우 : $0.9 \sim 1.2$

정답　19 ③　20 ④　21 ③　22 ④　23 ④　24 ②　25 ③

제2과목 ✦ 전기기기

26

동기기에서 동기 임피던스 값과 실용상 같은 것은? (단, 전기자저항은 무시한다.)

① 전기자 누설 리액턴스 ② 동기 리액턴스
③ 유도 리액턴스 ④ 등가 리액턴스

해설

동기 임피던스는 전기자저항을 무시할 경우 그 값이 동기 리액턴스와 거의 같다고 본다.

$Z_s = r_a + jx_s$ $Z_s \fallingdotseq x_s$

27

발전기의 단자부근에서 단락이 일어났다고 하면 단락 전류는?

① 계속 증가한다.
② 처음은 큰 전류이나 점차로 감소한다.
③ 일정한 큰 전류가 흐른다.
④ 발전기가 즉시 정지한다.

해설

단락 시 처음에는 큰 전류이나 점차 감소한다.

28

3상 교류 동기발전기를 정격속도로 운전하고, 무부하 정격전압을 유기하는 계자전류를 i_1, 3상 단락에 의하여 정격전류 I를 흘리는 데 필요한 계자전류를 i_2 라 할 때 단락비는?

① $\dfrac{I}{i_1}$ ② $\dfrac{i_2}{i_1}$

③ $\dfrac{I}{i_2}$ ④ $\dfrac{i_1}{i_2}$

해설

단락비 $k_s = \dfrac{i_1}{i_2}$

29

단락비가 큰 동기기는?

① 선로 충전용량이 적은 것에 적당하다.
② 전압변동률이 크다.
③ 안정도가 좋다.
④ 기계가 소형으로 된다.

해설

단락비가 크다.
• 안정도가 높다.
• 전압변동률, 전압강하율, 전압강하가 작다.
• 효율이 나쁘다.
• 동기 임피던스(리액턴스)가 작다.

30

동기기의 전압변동률은 용량부하이면 어떻게 되는가? (단, 무부하로 하였을 때의 전압은 V_0, 정격 단자전압은 V이다.)

① $-(V_0 < V)$ ② $+(V_0 > V)$
③ $-(V_0 > V)$ ④ $+(V_0 < V)$

해설

• 유도부하 : $\epsilon \oplus (V_0 > V)$
• 용량부하 : $\epsilon \ominus (V_0 < V)$

31

동기기의 구성 재료 중 동(Cu)이 비교적 적고 철(Fe)이 비교적 많은 기계는?

① 단락비가 적다.
② 단락비가 크다.
③ 단락비와 무관하다.
④ 전압변동률이 크다.

정답 26 ② 27 ② 28 ④ 29 ③ 30 ① 31 ②

해설
단락비가 크다.(철 기계)
• 안정도가 높다.
• 전압변동률, 전압강하율, 전압강하가 작다.
• 효율이 나쁘다.
• 동기 임피던스(리액턴스)가 작다.

32

1상의 유기전압 E[V], 1상의 누설 리액턴스 X[Ω], 1상의 동기 리액턴스 X_s[Ω]의 동기발전기의 지속단락전류는?

① $\dfrac{E}{X}$　　　　② $\dfrac{E}{X_s}$

③ $\dfrac{E}{X+X_s}$　　④ $\dfrac{E}{X-X_s}$

해설
지속단락전류를 제한하는 것이 동기 리액턴스이므로
$I_s = \dfrac{E}{X_s}$[A]가 된다.

33

돌극형 동기발전기의 특성이 아닌 것은?

① 동기계라고도 한다.
② 최대출력의 출력 각이 $90°$이다.
③ 내부 유기기전력과 관계없는 토크가 존재한다.
④ 직축 리액턴스 및 횡축 리액턴스의 값이 다르다.

해설
최대출력의 출력 각은 $60°$가 된다.

34

병렬운전 중의 3상 동기발전기에 무효순환전류가 흐르는 경우는?

① 여자전류의 변화　② 부하의 감소
③ 부하의 증가　　　④ 원동기의 출력변화

해설
① 기전력의 크기가 같을 것 : 기전력의 크기가 다르면 무효순환 전류발생(여자전류 변화)
② 기전력의 위상이 같을 것 : 기전력의 위상이 다르면 동기화 전류발생(원동기 출력 변화)
③ 기전력의 주파수가 같을 것 : 기전력의 주파수가 다르면 난조발생
④ 기전력의 파형이 같을 것 : 고조파 무효순환전류가 흐른다.

35

동기발전기의 병렬 운전에서 필요치 않아도 되는 조건은?

① 전압　　　　② 위상
③ 주파수　　　④ 부하전류

해설
동기발전기의 병렬 운전 조건
① 기전력의 크기가 같을 것
② 기전력의 위상이 같을 것
③ 기전력의 주파수가 같을 것
④ 기전력의 파형이 같을 것

36

두 대의 동기발전기를 병렬 운전할 때 무효순환전류가 흘러 발전기가 가열되는 경우는?

① 두 발전기의 기전력의 크기에 차가 있을 때
② 두 발전기의 기전력에 위상차가 있을 때
③ 두 발전기의 기전력의 주파수의 차가 있을 때
④ 두 발전기의 기전력의 파형이 다를 때

해설
① 기전력의 크기가 같을 것 : 기전력의 크기가 다르면 무효순환 전류발생(여자전류 변화)
② 기전력의 위상이 같을 것 : 기전력의 위상이 다르면 동기화 전류발생(원동기 출력 변화)
③ 기전력의 주파수가 같을 것 : 기전력의 주파수가 다르면 난조발생
④ 기전력의 파형이 같을 것 : 고조파 무효순환전류가 흐른다.

정답 32 ② 33 ② 34 ① 35 ④ 36 ①

37

병렬 운전하는 두 동기발전기에서 스위치를 투입할 때 다음과 같은 경우 동기화 전류가 흐르는 것은 두 발전기의 기전력이 어떤 상태일 때인가?

① 파형이 다를 때
② 크기가 다를 때
③ 위상에 차가 있을 때
④ 주파수가 같을 때

해설

① 기전력의 크기가 같을 것 : 기전력의 크기가 다르면 무효 순환 전류발생(여자전류 변화)
② 기전력의 위상이 같을 것 : 기전력의 위상이 다르면 동기화 전류발생(원동기 출력 변화)
③ 기전력의 주파수가 같을 것 : 기전력의 주파수가 다르면 난조발생
④ 기전력의 파형이 같을 것 : 고조파 무효순환전류가 흐른다.

38

돌극형 회전자를 쓰는 발전기는?

① 터빈 발전기
② 유도 발전기
③ 직류 발전기
④ 수차 발전기

해설

돌극형(철극형) 회전자를 쓰는 발전기는 수차 발전기이다.

39

3상 동기기의 제동권선의 장점은?

① 출력증가
② 효율증가
③ 역률개선
④ 난조방지

해설

제동권선 → 난조방지
동기기 기동 시 기동토크 발생

40

동기전동기의 난조방지에 가장 유효한 방법은?

① 회전자의 관성을 크게 한다.
② 자극면에 제동권선을 설치한다.
③ 동기 리액턴스를 작게 하고, 동기 화력을 크게 한다.
④ 자극수를 적게 한다.

해설

제동권선 → 난조방지

41

동기기에서 제동권선의 설치목적으로 적합한 것은?

① 난조에 의한 탈조 방지
② 역률 개선
③ 토크 감소
④ 출력 증대

해설

제동권선 → 난조방지

42

동기전동기는 유도전동기에 비하여 어떤 장점이 있는가?

① 기동특성이 양호하다.
② 전부하 효율이 양호하다.
③ 속도를 자유롭게 제어할 수 있다.
④ 구조가 간단하다.

해설

동기전동기의 경우 속도가 일정하므로 전부하에서 효율이 가장 양호하다. 또한 역률을 1까지 개선할 수 있다.

정답 37 ③ 38 ④ 39 ④ 40 ② 41 ① 42 ②

43

동기전동기의 진상전류는 어떤 전기자 반작용을 하는가?

① 증자작용   ② 감자작용

③ 교차자화작용   ④ 아무 작용 없음

해설

전동기의 경우 앞선(진상)전류가 흐를 경우 감자작용을 한다.

44

동기전동기에 관한 설명 중 옳지 않은 것은?

① 기동토크가 적다.

② 난조가 일어나기 쉽다.

③ 여자기가 필요하다.

④ 역률을 조정할 수 없다.

해설

동기전동기의 경우 기동 특성이 매우 나쁘며, 별도의 여자기가 필요하다. 또한 난조가 일어나기 쉽다. 하지만 역률은 조정이 가능하다.

45

동기기의 안정도 향상에 유효하지 못한 것은?

① 단락비를 크게 할 것

② 속응 여자방식으로 할 것

③ 동기 임피던스를 크게 할 것

④ 관성 모멘트를 크게 할 것

해설

단락비가 크다는 것은 동기 임피던스가 작다는 것을 의미한다.

46

발전기권선의 층간단락보호에 가장 적합한 계전기는?

① 과부하계전기   ② 온도계전기

③ 접지계전기   ④ 차동계전기

해설

발전기권선의 층간단락보호 또는 내부고장 검출에 차동계전기가 이용된다.

정답   43 ②   44 ④   45 ③   46 ④

03

CHAPTER

유도기

유도전동기의 동작 원리와 구조

01 동작 원리

유도전동기의 회전 원리는 아라고(Arago)의 원판의 실험에서 발전하였다.

회전 가능한 도체 원판 위에서 자석의 N극을 시계 방향으로 회전시키면 상대적으로 원판은 자기장 사이를 반시계 방향으로 움직이는 것과 같다. 따라서 플레밍의 오른손 법칙에 따라 원판의 중심으로 향하는 기전력이 유도되는데 이 기전력에 의한 맴돌이 전류가 흐르고, 이 전류에 의해 플레밍의 왼손 법칙에 따라 원판은 전자기력을 받아 시계 방향으로 회전한다.

즉, 원판은 자석이 회전하는 방향과 같은 방향으로 회전하는데, 이때의 원판은 자석보다는 빨리 회전할 수가 없게 된다. 만약 원판이 자석과 같은 속도로 회전한다면 원판이 자석의 자기장을 쇄교할 수(자를 수) 없으므로 원판은 반드시 자석보다 늦게 회전한다. 이 원리를 이용하여 자석 대신 3상 교류로 회전 자기장을 만들어주면 원판은 회전한다.

즉, 유도전동기는 정류자가 없는 교류 전동기로서 회전자 또는 고정자의 한 쪽만이 전원에 접속되어 있으며, 다른 쪽은 유도에 의하여 작동하는 것을 말한다.

02 구조

(1) 고정자

자속이 통과하는 회로로서 수십 겹을 성층한 규소 강판에 3상 코일을 감아놓았다. 이 고정자 내부에 회전자가 위치한다.

(2) 회전자

회전자의 종류로는 농형 회전자와 권선형 회전자가 있다.

① 농형 유도전동기 : 구조가 간단하며 매우 튼튼하다. 중·소형 유도전동기에 사용이 된다. 대형인 경우 기동토크가 작기 때문에 사용하지 않는다.

② 권선형 유도전동기 : 권선형 유도전동기의 경우 대형 유도전동기
   에 적합하며 기동토크가 큰 특성이 있다. 2차 측에 저항 값을 조
   절할 수 있어 비례추이가 가능하다.

제2절 | 슬립

슬립은 전동기에 전부하에 있어서 속도 감소에 대한 동기속도의 비율
을 나타낸다.

슬립을 측정하기 위해서는 다음과 같은 방법을 사용한다.

① 직류 밀리볼트계법
② 스트로보스코프법

(1) 슬립 $s = \dfrac{N_s - N}{N_s} \times 100[\%]$

여기서, N_s : 동기속도[rpm], N : 회전속도[rpm]

$$동기속도 \ N_s = \frac{120}{P}f[\text{rpm}]$$

$$N = (1-s)N_s$$

$$N_s = \frac{N}{(1-s)}$$

(2) 슬립의 범위

① 유도전동기 : $0 < s < 1$, 역회전시킬 때 $(2-s)$
② 유도발전기 : $s < 0$
③ 유도제동기 : $1 < s < 2$

제3절 | 기전력

(1) 유도 기전력

1차 기전력 $E_1 = 4.44f\phi kw_1 N_1$

2차 기전력 $E_2 = 4.44f\phi kw_2 N_2$

$$\text{전압비} = \frac{E_1}{E_2} = \frac{4.44f\phi kw_1 N_1}{4.44f\phi kw_2 N_2}$$

(2) 회전 시의 2차 유도 기전력

$$E_{2s} = 4.44sf\phi kw_2 N_2$$

$$\text{회전 시의 전압비} = \frac{E_1}{E_{2s}} = \frac{4.44f\phi kw_1 N_1}{4.44sf\phi kw_2 N_2} = \frac{a}{s}$$

$$E_{2s} = \frac{N_s - N}{N_s} E_2 = s E_2$$

(3) 회전 시의 2차 주파수

$$f_2 = f \times \frac{N_s - N}{N_s} = f \times \frac{s N_s}{N_s} = s f$$

제4절 전력 변환

(1) 입력

유도전동기의 입력은 1차 저항손과 철손, 2차 저항손과 풍손, 기계적인 출력의 합으로 나타낼 수 있다. 즉 입력은 다음과 같이 나타낼 수 있다.

입력 = 출력 + 동손

$$P_2 = P_0 + P_{c2} = \frac{P_{c2}}{s}$$

여기서, P_2는 입력, P_0는 출력, P_{c2}는 2차 동손을 나타낸다.

(2) 출력의 경우 입력 – 동손으로서 나타낼 수 있다.

$$P_0 = P_2 - P_{c2} = (1 - s)P_2$$

(3) 2차 동손의 경우 입력 – 출력으로서 나타낼 수 있다.

$$P_{c2} = P_2 - P_0 = s P_2$$

(4) 2차 효율(회전자 효율)

$$\eta_2 = \frac{P_0}{P_2} = (1-s) = \frac{N}{N_s}$$

제5절 | 토크

(1) $T = \dfrac{P_0}{\omega} = \dfrac{P_0}{2\pi n} = \dfrac{(1-s)P_2}{2\pi(1-s)n_s} = \dfrac{P_2}{2\pi n_s} = \dfrac{P_2}{\omega_s} [\mathrm{N \cdot m}]$

(2) $T = \dfrac{60}{2\pi} \cdot \dfrac{P_2}{N_s} [\mathrm{N \cdot m}] = \dfrac{1}{9.8} \times \dfrac{60}{2\pi} \times \dfrac{P_2}{N_s} [\mathrm{kg \cdot m}]$

$\quad = 0.975 \dfrac{P_2}{N_s} [\mathrm{kg \cdot m}]$

(3) 기계적인 출력 토크 $T = 0.975 \times \dfrac{P_0}{N} [\mathrm{kg \cdot m}]$

(4) $T = K \dfrac{sE_2^2 \cdot r_2}{r_2^2 + (sx_2)^2}$ $\qquad T \propto V^2 \qquad s \propto \dfrac{1}{V^2}$

제6절 | 비례추이

비례추이라 함은 권선형 유도전동기에 토크 속도 특성이 2차 합성 저항의 변화에 따라 비례하며 이동하는 것을 말한다. 여기서 일정한 토크에 대하여 2차 저항 값이 비례하여 변화하기 때문에 권선형 유도전동기는 이 비례추이 성질을 이용하여 기동 및 속도 제어에 응용한다.

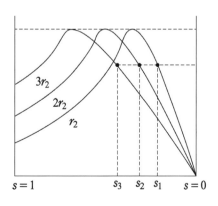

위의 토크 특성을 살펴보면 r_2를 n배할 경우 동일 토크의 크기를 발생하는 점의 슬립도 n배로 이동하는 것을 알 수 있다.

즉, 비례추이를 이용하면 다음과 같은 효과를 얻을 수 있게 된다.

① r_2를 크게 하면 기동전류는 감소하고, 기동토크는 증가한다.

② r_2를 크게 하면 슬립도 따라서 커진다.

③ r_2를 변화해도 최대 토크는 변하지 않는다.

※ 비례추이 한다는 것은 그 곡선이 2차 합성 저항에 비례해서 이동한다는 것을 말한다.

※ 비례추이 할 수 없는 것 : 출력, 효율, 2차 동손

제7절 Heyland 원선도

헤일랜드 원선도라 함은 유도전동기의 1차 부하 전류에 벡터가 항상 반 원주 위에 있는 것을 간이 등가 회로 헤일랜드 원선도이다.

원선도를 작성하기 위해서는 다음 실험이 필요하다.

① 저항 측정

② 무부하시험(개방시험) : 철손, 여자전류

③ 구속시험 : 동손, 임피던스 전압, 단락전류

제8절 유도전동기의 기동법

(1) 농형 유도전동기의 기동법

　① 전전압 기동 : 직접 정격 전압을 전동기에 인가해서 기동하는 방법을 말한다.

　② Y-△ 기동 : 기동 시는 Y결선하여 기동전류를 감소시키고 전동기를 기동 후에는 △결선으로 하여 전전압으로 기동하여 운전하는 방식을 말한다.

　③ 기동보상기법 : 단권 변압기의 Tap을 조정해 공급 전압을 낮추어 기동한 후 전동기를 가속시킨 후 전전압으로 기동하여 운전하는 방식을 말한다.

(2) 권선형 유도전동기의 기동법

2차 회로에 가변 저항기를 접속하여 비례추이 원리를 이용하여 큰 기동을 얻고 기동전류를 억제하는 기동법을 말한다.

① 기동 저항기법
② 게르게스법

제9절   유도전동기의 속도제어

유도전동기의 속도제어는 $N_s = \dfrac{120}{P}f[\text{rpm}]$ 또는 $N = (1-s)N_s$에서 알 수 있듯이 슬립, 주파수, 극수 등 어느 하나를 변화시키면 속도를 제어할 수 있다.

(1) 농형 유도전동기

① **주파수 변환법** : 역률이 대단히 양호하며 높은 속도를 원하는 곳에 적합하다.

사용 예로는 인견공업의 포트 모터, 선박의 추진기 등에 사용되는 속도제어법이다.

② **극수 변환법** : 서로 극수가 다른 2개를 넣어 2 ~ 4단 정도의 불연속 속도제어

사용 예로는 승강기 등에서 사용되는 속도 제어법이다.

③ **전원 전압 제어** : 공급 전압의 크기를 조절하여 속도를 제어하는 방법을 말한다.

(2) 권선형 유도전동기

① **2차 저항법** : 권선형 유도전동기에 2차 저항을 삽입하여 비례추이 원리를 이용한 속도제어를 말한다.

② **2차 여자법** : 회전자 기전력과 같은 주파수(슬립주파수) 전압을 인가하여 속도제어를 하는 방식을 말한다.

③ **종속 접속법** : 두 대의 전동기의 기계적으로 축을 서로 연결하여 속도 제어를 하는 방법

㉮ 직렬 종속법 : 두 대의 전동기의 극수를 합한 하나의 전동기

$$N = \frac{120}{P_1 + P_2}f[\text{rpm}]$$

ⓝ 차동 종속법 : 두 대의 전동기의 극수의 차를 갖는 전동기

$$N = \frac{120}{P_1 - P_2} f[\text{rpm}]$$

ⓓ 병렬종속 : 1대는 발전기, 나머지 한 대는 전동기로 속도제어를 한다.

$$N = 2 \times \frac{120}{P_1 + P_2} f[\text{rpm}]$$

제10절 단상 유도전동기

(1) 종류

① 반발 기동형 : 교류기임에도 불구하고 brush가 있는 구조로서 기동 시에 반발 전동기로 기동하고, 기동 후에는 정류자를 자동적으로 단락하여 농형 회전자로 하는 기동방법이다.

② 반발 유도형 : 농형과 반발 전동기의 권선을 그대로 사용한다. 기동토크는 반발 기동형보다 작지만, 최대토크는 크며, 속도의 변화는 반발 기동형보다 크다.

③ 콘덴서 기동형 : 기동의 토크가 크며, 역률이 개선된다.

④ 분상 기동형 : 단상 전동기의 보조권선을 설치하여 주권선과 보조권선에 위상이 다른 전류를 흘려 불평형으로 2상 전동기로서 기동하는 방법을 말한다.

⑤ 셰이딩 코일형 : 자극에 슬롯을 만들어서 단락편 셰이딩 코일을 끼워 넣는 방법이다. 구조는 매우 간단하지만 토크는 매우 작고, 효율, 역률이 매우 떨어지며, 회전방향도 바꿀 수 없다는 단점이 있다.

다음은 기동토크가 큰 순서에서 작은 순서로 나열된 것이다.
반발 기동형 → 반발 유도형 → 콘덴서 기동형 → 분상 기동형 → 셰이딩 코일형

제11절 유도 전압 조정기

(1) 단상 유도 전압 조정기(승압기 원리)

직렬 권선과 분로 권선을 연속적으로 변화시킬 수 있는 단상 변압기의 일종이다. 단락 권선을 1차 권선과 직각으로 시설하여 누설리액턴스에 의한 전압 강하를 방지한다.

이때의 출력은 다음과 같다.

$$P = E_2 I_2 \times 10^{-3} [\text{kVA}]$$

여기서, E_2는 조정전압을 말한다.

(2) 3상 유도 전압 조정기

3상 유도 전압 조정기의 2차 측을 구속한 후 1차 측에 전압을 공급하면 2차 측 권선에 기전력이 유기가 된다. 이때 2차 권선의 각 상 단자를 각각 1차 측 각 상 단자에 접속하면 3상 전압을 조정할 수 있다.

이때의 출력은 다음과 같다.

$$P = \sqrt{3}\, E_2 I_2 \times 10^{-3} [\text{kVA}]$$

여기서, E_2는 조정전압을 말한다.

01

유도전동기의 슬립의 범위는?

① $0 < s < 1$ ② $s > 1$

③ $s < 0$ ④ $0 \leqq s \leqq 1$

해설

유도전동기의 슬립의 범위
- 유도전동기 : $0 < s < 1$, 역회전시킬 때 $(2-s)$
- 유도발전기 : $s < 0$
- 유도제동기 : $1 < s < 2$

02

유도전동기의 동기속도를 N_s, 회전속도를 N이라 하면 슬립 s[%]는?

① $s = \dfrac{N - N_s}{N_s} \times 100$

② $s = \dfrac{N_s - N}{N_s} \times 100$

③ $s = \dfrac{N - N_s}{N} \times 100$

④ $s = \dfrac{N_s - N}{N} \times 100$

해설

$s = \dfrac{N_s - N}{N_s} \times 100 [\%]$

03

6극의 60[Hz]인 유도전동기가 있다. 전부하 속도가 1,152[rpm]이라면 이때의 슬립은 몇 [%]인가?

① 1 ② 2

③ 3 ④ 4

해설

$$s = \frac{N_s - N}{N_s} \times 100 = \frac{1,200 - 1,152}{1,200} \times 100 = 4[\%]$$

$$N_s = \frac{120}{P} f = \frac{120 \times 60}{6} = 1,200[\text{rpm}]$$

04

3상 유도전동기의 회전속도는 무엇인가?

① $N_s(s-1)$ ② $\dfrac{N_s}{1-s}$

③ $\dfrac{N_s - 1}{N}$ ④ $N_s(1-s)$

해설

유도전동기의 회전속도 $N = N_s(1-s)$

05

1차 권수 N_1, 2차 권수 N_2, 1차, 2차 권선계수 K_{W_1}, K_{W_2}인 유도전동기가 슬립 s로 운전하는 경우 전압비는?

① $\dfrac{K_{W_1} N_1}{K_{W_2} N_2}$ ② $\dfrac{K_{W_2} N_2}{K_{W_1} N_1}$

③ $\dfrac{K_{W_1} N_1}{s K_{W_2} N_2}$ ④ $\dfrac{s K_{W_1} N_2}{K_{W_1} N_1}$

해설

회전 시의 전압비

$$a = \frac{E_1}{E_{2s}} = \frac{4.44 f \phi k w_1 N_1}{4.44 f \phi s k w_2 N_2} = \frac{K w_1 N_1}{s K w_2 N_2}$$

정답 01 ① 02 ② 03 ④ 04 ④ 05 ③

06

50[Hz], 슬립 0.2인 경우 회전자속도가 600[rpm]이 되는 유도전동기의 극수는?

① 16　　　　　　② 10
③ 8　　　　　　④ 4

해설

슬립 $s = \dfrac{N_s - N}{N_s} \times 100[\%]$

여기서, $N_s = \dfrac{N}{(1-s)} = \dfrac{600}{1-0.2} = 750[\text{rpm}]$이 된다.

$P = \dfrac{120}{750} \times 50 = 8[\text{극}]$

07

60[Hz]의 전원에 접속되어 5[%]의 슬립으로 운전하는 유도전동기에 2차 권선에 유기되는 전압의 주파수는 몇 [Hz]인가?

① 2　　　　　　② 3
③ 5　　　　　　④ 10

해설

회전 시 2차에 유기되는 주파수

$f_{2s} = sf_1 = 0.05 \times 60 = 3[\text{Hz}]$

08

3상 유도전동기의 1상에 200[V]를 가하여 운전하고 있을 때 2차 측의 전압을 측정하였더니 6[V]로 나타났다. 이때의 슬립은?

① 0.01　　　　　② 0.03
③ 0.05　　　　　④ 0.07

해설

회전 시 2차에 유기되는 기전력 $E_{2s} = sE_2$가 된다.

여기서, 슬립 $s = \dfrac{E_{2s}}{E_2} = \dfrac{6}{200} = 0.03$이 된다.

09

3상 유도전동기에서 슬립을 s라 하면 2차 입력은 어떻게 되는가?

① s 반비례　　　② s 비례
③ s^2 반비례　　　④ s^2 비례

해설

2차 동손 $P_{c2} = sP_2$가 되므로 $s = \dfrac{P_{c2}}{P_2}$가 된다.

즉, s와 2차 입력 P_2는 반비례한다.

10

권선형 유도전동기에서 슬립 s 때의 2차 전류는 어떻게 되는가? (단, E_2 및 X_2는 전동기가 정지했을 때의 2차 유기전압과 2차 리액턴스이고 R_2는 2차 저항이다.)

① $\dfrac{E_2}{\sqrt{\left(\dfrac{R_2}{s}\right)^2 + X_2^2}}$

② $\dfrac{sE_2}{\sqrt{R_2^2 + \dfrac{X_2^2}{s}}}$

③ $\dfrac{E_2}{\sqrt{\left(\dfrac{R_2}{1-s}\right)^2 + X_2^2}}$

④ $\dfrac{E_2}{\sqrt{(sR_2)^2 + X_2^2}}$

해설

2차 전류 $I_2 = \dfrac{sE_2}{\sqrt{(R_2^2) + (sX_2)^2}} = \dfrac{E_2}{\sqrt{\left(\dfrac{R_2}{s}\right)^2 + X_2^2}}[\text{A}]$

11

3상 유도전동기의 회전자 입력을 P_2, 슬립을 s라고 하면 2차 동손은?

① $(1-s)$ ② sP_2

③ $\dfrac{P_2}{s}$ ④ $P_2 - s$

해설

2차 동손 $P_{c2} = sP_2$

12

동기각속도 ω_s, 회전각속도 ω인 유도전동기의 2차 효율은?

① $\dfrac{\omega_s - \omega}{\omega}$ ② $\dfrac{\omega_s - \omega}{\omega_s}$

③ $\dfrac{\omega_s}{\omega}$ ④ $\dfrac{\omega}{\omega_s}$

해설

2차 효율 $\eta_2 = \dfrac{P_0}{P_2} = (1-s) = \dfrac{N}{N_s} = \dfrac{\omega}{\omega_s}$

13

3상 유도전동기 2차 동손 P_{c2}, 슬립 s와 2차 입력 P_2 사이의 관계는?

① $P_{c2} = sP_2$ ② $P_{c2} > sP_2$

③ $P_{c2} < sP_2$ ④ $P_{c2} \gg sP_2$

해설

2차 동손 $P_{c2} = sP_2$의 관계식을 갖는다.

14

기계적인 출력을 P_0, 2차 입력을 P_2, 슬립을 s라고 하면 유도전동기의 2차 효율은?

① $\dfrac{P_2}{P_0}$ ② $1 + s$

③ $\dfrac{sP_0}{P_2}$ ④ $1 - s$

해설

2차 효율 $\eta_2 = \dfrac{P_0}{P_2} = (1-s) = \dfrac{N}{N_s} = \dfrac{\omega}{\omega_s}$

15

유도전동기의 2차 측 저항을 2배로 하면 그 최대 회전력은 어떻게 되는가?

① $\sqrt{2}$ 배   ② 변하지 않는다.

③ 2배   ④ 4배

해설

비례추이의 경우 2차 측 저항을 증가시키면 슬립이 증가함에 따라 기동토크는 커지게 된다. 하지만 최대 토크의 크기는 불변이다.

16

3상 유도전동기의 전압이 10[%] 낮아졌을 때 기동토크는 얼마 감소하는가?

① 5[%]   ② 10[%]

③ 19[%]   ④ 30[%]

해설

$T \propto V^2$이므로 $T : T' = V^2 : (0.9V)^2$ $\therefore T' = 0.81$

즉, 기존의 토크보다 $1 - 0.81 = 0.19$ 감소하게 된다.

정답   11 ②   12 ④   13 ①   14 ④   15 ②   16 ③

17

출력이 3[kW]이며 1,500[rpm]으로 회전하는 전동기의 토크는 몇 [kg · m]인가?

① 20
② 10
③ 5.5
④ 1.95

해설

토크 $T = 0.975 \dfrac{P_2}{N_s} = 0.975 \dfrac{P_0}{N}$ 이므로

$T = 0.975 \times \dfrac{3,000}{1,500} = 1.95 [\text{kg} \cdot \text{m}]$

18

권선형 유도전동기에서 2차 저항을 변화시켜 속도를 제어하는 경우 최대 토크는?

① 최대 토크가 생기는 점의 슬립에 비례한다.
② 최대 토크가 생기는 점의 슬립에 반비례한다.
③ 2차 저항에만 비례한다.
④ 변하지 않는다.

해설

비례추이 원리를 이용하여 슬립을 조정하여 기동토크를 크게 할 수 있지만 최대 토크는 변하지 않는다.

19

동기 와트로 표시되는 것은 무엇인가?

① 토크
② 효율
③ 동손
④ 철손

해설

동기 와트라 함은 회전 시의 2차 입력을 토크로 표시한 것을 말한다.

20

비례추이의 성질을 이용할 수 있는 전동기는?

① 권선형 유도전동기
② 농형 유도전동기
③ 동기 전동기
④ 복권 전동기

해설

비례추이 성질을 이용하는 전동기는 권선형 유도전동기가 된다.

21

P[kW], N[rpm]의 전동기의 토크는?

① $0.01625 \times \dfrac{P}{N} [\text{kg} \cdot \text{m}]$

② $716 \times \dfrac{P}{N} [\text{kg} \cdot \text{m}]$

③ $0.956 \times \dfrac{P}{N} [\text{kg} \cdot \text{m}]$

④ $975 \times \dfrac{P}{N} [\text{kg} \cdot \text{m}]$

해설

토크 $T = 0.975 \dfrac{P_2}{N_s} = 0.975 \dfrac{P}{N} [\text{kg} \cdot \text{m}]$

이때의 출력 P는 [W]이므로 [kW]의 경우

$T = 0.975 \dfrac{P}{N} \times 10^3 = 975 \times \dfrac{P}{N} [\text{kg} \cdot \text{m}]$가 된다.

22

유도전동기의 원선도에서 구할 수 없는 것은?

① 1차 입력
② 기계적 출력
③ 1차 동손
④ 동기 와트

해설

원선도에서 구할 수 없는 것은 기계적인 출력 또는 기계적 손실이다.

정답 17 ④ 18 ④ 19 ① 20 ① 21 ④ 22 ②

23

유도전동기의 원선도에서 원의 지름은? (여기서, E 를 전압, r 은 1차로 환산한 저항, x 를 1차로 환산한 누설 리액턴스라 한다.)

① $\dfrac{E}{r}$ 에 비례 ② $\dfrac{E}{x}$ 에 비례

③ rE 에 비례 ④ rxE 에 비례

해설

원선도에서 원의 지름은 $\dfrac{E}{x}$ 에 비례한다.

24

유도전동기의 원선도를 작성하는 데 필요한 시험이 아닌 것은?

① 저항 측정 ② 개방 시험

③ 슬립 측정 ④ 무부하 시험

해설

원선도 작성에 따른 시험은 저항 측정시험, 무부하 시험(개방), 구속시험으로 원선도를 작성한다.

25

그림과 같은 3상 유도전동기의 원선도에서 P점과 같은 부하 상태로 운전할 때 2차 효율은?

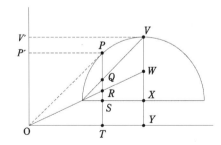

① $\dfrac{PQ}{PR}$ ② $\dfrac{PQ}{PT}$

③ $\dfrac{PR}{PT}$ ④ $\dfrac{PR}{PS}$

해설

유도전동기의 원선도에서 효율은 $\dfrac{PQ}{PR}$ 가 된다.

26

다음은 3상 유도전동기 원선도이다. 역률[%]은 얼마인가?

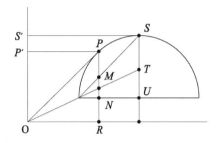

① $\dfrac{OS'}{OS} \times 100$ ② $\dfrac{SS'}{OS} \times 100$

③ $\dfrac{OP'}{OP} \times 100$ ④ $\dfrac{OS'}{OP} \times 100$

해설

유도전동기의 원선도에서 역률은 $\dfrac{OP'}{OP} \times 100$ 가 된다.

27

전동기의 출력이 1[kW]이며 효율이 80[%]이다. 이때의 손실은 몇 [W]인가?

① 150 ② 200

③ 250 ④ 300

해설

효율 $\eta = \dfrac{출력}{입력} = \dfrac{출력}{출력 + 손실}$ 이 된다.

여기서, 입력은 $\dfrac{출력}{\eta}$ 이 되므로

입력 $= \dfrac{1,000}{0.8} = 1,250[W]$ 가 된다.

손실은 입력-출력이므로 $1,250 - 1,000 = 250[W]$

정답 23 ② 24 ③ 25 ① 26 ③ 27 ③

28

10[kW]의 농형 유도전동기의 기동에 가장 적합한 방법은?

① Y-Δ기동   ② 기동보상기법
③ 직입기동   ④ 2차 저항기동법

해설
5~15[kW] 미만에서 사용되는 유도전동기의 기동 방법은 Y-△ 기동이다.

29

20[kW]의 농형 유도전동기의 기동에 가장 적당한 방법은?

① Y-△기동   ② 기동보상기에 의한 기동
③ 저항기동   ④ 직접기동

해설
15[kW] 이상의 농형 유도전동기의 기동 방법은 기동보상기법을 사용한다.

30

3상 권선형 유도전동기의 기동법은?

① 전전압 기동   ② 콘드르파법
③ 게르게스법   ④ 기동보상기법

해설
전전압 기동, 콘드르파법, 기동보상기법 모두 농형 유도전동기의 기동법이다.

31

권선형 3상 유도전동기의 기동법은?

① 리액터 기동   ② 기동 보상기법
③ 콘도르 파법   ④ 2차 저항법

해설
권선형 유도전동기의 기동법에는 2차 저항법이 있다.

32

권선형 유도전동기의 특성이라 할 수 없는 것은?

① 기동 시에는 큰 토크를 얻을 수 있다.
② 운전 중 최대 토크를 얻을 수 있다.
③ 속도 제어로는 1차 단자 저항법을 이용한다.
④ 운전 중 속도 변화가 적은 특징이 있다.

해설
권선형 유도전동기의 속도 제어는 2차 저항법 또는 2차 여자법 등을 이용한다.

33

유도전동기의 회전자에 2차 주파수와 같은 주파수의 전압을 가하여 속도를 제어하는 방법으로 옳은 것은?

① 2차 저항법   ② 주파수 변환법
③ 극수 변환법   ④ 2차 여자법

해설
권선형 유도전동기의 2차에 슬립 주파수 전압을 가하여 속도제어를 하는 방법을 2차 여자법이라 한다.

34

단상 유도전동기의 기동 방법 중 가장 기동토크가 작은 방식은 어떤 것인가?

① 분상 기동형   ② 콘덴서 기동형
③ 반발 기동형   ④ 반발 유도형

해설
단상 유도전동기의 기동토크가 큰 순서는 다음과 같다.
① 반발 기동형
② 반발 유도형
③ 콘덴서 기동형
④ 분상 기동형
⑤ 세이딩 코일형

정답 28 ① 29 ② 30 ③ 31 ④ 32 ③ 33 ④ 34 ①

35

3상 유도전동기의 회전 방향을 바꾸려면?

① 전원의 주파수를 바꿔준다.
② 전동기의 극수를 바꾼다.
③ 전원 3개의 접속 중 임의의 두 개를 바꾸어 접속한다.
④ 기동보상기를 사용한다.

해설

3상 유도전동기의 회전 방향을 바꾸고 싶으면 전원 3개의 접속 중 임의의 두 개를 바꾸어 접속해 주면 된다.

36

단상 유도전동기 중 콘덴서 기동전동기의 특징은?

① 기동토크가 크다.
② 기동전류가 크다.
③ 소 출력의 것에 쓰인다.
④ 정류자, 브러시 등을 이용한다.

해설

콘덴서 기동형 전동기의 특징은 기동토크가 크며 역률이 우수하다.

37

권선형 유도전동기와 직류분권 전동기와의 유사한 점 두 가지는?

① 정류자가 있다. 저항으로 속도조정이 된다.
② 속도변동률이 적다. 저항으로 속도조정이 된다.
③ 속도변동률이 적다. 토크가 전류에 비례한다.
④ 속도가 가변, 기동토크가 기동전류에 비례한다.

해설

권선형 유도전동기와 직류분권 전동기의 유사점으로는 속도변동이 적으며 저항으로 속도조정이 된다는 것이다.

38

저항 분상 기동형 단상 유도전동기의 기동권선의 저항 R 및 리액턴스 X의 주 권선에 대한 대소 관계는?

① R : 대, X : 대   ② R : 대, X : 소
③ R : 소, X : 대   ④ R : 소, X : 소

해설

분상 기동형은 기동권선이 저항은 크고 리액턴스는 작은 값으로 되어 있다. 이유는 기동권선이 주권선보다 위상이 앞서기 위해서이다.

39

권선형 유도전동기 두 대를 직렬종속으로 운전하는 경우 그 동기속도는 어떤 전동기의 속도와 같은가?

① 두 전동기 중 적은 극수를 갖는 전동기와 같은 전동기
② 두 전동기 중 많은 극수를 갖는 전동기와 같은 전동기
③ 두 전동기의 극수의 합과 같은 극수를 갖는 전동기
④ 두 전동기의 극수의 차와 같은 극수를 갖는 전동기

해설

직렬종속의 경우 두 전동기의 극수의 합과 같은 극수를 갖는 전동기를 말한다.
$$N = \frac{120}{P_1 + P_2} f[\text{rpm}]$$

40

60[Hz]의 3상 8극 및 2극의 유도전동기를 차동종속으로 접속하여 운전할 때의 무부하 속도[rpm]는?

① 3,600   ② 1,200
③ 900   ④ 720

해설

차동종속법 $N = \dfrac{120}{P_1 - P_2} f = \dfrac{120}{8-2} \times 60 = 1,200[\text{rpm}]$

정답 35 ③ 36 ① 37 ② 38 ② 39 ③ 40 ②

41

유도전동기의 슬립을 측정하려고 한다. 슬립의 측정법이 아닌 것은?

① 직류 밀리볼트계법　② 수화기법
③ 스트로보스코우프법　④ 프로니 브레이크법

해설

프로니 브레이크법의 경우 중·소형 직류 전동기의 토크를 측정하기 위한 방법이다.

42

소형 유도전동기의 슬롯을 사구(skew slot)로 하는 이유는?

① 토크 증가
② 게르게스 현상의 방지
③ 크로우링 현상의 방지
④ 제동 토크의 증가

해설

유도전동기의 슬롯을 사구로 하는 이유는 크로우닝 현상을 방지하기 위함이다.

43

16극과 8극의 유도전동기를 병렬종속 접속법으로 속도제어를 할 때 전원주파수가 60[Hz]인 경우 무부하 속도 N_0는 대략 몇 [rpm]인가?

① 1,140　② 1,240　③ 1,340　④ 600

해설

16극과 8극의 병렬종속법 : $N = 2 \times \dfrac{120}{P_1 + P_2} f$

$N = 2 \times \dfrac{120}{P_1 + P_2} f = 2 \times \dfrac{120}{16 + 8} \times 60 = 600 [\text{rpm}]$

44

3상 유도전동기의 속도를 제어시키고자 한다. 적합하지 않은 방법은?

① 주파수 변환법
② 종속법
③ 2차 여자법
④ 전전압법

해설

전전압법의 경우 속도 제어법이 아닌 기동법이다.

45

2중 농형 전동기가 보통 농형 전동기에 비해서 다른 점은?

① 기동전류가 크며, 기동토크도 크다.
② 기동전류가 적으며, 기동토크도 적다.
③ 기동전류는 적고, 기동토크는 크다.
④ 기동전류는 크고, 기동토크는 적다.

해설

2중 농형 전동기의 특징은 농형 유도전동기의 단점인 작은 기동토크를 보완했다는 점이다.

46

단상 유도전압 조정기에 단락권선을 1차 권선과 직각으로 놓는 이유는?

① 2차 권선의 누설 리액턴스 강하를 방지
② 2차 권선의 주파수를 변환시키는 작용
③ 2차의 단자전압과 1차 단자전압과 위상을 같게 한다.
④ 부하 시에 전압조정을 용이하게 하기 위해서

해설

단락권선을 1차 권선과 직각으로 놓는 이유는 2차 권선에 의한 전압강하를 방지하기 위함이다.

47

단상 유도전압조정기의 1차 전압 100[V], 2차 전압 100 ± 30[V], 2차 전류는 50[A]이다. 이 유도전압조정기의 정격용량[kVA]은?

① 1.5　② 3.5　③ 5　④ 6.5

해설

단상 유도전압조정기의 용량 $W = E_2 I_2 \times 10^{-3} [\text{kVA}]$가 된다. 여기서 E_2는 조정전압이 된다.

$W = 30 \times 50 \times 10^{-3} = 1.5 [\text{kVA}]$

정답　41 ④　42 ③　43 ④　44 ④　45 ③　46 ①　47 ①

04
CHAPTER

변압기

01 원리

변압기는 철심에 두 개의 코일을 감고 한 쪽 권선에 교류 전압을 가하면 철심에서 교번 자계에 의해 자속이 흘러 다른 권선을 지나가면서 전자유도 작용에 의해 유도기전력이 발생된다.

02 유기기전력

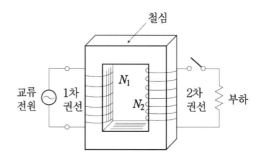

변압기의 1차 측과 2차 측에 유기되는 기전력을 표시하면 다음과 같다.

1차 유도기전력 $E_1 = 4.44fN_1\phi_m[\text{V}]$

2차 유도기전력 $E_2 = 4.44fN_2\phi_m[\text{V}]$

이 두 가지의 크기의 비를 전압비라고 한다.

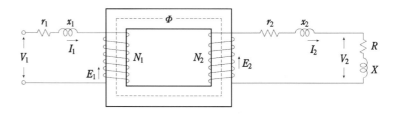

전압비, 권수비 $a = \dfrac{V_1}{V_2} = \dfrac{N_1}{N_2} = \dfrac{I_2}{I_1} = \sqrt{\dfrac{R_1}{R_2}} = \sqrt{\dfrac{Z_1}{Z_2}}$

이때 변압기의 권선을 분할 조립하는 이유는 누설리액턴스를 줄이기 위해서이다.

$$L \propto N^2$$

제2절 변압기의 구조와 냉각 방식

01 변압기의 구조

철심의 형태에 따라 다음과 같이 분류할 수 있다.

① 내철형   ② 외철형   ③ 권철심형

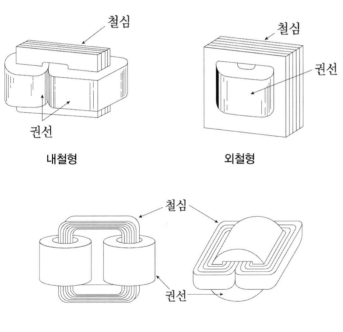

내철형   외철형

권철심형

02 냉각 방식

① 건식 자냉식(AN) : 일반적인 소용량 변압기에 쓰인다.
② 건식 풍냉식(AF) : 권선하부에 통풍구를 마련하여 송풍기로 바람을 불어넣어 방열효과를 향상시키는 것으로 500[kVA] 이상에서 채용하면 경제적이다.
③ 유입 자냉식(ONAN) : 보수가 간단하여 널리 쓰인다.

④ 유입 풍냉식(ONAF) : 유입 자냉식에서 방열기에 송풍기로 바람을
보내어 방열효과를 증대시킨 것이다.

03 변압기 절연유 구비조건

① 절연내력은 클 것
② 냉각 효과는 클 것
③ 인화점은 높고, 응고점은 낮을 것
④ 점도는 낮을 것
⑤ 고온에서 산화하지 말고 석출물이 생기지 말 것

04 열화현상

변압기의 호흡작용으로 절연유에 기포가 침투하여 절연유 절연능력
이 상실되는 현상
① 방지법 : 콘서베이터
② 주변압기와 콘서베이터 사이에 설치하는 계전기 : 부흐홀쯔 계전기

제3절 여자전류

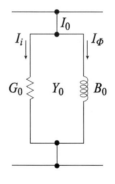

무부하시 자속을 공급하는 전류

여자전류 $I_0 = Y_0 V_1$

여기서, Y_0 : 여자 어드미턴스

자화전류 $I_\phi = \sqrt{I_0^2 - I_i^2} = \sqrt{I_0^2 - \left(\dfrac{P_i}{V_1}\right)^2}$ [A]

여기서, P_i : 철손전력, V_1 : 1차 전압

제4절 변압기의 등가회로 시험

01 등가 변환

① 1차에서 2차로 환산한 등가회로 $-$ $Z_{12} = \dfrac{Z_1}{a^2} + Z_2$

② 2차에서 1차로 환산한 등가회로 $-$ $Z_{21} = Z_1 + a^2 Z_2$

02 등가회로 시험

① 권선 저항 측정

② 무부하 시험 : 철손, 여자전류

③ 단락 시험 : 임피던스 와트(동손), 임피던스 전압

제5절 퍼센트 임피던스 강하, 임피던스 전압

(1) **임피던스 전압** : 정격의 전류 인가 시 변압기 내의 전압강하를 임피던스 전압이라 한다.

(2) **%저항 강하** : $\%p = \dfrac{I_{1n} r_{21}}{V_{1n}} \times 100 = \dfrac{P_s}{V_{1n} I_{1n}} \times 100$

$$= \dfrac{P_s}{P_n} \times 100 \, [\%]$$

(3) **%리액턴스 강하** : $\% q = \dfrac{I_{1n} x_{21}}{V_{1n}} \times 100 \, [\%]$

(4) **%임피던스 강하** : $\% Z = \dfrac{I_{1n} Z_{21}}{V_{1n}} \times 100 = \dfrac{V_{1s}}{V_{1n}} \times 100$

$$= \dfrac{I_{1n}}{I_{1s}} = \sqrt{p^2 + q^2} \, [\%]$$

제6절 전압변동률

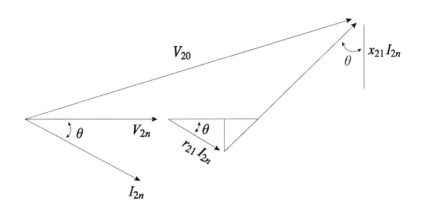

(1) **전압변동률** $\epsilon = \dfrac{V_{20} - V_{2n}}{V_{2n}} \times 100[\%] = \%p\cos\theta \pm \%q\sin\theta$

(2) **역률이 100[%]일 때 전압변동률** $\epsilon = \%p$

(3) **최대 전압변동률일 때 역률** $\cos\theta_m = \dfrac{p}{\sqrt{p^2 + q^2}}$

제7절 변압기의 결선

01 감극성과 가극성

(1) **감극성인 경우** $V = V_1 - V_2$

(2) **가극성인 경우** $V = V_1 + V_2$

변압기의 극성은 두 가지가 있으며, 우리나라에서는 감극성을 표준으로 사용하고 있다.

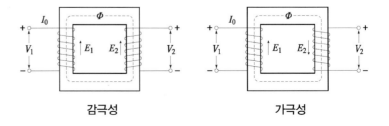

감극성   가극성

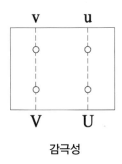 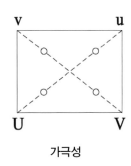

감극성   가극성

02 3상 결선 방법

(1) Y–Y 결선 : $V_l = \sqrt{3}\, V_p \angle 30°,\quad I_l = I_p$

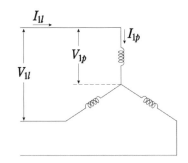 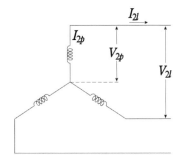

여기서, V_l : 선간전압, V_p : 상전압, I_l : 선전류, I_p : 상전류

(2) Y–Y 결선의 특징

① 중성점을 접지할 수 있어, 보호계전기 동작을 자유로이 조정이 가능하며, 이상전압을 억제시킬 수 있다.

② 상전압이 선간전압의 $\dfrac{1}{\sqrt{3}}$ 배가 되므로 절연이 용이하다.

③ 제3고조파에 의해 통신선에 유도 장해를 발생시킬 수 있다.

④ 고전압 결선에 적합하다.

(3) △ − △ 결선

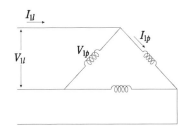 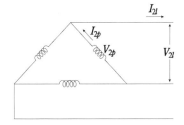

(4) △ – △ 결선의 특징

① 기전력을 왜곡시키지 않는다.

② 1대 고장 시 V결선으로 송전 가능하다.

③ 대 전류에 적합하다.

④ 중성점 접지가 곤란하여 지락사고 검출이 곤란하다.

⑤ 각 상의 임피던스가 다를 때 부하전류가 불평형이 된다.

(5) Y–△ 결선의 특징

① Y–Y와 △ – △의 장점을 가질 수 있다.

② 변압기 1대가 고장나면 송전 자체가 불가능하다.

03 V결선

△ 결선 운전 중 변압기 1대가 고장나면 V결선으로 변압기 2대로 3상 전력을 얻을 수 있다. 부하 증설 및 고장 시의 대처에 유리하다.

① V결선의 출력 : $\sqrt{3}\,P_n$ P_n : 변압기 한 대의 용량

② V결선의 이용률 : $\dfrac{\sqrt{3}\,P_n}{2P_n} = \dfrac{\sqrt{3}}{2} = 0.866 = 86.6[\%]$

③ V결선의 고장 전 출력비 : $\dfrac{\sqrt{3}\,P_n}{3P_n} = \dfrac{\sqrt{3}}{3} = 0.577 = 57.7[\%]$

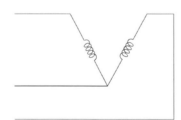 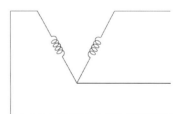

04 출력 비교

① Y결선의 출력 : $P_3 = \sqrt{3}\,V_l\,I_l = 3\,V_p\,I_p$

② △ 결선의 출력 : $P_3 = \sqrt{3}\,V_l\,I_l = 3\,V_p\,I_p$

③ V결선의 출력 : $P_V = \sqrt{3}\,P_n = \sqrt{3}\,V_p\,I_p$

여기서, V_l : 선간전압, I_l : 선전류, V_p : 상전압, I_p : 상전류

제8절　변압기 상수 변환

(1) 3상 - 2상 변환 결선

① 스코트(scott) 결선 또는 T결선

스코트 결선의 이용률 :

$$\frac{\sqrt{3}\,VI}{2\,VI} = 0.866$$

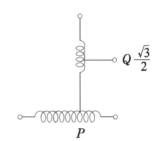

② 메이어(Meyer) 결선

③ 우드 브리지(wood bridge) 결선

(2) 3상 - 6상 변환 결선

① 포크 결선　　　　　② 환상 결선

③ 2중 성형 결선　　　④ 대각 결선

제9절　변압기 병렬 운전 조건

(1) 단상 변압기 병렬 운전 조건

① 극성이 같을 것

② 권수비가 같으며, 1차와 2차의 정격전압이 같을 것

③ %임피던스 강하가 같을 것

(2) 3상 변압기 병렬 운전 조건

① 상 회전 방향이 같을 것

② 위상 변위가 같을 것

(3) 병렬 운전 가능 결선과 불가능 결선

병렬 운전 가능 결선	병렬 운전 불가능 결선
① Y-Y와 Y-Y	① Y-Y와 Y-△
② △-△와 △-△	② Y-Y와 △-Y
③ Y-△ 와 Y-△	③ Y-△와 Y-Y
④ △-Y와 △-Y	④ △-Y와 Y-Y
⑤ △-△ 와 Y-Y	

(4) 부하 분담

① 변압기를 병렬 운전하는 경우 부하 분담의 비는 누설임피던스에 반비례하며 용량과는 비례한다.

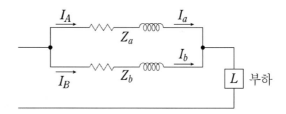

$$\% Z_a = \frac{I_A Z_a}{V} \times 100$$

$$\% Z_b = \frac{I_B Z_b}{V} \times 100$$

여기서, I_A : A 변압기의 정격전류

V : 정격전압

I_B : B 변압기의 정격전류

$$\frac{I_a}{I_b} = \frac{Z_b}{Z_a} = \frac{\dfrac{\% Z_b V}{I_B \times 100}}{\dfrac{\% Z_a V}{I_A \times 100}} = \frac{I_A}{I_B} = \frac{\% Z_b}{\% Z_a}$$

$$\therefore \ \frac{I_a}{I_b} = \frac{I_A}{I_B} \times \frac{\% Z_b}{\% Z_a}$$

② 각 변압기의 분담전류는 정격전류에는 비례하고 누설임피던스에는 반비례한다.

$$\therefore \ \frac{P_a}{P_b} = \frac{P_A}{P_B} \times \frac{\% Z_b}{\% Z_a}$$

③ 변압기의 분담용량은 정격용량과는 비례하고 누설임피던스와는 반비례한다.

I_a : A기 분담전류, I_A : A기 정격전류

P_a : A기 분담용량, P_A : A기 정격용량

I_b : B기 분담전류, I_B : B기 정격전류

P_b : B기 분담용량, P_B : B기 정격용량

제10절 특수 변압기

01 3권선 변압기

한 변압기의 철심에 3개의 권선이 있는 변압기이며, 각 권선은 다른 종류의 전압 및 소내 부하용에 쓰이며 제3고조파 제거 및 조상설비로 사용이 된다.

(1) 적용

① 설치 장소가 좁아 변압기 2대를 설치하지 못하는 경우로써 2종류의 전원이 필요한 곳
② 초고압 송전선로에서 계통연계용의 변압기를 3권선변압기로 하여 3차권선을 11[kV]로 하여 계통의 무효전력 공급을 위한 조상기 운영에 필요한 전원으로 이용

02 단권 변압기

승압기 혹은 강압기로 사용되는 단권 변압기는 1차와 2차 양 회로에 공통된 권선 부분을 가지는 변압기로 기동 보상기 계통의 연계 등에 사용된다.

① $\dfrac{V_h}{V_l} = \dfrac{n_1 + n_2}{n_1}$

② 자기용량(변압기용량) $w = e I_2 = (V_h - V_l) I_2$

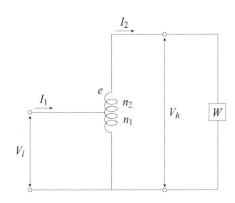

③ $\dfrac{w}{W} = \dfrac{V_h - V_l}{V_h}$, $V_h = V_l \left(1 + \dfrac{1}{a}\right)$ W : 부하용량

④ 단권 변압기의 3상 결선 시 부하용량과 자기용량의 비

$$\therefore \mathrm{Y} \ \text{결선} : 1 - \frac{V_l}{V_h}$$

$$\therefore \Delta \ \text{결선} : \frac{V_h^2 - V_l^2}{\sqrt{3} \ V_h V_l}$$

$$\therefore \mathrm{V} \ \text{결선} : \frac{2}{\sqrt{3}}\left(1 - \frac{V_l}{V_h}\right)$$

제11절 손실 및 효율

01 손실 → 철손 : 히스테리시스 손(P_h)+ 와류손(P_e)

히스테리시스 손 : $P_h = f\delta_h B_m^2 \,[\mathrm{W/kg}]$

와류손 : $P_e = \delta_e \,(tfk_f B_m)^2 [\mathrm{W/kg}]$

여기서, B_m : 최대 자속밀도, δ_h : 히스테리시스 정수

$\qquad f$: 주파수[Hz], t : 철판 두께[mm], k_f : 파형률

$$\phi \propto B_m \propto I_0 \propto P_i \propto \frac{1}{f} \propto \frac{1}{\%Z}$$

여기서, B_m : 최대 자속밀도, I_0 : 여자전류, P_i : 철손

$\qquad f$: 주파수, $\%Z$: 퍼센트 임피던스 강하율

02 효율

① 효율 $\eta = \dfrac{\text{출력}}{\text{출력} + \text{손실}} \times 100 \,[\%]$

② 전부하시 효율 $\eta = \dfrac{P_n \cos\theta}{P_n \cos\theta + P_i + P_c} \times 100 \,[\%]$

③ $\left(\dfrac{1}{m}\right)$ 부하시의 효율 $\eta = \dfrac{\dfrac{1}{m} P_n \cos\theta}{\dfrac{1}{m} P_n \cos\theta + P_i + P_c} \times 100 \,[\%]$

④ 최대 효율 조건 : 철손과 동손이 같을 경우 최대 효율 발생

$$m = \sqrt{\frac{P_c}{P_i}}$$

⑤ 전일 효율을 좋게 하려면 전부하 시간이 짧을수록 무부하 손을 적게 한다.

04
CHAPTER

출제예상문제

01

변압기는 어떠한 원리를 이용한 것인가?

① 전자유도작용   ② 정전유도작용
③ 철심의 자화작용   ④ 누설전류작용

해설
변압기는 전자유도작용의 원리를 이용한 전기기계기구이다.

02

권수가 N인 변압기의 누설리액턴스는?

① N에 무관하다.   ② N에 비례한다.
③ N에 반비례한다.   ④ N^2에 비례한다.

해설
변압기의 권수 N과 누설리액턴스와는 제곱에 비례한다.

03

변압기의 철심의 두께를 두 배로 하면 와류손은 어떻게 되는가?

① $\frac{1}{2}$배로 감소   ② $\frac{1}{4}$배로 감소
③ 2배로 증가   ④ 4배로 증가

해설
와류손 : $P_e = \delta_e (t f k_f B_m)^2 [\text{W/kg}]$
와류손 P_e와 철심의 두께 t는 제곱에 비례한다.

04

공급 전압이 일정하다고 하면 변압기의 와류손은 어떻게 되는가?

① 주파수와 반비례한다.
② 주파수와 비례한다.
③ 주파수와 제곱에 반비례한다.
④ 주파수와 무관하다.

해설
와류손의 경우 공급 전압이 일정하다면 주파수와는 무관하다.
$P_e = KV^2$

05

변압기 철심에 자속을 만들어 주는 전류는?

① 철손전류   ② 여자전류
③ 부하전류   ④ 자화전류

해설
변압기에서 주 자속을 만드는 전류를 자화전류라고 한다.

06

변압기 철심용 강판의 규소함유량[%]은 약 얼마인가?

① 1   ② 2
③ 4   ④ 7

해설
• 회전기의 규소의 함유량 : 1~2[%]
• 정지기의 규소의 함유량 : 3~4[%]

정답 01 ① 02 ④ 03 ④ 04 ④ 05 ④ 06 ③

07

변압기의 자속은 어떤 것과 비례하는가?

① 전압　　　　　　② 권수

③ 전류　　　　　　④ 전류

해설

변압기의 유기기전력 $E = 4.44 N f \phi_m$[V]이므로 자속과 전압과는 비례관계이다.

08

변압기의 1차 및 2차의 권수, 전압, 전류를 각각 N_1, V_1, I_1 및 N_2, V_2, I_2라 하면 성립하는 것은?

① $\dfrac{N_1}{N_2} = \dfrac{V_2}{V_1} = \dfrac{I_1}{I_2}$　　② $\dfrac{N_1}{N_2} = \dfrac{V_1}{V_2} = \dfrac{I_2}{I_1}$

③ $\dfrac{N_2}{N_1} = \dfrac{V_1}{V_2} = \dfrac{I_2}{I_1}$　　④ $\dfrac{N_1}{N_2} = \dfrac{V_1}{V_2} = \dfrac{I_1}{I_2}$

해설

권수비 $a = \dfrac{N_1}{N_2} = \dfrac{V_1}{V_2} = \dfrac{I_2}{I_1} = \sqrt{\dfrac{R_1}{R_2}} = \sqrt{\dfrac{Z_1}{Z_2}}$

09

변압기의 1차 권수가 80회이며, 2차 권수는 320회인 경우 2차 측 전압이 100[V]인 경우 1차 전압은 몇 [V]인가?

① 10　　　　　　② 15

③ 20　　　　　　④ 25

해설

권수비 $a = \dfrac{N_1}{N_2} = \dfrac{V_1}{V_2}$ 와 같으므로 $V_1 = aV_2$와 같다.

$a = 0.25$이므로 $V_1 = 0.25 \times 100 = 25$[V]가 된다.

10

변압기유의 최고허용온도는 몇 [℃]인가?

① 50　　　　　　② 75

③ 80　　　　　　④ 90

해설

변압기의 온도 상승 한도는 50[℃]이며, 주위 온도가 40[℃]를 기준으로 하기 때문에 최고허용온도는 90[℃]가 된다.

11

변압기유의 요구되는 특성이 아닌 것은?

① 절연내력이 클 것

② 인화점이 높고 응고점이 낮을 것

③ 화학작용이 생기지 않을 것

④ 점도가 크고 냉각효과가 클 것

해설

절연유 구비조건

① 절연내력은 클 것

② 냉각 효과는 클 것

③ 인화점은 높고, 응고점은 낮을 것

④ 점도는 낮을 것

⑤ 고온에서 산화하지 말고 석출물이 생기지 말 것

12

주상변압기의 냉각방식은 무엇인가?

① 유입 자냉식　　　② 유입 수냉식

③ 송유 풍냉식　　　④ 유입 풍냉식

해설

주상변압기의 경우 유입 자냉식(ONAN)방식을 사용하고 있으며 이는 보수가 간단하여 가장 널리 쓰이는 방식이기도 하다. 권선 철심의 발생 열은 대류에 의해 기름에 전해지고 다시 탱크 벽에 전달되어 탱크 외 벽측 표면에서 방사와 공기의 대류에 의해 방열된다.

정답　07 ①　08 ②　09 ④　10 ④　11 ④　12 ①

13

변압기의 권수비가 60일 때 2차 측 저항이 0.1[Ω]이다. 이것을 1차로 환산하면 몇 [Ω]이 되는가?

① 60
② 120
③ 180
④ 360

해설

변압기 권수비 $a = \sqrt{\dfrac{R_1}{R_2}}$ 이므로 $R_1 = a^2 R_2$가 된다.

1차로 환산한 2차 저항을 $R_2{}'$라고 한다면

$R_2{}' = 60^2 \times 0.1 = 360[\Omega]$

14

1차 전압 2,200[V], 무부하 전류 0.088[A]인 변압기의 철손이 110[W]이었다. 자화전류[A]는?

① 0.05
② 0.038
③ 0.072
④ 0.088

해설

자화전류 $I_\phi = \sqrt{I_0^2 - I_i^2} = \sqrt{I_0^2 - \left(\dfrac{P_i}{V_1}\right)^2}$ [A]이므로

$I_\phi = \sqrt{(0.088)^2 - \left(\dfrac{110}{2,200}\right)^2} = 0.072$[A]가 된다.

15

변압기의 임피던스 전압이란?

① 정격전류가 흐를 때의 변압기 내의 전압강하
② 여자전류가 흐를 때의 2차 측의 단자전압
③ 정격전류가 흐를 때의 2차 측의 단자전압
④ 2차 단락전류가 흐를 때의 변압기 내의 전압강하

해설

변압기의 임피던스 전압이란 정격의 전류가 흐를 때 변압기 내의 전압강하를 나타낸다.

16

어떤 단상변압기의 2차 무부하전압이 240[V]이고, 정격부하 시의 2차 단자전압이 230[V]이다. 전압변동률은?

① 1.35[%]
② 2.35[%]
③ 3.35[%]
④ 4.35[%]

해설

전압변동률 $\epsilon = \dfrac{V_n - V_0}{V_0} \times 100 = \dfrac{240 - 230}{230} \times 100 = 4.35[\%]$

17

임피던스 전압강하 5[%]의 변압기가 운전 중 단락되었을 때, 그 단락전류는 정격전류에 대한 배수는?

① 10배
② 15배
③ 20배
④ 25배

해설

단락전류 $I_s = \dfrac{100}{\%Z}I_n$과 같다. $\%Z$값이 5[%]라면 단락전류는 정격전류에 20배가 된다.

18

변압기의 저항 강하율은 p이며, 리액턴스 강하율은 q, 역률은 $\cos\theta$라고 하면 전압변동률을 나타내는 것은 무엇인가?

① $pq\cos\theta$
② $p\cos\theta + q\sin\theta$
③ $p\sin\theta + q\cos\theta$
④ $p\cos\theta - q\sin\theta$

해설

전압변동률 $\epsilon = p\cos\theta + q\sin\theta$로 나타낼 수 있다.

정답 13 ④ 14 ③ 15 ① 16 ④ 17 ③ 18 ②

19

퍼센트 저항 강하를 p라고 하고, 퍼센트 리액턴스 강하를 q라고 한다면 역률이 1인 경우의 전압변동률은 어떠한가?

① p
② $pq\cos\theta$
③ $p\sin\theta + q\cos\theta$
④ $p\cos\theta - q\sin\theta$

해설

역률이 100[%]라는 것은 $\cos\theta = 1$이며, $\sin\theta = 0$이 되므로 전압변동률 $\epsilon = p$와 같다.

20

용량이 같은 단상 변압기 두 대를 V결선하여 3상 전력을 공급할 때의 이용률은 몇 [%]인가?

① 57.7
② 86.6
③ 100
④ 200

해설

V결선을 하였을 때의 변압기의 이용률은

$$\frac{\sqrt{3}\,P_n}{2P_n} = \frac{\sqrt{3}}{2} = 0.866$$ 이 된다.

21

2대의 변압기로 V 결선하여 3상 변압하는 경우 변압기 이용률[%]은?

① 57.8
② 66.6
③ 86.6
④ 100

해설

V결선의 이용률은 $\dfrac{\sqrt{3}\,P_n}{2P_n} = \dfrac{\sqrt{3}}{2} = 0.866$

22

변압기를 Y-△로 결선했을 때의 1차, 2차의 전압의 위상차는 얼마인가?

① $10°$
② $20°$
③ $30°$
④ $40°$

해설

Y-△의 위상차는 $30°$ 위상차가 발생한다.

23

△결선 변압기의 한 대가 고장으로 제거되어 V 결선으로 공급할 때 공급할 수 있는 전력은 고장 전 전력에 대하여 몇 [%]인가?

① 86.6
② 75.0
③ 66.7
④ 57

해설

V결선의 고장나기 전 출력비는 다음과 같다.

$$\frac{\sqrt{3}\,P_n}{3P_n} = \frac{\sqrt{3}}{3} = 0.577 = 57.7[\%]$$

24

승압용 변압기에 주로 사용되는 결선법은?

① △-△ 결선
② Y-Y 결선
③ △-Y 결선
④ Y-△ 결선

해설

2차 측이 Y결선인 경우 주로 승압용 변압기에 결선 방법이 된다.

정답 19 ① 20 ② 21 ③ 22 ③ 23 ④ 24 ③

25

5[kVA] 단상 변압기 3대를 이용하여 △결선으로 운전 중 1대가 소손이 되어 V결선을 하였을 때 3상 출력은 몇 [kVA]가 되는가?

① 5.5   ② 5.77   ③ 8.66   ④ 17.32

해설
V결선의 출력 $P_V = \sqrt{3}\, P_n$ 이므로
$P_V = \sqrt{3} \times 5 = 8.66$[kVA]가 된다.

26

용량 P[kVA]인 동일정격의 단상변압기 4대로 낼 수 있는 3상 최대출력용량[kVA]은?

① $2\sqrt{3}\, P$ ② $\sqrt{3}\, P$

③ $4P$ ④ $3P$

해설
변압기 4대로 가능한 결선은 V–V 결선이 2 뱅크가 된다.
P_{V-V}의 경우 $2 \times \sqrt{3}\, P_n$ 이다.

27

변압기의 결선방법에서 제3고조파를 발생하는 것은?

① △–△ 결선   ② Y–Y 결선

③ △–Y 결선   ④ Y–△ 결선

해설
제3고조파가 발생하는 결선은 △결선이 없는 Y–Y 결선의 고유 특징이다.

28

3상 전원에서 2상 전원을 얻기 위한 변압기의 결선법은?

① △ 결선   ② T 결선

③ Y 결선   ④ V 결선

해설
3상에서 2상 전원을 얻기 위한 결선
① 스코트(scott) 결선 또는 T결선
② 메이어(Meyer) 결선
③ 우드 브리지(wood bridge) 결선

29

변압기의 내부 고장을 보호하기 위하여 사용하는 계전기는?

① 과전류 계전기   ② 역상 계전기
③ 거리 계전기   ④ 차동 계전기

해설
변압기 내부 고장에 사용되는 계전기에는 부흐홀쯔 계전기와 차동계전기, 비율차동 계전기가 있다.

30

권수가 같은 A, B 두 대의 단상 변압기로서 그림과 같이 스코트 결선할 때 P는 A의 중점이면 Q는 B권선의 몇 분의 몇이 되는 점인가?

① $\dfrac{\sqrt{3}}{2}$

② $\dfrac{1}{2}$

③ $\dfrac{2}{\sqrt{3}}$

④ $\dfrac{1}{\sqrt{2}}$

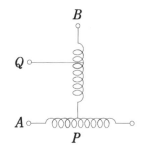

해설
1차 권선이 주변압기와 같다면
$\dfrac{\sqrt{3}}{2}$ 지점이 되는 점이다.

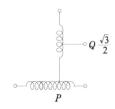

정답 25 ③   26 ①   27 ②   28 ②   29 ④   30 ①

31

3상 전원에서 2상 전압을 얻고자 할 때 결선 중 틀린 것은?

① Scott 결선 ② Meyer 결선
③ Fork 결선 ④ Wood Bridge 결선

> **해설**
> 3상에서 2상 전원을 얻기 위한 결선
> ① 스코트(scott) 결선 또는 T결선
> ② 메이어(Meyer) 결선
> ③ 우드 브리지(wood bridge) 결선
> Fork 결선은 3상에서 6상 전원을 얻는 결선 방법이 된다.

32

변압기의 병렬 운전이 불가능한 3상 결선은?

① △-△와 △-△ ② △-△와 Y-Y
③ △-△와 △-Y ④ △-Y와 △-Y

> **해설**
> 변압기의 병렬운전 불가능 결선방법으로는
> ① Y-Y와 Y-△ ② Y-Y와 △-Y
> ③ Y-△와 Y-Y ④ △-Y와 Y-Y

33

단상변압기의 극성이 감극성일 때 알맞은 그림은?

① 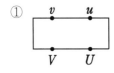 ②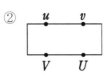

③ 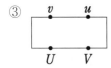 ④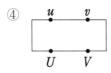

> **해설**
> 감극성의 경우 같은 문자가 같은 위치에 있어야 한다. 다만 u가 오른쪽에 위치하여야 한다.

34

어떤 변압기의 전부하동손이 270[W], 철손이 120[W] 일 때 이 변압기를 최고 효율로 운전하는 출력은 정격 출력의 몇 [%]가 되는가?

① 22.5 ② 33.3
③ 44.4 ④ 66.7

> **해설**
> 최대 효율이 되는 조건 $\frac{1}{m} = \sqrt{\frac{P_i}{P_c}} \times 100 = 66.7[\%]$ 가 된다.

35

변압기의 전부하 효율을 나타내는 것은?

① $\dfrac{출력}{입력 + 철손 + 동손} \times 100[\%]$

② $\dfrac{출력}{입력 - 철손 - 동손} \times 100[\%]$

③ $\dfrac{출력}{출력 + 철손 + 동손} \times 100[\%]$

④ $\dfrac{입력}{출력 + 철손 + 동손} \times 100[\%]$

> **해설**
> 변압기의 규약 효율 $\eta = \dfrac{출력}{출력 + 철손 + 동손} \times 100[\%]$

36

주상변압기의 부하동손과 철손과의 비는 얼마인가?

① 1 : 1 ② 1 : 2
③ 1 : 3 ④ 2 : 1

정답 31 ③ 32 ③ 33 ① 34 ④ 35 ③ 36 ④

해설

현재 사용되는 주상변압기의 철손과 동손의 비는 1:2가 된다. 만약 동손과 철손의 비를 물어 볼 경우는 2:1이 된다.

37

변압기의 철손이 P_i[kW], 전부하동손이 P_c[kW]일 때 정격출력의 $\dfrac{1}{m}$의 부하를 걸었을 때 전 손실[kW]은?

① $(P_i + P_c)\left(\dfrac{1}{m}\right)^2$

② $P_i\left(\dfrac{1}{m}\right)^2 + P_c$

③ $P_i + P_c\left(\dfrac{1}{m}\right)^2$

④ $P_i + P_c\left(\dfrac{1}{m}\right)$

해설

전 손실 = 철손 + 동손 = $P_i + P_c\left(\dfrac{1}{m}\right)^2$

38

변압기의 병렬 운전 조건에 필요하지 않은 것은?

① 극성이 같을 것
② 용량이 같을 것
③ 권수비가 같을 것
④ 저항과 리액턴스의 비가 같을 것

해설

단상변압기 병렬 운전 조건
① 극성이 같을 것
② 권수비가 같으며, 1차와 2차의 정격전압이 같을 것
③ %임피던스 강하가 같을 것

39

단상변압기의 병렬 운전에서 부하전류의 분담은 어떻게 되는가?

① 누설임피던스에 비례
② 누설임피던스에 반비례
③ 누설 리액턴스에 비례
④ 누설임피던스의 2승에 비례

해설

단상변압기를 병렬 운전하는 경우 부하전류와 누설임피던스와는 반비례한다.

40

단권변압기에서 고압 측 전압을 V_h, 저압 측 전압을 V_l, 2차 측 출력을 P_2, 단권변압기의 용량을 P_1이라 하면 $\dfrac{P_1}{P_2}$는?

① $\dfrac{V_1}{V_h}$

② $\dfrac{V_h - V_l}{V_l}$

③ $\dfrac{V_h}{V_l}$

④ $\dfrac{V_h - V_l}{V_h}$

해설

단권변압기의 경우 $\dfrac{P_1}{P_2} = \dfrac{V_h - V_l}{V_h}$가 된다.

41

단권변압기의 장점에 해당되지 않는 것은?

① 동량의 경감
② 1차와 2차의 절연이 양호
③ 용량이 적어 경제적이다.
④ 전압변동률이 적다.

해설

단권변압기의 경우 1차와 2차의 절연이 어렵고 단락전류가 대단히 큰 단점이 있다.

정답 37 ③ 38 ② 39 ② 40 ④ 41 ②

42

계기용 변압기(PT)의 정격 2차 전압[V]은?

① 120
② 115
③ 110
④ 105

해설

계기용 변압기의 2차 정격전압은 110[V]이다.

43

계기용 변류기(CT)의 정격 2차 전류[A]는?

① 20
② 15
③ 10
④ 5

해설

계기용 변류기의 2차 정격전류는 5[A]이다.

44

변류기 개방 시 2차 측을 단락하는 이유는?

① 2차 측 절연보호
② 2차 측 과전류보호
③ 측정오차방지
④ 1차 측 과전류방지

해설

• 계기용 변류기의 경우 2차 측을 단락하는 이유는 2차 측의 과전압에 의한 절연파괴를 방지하기 위함이다.
• 계기용 변압기의 경우 2차 측을 개방하는 이유는 2차 측의 과전류에 의한 과열소손을 방지하기 위함이다.

45

변압기에 콘서베이터를 설치하는 목적은?

① 변압기유의 열화방지
② 코로나 방지
③ 통풍장치
④ 강제순환

해설

콘서베이터의 경우 변압기 열화 현상을 방지하기 위해 설치한다.

46

콘서베이터의 유면 상에 공기와 기름의 접촉을 막기 위해서 어떤 가스를 봉입하는가?

① 수소
② 질소
③ 산소
④ 이산화탄소

해설

절연유 열화 방지를 하는 장치인 콘서베이터는 방식에 따라 질소가스를 봉입한다.

47

변압기에서 발생하는 손실이 아닌 것은?

① 동손
② 풍손
③ 히스테리시스 손
④ 맴돌이 전류

해설

풍손은 기계손으로서 이것은 회전기에서만 발생하는 손실로 정지기인 변압기에서는 기계손이 없다.

48

변압기유 중 아아크 방전에 의하여 생기는 가스 중 가장 많이 발생하는 것은?

① 이산화탄소가스
② 수소
③ 질소
④ 아세틸렌

해설

변압기유 아아크 방전에 의해 생기는 대부분의 가스는 수소가스이다.

정답 42 ③ 43 ④ 44 ① 45 ① 46 ② 47 ② 48 ②

05 정류기

CHAPTER

회전 변류기

01 전압비

$$\frac{E}{E_d} = \frac{1}{\sqrt{2}}\sin\frac{\pi}{m}$$

여기서, E_d : 직류 전압, E : 교류 전압, m : 상수를 나타낸다.

예 ① 단상일 경우 $m=2$가 되므로

$$\frac{E}{E_d} = \frac{1}{\sqrt{2}}\sin\frac{180}{2} = \frac{1}{\sqrt{2}}\text{가 된다.}$$

② 3상일 경우 $m=3$이 되므로

$$\frac{E}{E_d} = \frac{1}{\sqrt{2}}\sin\frac{180}{3} = \frac{\sqrt{3}}{2\sqrt{2}}\text{가 된다.}$$

③ 6상일 경우 $m=6$이 되므로

$$\frac{E}{E_d} = \frac{1}{\sqrt{2}}\sin\frac{180}{6} = \frac{1}{2\sqrt{2}}\text{가 된다.}$$

02 전류비

$$\frac{I}{I_d} = \frac{2\sqrt{2}}{m\cdot\cos\theta}$$

제2절 **수은 정류기**

01 이상 현상의 종류

① 역호

② 통호

③ 실호

④ 이상 전압

02 역호의 원인

(1) 내부 잔존 가스 압력 상승

(2) 증기 밀도의 과대

(3) 양극의 재료 불량

(4) 전류, 전압의 과대

03 역호 방지법

(1) 정류기를 과부하되지 않도록 주의

(2) 진공도를 충분히 높인다.

(3) 양극 재료의 선택 시 주의

(4) 과열, 과냉을 피한다.

04 전압비

$$E_d = \frac{\sqrt{2}\,E\sin\dfrac{\pi}{m}}{\dfrac{\pi}{m}}$$

(1) **3상** : $E_d = 1.17E$

(2) **6상** : $E_d = 1.35E$

제3절 반도체 정류기

01 단상 반파 정류

① 직류전압 $E_d = \dfrac{\sqrt{2}}{\pi}E = 0.45E$

② 직류전류 $I_d = \dfrac{E_d}{R} = \dfrac{\dfrac{\sqrt{2}}{\pi}E - e}{R} = \dfrac{\sqrt{2}}{\pi} \times I = 0.45I$

③ 최대 역전압 첨두치 : 역방향으로 전원전압이 다이오드에 인가되는 전압의 최대값

$$PIV = \sqrt{2}\,E$$

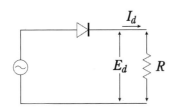 

02 단상 전파 정류

① 직류전압 $E_d = \dfrac{2\sqrt{2}}{\pi}E = 0.9E$

② 직류전류 $I_d = \dfrac{\dfrac{2\sqrt{2}}{\pi}E - e}{R} = \dfrac{2\sqrt{2}}{\pi} \times I = 0.9I$

③ 최대 역전압 첨두치 $PIV = 2\sqrt{2}\,E$

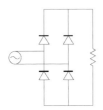 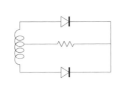 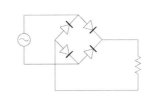

03 맥동률 : 직류 측에 남아있는 교류분의 양

① 단상 반파 : 121[%]

② 단상 전파 : 48[%]

③ 3상 반파 : 17[%]

④ 3상 전파 : 4[%]

제4절 사이리스터(다이리스터)

(1) SCR : 단방향성 3단자 소자(G.T.O, LASCR)

　• 정류작용　　• 위상 제어 방식

(2) SCS : 단방향성 4단자 소자

(3) SSS : 쌍방향성 2단자 소자(DIAC)

(4) TRIAC : 쌍방향성 3단자 소자

제5절 ┃ 다이오드의 연결

(1) **직렬 연결** : 과전압에 대한 보호

(2) **병렬 연결** : 과전류에 대한 보호

(3) **직류 전압 제어** : 쵸퍼 제어

(4) **교류 전압 제어** : 위상 제어

제6절 ┃ 인버터와 컨버터

(1) **인버터** : 직류를 교류로 변환

(2) **컨버터** : 교류를 직류로 변환

(3) **사이크로컨버터** : 교류를 교류로 변환(주파수 변환기)

01

수은 정류기의 역호의 발생 원인은 무엇인가?

① 전원 전압의 상승　　② 과부하 전류
③ 내부 저항의 저하　　④ 전원 주파수의 저하

해설
역호의 원인으로는 과부하 전류가 있다.

02

수은 정류기에 있어서 정류기의 밸브 작용이 상실되는 현상을 무엇이라고 하는가?

① 통호(arc-through)　　② 실호(misfire)
③ 역호(back firing)　　④ 점호(ignition)

해설
정류기의 밸브 작용이 상실하는 현상을 역호라 한다.

03

고전압, 대 전력 정류기로 가장 적당한 것은?

① 회전 변류기　　② 수은 정류기
③ 전동 발전기　　④ 진공관 발전기

해설
수은 정류기의 경우 고전압 대 전력에 적합하다.

04

일반적으로 전철이나 화학용과 같이 비교적 용량이 큰 수은 정류기용 변압기의 2차 측 결선 방식으로 쓰이는 것은?

① 3상 전파　　② 3상 반파
③ 6상 2중 성형　　④ 단상 반파

해설
대용량의 경우 보통 6상 방식을 사용한다.

05

회전변류기의 직류 측 선로전류와 교류 측 선로전류의 실효값과의 비는? (단, m 은 상수이다.)

① $\dfrac{2\sqrt{2}}{m\sin\theta}$　　② $\dfrac{m\cos\theta}{2\sqrt{2}}$

③ $\dfrac{2\sqrt{2}\sin\theta}{m}$　　④ $\dfrac{2\sqrt{2}}{m\cos\theta}$

해설
회전 변류기의 직류 측 전류와 교류 측 전류의 실효값의 비는 $\dfrac{I}{I_d} = \dfrac{2\sqrt{2}}{m\cdot\cos\theta}$ 가 된다.
그러므로 $\dfrac{I_d}{I} = \dfrac{m\cos\theta}{2\sqrt{2}}$ 가 된다.

06

교류를 직류로 변환하는 전기기기가 아닌 것은?

① 전동발전기　　② 회전변류기
③ 단극발전기　　④ 수은정류기

해설
교류를 직류로 변환하는 전기기기
① 전동발전기
② 회전변류기
③ 수은정류기

정답　01 ②　02 ③　03 ②　04 ③　05 ②　06 ③

07

반도체 정류기에서 필요하지 않는 것은?

① 냉각 장치　　　　② 전압 조정 요소
③ 여호 전원　　　　④ 정류용 변압기

08

반도체 정류기 중 역방향 내전압이 가장 큰 것은?

① 셀렌 정류기　　　② 실리콘 정류기
③ 수은 정류기　　　④ 게르마늄 정류기

해설
실리콘 정류기의 역내전압의 크기는 대략 500~1,000[V]
정도가 된다.

09

유리제 수은 정류기의 장점이 아닌 것은?

① 효율이 높다.
② 기계적 열적으로 강하다.
③ 냉각수가 필요 없다.
④ 운전 보수가 용이하다.

해설
유리제 수은 정류기는 기계적 열적으로 약하며 수리가 어려
운 단점이 있다.

10

다음 중 SCR의 기호가 맞는 것은 어느 것인가?

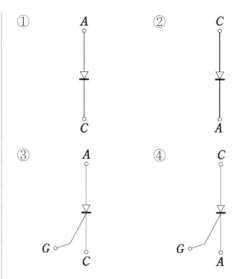

해설
SCR은 단방향성 3단자 소자이다.

11

실리콘 정류기의 최고허용온도는 몇 [℃]인가?

① 20~50　　　　　② 60~90
③ 100~130　　　　④ 140~200

해설
실리콘 정류기의 최고허용온도는 140~200[℃]가 된다.

12

SCR의 특징이 아닌 것은?

① 과전압에 약하다.
② 대 전류 제어용으로 이용된다.
③ 게이트 전류의 위상각으로 통전 전류의 평균값을
　 제어시킬 수 있다.
④ 전류가 흐르고 있을 때의 양극 전압의 강하가 크다.

해설
SCR은 전류가 흐를 때 전압강하는 보통 1.5[V]로 적다.

정답 07 ③　08 ②　09 ②　10 ③　11 ④　12 ④

13

SCR의 특성에 대한 설명으로 잘못된 것은?

① 부성 저항의 영역을 갖는다.
② 게이트 전류로 통전 전압을 가변시킨다.
③ 주 전류를 차단하려면 게이트 전압을 (0) 또는 (-)로 해야 한다.
④ 대 전류 제어용에 적합하다.

해설
주 전류를 차단하려면 게이트 전압이 아닌 애노우드 전압을 (0) 또는 (-)로 해야 한다.

14

SCR 설명으로 적당하지 않은 것은?

① 브레이크 오버(Break over) 전압은 게이트 바이어스 전압이 역으로 증가함에 따라서 감소된다.
② 게이트에 신호를 인가할 때부터 도통할 때까지의 시간이 짧다.
③ 대 전류 제어용에 적합하다.
④ 부성 저항의 영역을 갖는다.

15

3상 수은 정류기의 직류 측 전압 E_d와 교류 측 전압 E의 비 E_d/E는?

① 0.855   ② 1.02   ③ 1.17   ④ 1.86

해설
수은 정류기의 경우 3상 $E_d = 1.17E$
6상 $E_d = 1.35E$

16

SCR의 설명 중 옳지 않은 것은?

① 쌍방향성 사이리스터이다.
② 스위칭 소자이다.

③ 직류, 교류, 전력 제어용으로 사용한다.
④ P-N-P-N 소자이다.

해설
SCR은 단방향성 3단자 소자이다.

17

단상 전파정류의 맥동률은?

① 0.17   ② 0.34
③ 0.48   ④ 0.96

해설
단상 전파의 경우 맥동률은 48[%]가 된다.

18

다음 중 3단자 사이리스터가 아닌 것은?

① GTO   ② TRIAC
③ SCS   ④ SCR

해설
SCS는 단방향성 4단자 소자이다.

19

3상 반파정류회로에서 맥동률은 몇 [%]인가? (단, 부하는 저항부하이다.)

① 약 10   ② 약 17
③ 약 28   ④ 약 40

해설
• 단상 반파 → 121[%]
• 단상 전파 → 48[%]
• 3상 반파 → 17[%]
• 3상 전파 → 4[%]

정답 13 ③ 14 ① 15 ③ 16 ① 17 ③ 18 ③ 19 ②

20

그림에서 V를 교류전압 v의 실효값이라고 할 때 단상 전파정류에서 얻을 수 있는 직류전압 e_d의 평균값은?

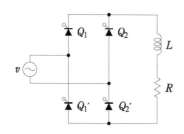

① $3V$ ② $2V$
③ $1V$ ④ $0.9V$

해설

전파의 경우 직류전압 $E_d = 0.9V$

21

직류에서 교류로 변환하는 기기는?

① 쵸퍼   ② 컨버터
③ 인버터   ④ 사이크로컨버터

해설

인버터는 직류를 교류로 변환하는 장치이다.

22

단상 전파정류회로에 입력교류전압 100[V]를 인가하면 출력직류전압은? (단, 소자에서의 전압강하는 무시한다. 그리고 부하는 순 저항부하라고 한다.)

① 45[V]   ② 90[V]
③ 100[V]   ④ 117[V]

해설

단상 전파의 경우 직류전압
$E_d = 0.9E = 0.9 \times 100 = 90[V]$

23

SCS(silicon controlled switch)의 특징이 아닌 것은?

① 쌍방향으로 대칭적인 부성 저항 영역을 갖는다.
② 게이트 전극이 2개이다.
③ 직류 제어 소자이다.
④ 단방향 4단자 소자이다.

해설

SCS는 단방향 4단자 소자이다.

24

2개의 SCR로 단상 전파정류를 하여 $\sqrt{2} \times 100$[V]의 직류전압을 얻는 데 필요한 1차 측 교류전압[V]은?

① 100   ② 150
③ 157   ④ 200

해설

전파일 경우 $E_d = 0.9E$가 되므로
$$E = \frac{E_d}{0.9} = \frac{100\sqrt{2}}{0.9} = 157[V]$$

25

단상 반파정류로 직류전압 150[V]를 얻으려고 한다. 최대 역전압은 몇 [V] 이상의 다이오드를 사용하여야 하는가? (단, 정류회로 및 변압기의 전압강하는 무시한다.)

① 약 150[V]   ② 약 166[V]
③ 약 333[V]   ④ 약 471[V]

해설

단상 반파일 경우 역전압 첨두치 값
$PIV = \sqrt{2}E = \sqrt{2} \times 333 = 471[V]$가 된다.

교류전압 $E = \dfrac{E_d}{0.45} = \dfrac{150}{0.45} = 333[V]$

정답 20 ④ 21 ③ 22 ② 23 ① 24 ③ 25 ④

26

사이클로 컨버터(cyclo converter)란?

① 실리콘 양방향 소자이다.
② 전압 제어 소자이다.
③ 직류 제어 소자이다.
④ 주파수 변환기이다.

해설

사이클로 컨버터는 교류 → 교류로 변환해 주는 장치로 주파수 변환기라고 불린다.

27

사이리스터에서는 게이트 전류가 흐르면 순방향의 저지상태에서 ( ) 상태로 된다. 게이트 전류를 가하여 도통 완료까지의 시간을 ( ) 시간이라고 하나, 이 시간이 길면 ( ) 시의 ( )이 많고 다이리스터 소자가 파괴되는 수가 있다. ( ) 안에 알맞은 말은?

① 온, 턴온, 스위칭, 전력손실
② 온, 턴온, 전력손실, 스위칭
③ 스위칭, 온, 턴온, 전력손실
④ 턴온, 온, 스위칭, 전력손실

28

다이오드를 사용한 정류 회로에서 여러 개를 직렬로 연결하여 사용할 경우는 어떤 효과를 얻는가?

① 부하 출력의 맥동률 감소
② 전력 공급 증대
③ 과전류로부터 보호
④ 과전압에 대한 보호

해설

• 다이오드를 직렬 연결할 경우 → 과전압으로부터 보호
• 다이오드를 병렬 연결할 경우 → 과전류로부터 보호

29

사이리스터(thyristor)에서의 래칭 전류(latching current)에 관한 설명으로 맞는 것은?

① 게이트를 개방한 상태에서 사이리스터 도통 상태를 유지하기 위한 최소의 순 전류이다.
② 게이트 전압을 인가한 후에 급히 제거한 상태에서 도통 상태가 유지되는 최소의 순 전류이다.
③ 사이리스터의 게이트를 개방한 상태에서 전압을 상승하면 급히 증가하게 되는 순 전류이다.
④ 사이리스터가 turn-on하기 시작하는 순 전류이다.

해설

래칭 전류라 함은 사이리스터가 turn-on을 시작하는 전류를 말한다.

30

사이리스터가 기계적인 스위치보다 유효한 특성이 될 수 없는 것은?

① 열적으로 강하다   ② 소형 경량
③ 무소음   ④ 내 충격

해설

사이리스터의 경우 기계적인 스위치보다 온도에 약하다.

31

다이오드를 사용한 정류 회로에서 여러 개를 병렬로 연결하여 사용할 경우는 어떤 효과를 얻는가?

① 과전압에 대한 보호   ② 과전류에 대한 보호
③ 공급 전력 증대   ④ 공급 전압 증대

해설

• 다이오드를 직렬 연결할 경우 → 과전압으로부터 보호
• 다이오드를 병렬 연결할 경우 → 과전류로부터 보호

정답   26 ④   27 ①   28 ④   29 ④   30 ①   31 ②

32

정류방식 중 맥동률이 가장 작은 방식은?

① 단상 반파식　　② 단상 전파식
③ 3상 반파식　　④ 3상 전파식

해설
정류방식 중 맥동률이 가장 작은 방식은 3상 전파식(4%)이
된다.

33

다이오드를 사용한 정류회로에서 과대한 부하전류에
의해 다이오드가 파손될 우려가 있을 때의 조치로 가
장 적당한 것은?

① 다이오드를 병렬로 추가한다.
② 다이오드를 직렬로 추가한다.
③ 다이오드 양단에 적당한 값의 저항을 추가한다.
④ 다이오드 양단에 적당한 값의 콘덴서를 추가한다.

해설
과전류에 대해 보호할 경우 병렬로 연결한다.

34

TRIAC의 기호는?

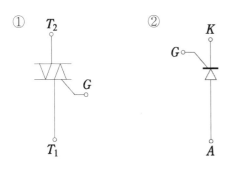

③ ④

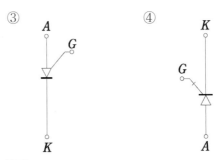

해설
TRIAC의 경우 쌍방향성 3단자 소자가 된다.

35

사이리스터를 이용한 교류 전압 제어방식은?

① 위상 제어방식
② 레오너어드 방식
③ 초퍼 방식
④ TRC(time ratio control) 방식

해설
교류 전압 제어방식은 위상 제어방식을 사용한다.

36

반도체 사이리스터로 속도 제어를 할 수 없는 제어방
식은?

① 일그너 제어　　② 컨버터 제어
③ 쵸퍼 제어　　④ 인버터 제어

해설
일그너 제어방식은 직류기의 속도 제어방식이다.

정답 32 ④　33 ①　34 ①　35 ①　36 ①

37

어떤 정류 회로의 부하 전압이 200[V]이고 맥동률이 4[%]이면 교류분은 몇 [V] 포함되어 있는가?

① 6　　　　　　　　② 8
③ 12　　　　　　　　④ 16

해설

$\Delta E = 0.04 \times 200 = 8[V]$가 된다.

38

전력용 반도체를 사용하여 직접 직류전압을 제어하는 것은?

① 브리지형 컨버터　　② 단상 컨버터
③ 초퍼형 인버터　　　④ 3상 인버터

해설

직류전압을 제어하는 것은 초퍼형 인버터가 된다.

39

인버터의 전력변환은 어떻게 되는가?

① 직류 → 직류로 변환
② 교류 → 교류로 변환
③ 직류 → 교류로 변환
④ 교류 → 직류로 변환

해설

인버터는 직류 → 교류로 변환하는 장치이다.

제2과목 ✦ 전기기기

정답 37 ② 38 ③ 39 ③

부록

전기기기

요점정리자료

■ 기본법칙

  1) 플레밍의 오른손 법칙(발전기)   운동E ⇒ 전기E

    엄지 : 운동속도 v[m/s]

    검지 : 자속밀도 $B = \dfrac{\phi}{S}$[wb/㎡]

    중지 : 기전력 e[V]

    $e = B \cdot l \cdot v\sin\theta$[V]

  2) 플레밍의 왼손 법칙(전동기)   전기E ⇒ 운동E

    엄지 : F 힘[N]

    검지 : B 자속밀도 $= \dfrac{\phi}{S}$[wb/㎡]

    중지 : I 전류[A]

    $F = B \cdot l \cdot I\sin\theta$[N]

  3) 앙페르의 오른나사 법칙

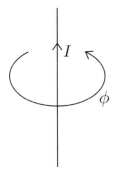

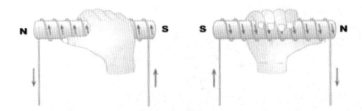

직류기

---

01 구성요소

(1) 계자(고정자) : 자속 ϕ[wb]을 발생

F

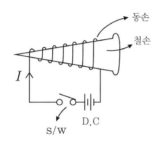

$$\boxed{I_f = \phi}$$

(2) 전기자(회전자) : 자속을 끊어서 기전력을 발생

A

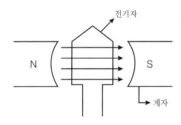
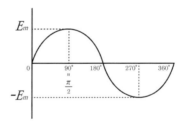

$$
철손\ P_i \downarrow
\begin{cases}
\ 4[\%] \rightarrow 3.5[\%] \\
히스테리\ 시스손\ P_h \downarrow : 규소\ 강판\ 사용 \\
와류손(맴돌이\ 전류손)\ P_e \downarrow : 성층\ 철심 \\
\ 0.35{\sim}0.5[\text{mm}]
\end{cases}
$$

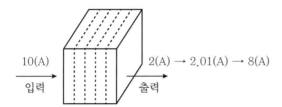

(3) 정류자(AC ⇒ DC)

① 정류자 편수 $K = \dfrac{Z}{2} = \dfrac{\mu}{2}s$ s : 전슬롯수(홈수) ⇒ 구멍수

② 위상차 $\theta = \dfrac{2\pi}{K} = \dfrac{2\pi}{m}$ μ : 한 슬롯내의 코일 변수

③ 정류자 편간전압 $e_k = \dfrac{PE}{K}$

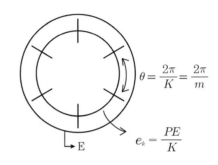

(4) 브러시 : 내부회로 ⇒ 외부회로

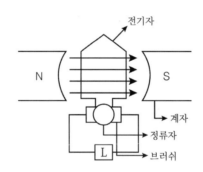

① 탄소 브러시 : 접촉 저항이 크다.
② 금속 흑연질 브러시 : 전기분해에 의해 저전압 · 대전류에 사용
③ 브러시 압력 : $0.15 \sim 0.25\ [\text{kg/cm}^2]$
　※ 직류기의 3대 요소 : 계자, 전기자, 정류자

02 권선법

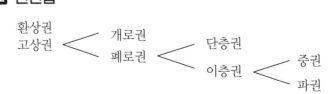

① 직류기의 권선법 3가지 : 고상권, 폐로권, 이층권

┌→ 병렬회로수
• 중권(병렬권)　a=p　　　　• 파권(직렬권)　a=2

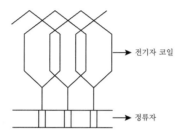

→ 전기자 코일

→ 정류자

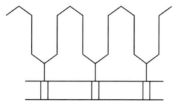

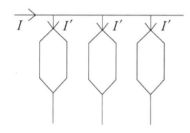

예 p=4

• 중권(병렬권) a=p　　　　• 파권(직렬권) a=2

　저전압·대전류　　　　　　고전압·소전류

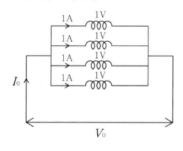

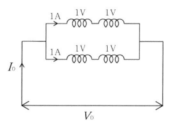

• 중권과 파권의 차이점

	중권(병렬권)	파권(직렬권)
1) a,p,b	a=p=b	a=2=b
2) 용도	저전압·대전류	고전압·소전류
3) 다중도(m)	a=mp	a=2m
4) 균압선(균압환)	○	×

　　= 균압모선
　　　↳ 병렬 운전을 안정하게 운전하기 위하여

03 직류 발전기의 유기기전력 E

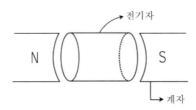

1) $e = B \cdot l \cdot v\sin\theta \,[V]$

2) $B = \dfrac{\phi}{S} = \dfrac{P\phi}{\pi Dl} \,[\text{wb/m}^2]$

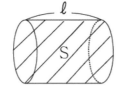

원둘레
$2\pi r = \pi D$
(=바퀴의 크기)

3) $v = \pi D \dfrac{N}{60} \,[\text{m/s}]$

4) $E = \dfrac{P}{a} Z\phi \dfrac{N}{60} = K\phi N \,[V]$

↑↑ 중권 a=p   ↑↑
파권 a=2   ↓↑

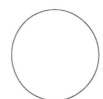

$v = \pi Dn$

$\quad = \pi D \dfrac{N}{60} \,[\text{m/s}]$

n : 회전수[rps]

N : 회전수[rpm]

04 전기자 반작용 : 주자속(계자극=계자자속)에 영향을 주는 현상

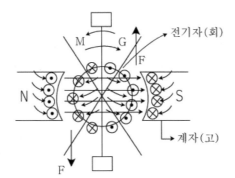

⊗ : 들어가는 방향
⊙ : 나오는 방향

(1) 영향

① 편자작용 → 중성축 이동 ⎯⎯⟨ G : 회전방향
　　　　　 → 브러쉬 이동 ⎯⎯ M : 회전 반대 방향

② 감자작용

③ 불꽃(섬락) 발생

(2) 방지법

① 보상권선 : 전기자 권선의 전류 방향과 반대

② 보극 설치(전압정류)

(3) 전기자 반작용에 의한 기자력

① 감자 기자력 $AT_d = \dfrac{I_a Z}{2ap} \cdot \dfrac{2\alpha}{180}$ [AT/pole]

② 교차 기자력 $AT_c = \dfrac{I_a Z}{2ap} \cdot \dfrac{\beta}{180}$ [AT/pole]

05 정류(AC ⇒ DC)

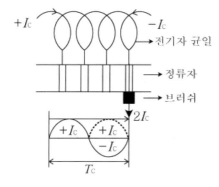

(1) 평균 리액턴스 전압 e_L[V]

렌츠의 법칙

$$e = L\dfrac{di}{dt}$$

$$e_L = L\dfrac{2I_c}{T_c} \text{[V]}$$

부록 ◆ 요점정리자료

(2) 정류곡선

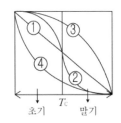

초기 T_c 말기

c, d

① 직선적인 정류
② 정현파 정류 ⟩ 이상적인(양호한) 정류
③ 부족 정류 : 정류 말기에 불꽃(섬락) 발생
④ 과 정류 : 정류 초기에 불꽃(섬락) 발생

(3) 양호한 정류를 얻는 방법

① 평균 리액턴스 전압 감소($e_L \downarrow$)

  ⇒ 보극 설치(전압정류)

② 인덕턴스 감소($L \downarrow$)

③ 정류주기 길게($T_c \uparrow$)

④ 속도 v 느리게

⑤ 탄소 브러쉬 설치(저항정류)

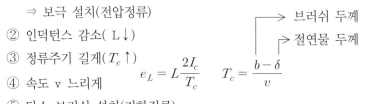

$$e_L = L \frac{2I_c}{T_c} \qquad T_c = \frac{b-\delta}{v}$$

브러쉬 두께
절연물 두께

06 발전기의 종류

(1) 타여자 발전기 : 외부로부터 전압을 공급받아서 발전(잔류자기 ×)

(2) 자여자 발전기 : 자기자신 스스로 발전(잔류자기 ○)

┌ 직권 발전기 : 계자 권선과 전기자 권선이 직렬로 연결

      +

├ 분권 발전기 : 계자 권선과 전기자 권선이 병렬로 연결

     ‖

└ 복권 발전기 ─ 외분권 ─ 가동복권 ─ 평복권
          내분권 ─ 차동복권 ─ 과복권

■ 발전기의 종류

(1) 타여자 발전기(잔류자기 ×)

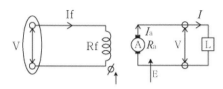

① $I_a = I = \dfrac{P}{V}$[A]

② 입력=출력+손실

$E = V + I_a R_a$[V]

③ 무부하시 $I=0$

$V_0 = E$ 전압확립이 된다.

(2) 자여자 발전기(잔류자기 ○)

1) 직권 발전기(직렬)

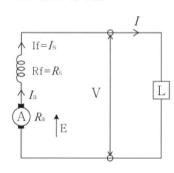

① $I_a = I_s = I = \phi$

② 입력=출력+손실

$E = V + I_a R_a + I_s R_s$

$\qquad\qquad (=I_a)$

$E = V + I_a (R_a + R_s)$[V]

③ 무부하시 $I=0$

전압 확립이 되지 않는다.

2) 분권 발전기(병렬)

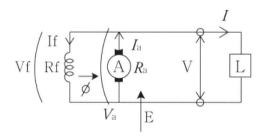

① $I_a = I + I_f = \dfrac{P}{V} + \dfrac{V}{R_f}$[A] $\xrightarrow{\text{무부하시}}$ $I_a = I_f = \dfrac{V}{R_f}$

② 입력=출력+손실

$E = V + I_a R_a + e_a + e_b$[V]

③ 무부하시 I=0 　　$I_a = I_f$

전압확립이 된다. 　　$V = I_f \cdot R_f$

2-1) 분권 전동기

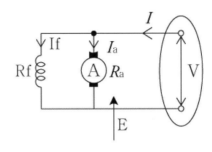

① $I = I_a + I_f$ 　　$I_a = I - I_f = \dfrac{P}{V} - \dfrac{V}{R_f}$ [A]

② $V = E + I_a R_a$ 　　$E = V - I_a R_a$

※ 　$E = \dfrac{P}{a} Z\phi \dfrac{N}{60} = K\phi N$ 　중권 a=p
　　　　　　　　　　　　　　　　　파권 a=2

　$E = V + I_a R_a$

3) 복권 발전기(직권+분권) ⟨ 외분권 / 내분권

① 외분권 　　　　　　　　　② 내분권

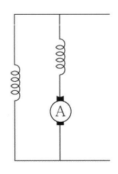 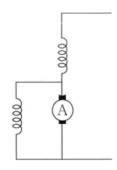

가) 복권 발전기를 분권 발전기로 사용시 : 직권 계자 권선 단락

나) 복권 발전기를 직권 발전기로 사용시 : 분권 계자 권선 개방

다) 가동 복권 발전기 ⟺ 차동 복권 전동기

라) 차동 복권 발전기 ⟺ 가동 복권 전동기

07 직류 발전기의 특성 곡선

(1) **무부하** 특성 곡선 : I_f와 E의 관계

(2) **부하** 특성 곡선 : I_f와 V의 관계

(3) 내부 특성 곡선 : I와 E의 관계

(4) 외부 특성 곡선 : I와 V의 관계

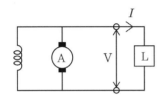

$$\varepsilon = \frac{V_0 - V_n}{V_n}$$

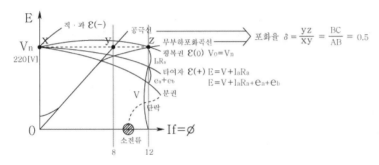

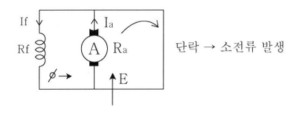

단락 → 소전류 발생

08 자여자 발전기의 전압확립 조건

(1) 잔류자기가 존재

(2) 계자저항 < 임계저항

(3) 회전방향이 잔류자기의 방향과 일치

(4) 역회전 ⇒ 잔류자기 소멸 ⇒ 발전되지 않는다.
   (전압 확립이 되지 않는다.)

09 전압 변동률 ϵ

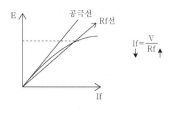

$$\epsilon = \frac{V_0 - V_n}{V_n} \times 100 = \frac{I_a R_a}{V_n} \times 100$$

무부하시 전압 ↱

↳ 정격전압

(1) $\epsilon(+)$: 분·타·차

(2) $\epsilon(0)$: 평$(V_0 = V_n)$

(3) $\epsilon(-)$: 직·복(과복권)

$$V_0 = V_n \times (\epsilon + 1)$$

$$V_n = V_0 / (\epsilon + 1)$$

10 직류 발전기의 병렬 운전 조건 ≠ 용량·출력

1) 극성 일치

2) 단자(정격)전압 일치

3) 외부 특성 곡선이 수하특성일 것

I $L \Rightarrow X_L$

용접기(누설 변압기) < 누설 리액턴스가 크다.
전압 변동률이 크다.

$$I = \frac{P}{V}$$

↓↑ ↓↑

4) 균압선(환)설치 : 직·복(과복권)

제2절 직류 전동기

01 전동기의 종류

(1) 타여자 전동기

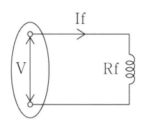 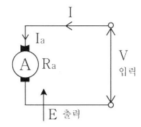

① $I_a = I = \dfrac{P}{V}$

② 입=출+손

$V = E + I_a R_a$

$E = V - I_a R_a$

(2) 자여자 전동기

1) 직권 전동기(직렬)

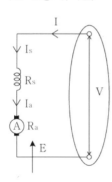

① $I_a = I_s = I = \phi$

② 입=출+손

$V = E + I_s R_s + I_a R_a$

$\qquad (= I_a)$

$V = E + I_a(R_a + R_s)$

$E = V - I_a(R_a + R_s)$

2) 분권 전동기(병렬)

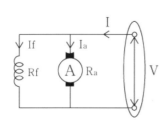

① $I = I_a + I_f$

$I_a = I - I_f = \dfrac{P}{V} - \dfrac{V}{R_f}\,[A]$

② 입=출+손

$V = E + I_a R_a$

$E = V - I_a R_a\,[V]$

$P = VI \qquad P = E \cdot I_a$

02 토크 T [N · m] [kg · m]

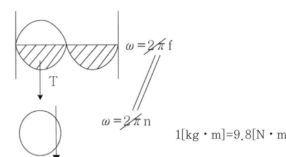

$$분 \cdot 타 \quad E = V - I_a R_a$$
$$직 \quad E = V - I_a(R_a + R_s)$$

(1) $T = \dfrac{P}{\omega} = \dfrac{P}{2\pi \dfrac{N}{60}} = \dfrac{60P}{2\pi N} = \dfrac{60\cancel{E} \cdot I_a}{2\pi N}$ [N · m]

$\omega = 2\pi f$

T

$\omega = 2\pi n$

$1[\text{kg} \cdot \text{m}] = 9.8[\text{N} \cdot \text{m}]$

(2) $T = \dfrac{60P}{2\pi N} \times \dfrac{1}{9.8} = 0.975 \dfrac{P}{N} = 0.975 \dfrac{E \cdot I_a}{N}$ [kg · m]

(3) $T = \dfrac{60 I_a}{2\pi N} \cdot \dfrac{P}{a} Z\phi \dfrac{N}{60} = \dfrac{PZ\phi}{2\pi a} I_a$ [N · m]/9.8[kg · m]

(4) $T = \dfrac{PZ\phi}{2\pi a} I_a = K\phi I_a$ [N · m]

03 회전수 n[rps] N[rpm]

$E = K\phi N$

$N = \dfrac{E}{K\phi}$ [rpm] $K = \dfrac{PZ}{60a}$

$\boxed{N = K\dfrac{\cancel{E}}{\phi} [\text{rps}] \times 60 [\text{rpm}]}$ ➤ $분 \cdot 타 \quad E = V - I_a R_a$
$직 \quad E = V - I_a(R_a + R_s)$

04 비례관계

(1) 직권 전동기(전차용 · 기중기)

$T = K\phi I_a, \quad n = K\dfrac{E}{\phi}$ $I_a = I_s = I = \phi$
$\Downarrow$ $\Downarrow$
I_a I_a

$\boxed{T \propto I_a^2 \propto \dfrac{1}{N^2}}$ 정격전압 · 무부하 ⇒ 위험속도에 도달
$\downarrow\uparrow \quad\quad \uparrow\downarrow$ ⇒ 기어나 체인 방식 사용

(2) 분권 전동기

$$T = K\phi I_a, \ n = K\dfrac{E}{\phi}$$

$$T \propto I_a$$

$$I_a = I - I_f$$
$$\parallel$$
$$\phi$$

$$\boxed{T \propto I_a \propto \dfrac{1}{N}}$$

$$T = K\phi I_a$$

정격전압·무여자 ⇒ 위험속도에 도달

⇒ 퓨즈 삽입 금지

05 속도 변동률 ϵ

$$\epsilon = \dfrac{N_0 - N_n}{N_n} \times 100$$

$$N_0 = N_n \times (\epsilon + 1)$$

$$N_n = N_0 / \epsilon + 1$$

- 속도 변동률 大 → 小

  직 → 가 → 분 → 차

06 분권 전동기의 기동시 운전

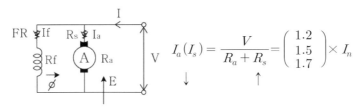

$$I_a(I_s) = \dfrac{V}{R_a + R_s} = \begin{pmatrix} 1.2 \\ 1.5 \\ 1.7 \end{pmatrix} \times I_n$$

$$T \propto P = E \cdot I_a$$

$$T = K\phi I_a$$

$$I_f = \dfrac{V}{R_f + FR}$$

(1) 기동시 기동전류↓

(2) 기동시 기동저항↑

(3) 기동시 계자전류↑

(4) 기동시 계자저항↓ $FR = 0$

07 속도 제어법 ≠ 2차 여자법

$$n = K \frac{\overrightarrow{V - I_a R_a}}{\phi} = I_f = \frac{V}{R_f}$$

$\uparrow \qquad\qquad \downarrow \qquad\quad \downarrow \qquad \uparrow$

(1) 계자 제어법 : 정출력 제어

(2) 전압 제어법 : 속도 제어가 광범위·운전 효율이 좋다.

          └─── < 워어드 레오너드 방식 : 정밀한 장소

                      일그너 방식 : 부하 변동이 심한 곳

                            fly-wheel 설치

(3) 저항 제어법 : 손실이 크다.

08 제동법

(1) **발전 제동** : 전동기를 발전기로 작동시켜 회전체의 운동에너지
를 전기에너지로 변환시켜 제동

(2) **회생 제동** : 전동기의 단자전압보다 역기전력을 더 크게 하여 제
동하는 방식

        ~ 반환

(3) **역상(역전) 제동** : 3상 중 2상의 접속을 반대로 접속하여 제동
플러깅 제동

09 직류기의 손실 및 효율

(1) 손실

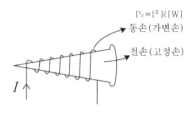

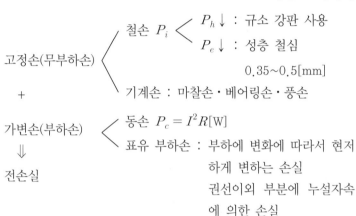

없으면

$\ulcorner$ 4[%] $\Rightarrow$ 3.5[%]

고정손(무부하손) $\Big\langle$ 철손 P_i $\Big\langle$ $P_h\downarrow$: 규소 강판 사용

$P_e\downarrow$: 성층 철심

0.35~0.5[mm]

기계손 : 마찰손·베어링손·풍손

$+$

가변손(부하손) $\Big\langle$ 동손 $P_c = I^2R$[W]

$\Downarrow$

표유 부하손 : 부하에 변화에 따라서 현저

하게 변하는 손실

권선이외 부분에 누설자속

전손실

에 의한 손실

(2) 효율 η

① $\eta = \dfrac{출력}{입력} \times 100$ 입력=출력+손실

② $\eta_G = \dfrac{출력}{입력} \times 100 = \dfrac{출력}{출력 + 손실} \times 100$

$\Downarrow$

η_{TR}

운동E $\Rightarrow$ (전기E)

출력

③ $\eta_M = \dfrac{출력}{입력} \times 100 = \dfrac{입력 - 손실}{입력} \times 100$

(전기E) $\Rightarrow$ 운동E

입력

④ 최대 효율 조건

고정손 = 가변손

(무부하손)   (부하손)

(철손)   (동손)

10 온도시험

(1) 실부하법

(2) 반환부하법 : 카프법 · 홉킨스법 · 브론델법 ⇒ 가장 긴게 답 키크법

11 토크 측정

(1) 대형 직류기의 토크 측정 : 전기 동력계법

12 절연 종별에 따른 허용온도

절연종별	Y	A	E	B	F	H
허용온도	90°	105°	120°	130°	155°	180°

02 동기기
CHAPTER

제1절 **동기 발전기 (교류 발전기) (회전 계자형)**

01 구조

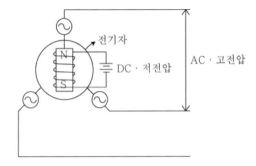

델압와류

(1) Y결선

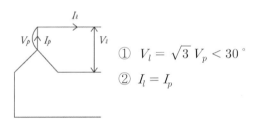

① $V_l = \sqrt{3}\, V_p < 30\,°$

② $I_l = I_p$

(2) △결선

① $V_l = V_p$

② $I_l = \sqrt{3}\, I_p < -30\,°$

1) 회전 계자형을 쓰는 이유 ≒ 기전력의 파형 개선

2) 전기자 권선을 Y결선으로 하는 이유 중 △결선과 비교했을 때 장점이 아닌 것은?

　　출력을 더욱 증대시킬 수 있다.

참고) 1) 회전 계자형을 쓰는 이유

　　　　① 기계적으로 튼튼하다.

　　　　② 절연이 용이하다.

　　　　③ 전기자 권선은 전압이 높고 결선이 복잡하여 인출선이 많다.

　　　　④ 계자 회로는 직류 저전압으로 소요전력이 적게 든다.

참고) 2) 3상시 전기자 권선을 Y(성형)결선 하는 이유

　　　　① 이상전압을 방지할 수 있다.

　　　　② 상전압이 낮기 때문에 코로나 및 열화방지

　　　　③ 고조파 순환전류가 흐르지 않는다.

02 돌극기와 비돌극기의 차이점

	용도	속도	극수	단락비	리액턴스	최대출력시 부하각 δ
1) 돌극기 (철극기)	수차 발전기	저속	많다	크다	$x_d > x_q$	60°
2) 비돌극기 (비철극기) = 원통형 회전자	터빈 발전기	고속	적다	작다	~~$x_d > x_q$~~	90°

03 동기속도 N_s

- 주파수 $f\,[\mathrm{Hz}]$

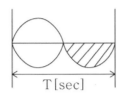

$$\omega = 2\pi f \begin{cases} 314 & f = 50 \\ 377 & f = 60 \end{cases}$$

$\omega = 2\pi n$

n : 회전수 $[\mathrm{rps}]$

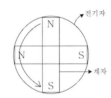

극수 2극짜리가 한바퀴 돌면 1$[\mathrm{Hz}]$

극수 4극짜리가 한바퀴 돌면 2$[\mathrm{Hz}]$

$$f = \frac{P}{2} \times n \qquad n = \frac{2f}{P} \times 60$$

(1) $N_s = \dfrac{120f}{P}\,[\mathrm{rpm}]$

$\downarrow\uparrow \qquad \downarrow\uparrow$

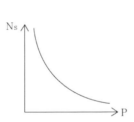

(2) $v = \pi D \dfrac{N_s}{60}\,[\mathrm{m/s}]$ 지름이 안 주어질 경우

$v = 극수 \times 극간격 \times \dfrac{N_s}{60}\,[\mathrm{m/s}]$ 극수 12

극간격 1$[\mathrm{m}]$

04 권선계수(권선법)≒전절권, 집중권

권선계수 $k_w = k_p \times k_d = 0.9 \text{xx} \times 0.9 \text{xx}$

$= 0.8 \text{xx}$가 답이 된다.

(1) 단절권=전절권

① 단절권 계수 k_p

↗ 180° 도수법

$$k_p = \frac{\text{단절권 } E \text{의 합}}{\text{전절권 } E \text{의 합}} = \sin\frac{\beta\pi}{2} = 0.9\text{xx}$$

$$\beta = \frac{\text{코일간격}}{\text{극간격}} = \frac{\text{코일간격}}{s/p} < 1$$

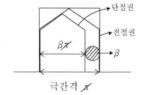

예 구멍수가 54개, 극수 6극

극과극 사이의 간격$= \frac{54}{6} = 9$

② 특징 < 동량이 감소(권선이 절약)
고조파를 제거하여 기전력의 파형개선

③ 5고조파 제거시 β의 크기 : 0.8

(2) 분포권=집중권

① 분포권 계수 k_d

$$k_d = \frac{\sin\frac{n\pi}{2m}}{q\sin\frac{n\pi}{2mq}} = \frac{\frac{1}{2}}{q\sin\frac{\pi}{2mq}} = 0.9\text{xx}$$

q : 매주 매상당 슬롯수 $= \dfrac{s}{p \times m}$

       p m s

m : 상수(3)

② 특징 < 누설 리액턴스 감소
고조파를 제거하여 기전력의 파형 개선

③ 집중권 : q가 1개

분포권 : q가 2개 이상

05 동기 발전기의 유기기전력 E=유도기의 유기기전력≒변압기의 유도기전력

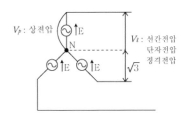

$$V_l = \sqrt{3}\,V_p$$

$$V_l = \sqrt{3}\,E$$

$$\underset{\text{권선계수}}{\overset{\text{상전압}}{E}} = 4.44\,\overset{\text{주파수}}{k_w}\,\overset{}{f}\,\overset{}{N}\,\phi \qquad N_s = \frac{120f}{P}$$

1상당 직렬권수= $\dfrac{\text{총도체수}}{\text{상수}\times\text{병렬회로수}}$

$$E = 4.44\,f\,NBS\,(\text{변압기 쪽})$$

06 전기자 반작용

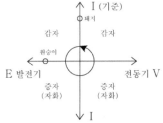

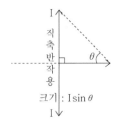

$\left\langle\begin{array}{l}\text{진상} \Rightarrow \text{증자작용(자화작용)}\\ \text{지상} \Rightarrow \text{감자작용}\end{array}\right.$　횡축반작용=교차자화작용

동위상 크기 : $I\cos\theta$

R만의 회로

07 동기 발전기의 등가회로　<u>R·L·C</u>

(1) 동기 임피던스 Z_s

① $Z = R + jx = \sqrt{R^2 + x^2}$

　↓

$$Z_s = R_a \lll jx_s = R_a + j(x_a + x_l) = \sqrt{R_a^2 + (x_a + x_l)^2}$$

$$0.1 \qquad 10$$

$$Z_s \fallingdotseq x_s = (x_a + x_l)$$

(2) 1상당 출력 P(비돌극형) [kw]

$$P = \frac{E \cdot V}{x_s} \sin\delta \times 10^{-3} \times \textcircled{3} \quad \overset{\text{3상당 출력시}}{\nearrow}$$

- 돌극형 $\delta = 60°$ $x_d > x_q$
- 비돌극형 $\delta = 90°$

08 3상 단락곡선

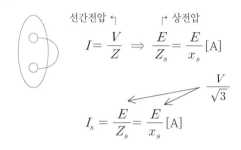

선간전압 ↱   ↱ 상전압

$$I = \frac{V}{Z} \Rightarrow \frac{E}{Z_s} = \frac{E}{x_s} [A]$$

$$\frac{V}{\sqrt{3}}$$

$$I_s = \frac{E}{Z_s} = \frac{E}{x_s} [A]$$

→ 순간(돌발)단락전류 제한 : 누설 리액턴스

→ 지속단락전류 제한 : 동기 리액턴스

단락시 : 처음은 큰 전류이나 점차로 감소한다.

09 단락비 K_s

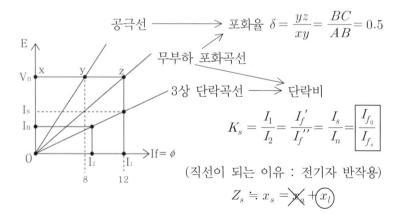

공극선 ───→ 포화율 $\delta = \frac{yz}{xy} = \frac{BC}{AB} = 0.5$

무부하 포화곡선

3상 단락곡선 ───→ 단락비

$$K_s = \frac{I_1}{I_2} = \frac{I_f'}{I_f''} = \frac{I_s}{I_n} = \boxed{\frac{I_{f_0}}{I_{f_s}}}$$

(직선이 되는 이유 : 전기자 반작용)

$$Z_s \fallingdotseq x_s = \cancel{x_q} + \textcircled{x_l}$$

- 동기 임피던스율 $\%Z_s$

$$\%Z_s = \frac{I_n \cdot Z_s}{V} \times 100 \;\Rightarrow\; \frac{I_n \cdot Z_s}{E} \times 100$$

발전기의 상전압이 기준

$$= \frac{\dfrac{P}{\sqrt{3}\,V} \cdot Z_s}{\dfrac{V}{\sqrt{3}}} \times 100$$

$$= \frac{P \cdot Z_s}{V^2} \times 100$$

$$= \frac{I_n \cdot Z_s}{\dfrac{V}{\sqrt{3}}} \times 100 = \frac{\sqrt{3}\,I_n \cdot Z_s}{V} \times 100$$

$$\%Z_s = \underset{①}{\frac{1}{K_s}} = \underset{②\ 용량}{\frac{P \cdot Z_s}{V^2}} = \underset{③\ 공식}{\frac{\sqrt{3}\,I_n Z_s}{V \Rightarrow E}} = \underset{④\ 단락전류}{\frac{I_n}{I_s}}$$

③ 공식 선간으로 주어진다.

• 단락비가 큰 기계(철기계)의 특징

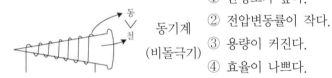

동기계
(비돌극기)

① 안정도가 높다.
② 전압변동률이 작다.
③ 용량이 커진다.
④ 효율이 나쁘다.
⑤ 동기 임피던스가 작다.

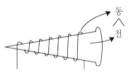

철기계
(비철극기)

$$K_s = \frac{1}{\%Z_s}$$

$$Z_s = x_s = w_L = 2\pi f L$$

10 전압변동률 ϵ

$$\epsilon = \frac{V_0 - V_n}{V_n} \times 100$$

1) 유도 부하 L : $\epsilon(+)$ $(V_0 > V_n)$
2) 용량 부하 C : $\epsilon(-)$ $(V_0 < V_n)$

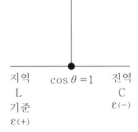

11 p.u법(단위법)

① ϵ $\begin{cases} 61\%, & x_s = 0.8[\text{p.u}] \\ 52\%, & x_s = 0.6[\text{p.u}] \end{cases}$

② P $\begin{cases} 17800 \\ 18889 \Rightarrow 19000 \\ 21360 \end{cases}$

③ $I = 113[\text{A}]$, $x_s = 1.00[\text{p.u}]$

12 동기 발전기의 병렬 운전 조건 ≠ 용량 · 출력 · 회전수 (키위주고파)

(1) 기전력의 크기가 같을 것 ≠ 무효 순환 전류 발생 (무효 횡류)

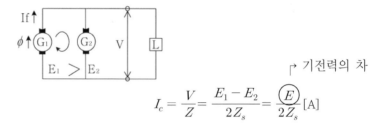

↱ 기전력의 차

$$I_c = \frac{V}{Z} = \frac{E_1 - E_2}{2Z_s} = \frac{E}{2Z_s}[\text{A}]$$

(2) 기전력의 위상이 같을 것 ≠ 유효 순환전류 발생 (유효 횡류 = 동기화 전류)

① 동기화 전류 $I_s = \dfrac{E}{Z_s} \sin\dfrac{\delta}{2} = 천사 = 100.4[\text{A}]$

② 수수전력 $P = \dfrac{E^2}{2Z_s} \sin\delta \times 10^{-3}$

③ 동기화력 $P = \dfrac{E^2}{2Z_s} \cos\delta$
$x_s \uparrow$ $\begin{cases} \epsilon \ (전압변동률) \uparrow \\ P \ (동기화력) \downarrow \end{cases}$
$\begin{matrix} \| \\ Z_s \end{matrix}$

(3) 기전력의 주파수가 같을 것 ≠ 난조발생 $\xrightarrow{\text{방지법}}$ 제동권선 설치

(4) 기전력의 파형이 같을 것 ≠ 고조파 무효 순환전류 발생

(5) 상회전 방향이 일치할 것

제2절 | 동기 전동기

01 토크 $T[kg \cdot m]$

$$T = 0.975 \frac{P}{N_s}[W]$$

$$P = \frac{T \cdot N_s}{0.975} = \boxed{1.026} N_s \cdot T \; [W]$$

↓   ↓   ↓   ↓   <u>동기와트=토크</u>

동기와트   상수   일정   토크

02 동기 전동기의 장점

① 속도가 일정하다.
② 역률 1로 운전할 수 있다(역률이 가장 좋다).
③ 효율이 좋다.
④ 역률 변환이 가능

03 위상 특성 곡선(V곡선)

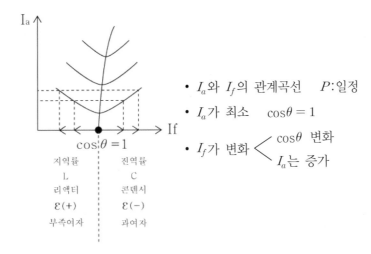

- I_a와 I_f의 관계곡선 P:일정
- I_a가 최소 $\cos\theta = 1$
- I_f가 변화 $\begin{cases} \cos\theta \text{ 변화} \\ I_a \text{는 증가} \end{cases}$

유도기

제1절　3상 유도 전동기

01 슬립 s

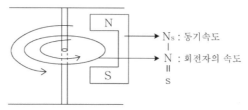

N_s : 동기속도

N : 회전자의 속도

$$s = \frac{N_s - N}{N_s} \qquad N_s = \frac{120f}{P}$$

2차동손

구리손

$$\therefore s = \frac{N_s - N}{N_s} = \frac{E_{2s}}{E_2} = \frac{f_{2s}}{f_2} = \boxed{\frac{P_{2c}}{P_2}}$$

회전시

정지시

①　　②　　③　　④

02 회전자의 속도 N

$$s = \frac{N_s - N}{N_s} \qquad N_s - N = sN_s$$

$$-N = sN_s - N_s$$

$$N = N_s - sN_s$$

유도기가 동기기에 비해서 극수가 2극만큼 적은 이유? 속도가 sN_s 만큼 늦기 때문에

$$N = (1-s)N_s = (1-s)\frac{120f}{P} \, [\text{rpm}]$$

03 슬립의 범위

(1) 전동기　$0 < s < 1$

(2) 발전기　$s < 0$

(3) 제동기(역상기)　$1 < s < 2, \ 2-s$

$\downarrow 1.97$

(4) 3상 서보모터 $0.2 < S < 0.8$

$$s = \frac{N_s - (-N)}{N_s} = \frac{N_s + N}{N_s}$$

$$= 1 + \frac{N}{N_s} = 1 + 1 - s = 2 - s$$

04 회전시 권수비 α'

• 유기기전력

$$E = 4.44 k_w f N \phi$$

(1) 정지시 권수비 α

$$\alpha = \frac{E_1}{E_2} = \frac{4.44 k_{w_1} f N_1 \phi}{4.44 k_{w_2} f N_2 \phi} = \frac{k_{w_1} N_1}{k_{w_2} N_2}$$

(2) 회전시 권수비 α'

$$\alpha' = \frac{E_1}{E_{2s}} = \frac{4.44 k_{w_1} f N_1 \phi}{s\, 4.44 k_{w_2} f N_2 \phi} = \boxed{\frac{k_{w_1} N_1}{s\, k_{w_2} N_2}} = \boxed{\frac{\alpha}{s}}$$

$$E_2 : N_s$$
$$\times$$
$$\widehat{E_{2s}} : N_s - N \qquad E_{2s} = \left(\frac{N_s - N}{N_s}\right) E_2 = s E_2 \qquad f_{2s} = s f_2$$

$$s = \frac{E_{2s}}{E_2} \qquad\qquad s = \frac{f_{2s}}{f_2}$$

05 1차 1상으로 환산한 I_1

상수비 β, 권수비 α, $I_1 = ?$

$$\beta = \frac{m_1}{m_2} \qquad \alpha = \frac{k_{w_1} N_1}{k_{w_2} N_2} = \frac{I_2}{I_1}$$

$$\frac{m_1}{m_2} \cdot \frac{k_{w_1} N_1}{k_{w_2} N_2} = \frac{I_2}{I_1} \qquad I_1 = \frac{m_2}{m_1} \cdot \frac{k_{w_2} N_2}{k_{w_1} N_1} \cdot I_2 = \boxed{\frac{I_2}{\beta \cdot \alpha}}$$

06 회전시 2차전류 I_{2s}

$$I_2 = \frac{\cancel{V_2}}{Z_2} \Rightarrow E_2$$

$$I_{2s} = \frac{E_{2s}}{Z_{2s}} = \frac{s E_2}{\sqrt{r_2^2 + (s x_2)^2}} \times \frac{\dfrac{1}{s}}{\dfrac{1}{s}} = \boxed{\frac{E_2}{\sqrt{\left(\dfrac{r_2}{s}\right)^2 + x_2^2}}} \fallingdotseq 43[\text{A}]$$

$$x = x_L = \omega_L = 2\pi f L$$

주파수가 존재하기 때문에 회전 시
조건에 의해 슬립이 들어간다.

07 2차 출력 정수=등가저항

$$R = r_2\left(\frac{1}{s} - 1\right)$$

$$4[\%] \Rightarrow 24r_2$$
$$5[\%] \Rightarrow 19r_2$$

08 전력의 변환

P_0 : 출력　　　P_2 : 입력　　　P_{2c} : 동손

(1) 출력 = 입력 − 동손

$$P_0 = P_2 - P_{2c} = P_2 - sP_2 = (1-s)P_2 = \left(\frac{N}{N_s}\right)P_2$$

$$P_{2c} = \boxed{sP_2}$$

$$s = \frac{P_{2c}}{P_2} \qquad P_2 = \boxed{\frac{P_{2c}}{s}} \qquad = \left(\frac{1-s}{s}\right)P_{2c}$$

$$\therefore P_0 = P_2 - P_{2c} = (1-s)P_2 = \left(\frac{N}{N_s}\right)P_2 = \left(\frac{1-s}{s}\right)P_{2c}$$

(2) 2차동손

$$P_{2c} = \left(\frac{s}{1-s}\right)(P_0 + P_m) \Rightarrow 475[\text{W}]$$

↳ 기계손

(3) 2차 효율 η_2

기계손이 주어지면

$(P_0 + P_m)$

$$\eta_2 = \frac{출력}{입력} = \frac{P_0}{P_2} = \frac{(1-s)P_2}{P_2} = 1 - s = \frac{N}{N_2} = \frac{\omega}{\omega_s(\omega_0)} = \frac{2\pi N}{2\pi N_s}$$

(4) 비례관계

$$P_2 : P_0 : P_{2c} = 1 : 1-s : s$$

P_2가 기준 $P_2 : (1-s)P_2 : sP_2$

09 토크

$$T \ [\text{N} \cdot \text{m}] \ [\text{kg} \cdot \text{m}] \begin{cases} T = \dfrac{60P}{2\pi N} [\text{N} \cdot \text{m}] \\[4mm] T = 0.975 \dfrac{P}{N} [\text{kg} \cdot \text{m}] \end{cases}$$

입력 $\dfrac{P_2}{N_s}$

1) $T = \dfrac{60 \boxed{P_2}}{2\pi N_s} [\text{N} \cdot \text{m}]$

2) $T = 0.975 \dfrac{\boxed{P_2}}{N_s} [\text{kg} \cdot \text{m}]$

동기와트 $\quad T \propto P_2 \propto \dfrac{1}{N_s}$

출력 $\dfrac{P_0}{N}$

3) $T = \dfrac{60 P_0}{2\pi N} [\text{N} \cdot \text{m}]$

4) $T = 0.975 \dfrac{P_0}{N} [\text{kg} \cdot \text{m}]$

$$T = \frac{P_0}{\omega} = \frac{P_0}{2\pi \dfrac{N}{60}} = \frac{P_0}{\dfrac{2\pi}{60}(1-s)N_s} = \frac{P_0}{\dfrac{2\pi}{60}(1-s)\dfrac{120f}{P}}$$

$$\boxed{P_0(\text{기계적 출력}) = T \cdot (1-s) \cdot \frac{4\pi f}{P}}$$

(1) 비례관계

$$T = \frac{P_2}{\omega_s} = \boxed{\frac{1}{\omega_s}}^{\nearrow K} E_2 \cdot I_2 \cdot \cos\theta_2$$

$$= K \cdot E_2 \cdot \frac{sE_2}{\sqrt{r_2^2 + (sx_2)^2}} \cdot \frac{R_2}{\sqrt{r_2^2 + (sx_2)^2}}$$

$$\boxed{T = K \cdot \frac{sE_2^2 \cdot R_2}{r_2^2 + (sx_2)^2}} \qquad T \propto V^2 \propto \frac{1}{s}$$

$$s \propto \frac{1}{V^2}$$

(2) 최대 토크시 슬립의 크기

$$T = K \cdot \frac{sE_2^2 \cdot R_2}{\boxed{r_2^2 + (sx_2)^2}}$$

$\uparrow \infty \qquad \qquad \neq 0$

$$= 1$$

$$r_2^2 = (sx_2)^2$$

$$s = \frac{r_2}{x_2} \qquad s \propto r_2 \qquad T_m : \text{일정}$$

$$\text{변하지 않는다.}$$

10 비례추이 : 3상 권선형 유도 전동기

↳ 비례추이 할 수 없는 것? 출력·효율·2차동손·동기속도·저항

11 원선도

(1) 원선도 작성시 필요한 시험 ≠ 슬립측정

① 권선의 저항 측정 시험

② 무부하(개방) 시험

③ 구속 시험

(2) 그림

① 2차 효율 $= \dfrac{\overline{DP}}{\overline{CP}}$

② 역률 $= \dfrac{OP'}{OP}$

③ 원선도의 지름 $= \dfrac{E}{X} = \dfrac{V_1}{X}$

(3) 구할 수 없는 것? 기계적 출력

12 속도 제어법 ≠ 1차 저항법

(1) 농형

① 주파수 제어법 : 선박의 전기추진·인견공업의 포트모터

　　↳ 역률이 우수

② 극수 변환법

③ 전압 제어법 : SCR 위상각

(2) 권선형+분권 ────── 저항으로 속도 조정이 된다.

　　　　　　　　　　　　　　속도 변동률이 작다.

① 2차 저항법 : 비례추이

　　↳ 구조가 간단, 조작이 용이

② 종속법

가) 직렬종속 $= \dfrac{120f}{P_1 \oplus P_2}$ ⟶ 합

나) 병렬종속 $= \dfrac{120f}{P_1 + P_2} \times 2 = \dfrac{240f}{P_1 + P_2}$

다) 차동종속 $= \dfrac{120f}{P_1 - P_2}$

③ 2차 여자법 : 슬립 주파수의 전압을 가하여 속도를 제어

속도 상승   속도 저하

13 기동법

(1) 농형

① 직입기동(전전압 기동) : 5(kw) 이하
② Y-△기동 : 5~15(kw) 정도
③ 기동 보상기법 : 15(kw) 이상
④ 리액터 기동

(2) 권선형

① 2차 저항 기동
② 게르게스법

14 유도기의 이상현상

(1) 크로우링 현상 ⇒ 농형유도전동기   고정자와 회전자 슬롯수가
                                       적당하지 않을 경우
    소음 발생 ⇒ 사구채용   소음이 발생하는 현상
              방지책

(2) 게르게스 현상 ⇒ 권선형유도전동기

전류에 고조파가 포함되어 3상 운전중 1선의 단선사고가 일어나는 현상

① 영향 : 속도가 감소하며, 운전은 지속되나 전류가 증가하며 소손
          의 우려가 있다.
② s=0.5 수준으로 계속 운전

15 고조파 차수 h

(1) 기본파와 같은 방향 (+)

$h = 3n + 1$ (13고조파)

(2) 기본파와 반대 방향 (−)

$h = 3n - 1$ (5고조파)

(3) 회전자계가 발생하지 않는다.

$h = 3n$ (9고조파)

(4) 속도

$\dfrac{1}{h}$의 속도

제2절 **단상 유도 전동기**

01 기동 토크 大 → 小   (반 → 콘 → 분 → 세)

(반발 기동형) → (반)발 유도형 → (콘)덴서 기동형
  ↳ 브러쉬 기동   ↳ 기동 토크가 크고
                역률이 우수
                소음이 작다.
→ (분)상 기동형 → (세)이딩 코일형
    ↳ R:大
      X:小

제3절 **유도 전압 조정기(정지기)**

01 단상 유도 전압 조정기

① 교번자계
② 위상차가 없다.
③ 단락 권선이 필요
      ↳ 누설 리액턴스에 의한 전압강하 경감
④ $P_2 = E_2 I_2 \times 10^{-3}$[KVA]
      ↳ 조정전압 $100 \pm \text{㉚}$

02 3상 유도 전압 조정기

① 회전자계
② 위상차가 있다.
③ 단락권선 X
④ $P_2 = \sqrt{3}\, E_2 I_2 \times 10^{-3}$[KVA]
      ↳ 조정전압

03 조정범위

전기기사 2011년 1회

답:350[V] ②번

① $V_2 = V_1 + E_2 \cos\alpha$ V_1:전원전압 E_2:2차권선의 유기전압

② $V_1 \pm E_2$까지 α:1차와 2차권선의 축 사이의 각도

③ $V_1 + E_2$에서 $V_1 - E_2$까지

변압기

01 절연유의 구비조건

(1) 절연 내력이 클 것

(2) 점도(점성)가 낮을 것

(3) 인화점이 높을 것

* 컨서베이터 : 열화 방지

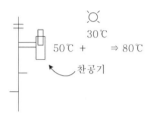

02 자기 인덕턴스 및 누설 리액턴스

$$L \to X$$

$$\xrightarrow{\quad} \text{-}0000\text{-}$$

$$I$$

렌츠   패러데이

$$e = L\frac{di}{dt} \qquad\qquad e = N\frac{d\phi}{dt}$$

$$LI = N\phi \qquad L = \frac{N\phi}{I} = \frac{N\frac{\mu s NI}{l}}{I} = \frac{\mu s N^2}{l}$$

$L \propto N^2$(권선의 분할조립 ⇒ 누설 리액턴스 감소)

03 변압기의 유기기전력과 권수비

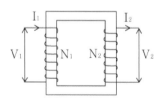

(1) $E = 4.44fN\phi = 4.44fNBS$

$$a = \frac{E_1}{E_2} = \frac{4.44fN_1\phi}{4.44fN_2\phi} = \frac{N_1}{N_2}$$

(2) $a = \dfrac{E_1}{E_2} = \dfrac{N_1}{N_2} = \dfrac{V_1}{V_2} = \dfrac{I_2}{I_1} = \sqrt{\dfrac{Z_1}{Z_2}} = \sqrt{\dfrac{R_1}{R_2}}$

(3) 총 임피던스 Z_0

입력 = 출력 $\qquad Z_0 = Z_1 + a^2 Z_2$

$P_1 = V_1 I_1 \qquad\qquad P_2 = V_2 I_2$

$$V_1 I_1 = V_2 I_2$$

- 변압기의 등가회로

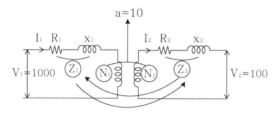

2차를 1차로 환산

$$Z_1 = \frac{V_1}{I_1} = \frac{a V_2}{\dfrac{I_2}{a}} = a^2 \frac{V_2}{I_2} = a^2 Z_2$$

$$Z_1 = a^2 Z_2 \qquad a^2 = \frac{Z_1}{Z_2} \qquad a = \sqrt{\frac{Z_1}{Z_2}}$$

$$R_1 = a^2 R_2 \qquad a^2 = \frac{R_1}{R_2} \qquad a = \sqrt{\frac{R_1}{R_2}}$$

04 변압기의 등가회로 및 여자회로

(1) 변압기의 등가회로 작성시 필요한 시험

① 권선의 저항 측정 시험

② 무부하(개방) 시험 : 철손, 여자전류, 여자 어드미턴스

③ 단락 시험 : 동손, 임피던스, 단락전류

(2) 여자회로

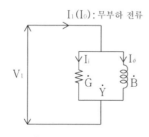

$I_1 (I_0)$: 무부하 전류

I_i : 철손 전류
I_ϕ : 자화전류(자속을 만드는 전류)

무부하 전류는 누구에 의해서 결정?
여자 어드미턴스

$\rightarrow \dfrac{1}{Z}$

①$(I_0) = Y \cdot V_1 = (G + jB) V_1$
$\qquad\qquad = G V_1 + j B V_1$

$$I_0 = I_i + j I_\phi$$

$$I_0 = \sqrt{I_i^2 + I_\phi^2}$$

$$I_\phi = \sqrt{I_0^2 - (\frac{P_i}{V_1})^2} = 0.072[\text{A}]$$

② $P_i = V_1 I_i = V_1 \cdot \dfrac{V_1}{R} = \dfrac{V_1^2}{R} = G_0 V_1^2$

$P_i = G_0 \cdot V_1^2 \qquad G_0 = \dfrac{P_i}{V_1^2}[\text{V}]$

05 전압 강하율

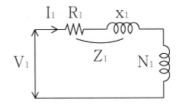

(1) 저항 강하율 $\%R = P$

임피던스 전압을 걸 때의 입력을
임피던스 와트라고 한다.

┌ 동손(임피던스 와트)

$\%R = P = \dfrac{I_{1n} \cdot R_1}{V_{1n}} \times \dfrac{I_{1n}}{I_{1n}} = \dfrac{P_c}{P_n}$

$\qquad\qquad\quad$ [V] $\qquad$ [A] $\qquad$ ↳ 변압기 용량

$\%R = P = \dfrac{I_{1n} \cdot R_1}{V_{1n}} \times 100 = \dfrac{P_c}{P_n} \times 100$

(2) 리액턴스 강하율 $\%x = q$

$\%x = q = \dfrac{I_{1n} \cdot x_1}{V_{1n}} \times 100$

(3) 임피던스 강하율 $\%Z$

┌ 임피던스 전압 : 1차 정격전류를

흘렸을 때 변압기 내의 전압강하

$\%Z = \dfrac{I_{1n} \cdot Z_1}{V_{1n}} \times 100 = \dfrac{V_{1s}}{V_{1n}} \times 100$

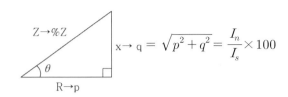

$$x \to q = \sqrt{p^2 + q^2} = \frac{I_n}{I_s} \times 100$$

↱ 임피던스 전압 : 1차 정격전류를
흘렸을 때 변압기 내의 전압강하

$$\%Z = \frac{I_{1n} \cdot Z_1}{V_{1n}} \times 100 = \frac{V_{1s}}{V_{1n}} \times 100 = \sqrt{p^2 + q^2} = \frac{I_n}{I_s}$$

06 단락전류 I_s

$$\%Z = \frac{I_n}{I_s} \times 100$$

$$V \cdot I_s = \frac{100}{\%Z} I_n \cdot V$$

$$P_s = \frac{100}{\%Z} P_n$$

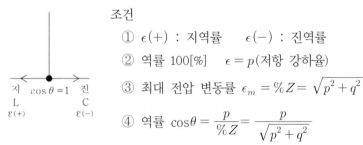

$$I_s = \frac{100}{\%Z} I_n$$

$$1\phi = \frac{P}{V_{1(2)}}$$

$$3\phi = \frac{P}{\sqrt{3}\, V_{1(2)}}$$

$$4[\%] \Rightarrow 25 I_n$$

$$5[\%] \Rightarrow 20 I_n$$

07 전압 변동률 ϵ

$$\epsilon = \frac{V_{20} - V_{2n}}{V_{2n}} \times 100 = p\cos\theta \pm q\sin\theta$$

지 ← $\cos\theta = 1$ → 진
L   C
$\epsilon(+)$ $\epsilon(-)$

조건

① $\epsilon(+)$: 지역률 $\epsilon(-)$: 진역률

② 역률 100[%] $\epsilon = p$(저항 강하율)

③ 최대 전압 변동률 $\epsilon_m = \%Z = \sqrt{p^2 + q^2}$

④ 역률 $\cos\theta = \dfrac{p}{\%Z} = \dfrac{p}{\sqrt{p^2 + q^2}}$

⑤ 1차 단자전압

$$V_{1n} = a V_{20} = a(1 + \epsilon) \cdot V_{2n}$$

직류기에서 $\epsilon = \dfrac{V_0 - V_n}{V_n}$

$$V_0 = (1 + \epsilon) \cdot V_n$$

(삼각형 도해)
$\sqrt{p^2 + q^2}$
$\|$
$\%Z$ q
θ
p

08 변압기의 병렬운전 조건 ≠ 용량·출력

(1) 극성·권수비·단자전압 일치

틀린 것? $1\phi TR$

(2) $\%Z$ 일치 (p, q 일치) ⇒ p, q가 반비례

(3) 상회전 방향과 각 <u>변위</u>가 일치 – $3\phi TR$

↳ 위상

(4) 가능 : 짝수   A기   B기

불가능 : 홀수   Y-△와   △-Y

                  $30° - 30° = 0°$

                Y-△와   △-△

                  $30° - 0° = 30°$

(5) 부하분담비

$$\frac{P_a}{P_b} = \frac{P_A}{P_B} \cdot \frac{\%Z_b}{\%Z_a}$$

   ↓   ↓   ↳ 누설 임피던스

분담용량   정격용량   용량은 비례하고 누설 임피던스는 반(역)비례

합성용량 ⇒ 임피던스가 작은 것을 기준잡는다.

09 극성시험

(1) 감극성(우리나라 기준)

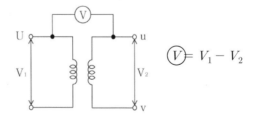

$$\textcircled{V} = V_1 - V_2$$

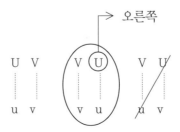

→ 오른쪽

(2) 가극성

박문각

10 변압기의 3상 결선

(1) Y결선(성형 결선)

① $V_l = \sqrt{3}\, V_p < 30°$

② $I_l = I_p$

③ $P_y = \sqrt{3}\, V_n I_n = \sqrt{3} \cdot \sqrt{3}\, V_p \cdot I_p = 3P$

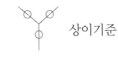

상이기준

(2) △결선(환상 결선)

① $V_l = V_p$

② $I_l = \sqrt{3}\, I_p < -30°$

③ $P_\triangle = \sqrt{3}\, V_l I_l = \sqrt{3}\, V_p \sqrt{3}\, I_p = 3P$

(3) V결선

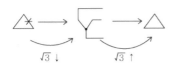

1대증설

① $V_l = V_p$

② $I_l = I_p$

③ $P_v = \sqrt{3}\, V_l I_l = \sqrt{3}\, V_p I_p = \sqrt{3}\, P$

④ 이용률 $= \dfrac{\sqrt{3}\, P}{2P} \times 100 = 86.6[\%]$

⑤ 출력비 $= \dfrac{\sqrt{3}\, P}{3P} \times 100 = 57.7[\%]$

11 변압기의 손실

(1) 와류손

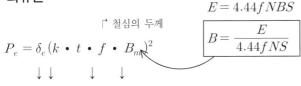

┌ 철심의 두께

$P_e = \delta_e (k \cdot t \cdot f \cdot B_m)^2$

$E = 4.44 f NBS$

$B = \dfrac{E}{4.44 f NS}$

↓↓ ↓ ↓

상수 파형률 주파수 자속밀도

k :파형률 $P_e \propto t^2$ f :무관계 $P_e \propto V^2$

Chapter 04 변압기 305

(2) 히스테리시스손

$$P_h \propto f \cdot B^2$$

$$E = 4.44fNBS$$

$$B \propto \frac{1}{f}$$

$$P_h \propto f \cdot (\frac{1}{f})^2 = \frac{1}{f}$$

$$\boxed{P_h \propto \frac{1}{f} \qquad P_i \propto \frac{1}{f} \qquad B \propto \frac{1}{f} \qquad X_l \propto f}$$

12 효율 η

(1) $\eta = \dfrac{출력}{출력 + 손실} = \dfrac{P(\frac{1}{m})}{(\frac{1}{m})P + P_i + P_c(\frac{1}{m})^2} \times 100$

① 전손실 : $P_i + P_c \qquad P_c = I^2 R [\text{W}]$

② 최대 효율 조건 : $P_i = P_c$

③ $\dfrac{1}{m}$ 부하시 전손실 : $P_i + P_c(\frac{1}{m})^2$

④ $\dfrac{1}{m}$ 부하시 최대효율 조건 : $P_i = P_c(\frac{1}{m})^2$

$$(\frac{1}{m})^2 = \frac{P_i}{P_c}$$

$$\frac{1}{m_\eta} = \sqrt{\frac{P_i}{P_c}}$$

제2절 특수 변압기(승압기)

01 단권 변압기(승압용)

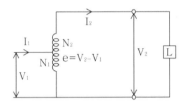

= 변압기 용량 = 등가용량

(1) $\dfrac{자기용량}{부하용량} = \dfrac{(V_2 - V_1) \cdot I_2}{V_2 \cdot I_2} = \dfrac{V_2 - V_1}{V_2} = \dfrac{V_h - V_l}{V_h}$

= 선로용량

$$V_h = (1 + \dfrac{1}{a}) \cdot V_l$$

항상 부하용량이 크다.   부〉자

$V_1 : N_1$
$\times$
$V_2 : N_1 + N_2$

$V_2 = (\dfrac{N_1 + N_2}{N_1}) \cdot V_1$

$V_2 = (1 + \dfrac{1}{a}) \cdot V_1$

$V_h = (1 + \dfrac{1}{a}) \cdot V_l$

(2) V결선 : $\dfrac{자기용량}{부하용량} = \left(\dfrac{2}{\sqrt{3}}\right) \cdot \dfrac{V_h - V_l}{V_h}$

(3) △결선 : $\dfrac{자기용량}{부하용량} = \dfrac{V_h^2 - V_l^2}{\sqrt{3}\,V_h V_l}$

02 상수 변환

(1) $3\phi \Rightarrow 2\phi$

① 스콧트 결선(T결선) ② 우드브리지 결선

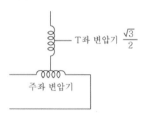

T좌 변압기의 권수비=주좌 변압기의 권수비$\times \dfrac{\sqrt{3}}{2}$

$$= 14.3 \ , \ 12.99$$

(2) $3\phi \Rightarrow 6\phi$

① 포크 결선

03 변압기 내부고장 보호에 사용되는 계전기

① 차동 계전기
② 부흐 홀쯔 계전기
③ 비율 차동 계전기

04 절연 내력 시험

① 유도 시험
② 가압 시험
③ 1단 접지 충격 전압 시험

05 계기용 변성기(MOF) ⇒ 전력 수급용 계기용 변성기

(1) 계기용 변압기(PT)

2차측 전압 : 110[V]

(2) 변류기 (CT)

2차측 전류 : 5[A]
① 변류기 개방시 2차측 단락하는 이유 : 2차측 절연보호
② $I_1 = I_2 \times CT$비 (벡터합)

③ $I_1 = \dfrac{I_2}{\sqrt{3}} \times CT$비 (벡터차)

05 정류기

01 회전변류기

(1) 전압비

$$\frac{E_a}{E_d} = \frac{1}{\sqrt{2}} \sin\frac{\pi}{m}$$

E_a : 교류(실효값), E_d : 직류, m : 상수

① 1ϕ : $\dfrac{E_a}{E_d} = \dfrac{1}{\sqrt{2}}$

(기준)

② 3ϕ : $\dfrac{E_a}{E_d} = \dfrac{\sqrt{3}}{2\sqrt{2}}$

③ 6ϕ : $\dfrac{E_a}{E_d} = \dfrac{1}{2\sqrt{2}}$

(2) 전류비

$$\frac{I}{I_d} = \frac{2\sqrt{2}}{m\cos\theta}$$

I : 교류(실효값), I_d : 직류

02 수은 정류기

(1) 전압비

$$\frac{E_a}{E_d} = \frac{\dfrac{\pi}{m}}{\sqrt{2}\,\sin\dfrac{\pi}{m}}$$

① 3ϕ반파(기준)

$E_d = 1.17E \cdot \cos\alpha$

② 3ϕ전파(6ϕ반파)

$E_d = 1.35E \cdot \cos\alpha$

(2) 전류비

$$\frac{I}{I_d} = \frac{1}{\sqrt{m}} \rightarrow 상수$$

예 3ϕ 수은 정류기 $I_d = 100[\text{A}]$ $I = ?$

$$I = \frac{100}{\sqrt{3}}[\text{A}]$$

03 정류회로 (AC⇒DC)

(1) 1ϕ반파 (다이오드 1개)

① $E_d = \dfrac{\sqrt{2}\,E}{\pi} = 0.45E - e$

    ↓   ↓ ↳ 손실

직류(출력)   교류(입력)

② $I_d = \dfrac{E_d}{R} = \boxed{\dfrac{\dfrac{\sqrt{2}}{\pi}E - e}{R}} = \dfrac{\sqrt{2}\,E}{\pi R} = \dfrac{\sqrt{2}}{\pi}I = 0.45I$

③ $I_d = \dfrac{\sqrt{2}}{\pi}I = \dfrac{1}{\pi}I_m$

④ $\text{PIV} = \sqrt{2}\,V$

  (첨두 역전압)

⑤ 점호각이 주어질 경우(SCR)

                ➤ 점호각

$E_d = 0.45E\left(\dfrac{1 + \cos\alpha}{2}\right)$

(2) 1ϕ전파 (다이오드 2개 이상)

① $E_d = \dfrac{2\sqrt{2}\,E}{\pi} = 0.9E - e$

② $I_d = \dfrac{E_d}{R} = \dfrac{\dfrac{2\sqrt{2}}{\pi}E}{R} = \dfrac{2\sqrt{2}\,E}{\pi R} = \dfrac{2\sqrt{2}}{\pi}I = 0.9I$

③ $I_d = \dfrac{2\sqrt{2}}{\pi}I = \dfrac{2}{\pi}I_m$

④ $\text{PIV} = 2\sqrt{2}\,V$

⑤ 점호각이 주어질 경우(SCR)

  $E_d = 0.9E\left(\dfrac{1 + \cos\alpha}{2}\right)$

04 맥동률 γ

$\gamma = \dfrac{\text{교류분의 전압}}{\text{직류분의 전압}} \times 100[\%]$

교류분의 전압 = 맥동률 × 직류분의 전압(부하전압)

① 1φ반파 : 121[%]

② 1φ전파 : 48[%]

③ 3φ반파 : 17[%]

④ 3φ전파 : 4[%]

    (6φ반파)

05 정류 효율 η

$$\eta = \frac{직류전력}{교류전력} \times 100[\%]$$

① 1φ반파 : 40.6[%] $= \dfrac{4}{\pi^2} \times 100$

② 1φ전파 : 81.2[%] $= \dfrac{8}{\pi^2} \times 100$

③ 3φ반파 : 96.5[%]

④ 3φ전파 : 99.8[%]

    (6φ반파)

06 다이오드의 보호 방법

(1) 직렬연결 : 과전압으로부터 보호

(2) 병렬연결 : 과전류로부터 보호

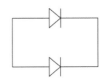

(3) 인버터 : 직류 ⇒ 교류

(4) 컨버터 : 교류 ⇒ 직류

(5) 사이클로 컨버터 : 교류전력 ⇒ 교류전압(주파수 변환기)

                        AC ⇒ AC

(6) 초퍼제어 : 직류전압 제어

(7) 위상제어 : 교류전압 제어

07 반도체 소자

① SCR : 단방향 3단자
② SCS : 단방향 4단자
③ SSS : 쌍방향 2단자
④ DIAC : 쌍방향 2단자
⑤ TRIAC : 쌍방향 3단자

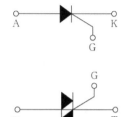

08 전기각=기하각$\times \dfrac{P}{2}$

제 **3** 과목

전기설비

핵심이론편

전선과 케이블

■ **전압의 구분**

(1) **저압** : 교류는 1kV 이하, 직류는 1.5kV 이하인 것

(2) **고압** : 교류는 1kV를, 직류는 1.5kV를 초과하고, 7kV 이하인 것

(3) **특고압** : 7kV를 초과하는 것

제1절 | **단선과 연선**

전선에는 단선과 연선이 있다. 여기서 연선이란 꼬은 선을 말하는데, 직경이 커지면 가요성이 불리한 이유로 연선을 사용한다.

(1) 단선

단면이 원형인 1가닥을 도체로 한 것으로 사용한 전선을 단선이라 하며, 단면이 원형, 평각형, 각형 등이 있으며 각각 용도에 따라 구분하여 사용한다. 단선의 도체 지름은 [mm]로 나타내고, 가요성이 작고 가는 전선을 사용한다.

(2) 연선

전선의 단면이 원형인 여러 가닥의 단선을 꼬아 합쳐진 전선을 연선이라고 한다. 전류 용량이나 기계적인 강도가 큰 장소에 사용할 경우 혹은 가요성이 요구되는 장소에 사용된다. 가요성이 크고 굵은 전선을 사용하며, 공칭 단면적은 [mm^2]가 된다.

① 연선의 구성

총 소선 수 : $N = 3n(n+1)+1$

연선의 단면적 : $A = \dfrac{\pi d^2}{4} \times N$

연선의 바깥지름 : $D = (2n+1) \times d$

여기서, n : 층수, d : 소선의 지름, D : 바깥지름

② 전선의 종류

전선의 종류	전선의 모양	전선의 단면	전선의 굵기 표시
단선			도체의 지름 [mm]
연선			도체의 단면적 [mm^2]

(3) 전선의 구비조건

① 경제적일 것

② 비중 또는 밀도는 작을 것

③ 가요성이 있을 것

④ 고유저항이 적을 것(도전율이 클 것)

⑤ 내식성이 클 것

(4) 전선의 주재료

주재료는 구리(Cu)를 사용한다.

① **연동선** : 전기적 저항이 작고, 가요성이 큼(일반옥내 배선공사에 사용)

② **경동선** : 인장 강도가 큼(송·배선 선로에 사용)

(5) 전선의 고유저항

① 연동선 : $\dfrac{1}{58}[\Omega \cdot \mathrm{mm}^2/\mathrm{m}]$

② 경동선 : $\dfrac{1}{55}[\Omega \cdot \mathrm{mm}^2/\mathrm{m}]$

③ 알루미늄(Al) : $\dfrac{1}{35}[\Omega \cdot \mathrm{mm}^2/\mathrm{m}]$

제3과목 ✦ 전기설비

(6) 전선의 식별

상(문자)	색상
L1	갈색
L2	흑색
L3	회색
N	청색
보호도체	녹색-노란색

제2절 절연전선

나전선에 고무나 비닐 등의 절연물을 피복하여 전기적으로 절연하여 저압에 사용한다.

현재 가장 많이 사용되는 절연물은 면과 고무, 합성수지 등이다. 절연물은 유연하며 강도가 크고, 절연저항, 내열성이 큰 것을 필요로 하고, 장소에 따라서 내산성 등이 요구가 된다.

(1) 절연전선의 종류와 용도

명칭	용도
인입용 비닐 절연전선(DV)	저압 가공 인입용으로 사용
옥외용 비닐 절연전선(OW)	저압 가공 배전선(옥외용)
450/750[V]일반용 단심 비닐 절연전선(NR)	옥내배선용으로 주로 사용
형광등 전선(FL)	형광등용 안정기의 2차배선

절연전선은 보통 다음과 같은 용도에 사용된다.

① 보통 장소에서의 애자 공사 및 몰드공사
② 가공 배전 선로
③ 금속덕트공사에 의한 노출 배선
④ 금속덕트공사, 플로어 덕트공사 등의 매입배선

제3절 코드

전등이나 전기기구에 접속하여 사용하는 기동용 전선을 말한다. 코드는 옥내에서 직하식 전등 및 기타 소형 전기기구에 사용이 되며, 종류로는 고무 코드, 비닐 코드, 단심 코드, 대편코드 등이 있으며 이는 전기용품 안전 관리법을 적용받는 것이 아니면 이를 사용해서는 안 되며, 또한 비닐 코드 및 비닐 캡타이어 코드는 전구선 및 고온에서 사용하는 전열기에는 사용할 수가 없다.

(1) 캡타이어 코드

연동선 또는 꼬은 선에 테이프 또는 실을 감고, 그 위에 30[%] 이상의 고무 탄화수소 혼합물로 균일하게 피복한 것으로서 기계적인 강도, 방습성이 우수하다. 사용 예는 옥내 교류 300[V] 이하의 소형 전기 기구에 사용한다.

(2) 금사 코드

연동선을 두 개로 꼬아 면사로 감고, 18가닥을 모아 그 위에 고무 혼합물의 피복을 입히고, 2~4조로 면사편조를 씌운 구조를 갖는다. 사용 예는 전기 이발기, 전기면도기, 헤어 드라이어 등 이동용 기구에 사용된다.

제4절 평각구리선

변압기의 2차 측과 기계기구의 권선에 사용한다.
종류는 다음과 같다.
• 1호 – 경질
• 2호 – 반 경질
• 3호 – 연질
• 4호 – 연질로 엣지 와이어를 구부려 사용

제5절 나전선

일반적으로 피복이 없는 도체로만 이루어진 전선으로 옥내에서는 시설할 수 없으며 다음 장소에 한하여서만 사용할 수 있다.

(1) 애자사용공사에 의하여 전개된 곳에 다음 전선을 시설하는 경우

① 전기로용 전선
② 전선의 피복 절연물이 부식하는 장소에 시설하는 전선
③ 취급자 이외의 자가 출입할 수 없도록 설비한 장소에 시설하는 전선

(2) 버스덕트 공사

(3) 라이팅덕트 공사

(4) 접촉전선

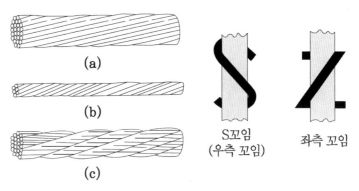

나전선의 종류

제6절 케이블

케이블은 도체의 위에 절연체로 절연을 하고 그 위에 외장 물질로 외장을 한 것을 말한다.
다음은 케이블에 사용되는 약호를 말한다.

① R : 고무   ② B : 부틸 고무
③ V : 비닐   ④ E : 폴리에틸렌
⑤ C : 가교 폴리에틸렌   ⑥ N : 클로로프렌

(1) 캡타이어 케이블

이동성과 가요성을 가지고 있으며, 고무 혼합물로 피복하고, 내수성, 내산성, 내유성을 가진 전선으로 공장 등에서 사용한다.

심선의 색상은 5심(흑·백·적·녹·황)으로 되어 있다.

종류는 다음과 같다.

① 1종 : 표면 피복에 고무를 피복한 것으로 현재 전기공사에 사용하지 않는다.

② 2종 : 1종에 비해 캡타이어 고무질이 좋다.

③ 3종 : 고무 피복 중간에 면포를 삽입하여 강도를 보강하였다.

④ 4종 : 심선 사이에 고무를 삽입하여 강도를 보강하였다.

캡타이어 케이블의 종류

(2) 비닐 시스 케이블

비닐 절연전선 위에 염화비닐수지 혼합물로 외장한 것으로 원형, 평형, 동심형의 3종류로 되어 있다.

사용 예로서는 저압 가공 케이블, 옥외 조명 가공 케이블, 인입구 배선 및 옥측 배선에 사용된다.

(3) 클로로프렌 시스 케이블

고무 혼합물을 입히고 클로로프렌 외피를 입힌 전선이고 고압(옥내, 가공, 인입, 지중 케이블)에 사용한다.

(4) 플렉시블 시스 케이블(flexible armored cable)

아연 도금 연강제를 나사모양으로 감은 것(외장을 덮음)으로 저압 옥내배선에서만 사용하며, 고압에서는 사용할 수가 없다.

플렉시블 시스 케이블의 구조와 사용 예를 살펴보면 다음과 같다.

① AC : 심선에 고무 절연선을 사용하였으며 건조한 곳에 노출 은폐 배선용에 사용된다.

② ACT : 심선에 비닐 절연전선을 사용하였으며 건조한 곳에 노출 은폐 배선용에 사용된다.

③ ACV : 주트를 감아 절연 컴파운드를 먹인 것으로서 공장이나 상점에서 사용된다.

④ ACL : 외장에 연피가 있는 것으로서 습기, 물기가 있는 곳에 사용된다.

(5) 연피 케이블

외부에 손상을 받지 않고 부식의 우려가 없는 관로식, 지중전선로에 사용한다.

(6) 지중전선로의 매설방법 : 직접매설식, 관로식, 암거식

① 관로식의 매설깊이

1[m] 이상 단, 중량물의 압력을 받을 우려가 없는 경우라면 0.6[m] 이상 매설

② 직접매설식의 매설깊이

차량 및 중량물의 압력의 우려가 있다면 1[m], 기타의 경우 0.6[m] 이상

제7절 | 배선 재료와 공구

01 개폐기

개폐기 시설은 L₁, L₂, L₃, N상의 모든 각 극에 설치를 한다.

(1) 나이프 스위치(Knife Switch)

배·분전반의 주개폐기로 취급자만 출입하는 데 사용하며, 감전의 우려가 되는 장소에는 사용 금지한다.

종류에는 개폐기의 극수와 투입 방법에 따라 단극, 3극, 단투, 쌍투 등으로 표기한다.

• 칼의 수에 따라 – 단극, 2극, 3극
• 칼의 투입 방향에 따라 – 단투, 쌍투

① 단투

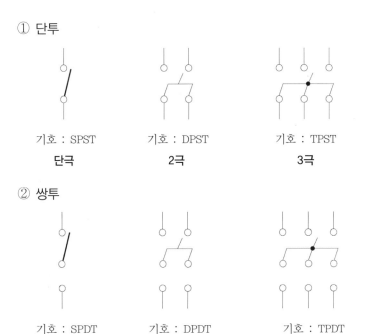

기호 : SPST   기호 : DPST   기호 : TPST

단극   2극   3극

② 쌍투

기호 : SPDT   기호 : DPDT   기호 : TPDT

단극   2극   3극

(2) 커버 나이프 스위치

상자 속에 퓨즈와 칼날, 칼받이가 있으며, 각 극 사이에 격벽을 설치하여 커버를 열지 않고 수동으로 개폐한다. 주로 수용가의 인입구에 설치하는 인입개폐기, 분기개폐기에 사용된다.

제8절 | 점멸 스위치

전등이나 옥내용 소형전기 기구, 전열기의 열 조정에 사용된다.
스위치가 개로 된 경우 색깔은 녹색 또는 검은색이며 문자는 개 또는 OFF를 나타낸다.
폐로 된 경우 색깔은 붉은색 또는 흰색을 나타내며, 문자는 폐 또는 ON을 나타낸다.

(1) 텀블러 스위치 : 옥내에 가장 많이 사용하고 노출형과 매입형이 있다.

(2) 로우터리 스위치

회전 스위치로서 노출형으로 노브를 돌려가
며 개로나 폐로 또는 광도와 발열량을 조절
할 수 있다.

(3) 누름 단추 스위치

버튼을 눌러서 개폐할 수 있고 매입형만을
사용하며, 연결 스위치라고도 한다. 원격 조
정 장치나 소세력 회로에 사용한다.

(4) 풀스위치

샹들리에에 달린 끈을 이용하여 회로를 개폐
할 수 있으며, 끈을 한번 당기면 개로 다음은
폐로 되는 것을 말한다.

(5) 캐노피 스위치 : 풀 스위치의 종류로서 등기
구 안에 스위치가 시설되어 있다.

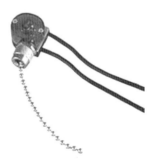

(6) 코드 스위치

코드의 중간에 넣어 회로를 개폐
할 수 있다. 이는 중간 스위치라
고도 하며 선풍기 또는 전기 스탠
드에 이용한다.

(7) 팬던트 스위치

전등을 각각 점멸하는 곳에 사
용하며 코드 끝에 매달아 버튼
식으로 점멸한다.

(8) 도어 스위치

문 혹은 문기둥에 매입하
여 문을 열고 닫음에 따라
자동적으로 회로를 개폐
하는 곳(창문, 출입문 등)에 사용한다.

제9절 콘센트와 플러그

01 콘센트 종류

(1) **노출형 콘센트** : 벽이나 기둥의 표면에 붙여 취
부한다.

(2) **매입형 콘센트** : 벽이나 기둥에 매입하여 그 속
에 시설하여 취급한다.

(3) **방수용 콘센트**

욕실 또는 물의 사용도가 많은 곳에서 물이
들어가지 않도록 마개를 덮어 둘 수 있는 구
조로 되어 있다.

(4) **턴로크 콘센트** : 콘센트에 끼운 플러그의
빠짐을 방지한다.

02 플러그 종류

(1) 멀티 탭 : 하나의 콘센트에 둘 또는 3가지의 기구를 사용할 때 이용된다.

(2) 테이블 탭(익스텐션 코드) : 콘센트로부터 길이가 짧을 때 연장하여 사용한다.

(3) 아이언 플러그

전기 다리미, 커피포트, 온탕기에 사용하며, 코드의 한쪽은 꽂음 플러그로 되어 있고, 전원을 연결하며, 다른 한쪽은 플러그가 달려 있어 전기 기구용 콘센트를 끼울 수 있도록 되어 있다.

제10절 소켓

절연전선이나 코드의 끝에 연결하여 전구를 접속되게 하는 기구

(1) 리셉터클 : 벽이나 천장 등에 고정시키는 기구

(2) **방수용 소켓** : 습기와 물기가 있는 곳

(3) **로우젯** : 천장에 코드를 매달기 위하여 사용하는 것

제11절 과전류 차단기

01 과전류 차단기

(1) 전선 및 기계기구를 보호할 목적으로 사용되는 전기기계 기구이며, 과전류가 흐르면 자동으로 차단하여 회로와 기기를 보호

(2) 과전류 차단기 시설 제한장소
  ① 접지공사의 접지도체
  ② 다선식 전로의 중성선
  ③ 전로 일부에 접지공사를 한 저압 가공전선로의 접지 측 전선

02 퓨즈

(1) **저압전로 중의 과전류 차단기의 시설**

정격전류의 구분	시간	정격전류의 배수	
		불용단전류	용단전류
4A 이하	60분	1.5배	2.1배
4A 초과 16A 미만	60분	1.5배	1.9배
16A 이상 63A 이하	60분	1.25배	1.6배
63A 초과 160A 이하	120분	1.25배	1.6배
160A 초과 400A 이하	180분	1.25배	1.6배
400A 초과	240분	1.25배	1.6배

(2) **배선용 차단기**
  과전류 차단기로 저압전로에 사용하는 산업용 배선용 차단기와 주택용 배선용 차단기는 다음 표에 적합하여야 한다.

① 산업용 배선용 차단기(과전류트립 동작시간 및 특성)

정격전류의 구분	시간	정격전류의 배수 (모든 극에 통전)	
		부동작 전류	동작 전류
63A 이하	60분	1.05배	1.3배
63A 초과	120분	1.05배	1.3배

② 주택용 배선용 차단기(과전류트립 동작시간 및 특성)

정격전류의 구분	시간	정격전류의 배수 (모든 극에 통전)	
		부동작 전류	동작 전류
63A 이하	60분	1.13배	1.45배
63A 초과	120분	1.13배	1.45배

(3) 고압 퓨즈

① 포장 퓨즈 : 정격 1.3배의 전류에 견디고 2배의 전류에서는 120분 내에 용단되어야 한다.

② 비포장 퓨즈 : 정격 1.25배의 전류에 견디고 2배의 전류에서는 2분 내에 용단되어야 한다.

제12절 전기 공사용 공구

01 공구 및 기구

(1) 펜치

① 전선의 절단, 접속, 전선 바인드에 사용하며, 크기는 전장으로 나타낸다.

② 크기 → 150[mm](소기구의 전선 접속)
175[mm](옥내 공사용)
200[mm](옥외 공사용)

(2) 나이프, 와이어 스트리퍼

- 나이프 : 전선의 피복을 벗길 때 사용
- 와이어 스트리퍼 : 전선의 절연 피복물을 자동으로 벗길 때 사용

(3) 토치램프 : 합성수지관을 구부리기 위해 가열할 때 사용하는 것

(4) 프레셔 툴 : 솔더리스 커넥터 또는 터미널을 압착시키는 펜치

(5) 클리퍼 : 굵은 전선은 펜치로 절단하기 어렵기 때문에 클리퍼를 사용한다.

(6) 오스터

금속관 끝에 나사를 내는 공구로
서 래칫(ratchet)형은 다이스 홀
더를 핸들의 왕복 운동을 반복하
면서 나사를 내며 주로 가는 금속
관에 사용된다.

제3과목

✦ 전기설비

(7) 파이프 렌치 : 금속관을 커플링으로 접속 시 금속관 커플링을 죄는 것

(8) 벤더(히키) : 금속관을 구부리는 공구

(9) 파이프 바이스 : 금속관의 절단 또는 나사를 낼 때 파이프를 고정시키는 것

(10) 리머 : 금속관 절단 후 관 안에 날카로운 것을 다듬는 공구

(11) 파이프 커터

금속관의 절단 시 파이프 커터를 사용하면 관 안쪽이 볼록하게 되어 처리가 곤란하지만, 굵은 금속 관을 절단 시 약 70~80[%] 정 도만 절단하고 나머지는 쇠톱으 로 절단할 경우 시간을 많이 단 축할 수 있다.

(12) 노크 아웃 펀치

배·분전반의 배관 변경 또는 이미 설치된 캐비닛에 구멍을 뚫을 때 필요하며 크기로는 15, 19, 25[mm]가 있으며, 수동식 과 유압식 두 가지가 있다.

(13) 전선 피박기 : 활선 시 전선의 피복을 벗기는 공구

02 측정 계기 및 게이지

(1) 와이어 게이지 : 전선의 굵기 측정

(2) 메거(절연저항계) : 절연저항 측정

(3) **어스 테스터(접지저항계)** : 접지저항 측정

(4) **마이크로미터** : 바깥지름과 두께 등을 정밀하게 측정하며 원형 눈
    금과 축 눈금을 합하여 읽는다.

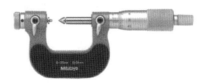

(5) **후크온 메타** : 통전중의 전류와 전압 측정

(6) **버니어 캘리퍼스** : 물체의 두께, 깊이, 안지름 및 바깥지름 등을
    모두 측정

03 심벌 기호

(1) 차단기

$$\boxed{B} \qquad \boxed{E} \qquad \boxed{S}$$

배선용 차단기   누전 차단기   개폐기

(2) 배분전반

 : 분전반    : 배전반   : 제어반

(3) 콘센트

◖∴ : 콘센트   ◖∴$_E$: 접지극 붙이 콘센트

◖∴$_{WP}$: 방수형 콘센트

(4) 점멸기

● : 점멸기

●$_{EX}$: 방폭형   ●$_3$: 3로   ●$_{2P}$: 2극   ●$_{15A}$: 15[A]용

(5) 배선기호

① 천장은폐배선 ─────

② 바닥은폐배선 ─ ─ ─ ─ ─

③ 노출배선   ------------

(6) 2개소 이상 점멸 시 사용되는 스위치 : 3로 스위치

① 2개소 점멸 시 필요한 스위치 개수 : 3로 스위치 2개

② 3개소 점멸 시 필요한 스위치 개수 : 3로 스위치 2개,
                                     4로 스위치 1개

③ 4개소 점멸 시 필요한 스위치 개수 : 3로 스위치 2개,
                                     4로 스위치 2개

01

표준 연동의 고유 저항값[$\Omega \cdot \text{mm}^2/\text{m}$]은 얼마인가?

① $\dfrac{1}{55}$ ② $\dfrac{1}{56}$

③ $\dfrac{1}{57}$ ④ $\dfrac{1}{58}$

해설

• 연동선 : $\dfrac{1}{58}[\Omega \cdot \text{mm}^2/\text{m}]$

• 경동선 : $\dfrac{1}{55}[\Omega \cdot \text{mm}^2/\text{m}]$

02

전선 재료로서 구비할 조건이 아닌 것은 어느 것인가?

① 접속이 쉬운 것
② 다량으로 값싸게 얻을 수 있는 것
③ 인장 강도가 작을 것
④ 가요성이 풍부할 것

해설

① 비중이 적을 것
② 기계적 강도가 클 것
③ 가요성이 있을 것
④ 고유저항이 적을 것
⑤ 내구성이 있을 것

03

다음 전선 중 15[kV] N-RV 전선의 명칭은 어느 것인가?

① 15[kV] 고무 비닐 네온 전선
② 15[kV] 고무 클로로프렌 네온 전선
③ 15[kV] 폴리에틸렌 비닐 네온 전선
④ 15[kV] 비닐 네온 전선

해설

N : 네온 전선,   V : 비닐,   R : 고무

04

전기 특성이 우수하고 저압에서 특별 고압에 이르기까지 널리 사용되고 내약품성이 우수하며 폴리에틸렌 절연 비닐 시스 케이블의 약호는?

① EV 케이블   ② BN 케이블
③ RN 케이블   ④ VV 케이블

해설

• C : 가교폴리에틸렌   • V : 비닐
• E : 폴리에틸렌   • R : 고무
• B : 부틸고무   • N : 클로로프렌

05

연선의 층수를 n이라 할 때 총 소선 수 N은?

① $N = 3n(n+1) + 1$ ② $N = 3n(n+2) + 1$
③ $N = 3n(n+1)$ ④ $N = 3n(n+2)$

해설

$N = 3n(n+1) + 1$
여기서, N : 소선 수, n : 층수

06

절연전선 중 옥외용 비닐 절연전선은 약하여 무슨 전선으로 호칭하는가?

① NR 전선   ② ACSR선
③ OW선   ④ DV선

해설

OW : 옥외용 비닐 절연전선

정답   01 ④   02 ③   03 ①   04 ①   05 ①   06 ③

07

다음 그림은 무슨 연선인가? (단, 1층 1가닥, 2층 6가닥, 3층 12가닥임)

① 동심 연선　　　　② 중공 연선
③ AI연선　　　　　④ 연선

08

고압에서 직류는 1.5[kV] 초과, 교류는 1[kV]를 넘고, 몇 [V] 이하인가?

① 6,000[V] 이하　　② 7,000[V] 이하
③ 8,000[V] 이하　　④ 9,000[V] 이하

해설

전압의 구분
(1) 저압 : 교류는 1[kV] 이하, 직류는 1.5[kV] 이하인 것
(2) 고압 : 교류는 1[kV]를, 직류는 1.5[kV]를 초과하고, [7kV] 이하인 것
(3) 특고압 : [7kV]를 초과하는 것

09

0.75[mm²] 코드의 소선 구성은 다음 중 어느 것인가?

① $\dfrac{30}{0.16}$　　　　② $\dfrac{50}{0.16}$
③ $\dfrac{30}{0.18}$　　　　④ $\dfrac{50}{0.18}$

해설

공칭 단면적[mm²]	0.75	1.25	2.0	3.5
소선 수/지름[본/ mm]	30/0.18	50/0.18	37/0.26	45/0.32

10

특고압 지중 전선로에서 직접 매설식에 사용하는 것은?

① 연피 케이블
② 고무 시스 케이블
③ 클로로프렌 시스 케이블
④ 비닐 시스 케이블

해설

지중 전선로에서 직접 매설식에 사용하는 케이블은 연피 케이블이다.

11

캡타이어 케이블 심선의 색상은 몇 심까지 있는가?

① 3심　　　　② 2심
③ 4심　　　　④ 5심

해설

캡타이어 케이블의 심선의 색상은 흑·백·적·녹·황 5심으로 되어 있다.

12

지름 1[mm], 소선 7본의 연선의 공칭단면적[mm²]은 약 얼마인가?

① 6　　　　② 8
③ 14　　　④ 22

해설

$A = \dfrac{\pi}{4} d^2 N [\mathrm{mm}^2]$ 이므로

$A = \dfrac{\pi}{4} \times 1^2 \times 7 = 5.497 [\mathrm{mm}^2] \fallingdotseq 6 [\mathrm{mm}^2]$

정답　07 ①　08 ②　09 ③　10 ①　11 ④　12 ①

13

A.C.S.R은 다음 어느 것인가?

① 경동 연선
② 중공 연선
③ 알루미늄선
④ 강심 알루미늄 연선

해설

강심 알루미늄 전선을 말하며, 송전선로에 주로 사용되는 전선이다.

14

600[V] 이하인 저압 회로에 사용하고 비닐 절연 비닐 시스 케이블의 약호는?

① RV 케이블　　② BN 케이블
③ RN 케이블　　④ VV 케이블

해설

• RV : 고무 절연 비닐 시스 케이블
• BN : 부틸 고무 절연 클로로프렌 시스 케이블
• RN : 고무 절연 클로로프렌 시스 케이블

15

고무 절연전선 및 비닐 절연전선에서 몇 [℃]를 넘으면 절연물이 변질되고, 전선을 손상할 뿐만 아니라 화재의 원인도 되는가?

① 100[℃]　　② 90[℃]
③ 75[℃]　　④ 60[℃]

해설

허용온도 60[℃]이다.

16

순 고무 30[%] 이상을 함유한 고무 혼합물로 피복하고 내유, 내산, 내알칼리, 내수성을 갖게 만든 케이블은 어느 것인가?

① 연피 케이블
② 캡타이어 케이블
③ 비닐 외장 케이블
④ 플렉시블 외장 케이블

해설

캡타이어 케이블은 이동성, 가요성을 가지며, 진동과 마찰, 굴곡, 충격 등을 받는 공장에서 주로 사용된다.

17

캡타이어 케이블에서 캡타이어의 고무 피복 중간에 면포를 넣어서 강도를 보강한 것은?

① 제1종　　② 제2종
③ 제3종　　④ 제4종

해설

• 제1종 : 전기 공사에는 사용 ×
• 제2종 : 1종에 비해 고무질이 좋다.
• 제3종 : 면포 삽입
• 제4종 : 심선 사이에 고무를 삽입

18

소기구용으로 전류는 보통 0.5[A]이고 전기 이발기, 전기 면도기, 헤어드라이기 등에 이용되는 코드는?

① 고무 코드　　② 금실 코드
③ 극장용 코드　　④ 3심 원형 코드

해설

이발기, 면도기, 헤어 드라이기에 이용되는 코드는 금실 코드를 이용한다.

정답 13 ④　14 ④　15 ④　16 ②　17 ③　18 ②

19

비닐 코드를 사용해서는 안 되는 기구는?

① 전기 냉장고　　　② 전기 솥
③ 텔레비전　　　　④ 형광등

해설

비닐 코드는 열이 발생이 되는 기구에서는 사용하지 않는다.

20

중공 전선의 사용 목적으로 가장 알맞은 것은?

① 가공이 용이하다.
② 부식 방지
③ 인장 강도를 크게 한다.
④ 코로나손 방지

해설

중공 전선은 가운데가 비어있는 형태의 연선으로 표피효과를 이용하여 코로나손을 방지하는 데 이용한다.

21

전선의 굵기 산정 시 그 중요 요소가 아닌 것은?

① 기계적 강도　　　② 전압강하
③ 허용전류　　　　④ 사용 장소

해설

전선의 굵기를 산정하는 3요소는 허용전류, 기계적 강도, 전압강하이다. 이 중 가장 중요한 요소는 허용전류이다.

22

절연전선에 1,000[VFL]의 기호가 있는 것은 무엇인가?

① 형광등 전선
② 평형 비닐 시스 케이블
③ 캡타이어 케이블
④ 폴리에틸렌 절연전선

해설

FL(Fluorescent Lamp) 형광등의 문자로 형광등 전선을 나타낸다.

23

하나의 콘센트에 둘 또는 세 가지의 기구를 사용할 때 끼우는 플러그는?

① 코드 접속기　　　② 멀티 탭
③ 테이블 탭　　　　④ 아이언 플러그

해설

멀티 탭의 경우 하나의 콘센트에 둘 또는 세 가지의 기구를 사용할 때 이용된다.

24

고무 절연전선의 심선은 고무의 열화 방지와 고무 중 유황에 의한 동의 부식을 방지하기 위하여 무슨 도금을 하는가?

① 망간(Mn)　　　② 주석(Sn)
③ 크롬(Cr)　　　④ 아연(Zn)

해설

부식방지를 위해 주석을 도금한 연동선을 사용한다.

정답　19 ②　20 ④　21 ④　22 ①　23 ②　24 ②

25

매입형에만 사용되는 스위치는 다음 중 어느 것인가?

① 텀블러 스위치 　　② 로터리 스위치
③ 누름 단추 스위치 　④ 풀 스위치

해설
누름 단추 스위치는 매입형에만 사용을 하는 연결 스위치이다.

26

가정용 전등 점멸 스위치는 반드시 무슨 측 전선에 접속해야 하는가?

① 전압 측 　　　　② 접지 측
③ 중성선 　　　　④ 제2종 접지선

27

코드 길이가 짧을 때 연장하여 사용하는 것으로, 익스텐션 코드(extension cord)라고도 부르는 것은?

① 아이언 플러그(iron plug)
② 작업등(extension light)
③ 테이블 탭(table tap)
④ 멀티 탭(multi tap)

해설
테이블 탭(익스텐션 코드) : 콘센트로부터 길이가 짧을 때 연장하여 사용한다.

28

배선 기구 중에서 벽에 매입형으로 가장 많이 사용하는 점멸기는?

① 로터리 스위치 　　② 풀 스위치
③ 텀블러 스위치 　　④ 나이프 스위치

해설

텀블러 스위치의 경우 노브를 상하로 움직여 점멸하거나 좌우로 움직여 점멸하는 스위치로서 노출형과 매입형 두 가지가 있다.

29

옥내 배선의 분기 회로를 보호하기 위한 개폐기 및 과전류 차단기에 있어서 어느 측 전선에 개폐기 및 과전류 차단기를 생략할 수 있는가?

① 변압기 1차 측 　　② 접지 측
③ 인입구 측 　　　　④ 분기 회로 측

해설
과전류 차단기 시설제한 장소
• 접지공사의 접지도체
• 다선식 전로의 중성선
• 전로 일부의 접지공사를 한 저압 가공전선로의 접지 측 전선

30

과전류 차단기를 시설하여야 할 곳은?

① 접지공사의 접지도체
② 다선식 전로의 중성선
③ 인입선
④ 저압 가공전로의 접지 측 전선

정답 25 ③　26 ①　27 ③　28 ③　29 ②　30 ③

해설

과전류 차단기 시설제한 장소

- 접지공사의 접지도체
- 다선식 전로의 중성선
- 전로 일부의 접지공사를 한 저압 가공전선로의 접지 측 전선

31

단상 3선식 전원(100/200[V])에 100[V]의 전구와 콘센트 및 200[V]의 모터를 시설하고자 한다. 전원 분배가 옳게 결선된 회로는?

①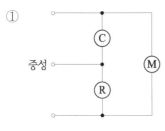

②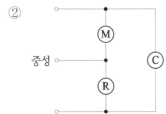

③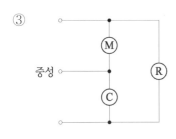

④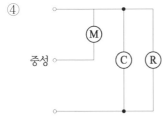

해설

C는 콘센트를 나타내며, M은 모터, R은 전구를 나타낸다.

32

다음 중 천장에 코드를 매달기 위하여 사용하는 소켓은 어느 것인가?

① 리셉터클　　　　② 로제트
③ 키 소켓　　　　④ 키리스 소켓

해설

천장에 코드를 매기 위하여 사용하는 것은 로제트이다.

33

고압용 비포장 퓨즈는 정격 전류의 몇 배를 견디어야 하는가?

① 1.3　　　　② 1.25
③ 2.0　　　　④ 2.5

해설

- 고압용 퓨즈의 경우 포장 퓨즈는 정격 전류의 1.3배를 견디고 2배의 전류로 120분 이내 용단되어야 한다.
- 비포장 퓨즈의 경우는 정격 전류의 1.25배를 견디고 2배의 전류로 2분 이내에 용단되어야 한다.

34

과전류 차단기로 시설하는 퓨즈 중 고압 전로에 사용하는 비포장 퓨즈는 정격 전류 2배의 전류로 몇 분 안에 용단되는 것이어야 하는가?

① 1분　　　　② 180분
③ 120분　　　　④ 2분

해설

- 고압용 퓨즈의 경우 포장 퓨즈는 정격 전류의 1.3배를 견디고 2배의 전류로 120분 이내 용단되어야 한다.
- 비포장 퓨즈의 경우는 정격 전류의 1.25배를 견디고 2배의 전류로 2분 이내에 용단되어야 한다.

정답 31 ①　32 ②　33 ②　34 ④

35

과전류 차단기로 시설하는 퓨즈 등 고압전로에 사용하는 포장 퓨즈는 정격 전류의 몇 배의 전류를 견디어야 하는가?

① 2배　　　　　　② 1.3배
③ 1.25배　　　　　④ 1.6배

해설
- 고압용 퓨즈의 경우 포장 퓨즈는 정격 전류의 1.3배를 견디고 2배의 전류로 120분 이내 용단되어야 한다.
- 비포장 퓨즈의 경우는 정격 전류의 1.25배를 견디고 2배의 전류로 2분 이내에 용단되어야 한다.

36

인입용 개폐기로 사용될 수 없는 것은?

① 커버 스위치　　　② 단극 스위치
③ 컷 아웃 스위치　　④ 나이프 스위치

해설
단극 스위치의 경우 점멸용으로 사용되며, 인입용 개폐기에는 사용하지 않는다.

37

옥내에 전등 및 콘센트를 시설할 때 옳지 못한 회로는?

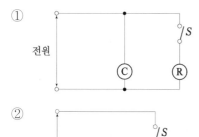

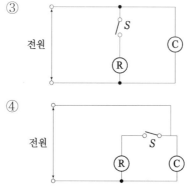

해설
콘센트의 경우 점멸기를 사용하지 않는다.

38

다음의 그림은 무슨 전환 방식인가?

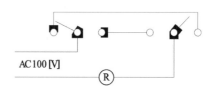

AC100 [V]

① 쌍극 전환방식　　② 동극 전환방식
③ 3극 전환방식　　　④ 3로 스위치 전환방식

해설
그림은 3로 스위치 전환방식을 말한다.

39

저압 단상 3선식 회로의 중성선에는?

① 퓨즈를 넣지 않고 직결한다.
② 다른 선의 퓨즈와 2배 용량의 퓨즈를 넣는다.
③ 다른 선의 퓨즈와 1/2배 용량의 퓨즈를 넣는다.
④ 다른 선의 퓨즈와 같은 용량의 퓨즈를 넣는다.

해설
단상 3선식 회로에서 중성선에는 퓨즈를 넣지 않고 직결한다. 이유는 중성선이 단선되면 각 단자전압의 불평형이 생기기 때문이다.

정답 35 ②　36 ②　37 ②　38 ④　39 ①

40

작은 전류에 민감하게 용단되므로 전압계, 전류계 등의 소손 방지용으로 계기 내에 장치하고 봉입하는 퓨즈는?

① 플러그 퓨즈   ② 통형 퓨즈
③ 텅스텐 퓨즈   ④ 온도 퓨즈

해설

텅스텐 퓨즈의 경우 전압계와 전류계에서 사용되며 보통 작은 전류에 민감하게 동작하여 계기의 손상 방지용으로 사용된다.

41

소형 전기 기구의 코드 중간에 쓰는 개폐기는?

① 컷 아웃 스위치   ② 플로트 스위치
③ 코드 스위치   ④ 캐노피 스위치

해설

코드 스위치는 코드의 중간에 넣어 회로를 개폐할 수 있다. 이는 중간 스위치라고도 하며 선풍기 또는 전기 스탠드에 이용한다.

42

단로기의 기능으로 가장 적합한 것은 다음 중 어느 것인가?

① 무부하 회로의 개폐   ② 부하 전류의 개폐
③ 고장 전류의 차단   ④ 3상 동시 개폐

해설

단로기(DS)의 경우 무부하 회로의 개폐만 가능하다.

43

코드 펜던트에 갓을 씌우는 이유는?

① 보기 좋게 하기 위하여
② 아래쪽을 밝게 하려고
③ 설비 기준에 정해져 있음
④ 코드가 열을 받는 것을 방지

해설

코드 펜던트에 갓을 씌우는 이유는 빛의 확산이 아래쪽을 비추어 더욱더 밝게 하려는 목적이다.

44

4개소에서 한 등을 자유롭게 점등 점멸할 수 있도록 하기 위해 배선하고자 할 때 필요한 스위치의 수는? (단, SW_3는 3로 스위치, SW_4는 4로 스위치이다.)

① SW_3 4개
② SW_3 1개, SW_4 3개
③ SW_3 2개, SW_4 2개
④ SW_3 4개, SW_4 1개

해설

• 3개소 점멸의 경우 3로 스위치 2개, 4로 스위치 1개를 이용한다.
• 4개소 점멸의 경우 3로 스위치 2개, 4로 스위치 2개를 이용한다.

45

계단의 전등을 계단의 아래와 위의 두 곳에서 자유로이 점멸하도록 하기 위해 사용하는 스위치는?

① 단극 스위치   ② 코드 스위치
③ 3로 스위치   ④ 점멸 스위치

해설

3로 스위치의 경우 2개소를 제어하기 적합하다.

정답   40 ③   41 ③   42 ①   43 ②   44 ③   45 ③

제3과목 ✦ 전기설비

46

저압 옥내 배선의 회로 점검을 하는 경우 필요로 하지 않는 것은?

① 어스 테스터   ② 슬라이 닥스
③ 서키스 테스터   ④ 메거

해설
슬라이 닥스는 전압 조정기이다.

47

접지저항 측정 방법으로서 적당하지 못한 것은?

① 테스터를 사용한다.
② 교류의 전압계와 전류계를 사용한다.
③ 어스 테스터를 사용한다.
④ 코올라시 브리지를 사용한다.

해설
회로 시험기인 테스터는 전압, 저항, 전류를 측정할 때 사용한다.

48

접지저항이나 전해액저항 측정에 쓰이는 것은?

① 코올라시 브리지   ② 전위차계
③ 휘트스톤 브리지   ④ 메거

해설
접지저항이나 전해액저항을 측정에 사용되는 방법은 코올라시 브리지 법을 사용한다.

49

접지저항의 측정에 쓰이는 측정기는?

① 회로시험기   ② 검류계
③ 변류기   ④ 어스테스터

해설
어스테스터의 경우 접지저항을 측정하는 데 사용하는 기기이다.

50

두께, 깊이, 안지름 및 바깥지름 측정에 사용하는 공사용 공구는?

① 캘리퍼스 및 버니어 캘리퍼스
② 마이크로 미터
③ 잉글리스
④ 스패너와이어 게이지

해설
두께나 깊이, 지름 측정에 사용되는 공사 공구는 캘리퍼스 또는 버니어 캘리퍼스이다.

51

단상 교류 부하의 역률을 측정하는 데 필요한 계기 설치는?

① 주파수계, 전압계, 전력계
② 전압계, 전류계, 전력계
③ 전압계, 전류계, 회로계
④ 전압계, 전류계, 절연 저항계

해설
단상 부하의 역률을 측정하기 위해서는 $\cos\theta = \dfrac{P}{VI}$의 형태이므로 전압계, 전류계, 전력계가 필요하다.

정답   46 ②   47 ①   48 ①   49 ④   50 ①   51 ②

52

배선의 도통 시험용으로 사용될 수 없는 것은?

① 마그넷 벨　　　　② 전위차계
③ 테스터　　　　　　④ 코올라시 브리지

해설

코올라시 브리지 법의 경우 접지저항이나 전해액저항 측정에 사용되는 방법이다.

53

전선에 압착단자를 접속시키는 공구는?

① 와이어 스트리퍼　　② 프레셔 툴
③ 볼트클리퍼　　　　　④ 드라이브이트

해설

전선을 압착시키는 데 사용하는 공구는 프레셔 툴이다.

54

경질 비닐관(P.V.C)을 구부릴 때 사용하는 공구는?

① 토치램프　　　　② 파이프 카터
③ 리머　　　　　　④ 나사절삭기

해설

전선관을 구부릴 때 사용하는 공구는 토치램프이다.

55

절단한 전선관을 매끄럽게 하는 데 사용하는 것은?

① 엔트런스 캡　　　② 리머
③ 록 너트　　　　　④ 터미널 캡

해설

리머 : 금속관 절단 후 관 안에 날카로운 것을 다듬는 공구

56

절연전선의 피복 절연물을 벗기는 자동 공구 명칭은?

① 와이어 스트리퍼(wire stripper)
② 나이프(jack knife)
③ 클리퍼(clipper)
④ 파이어 포트(fire pot)

해설

와이어 스트리퍼 : 절연전선의 피복 절연물을 자동으로 벗기는 공구

57

굵은 전선이나 볼트 등을 절단할 때 주로 쓰이는 공구의 이름은 무엇인가?

① 파이프 커터　　　② 토치램프
③ 노크 아웃 펀치　　④ 클리퍼

해설

클리퍼 : 굵은 전선은 펜치로 절단하기 어렵기 때문에 클리퍼를 사용한다.

정답 52 ④　53 ②　54 ①　55 ②　56 ①　57 ④

58

금속관 끝에 나사를 내는 공구는?

① 리머(reamer)
② 파이프 렌치(pipe wrench)
③ 벤더(bender)
④ 오스터(oster)

해설

오스터 : 금속관 끝에 나사를 내는 공구

59

금속관 서로를 접속할 때 관 또는 커플링을 직접 돌리지 않고 조이는 공구는 무엇인가?

① 파이프 바이스 ② 파이프 커터
③ 파이프 벤더 ④ 파이프 렌치

해설

파이프 렌치 : 금속관을 커플링으로 접속 시 금속관 커플링을 죄는 것

60

전선의 굵기, 철판, 구리판 등의 두께를 측정하는 것은?

① 와이어 게이지 ② 파이어 포트
③ 스패너 ④ 프레셔 툴

해설

와이어 게이지 : 전선의 굵기 측정

61

전기공사의 작업과 사용 공구와의 조합이 부적당한 것은?

① 금속관 절단 – 쇠톱
② 콘크리트 벽에 못을 박는다 – 드라이브이트
③ 금속관의 단구 – 리머
④ 금속관의 나사 내기 – 파이프 벤더

해설

금속관에 나사를 내는 공구는 오스터이다.

62

금속관의 배관을 변경하거나 캐비닛의 구멍을 넓히기 위한 공구는 어느 것인가?

① 체인 파이프 렌치 ② 노크 아웃 펀치
③ 프레셔 툴 ④ 잉글리스 스패너

해설

노크 아웃 펀치 : 배·분전반의 배관 변경 또는 이미 설치된 캐비닛에 구멍을 뚫을 때 필요하며 크기로는 15, 19, 25[mm]가 있으며, 수동식과 유압식 두 가지가 있다.

정답 58 ④ 59 ④ 60 ① 61 ④ 62 ②

전선의 접속

제1절 전선 접속 시 유의사항

(1) 전선 접속 시 유의사항

① 전선의 세기를 20% 이상 감소시키지 아니할 것

② 접속부분은 접속관 기타의 기구를 사용할 것

③ 접속부분을 그 부분의 절연전선의 절연물과 동등 이상의 절연효력이 있는 것으로 충분히 피복할 것

(2) 두 개 이상의 전선을 병렬로 연결할 경우 다음의 기준에 의하여 시설한다.

① 병렬로 사용하는 경우 각 전선의 굵기는 구리 50[mm^2] 이상 또는 알루미늄 70[mm^2] 이상으로 하고, 전선은 같은 도체, 같은 재료, 같은 길이 및 같은 굵기의 것을 사용할 것

② 같은 극의 각 전선은 동일한 터미널러그에 완전히 접속할 것

③ 같은 극의 각 전선의 터미널러그는 동일한 도체에 2개 이상의 리벳 또는 2개 이상의 나사로 접속할 것

④ 병렬로 사용하는 전선에는 각각에 퓨즈를 설치하지 말 것

⑤ 교류회로에서 병렬로 사용하는 전선은 금속관 안에 전자적 불평형이 생기지 않도록 할 것

제2절 전선의 접속 방법

(1) 와이어 커넥터

전선 접속 시 납땜 또는 테이프 감기가 필요없다.

(2) 단선의 접속

트위스트 접속과 브리타니어 접속

① 트위스트 접속 : 6[mm^2] 이하의 단선인 경우에만 적용이 되며, 그림과 같은 순서로 접속하게 된다.

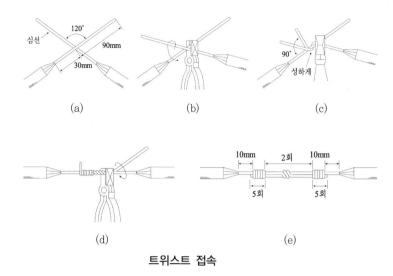

트위스트 접속

② 브리타니어 접속 : 10[mm²] 이상의 굵은 단선인 경우 적용이 되며, 역시 그림과 같은 순서로 접속한다.

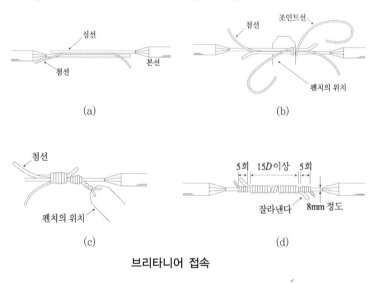

브리타니어 접속

(3) 연선의 직선접속

다음 그림은 연선의 직선접속의 방법을 나타내는 그림이다.

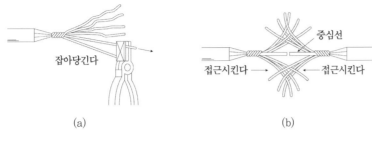

(a)   (b)

(c)   (d)

(4) 단선의 직선접속

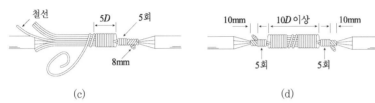

(a)   (b)

(c)   (d)

(5) 복권 직선접속 방법 : 가는 연선의 접속에 사용하는 방법이다.

(6) 단선의 분기 접속

① 트위스트 분기 접속 방법

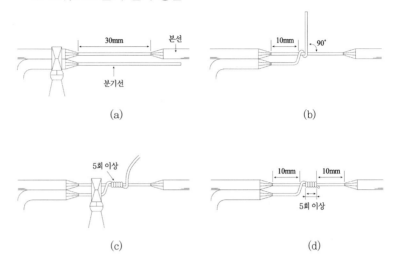

② 브리타니어 분기 접속 방법

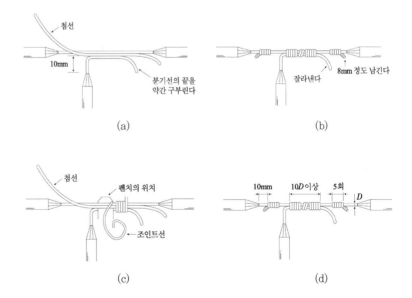

제3절 테이프

(1) 면 테이프

건조한 목면 테이프로서 고무 절연전선의 접속에 사용된다. 절연성이 우수하다.

(2) 고무 테이프

면 테이프와 더불어 고무 절연전선의 접속에 사용한다.

(3) 비닐 테이프

염화 비닐 컴파운드로 만든 테이프로서 색깔은 검, 흰, 회, 파, 녹, 노, 갈, 주, 빨강 총 9종류가 있다.

(4) 리노 테이프

바이어스 테이프에 절연성 니스를 몇 차례 바르고 다시 건조시킨 것이다.

(5) 자기 융착 테이프

합성 수지와 합성 고무를 주성분으로 만든 판상의 것을 압연하여 적당한 격리물과 함께 감아서 만든 것이다.

제3과목 ✦ 전기설비

01

전선의 접속부분은 그 전선의 세기가 몇[%] 이상 감소되지 않도록 하여야 하는가?

① 20　　　　　　　② 30
③ 15　　　　　　　④ 80

해설

전선의 접속 시 유의 사항으로는 전선의 세기가 20[%] 이상 감소되어서는 안 된다.

02

전선의 접속점에 있어서 전선의 세기를 감소시켜도 좋은 한계[%]는?

① 10　　　　　　　② 20
③ 25　　　　　　　④ 30

해설

• 전선의 세기를 20[%] 이상 감소시키지 말 것
• 전선의 세기를 80[%] 이상 유지할 것

03

전선 6[mm²] 이하의 가는 단선을 직선접속할 때 어느 접속 방법으로 하여야 하는가?

① 브리타니어 접속　　② 트위스트 접속
③ 슬리브 접속　　　　④ 우산형 접속

해설

• 6[mm²] 이하의 가는 전선 → 트위스트 접속
• 10[mm²] 이상의 굵은 전선 → 브리타니어 접속

04

굵기가 같은 두 단선의 쥐꼬리 접속에서 와이어 커넥터를 사용하는 경우에는 심선을 몇 회 정도 꼰 다음 끝을 잘라내야 하는가?

① 2~3회　　　　　② 4~5회
③ 6~7회　　　　　④ 8~9회

해설

와이어 커넥터를 사용하는 경우 2~3회이며, 테이프를 감을 때는 4~5회 정도이다.

05

금속관 공사의 접속함 내에서 전선 서로의 접속에 쓰이는 것은?

① 볼트형 커넥터　　② S형 슬리브
③ 와이어 커넥터　　④ 동관 단자

해설

접속함 내에 전선을 접속할 경우 와이어 커넥터를 사용한다.

06

높은 온도 및 기름에 견디는 데 적합한 전기용 절연 테이프는?

① 블랙 테이프　　　② 비닐 테이프
③ 리노 테이프　　　④ 고무 테이프

해설

높은 온도 및 기름에 견디는 데 적합한 절연 테이프는 리노 테이프이다.

정답 01 ①　02 ②　03 ②　04 ①　05 ③　06 ③

07

전선을 접속하는 재료로서 납땜을 하는 것은?

① 박스형 커넥터   ② S형 슬리브
③ 와이어 커넥터   ④ 동관 단자

해설
전선을 접속하는 재료로서 납땜하는 것은 동관 단자이다.

08

전선의 접속 방법에서 납땜과 테이프 감기가 다 같이 필요 없는 것은?

① 트위스트 접속
② 브리타니어 접속
③ 와이어 커넥터 접속
④ 슬리이브 접속

해설
납땜과 테이프 감기가 다 같이 필요 없는 것은 와이어 커넥터 접속이다.

09

테이프를 감을 때 약 1.2배 늘려서 감을 필요가 있는 것은?

① 블랙 테이프   ② 리노 테이프
③ 자기융착 테이프   ④ 비닐 테이프

해설
테이프를 감을 때 약 1.2배 늘려서 감을 필요가 있는 것은 자기 융착 테이프이다.

10

$10mm^2$ 이상의 굵은 단선의 분기 접속은 어떤 분기 접속으로 하는가?

① 브리타니어 분기 접속
② 단권 분기 접속
③ 복권 분기 접속
④ 트위스트 분기 접속

해설
굵은 단선의 분기 접속에는 브리타니어 분기 접속을 사용한다.

11

절연선을 접속할 때 사용하는 비닐 테이프의 표준색이 아닌 것은?

① 빨강색   ② 회색
③ 보라색   ④ 갈색

해설
테이프의 색깔로 아닌 것은 보라색이다.

제 3 과목 · 전기설비

정답 07 ④   08 ③   09 ③   10 ①   11 ③

옥내 배선 공사

제1절 | 저압 옥내 배선 공사

(1) 저압 옥내 배선은 다음 중 어느 하나에 적합한 것을 사용하여야 한다.

① 단면적 $2.5[mm^2]$ 이상의 연동선 또는 이와 동등 이상의 강도 및 굵기일 것

② 단, 전광표시장치, 기타 이와 유사한 장치 제어회로등에 사용하는 배선은 $1.5[mm^2]$ 이상 연동선

(2) 전구선 또는 이동전선은 단면적 $0.75[mm^2]$ 이상의 코드 또는 캡타이어 케이블

(3) 케이블 공사

① 전선은 케이블 및 캡타이어 케이블일 것

② 전선을 조영재 아랫면 또는 옆면에 따라 붙이는 경우 전선의 지지점 간의 거리를 케이블은 $2[m]$ 이하 단, 캡타이어 케이블은 $1[m]$ 이하로 한다.

제2절 | 애자 공사

(1) 시설방법

① 조영재에 나사못으로 애자를 고정하고 전선을 바인드하여 배선

② 전선은 절연전선(옥외용 비닐 절연전선 및 인입용 비닐 절연전선 제외)을 사용한다.

③ 애자 사용 공사에 사용하는 애자는 절연성, 난연성 및 내수성이 있어야 한다.

전선과 조영재 사이의 최소 이격거리는 다음과 같다.

저압	전선 상호간 간격	전선과 조영재와의 이격
400[V] 이하	6[cm] 이상	2.5[cm] 이상
400[V] 초과	6[cm] 이상	4.5[cm] 이상(단, 건조한 장소 2.5[cm])

(2) 애자의 바인드법

① 일자 바인드법 : 10[mm^2] 이하의 전선
② 십자 바인드법 : 16[mm^2] 이상의 전선

제3절 몰드 공사

400[V] 이하의 전개된 장소, 점검 가능한 장소에 한하여만 시설한다.

01 합성수지 몰드 공사

(1) 사용 전선

① 합성수지 몰드 배선 공사는 절연전선을 사용하여야 한다.
② 합성수지 몰드 내에서 전선에 접속점을 만들어서는 안 된다. 다만, 합성수지 몰드 안의 전선을 합성수지제 박스 및 커버에 적합한 합성수지제의 조인트 박스를 사용하여 접속할 경우는 제외한다.
③ 합성수지 몰드 상호간 및 합성수지 몰드와 박스 기타의 부속품과는 전선이 노출되지 않도록 접속한다.

(2) 합성수지 몰드 공사 규정

합성수지 몰드의 홈의 폭 깊이가 3.5[cm] 이하로 하며 두께는 2[mm] 이상의 것이어야 한다. 다만, 사람이 접촉할 우려가 없도록 시설하는 경우는 폭이 5[cm] 이하

(3) 합성수지 몰드의 연결과 지지

① 합성수지 몰드 및 부속품은 상호에 틈이 없도록 접속할 것
② 합성수지 몰드의 끝은 매끈하게 하여 전선의 피복이 손상될 우려가 없도록 할 것
③ 베이스를 조영재에 부착할 경우 40~50[cm] 간격마다 나사 등으로 견고하게 부착

02 금속 몰드 공사

(1) 전선

① 금속 몰드 배선은 절연전선을 사용한다.

② 금속 몰드 내에서는 전선의 접속점을 만들지 말 것. 다만 전기용품안전관리법 또는 산업표준화법에 의한 금속제 조인트 박스를 사용하여 접속할 경우 적용하지 않는다.

(2) 금속 몰드 공사 규정

① 황동제 또는 동제의 몰드는 폭이 5[cm] 이하, 두께 0.5[mm] 이상의 것이어야 한다.

② 같은 몰드 내에 전선 수는 1종 금속 몰드의 경우 10본 이하로 하며, 2종 금속 몰드의 경우는 전선의 피복물을 포함한 단면적의 총합계가 몰드 내 단면적의 20[%] 이하로 해야 한다.

(3) 금속 몰드 및 부속품의 연결과 지지

① 금속 몰드 및 그 부속품은 견고하며 전기적으로 완전하게 접속하고 적당한 방법으로 조영재 등에 확실하게 지지한다.

② 지지점 간의 거리는 1.5[m] 이하마다 지지해 준다.

제4절 관 공사

01 합성수지관 공사(경질비닐전선관)

(1) 전선

① 전선은 절연전선(옥외용 비닐절연전선은 제외한다)일 것

② 전선은 연선일 것, 다만 다음의 것은 적용하지 않는다.

  • 짧고 가는 합성수지관 안에 넣은 것
  • 단면적 10[mm²](알루미늄전선은 단면적 16[mm²]) 이하의 것

③ 합성수지관 배선은 관내에 접속점을 만들어서는 안 된다.

④ 한 본의 길이 : 4[m]

(2) 시설규정

① 관 상호간 및 박스와는 관을 삽입하는 깊이를 관의 바깥 지름의 1.2배(접착제 사용 시 0.8배) 이상

② 관의 지지점 간의 거리는 1.5[m] 이하

(3) 합성수지관 및 부속품의 선정

경질비닐전선관의 두께는 2[mm] 이상의 것을 사용한다.

02 금속관 공사

(1) 전선

① 전선은 절연전선(옥외용 비닐절연전선은 제외한다)일 것

② 전선은 연선일 것, 다만 다음의 것은 적용하지 않는다.

- 짧고 가는 합성수지관 안에 넣은 것
- 단면적 10[mm^2](알루미늄전선은 단면적 16[mm^2]) 이하의 것

③ 금속관 배선은 관내에 접속점을 만들어서는 안 된다.

④ 한 본의 길이 : 3.66[m]

(2) 금속관 및 부속품 선정

① 관의 두께는 콘크리트에 매입할 경우 1.2[mm] 이상, 기타의 경우 1[mm] 이상의 것이어야 한다.

② 관의 끝 부분 및 안쪽 면은 전선의 피복이 손상되지 않도록 매끈한 것을 사용한다.

(3) 금속 전선관 규격

종류	관의 호칭	바깥지름[mm]	두께[mm]	안지름[mm]
후강전선관	16	21.0	2.3	16.4
	22	26.5	2.3	21.9
	28	33.3	2.5	28.3
	36	41.9	2.5	36.9
	42	47.8	2.5	42.8
	54	59.6	2.8	54.0
	70	75.2	2.8	69.6
	82	87.9	2.8	82.3
	92	100.7	3.5	93.7
	104	113.4	3.5	106.4
박강전선관	19	19.1	1.6	15.9
	25	25.4	1.6	22.2
	31	31.8	1.6	28.6
	39	38.1	1.6	34.9
	51	50.8	1.6	47.6
	63	63.5	2.0	59.5
	75	76.2	2.0	72.2

제5절　가요전선관 공사(flexible conduit)

(1) 전선

① 전선은 절연전선(옥외용 비닐절연전선은 제외한다)일 것
② 전선은 연선일 것, 다만 다음의 것은 적용하지 않는다.
  - 짧고 가는 합성수지관 안에 넣은 것
  - 단면적 10[mm^2](알루미늄전선은 단면적 16[mm^2]) 이하의 것
③ 가요전선관 배선은 관내에 접속점을 만들어서는 안 된다.

(2) 시설 제한 장소

① 외상을 받을 우려가 있는 곳은 시설하면 안 된다. 다만, 적당한 방호 장치가 있는 경우는 제외한다.
② 가요전선관은 2종 금속제 가요전선관이며, 전개된 장소 또는 점검할 수 있는 은폐장소로 건조한 장소에 시설한다.

제6절　덕트 공사

01 금속덕트 공사

(1) 전선

금속덕트의 배선은 절연전선을 사용하며, 덕트 내부에는 접속점을 만들어서는 안 된다.

(2) 시설장소의 제한

① 노출장소
② 점검 가능한 은폐장소

(3) 금속덕트 규정

① 폭이 40[mm] 이상 두께가 1.2[mm] 이상의 철판 또는 동등 이상의 세기를 가지는 금속제로 견고하게 제작된 것
② 절연전선을 동일 금속덕트 내에 넣을 경우 금속덕트의 크기는 전선의 피복절연물을 포함한 단면적의 총 합계가 금속덕트 내 단면적 20[%](전광표시, 기타 이와 유사한 제어회로 등의 배선에 사용하는 전선만인 경우 50[%]) 이하가 되도록 선정

(4) 시설방법

① 금속덕트는 3[m] 이하마다 지지할 것

② 뚜껑은 쉽게 열리지 않도록 시설하며 덕트 상호는 견고하고 전기적으로 완전히 접속할 것

③ 금속덕트 내부는 먼지가 침입하지 않도록 할 것

④ 금속덕트 내부는 물이 고이지 않도록 시설할 것

02 버스덕트 공사

(1) 종류

피더 버스덕트, 플러그인 버스덕트, 트롤리 버스덕트, 익스팬션 버스덕트, 텝붙이 버스덕트, 트랜스포지션 버스덕트가 있다.

(2) 시설장소의 제한

① 노출장소

② 점검 가능한 은폐장소

(3) 시설방법

① 버스덕트는 3[m] 이하 간격으로 견고하게 지지

② 버스덕트 상호간에는 견고하고 전기적으로 완전하게 연결할 것

③ 버스덕트 내부는 먼지가 침입하지 않는 구조로 할 것

④ 버스덕트 끝부분은 막을 것. 다만, 환기형은 적용하지 않는다.

⑤ 습기가 많은 장소 또는 물기가 있는 장소에 시설하는 경우에는 옥외용 버스덕트를 사용하고 버스덕트 내부에 물이 침입하여 고이지 아니하도록 할 것

03 라이팅덕트 공사

(1) 사용전압과 시설장소의 제한

400[V] 미만에서 시설하며, 노출장소와 점검할 수 있는 은폐장소에 시설한다.

(2) 시설방법

① 라이팅덕트는 조영재를 관통하여서는 안 된다.

② 라이팅덕트의 지지점 간의 거리는 2[m] 이하로 하고 견고하게 부착한다.

③ 라이팅덕트를 사람이 쉽게 접촉할 우려가 있는 장소에 시설하는 경우 전원 측에 누전차단기(정격감도전류 30[mA], 동작시간 0.03초 이내의 것에 한한다)를 시설한다.

04 플로어덕트 공사

(1) 전선

① 전선은 절연전선(옥외용 비닐절연전선은 제외한다)일 것
② 전선은 연선일 것, 다만 다음의 것은 적용하지 않는다.
  단면적 10[mm²](알루미늄전선은 단면적 16[mm²]) 이하의 것
③ 덕트 내의 전선은 접속점이 없도록 한다.

(2) 사용전압과 시설장소의 제한

플로어덕트 배선의 사용전압은 400[V] 미만이며, 옥내에 건조한 콘크리트 또는 신더(Cinder)콘크리트 플로어(Floor) 내에 매입할 경우에 한하여 시설할 수 있다.

(3) 매설방법

① 덕트 상호 및 덕트와 박스 또는 인출구와의 접속은 견고하고 전기적으로 완전하게 접속하여야 한다.
② 덕트 및 박스 기타 부속품은 물이 고이는 부분이 없도록 시설하여야 한다.
③ 접속함 간의 덕트는 일직선상에 시설하는 것을 원칙으로 한다.

05 케이블 트레이 공사

케이블 트레이 공사는 케이블을 지지하기 위하여 사용하는 금속재 또는 불연성 재료로 제작된 유닛 또는 유닛의 집합체 및 그에 부속하는 부속재 등으로 구성된 견고한 구조물을 말한다.

(1) 종류

① 사다리형
② 펀칭형
③ 메시형
④ 바닥밀폐형

(2) 케이블 트레이의 선정

① 안전율 : 1.5

② 전선의 피복 등을 손상시킬 돌기 등이 없이 매끈하여야 한다.

③ 비금속재 케이블 트레이는 난연성 재료의 것이어야 한다.

제7절 | 고압 옥내 배선

(1) 사용 가능 공사

애자 공사(건조한 장소로서 전개된 장소에 한한다), 케이블 공사, 케이블 트레이 공사

(2) 전선

공칭단면적 6[mm^2] 이상의 연동선 또는 이와 동등 이상의 세기 및 굵기의 고압 절연전선 또는 특고압 절연전선을 사용한다.

(3) 시설방법

① 전선의 지지점 간 거리는 6[m] 이하이다. 다만, 전선을 조영재의 면에 따라 시설하는 경우 2[m] 이하이어야 한다.

② 전선 상호간 간격은 8[cm] 이상이며, 전선과 조영재와의 이격거리는 5[cm] 이상이어야 한다.

③ 애자 사용 공사에 사용하는 애자는 절연성, 난연성 및 내수성의 것이어야 한다.

(4) 이동전선

① 전선은 고압용 캡타이어 케이블일 것

② 이동전선과 전기기계기구와의 볼트 조임 기타의 방법에 의하여 견고하게 접속할 것

③ 이동전선에 전기를 공급하는 전로(유도전동기의 2차 측 전로를 제외)에는 전용의 개폐기 및 과전류 차단기를 각 극(과전류 차단기는 다선식 전로의 중성극을 제외한다)에 시설하고, 또한 지락이 생겼을 때에 자동적으로 전로를 차단하는 장치를 시설할 것

제8절 | 배선 재료

(1) 커플링 : 관 상호를 접속한다.

(2) 유니온 커플링 : 금속관 상호를 접속한다.

(3) 로크 너트 : 금속관과 박스를 고정한다.

(4) 링 리듀셔 : 아웃트렛 박스의 녹 아웃 지름이 관 지름보다 클 때 관을 박스에 고정시킬 때 사용한다.

(5) 앤트런스 캡 : 저압 가공선의 인입구에 전선을 보호하기 위해 관 끝에 취부한다.

(6) 절연 부싱 : 전선의 피복을 보호하기 위해 관 끝에 취부한다.

(7) 노멀밴드 : 금속관을 직각으로 구부리는 경우 사용된다.

(8) 유니버셜 엘보 : 금속관을 직각으로 구부리는 경우(노출공사) 사용된다.

(9) 피쉬테이프 : 배관에 전선을 입선 시 사용한다.

(10) 가요전선관 부속재료

　① 스플릿 커플링 : 가요전선관 상호를 접속시킨다.
　② 콤비네이션 커플링 : 가요전선관과 금속관 상호를 접속시킨다.

01

건조한 장소의 저압 옥내 배선(400[V] 이하)에 애자 사용 노출 공사를 할 경우 최소의 전선 상호 간격과 전선과 조영재와의 이격거리는?

① 3[cm], 6[cm]
② 3[cm], 2.5[cm]
③ 4.6[cm], 5[cm]
④ 6[cm], 2.5[cm]

해설

애자 사용 공사에서 저압에서의 전선 상호간은 6[cm]이고 400[V] 이하일 때 건조한 장소의 경우 전선과 조영재의 이격거리는 2.5[cm] 이상을 이격시킨다.

02

사용 전압 100[V]의 애자 사용 은폐 공사로 마루 밑에 시설한 경우 전선 상호의 간격과 전선이 조영재를 따라 시설하는 경우 지지점 간 거리의 최소값은?

① 3[cm], 1.5[m]
② 6[cm], 2[m]
③ 6[cm], 3[m]
④ 10[cm], 4[m]

해설

애자 사용 공사에서 전선 상호간의 간격은 6[cm]로 하고 조영재를 따라 시설하는 경우 지지점 간의 거리는 2[m] 이하로 한다.

03

합성수지관 공사에 대한 설명 중 옳은 것은?

① 전선은 옥외용 비닐 절연전선을 사용한다.
② 관 상호의 접속에 접착제를 사용하였기 때문에 관의 삽입 길이는 관 바깥지름의 0.6배로 한다.
③ 관의 지지점 간의 거리는 1.5[m] 이하로 한다.
④ 합성수지관 내부 안에는 접속점을 만들어도 무방하다.

해설

합성수지관 공사에서 관의 지지점 간의 거리는 1.5[m] 이하로 한다.

04

일반적으로 애자가 구비하여야 할 조건에 해당되는 것은?

① 습기를 잘 흡수할 것
② 충분한 절연 내력을 가질 것
③ 누설 전류가 클 것
④ 하중에 대한 기계적 강도가 적을 것

해설

애자는 기본적으로 절연성, 난연성, 내수성이 있는 것을 사용한다.

05

저압 옥내 배선에서 인입용 비닐 절연전선을 사용해서는 안 되는 공사는?

① 금속덕트 공사
② 합성수지 몰드 공사
③ 금속관 공사
④ 애자 사용 공사

해설

애자 사용 공사의 경우 인입용 비닐 절연전선과 옥외용 비닐 절연전선은 사용을 할 수가 없다.

정답 01 ④ 02 ② 03 ③ 04 ② 05 ④

06

접착제를 사용하여 합성수지관을 삽입해 접속할 경우, 관의 삽입하는 깊이는 관 바깥지름의 최소 몇 배인가?

① 0.8배 ② 1배
③ 1.2배 ④ 1.5배

해설

합성수지관 공사에서 관의 삽입깊이는 관 바깥지름의 1.2배 이상(접착제 사용 시 0.8배 이상)으로 한다.

07

합성수지관 규격품의 길이[m]는?

① 3   ② 3.6
③ 4   ④ 4.5

해설

합성수지관은 4[m]를 표준으로 본다.

08

합성수지관의 특성은?

① 내열성   ② 내충격성
③ 내한성   ④ 내부식성

해설

합성수지관의 특성은 내부식성에 강하여야 한다.

09

후강 전선관은 그 크기가 몇 종으로 구분되는가?

① 10   ② 15
③ 20   ④ 24

해설

후강 전선관은 안지름의 짝수로서 10종류가 있다.

10

그림과 같이 금속관을 구부렸을 경우, B는 A의 약 몇 배 이상이 적당한가?

① 1.5
② 6
③ 4
④ 2

해설

금속관 공사에서 금속관을 구부릴 때 관 안지름의 6배 이상으로 구부린다.

11

금속관 공사에 의한 저압 옥내배선에서 옳은 것은?

① 전선은 옥외용 비닐절연전선일 것
② 관에는 접지공사를 하지 않는다.
③ 콘크리트에 매설하는 것은 1.0[mm] 이하일 것
④ 금속관 안에는 전선의 접속점이 없도록 할 것

해설

옥내배선에서는 옥외용 비닐절연전선을 시설할 수 없으며, 관은 접지공사에 시설에 준하는 접지공사를 하여야 하며 또한 콘크리트 매입에 사용되는 금속관의 경우 1.2[mm] 이상의 것이어야 한다.

12

금속관을 콘크리트에 매입하는 경우 사용하는 금속관의 두께는 몇 [mm] 이상인가?

① 1   ② 1.2
③ 1.5 ④ 2

해설

금속관을 콘크리트에 매입하는 경우 최소 1.2[mm] 이상이어야 하며, 기타의 경우는 1[mm] 이상이다.

정답 06 ① 07 ③ 08 ④ 09 ① 10 ② 11 ④ 12 ②

13

금속관을 박스에 접속할 때 노크 아웃트(knoct-out)의 구멍이 로크너트(locknut)보다 클 때에 사용되는 배선재료는?

① 부싱 ② 링리듀셔
③ 엘보우 ④ 커플링

> **해설**
>
> 금속관 박스를 접속 시 노크아웃트의 구멍이 로크너트보다 클 경우 사용되는 배선 재료는 링리듀셔이다.

14

노크아웃트 구멍이 로크너트보다 클 때에는 무엇을 사용하여 접속하는가?

① 링리듀셔 ② 드릴
③ 잉글리쉬 스패너 ④ 풀링 그립

> **해설**
>
> 금속관 박스를 접속 시 노크아웃트의 구멍이 로크너트보다 클 경우 사용되는 배선 재료는 링리듀셔이다.

15

금속관 공사에서 끝 부분의 빗물 침입을 방지하는 데 적당한 것은?

① 엔드 ② 엔트런스 캡
③ 부싱 ④ 관니플

> **해설**
>
> 엔트런스 캡은 금속관 공사에서 관 끝 부분에 빗물이 침입을 방지하는 데 사용한다.

16

배관 공사 중 2개소의 관을 서로 이을 경우에 사용하는 접속 기구는?

① 이경 니플 ② 유니온 커플링
③ 슬리이브 커플링 ④ 링리듀셔

> **해설**
>
> 관과 관을 서로 연결할 경우 사용하는 접속 기구는 유니온 커플링이다.

17

엔트런스 캡의 용도는?

① 금속관이 고정되어 회전시킬 수 있을 때 사용
② 인입선 공사에 사용
③ 배관의 직각의 굴곡부분에 사용
④ 조명기구가 무거울 때 조명기구 부착용으로 사용

> **해설**
>
> 엔트런스 캡의 용도는 인입선 공사에서 관 끝 부분에 빗물이 침입하는 것을 방지하는 데 사용한다.

18

금속 몰드 공사로서 틀린 것은?

① 금속 몰드 내에서 공사상 부득이한 경우에는 전선의 접속점을 만들어도 좋다.
② 동으로 견고하게 제작된 것
③ 건조하고 점검할 수 있는 은폐 장소에 시공할 수 있다.
④ 몰드에는 접지공사를 할 것

> **해설**
>
> 몰드 공사에서 몰드 내에는 전선의 접속점이 없어야 한다.

정답 13 ② 14 ① 15 ② 16 ② 17 ② 18 ①

19

금속 전선관의 표준 길이는?

① 3.4   ② 3.56

③ 3.66   ④ 4.0

해설

금속관은 3.66[m]를 1본으로 본다.

20

합성수지관 공사 시공 시 새들과 새들 사이의 지지 간격은?

① 1.0[m]   ② 1.3[m]

③ 1.5[m]   ④ 2.0[m]

해설

합성수지관의 경우 지지점 간의 거리는 1.5[m] 이하마다 지지해 준다.

21

콘크리트에 묻어 버리는 금속관 공사에서 직각으로 배관할 때 사용되는 것은?

① 뚜껑이 있는 엘보   ② 노멀밴드

③ 서비스 엘보   ④ 유니버설

해설

금속관 공사에서 직각으로 배관 시 노멀밴드를 사용한다.

22

금속덕트 안에 전광 표시 장치, 제어 회로 등의 배선만을 넣는 경우 전선의 단면적인의 합계는 덕트의 내부 단면적인 몇 [%] 이하로 해야 하는가?

① 10[%]   ② 20[%]

③ 50[%]   ④ 80[%]

해설

금속덕트 공사 시 전선 피복을 포함한 총 단면적 : 덕트 내 단면적인 20[%] 이내(단, 제어 회로나 배선 50[%])

23

가요전선관의 상호 접속은 어떤 것을 사용하는가?

① 컴비네이션 커플링

② 스트레이트 커넥터

③ 스플릿 커플링

④ 앵글 커넥터

해설

- 컴비네이션 커플링 : 가요전선관 + 금속관
- 스트레이트 커넥터 : 전선관 + 박스
- 스플릿 커플링 : 가요전선관 + 가요전선관
- 앵글 커넥터 : 직각으로 박스에 붙일 경우

24

덕트 공사 방법 중 아닌 것은?

① 금속덕트 공사   ② 비닐덕트 공사

③ 버스덕트 공사   ④ 플로어덕트 공사

해설

- 덕트 공사 : 금속덕트 공사, 버스덕트 공사, 라이팅덕트 공사, 플로어덕트 공사

정답 19 ③   20 ③   21 ②   22 ③   23 ③   24 ②

25

가요전선관을 구부러지는 쪽의 안쪽 반지름을 가요전선관 안지름의 몇 배 이상으로 하여야 하는가?

① 3배　　　　② 4배
③ 5배　　　　④ 6배

해설
전선관의 경우 구부러지는 쪽의 안쪽 반지름을 가요전선관의 안지름에 6배 이상 구부려야 한다.

26

금속덕트 공사에서 금속덕트는 천정 또는 벽에 몇 [m]마다 튼튼하게 지지를 해야 하는가?

① 1　　　　② 2
③ 3　　　　④ 4

해설
금속덕트 공사의 지지점 간의 거리는 3[m] 이하마다 지지해 주어야 한다.

27

금속덕트 공사에서 금속관과의 접속부는 전기적, 기계적으로 완전히 접속하여야 하며, 그 지지점 간의 거리는 몇 [m] 이하로 하여야 하는가?

① 2[m]　　　　② 3[m]
③ 4[m]　　　　④ 5[m]

해설
금속덕트 공사의 지지점 간의 거리는 3[m] 이하마다 지지해 주어야 한다.

28

버스 덕트 공사 시 유의할 점 중에서 틀린 것은?

① 버스 덕트 상호간은 기계적, 전기적으로 완전히 접속해야 한다.
② 버스 덕트는 접지공사를 할 필요가 없다.
③ 버스 덕트 공사에 사용하는 버스 덕트는 고시하는 규격에 적당한 것이어야 한다.
④ 버스 덕트의 종단부는 폐쇄형으로 한다.

해설
버스 덕트는 접지공사에 시설에 준하는 접지를 하여야 한다.

29

플로어 덕트 공사에 대하여 다음 중 틀린 것은?

① 덕트의 끝단부는 폐쇄한다.
② 덕트는 접지공사를 할 것
③ 덕트 및 박스 기타의 부속품은 물이 고이는 부분이 있도록 시설하여도 무방하다.
④ 덕트 내부에 물이나 먼지가 침입하지 않도록 한다.

해설
덕트 및 박스 기타 부속품은 물이 고이는 부분이 있도록 시설하여서는 안 된다.

30

금속관 공사에 절연 부싱을 쓰는 목적은?

① 관의 끝이 터지는 것을 방지
② 박스 내에서 전선의 접속을 방지
③ 관의 단구에서 조영재의 접속을 방지
④ 관의 단구에서 전선 손상을 방지

해설
전선의 피복을 보호하기 위해 관 끝에 취부한다.

| 정답 | 25 ④ | 26 ③ | 27 ② | 28 ② | 29 ③ | 30 ④ |

31

플로어 덕트의 전선 접속은 어디서 하는가?

① 전선 인출구에서 한다.
② 접속함 내에서 한다.
③ 플로어 덕트 내에서 한다.
④ 덕트 끝단부에서 한다.

해설
매입 공사에 시설하는 플로어 덕트 공사의 전선의 접속은 접속함 내에서 한다.

32

금속관 공사에서 관을 박스 내에 붙일 때에 사용하는 것은?

① 로크 너트
② 새들
③ 커플링
④ 링 리듀셔

해설
• 로크 너트 – 박스와 금속관을 고정
• 새들 – 전선관을 조영재에 고정
• 커플링 – 금속관 상호 접속 시
• 링 리듀셔 – 노크아웃의 지름이 관의
　　　　　　 지름보다 클 때

33

후강전선관에서 관의 호칭이 16[mm]와 28[mm] 사이에 해당하는 전선관은?

① 27
② 22
③ 18
④ 17

해설
후강전선관의 굵기는 16, 22, 28, 36, … [mm]이다.

34

금속덕트 공사의 설명 중 부적당한 것을 고르시오.

① 금속덕트 공사는 건조하고 전개된 장소에만 사용
② 금속덕트는 두께 1.2[mm] 이상의 철판을 사용하여 만든다.
③ 금속덕트는 2[m] 이하마다 견고하게 지지하여야 한다.
④ 금속덕트 내에는 전선 피복을 포함한 덕트 면적의 20[%] 이내의 전선을 설치하여야 한다.

해설
금속덕트는 3[m] 이하마다 견고하게 지지

35

유니온 커플링의 사용 목적은 무엇인가?

① 안지름이 다른 금속관 상호의 접속
② 돌려 끼울 수 없는 금속관 상호의 접속
③ 금속관의 박스와 접속
④ 금속관 상호를 나사로 연결하는 접속

해설
돌려 끼울 수 없는 금속관 공사 시
관 상호 접속용

36

후강전선관의 최소 굵기[mm]는?

① 12
② 15
③ 16
④ 18

해설
후강전선관의 최소 굵기는 16[mm]이다.

정답 31 ② 32 ① 33 ② 34 ③ 35 ② 36 ③

37

금속관 공사에 의한 저압 옥내 배선에서 잘못된 것은?

① 전선은 절연전선일 것
② 금속관 안에는 전선의 접속점이 없도록 할 것
③ 전선은 연선일 것
④ 옥외용 비닐절연전선을 사용할 것

해설
전선은 절연전선(옥외용 비닐절연전선 제외)일 것

38

박강전선관에서 관의 호칭이 잘못 표현된 것은?

① 51[mm] ② 19[mm]
③ 22[mm] ④ 25[mm]

해설
후강전선관(짝수), 박강전선관(홀수)

39

피시 테이프(fish tape)는 어디에 사용하는가?

① 합성수지관을 구부릴 때
② 관을 구부릴 때
③ 배관에 전선을 넣을 때
④ 전선을 테이핑 하기 위해

해설
피시 테이프는 전선관 공사 시에 전선을 여러 가닥 넣을 경우 이를 쉽게 넣을 수 있는 공구이다.

40

금속관 가공 공사에 쓰이지 않는 공구는?

① 벤더 ② 프레셔 툴
③ 파이프 커터 ④ 오스터

해설
금속관 가공공사에 쓰이는 공구는 오스터와 파이프 커터, 벤더가 되며 프레셔 툴은 커넥터 또는 터미널을 압착시키기 위한 공구이다.

41

금속관을 구부리기에 있어서 구부러진 각의 합이 360°를 넘을 때는 어떻게 하는가?

① 커넥터로 접속한다.
② 덕트를 만들어 준다.
③ 금속관 박스와 접속한다.
④ 정크션 박스를 시설한다.

해설
구부러진 곳이 360° 이상이 되면 중간에 정크션 박스를 시설해준다.

42

합성수지 몰드 공사의 방법 중 틀린 것은?

① 절연전선일 것(옥외용 비닐절연전선은 제외)
② 몰드 내에서 접속할 것
③ 몰드 상호 및 몰드와 박스 접속은 전선이 노출되지 않도록 접속할 것
④ 합성수지제의 박스 안에서 접속할 것

해설
몰드 내에는 접속점이 없어야 한다.

정답 37 ④ 38 ③ 39 ③ 40 ② 41 ④ 42 ②

43

금속덕트 공사의 설명 중 부적당한 것을 고르시오.

① 금속덕트 공사는 건조하고 전개된 장소에만 사용
② 금속덕트는 두께 1.2[mm] 이상의 철판을 사용하여 만든다.
③ 금속덕트 내에는 전선 피복을 포함한 덕트 면적의 20[%] 이내의 전선을 설치하여야 한다.
④ 금속덕트는 2[m] 이하마다 견고하게 지지하여야 한다.

해설

금속덕트의 지지점 간의 거리는 3[m] 이하이다.

44

노브 애자를 사용한 옥내 배선에서 전선의 굵기가 원칙적으로 얼마 이상이면 십자 바인드로 묶는가?

① 6[mm^2] ② 16[mm^2]
③ 10[mm^2] ④ 2.5[mm^2]

해설

• 일자 바인드의 경우 10[mm^2] 이하
• 십자 바인드의 경우 16[mm^2] 이상

정답 43 ④ 44 ②

전선 및 기계기구 보호

과전류 차단기는 전선 및 기계기구를 보호하기 위하여 필요한 곳에 시설한다. 과전류 차단기에는 배선용 차단기와 퓨즈 등이 있다.

01 과전류 차단기의 종류

(1) 저압전로 중의 과전류 차단기의 시설

정격전류의 구분	시간	정격전류의 배수	
		불용단전류	용단전류
4A 이하	60분	1.5배	2.1배
4A 초과 16A 미만	60분	1.5배	1.9배
16A 이상 63A 이하	60분	1.25배	1.6배
63A 초과 160A 이하	120분	1.25배	1.6배
160A 초과 400A 이하	180분	1.25배	1.6배
400A 초과	240분	1.25배	1.6배

(2) 배선용 차단기

과전류 차단기로 저압전로에 사용하는 산업용 배선용 차단기와 주택용 배선용 차단기는 다음 표에 적합하여야 한다.

① 산업용 배선용 차단기(과전류트립 동작시간 및 특성)

정격전류의 구분	시간	정격전류의 배수 (모든 극에 통전)	
		부동작 전류	동작 전류
63A 이하	60분	1.05배	1.3배
63A 초과	120분	1.05배	1.3배

② 주택용 배선용 차단기(과전류트립 동작시간 및 특성)

정격전류의 구분	시간	정격전류의 배수 (모든 극에 통전)	
		부동작 전류	동작 전류
63A 이하	60분	1.13배	1.45배
63A 초과	120분	1.13배	1.45배

(3) 고압용 퓨즈

① 포장 퓨즈 : 정격 1.3배의 전류에 견디고 2배의 전류에서는 120
  분 내에 용단되어야 한다.

② 비포장 퓨즈 : 정격 1.25배의 전류에 견디고 2배의 전류에서는
  2분 내에 용단되어야 한다.

(4) 과전류 차단기 시설 제한장소

① 접지공사의 접지도체

② 다선식 선로의 중성선

③ 전로일부에 접지공사를 한 저압 가공전선로의 접지 측 전선

(5) 누전차단기의 시설

금속제 외함을 가지는 사용전압이 50[V]를 초과하는 저압의 기계
기구로서 사람이 쉽게 접촉할 우려가 있는 곳에 시설하는 것에 전기
를 공급하는 전로

제2절 **분기회로의 시설**

■ 과전류 차단기

저압 옥내간선과의 분기점에서 전선의 길이가 3[m] 이하인 곳에 개
폐기 및 과전류 차단기를 시설한다.

제3절 **전동기의 과부하 보호 장치**

(1) 과전류 저지 또는 경보 장치

옥내에 시설하는 전동기(정격출력 0.2[kW] 이하의 것 제외)에는 전
동기가 소손될 우려가 있는 과전류가 생겼을 때 이를 저지하거나 이
를 경보하는 장치를 하여야 한다. 다만, 다음의 하나에 해당하는 경
우에는 그러지 아니하다.

① 전동기의 운전 중 상시 취급자가 감시할 수 있는 위치에 시설하
  는 경우

② 전동기 구조나 부하의 성질로 보아 전동기가 소손될 수 있는 과
전류가 생길 우려가 없는 경우

③ 단상 전동기의 표준 정격의 것으로써 그 전원 측 전로에 시설하
는 과전류 차단기의 정격전류가 16[A] 이하 또는 배선용 차단기
20[A] 이하인 경우

(2) 과부하 보호 장치

① 안전 스위치 : 금속상자 개폐기라고 하며, 조작을 안전하게 하기
위해 외부의 핸들을 움직여 개폐하게 되어 있다.

② 전자 개폐기(magnet controller)

(3) 그 밖의 스위치

① 타임 스위치 : 시계 장치와 조합하여 자동적으로 동작한다.

② 압력 스위치 : 액체 또는 기체의 압력이 높고 낮음에 따라 접점이
동작

③ 부동 스위치 : 물탱크의 물의 양에 따라 동작

④ 수은 스위치 : 생산 공장 작업의 자동화에 사용

제4절 **절연저항값**

(1) 전로의 절연저항

전로의 절연저항을 측정하여 누설전류의 크기를 확인한다.
하지만 다음의 경우 절연을 하지 않아도 된다.

① 저압전로에 접지공사를 하는 경우의 접지점

② 계기용 변압기의 2차 측 전로에 접지공사를 하는 경우 접지점

③ 저압 가공전선의 특고압 가공전선과 동일 지지물에 시설되는 부
분의 접지공사를 하는 경우 접지점

④ 시험용 변압기, 전기로 등

(2) 저압전선로 중 절연 부분의 전선과 대지 사이 및 전선의 심선 상호
간의 절연저항은 사용전압에 대한 누설전류가 최대 공급전류의
1/2,000을 넘지 않도록 하여야 한다.

(3) 전기사용 장소의 사용전압이 저압인 전로의 전선 상호간 및 전로와
대지 사이의 절연저항은 개폐기 또는 과전류 차단기로 구분할 수 있
는 전로마다 다음 표에서 정한 값 이상이어야 한다.

전로의 사용전압 V	DC시험전압 V	절연저항 MΩ
SELV 및 PELV	250	0.5
FELV, 500V 이하	500	1.0
500V 초과	1,000	1.0

특별저압(extra low voltage : 2차 전압이 AC 50V, DC 120V 이하)으로
SELV(비접지회로 구성) 및 PELV(접지회로 구성)은 1차와 2차가 전기적
으로 절연된 회로, FELV는 1차와 2차가 전기적으로 절연되지 않은 회로
를 말한다.

(4) 측정 시 영향을 주거나 손상을 받을 수 있는 SPD 또는 기타 기기
등은 측정 전에 분리시켜야 하고, 부득이하게 분리가 어려운 경우에
는 시험전압을 250V DC로 낮추어 측정할 수 있지만 절연저항값은
1MΩ 이상이어야 한다.

(5) 단, 사용전압이 저압인 전로에서 정전이 어려운 경우 등 절연저항
측정이 곤란한 경우에는 누설전류를 1mA 이하로 유지하여야 한다.

제5절   절연 내력 시험

절연 내력을 시험할 부분에 최대사용전압에 일정 배수를 가하여 10분간
견디는 시험이다.
단, 전선을 케이블을 사용하는 교류 전로는 결정된 시험 전압의 2배의
직류전압을 가하여 견디어야 한다.

구분		배수	최저전압
7,000[V] 이하		최대사용전압×1.5배	500[V]
비접지식	7,000[V] 초과	최대사용전압×1.25배	10,500[V]

구분		배수	최저전압
중성점 다중접지식	7,000[V] 초과 25,000[V] 이하	최대사용전압×0.92배	×
중성점 접지식	60,000[V] 초과	최대사용전압×1.1배	75,000[V]
중성점 직접접지식	170,000[V] 이하	최대사용전압×0.72배	×
	170,000[V] 넘는 구내에서만 적용	최대사용전압×0.64배	×

제6절 접지시스템

(1) 접지 종류

① 계통접지

② 보호접지

③ 피뢰시스템 접지

(2) 접지시스템 시설 종류

① 단독접지

각각의 접지를 개별로 접지하는 방식을 말한다.

② 공통접지

등전위가 형성되도록 저, 고압 및 특고압 접지계통을 공통으로 접지하는 방식이다.

③ 통합접지

전기, 통신, 피뢰설비 등 모든 접지를 통합하여 접지하는 방식으로, 건물 내에 사람이 접촉할 수 있는 모든 도전부가 등전위를 형성토록 한다.

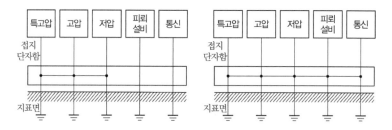

▶ 공통접지와 통합접지의 개념도

(3) 접지시스템의 구성

접지시스템은 접지극, 접지도체, 보호도체 및 기타 설비로 구성한다.

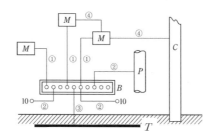

▸ **접지선 및 보호도체 및 등전위 본딩 도체 단면적**

① 보호도체

② 주 등전위 본딩용 전선

③ 접지도체

④ 보조 등전위 본딩용 전선

    M : 전기기기의 노출 도전성 부분

    C : 철골, 금속덕트 등의 계통 외 도전성

    B : 주접지단자

    P : 수도관, 가스관 등 금속배관

    T : 접지극

    10 : 기타기기(정보통신시스템 또는 뇌보호등)

(4) 접지극의 매설기준

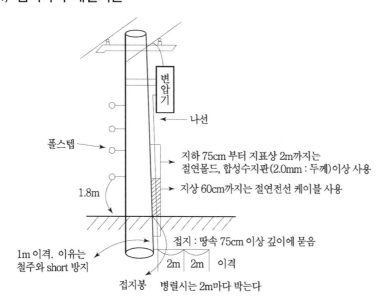

① 접지극은 매설하는 토양을 오염시키지 않아야 하며, 가능한 한 다습한 부분에 설치한다.

② 접지극은 지표면으로부터 지하 0.75[m] 이상으로 하되 동결 깊이를 감안하여 매설 깊이를 정해야 한다.

③ 접지도체를 철주 기타의 금속체를 따라서 시설하는 경우에는 접지극을 철주의 밑면으로부터 0.3[m] 이상의 깊이에 매설하는 경우 이외에는 접지극을 지중에서 그 금속체로부터 1[m] 이상 떼어 매설하여야 한다.

④ 접지도체는 지하 0.75[m]부터 지표 상 2[m]까지 부분은 합성수지관(두께 2[mm] 미만의 합성수지제 전선관 및 가연성 콤바인 덕트관은 제외한다) 또는 이와 동등 이상의 절연효과와 강도를 가지는 몰드로 덮어야 한다.

⑤ 지지물에 취급자가 오르고 내리는 데 사용하는 발판 볼트 등은 원칙적으로 지표상 1.8[m] 이상

(5) 수도관 접지

지중에 매설되어 있고 대지와의 전기저항값이 3[Ω] 이하의 값을 유지하고 있는 금속제 수도관로가 다음에 따르는 경우 접지극으로 사용이 가능하다.

(6) 철골접지

건축물·구조물의 철골 기타의 금속제는 이를 비접지식 고압전로에 시설하는 기계기구의 철대 또는 금속제 외함의 접지공사 또는 비접지식 고압전로와 저압전로를 결합하는 변압기의 저압전로의 접지공사의 접지극으로 사용할 수 있다. 다만, 대지와의 사이에 전기저항값이 2[Ω] 이하인 값을 유지하는 경우에 한한다.

(7) 접지도체의 최소 단면적

접지도체의 단면적은 큰 고장전류가 접지도체를 통하여 흐르지 않을 경우 접지도체의 최소 단면적은 다음과 같다.

① 구리는 6[mm^2] 이상

② 철제는 50[mm^2] 이상

단, 접지도체에 피뢰시스템이 접속되는 경우, 접지도체의 단면적은 구리 16[mm^2] 또는 철 50[mm^2] 이상으로 하여야 한다.

③ 적용 종류별 접지선의 최소 단면적

　가. 특고압·고압 전기설비용 접지도체는 단면적 6[mm²] 이상
　　의 연동선 또는 동등 이상의 단면적 및 강도를 가져야 한다.

　나. 중성점 접지용 접지도체는 공칭단면적 16[mm²] 이상의 연
　　동선 또는 동등 이상의 단면적 및 세기를 가져야 한다. 다
　　만, 다음의 경우에는 공칭단면적 6[mm²] 이상의 연동선 또
　　는 동등 이상의 단면적 및 강도를 가져야 한다.

　　㉠ 7[kV] 이하의 전로

　　㉡ 사용전압이 25[kV] 이하인 특고압 가공전선로. 다만, 중
　　　성선 다중접지식의 것으로서 전로에 지락이 생겼을 때 2
　　　초 이내에 자동적으로 이를 전로로부터 차단하는 장치
　　　가 되어 있는 것

(8) 선도체와 보호도체의 단면적

선도체의 단면적 S (mm², 구리)	보호도체의 최소 단면적(mm², 구리)
	보호도체의 재질
	선도체와 같은 경우
S ≤ 16	S
16 < S ≤ 35	16
S > 35	S/2

(9) 기계기구의 외함의 접지 생략조건

① 사용전압이 직류 300[V] 또는 교류 대지전압이 150[V] 이하인
기계기구를 건조한 곳에 시설하는 경우

② 기계기구를 건조한 목재의 마루 또는 위 기타 이와 유사한 절연
성 물건 위에서 취급하도록 시설하는 경우

③ 철대 또는 외함의 주위에 적당한 절연대를 설치하는 경우

④ 전기용품 및 생활용품 안전관리법의 적용을 받는 2중 절연구조
로 되어 있는 기계기구를 시설하는 경우

⑤ 저압용 기계기구에 전기를 공급하는 전로의 전원 측에 절연변압
기(2차 전압이 300[V] 이하이며, 정격용량이 3[kVA] 이하인 것
에 한한다)를 시설하고 또한 그 절연변압기의 부하측 전로를 접
지하지 않은 경우

⑥ 물기 있는 장소 이외의 장소에 시설하는 저압용의 개별 기계기구
에 전기를 공급하는 전로에 전기용품 및 생활용품 안전관리법의
적용을 받는 인체감전보호용 누전차단기(정격감도전류가 30[mA]

이하, 동작시간이 0.03초 이하의 전류동작형에 한한다)를 시설하는 경우

(10) 변압기 중성점 접지

■ 중성점 접지저항값

변압기의 중성점접지저항값은 다음에 의한다.

① 일반적으로 변압기의 고압·특고압 측 전로 1선 지락전류로 150을 나눈 값과 같은 저항값 이하

② 변압기의 고압·특고압 측 전로 또는 사용전압이 35[kV] 이하의 특고압전로가 저압측 전로와 혼촉하고 저압전로의 대지전압이 150[V]를 초과하는 경우의 저항값은 다음에 의한다.

- 1초 초과 2초 이내에 고압·특고압 전로를 자동으로 차단하는 장치를 설치할 때는 300을 나눈 값 이하
- 1초 이내에 고압·특고압 전로를 자동으로 차단하는 장치를 설치할 때는 600을 나눈 값 이하

(11) 전로의 중성점 접지공사 목적

① 보호장치의 확실한 동작확보

② 이상전압 억제

③ 대지전압 저하

(12) 피뢰기 : 이상전압 내습 시 즉시 방전하여 기계기구의 절연을 보호한다.

① 시설장소

가. 발·변전소에 준하는 인입구 및 인출구

나. 고압 및 특고압으로부터 수전받는 수용가의 인입구

다. 가공전선과 지중전선의 접속점

라. 배전용 변압기의 고압 측 및 특고압 측

② 접지저항 : 10[Ω] 이하

③ 피뢰침

가. 적용범위

㉠ 전기전자설비가 설치된 건축물·구조물로서 낙뢰로부터 보호가 필요한 것 또는 지상으로부터 높이가 20[m] 이상인 것

㉡ 전기설비 및 전자설비 중 낙뢰로부터 보호가 필요한 설비

나. 외부 피뢰시스템의 종류
ㄱ 수뢰부 시스템
ㄴ 인하도선 시스템
ㄷ 접지시스템

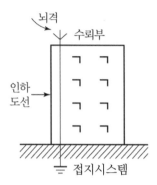

(13) 차단기

차단기(CB : Circuit Breaker)는 회로의 부하 전류 개폐 및 차단기의 부하 측에서 단락 사고 및 지락사고 발생 시 각종 계전기와의 조합으로 신속히 회로를 차단하여 사고점으로부터 계통을 보호하고 안전성을 유지하는 장치를 말한다.

그 종류로는 다음과 같다.

① 유입 차단기(OCB : Oil Circuit Breaker) : 유입 차단기는 기름 차단기라고도 하며 전로 개폐 시 발생되는 아크를 절연유의 소호 작용에 의해 소호하는 구조로 된 특징을 가지며, 다른 종류의 차단기에 비해 차단과 성능 및 보수 면에서 불리하며, 소·중량의 차단기로서 널리 사용되고 있다.

② 공기 차단기(ABB : Air Blast Circuit Breaker) : 공기 차단기는 개방할 때 접촉자가 떨어지면서 발생하는 아크를 강력한 압축공기 약 $10 \sim 30[kg/cm^2 \cdot g]$을 불어 소호하는 방식으로서 유입 차단기처럼 전류의 크기에 의해 소호 능력이 변하지 않고 일정한 소호 능력을 갖고 있다.

③ 진공 차단기(VCB : Vacuum Circuit Breaker) : 진공에서 높은 절연 내력과 아크 생성물이 고진공 용기 내에서 급속한 확산을 이용하여 소호하는 구조로서 최근에 많이 사용되고 있다. 이는 기름을 사용하지 않아 화재 위험이 없을 뿐만 아니라 안전성이 높고, 보수 점검이 용이하다. 단, 차단성능은 우수하나 동작 시 높은 서지전압을 발생시키는 문제점도 있다.

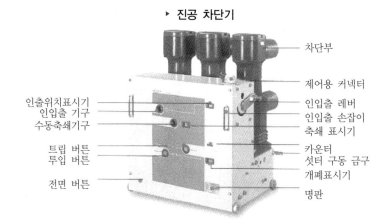

▸ **진공 차단기**

차단부

제어용 커넥터

인출위치표시기
인입출 기구
수동축쇄기구

인입출 레버
인입출 손잡이
축쇄 표시기

트립 버튼
투입 버튼

카운터
셧터 구동 금구
개폐표시기

전면 버튼

명판

④ 가스 차단기(GCB : Gas Circuit Breaker) : 절연 강도와 소호능력이 뛰어난 불활성 가스인 SF_6 가스(6불화 유황)를 이용한 차단기로서 개폐 시에 발생한 아크를 SF_6 가스를 분사하여 소호(공기의 약 100배)하는 방식이다. SF_6 가스는 동일한 압력에서 공기의 2.5~3.5배의 절연 내력을 가지고 있으며, 무취, 무해, 무독, 불연성, 비폭발성의 성질을 가지고 있다. 이는 보수 점검이 매우 편리하며, 차단 성능이 우수하다. 또한 개폐 시 소음이 작고, 가격이 고가라는 단점이 있다.

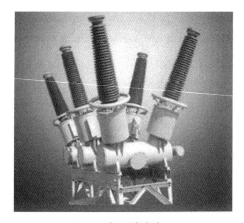

▸ **가스 차단기**

⑤ 자기 차단기(MBB : Magnetic Blast Circuit Breaker) : 아크와 직각으로 자계를 주어 아크를 소호실로 흡입하여 아크 전압을 증대시키며, 냉각하여 소호작용을 하도록 된 구조의 차단기로서, 3.3~6.6[kV]의 전압 회로에 많이 사용된다. 화재의 염려가 없으며, 절연유를 사용하지 않아 열화가 없어 보수가 간단하지만 소호 능력면에서 특고압에 적당하지 않다.

01

접지공사를 하는 주된 목적이 아닌 것은?

① 누전에 의한 기기의 손상을 방지한다.
② 부하의 역률을 개선한다.
③ 누전에 의한 감전을 방지한다.
④ 누전에 의한 화재사고를 방지한다.

해설

접지공사의 접지목적은 화재사고, 감전사고, 기기의 손상 방지이다.

02

전선의 굵기를 규정하는 데 가장 근원이 되는 것은?

① 허용전류   ② 도체의 고유 저항값
③ 누설전류   ④ 도전율

해설

전선의 굵기를 산정할 때 가장 중요한 조건은 허용전류이다.

03

저압 가공전선의 1선에 접지공사를 하였을 때 이 전선을 무엇이라 하는가?

① 피뢰도선   ② 전력선
③ 접지 측 전선   ④ 중성선

해설

가공전선의 1선에 접지한 전선을 접지 측 전선이라고 하고 접지하지 않은 선을 전압 측 전선이라 한다.

04

생산 공장 작업의 자동화에 널리 사용되고 바이메탈과 조합하여 실내 난방 장치의 자동 온도 조절에 사용되는 것은?

① 타임러그 스위치   ② 수은 스위치
③ 부동 스위치   ④ 타임 스위치

해설

수은 스위치 : 생산 공장의 자동화에 사용되고 바이메탈과 조합하여 실내 난방 장치의 자동 온도 조절에 사용된다.

05

학교, 공장, 빌딩 등의 옥상에 있는 물탱크의 급수 펌프에 설치하는 스위치는 종류는?

① 압력 스위치   ② 수은 스위치
③ 부동 스위치   ④ 마그네트 스위치

해설

부동 스위치의 경우 급수 펌프 운전에 사용한다.

06

금속제 수도관을 접지극으로 사용할 경우 수도관과 대지 간의 접지 저항값은 몇 [Ω] 이하인가?

① 3   ② 10
③ 15   ④ 100

해설

수도관접지의 경우 3[Ω] 이하이어야 한다.

정답 01 ② 02 ① 03 ③ 04 ② 05 ③ 06 ①

07

Pilot lamp란?

① 전원 유무를 표시하는 램프이다.
② 정전만을 표시하는 램프이다.
③ 유도등이다.
④ 오류만을 표시하는 램프이다.

해설

파일럿 램프는 전원의 유무를 표시하는 램프이다.

08

물탱크의 수위를 조절하는 데 필요한 자동 스위치는 무엇인가?

① 서머 스위치　　② 플로우트 스위치
③ 수은 스위치　　④ 타이머 스위치

해설

물탱크의 수위 조절에 사용되는 스위치의 종류는 플로우트 (플로트) 스위치이다.

09

특고압 또는 고압 회로 및 기기의 단락 보호 능력을 갖는 기기는 무엇인가?

① 단로기　　　　② 피뢰기
③ 계기용 변성기　④ 차단기

해설

특고압 또는 고압 회로 및 기기의 단락 보호 능력을 갖는 기기는 차단기이다.

10

전기기계 기구 및 금속관 등의 전원 측에 누설전류에 대한 지락 검출 보호 장치, 즉 누전차단기를 설치하는 경우 접지공사를 생략할 수 있는 경우는?

① 30[mA]　　　　② 40[mA]
③ 50[mA]　　　　④ 75[mA]

해설

정격 감도전류 30[mA] 이하 동작시간 0.03초

11

특고압·고압 전기설비용 접지도체는 몇 [mm²] 이상의 연동선 또는 동등 이상의 단면적 및 강도를 가져야 하는가?

① 6[mm²]　　　　② 16[mm²]
③ 2.5[mm²]　　　④ 25[mm²]

해설

특고압·고압 전기설비용 접지도체는 6[mm²] 이상의 연동선 또는 동등 이상의 단면적 및 강도를 가져야 한다.

12

옥내 전선의 굵기를 산정하는 요소는?

① 통전시간, 전류구조, 절연저항
② 허용전류, 전압강하, 기계적 강도
③ 절연저항, 통전시간, 전압강하
④ 통전시간, 허용전류, 전압강하

해설

전선의 굵기를 산정할 때 가장 중요한 요소는 허용전류, 기계적 강도, 전압강하이다.

정답　07 ①　08 ②　09 ④　10 ①　11 ①　12 ②

13

변압기 고압 측 전로의 1선 지락전류 값이 5[A]일 때 중성점 접지공사의 접지저항[Ω]의 최대값은?

① 15 ② 20
③ 30 ④ 50

해설

$R_2 = \dfrac{150}{1선 지락전류} = \dfrac{150}{5} = 30[\Omega]$이 된다.

14

계기용 변압기의 2차 측 전압은 몇 [V]인가?

① 5[V] ② 60[V]
③ 220[V] ④ 110[V]

해설

계기용 변압기(PT)의 2차 측 전압은 110[V]가 된다.

15

피뢰기를 시설하지 않아도 되는 것은?

① 가공전선과 지중전선의 접속점
② 가공전선에 접속하는 배전용 변압기 저압 및 고압 측
③ 변전소 인입구 및 인출구
④ 고압을 수전 받는 수용가 인입구

해설

가공전선에 접속하는 배전용 변압기 고압 및 특고압 측이 된다.

16

저압 옥내 배선에 있어서 가장 먼저 시험해야 할 사항은 무엇인가?

① 통전 시험 ② 절연 내력 시험
③ 접지 저항 시험 ④ 절연 저항 시험

17

계기용 변류기 2차 측 전류는 몇 [A]인가?

① 5[A] ② 30[A]
③ 50[A] ④ 80[A]

해설

계기용 변류기(CT) 2차 측 전류는 5[A]가 된다.

제3과목

✦ 전기설비

정답 13 ③ 14 ④ 15 ② 16 ④ 17 ①

가공인입선 및 배전선

(1) 가공인입선

① 가공인입선이란 가공전선로의 지지물에서 출발하여 다른 지지물을 거치치 않고 수용장소 인입구에 이르는 전선을 말한다.

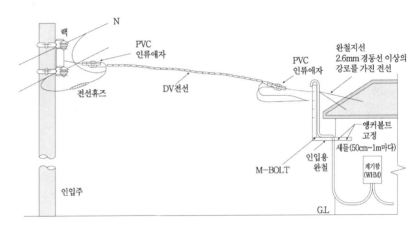

▸ **저압 가공인입선 시설**

② 전선의 굵기는 저압인 경우 2.6[mm] 이상 DV(인입용 비닐절연 전선)을 사용
(단, 경간이 15[m] 이하의 경우 2.0[mm] 이상 인입용 비닐절연 전선 사용)
고압인 경우 5.0[mm] 경동선을 사용한다.

(2) 전선의 종류 : 절연전선, 케이블을 사용

(3) 전선의 지표상 높이

구분 \ 전압	저압	고압
도로횡단	5[m] 이상	6[m] 이상
철도횡단	6.5[m] 이상	6.5[m] 이상
위험표시	×	3.5[m] 이상
횡단 보도교	3[m]	3.5[m] 이상

제2절 연접인입선

(1) 한 수용장소의 접속점에서 분기하여 다른 지지물을 거치지 않고 타 수용장소에 이르는 전선

(2) 시설규정

① 인입선에서 분기하는 점으로부터 100[m]를 넘는 지역에 미치지 아니할 것
② 폭 5[m]를 넘는 도로를 횡단하지 아니할 것
③ 옥내를 통과하지 아니할 것
④ 전선은 지름 2.6[mm] 경동선 사용
　(단, 경간이 15[m] 이하인 경우 2.0[mm] 경동선을 사용한다)
⑤ 저압에서만 사용

제3절 배전선 공사

(1) 지지물 : 목주, 철주, 철근콘크리트주, 철탑 등이 있다.

(2) 애자

① 핀애자 : 인입선에 사용하고 대, 중, 소가 있다.
② 가지애자 : 전선을 다른 방향으로 돌리는 부분에 사용
③ 구형애자 : 지선의 중간 부분에 사용(지선애자)

(3) 장주 및 건주

① 장주 : 지지물에 전선과 기구를 고정시키기 위하여 완목, 완금, 애자 등을 장치
② 건주 : 지지물을 땅에 묻는 깊이를 말한다.

　㉠ 전주의 길이 15[m] 이하 : 전장의 $\frac{1}{6}$[m] 이상
　㉡ 전주의 길이 15[m] 이상 : 2.5[m] 이상
　㉢ 경동선, 내열동 합금선의 안전율은 2.2
　㉣ 그 외 전선의 안전율은 2.5

(4) 배전용 기구

    ① 주상 변압기 1차 보호 : 컷 아웃 스위치(COS)

                    2차 보호 : 캣치 홀더

    ② 기계기구의 지표상 높이

      • 고압 – 4.0[m] 이상(시가지외)

            – 4.5[m] 이상(시가지)

      • 특고압 – 5[m] 이상

    ③ 차단기 약호

      • ACB : 기중 차단기   • ABB : 공기 차단기

      • MBB : 자기 차단기   • OCB : 유입 차단기

      • GCB : 가스 차단기   • VCB : 진공 차단기

(5) 지선 : 지지물의 강도를 보강한다. 단, 철탑은 사용 제외

    ① 안전율 : 2.5(목주 및 A종지지물 : 1.5)

    ② 인장하중 : 4.31[kN]

    ③ 소선수 : 3가닥 이상의 연선

    ④ 금속선 : 2.6[mm] 이상

제4절　배전반 공사

(1) 배전반의 설치목적 : 전력 계통의 감시 제어, 보호

(2) 배전반의 종류

    ① 라이브 프런트식 배전반 : 주로 저압 간선용에 많이 사용

    ② 데드 프런트식 배전반 : 고압 수전반, 고압 전동기 운전반 등에
                             사용

    ③ 폐쇄식 배전반(큐비클형) : 가장 많이 사용(공장, 빌딩 등의 전기실)

(3) 배전반 공사는 앞 벽과의 사이를 2[m] 이상 되도록 한다.

(4) 분전반 : 부하의 배선을 분기하는 곳에 설치하는 것으로 주개폐기
분기 회로용 개폐기로 되어 있다.

제5절　지지물

(1) 지지물의 종류 : 목주, 철주, 철근콘크리트주, 철탑

(2) 지지물의 기초 안전율 : 2 이상

(3) 철탑의 경우 지선으로서 그 강도를 보강하지 않는다.

제6절　가공전선로의 경간

(1) 표준경간(시가지외)

① 목주, A종(철주, 철근콘크리트주) : 150[m] 이하

② B종(철주, 철근콘크리트주) : 250[m] 이하

③ 철탑 : 600[m] 이하

(2) 시가지 경간(목주는 시설불가하다.)

① A종(철주, 철근콘크리트주) : 75[m] 이하

② B종(철주, 철근콘크리트주) : 150[m] 이하

③ 철탑 : 400[m] 이하

제7절　가공케이블의 시설

(1) 케이블은 조가용선에 행거로 시설할 것. 이 경우 고압인 경우 그 행거의 간격은 50[cm] 이하로 시설하여야 한다.

(2) 조가용선은 인장강도 5.93[kN] 이상의 연선 또는 22[mm^2] 이상의 아연도철연선일 것

(3) 금속테이프 등은 20[cm] 이하 간격을 유지한다.

제8절 | 2차 접근상태

2차 접근상태란 가공전선이 다른 시설물과 접근하는 경우 그 가공전선이 다른 시설물의 위쪽 또는 옆쪽에서 수평거리로 3[m] 미만인 곳에 시설되는 상태를 말한다.

제9절 | 수용률, 부하율, 부등률

(1) 수용률 $= \dfrac{\text{최대전력[kW]}}{\text{설비용량[kW]}} \times 100[\%]$

(2) 부하율 $= \dfrac{\text{평균전력[kW]}}{\text{최대전력[kW]}} \times 100[\%]$

(3) 부등률 $= \dfrac{\text{개별수용최대전력의 합[kW]}}{\text{합성최대전력[kW]}}$

01

저압 가공인입선으로에 절연전선을 사용하는 경우, 경동선의 최소 굵기는 몇 [mm]인가?

① 1.6[mm] ② 2.0[mm]
③ 2.6[mm] ④ 3.2[mm]

해설
저압 가공인입선의 굵기는 2.6[mm] 이상이다.

02

고압 가공전선로에 사용한 경동선의 이도계산에 사용되는 안전율은?

① 1.5 ② 2.2
③ 2.7 ④ 3.0

해설
경동선(내열동합금선)의 안전율은 2.2, 그 외 전선은 2.50이다.

03

한 수용가의 인입선에서 분기하여 지지물을 거치지 아니하고 다른 수용장소의 인입구에 이르는 부분의 전선을 무엇이라 하는가?

① 가공인입선 ② 연접인입선
③ 연접가공선 ④ 옥외 배선

해설
위의 내용은 연접인입선의 정의를 말한 것이다.

04

고압용 변압기를 시가지에 설치할 경우 지표상 얼마 높이 이상으로 하는가?

① 4[m] ② 4.5[m]
③ 5[m] ④ 6[m]

해설
• 시가지에 시설되는 변압기의 경우 4.5[m] 이상
• 시가지외에 시설되는 변압기의 경우 4.0[m] 이상

05

지중에서 지선의 끝을 고정시키는 데 사용되는 것은?

① 지선 애자 ② 스트랙
③ 앵커 ④ 래크

해설
지중에서 지선의 끝을 조정하는 것을 앵커라 한다.

06

철도를 횡단하는 경우, 저압 가공인입선의 지표상 높이[m]는?

① 5.5 ② 6
③ 6.5 ④ 7.5

해설
저압 가공인입선이 철도를 횡단하는 경우 6.5[m] 이상으로 하여야 한다.

정답 01 ③ 02 ② 03 ② 04 ② 05 ③ 06 ③

07

저압 연접인입선의 최대 선로 길이는 어느 것을 원칙으로 하는가?

① 25[m] 이하   ② 50[m] 이하
③ 60[m] 이하   ④ 100[m] 이하

해설

연접인입선은 분기점으로부터 100[m]를 넘는 지역에 미치지 말 것

08

연접인입선의 시설에서 잘못된 것은?

① 인입선에서 분기하는 점으로부터 100[m]를 넘는 지역에 미치지 말 것
② 폭 2[m]의 도로를 관통하지 말 것
③ 옥내를 관통하지 말 것
④ 저압 인입선의 시설 규정에 준하여 시설할 것

해설

연접인입선의 시설규정에서 폭이 5[m] 넘는 도로를 횡단하면 안 된다.

09

가공전선으로 지선의 사용 시 지선의 인장하중은 규정상 얼마인가?

① 3.41[kN]   ② 2.46[kN]
③ 3.8[kN]   ④ 4.31[kN]

해설

지선의 인장하중은 4.31[kN] 이상이다.

10

전선을 다른 방향으로 돌리는 부분에 사용되는 애자는?

① 가지애자   ② 핀애자
③ 현수애자   ④ 라인포스트애자

해설

가지애자의 경우 전선을 다른 방향으로 돌리는 부분에 사용한다.

11

송전 선로의 중성점을 접지하는 목적은?

① 동량의 절감   ② 송전 용량의 증가
③ 전압강하 방지   ④ 이상전압 발생 방지

해설

중성점 접지 목적
• 보호계전기의 확실한 동작 확보
• 이상전압 억제
• 대지전압 저하

12

제2차 접근상태라 함은 가공전선이 다른 시설물로부터 수평거리 몇 [m] 미만인 곳에 시설되는 것을 말하는가?

① 2   ② 3
③ 4   ④ 5

해설

2차 접근상태는 수평거리 3[m] 미만인 지역을 말한다.

정답 07 ④   08 ②   09 ④   10 ①   11 ④   12 ②

13

다음 가공전선으로 지지물이 아닌 것은?

① 지선 ② 철주
③ 목주 ④ 철근콘크리트주

해설
지선은 지지물이 아닌 지지물의 강도를 보강한다.

14

지중전선로의 장점이 아닌 것은?

① 송배전의 신뢰도가 높다.
② 유도장해가 적다.
③ 기상의 영향을 적게 받는다.
④ 고장점을 찾기 어렵다.

해설
지중전선로의 단점으로는 고장점을 찾기 어렵고, 건설비가 비싸다.

15

배전 선로의 보안 장치로서 주상 변압기의 2차 측이나 저압 분기 회로의 분기점 등에 설치하는 것은?

① 콘덴서 ② 캐치 홀더
③ 컷 아웃 스위치 ④ 피뢰기

해설
• 1차 측 : 컷 아웃 스위치
• 2차 측 : 캐치 홀더

16

가공전선으로 지지물에 지선을 사용하여서는 안 되는 곳은?

① 목주 ② 철주
③ 철탑 ④ 콘크리트주

해설
철탑의 경우 지선으로 강도 보강을 하지 않는다.

17

철근콘크리트주의 길이가 12[m]인 지지물을 건주하는 경우에는 땅에 묻히는 최소의 길이는 얼마인가?

① 1.0[m] ② 1.2[m]
③ 1.5[m] ④ 2.0[m]

해설
전주의 근입 깊이는 15[m] 이하의 경우 :
전장의 길이 $\times \dfrac{1}{6}$ 이하
$12 \times \dfrac{1}{6} = 2[m]$ 이상

18

지선의 중간에 넣어서 사용하는 애자는?

① 구형 애자 ② 고압 가지 애자
③ 인류 애자 ④ 저압 옥애자

해설
지선의 중간에 다는 애자를 구형 애자 또는 지선 애자라 한다.

19

지지물에 완금, 완목, 애자 등의 장치를 하는 것을 무엇이라 하는가?

① 목주 ② 장주
③ 이도 ④ 가선

해설
장주란 지지물에 완금, 완목, 애자 등의 장치를 하는 것을 말한다.

정답 13 ① 14 ④ 15 ② 16 ③ 17 ④ 18 ① 19 ②

20

목욕탕에 취부해도 좋은 기구는?

① 리셉 터클 ② 콘덴서
③ 텀블러 스위치 ④ 방수 소켓

21

A.C.B의 약호는?

① 기중 차단기 ② 유입 차단기
③ 공기 차단기 ④ 단로기

해설

• ACB : 기중 차단기
• OCB : 유입 차단기
• ABB : 공기 차단기
• DS : 단로기

22

전력 계통을 감시, 제어 및 보호를 하기 위해 여러 가지 기구를 집중적으로 설치한 전기설비를 무엇이라고 하는가?

① 분전반 ② 제어반
③ 배전반 ④ 조작반

해설

감시, 제어 보호하기 위해 여러 가지 기구를 집중적으로 설치한 전기설비를 배전반이라 한다.

23

피뢰기가 구비해야 할 조건 중 잘못 설명된 것은?

① 충격 방전 개시 전압이 낮을 것
② 방전 내량이 작으면서 제한전압이 높을 것
③ 상용 주파 방전 개시 전압이 높을 것
④ 속류의 차단 능력이 충분할 것

해설

방전 내량은 크며 제한전압은 낮아야 한다.

24

일반적으로 큐비클형(cubicle type)이라 하며, 점유 면적이 좁고 운전, 보수에 안전하므로 공장, 빌딩 등 전기실에 많이 사용되는 조립형, 장갑형이 있는 배전반은?

① 폐쇄식 배전반
② 데드 프런트식 배전반
③ 철제 수직형 배전반
④ 라이브 프런트식 배전반

해설

폐쇄식 배전반을 큐비클형이라고도 한다.

25

배전반의 목적은?

① 전기 회로도를 한 곳에 수용할 목적
② 발전기, 전동기 등의 전력 장치를 제어할 목적
③ 문의 손잡이 전등을 잘 보이게 할 목적
④ 화재 등의 불의의 사고가 났을 경우 원인 조사의 목적

26

분전반에 설치하지 않아도 되는 것은 다음 중 어느 것인가?

① 변성기 ② 주 개폐기
③ 분기 개폐기 ④ 자동 차단기

해설

변성기의 경우 전력선 인입구에 설치하게 된다.

정답 20 ④ 21 ① 22 ③ 23 ② 24 ① 25 ① 26 ①

27

각 선에서 각 기계 기구로 배선하는 전선을 분기하는 곳에 주개폐기, 분기 개폐기 및 자동 차단기를 설치하기 위하여 무엇을 설치하는가?

① 분전반
② 배전반
③ 운전반
④ 스위치반

28

기기의 점검 및 수리를 할 때 전원으로부터 기기를 분리하는 경우 또는 회로의 접속을 변경하는 경우 등에 사용되는 것은?

① 변성기
② 차단기
③ 단로기
④ 피뢰기

해설
단로기의 경우 무부하 전로의 개폐 시 사용한다.

29

다음 중 주로 저압 옥내 배선에 사용되는 차단기는?

① OCR
② MCB
③ VCB
④ ABB

해설
MCB의 경우 주로 저압 옥내 배선에 사용되는 차단기이다.

특수 장소의 공사 및 조명

제1절 | **특수 장소의 공사**

(1) 전기 울타리의 시설

① 1차 : 250[V] 이하, 2차 : 임펄스 형
② 전선의 굵기 : 2[mm] 이상의 경동선
③ 전선과 수목과의 이격거리 : 30[cm] 이상
④ 전선의 지지 기둥과 이격거리 : 2.5[cm] 이상

(2) 유희용 전차

① 1차 전압 : 400[V] 이하, 2차 전압 : 150[V] 이하
② 접촉전선은 제3궤조 방식으로 시설
③ 사용전압(공급전압) : 직류 60[V] 이하, 교류 40[V] 이하
④ 1[km]당 누설전류 : 100[mA] 이하 : 교류
 10[mA] 이하 : 직류

(3) 전격 살충기의 시설(여름철 모기잡이 장치)

① 지표상 : 3.5[m] 이상
② 전격 살충 장치와 식물과의 이격거리 : 30[cm] 이상
③ 2차 측 개방전압 : 7,000[V] 이하

(4) 교통 신호등의 시설

① 사용전압 : 300[V] 이하
② 교통신호등 회로의 배선
 전선 : 2.5[mm^2] 이상(연동선)
③ 교통신호등 회로의 인하선
 지표상 높이 : 2.5[m] 이상
④ 150[V] 초과 시 지락 차단 장치 시설

(5) 도로 등 전열장치의 시설

① 전로의 대지전압 : 300[V] 이하
② 발열선의 허용온도 : 80[℃] 이하
 (도로, 주차장 : 120[℃] 이하)

(6) 전기 온상 등의 시설

① 전로의 대지 전압 : 300[V] 이하

② 발열선은 그 온도가 80[℃]를 넘지 않도록 할 것

③ 발열선을 공중에 시설하는 경우는 발열선을 애자로 전개된 곳에 시설하고 발열선 상호 간격은 3[cm](함 안에 시설 : 2[cm] 이상) 발열선과 조영재와의 이격거리는 2.5[cm] 이상

(7) 전기 욕기의 시설

전원변압기의 2차 측 전로의 사용전압은 10[V] 이하

(8) 풀용 수중 조명등

① 1차 : 400[V] 이하

2차 : 150[V] 이하의 절연변압기 사용

단, 2차 측 전로는 접지하지 아니할 것(비접지식)

② 2차 측 전로 사용전압

• 30[V] 넘는 것 : 자동적으로 전로를 차단하는 장치 시설(누전 차단기 시설)

(9) 전기부식 방지 시설

① 사용전압은 직류 60[V] 이하

② 수중에서 시설하는 양극과 그 주위 1[m] 이내의 거리에 있는 임의점과의 사이의 전위차는 10[V]를 넘지 아니할 것. 양극의 주위에 사람이 접촉되는 것을 방지하기 위하여 적당한 울타리를 설치하고 또한 위험 표시를 하는 경우에는 그러하지 아니하다.

③ 지표 또는 수중에서 1[m] 간격의 임의의 2점(양극 주위 1[m] 이내의 거리에 있는 점 및 울타리의 내부점을 제외한다) 간의 전위차가 5[V]를 넘지 아니할 것

(10) 소세력 회로 및 출퇴표시등의 회로 시설

① 1차 측 대지전압 300[V] 이하

② 2차 측 사용전압 60[V] 이하

(11) 아크 용접 장치 시설 : 대지전압 300[V] 이하

(12) 의료장소 전기설비의 시설

① 이중 또는 강화절연을 한 절연변압기를 설치하고, 2차 측은 접지하지 말 것

② 의료용 절연변압기의 2차 측 정격전압은 교류 250[V] 이하로 하며, 공급 방식 및 정격출력은 단상 2선식, 10[kVA] 이하로 할 것

(13) 타임스위치의 시설

① 관광업 및 숙박업에 이용되는 객실 입구는 1분 이내 소등
② 일반주택 및 아파트 각 호실의 형광등은 3분 이내에 소등

(14) 인터록 회로 : 2개의 회로가 동시 투입되는 것을 방지한다.

(15) 분진 위험장소

① 폭연성 분진 : 금속관 공사, 케이블 공사
② 가연성 분진 : 합성수지관(두께 2[mm] 미만의 합성수지 전선관 및 난연성이 없는 콤바인 덕트관을 사용하는 것을 제외한다), 금속관 공사, 케이블 공사

(16) 위험물 등이 존재하는 장소 : 합성수지관, 금속관, 케이블 공사

(17) 가연성 가스 : 금속관, 케이블 공사

(18) 먼지가 많은 그 밖의 위험장소 : 애자 공사, 합성수지관, 금속관, 금속덕트, 버스덕트, 케이블 공사

(19) 화약류 저장소

① 전로에 대지전압은 300[V] 이하일 것
② 전기기계기구는 전폐형일 것
③ 케이블을 전기기계기구에 인입 시 인입구에서 케이블이 손상될 우려가 없도록 시설

제2절 | 조명

(1) 조명의 기본 계산

① 광속 : $F[\ell m]$

　광원으로부터 발산되는 빛의 양이다.

② 광도 : $I[cd]$

　단위 입체각당 발산되는 광속을 말한다.

③ 조도 : $E[lx]$

　단위 면적당의 입사 광속으로서 피조면의 밝기를 나타낸다.

④ 휘도 : $B[nt]$

　광원의 눈부심의 정도를 나타낸다.

(2) 조명의 설계

① 광원의 높이(등고) = 작업면으로부터 광원까지의 거리

② 실지수 : 광속의 이용에 따른 방의 크기의 척도를 나타낸다.

$$실지수 = \frac{XY}{H(X+Y)}$$

H : 광원의 높이[m]

X : 방의 가로 길이[m]

Y : 방의 세로 길이[m]

③ 광속 $F = \dfrac{EAD}{UN}$ [lm]

　㉠ F : 광속[lm]

　㉡ A : 면적[m^2]

　㉢ D : 감광보상률 $\propto \dfrac{1}{M(유지율)}$

　㉣ E : 조도[lx]

　㉤ U : 조명률

　㉥ N : 등수

(3) 배광에 의한 분류

① 직접 조명방식의 경우 하향광속은 90~100[%] 정도이며

② 반 직접 조명의 경우의 하향광속은 60~90[%] 정도이며

③ 전반 조명의 경우의 하향광속은 40~60[%] 정도이며

④ 반 간접 조명의 경우의 하향광속은 10~40[%] 정도이며

⑤ 간접 조명의 경우의 하향광속은 0~10[%] 정도이다.

01

전기 울타리의 시설에 관한 다음 사항 중 틀린 것은?

① 사람이 쉽게 출입하지 아니하는 곳에 시설한다.
② 전선은 2[mm]의 경동선 또는 동등 이상의 것을 사용할 것
③ 수목과의 이격거리는 30[cm] 이상일 것
④ 전로의 사용전압은 600[V] 이하일 것

해설

전기 울타리 시설 기준
① 1차 : 250[V] 이하, 2차 : 임펄스 형
② 전선의 굵기 : 2[mm] 이상의 경동선
③ 전선과 수목과의 이격거리 : 30[cm] 이상
④ 전선의 지지 기둥과 이격거리 : 2.5[cm] 이상

02

목장에서 가축의 탈출을 방지하기 위하여 전기 울타리를 다음과 같이 시설하였다. 적합하지 않은 것은?

① 전선은 지름 1.6[mm]의 경동선을 사용하였다.
② 전선과 수목간의 이격거리는 30[cm] 이상으로 유지시켰다.
③ 전기장치에 전기를 공급하는 전로의 사용전압은 250[V]로 하였다.
④ 전선과 이를 지지하는 기둥과의 이격거리는 2.5[cm] 이상으로 하였다.

해설

전기 울타리 시설 기준
① 1차 : 250[V] 이하, 2차 : 임펄스 형
② 전선의 굵기 : 2[mm] 이상의 경동선
③ 전선과 수목과의 이격거리 : 30[cm] 이상
④ 전선의 지지 기둥과 이격거리 : 2.5[cm] 이상

03

전기 온상용 발열선의 최고 사용온도는 몇 [℃]인가?

① 50   ② 60   ③ 80   ④ 100

해설

전기 온상 등의 시설
① 전로의 대지 전압 : 300[V] 이하
② 발열선은 그 온도가 80[℃]를 넘지 않도록 할 것
③ 발열선을 공중에 시설하는 경우는 발열선을 애자로 전개된 곳에 시설하고 발열선 상호 간격은 3[cm]
  (함 안에 시설 : 2[cm] 이상)
  발열선과 조영재와의 이격거리는 2.5[cm] 이상

04

전기 온돌 등의 전열 장치를 시설할 때 발열선을 도로, 주차장 또는 조영물의 조영재에 고정시켜 시설하는 경우 발열선에 전기를 공급하는 전로의 대지 전압은 몇 [V] 이하이어야 하는가?

① 150   ② 300   ③ 380   ④ 440

해설

전기 온상 등의 시설
① 전로의 대지 전압 : 300[V] 이하
② 발열선은 그 온도가 80[℃]를 넘지 않도록 할 것
③ 발열선을 공중에 시설하는 경우는 발열선을 애자로 전개된 곳에 시설하고 발열선 상호 간격은 3[cm]
  (함 안에 시설 : 2[cm] 이상)
  발열선과 조영재와의 이격거리는 2.5[cm] 이상

05

전기 욕기의 전원 변압기의 2차 측 전압의 최대 한도는 몇 [V]인가?

① 6   ② 10   ③ 12   ④ 15

정답 　01 ④　02 ①　03 ③　04 ②　05 ②

전기 욕기의 시설
전원변압기의 2차 측 전로의 사용전압은 10[V] 이하

06

공사 현장 등에서 사용하는 이동용 전기 아크 용접기용 절연 변압기의 1차 측 대지 전압은 얼마 이하이어야 하는가?

① 150   ② 230
③ 300   ④ 480

아크 용접 장치 시설 : 대지 전압 300[V] 이하

07

유원지에 시설된 유희용 전차의 공급전압은 몇 [V] 이하이어야 하는가?

① 40   ② 70
③ 80   ④ 100

유희용 전차
① 1차 전압 : 400[V] 미만, 2차 전압 : 150[V] 이하
② 접촉전선은 제3궤조 방식으로 시설
③ 사용전압(공급전압) : 직류 60[V] 이하, 교류 40[V] 이하
④ 1[km]당 누설전류 : 100[mA] 이하 : 교류 10[mA] 이하
　 : 직류

08

2차 측 개방전압이 1만 볼트인 절연 변압기를 사용한 전격 살충기의 전격 격자가 지표상 또는 마루 위 몇 [m] 이상의 높이에 설치하여야 하는가?

① 3.5   ② 3.0
③ 2.8   ④ 2.5

전격 살충기의 시설
① 지표상 : 3.5[m] 이상
② 전격 살충 장치와 식물과의 이격거리 : 30[cm] 이상
③ 2차 측 개방전압 : 7,000[V] 이하

09

교통 신호등 회로의 사용 전압은 최대 몇 [V]인가?

① 100   ② 200
③ 300   ④ 400

교통 신호등의 시설
① 사용전압 : 300[V] 이하
② 교통신호등 회로의 배선 – 전선 : 2.5[mm^2] 이상(연동선)
③ 교통신호등 회로의 인하선 – 지표상 높이 : 2.5[m] 이상
④ 150[V] 초과 시 지락 차단 장치 시설

제**4**과목

CBT 복원 기출문제

기출문제편

01

100[Ω]인 저항 2개, 50[Ω]인 저항 3개, 20[Ω]인 저항 10개를 직렬연결 시 전체 합성저항은 얼마인가?

① 350
② 450
③ 550
④ 650

해설

합성저항 $(100 \times 2) + (50 \times 3) + (20 \times 10) = 550$

02

동일 저항 $R[Ω]$이 4개 있다. 일정한 전압에서 소비전력이 최소가 되는 저항의 조합은 어느 것인가?

① 저항 4개를 모두 병렬연결한다.
② 저항 3개를 병렬연결하고 여기에 1개의 저항을 직렬연결한다.
③ 저항 2개를 병렬연결하고 여기에 2개의 저항을 직렬연결한다.
④ 저항 4개를 모두 직렬연결한다.

해설

전압이 일정할 때 전력 $P = \dfrac{V^2}{R}$[W]이므로 저항과 전력과의 관계는 서로 반비례하므로 저항이 클수록 소비전력이 작아진다.

①번의 합성저항은 $\dfrac{R}{4}$

②번의 합성저항은 $\dfrac{R}{3} + R = \dfrac{4R}{3}$

③번의 합성저항은 $\dfrac{R}{2} + 2R = \dfrac{5R}{2}$

④번의 합성저항은 $4R$

03

4[Ω]과 6[Ω]의 병렬회로에서 4[Ω]에 흐르는 전류가 3[A]이라면 전체 전류는?

① 5
② 6
③ 10
④ 12

해설

병렬의 분배 전류 $I_4 = \dfrac{R_6}{R_4 + R_6} I$ 이므로

전체전류 $I = \dfrac{I_4(R_4 + R_6)}{R_6} = \dfrac{3(4+6)}{6} = 5$[A]

04

두 종류의 금속의 접합부에 전류를 흘리면 전류의 방향에 따라 줄열 이외의 열의 흡수 또는 발생현상이 생긴다. 이러한 현상을 무엇이라 하는가?

① 제어벡 효과
② 페란티 효과
③ 펠티어 효과
④ 줄 효과

해설

• 제어벡 효과 – 두 종류의 금속의 접합점에 온도를 가하면 양단에 기전력이 발생
• 페란티 효과 – 송전 전압보다 수전 전압이 높아지는 현상
• 펠티어 효과 – 두 종류의 금속의 접합부에 전류를 흘리면 열의 흡수 발생
• 줄 효과 – 발열 작용 법칙

정답 01 ③ 02 ④ 03 ① 04 ③

05

옴의 법칙을 설명한 것 중 잘못된 것은?

① 전압과 전류는 비례한다.
② 전류는 저항에 비례한다.
③ 저항은 전류에 반비례한다.
④ 전압은 저항에 비례한다.

해설

옴의 법칙 $V = IR$, $I = \dfrac{V}{R}$, $R = \dfrac{V}{I}$

06

전장 중에 단위 전하를 놓았을 때 그것에 작용하는 힘은 어느 것인가?

① 전계의 세기   ② 쿨롱의 법칙
③ 전속밀도   ④ 전위

해설

전기장 중에 단위 전하를 놓았을 때 그것에 작용하는 힘을 전계(전장)의 세기라 한다.

$E = \dfrac{F}{Q}$[V/m]

07

두 콘덴서 $C_1 = 20$[F], $C_2 = 10$[F]의 병렬회로에 양단에 전압 $V = 100$[V]를 가했을 때 C_1의 분배 전하 Q_1[C]은 얼마인가?

① 1,000   ② 1,500
③ 2,000   ④ 2,500

해설

합성 콘덴서는 30[F]의 총 전하량은
$Q = CV = 30 \times 100 = 3,000$[C]이므로
C_1의 분배 받은 Q_1의 전하량은
$Q_1 = \dfrac{C_1}{C_1 + C_2} Q = \dfrac{20}{20+10} \times 3,000 = 2,000$[C]

08

어떤 콘덴서에 전압 V[V]를 가할 때 전하 Q[C]가 축적되었다면 이때 축적되는 에너지는 몇 [J]인가?

① $W = \dfrac{QV}{2}$ ② $W = \dfrac{1}{2} QV^2$

③ $W = \dfrac{Q^2 V}{2}$ ④ $W = QV$

해설

콘덴서의 축적에너지 $W = \dfrac{1}{2} CV^2 = \dfrac{Q^2}{2C} = \dfrac{1}{2} QV$[J]

09

진공 중에서 두 자극 m_1, m_2[Wb] 사이에 작용하는 힘 F[N]는? (단, K는 상수이다.)

① $F = K\dfrac{m_1 m_2}{r}$ ② $F = K\dfrac{m_1 m_2}{r^2}$

③ $F = K\dfrac{m_1 m_2}{r^3}$ ④ $F = Km_1 m_2 r$

해설

쿨롱의 법칙 $F = \dfrac{m_1 m_2}{4\pi\mu_0 r^2}$[N]에서 $\dfrac{1}{4\pi\mu_0} = K$를 상수로 본다.

10

전류에 의한 자기장의 방향을 결정하는 법칙은?

① 패러데이 법칙
② 플레밍의 오른손 법칙
③ 앙페르의 오른손 법칙
④ 플레밍의 왼손 법칙

정답 05 ② 06 ① 07 ③ 08 ① 09 ② 10 ③

해설

히스테리시스 곡선에서 종축은 자속밀도 축이며 이와 만나는 것은 잔류자기이다.
횡축은 자계(자기장) 축이며 이와 만나는 것은 보자력이다.

해설

- 유기기전력 – 패러데이 법칙, 렌츠 법칙, 플레밍의 오른손 법칙
- 전동기 – 플레밍의 왼손 법칙
- 발전기 – 플레밍의 오른손 법칙

14

다음 중 강자성체로만 되어 있는 것은?

① 철, 니켈, 코발트
② 니켈, 구리, 코발트
③ 철, 은, 구리
④ 니켈, 비스무트, 알루미늄

해설

상자성체($\mu_s > 1$) : 공기, 주석, 산소, 백금, 알루미늄
강자성체($\mu_s \gg 1$) : 니켈, 코발트, 망간, 규소, 철
역자성체($\mu_s < 1$) : 은, 구리, 비스무트, 물

11

자기저항의 단위는 어느 것인가?

① [AT/N]
② [AT/Wb]
③ [Wb/AT]
④ [AT/m]

해설

자기저항 $R_m = \dfrac{NI}{\phi}$[AT/Wb]

12

평행한 두 도선에 떨어진 거리 1[m]에 두 도선에 동일전류 1[A]가 흐른다면 단위 길이 당 작용하는 힘 F [N/m]은?

① 1×10^{-7}
② 2×10^{-7}
③ 3×10^{-7}
④ 4×10^{-7}

해설

평행 도선에 작용하는 힘
$$F = \frac{2I_1 I_2}{r} \times 10^{-7} = \frac{2 \times 1 \times 1}{1} \times 10^{-7} = 2 \times 10^{-7}$$

15

전압의 실효값이 100[V], 주파수 60[Hz]를 교류 순시값으로 표시한 것 중 맞는 것은?

① $v = 100\sin 60\pi t$[V]
② $v = 100\sqrt{2}\sin 120\pi t$[V]
③ $v = 100\sin 120\pi t$[V]
④ $v = 100\sin 60t$[V]

해설

교류의 순시값은 최대값과 파형의 조합으로 이루어져 있으므로
최대값 $V_m = \sqrt{2}\,V = 100\sqrt{2}$
파형은 정현파 $\sin \omega t = \sin 2\pi f t = \sin 2 \times 60\pi t = \sin 120\pi t$
그러므로 $v = 100\sqrt{2}\sin 120\pi t$[V]이다.

13

히스테리시스 곡선에서 종축과 만나는 점의 값은 무엇인가?

① 잔류자기
② 자속밀도
③ 보자력
④ 자계

정답 11 ② 12 ② 13 ① 14 ① 15 ②

16

실효값이 100[V]인 경우 교류의 최대값[V]은?

① 90 ② 100

③ 141.4 ④ 173.2

해설

정현파의 실효값 $V = \dfrac{V_m}{\sqrt{2}}$,

최대값 $V_m = \sqrt{2}\,V = \sqrt{2}\times 100 = 141.4$

17

우리가 사용하는 백열등의 전압이 220[V]일 때 이 전압의 평균값은 얼마인가?

① 328 ② 278

③ 228 ④ 198

해설

우리가 쓰는 전압(정현파)은 실효값이므로
최대값 $V_m = \sqrt{2}\,V$ 이며

평균값 $V_a = \dfrac{2V_m}{\pi} = \dfrac{2\sqrt{2}\,V}{\pi} = \dfrac{2\sqrt{2}\times 220}{\pi} \fallingdotseq 198[V]$

18

L만의 회로에서 전압과 전류의 위상 관계는?

① 전류가 전압보다 90° 앞선다.
② 전류와 전압은 동상이다.
③ 전압이 전류보다 90° 앞선다.
④ 전압이 전류보다 90° 뒤진다.

해설

R저항만의 회로는 전압과 전류가 동상
L만의 회로는 전류가 전압보다 90° 뒤진다(전압이 전류보다 90° 앞선다).
C만의 회로는 전류가 전압보다 90° 앞선다(전압이 전류보다 90° 뒤진다).

19

단상 교류의 무효전력을 나타내는 것은?

① $P_r = VI\cos\theta\,[\mathrm{Var}]$

② $P_r = VI\cos\theta\,[\mathrm{W}]$

③ $P_r = VI\sin\theta\,[\mathrm{Var}]$

④ $P_r = VI\sin\theta\,[\mathrm{W}]$

해설

피상전력 $P_a = VI[\mathrm{VA}]$, 유효전력 $P = VI\cos\theta[\mathrm{W}]$, 무효전력 $P_r = VI\sin\theta[\mathrm{Var}]$

20

용량 20[kVA]의 단상변기 3대로 3상 평형 부하에 전력을 공급하던 중 1대가 고장으로 V결선하였다. 이때 공급할 수 있는 전력은 얼마인가?

① $20\sqrt{3}$ ② 20

③ $10\sqrt{3}$ ④ 10

해설

단상변압기 3대로 운전 중 1대 고장 시 3상 전력 공급은 V결선을 의미한다.
V결선의 출력 $P_V = \sqrt{3}\,P_1 = \sqrt{3}\times 20 = 20\sqrt{3}\,[\mathrm{kVA}]$

정답 16 ③ 17 ④ 18 ③ 19 ③ 20 ①

21

보극이 없는 직류기의 운전 중 중성점의 위치가 변하지 않는 경우는?

① 무부하일 때   ② 전부하일 때
③ 중부하일 때   ④ 과부하일 때

해설

중성점의 위치가 변하는 경우는 전기자 반작용 때문이지만 전기자에 전류가 흐르지 않을 경우 전기자 반작용이 생기지 않으므로 중성점의 위치가 변하지 않는다.

22

슬립 $s = 5$[%], 2차 저항 $r_2 = 0.1$[Ω]인 유도전동기의 등가 저항 r[Ω]은 얼마인가?

① 0.4   ② 0.5
③ 1.9   ④ 2.0

해설

유도전동기의 등가저항

$$R_2 = r_2 \left(\frac{1}{s} - 1 \right) = 0.1 \times \left(\frac{1}{0.05} - 1 \right) = 1.9 \, [\Omega]$$

23

동기기의 전기자 권선법이 아닌 것은?

① 분포권   ② 전절권
③ 중권   ④ 단절권

해설

동기기의 전기자 권선법
• 전절권과 단절권 중 단절권을 채택
• 집중권과 분포권 중 집중권을 채택

24

다음 중 3단자 소자가 아닌 것은?

① SCS   ② SCR
③ TRIAC   ④ GTO

해설

반도체 소자
SCR, GTO의 경우 단방향 3단자 소자이며, TRIAC는 쌍방향 3단자 소자이다.
SCS는 단방향성 4단자 소자이다.

25

같은 회로에 두 점에서 전류가 같을 때에는 동작하지 않으나 고장 시에 전류의 차가 생기면 동작하는 계전기는?

① 과전류계전기   ② 거리계전기
③ 접지계전기   ④ 차동계전기

해설

보호계전기
1) 과전류계전기 : 회로의 전류가 일정 값 이상으로 흘렀을 경우 동작하는 계전기
2) 거리계전기 : 계전기가 설치된 위치로부터 고장점까지 거리에 비례하여 동작
3) 접지계전기 : 접지사고 검출
4) 차동계전기 : 1차와 2차의 전류차에 의해 동작

26

낙뢰, 수목의 접촉, 일시적 섬락 등으로 순간적인 사고로 계통에서 분리된 구간을 신속히 계통에 투입시킴으로써 계통의 안정도를 향상시키고 정전 시간을 단축시키기 위해 사용되는 계전기는?

① 차동 계전기   ② 과전류 계전기
③ 거리 계전기   ④ 재폐로 계전기

해설

재폐로 계전기 : 고장 시 고장구간을 일시적으로 분리하고 일정시간 경과 후에 다시 투입하여 계통의 안정도 향상에 기여한다.

27

단상 유도 전압 조정기의 단락 권선의 역할은?

① 철손 경감　　　　② 절연 보호
③ 전압 조정 용이　　④ 전압 강하 경감

해설

단상 유도 전압 조정기의 단락권선은 누설리액턴스에 의한 전압강하를 경감한다.

28

직류를 교류로 변환하는 것을 무엇이라고 하는가?

① 컨버터　　　　　② 정류기
③ 변류기　　　　　④ 인버터

해설

인버터는 직류를 교류로 변환한다.

29

동기전동기의 자기기동에서 계자권선을 단락하는 이유는?

① 기동이 쉽다.
② 고전압이 유도된다.
③ 기동 권선을 이용한다.
④ 전기자 반작용을 방지한다.

해설

동기전동기의 기동법
자기기동 시 계자권선에 고전압이 유도되어 절연이 파괴될 우려가 있으므로 방전저항을 접속 단락상태로 기동한다.

30

변압기의 권수비가 60일 때 2차 측 저항이 0.1[Ω]이다. 이것을 1차로 환산하면 몇 [Ω]인가?

① 310　　　　　　② 360
③ 390　　　　　　④ 410

해설

권수비 $a = \sqrt{\dfrac{R_1}{R_2}}$,　$a^2 = \dfrac{R_1}{R_2}$,　$R_1 = a^2 R_2$,　$60^2 \times 0.1 = 360[\Omega]$

31

동기발전기에서 전기자 전류가 무부하 유도기전력보다 $\dfrac{\pi}{2}$[rad] 앞서는 경우에 나타나는 전기자 반작용은?

① 증자 작용　　　② 감자 작용
③ 교차 자화 작용　④ 직축 반작용

해설

동기발전기의 전기자 반작용
발전기의 경우 전기자 전류가 유도기전력보다 위상이 앞서는 경우 증자 작용이 나타난다.

32

계자권선이 전기자 권선과 병렬로 접속되어 있는 직류기는?

① 직권기　　　　　② 분권기
③ 복권기　　　　　④ 타여자기

해설

분권기의 경우 계자와 전기자가 병렬로 연결된 직류기를 말한다.

정답 27 ④　28 ④　29 ②　30 ②　31 ①　32 ②

제4과목 ✦ CBT 복원문제

33

직류발전기의 전기자의 주된 역할은?

① 기전력을 유도한다.
② 자속을 만든다.
③ 정류작용을 한다.
④ 회전자와 외부회로를 접속한다.

해설
발전기의 구조
전기자의 경우 계자에서 발생된 자속을 끊어 기전력을 유도한다.

34

변압기의 본체와 콘서베이터 사이에 설치되며 변압기 내부고장 발생 시 급격한 유류 또는 gas의 이동이 생기면 이를 검출 동작하여 보호하는 계전기는 무엇인가?

① 과부하 계전기
② 비율차동 계전기
③ 브흐홀쯔 계전기
④ 지락 계전기

해설
브흐홀쯔 계전기는 주변압기와 콘서베이터 사이에 설치되어, 변압기 내부고장 시 발생되는 기름의 분해가스, 증기, 유류를 이용해 부저를 움직여 계전기의 접점을 닫아 변압기를 보호한다.

35

다음의 변압기 극성에 관한 설명에서 틀린 것은?

① 우리나라는 감극성이 표준이다.
② 1차와 2차 권선에 유기되는 전압의 극성이 서로 반대이면 감극성이다.
③ 3상결선 시 극성을 고려해야 한다.
④ 병렬운전 시 극성을 고려해야 한다.

해설
변압기의 감극성 : 1차 측 전압과 2차 측 전압의 발생 방향이 같을 경우 감극성이라고 한다.

36

회전수 1,728[rpm]인 유도전동기의 슬립[%]은? (단, 동기속도 1,800[rpm]이다.)

① 3 ② 4
③ 6 ④ 7

해설
유도전동기의 슬립
$$s = \frac{N_s - N}{N_s} \times 100 = \frac{1,800 - 1,728}{1,800} \times 100 = 4[\%]$$

37

주파수 60[Hz]의 회로에 접속되어 슬립 3[%], 회전수 1,164[rpm]으로 회전하고 있는 유도전동기의 극수는?

① 4 ② 6
③ 8 ④ 10

해설
유도전동기의 극수
$$N = (1-s)N_s$$
$$N_s = \frac{N}{1-s} = \frac{1,164}{1-0.03} = 1,200[rpm]$$
$$P = \frac{120}{N_s}f = \frac{120 \times 60}{1,200} = 6[극]$$

38

유도전동기의 2차 측 저항을 2배로 하면 그 최대 회전력은 어떻게 되는가?

① $\sqrt{2}$ 배
② 변하지 않는다.
③ 2배
④ 4배

해설
비례추이 2차 측의 저항 증가 시 기동토크가 커지고 기동의 전류가 작아진다. 그러나 최대 토크는 불변이다.

정답 33 ① 34 ③ 35 ② 36 ② 37 ② 38 ②

39

100[kVA] 변압기 2대를 V결선 시 출력은 몇 [kVA]가 되는가?

① 200　　　　　　② 86.6

③ 173.2　　　　　④ 300

해설

V결선 시 출력 $P_V = \sqrt{3}\,P_n = \sqrt{3} \times 100 = 173.2[kVA]$

40

직류 분권전동기를 운전 중 계자저항을 증가시켰을 때의 회전속도는?

① 증가한다.　　　　② 감소한다.

③ 변함이 없다.　　　④ 정지한다.

해설

직류전동기 : $E = k\phi N$으로 자속과 속도는 반비례한다.
여기서 계자전류의 크기가 자속의 크기를 결정하므로 계자저항이 증가할 경우 계자전류가 감소하므로 자속도 감소하게 된다. 따라서 속도는 증가한다.

41

저압 옥내 배선에서 합성수지관 공사에 대한 설명 중 잘못된 것은?

① 합성수지관 안에는 전선의 접속점이 없도록 한다.

② 합성수지관을 새들 등으로 지지하는 경우는 그 지지점 간의 거리를 3[m] 이상으로 한다.

③ 합성수지관 상호 및 관과 박스는 접속 시에 삽입하는 깊이를 관과 바깥지름의 1.2배 이상으로 한다.

④ 관 상호의 접속은 박스 또는 커플링 등을 사용하고 직접 접속하지 않는다.

해설

합성수지관을 지지하는 경우 지지점 간의 거리는 1.5[m] 이하로 하여야만 한다.

42

가요전선관과 금속관의 상호 접속에 쓰이는 재료는?

① 콤비네이션 커플링

② 스프리트 커플링

③ 앵글복스 커넥터

④ 스트레이드 복스커넥터

해설

가요전선관의 재료

• 가요전선관 상호 접속 시 : 스프리트 커플링

• 가요전선관과 금속관 접속 시 : 콤비네이션 커플링

43

옥내배선의 접속함이나 박스 내에서 접속할 때 주로 사용하는 접속법은?

① 슬리브 접속

② 트위스트 접속

③ 브리타니아 접속

④ 쥐꼬리 접속

해설

접속함이나 박스 내에서 접속할 때 주로 사용되는 방법은 쥐꼬리 접속이다.

▶ **정답** 39 ③　40 ①　41 ②　42 ①　43 ④

44

가공전선로의 지지물에 시설하는 지선에 연선을 사용할 경우 소선수는 몇 가닥 이상이어야 하는가?

① 3가닥　　　　　② 5가닥
③ 7가닥　　　　　④ 9가닥

해설

지선의 시설기준
1) 안전율은 2.5 이상
2) 허용인장하중은 4.31[kN] 이상
3) 소선수는 3가닥 이상

45

합성수지관의 장점이 아닌 것은?

① 절연이 우수하다.
② 기계적 강도가 높다.
③ 내부식성이 우수하다.
④ 시공하기 쉽다.

해설

합성수지관의 특징
합성수지관은 비교적 열에 약하고 기계적인 강도는 약하나 중량이 가볍고 시공이 편리하며, 내식성이 우수하고 가격이 저렴하다.

46

전등 한 개를 2개소에서 점멸하고자 할 때 옳은 배선은?

해설

2개소 점멸의 경우 3로 스위치 2개를 사용한다.
이 경우 전원은 앞은 2가닥, 3로 스위치 앞은 3가닥이 된다.

47

전기공사에서 접지저항을 측정할 때 사용하는 측정기는 무엇인가?

① 검류기　　　　　② 변류기
③ 메거　　　　　　④ 어스테스터

해설

접지저항 측정기는 어스테스터이다.

정답　44 ①　45 ②　46 ④　47 ④

48

화약류 저장장소의 배선공사에서 전용 개폐기에서 화약류 저장소의 인입구까지는 어떤 공사를 하여야 하는가?

① 금속관을 사용한 지중 전선로
② 금속관을 사용한 옥측 전선로
③ 케이블을 사용한 지중 전선로
④ 케이블을 사용한 옥측 전선로

해설

화약류 저장고의 배선공사 시 케이블을 사용하여 지중 전선로로 공사를 하여야만 한다.

49

금속전선관에서 사용되는 후강전선관의 규격이 아닌 것은?

① 16 ② 20
③ 28 ④ 36

해설

후강전선관의 규격으로는 16, 22, 28, 36, 42, 54, 70, 82, 92, 104가 된다.

50

설계하중 6.8[kN] 이하인 철근콘크리트 전주의 길이가 7[m]인 지지물을 건주할 경우 땅에 묻히는 깊이로 가장 옳은 것은?

① 0.6[m] ② 0.8[m]
③ 1.0[m] ④ 1.2[m]

해설

지지물의 매설깊이는 15[m] 이하의 지지물의 경우 전장의 길이에 $\frac{1}{6}$ 배 이상 깊이에 매설한다.

$7 \times \frac{1}{6} = 1.16$[m] 이상 매설해야만 한다.

51

코드 상호간 또는 캡타이어 케이블 상호간을 접속하는 경우 가장 많이 사용되는 기구는?

① T형 접속기 ② 코드 접속기
③ 박스용 커넥터 ④ 와이어 커넥터

해설

코드 상호 또는 캡타이어 케이블 상호를 접속 시 가장 많이 사용되는 기구는 코드 접속기이다.

52

고압전로에 지락사고가 생겼을 때 지락전류를 검출하는 데 사용하는 것은?

① CT ② ZCT
③ MOF ④ PT

해설

영상변류기는 고압전로에 지락이 발생하였을 때 흐르는 영상전류를 검출하는 목적으로 사용된다.

53

가공전선의 지지물에 승탑 또는 승강용으로 사용하는 발판 볼트 등은 지표상 몇 [m] 미만에 시설하여서는 아니 되는가?

① 1.2 ② 1.5
③ 1.6 ④ 1.8

해설

지지물에 시설되는 발판 볼트는 지표상 1.8[m] 이상 높이여야만 한다.

정답 48 ③ 49 ② 50 ④ 51 ② 52 ② 53 ④

54

저압 애자사용 공사에서 전선 상호간의 간격은 몇 [cm] 이상이어야 하는가?

① 4
② 5
③ 6
④ 10

해설

애자 공사 시 전선 상호간격은 6[cm] 이상으로 하여야만 한다.

55

옥내배선 공사에서 절연전선의 피복을 벗길 때 사용하면 편리한 공구는?

① 드라이버
② 플라이어
③ 압착펜치
④ 와이어 스트리퍼

해설

와이어 스트리퍼는 절연전선의 피복을 벗길 때 사용되는 공구이다.

56

다음 중 분기회로의 개폐 및 보호를 하기 위하여 시설되는 차단기는 무엇인가?

① 유입차단기
② 진공차단기
③ 가스차단기
④ 배선용차단기

해설

분기회로의 개폐 및 이를 보호하기 위하여 시설되는 차단기는 배선용차단기이다.

57

다음은 무엇을 나타내는가?

① 접지단자
② 전류 제한기
③ 누전 경보기
④ 지진 감지기

해설

심벌의 경우 지진 감지기를 말한다.

2019년 CBT 복원문제 2회

01

옴의 법칙을 옳게 설명한 것은?

① 전압은 컨덕턴스와 전류의 곱에 비례한다.
② 전압은 컨덕턴스에 반비례하고 전류에 비례한다.
③ 전류는 컨덕턴스에 반비례하고 전압에 비례한다.
④ 전류는 컨덕턴스와 전압의 곱에 반비례한다.

해설
컨덕턴스는 저항의 역수인 값이므로 $G = \frac{1}{R}$ 이다.
옴의 법칙 $V = IR = \frac{I}{G}$, $I = \frac{V}{R} = GV$, $R = \frac{V}{I}$, $G = \frac{I}{V}$ 관계이다.

02

동일 저항 $R[\Omega]$이 10개 있다. 이 저항을 병렬로 합성할 때의 저항은 직렬로 합성할 때의 저항에 몇 배가 되는가?

① 10배
② 100배
③ $\frac{1}{10}$ 배
④ $\frac{1}{100}$ 배

해설
직렬 합성 : $nR = 10R$, 병렬 합성 : $\frac{R}{n} = \frac{R}{10}$
$\frac{병렬합성저항}{직렬합성저항} = \frac{\frac{R}{10}}{10R} = \frac{1}{100}$ 배

03

일정한 직류 전원에 저항을 접속하여 전류를 흘릴 때 저항을 20[%] 감소시키면 전류는 어떻게 되겠는가?

① 25[%] 증가
② 25[%] 감소
③ 11[%] 증가
④ 11[%] 감소

해설
전류와 저항은 반비례하므로 $I \propto \frac{1}{R} = \frac{1}{0.8} = 1.25$

04

200[W] 전열기 2대와 30[W] 백열전구 3등을 하루 중에 10시간만 사용한다면 하루의 소비전력량[kWh]은?

① 4.1
② 4.5
③ 4.9
④ 5.2

해설
소비전력량은
$P \times$ 대수 $\times$ 시간 $= (200 \times 2 + 30 \times 3) \times 10 = 4,900 = 4.9[kWh]$

05

전기 냉동기에 이용하는 효과로서 서로 다른 금속의 접합부에 전류를 흘리면 전류의 방향에 따라 줄열 이외의 열의 흡수 또는 발생 현상이 생기는 효과는?

① 제어벡 효과
② 펠티어 효과
③ 핀치 효과
④ 표피 효과

06

100[V]의 전압을 측정하고자 10[V]의 전압계를 사용할 때 배율기의 저항은 전압계 내부 저항에 몇 배로 하면 되는가?

① 3
② 6
③ 9
④ 12

정답 01 ② 02 ④ 03 ① 04 ③ 05 ② 06 ③

해설

배율기 : $V_2 = V_1\left(1 + \dfrac{R_m}{R}\right)$

$\quad\quad\quad 100 = 10 \times \left(1 + \dfrac{R_m}{R}\right), \quad 9 = \dfrac{R_m}{R}, \quad R_m = 9R$

07

전기장 중에 단위 전하를 놓았을 때 그것에 작용하는 힘을 무엇이라 하는가?

① 전장의 세기　　　② 기자력
③ 전속밀도　　　　④ 전위

해설

전기장(전계) 중에 단위 전하를 놓았을 때 작용하는 힘은 전계(전기장, 전장)의 세기이다.

08

다음 전기력선의 성질 중 맞지 않는 것은?

① 전기력선의 밀도는 전계의 세기와 같다.
② 전기력선은 전위가 높은 곳에서 낮은 곳으로 향한다.
③ 전기력선의 수직 방향이 전장의 방향이다.
④ 전기력선은 양전하에서 나와 음전하에서 끝난다.

해설

전기력선의 법선 방향이 전장의 방향이다.

09

두 콘덴서 C_1과 C_2가 직렬연결하고 양단에 V[V]의 전압을 가할 때 C_1에 걸리는 전압 V_1[V]은?

① $\dfrac{C_1}{C_1 + C_2} V$　　　② $\dfrac{C_2}{C_1 + C_2} V$

③ $\dfrac{C_1 + C_2}{C_1} V$　　　④ $\dfrac{C_1 + C_2}{C_2} V$

해설

콘덴서 직렬연결 전압 분배

$V_1 = \dfrac{C_2}{C_1 + C_2} V\text{[V]}, \quad V_2 = \dfrac{C_1}{C_1 + C_2} V\text{[V]}$

10

권수가 100회, 반지름이 1[m]인 원형 코일에 전류 2[A]가 흐를 때 원형 코일 중심의 자계의 세기는 몇 [AT/m]인가?

① 50　　　　　　② 70
③ 100　　　　　④ 150

해설

원형 코일 중심 $H = \dfrac{NI}{2a} = \dfrac{100 \times 2}{2 \times 1} = 100$

11

길이가 1[m]의 균일한 자로에 도선을 1,000회 감고 2[A]의 전류를 흘릴 경우 자로의 자계의 세기[AT/m]는 어떻게 되는가?

① 400　　　　　② 4,000
③ 200　　　　　④ 2,000

해설

$Hl = NI$에서 $H = \dfrac{NI}{l} = \dfrac{1,000 \times 2}{1} = 2,000\text{[AT/m]}$

12

평행한 두 도선에 떨어진 거리 r[m]에 두 도선에 동일전류 I[A]가 흐른다면 단위 길이당 작용하는 힘 F[N/m]은?

① $\dfrac{2I^2}{r^2} \times 10^{-7}$　　　② $\dfrac{2I^2}{r} \times 10^{-7}$

③ $\dfrac{2I^2}{r^2} \times 10^{-4}$　　　④ $\dfrac{2I^2}{r} \times 10^{-4}$

정답 07 ①　08 ③　09 ②　10 ③　11 ④　12 ②

해설

평행도선의 작용하는 힘 $F = \dfrac{2I_1 I_2}{r} \times 10^{-7}$

여기서 두 전류가 동일하므로 $I_1 = I_2 = I$,

$F = \dfrac{2I_1 I_2}{r} \times 10^{-7} = \dfrac{2I^2}{r} \times 10^{-7} [\text{N/m}]$

13

영구자석의 재료로 적당한 것은?

① 잔류자기와 보자력이 모두 큰 것
② 잔류자기와 보자력이 모두 작은 것
③ 잔류자기가 크고 보자력이 작은 것
④ 잔류자기가 작고 보자력이 큰 것

해설

영구자석은 보자력과 잔류자기가 모두 크고 전자석은 잔류자기만 크다.

14

자기 인덕턴스가 L_1, L_2, 상호 인덕턴스가 M, 결합 계수가 0.9일 때의 다음 관계식 중 맞는 것은?

① $M = 0.9 \sqrt{L_1 \times L_2}$
② $M = 0.9 (L_1 \times L_2)$
③ $M = 0.9 \dfrac{L_1}{L_2}$
④ $M = 0.9 \sqrt{\dfrac{L_1}{L_2}}$

해설

상호 인덕턴스 $M = k\sqrt{L_1 L_2} = 0.9\sqrt{L_1 L_2} [\text{H}]$

15

1[A]의 전류가 흐르는 코일에 저축된 전자 에너지를 10[J]로 하기 위한 인덕턴스[H]는 얼마인가?

① 10
② 20
③ 0.1
④ 0.2

해설

코일에너지 $W = \dfrac{1}{2} LI^2$, $L = \dfrac{2W}{I^2} = \dfrac{2 \times 10}{1} = 20[\text{H}]$

16

교류 삼각파의 최대값이 100[V]이다. 삼각파의 파고율은?

① 17.3
② 8.7
③ 1.73
④ 0.87

해설

삼각파의 파고율 $\dfrac{\text{최대값}}{\text{실효값}} = \dfrac{V_m}{\dfrac{V_m}{\sqrt{3}}} = \sqrt{3} = 1.732$

17

저항 6[Ω], 유도성 리액턴스 10[Ω], 용량성 리액턴스 2[Ω]의 RLC 직렬회로에 교류 전압 200[V]를 가할 때 흐르는 전류[A]는?

① 5
② 10
③ 15
④ 20

해설

임피던스 $Z = 6 + j(10 - 2) = 6 + j8$, 크기는 $|Z| = 10$

$I = \dfrac{V}{Z} = \dfrac{200}{10} = 20[\text{A}]$

정답 13 ① 14 ① 15 ② 16 ③ 17 ④

18

△ 결선의 전원이 있다. 선전류가 I_l[A], 선간전압이 V_l[V]일 때 전원의 상전압 V_P[V]와 상전류 I_P[A]는 얼마인가?

① V_l, $\sqrt{3}\,I_l$

② $\sqrt{3}\,V_l$, $\sqrt{3}\,I_l$

③ V_l, $\dfrac{I_l}{\sqrt{3}}$

④ $\dfrac{V_l}{\sqrt{3}}$, I_l

해설

△결선은 $V_l = V_P$, $I_l = \sqrt{3}\,I_P$이므로

상전압과 상전류는 $V_P = V_l$, $I_P = \dfrac{I_l}{\sqrt{3}}$ 이다.

19

어떤 평형 3상 부하에 전압 200[V]를 가하니 전류가 10[A]가 흐른다. 이 부하의 역률이 80[%]일 때 3상 전력은 몇 [W]인가?

① 771 　② 1,771 　③ 2,771 　④ 3,771

해설

$P = \sqrt{3}\,VI_{\cos\theta} = \sqrt{3} \times 200 \times 10 \times 0.8 = 2771.28[\text{W}]$

20

비정현파의 왜형률이란 무엇인가?

① 고조파만의 실효값을 기본파의 실효값으로 나눈 값이다.
② 기본파의 실효값을 고조파만의 실효값으로 나눈 값이다.
③ 고조파만의 실효값을 제3고조파의 실효값으로 나눈 값이다.
④ 고조파만의 실효값을 제5고조파의 실효값으로 나눈 값이다.

해설

왜형률$= \dfrac{\text{고조파만의 실효값}}{\text{기본파의 실효값}}$

21

다음 중 자기 소호 제어용 소자는?

① SCR　　　　　② TRIAC
③ DIAC　　　　　④ GTO

해설

GTO(Gate Turn Off) : 자기소호용 제어소자는 GTO가 된다.

22

직류전동기의 규약효율을 표시하는 식은?

① $\dfrac{\text{출력}}{\text{출력+손실}} \times 100[\%]$

② $\dfrac{\text{출력}}{\text{입력}} \times 100[\%]$

③ $\dfrac{\text{입력－손실}}{\text{입력}} \times 100[\%]$

④ $\dfrac{\text{입력}}{\text{출력+손실}} \times 100[\%]$

해설

직류전동기의 규약효율 $\eta = \dfrac{\text{입력－손실}}{\text{입력}} \times 100[\%]$

23

동기발전기를 병렬 운전하는 데 필요한 조건이 아닌 것은?

① 기전력의 파형이 같을 것
② 기전력의 위상이 같을 것
③ 기전력의 임피던스가 같을 것
④ 기전력의 크기가 같을 것

정답 　18 ③　19 ③　20 ①　21 ④　22 ③　23 ③

해설

동기발전기의 병렬 운전 조건
1) 기전력의 크기가 같을 것
2) 기전력의 위상이 같을 것
3) 기전력의 주파수가 같을 것
4) 기전력의 파형이 같을 것

24

3상 동기발전기에 무부하 전압보다 90°보다 앞선 전기자전류가 흐를 때 전기자 반작용은?

① 감자작용을 한다.
② 증자작용을 한다.
③ 교차 자화작용을 한다.
④ 자기 여자작용을 한다.

해설

동기발전기의 전기자 반작용
1) 유기기전력보다 위상이 앞선 경우 : 증자작용
2) 유기기전력보다 위상이 뒤진 경우 : 감자작용

25

유도기전력이 110[V], 전기자 저항 및 계자저항이 각각 0.05[Ω]인 직권발전기가 있다. 부하전류가 100[A]라면 단자 전압[V]는?

① 95 　　　　　② 100
③ 105 　　　　　④ 110

해설

유기기전력
$E = V + I_a(R_a + R_s)$
$V = E - I_a(R_a + R_s) = 110 - 100 \times (0.05 + 0.05) = 100[V]$

26

동기발전기의 병렬 운전 중 기전력의 위상차가 생기면?

① 위상이 일치하는 경우보다 출력이 감소한다.
② 부하분담이 변한다.
③ 무효 순환전류가 흘러 전기자 권선이 가열된다.
④ 동기화력이 생겨 두 기전력의 위상이 동상이 되도록 작용한다.

해설

동기발전기의 병렬 운전
기전력의 위상차가 발생 시 동기화력이 생겨 두 기전력의 위상이 동상이 되도록 작용한다.

27

직류 분권전동기의 계자저항을 운전 중에 증가시키면 회전속도는?

① 증가한다. 　　　② 감소한다.
③ 변화 없다. 　　　④ 정지한다.

해설

전동기의 경우 $\phi \propto \dfrac{1}{N}$이므로 계자저항 R_f 증가 시 I_f가 감소하므로 ϕ도 감소하여 속도는 증가한다.

28

3상 권선형 유도전동기의 기동 시 2차 측에 저항을 접속하는 이유는?

① 기동토크를 크게 하기 위해
② 회전수를 감소시키기 위해
③ 기동전류를 크게 하기 위해
④ 역률을 개선하기 위해

해설

3상 권선형 유도전동기 : 2차 측에 저항을 접속시키는 이유는 기동전류를 작게 하고 기동토크를 크게 하기 위함이다.

정답 24 ② 25 ② 26 ④ 27 ① 28 ①

29

직류 직권 전동기를 사용하려고 할 때 벨트를 걸고 운전하면 안 되는 가장 타당한 이유는?

① 벨트가 기동할 때나 또는 갑자기 중부하를 걸 때 미끄러지기 때문에
② 벨트가 벗겨지면 전동기가 갑자기 고속으로 회전하기 때문에
③ 벨트가 끊어졌을 때 전동기의 급정지 때문에
④ 부하에 대한 손실을 최대로 줄이기 위해

해설
직류 직권 전동기는 벨트를 걸어 운전 시 전동기가 무부하가 되어 위험속도에 도달할 우려가 있다.

30

3상 전파 정류회로에서 출력전압의 평균전압은? (단, V는 선간전압의 실효값이다.)

① 0.45V[V]
② 0.9V[V]
③ 1.17V[V]
④ 1.35V[V]

해설
3상 전파 정류회로 $E_d = 1.35E$

31

직류를 교류로 변환하는 장치는?

① 컨버터
② 초퍼
③ 인버터
④ 정류기

해설
인버터는 직류를 교류로 변환하는 장치이다.

32

전기기기의 철심 재료로 규소 강판을 많이 사용하는 이유로 가장 적당한 것은?

① 와류손을 줄이기 위해
② 맴돌이 전류를 없애기 위해
③ 히스테리시스손을 줄이기 위해
④ 구리손을 줄이기 위해

해설
철심의 재료
• 규소강판 : 히스트레시스손을 줄이기 위해 사용한다.
• 성층철심 : 와류손을 줄이기 위해 사용한다.

33

전압이 13,200/220[V]인 변압기의 부하 측에 흐르는 전류가 120[A]이다. 1차 측에 흐르는 전류는 얼마인가?

① 2
② 20
③ 60
④ 120

해설
변압기의 1차 측 전류
$a = \frac{V_1}{V_2} = \frac{I_2}{I_1} = \frac{13,200}{220} = 60$이므로 $I = \frac{120}{60} = 2$[A]가 된다.

34

보호를 요하는 회로의 전류가 어떤 일정값 이상으로 흘렀을 경우 동작하는 계전기는?

① 과전류 계전기
② 과전압 계전기
③ 차동 계전기
④ 비율 차동 계전기

정답 29 ② 30 ④ 31 ③ 32 ③ 33 ① 34 ①

과전류 계전기(OCR : Over Current Relay)
정정치 이상의 전류가 흘렀을 경우 동작하는 계전기는 과전류 계전기를 말한다.

35

병렬 운전 중인 두 동기발전기의 유도 기전력이 2,000[V], 위상차 60°, 동기 리액턴스가 100[Ω]이다. 유효순환전류[A]는?

① 5   ② 10
③ 15   ④ 20

해설

유효순환전류

$$I_c = \frac{E \sin\frac{\delta}{2}}{Z_s} = \frac{2,000 \times \sin\frac{60°}{2}}{100} = 10[A]$$

36

유도전동기의 주파수가 60[Hz]에서 운전하다 50[Hz]로 감소 시 회전속도는 몇 배가 되는가?

① 0.83   ② 1
③ 1.2   ④ 1.4

해설

유도전동기의 속도 $N \propto \frac{1}{f} = \frac{50}{60} = 0.83$

37

다음 중 회전의 방향을 바꿀 수 없는 전동기는?

① 분상 기동형 전동기
② 반발 기동형 전동기
③ 콘덴서 기동형 전동기
④ 셰이딩 코일형 전동기

해설

셰이딩 코일형은 모터 제작 시 코일의 방향이 고정되어 회전의 방향을 바꿀 수 없다.

38

교류전동기를 기동할 때 그림과 같은 기동 특성을 가지는 전동기는? (단, 곡선 (1)~(5)는 기동 단계에 대한 토크 특성 곡선이다.)

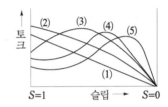

① 반발 유도전동기
② 2중 농형 유도전동기
③ 3상 분권 정류자 전동기
④ 3상 권선형 유도전동기

해설

비례추이 곡선 : 3상 권선형 유도전동기의 특징을 나타낸다.

39

무부하에서 119[V]되는 분권발전기의 전압변동률이 6[%]이다. 정격 전부하 전압은 약 몇 [V]인가?

① 110.2   ② 112.3
③ 122.5   ④ 125.3

해설

전압변동률 $\epsilon = \frac{V_0 - V}{V} \times 100[\%]$

$$V = \frac{V_0}{(\epsilon + 1)} = \frac{119}{1 + 0.06} = 112.26[V]$$

정답 35 ② 36 ① 37 ④ 38 ④ 39 ②

40

농형 유도전동기의 기동법이 아닌 것은?

① Y-△ 기동법
② 기동보상기에 의한 기동법
③ 2차 저항기법
④ 전전압 기동법

해설
농형 유도전동기의 기동법
1) 전전압 기동
2) Y-△ 기동
3) 기동보상기법
4) 리액터 기동

41

지선의 중간에 넣는 애자의 명칭은?

① 구형애자
② 곡핀애자
③ 인류애자
④ 핀애자

해설
지선의 시설 : 지선의 중간에 넣는 애자는 구형애자이다.

42

금속관에 나사를 내는 공구는?

① 오스터
② 파이프 커터
③ 리머
④ 스패너

해설
오스터 : 금속관에 나사를 낼 때 사용되는 공구이다.

43

화약고 등의 위험 장소의 배선공사에서 전로의 대지 전압은 몇 [V] 이하로 하도록 되어 있는가?

① 300 ② 400
③ 500 ④ 600

해설
화약류 저장고의 시설기준 : 대지전압은 300[V] 이하이어야 한다.

정답 40 ③ 41 ① 42 ① 43 ①

44

고압 가공전선로의 전선의 조수가 3조일 경우 완금의 길이는?

① 1,200[mm]　　② 1,400[mm]
③ 1,800[mm]　　④ 2,400[mm]

해설
완금의 길이 : 고압의 경우 전선의 조수가 3조일 경우 1,800[mm]가 된다.

45

450/750 일반용 단심 비닐절연전선의 약호는?

① RI　　② DV
③ NR　　④ ACSR

해설
NR전선 : 450/750 일반용 단심 비닐절연전선을 말한다.

46

절연전선을 동일 금속덕트 내에 넣을 경우 금속덕트의 크기는 전선의 피복절연물을 포함한 단면적의 총합계가 금속덕트 내의 단면적의 몇 [%] 이하가 되도록 선정하여야 하는가?

① 20　　② 30
③ 40　　④ 50

해설
덕트 내의 단면적 : 일반적인 경우 덕트 내 단면적의 20[%] 이하가 되어야 하며, 전광표시, 제어회로용의 경우 50[%] 이하가 되도록 한다.

47

애자사용 공사에 의한 저압옥내배선에서 전선 상호간의 간격은 몇 [cm] 이상이어야 하는가?

① 2.5　　② 6
③ 10　　④ 12

해설
저압 옥내애자 공사 : 전선 상호간 간격은 6[cm] 이상이어야만 한다.

48

승강기 및 승강로 등에 사용되는 전선이 케이블이며 이동용 전선이라면 그 전선의 굵기는 몇 [mm²] 이상이어야 하는가?

① 0.55　　② 0.75
③ 1.2　　④ 1.5

해설
승강기 및 승강로에 사용되는 전선 : 이동용 케이블의 경우 0.75[mm²] 이상이어야만 한다.

49

접착제를 사용하여 합성수지관을 삽입해 접속할 경우 관의 깊이는 합성수지관 외경의 최소 몇 배인가?

① 0.8　　② 1.2
③ 1.5　　④ 18

해설
합성수지관 공사 : 관 삽입 깊이는 1.2배 이상, 단 접착제 사용 시 0.8배 이상

정답　44 ③　45 ③　46 ①　47 ②　48 ②　49 ①

50

셀룰로이드, 성냥, 석유류 등 기타 가연성 위험물질을 제조 또는 저장하는 장소의 배선공사 방법으로 적당하지 않은 것은?

① 케이블 공사
② 합성수지관공사(두께 2[mm] 이상의 것을 한한다.)
③ 가요전선관공사
④ 금속관공사

해설

가연성 위험물질의 제조공사 : 금속관, 케이블, 합성수지관(두께 2[mm] 이상의 것)공사

51

DV전선이라 함은 어떠한 전선을 말하는가?

① 옥외용 비닐 절연전선
② 인입용 비닐 절연전선
③ 450/750 일반용 단심 비닐 절연전선
④ 고무 비닐 절연전선

해설

DV전선 : 인입용 비닐 절연전선을 말한다.

52

나전선 등의 금속선에 속하지 않는 것은?

① 경동선(지름 12[mm] 이하의 것)
② 연동선
③ 동합금선(단면적 35[mm^2] 이하의 것)
④ 경알루미늄선(단면적 35[mm^2] 이하의 것)

해설

나전선 : 동합금선의 경우 25[mm²] 이하의 것에 한한다.

53

철근콘크리트주의 길이가 12[m]인 지지물을 건주하는 경우에는 땅에 묻히는 최소 길이는 얼마인가?

① 1.0[m]
② 1.2[m]
③ 1.5[m]
④ 2.0[m]

해설

전주의 근입 깊이 : 15[m] 이하의 경우

전장의 길이 $\times \frac{1}{6}$ 이므로 $12 \times \frac{1}{6} = 2[m]$가 된다.

54

전력용 콘덴서를 회로로부터 개방하였을 때 전하가 잔류함으로써 일어나는 위험의 방지와 재투입을 할 때 콘덴서에 걸리는 과전압을 방지하기 위하여 무엇을 설치하는가?

① 직렬리액터
② 전력용 콘덴서
③ 방전코일
④ 피뢰기

해설

방전코일 : 콘덴서에 축적되는 잔류전하를 방전함으로써 인체의 감전사고를 보호한다.

55

옥내배선 공사에서 절연전선의 피복을 벗길 때 사용하면 편리한 공구는?

① 드라이버
② 플라이어
③ 압착펜치
④ 와이어 스트리퍼

해설

와이어 스트리퍼 : 절연전선의 피복을 벗기는 데 편리한 공구이다.

정답 50 ③ 51 ② 52 ③ 53 ④ 54 ③ 55 ④

56

전원의 380/220[V] 중성극에 접속된 전선을 무엇이라 하는가?

① 접지선　　　　② 중성선
③ 전원선　　　　④ 접지측선

해설

중성선 : 다선식전로의 중성극에 접속된 전선을 말한다.

57

조명기구의 배광에 의한 분류 중 하향광속이 90~100[%] 정도의 빛이 나는 조명방식은?

① 직접조명　　　　② 반직접조명
③ 반간접조명　　　④ 간접조명

해설

배광에 의한 분류 : 직접 조명의 경우 하향광속의 비율이 90~100[%]가 된다.

58

옥내 배선의 박스(접속함) 내에서 가는 전선을 접속할 때 주로 어떤 방법을 사용하는가?

① 쥐꼬리 접속　　　② 슬리브 접속
③ 트위스트 접속　　④ 브리타니어 접속

해설

접속함 내의 접속 : 박스 내에서 전선의 접속 시 주로 쥐꼬리 접속이 사용된다.

59

과전류 차단기를 꼭 설치해야 하는 곳은?

① 접지공사의 접지도체
② 저압 옥내 간선의 전원 측 전로
③ 다선식 전로의 중성선
④ 전로의 일부에 접지 공사를 한 저압 가공 전로의 접지 측 전선

해설

과전류 차단기 시설제한장소
1) 접지공사의 접지도체
2) 다선식 전로의 중성선
3) 전로의 일부에 접지 공사를 한 저압 가공전선로의 접지 측 전선

60

역률개선의 효과로 볼 수 없는 것은?

① 감전사고 감소
② 전력손실 감소
③ 전압강하 감소
④ 설비용량의 이용률 증가

해설

역률의 개선 시 효과
1) 전력손실 감소
2) 전압강하 감소
3) 전기요금 절감
4) 설비용량의 이용률 증대

정답　56 ②　57 ①　58 ①　59 ②　60 ①

2019년 CBT 복원문제 3회

01

어느 도체에 1.6[A]의 전류를 10초간 흘렸을 때 이동된 전자 수는 몇 개인가? (단, 1개의 전자량은 $e = 1.6 \times 10^{-19}$[C]이다.)

① 10^{21} 　　　　② 10^{20}

③ 10^{19} 　　　　④ 10^{-21}

해설

전하량 $Q = It = ne$[C]

전자 개수 $n = \dfrac{It}{e} = \dfrac{1.6 \times 10}{1.6 \times 10^{-19}} = 10^{20}$

02

6[V]의 기전력으로 120[C]의 전기량이 이동할 때 몇 [J]의 일을 하게 되는가?

① 20 　　　　② 72

③ 200 　　　　④ 720

해설

이동에너지 $W = QV$[J]이므로 $W = 120 \times 6 = 720$[J]

03

다음은 저항에 대한 설명이다. 옳은 것은?

① 전선의 지름의 제곱에 반비례한다.
② 고유저항에 반비례하고 도전율에 비례한다.
③ 전선의 면적에 비례한다.
④ 전선의 길이에 비례하고 반지름에 반비례한다.

해설

반지름 r, 지름 d일 때 면적 $S = \pi r^2 = \dfrac{\pi d^2}{4}$[m²]

저항 $R = \dfrac{\rho l}{S} = \dfrac{\rho l}{\pi r^2} = \dfrac{\rho l}{\pi \dfrac{d^2}{4}}$

04

3[Ω]과 6[Ω]의 저항을 병렬연결할 경우는 직렬연결할 경우에 대하여 몇 배인가?

① 6.5 　　　　② $\dfrac{1}{6.5}$

③ $\dfrac{1}{4.5}$ 　　　　④ 4.5

해설

$\dfrac{\text{병렬}R}{\text{직렬}R} = \dfrac{\dfrac{3 \times 6}{3 + 6}}{3 + 6} = \dfrac{2}{9} = \dfrac{1}{4.5}$

05

서로 다른 금속을 접합하여 두 접합점에 온도차를 주면 전기가 발생하는 현상은?

① 펠티어 효과 　　　　② 제어벡 효과
③ 핀치 효과 　　　　④ 표피 효과

06

전압 1.5[V], 내부저항 $r = 0.5$[Ω]인 전지 10개를 직렬연결하고 전지의 양단을 단락시킬 때 흐르는 전류는 몇 [A]인가?

① 1 　　　　② 2

③ 3 　　　　④ 4

정답　01 ②　02 ④　03 ①　04 ③　05 ②　06 ③

동일 전지 n개를 직렬연결하면 내부저항은 nR, 전지의 전압은 nV가 된다.

$$\therefore \ 전류 \ I = \frac{nV}{nR} = \frac{10 \times 1.5}{10 \times 0.5} = \frac{15}{5} = 3$$

07

진공 중에 10^{-4}[C]과 10^{-5}[C]의 두 전하를 거리 1[m] 간격에 놓았을 때 그 사이에 작용하는 힘은 몇 [N]인가?

① 9 ② 90
③ 900 ④ 9,000

해설

두 전하 사이에 작용하는 힘

$$F = \frac{Q_1 Q_2}{4\pi\epsilon_0 r^2} = 9 \times 10^9 \times \frac{Q_1 Q_2}{r^2} = 9 \times 10^9 \times \frac{10^{-4} \times 10^{-5}}{1^2} = 9[\text{N}]$$

08

다음 전기력선의 성질 중 맞는 것은?

① 전기력선은 자신만으로 폐곡선이 될 수 있다.
② 전기력선은 전위가 낮은 곳에서 높은 곳으로 향한다.
③ 전기력선의 법선 방향이 전장의 방향이다.
④ 전기력선은 음전하에서 나와 양전하에서 끝난다.

해설

전기력선은 자신만으로 폐곡선이 될 수 없고, 전위가 높은 곳에서 낮은 곳으로 향하며, 양전하에서 나와 음전하로 끝난다. 전기력선의 법선 방향이 전기장의 방향이다.

09

콘덴서에 전압 100[V]를 가할 때 전하량이 200[C]가 축적되었다면 이때 축적되는 에너지는 몇 [J]인가?

① 1×10^3 ② 1×10^4
③ 2×10^3 ④ 2×10^4

해설

콘덴서 축적에너지

$$W = \frac{1}{2}CV^2 = \frac{Q^2}{2C} = \frac{1}{2}QV$$

$$W = \frac{1}{2}QV = \frac{1}{2} \times 200 \times 100 = 10,000 = 1 \times 10^4[\text{J}]$$

10

같은 크기의 콘덴서 두 개를 병렬로 연결하면 직렬로 연결할 때보다 몇 배가 되는가?

① 2배 ② 3배
③ 4배 ④ 5배

해설

같은 크기의 콘덴서가 병렬연결일 때 합성 콘덴서는 nC 이고 직렬연결일 때 합성 콘덴서는 $\frac{C}{n}$이므로 $\frac{C_{병}}{C_{직}} = \frac{2C}{\frac{C}{2}} = 4$

11

유기기전력에 관련이 없는 법칙은?

① 플레밍의 오른손 법칙
② 암페어의 오른손 법칙
③ 패러데이의 법칙
④ 렌츠의 법칙

해설

암페어의 오른손 법칙은 전류에 의한 자계 방향에 관련된 법칙이다.

정답 07 ① 08 ③ 09 ② 10 ③ 11 ②

12

반지름 r[m], 권수가 N회 감긴 환상 솔레노이드가 있다. 코일에 전류 I[A]를 흘릴 때 환상 솔레노이드의 외부의 자계는 얼마인가?

① 0

② $\dfrac{NI}{2r}$

③ $\dfrac{NI}{2\pi r}$

④ $\dfrac{NI}{4\pi r}$

해설

환상 솔레노이드의 외부자계는 0이며 내부의 자계는 $H = \dfrac{NI}{2\pi r}$ 이다.

13

현재 계전기 분야에 사용되고 있는 전자석 재료로 적당한 것은?

① 잔류자기와 보자력이 모두 크고 히스테리시스 면적도 클 것
② 잔류자기와 보자력이 모두 작고 히스테리시스 면적도 작을 것
③ 잔류자기는 작고 보자력은 크고 히스테리시스 면적도 작을 것
④ 잔류자기는 크고 보자력은 작고 히스테리시스 면적도 작을 것

해설

영구자석은 보자력과 잔류자기가 모두 크고 전자석은 잔류자기만 크며 보자력과 히스테리시스 면적이 작다.

14

자기회로에서 철심에 코일의 감은 권수와 코일에 흐르는 전류의 곱이며 자속을 만드는 원동력이 되는 것을 무엇이라 하는가?

① 기전력

② 기자력

③ 정전력

④ 전기력

해설

기자력 $F = NI$[AT]

15

코일 권수 100회인 코일 면에 수직으로 0.1초 동안에 자속이 0.6[Wb]에서 0.2[Wb]로 변화했다면 이때 코일에 유도되는 기전력[V]은?

① 100

② 200

③ 300

④ 400

해설

권수와 시간변화에 의한 유기기전력 $e = -N\dfrac{d\phi}{dt}$[V]

$e = -N\dfrac{d\phi}{dt} = -100 \times \dfrac{(0.2-0.6)}{0.1} = -100 \times \dfrac{-0.4}{0.1} = 400$

16

교류 전압 $v = 100\sqrt{2}\sin\omega t$[V]을 인가했을 때 흐르는 전류가 $i = 10\sqrt{2}\sin\omega t$[A]가 흘렀다면 다음 중 잘못된 것은?

① 전압의 실효값은 100[V]이다.
② 전류의 실효값은 10[A]이다.
③ 전압과 전류의 위상은 동상이다.
④ 전력은 $1,000\sqrt{2}$[W]이다.

해설

전력의 전압과 전류는 실효값이므로
$P = VI\cos\theta = 100 \times 10 \times \cos 0° = 1,000$[W]

정답 12 ① 13 ④ 14 ② 15 ④ 16 ④

17

어떤 교류 전압의 평균값이 382[V]일 때 실효값은 약 몇 [V]가 되는가?

① 424 ② 324

③ 212 ④ 106

해설

교류 정현파의 평균값은 $V_a = \dfrac{2V_m}{\pi}$[V], 실효값은 $V = \dfrac{V_m}{\sqrt{2}}$ [V]이므로

평균값을 이용하여 최대값을 구하면 $V_m = \dfrac{\pi V_a}{2}$[V]

실효값에 대입하면 $V = \dfrac{V_m}{\sqrt{2}} = \dfrac{\pi V_a}{2\sqrt{2}} = \dfrac{\pi \times 382}{2\sqrt{2}} = 424$[V]

18

저항 6[Ω]과 용량성 리액턴스 8[Ω]의 직렬 회로에 10[A]의 전류가 흐른다면 이때 가해 준 교류 전압은 몇 [V]인가?

① $60+j80$ ② $60-j80$

③ $80+j60$ ④ $80-j60$

해설

RC 직렬 회로의 임피던스 $Z = R - jX_C = 6 - j8[\Omega]$
전압 $V = IZ = 10 \times (6 - j8) = 60 - j80$[V]

19

100[kVA]의 단상 변압기 3대로 △결선으로 운전 중한 대 고장으로 2대로 V결선하려 할 때 공급할 수 있는 3상 전력은 몇 [kVA]인가?

① 100 ② 200

③ $100\sqrt{3}$ ④ $200\sqrt{3}$

해설

V결선의 출력 $P_V = \sqrt{3}\,P_1 = \sqrt{3} \times 100$[kVA]

20

△결선에서 상전압 200[V]와 상전류가 10[A]이라면 선에 흐르는 선전류와 선간전압은 각각 얼마인가?

① 선간전압 : 200[V], 선전류 : $10\sqrt{3}$ [A]
② 선간전압 : $200\sqrt{3}$ [V], 선전류 : $10\sqrt{3}$ [A]
③ 선간전압 : $200\sqrt{3}$ [V], 선전류 : 10[A]
④ 선간전압 : 200[V], 선전류 : 10[A]

해설

△결선의 선간전압 V_l, 선전류 I_l, 상전압 V_P, 상전류 I_P의 관계는 $V_l = V_P$, $I_l = \sqrt{3}\,I_P$이므로
$V_l = 200$[V], $I_l = \sqrt{3} \times 10$[A]이다.

▶ 정답 17 ① 18 ② 19 ③ 20 ①

21

보극이 없는 직류기의 운전 중 중성점의 위치가 변하지 않는 경우는?

① 전부하일 때　　　② 중부하일 때
③ 과부하일 때　　　④ 무부하일 때

해설

전기자 반작용에 의해 운전 중 중성점의 위치가 변화한다. 하지만 전기자에 전류가 흐르지 않는 상태인 무부하일 경우는 중성점의 위치가 변하지 않는다.

22

인버터의 용도로 가장 적합한 것은?

① 직류 – 직류 변환
② 직류 – 교류 변환
③ 교류 – 증폭교류 변환
④ 직류 – 증폭직류 변환

해설

인버터 : 직류를 교류로 변환하는 장치를 말한다.

23

다음과 같은 그림 기호의 명칭은?

―――――――

① 노출배선　　　　② 바닥은폐배선
③ 지중매설배선　　④ 천장은폐배선

해설

• 천장은폐배선　――――――
• 바닥은폐배선　― ― ― ― ―
• 노출배선　　　------------

24

낙뢰 수목 접촉, 일시적인 섬락 등 순간적인 사고로 계통에서 분리된 구간을 신속히 계통에 투입시킴으로써 계통의 안정도를 향상시키고 정전 시간을 단축시키기 위해 사용되는 계전기는?

① 차동 계전기　　　② 과전류 계전기
③ 거리 계전기　　　④ 재폐로 계전기

해설

재폐로 계전기(Reclosing Relay) : 재폐로 계전기란 고장구간을 신속히 개방 후 일정시간 후 재투입함으로써 계통의 안정도 향상 및 신뢰도를 향상시키며 복구 운전원의 노력을 경감한다.

25

단상 유도 전압 조정기의 단락권선의 역할은?

① 철손 경감　　　　② 절연 보호
③ 전압 조정 용이　　④ 전압 강하 경감

해설

단상 유도 전압 조정기의 단락권선은 누설리액턴스에 의한 전압 강하를 경감하기 위함이다.

26

동기전동기의 자기기동에서 계자권선을 단락하는 이유는?

① 기동이 쉽다.
② 기동 권선을 이용한다.
③ 고전압이 유도된다.
④ 전기자 반작용을 방지한다.

해설

자기기동 시 계자권선을 단락하는 이유는 계자권선에 고전압이 유도되어 절연이 파괴될 우려가 있으므로 방전저항을 접속하여 단락상태로서 기동한다.

정답　21 ④　22 ②　23 ④　24 ④　25 ④　26 ③

27

동기발전기에서 전기자 전류가 무부하 유도 기전력보다 $\frac{\pi}{2}$[rad] 앞서 있는 경우에 나타나는 전기자 반작용은?

① 증자 작용　　　　② 감자 작용
③ 교차 자화 작용　　④ 직축 반작용

해설
동기발전기의 전기자 반작용
유기기전력보다 앞선 전류가 흐를 경우 전기자 반작용은 증자작용이 나타난다.

28

계자권선과 전기자 권선이 병렬로 접속되어 있는 직류기는?

① 직권기　　　　　② 분권기
③ 복권기　　　　　④ 타여자기

해설
분권기 : 분권의 경우 계자와 전기자가 병렬로 연결된 직류기를 말한다.

29

다음 중 3단자 사이리스터가 아닌 것은?

① SCR　　　　　② SCS
③ GTO　　　　　④ TRIAC

해설
SCS의 경우 단방향 4단자 소자를 말한다.

30

변압기 내부고장 시 급격한 유류 또는 Gas의 이동이 생기면 동작하는 브흐홀쯔 계전기의 설치 위치는?

① 변압기 본체
② 변압기의 고압 측 부싱
③ 컨서베이터 내부
④ 변압기의 본체와 콘서베이터를 연결하는 파이프

해설
브흐홀쯔 계전기 : 변압기 내부고장으로 발생하는 기름의 분해 가스, 증기, 유류를 이용하여 부저를 움직여 계전기의 접점을 닫는 것으로 변압기의 주탱크와 콘서베이터 연결관 사이에 설치한다.

31

동기기의 전기자 권선법이 아닌 것은?

① 전층권　　　　　② 분포권
③ 2층권　　　　　④ 중권

해설
동기기의 전기자 권선법 : 2층권, 중권, 분포권, 단절권

32

변압기, 동기기 등 층간 단락 등의 내부고장 보호에 사용되는 계전기는?

① 차동 계전기　　　② 접지 계전기
③ 과전압 계전기　　④ 역상 계전기

해설
차동 계전기란 변압기나 발전기의 내부고장을 보호하는 계전기를 말한다.

정답 27 ①　28 ②　29 ②　30 ④　31 ①　32 ①

33

다음 변압기 극성에 관한 설명에서 틀린 것은?

① 우리나라는 감극성이 표준이다.
② 1차와 2차 권선에 유기되는 전압의 극성이 서로 반대이면 감극성이다.
③ 3상결선 시 극성을 고려해야 한다.
④ 병렬운전 시 극성을 고려해야 한다.

해설

변압기의 감극성 : 1차 측 전압과 2차 측 전압의 발생 방향이 같을 경우 감극성이라고 한다.

34

슬립 $s = 5[\%]$, 2차 저항 $r_2 = 0.1[\Omega]$인 유도전동기의 등가 저항 $R[\Omega]$은 얼마인가?

① 0.4
② 0.5
③ 1.9
④ 2.0

해설

등가 저항

$$R_2 = r_2 \left(\frac{1}{s} - 1 \right) = 0.1 \times \left(\frac{1}{0.05} - 1 \right) = 1.9[\Omega]$$

35

변압기의 권수비가 60일 때 2차 측 저항이 0.1[Ω]이다. 이것을 1차로 환산하면 몇 [Ω]인가?

① 310
② 360
③ 390
④ 410

해설

변압기의 권수비

$$a = \sqrt{\frac{R_1}{R_2}}, \qquad R_1 = a^2 R_2 = 60^2 \times 0.1 = 360[\Omega]$$

36

3상 유도전동기에서 2차 측 저항을 2배로 하면 그 최대 토크는 어떻게 되는가?

① 변하지 않는다.
② 2배로 된다.
③ $\sqrt{2}$ 배로 된다.
④ $\frac{1}{2}$ 배로 된다.

해설

3상 권선형 유도전동기의 최대 토크는 2차 측의 저항을 2배로 하더라도 변하지 않는다.

37

100[kVA]의 용량을 갖는 2대의 변압기를 이용하여 V-V결선하는 경우 출력은 어떻게 되는가?

① 100
② $100\sqrt{3}$
③ 200
④ 300

해설

V결선 시 출력 $P_V = \sqrt{3} P_n = \sqrt{3} \times 100$

38

유도전동기의 회전수가 1,175[rpm]일 경우 슬립이 2[%]이었다. 이 전동기의 극수는? (단, 주파수는 60[Hz]라고 한다.)

① 2
② 4
③ 6
④ 8

해설

동기속도 $N_s = \dfrac{N}{1-s} = \dfrac{1,175}{1-0.02} = 1,200[\text{rpm}]$

$$P = \frac{120}{N_s} f = \frac{120}{1,200} \times 60 = 6$$

정답 33 ② 34 ③ 35 ② 36 ① 37 ② 38 ③

39

사용 중인 변류기의 2차 측을 개방하면?

① 1차 전류가 감소한다.
② 2차 권선에 110[V]가 걸린다.
③ 개방단의 전압은 불변하고 안전하다.
④ 2차 권선에 고압이 유도된다.

해설
변류기의 2차 측 개방 시 고전압이 유도되어 2차 측 기기의 절연이 파괴될 우려가 있다.

40

직류전동기의 속도제어법이 아닌 것은?

① 전압제어법   ② 계자제어법
③ 저항제어법   ④ 주파수제어법

해설
직류전동기의 속도제어법
1) 전압제어
2) 계자제어
3) 저항제어

41

금속관에 나사를 내는 공구는?

① 오스터   ② 파이프 커터
③ 리머   ④ 스패너

해설
오스터는 금속관에 나사를 낼 때 사용되는 공구를 말한다.

42

한 수용장소의 인입선에서 분기하여 지지물을 거치지 아니하고 다른 수용장소의 인입구에 이르는 부분의 전선을 무엇이라 하는가?

① 가공전선
② 공동지선
③ 가공인입선
④ 연접인입선

해설
연접인입선이란 한 수용장소의 인입선에서 분기하여 지지물을 거치지 아니하고 다른 수용장소의 인입구에 이르는 부분의 전선을 말한다.

43

아웃렛박스 등의 녹아웃의 지름이 관지름보다 클 때 관을 고정시키기 위해 쓰는 재료의 명칭은?

① 터미널 캡
② 링 리듀셔
③ 앤트랜스 캡
④ 유니버셜 엘보

해설
링 리듀셔란 녹아웃의 지름이 관지름보다 클 때 관을 고정시키기 위해 사용하는 재료를 말한다.

정답 39 ④ 40 ④ 41 ① 42 ④ 43 ②

44

전선의 접속에 관한 설명으로 틀린 것은?

① 전선의 세기를 20[%] 이상 감소하여야 한다.
② 접속 부분의 전기저항을 증가시켜서는 안 된다.
③ 접속 부분은 납땜을 해야 한다.
④ 절연은 원래의 효력이 있는 테이프로 충분히 한다.

해설

전선의 접속 시 유의사항의 경우 전선의 세기를 20[%] 이상 감소시키지 말아야 한다.

45

가연성 분진(소맥분, 전분, 유황 기타 가연성 먼지 등)으로 인하여 폭발할 우려가 있는 저압 옥내 설비공사로 적절하지 않은 것은?

① 케이블 공사   ② 금속관 공사
③ 합성수지관 공사   ④ 플로어덕트 공사

해설

가연성 분진이 착화하여 폭발할 우려가 있는 곳에 전기 공사 방법은 금속관 공사, 케이블 공사, 합성수지관 공사에 의한다.

46

주상변압기의 1차 측 보호 장치로 사용하는 것은?

① 컷아웃 스위치   ② 유입 개폐기
③ 캐치홀더   ④ 리클로저

해설

주상변압기의 1차 측을 보호하는 장치는 COS(컷아웃 스위치)이며, 2차 측을 보호하는 장치는 캐치홀더이다.

47

설치 면적이 넓고 설치비용이 많이 들지만 가장 이상적이고 효과적인 진상용 콘덴서 설치 방법은?

① 수전단 모선과 부하 측에 분산하여 설치
② 수전단 모선에 설치
③ 부하 측에 분산하여 설치
④ 가장 큰 부하 측에만 설치

해설

전력용 콘덴서의 경우 가장 이상적이고 효과적인 설치 방법은 부하 측에 각각에 설치하여 주는 경우이다.

48

최대사용전압이 70[kV]인 중성점 직접 접지식 전로의 절연내력 시험전압은 몇 [V]인가?

① 35,000[V]   ② 42,000[V]
③ 44,800[V]   ④ 50,400[V]

해설

중성접 직접 접지식 전로의 절연내력 시험전압 170[kV] 이하의 경우 $V \times 0.72 = 70,000 \times 0.72 = 50,400[V]$가 된다.

49

굵은 전선을 절단할 때 사용하는 전기공사용 공구는?

① 프레셔 툴   ② 녹 아웃 펀치
③ 파이프 커터   ④ 클리퍼

해설

클리퍼란 펜치로 절단하기 어려운 굵은 전선을 절단할 때 사용되는 전기공사용 공구를 말한다.

정답 44 ①   45 ④   46 ①   47 ③   48 ④   49 ④

50

금속관 공사를 노출로 시공할 때 직각으로 구부러지는 곳에는 어떤 배선기구를 사용하는가?

① 유니온 커플링
② 아웃렛 박스
③ 픽스쳐 하키
④ 유니버셜 엘보우

해설

유니버셜 엘보우란 노출 공사로서 관이 직각으로 구부러지는 곳에 사용하는 배선기구를 말한다.

51

전선 접속 시 사용되는 슬리브의 종류가 아닌 것은?

① D
② S
③ E
④ P

해설

슬리브의 종류
S형 : 매킹타이어 슬리브
E형 : 종단겹칩용 슬리브
P형 : 직선겹침용 슬리브

52

전주의 외등 설치 시 조명기구를 전주에 부착하는 경우 설치 높이는 몇 [m] 이상으로 하여야 하는가?

① 3.5
② 4
③ 4.5
④ 5

해설

전주의 외등 설치 시 그 높이는 4.5[m] 이상으로 하여야 한다.

53

주로 가요성이 좋으며 옥내배선에서 사용되는 전선은 어떠한 전선을 말하는가?

① 연동선
② 경동선
③ ACSR
④ 아연도강연선

해설

연동선은 가요성이 풍부하여 주로 옥내배선에서 사용되는 전선이다.

54

가공전선로의 지지물이 아닌 것은?

① 목주
② 지선
③ 철근콘크리트주
④ 철탑

해설

지선은 지지물이 아니며 지지물의 강도를 보강한다.

55

옥외용 비닐 절연전선의 약호는?

① OW
② DV
③ NR
④ FTC

해설

OW(옥외용 비닐 절연전선)

정답 50 ④　51 ①　52 ③　53 ①　54 ②　55 ①

2019년 CBT 복원문제 4회

01

2[Ω], 4[Ω], 10[Ω]의 저항 3개를 직렬연결하고 양단에 200[V]의 전압을 가할 때 10[Ω]의 전압강하는 몇 [V]인가?

① 100　　　② 125　　　③ 150　　　④ 175

해설

직렬연결 회로에서 전류일정, 전압분배가 되므로

$$V_3 = \frac{R_3}{R_1 + R_2 + R_3} \times V = \frac{10}{2+4+10} \times 200 = 125[V]$$

02

일정한 직류 전원에 저항을 접속하여 전류를 흘릴 때 이 전류값을 10[%] 감소시키려면 저항은 처음의 저항에 몇 [%]가 되어야 하는가?

① 10[%] 감소　　　② 11[%] 감소
③ 10[%] 증가　　　④ 11[%] 증가

해설

저항과 전류는 반비례 관계이다.

$R \propto \dfrac{1}{I} = \dfrac{1}{0.9} = 1.11$이므로 11[%] 증가되면 전류는 10[%] 감소하여 흐른다.

03

다음은 축전지 중에서 납(연) 축전기의 설명이다. 잘못된 것은?

① 납 축전지의 양극재료는 PbO(산화연)을 사용한다.
② 묽은 황산의 비중은 1.2~1.3 정도이다.
③ 방전 시 양극과 음극 모두 $PbSO_4$(황산연)이 된다.
④ 공칭전압은 2[V]이다.

해설

납(연) 축전지 특성
① 공칭전압은 2[V], 공칭용량은 10[Ah]
② 양극재료 : PbO_2(이산화연), 음극재료 : Pb
③ 묽은 황산의 비중은 약 1.2~1.3 정도
④ 방전 시 양극과 음극 모두 $PbSO_4$(황산연)이 되며 H_2O의 부산물이 생성된다.

04

전압계의 측정범위를 확대하기 위해 배율기를 직렬로 연결하였다. 전압을 10배로 측정하기 위하여 배율기의 저항은 전압계의 내부 저항에 몇 배로 하면 되는가?

① 1/9배　　　　② 7배
③ 9배　　　　④ 1/7배

해설

배율기 : $V_2 = V_1\left(1 + \dfrac{R_m}{R}\right)$

배율 : $m = \dfrac{V_2}{V_1} = 1 + \dfrac{R_m}{R}$　$10 = 1 + \dfrac{R_m}{R}$,　$9 = \dfrac{R_m}{R}$,　$R_m = 9R$

05

발열 작용에 관련된 법칙은?

① 암페어 오른손 법칙
② 줄의 법칙
③ 플레밍의 왼손 법칙
④ 플레밍의 오른손 법칙

해설

암페어 오른손 법칙은 전류에 의한 자기장의 방향과의 관계된 법칙이다.
플레밍의 왼손 법칙은 자기장 내에 전류가 흐르면 힘이 발생하는 법칙으로 전동기 원리이다.
플레밍의 오른손 법칙은 유기기전력 관련 법칙으로 발전기 원리이다.

정답　01 ②　02 ④　03 ①　04 ③　05 ②

06

100[V] 전압을 공급하여 일정한 저항에서 소비되는 전력이 1[kW]였다. 전압을 200[V]를 가하면 소비되는 전력은 몇 [kW]인가?

① 8 ② 6
③ 4 ④ 2

해설

전력에서 일정한 저항일 때 관련 공식을 이용한다.

$P = \dfrac{V^2}{R}$, $P \propto V^2$ 관계이므로 $P : P' = V^2 : V'^2$

$P' = \left(\dfrac{200}{100}\right)^2 \times 1 = 4[\text{kW}]$

07

진공 중에 Q_1[C]과 Q_2[C]의 두 전하를 거리 d[m] 간격에 놓았을 때 그 사이에 작용하는 힘은 몇 [N]인가?

① $9 \times 10^9 \times \dfrac{Q_1 Q_2}{d^2}$

② $9 \times 10^{-9} \times \dfrac{Q_1 Q_2}{d^2}$

③ $6.33 \times 10^4 \times \dfrac{Q_1 Q_2}{d^2}$

④ $6.33 \times 10^{-4} \times \dfrac{Q_1 Q_2}{d^2}$

해설

두 전하에 작용하는 힘 $F = \dfrac{Q_1 Q_2}{4\pi\epsilon_0 d^2} = 9 \times 10^9 \times \dfrac{Q_1 Q_2}{d^2}[\text{N}]$

08

진공 중에 놓인 반지름 r[m]의 도체구에 Q[C]의 전하를 주었을 때 전기장의 세기[V/m]는?

① $\dfrac{r^2}{4\pi\varepsilon_0 Q}$ ② $\dfrac{Q}{4\pi\varepsilon_0 r}$

③ $\dfrac{Q}{4\pi\varepsilon_0 r^2}$ ④ $\dfrac{Q^2}{4\pi\varepsilon_0 r}$

해설

도체구의 전계(전기장)의 세기 $E = \dfrac{Q}{4\pi\varepsilon_0 r^2}[\text{V/m}]$

09

3[F]과 6[F] 콘덴서를 직렬로 접속하고 전체 전하량이 400[C]이 되었다면 두 콘덴서의 양단에 얼마의 전압을 인가한 것인가?

① 100[V] ② 200[V]
③ 300[V] ④ 400[V]

해설

콘덴서의 직렬 연결 합성은 $C = \dfrac{C_1 C_2}{C_1 + C_2}$[F]이므로

$V = \dfrac{Q}{C} = \dfrac{400}{\dfrac{3 \times 6}{3 + 6}} = 200[\text{V}]$

10

10[AT/m]의 자계 중에 어떤 자극을 놓았을 때 300[N]의 힘을 받는다고 한다. 이때의 자극의 세기[Wb]는?

① 10 ② 20
③ 30 ④ 40

해설

자극 m[Wb]에 작용하는 힘 $F = mH$[N]에서

$m = \dfrac{F}{H} = \dfrac{300}{10} = 30[\text{Wb}]$

11

단위 길이당 권수가 100회인 무한장 솔레노이드에 100[A]의 전류가 흐를 때 솔레노이드의 내부의 자계[AT/m]는?

① 1,000 ② 10,000
③ 100 ④ 200

정답 06 ③ 07 ① 08 ③ 09 ② 10 ③ 11 ②

해설

무한장 솔레노이드의 자기장

$H = nI = 100 \times 100 = 10,000 [\text{AT/m}]$

12

환상 철심에 코일 권수를 N회 감고 철심의 자기저항은 R_m[AT/Wb]이라면 환상 철심의 인덕턴스 L[H]의 관계식으로 맞는 것은?

① $\dfrac{N^2}{R_m}$ ② $N^2 R_m$

③ $\dfrac{N}{R_m}$ ④ $N R_m$

해설

자기회로의 기자력 $F = NI = \phi R_m$, $\phi = \dfrac{NI}{R_m}$ 이고

인덕턴스 $L = \dfrac{N\phi}{I} = \dfrac{N}{I} \times \dfrac{NI}{R_m} = \dfrac{N^2}{R_m}$ 이 된다.

13

r[m] 떨어진 두 평행 도체에 각각 I_1, I_2[A]의 전류가 같은 방향으로 흐를 때 전선의 단위길이당 작용하는 힘[N/m]은?

① $\dfrac{I_1 I_2}{2r} \times 10^{-7}$, 흡인력

② $\dfrac{I_1 I_2}{2r} \times 10^{-7}$, 반발력

③ $\dfrac{2 I_1 I_2}{r} \times 10^{-7}$, 흡인력

④ $\dfrac{2 I_1 I_2}{r} \times 10^{-7}$, 반발력

해설

평행도선의 작용력은 전류가 서로 같은 방향으로 흐르면 흡인력, 서로 반대방향으로 흐르면 반발력이 작용한다.

14

동일한 인덕턴스 L[H]인 두 코일을 같은 방향으로 감고 직렬 연결했을 때의 합성 인덕턴스[H]는? (단, 두 코일의 결합계수는 0.5이다.)

① $2L$ ② $3L$

③ $4L$ ④ $5L$

해설

두 코일의 같은 방향은 가동 접속이므로

$L = L_1 + L_2 + 2M = L_1 + L_2 + 2k\sqrt{L_1 L_2}$ [H]

이때 인덕턴스는 $L_1 = L_2 = L$이므로

$L_T = L + L + 2 \times 0.5 \times \sqrt{L \times L} = 3L$

15

교류 전압의 최대값이 1[V]일 때 교류 정현파의 실효값 V[V]와 평균값 V_a[V]는?

① $\dfrac{\pi}{2}$, $\dfrac{1}{\sqrt{2}}$ ② $\dfrac{1}{\sqrt{2}}$, $\dfrac{1}{\pi}$

③ $\dfrac{2}{\pi}$, $\dfrac{1}{2}$ ④ $\dfrac{1}{\sqrt{2}}$, $\dfrac{2}{\pi}$

해설

정현파의 실효값 $V = \dfrac{V_m}{\sqrt{2}} = \dfrac{1}{\sqrt{2}}$ [V]

평균값 $V_a = \dfrac{2 V_m}{\pi} = \dfrac{2 \times 1}{\pi} = \dfrac{2}{\pi}$ [V]

16

어떤 코일에 50[Hz]의 교류 전압을 가하니 유도성 리액턴스가 314[Ω]이었다. 이 코일의 자체 인덕턴스[H]는?

① 20   ② 10

③ 2   ④ 1

정답   12 ①   13 ③   14 ②   15 ④   16 ④

해설

유도성 리액턴스 $X_L = \omega L = 2\pi f L\,[\Omega]$

여기서 인덕턴스 $L = \dfrac{X_L}{2\pi f} = \dfrac{314}{2\pi \times 50} = 1\,[\text{H}]$

17

RLC 직렬 회로의 합성 임피던스의 크기는?

① $\sqrt{R^2 + \left(\omega L - \dfrac{1}{\omega C}\right)^2}$

② $\sqrt{R^2 + \left(\omega C - \dfrac{1}{\omega L}\right)^2}$

③ $\sqrt{\left(\dfrac{1}{R}\right)^2 + \left(\omega L - \dfrac{1}{\omega C}\right)^2}$

④ $\sqrt{R^2 + \left(\omega L + \dfrac{1}{\omega C}\right)^2}$

해설

RLC 직렬 회로의

임피던스 $Z = R + j\left(\omega L - \dfrac{1}{\omega C}\right)[\Omega]$

임피던스 크기는 $|Z| = \sqrt{R^2 + \left(\omega L - \dfrac{1}{\omega C}\right)^2}$

18

한 상의 저항 6[Ω]과 리액턴스 8[Ω]인 평형 3상 △ 결선의 선간전압이 100[V]일 때 선전류는 몇 [A]인가?

① $20\sqrt{3}$ ② $10\sqrt{3}$

③ $2\sqrt{3}$ ④ $100\sqrt{3}$

해설

한 상의 임피던스 $Z = 6 + j8\,[\Omega]$

크기는 $|Z| = \sqrt{6^2 + 8^2} = 10\,[\Omega]$

△결선의 선전류는

$I_l = \sqrt{3}\,I_P = \sqrt{3} \times \dfrac{V_P}{|Z|} = \sqrt{3} \times \dfrac{100}{10} = 10\sqrt{3}\,[\text{A}]$

19

2전력계법을 이용하여 평형 3상 전력을 측정하였더니 전력계의 지시가 400[W], 800[W]가 지시되었다면 소비전력[W]은 얼마인가?

① 400   ② 600

③ 1,200   ④ 2,400

해설

2전력계법의 유효전력 $P = P_1 + P_2 = 400 + 800 = 1,200\,[\text{W}]$

20

전압 $v = 10\sqrt{2}\sin(\omega t + 60°) + 20\sqrt{2}\sin 3\omega t\,[\text{V}]$ 이고, 전류 $i = 5\sqrt{2}\sin(\omega t + 60°) + 30\sqrt{2}\sin(5\omega t + 30°)\,[\text{A}]$이면 소비전력[W]은?

① 50   ② 250

③ 400   ④ 650

해설

비정현파의 전력은 같은 파형끼리만 계산된다.

즉, $P = V_1 I_1 \cos\theta_1 + V_2 I_2 \cos\theta_2 + V_3 I_3 \cos\theta_3 + \cdots[\text{W}]$이므로 기본파는 전력계산이 되나 3고조파와 5고조파의 전력은 계산되지 않는다. 따라서 $P = V_1 I_1 \cos\theta_1 = 10 \times 5 \times \cos 0° = 50\,[\text{W}]$ 이다.

정답 17 ① 18 ② 19 ③ 20 ①

21

1차 측의 권수가 3,300회, 2차 권수가 330회라면 변압기의 권수비는?

① 33
② 10
③ $\dfrac{1}{33}$
④ $\dfrac{1}{10}$

해설

변압기 권수비 $a = \dfrac{N_1}{N_2} = \dfrac{3,300}{330} = 10$

22

다음 중 자기 소호 제어용 소자는?

① TRIAC
② SCR
③ GTO
④ DIAC

해설

GTO : 자기 소호용 제어 소자는 GTO(Gate Turn Off)가 된다.

23

직류 전동기의 규약효율을 표시하는 식은?

① $\dfrac{입력}{출력+손실} \times 100[\%]$

② $\dfrac{입력}{출력} \times 100[\%]$

③ $\dfrac{입력-손실}{입력} \times 100[\%]$

④ $\dfrac{출력}{입력} \times 100[\%]$

해설

전동기의 규약효율 $\eta_{전} = \dfrac{입력-손실}{입력} \times 100[\%]$

24

동기발전기의 병렬운전 시 필요한 조건이 아닌 것은?

① 기전력의 크기가 같을 것
② 기전력의 위상이 같을 것
③ 기전력의 주파수가 같을 것
④ 기전력의 임피던스가 같을 것

해설

동기발전기의 병렬운전조건
1) 기전력의 크기가 같을 것
2) 기전력의 위상이 같을 것
3) 기전력의 주파수가 같을 것
4) 기전력의 파형이 같을 것

25

변압기유의 열화 방지와 관계가 먼 것은?

① 콘서베이터
② 브리더
③ 불활성 질소
④ 부싱

해설

변압기유의 열화 방지책
1) 콘서베이터
2) 브리더
3) 질소봉입방식

26

부흐홀쯔 계전기의 설치 위치로 가장 적당한 것은?

① 변압기 주 탱크 내부
② 콘서베이터 내부
③ 변압기 고압 측 부싱
④ 변압기 주 탱크와 콘서베이터 사이

해설

부흐홀쯔 계전기는 변압기의 내부고장 대책으로 변압기 주 탱크와 콘서베이터 사이에 설치된다.

정답 | 21 ② | 22 ③ | 23 ③ | 24 ④ | 25 ④ | 26 ④

27

직류직권 전동기에서 벨트를 걸고 운전하면 안 되는 가장 큰 이유는?

① 손실이 많아지므로
② 벨트가 벗겨지면 위험속도에 도달하므로
③ 벨트가 마멸보수가 곤란하므로
④ 직렬하지 않으면 속도 제어가 곤란하므로

해설

직권 전동기는 무부하 또는 벨트를 걸고 운전 시 벨트가 벗겨지면 무부하 운전되므로 위험속도에 도달할 우려가 있다.

28

직류 분권전동기의 계자저항을 운전 중에 증가시키면 회전속도는?

① 감소한다.　　　② 변함이 없다.
③ 증가한다.　　　④ 정지한다.

해설

전동기의 경우 $\phi\downarrow$ 할 경우 $N\uparrow$ 한다.
계자저항인 $R_f\uparrow$ 시 $\phi\downarrow$ 하므로 속도 N 은 증가한다.

29

3상 전파 정류회로에서 출력전압의 평균값은? (단, E 는 선간전압의 실효값이다.)

① $0.45E$　　　② $0.9E$
③ $1.17E$　　　④ $1.35E$

해설

3상 전파 정류회로의 출력전압의 평균값 $E_d = 1.35E$ 가 된다.

30

3상 권선형 유도전동기의 회전자에 저항을 삽입하는 이유는?

① 기동전류 증가　　② 기동토크 증가
③ 회전수 감소　　　④ 기동토크 감소

해설

권선형 유도전동기의 회전자에 저항을 삽입하는 이유는 기동토크를 크게 하며, 기동전류를 떨어뜨리기 위함이다.

31

13,200/220[V]인 변압기의 부하 측 조명설비에 120[A]의 전류가 흘렀다면 전원 측 전류는?

① 120　　　② 0.12
③ 2　　　　④ 1

해설

변압기의 전원 측 전류 $a = \dfrac{V_1}{V_2} = \dfrac{13,200}{220} = 60$ 이므로
$a = \dfrac{I_2}{I_1}$, $I_1 = \dfrac{120}{a} = \dfrac{120}{60} = 2[A]$ 가 된다.

32

3상 동기발전기에서 전기자 전류와 무부하 유도기전력보다 $\pi/2$[rad] 앞선 경우의 전기자 반작용은?

① 교차 자화 작용　　② 횡축 반작용
③ 감자 작용　　　　④ 증자 작용

해설

동기발전기의 전기자 반작용
동기발전기의 유기기전력보다 위상이 앞선 전류가 흐를 경우 증자 작용이 일어난다.

정답 27 ②　28 ③　29 ④　30 ②　31 ③　32 ④

33

병렬 운전 중인 두 동기발전기의 유도 기전력이 2,000[V], 위상차 60°, 동기 리액턴스 100[Ω]이다. 유효순환전류[A]는?

① 5 ② 10
③ 15 ④ 20

해설

유효순환전류 $I_c = \dfrac{E \sin \dfrac{\delta}{2}}{Z_s} = \dfrac{2,000 \times \sin \dfrac{60°}{2}}{100} = 10[A]$

34

전기기계의 철심을 규소강판으로 성층하는 이유는?

① 철손 감소 ② 동손 감소
③ 기계손 감소 ④ 제작 용이

해설

철심의 구조 : 철심을 규소강판으로 성층된 철심을 사용하는 이유는 철손을 감소하기 때문이다.

35

직류발전기의 정격전압이 100[V], 무부하전압이 104[V]라면 이 발전기의 전압변동률 ϵ[%]은?

① 2 ② 4
③ 6 ④ 8

해설

전압변동률 $\epsilon = \dfrac{V_0 - V_n}{V_n} \times 100 = \dfrac{104 - 100}{100} \times 100 = 4[\%]$

36

유도전동기의 주파수가 60[Hz]에서 운전하다 50[Hz]로 감소 시 회전속도는 몇 배가 되는가?

① 변함이 없다. ② 1.2배로 증가
③ 1.4배로 증가 ④ 0.83배로 감소

해설

유도전동기의 속도 $N \propto \dfrac{1}{f} = \dfrac{50}{60} = 0.83$배로 감소된다.

37

교류전동기를 기동할 때 그림과 같은 기동 특성을 가지는 전동기는? (단, 곡선 (1)~(5)는 기동 단계에 대한 토크 특성 곡선이다.)

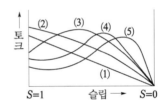

① 반발 유도전동기
② 2중 농형 유도전동기
③ 3상 분권 정류자 전동기
④ 3상 권선형 유도전동기

해설

비례추이 곡선 : 3상 권선형 유도전동기의 특징을 나타낸다.

38

3상 전원에서 2상 전원을 얻기 위한 변압기 결선 방법은?

① V ② T ③ △ ④ Y

해설

3상에서 2상 전원을 얻기 위한 변압기 결선은 T결선(스코트)이라 한다.

정답 33 ② 34 ① 35 ② 36 ④ 37 ④ 38 ②

39

동기조상기를 부족여자로 하면?

① 저항손의 보상
② 콘덴서로 작용
③ 리액터로 작용
④ 뒤진 역률 보상

해설

동기조상기의 운전 : 부족여자 시 리액터로 작용한다.

40

다음 중 회전의 방향을 바꿀 수 없는 전동기는?

① 분상 기동형 전동기
② 반발 기동형 전동기
③ 콘덴서 기동형 전동기
④ 셰이딩 코일형 전동기

해설

셰이딩 코일형은 모터 제작 시 코일의 방향이 고정되어 회전의 방향을 바꿀 수 없다.

41

녹아웃의 지름이 관지름보다 클 때 관을 고정시키기 위해 쓰는 재료의 명칭은?

① 링 리듀셔   ② 터미널 캡
③ 앤트론스 캡   ④ 로크너트

해설

녹아웃의 지름이 관지름보다 클 경우 관을 고정시키기 위해 링 리듀셔를 사용한다.

42

다음 전선의 접속 시 유의사항으로 옳은 것은?

① 전선의 강도를 5[%] 이상 감소시키지 말 것
② 전선의 강도를 10[%] 이상 감소시키지 말 것
③ 전선의 강도를 20[%] 이상 감소시키지 말 것
④ 전선의 강도를 40[%] 이상 감소시키지 말 것

해설

전선의 접속 시 유의사항 : 전선의 강도를 20[%] 이상 감소시키지 말 것

43

점착성이 없으나 절연성, 내온성 및 내유성이 있어 연피케이블 접속에 사용되는 테이프는?

① 고무테이프
② 리노테이프
③ 비닐테이프
④ 자기융착테이프

해설

리노테이프 : 절연성, 내온성, 내유성이 뛰어나며 연피케이블에 접속된다.

정답 39 ③ 40 ④ 41 ① 42 ③ 43 ②

44

금속전선관을 구부릴 때 금속관은 단면이 심하게 변형이 되지 않도록 구부려야 하며, 일반적으로 그 안 측의 반지름은 관 안지름의 몇 배 이상이 되어야 하는가?

① 2배   ② 4배
③ 6배   ④ 8배

해설
금속관을 구부릴 경우 굴곡 바깥지름은 관 안지름의 6배 이상이 되어야 한다.

45

전기설비기술기준 및 판단기준에서 정한 애자 공사의 경우 저압 옥내배선 시 일반적으로 전선 상호 간격은 몇 [cm] 이상이어야 하는가?

① 2.5[cm]   ② 6[cm]
③ 25[cm]   ④ 60[cm]

해설
저압 옥내배선의 애자사용 공사 시 전선 상호간 이격거리 전선 상호 간격은 6[cm] 이상 이격하여야 한다.

46

셀룰로이드, 성냥, 석유류 등 기타 가연성 위험물질을 제조 또는 저장하는 장소의 배선 방법이 아닌 것은?

① 배선은 금속관 배선, 합성수지관 배선 또는 케이블에 의할 것
② 합성수지관 배선에 사용하는 합성수지관 및 박스 기타 부속품은 손상될 우려가 없도록 시설할 것
③ 두께가 2[mm] 미만의 합성수지제 전선관을 사용할 것
④ 금속관은 박강 전선관 또는 이와 동등 이상의 강도가 있는 것을 사용할 것

해설
셀룰로이드, 성냥, 석유류 등 가연성 위험물질 제조 또는 저장 장소에서는 배선두께가 2[mm] 이상의 합성수지제 전선관을 사용하여야 한다.

47

설치 면적이 넓고 설치비용이 많이 들지만 가장 이상적이고 효과적인 진상용 콘덴서 설치 방법은?

① 수전단 모선과 부하 측에 분산하여 설치
② 수전단 모선에 설치
③ 부하 측에 분산하여 설치
④ 가장 큰 부하 측에만 설치

해설
전력용 콘덴서의 경우 가장 이상적이고 효과적인 설치 방법은 부하 측에 각각에 설치하여 주는 경우이다.

48

옥외용 비닐 절연전선의 약호는?

① OW   ② W
③ NR   ④ DV

해설
옥외용 비닐 절연선선의 약호는 OW이다.

49

굵은 전선을 절단할 때 사용하는 전기공사용 공구는?

① 프레셔 툴   ② 녹 아웃 펀치
③ 파이프 커터   ④ 클리퍼

해설
클리퍼 : 펜치로 절단하기 어려운 굵은 전선을 절단할 때 클리퍼를 사용한다.

정답 44 ③ 45 ② 46 ③ 47 ③ 48 ① 49 ④

50

고압 전선로에서 사용되는 옥외용 가교폴리에틸렌 절연전선은?

① DV ② OW
③ OC ④ NR

해설
옥외용 가교폴리에틸렌 절연전선의 약호는 OC이다.

51

주위온도가 일정 상승률 이상이 되는 경우에 작동하는 것으로 일정한 장소의 열에 의하여 작동하는 화재 감지기는?

① 차동식 분포형 감지기
② 광전식 연기 감지기
③ 이온화식 연기 감지기
④ 차동식 스포트형 감지기

해설
차동식 스포트형 감지기는 온도상승률이 어느 한도 이상일 때 작동하는 감지기이다.

52

조명기구를 배광에 따라 분류하는 경우 특정한 장소만을 고조도로 하기 위한 조명기구는?

① 직접 조명기구
② 전반확산 조명기구
③ 광천장 조명기구
④ 반직접 조명기구

해설
특정 장소만을 고조도로 하기 위한 조명기구는 직접 조명기구이다.

53

교류 배전반에서 전류가 많이 흘러 전류계를 직접 주회로에 연결할 수 없을 때 사용하는 기기는?

① 전류계용 절환개폐기
② 계기용 변류기
③ 전압계용 절환개폐기
④ 계기용 변압기

해설
CT(계기용 변류기) : 교류 전류계의 측정범위를 확대하기 위해 사용되며, 대전류를 소전류로 변류한다.

54

피뢰기의 약호는?

① SA ② COS
③ SC ④ LA

해설
피뢰기는 뇌격 시에 기계기구를 보호하며 LA(Lighting Arrester)라고 한다.

55

일정값 이상의 전류가 흘렀을 때 동작하는 계전기는?

① OCR ② UVR
③ GR ④ OVR

해설
OCR(Over Current Relay) : 과전류계전기
설정치 이상의 전류가 흘렀을 때 동작하여 차단기를 동작시킨다.

정답 50 ③ 51 ④ 52 ① 53 ② 54 ④ 55 ①

56

주상변압기의 1차 측 보호로 사용하는 것은?

① 리클로저　　　　② 섹셔널라이저
③ 캐치홀더　　　　④ 컷아웃스위치

해설

주상변압기 보호장치
1) 1차 측 : 컷아웃스위치
2) 2차 측 : 캐치홀더

57

다음 중 경질비닐전선관의 규격이 아닌 것은?

① 14　　　　　　② 28
③ 36　　　　　　④ 50

해설

경질비닐전선관의 규격[mm] : 14, 16, 22, 28, 36, 42, 54, 70 등이 있다.

📑 전기이론

01

R_1, R_2, R_3의 저항 3개를 직렬연결하고 양단에 V[V] 의 전압을 가할 때 R_2의 저항에 걸리는 전압[V]은?

① $\dfrac{R_1}{R_1 + R_2 + R_3} V$ ② $\dfrac{R_2}{R_1 + R_2 + R_3} V$

③ $\dfrac{R_1 R_2}{R_1 + R_2 + R_3} V$ ④ $\dfrac{R_3}{R_1 + R_2 + R_3} V$

해설

직렬은 전체 전류가 일정하고 해당 저항에 전압은

$$V_2 = IR_2 = \frac{V}{R_1 + R_2 + R_3} R_2 [V]$$

02

반지름이 r[m]의 면적이 S[m²]인 원형도체의 전선의 고유저항은 ρ[Ω·m]이다. 전선 길이가 l[m]이라면 저항 R[Ω]은?

① $R = \dfrac{\rho l}{4 \pi r}$ ② $R = \dfrac{4 \rho l}{\pi r^2}$

③ $R = \dfrac{\rho l}{2 \pi r}$ ④ $R = \dfrac{\rho l}{\pi r^2}$

해설

저항 $R = \dfrac{\rho l}{S} = \dfrac{\rho l}{\pi r^2} [\Omega]$

03

전기사용기구의 전압은 모두 220[V]이다. 전등 30[W] 10개, 전열기 2[kW] 1대, 전동기 1[kW] 1대를 하루 중 10시간 동안 사용한다면 전력량[kWh]은?

① 33   ② 3.3
③ 1.1   ④ 11

해설

전력량 = 전력사용합계[W]×시간[h]
        = (30 × 10) + (2,000 × 1) + (1,000 × 1) × 10
        = 33,000[Wh] = 33[kWh]

04

전압계와 전류계의 측정범위를 확대하기 위하여 배율 기와 분류기의 접속방법은?

① 배율기는 전압계와 직렬로, 분류기는 전류계와 직 렬로 연결

② 배율기는 전압계와 병렬로, 분류기는 전류계와 병 렬로 연결

③ 배율기는 전압계와 직렬로, 분류기는 전류계와 병 렬로 연결

④ 배율기는 전압계와 병렬로, 분류기는 전류계와 직 렬로 연결

해설

회로에 전류계는 직렬로 연결되며 전류계의 측정범위를 확 대하기 위하여 전류계와 병렬로 연결한다.
회로에 전압계는 병렬로 연결되며 전압계의 측정범위를 확 대하기 위하여 전압계와 직렬로 연결한다.

정답 01 ②   02 ④   03 ①   04 ③

05

전기의 기전력 15[V], 내부저항이 3[Ω]인 전지의 양단을 단락시키면 흐르는 전류 I[A]는?

① 5   ② 4

③ 3   ④ 2

해설

$$I = \frac{V}{R} = \frac{15}{3} = 5[A]$$

06

공기 중에 $Q = 16\pi$[C]의 점전하에서 거리가 각각 1[m], 2[m]일 때의 전속밀도 D[C/m²]은?

① 1, 4   ② 4, 1

③ 2, 3   ④ 3, 2

해설

점(구) 전하의 전계 $E = \dfrac{Q}{4\pi\epsilon_0 r^2}$[V/m]이고

전속밀도 $D = \epsilon_0 E = \epsilon_0 \dfrac{Q}{4\pi\epsilon_0 r^2} = \dfrac{Q}{4\pi r^2}$[C/m²]

그러므로 1[m]일 때 $D = \dfrac{16\pi}{4\pi \times 1^2} = 4$[C/m²],

2[m]일 때 $D = \dfrac{16\pi}{4\pi \times 2^2} = 1$[C/m²]

07

콘덴서 C[F]에 전압 V[V]을 인가하여 콘덴서에 축적되는 에너지가 W[J]이 되었다면 전압 V[V]는?

① $\dfrac{2W}{C}$ ② $\dfrac{2W}{C^2}$

③ $\sqrt{\dfrac{2W}{C}}$ ④ $\sqrt{\dfrac{W}{C}}$

해설

콘덴서의 축적에너지 $W = \dfrac{1}{2}CV^2$에서

$V^2 = \dfrac{2W}{C}$, $V = \sqrt{\dfrac{2W}{C}}$[V]

08

다음은 전기력선의 설명이다. 맞는 것은?

① 전기력선의 접선방향이 전기장의 방향이다.
② 전기력선은 낮은 곳에서 높은 곳으로 향한다.
③ 전기력선은 등전위면과 교차하지 않는다.
④ 전기력선은 대전된 도체표면에서 내부로 향한다.

09

콘덴서 C_1, C_2를 직렬로 연결하고 양단에 전압 V[V]를 걸었을 때 C_1에 걸리는 전압이 V_1이었다면 양단의 전체 전압 V[V]는?

① $V = \dfrac{C_2}{C_1 + C_2} V_1$ ② $V = \dfrac{C_1}{C_1 + C_2} V_1$

③ $V = \dfrac{C_1 + C_2}{C_2} V_1$ ④ $V = \dfrac{C_1 + C_2}{C_1 C_2} V_1$

해설

V_1에 걸리는 전압 $V_1 = \dfrac{C_2}{C_1 + C_2} V$이므로

$V = \dfrac{C_1 + C_2}{C_2} V_1$이 된다.

10

평행왕복도선에 작용하는 힘과 떨어진 거리 r[m]와의 관계는?

① 흡인력이 작용하며 r에 비례한다.
② 반발력이 작용하며 r에 반비례한다.
③ 흡인력이 작용하며 r에 반비례한다.
④ 반발력이 작용하며 r에 제곱비례한다.

해설

평행도선의 작용힘 $F = \dfrac{2I_1 I_2}{r} \times 10^{-7}$[N/m]이므로 r에 반비례하며 동일방향으로 전류가 흐를 경우는 흡인력, 전류가 반대방향 및 왕복일 경우는 반발력이 작용한다.

정답   05 ①   06 ②   07 ③   08 ①   09 ③   10 ②

11

전자 유도 현상에 의하여 생기는 유기기전력의 방향을 정한 법칙은?

① 플레밍의 오른손 법칙
② 플레밍의 왼손 법칙
③ 렌츠의 법칙
④ 암페어 오른손 법칙

해설
유기기전력의 크기는 패러데이 법칙이며, 유기기전력의 방향은 렌츠의 법칙이다.

12

히스테리시스 곡선에서 종축과 횡축은 무엇을 나타내는가?

① 자기장과 전류밀도
② 자속밀도와 자기장
③ 전류와 자기장
④ 자속밀도와 전속밀도

해설
종축은 자속밀도, 횡축은 자기장을 의미한다.

13

공기 중의 자속밀도 B[Wb/m²]는 기름의 비투자율이 5인 경우의 자속밀도에 몇 배인가?

① 1/5배
② 5배
③ 1/25배
④ 25배

해설
자속밀도 $B = \mu H$[Wb/m²]이므로 투자율에 비례한다.
그러므로 $\dfrac{\text{공기일 때}(\mu_s = 1)\text{자속밀도}}{\text{기름일 때}(\mu_s = 5)\text{자속밀도}} = \dfrac{1}{5}$배

14

자기저항 R_m = 100[AT/Wb]인 회로에 코일의 권수를 100회 감고 전류 10[A]를 흘리면 자속 ϕ[Wb]는?

① 0.1
② 1
③ 10
④ 100

해설
기자력 $F = NI = \phi R_m$[AT]이므로
자속 $\phi = \dfrac{NI}{R_m} = \dfrac{100 \times 10}{100} = 10$[Wb]이다.

15

동일한 인덕턴스 L[H]인 두 코일을 같은 방향으로 감고 직렬 연결했을 때의 합성 인덕턴스[H]는? (단, 두 코일의 결합계수는 1이다.)

① 2L
② 3L
③ 4L
④ 5L

해설
동일 방향이므로 가동접속의 합성 인덕턴스이다.
$$L_T = L_1 + L_2 + 2 \times k\sqrt{L_1 \times L_2}$$
$$= L + L + 2 \times 1 \times \sqrt{L \times L} = 4L$$

16

어느 소자에 $v = V_m \cos\left(\omega t - \dfrac{\pi}{6}\right)$[V]의 교류전압을 인가했더니 전류가 $i = I_m \sin\omega t$[A]가 흘렀다면 전압과 전류의 위상차는?

① 15도
② 30도
③ 45도
④ 60도

해설
전압을 먼저 사인파로 환산하면
$$v = V_m \cos\left(\omega t - \dfrac{\pi}{6}\right) = V_m \sin(\omega t - 30° + 90°)$$
$$= V_m \sin(\omega t + 60°)\text{[V]이므로}$$
전압과 전류의 위상차 $\theta = 60° - 0° = 60°$이다.

정답 11 ③ 12 ② 13 ① 14 ③ 15 ③ 16 ④

17

어떤 정현파 교류의 최대값이 628[V]이면 평균값 V_a[V]는?

① 100　　② 200　　③ 300　　④ 400

해설

정현파의 평균값은 $V_a = \dfrac{2V_m}{\pi} = \dfrac{2 \times 628}{3.14} = 400$[V]이다.

18

저항 6[Ω], 유도성 리액턴스 8[Ω]가 직렬 연결되어 있을 때 어드미턴스 Y[℧]는?

① 0.06 − j0.08　　② 0.06 + j0.08
③ 60 + j80　　④ 0.008 − j0.06

해설

직렬 임피던스 $Z = 6 + j8$[Ω]에서 어드미턴스 $Y = \dfrac{1}{Z}$이므로

$$Y = \frac{1}{6+j8} \times \frac{(6-j8)}{(6-j8)} = \frac{6-j8}{6^2+8^2} = \frac{6-j8}{100}$$

$$= 0.06 - j0.08[℧]\text{이다.}$$

19

3상 Y결선의 각 상의 임피던스가 20[Ω]일 때 △결선으로 변환하면 각 상의 임피던스는 얼마인가?

① 30[Ω]　② 60[Ω]　③ 90[Ω]　④ 120[Ω]

해설

Y결선을 △결선으로 변환하면 임피던스는 3배가 되므로 60[Ω]이 된다.

20

다음 중 비정현파의 푸리에 급수 성분이 아닌 것은?

① 기본파　② 직류분　③ 삼각파　④ 고조파

해설

비정현파 = 직류분 + 기본파 + 고조파

전기기기

21

직류기의 정류작용에서 전압정류의 역할을 하는 것은?

① 탄소 brush　　② 보극
③ 리액턴스 코일　　④ 보상권선

해설

정류
전압정류 : 보극
저항정류 : 탄소브러쉬

22

동기발전기의 전기자권선을 분포권으로 하면?

① 집중권에 비하여 합성 유기기전력이 높아진다.
② 권선의 리액턴스가 커진다.
③ 파형이 좋아진다.
④ 난조를 방지한다.

해설

동기발전기의 분포권
고조파를 감소시켜 기전력의 파형을 개선한다.

23

동기발전기의 돌발단락전류를 주로 제한하는 것은?

① 동기 리액턴스　　② 누설 리액턴스
③ 권선저항　　④ 역상 리액턴스

해설

돌발단락전류
돌발단락전류를 제한하는 것은 누설 리액턴스이다.

정답　17 ④　18 ①　19 ②　20 ③　21 ②　22 ③　23 ②

24

발전기 권선의 층간단락보호에 가장 적합한 계전기는?

① 과부하계전기   ② 차동계전기
③ 접지계전기   ④ 온도계전기

해설

발전기의 내부고장 보호
권선의 층간단락보호에 적용되는 계전기는 차동계전기이다.

25

주상변압기의 냉각방식은 무엇인가?

① 유입 자냉식   ② 유입 수냉식
③ 송유 풍냉식   ④ 유입 풍냉식

해설

주상변압기의 경우 유입 자냉식(ONAN)을 사용하고 있으며
이는 보수가 간단하여 가장 널리 쓰이는 방식이기도 하다.

26

변압기의 병렬운전이 불가능한 3상 결선은?

① $Y-Y$와 $Y-Y$
② $\Delta-\Delta$와 $Y-Y$
③ $\Delta-\Delta$와 $\Delta-Y$
④ $\Delta-Y$와 $\Delta-Y$

해설

변압기 병렬운전 불가능 결선
$\Delta-\Delta$와 $\Delta-Y$
$\Delta-\Delta$와 $Y-\Delta$
$\Delta-Y$와 $\Delta-\Delta$
$Y-\Delta$와 $\Delta-\Delta$

27

일정 전압 및 일정 파형에서 주파수가 상승하면 변압기 철손은 어떻게 변하는가?

① 증가한다.
② 감소한다.
③ 불변이다.
④ 어떤 기간 동안 증가한다.

해설

변압기의 경우 철손과 주파수는 반비례한다.
따라서 주파수 상승 시 철손은 감소한다.

28

다음 중 전기 용접기용 발전기로 가장 적당한 것은?

① 직류 분권형 발전기   ② 직류 타여자 발전기
③ 가동 복권형 발전기   ④ 차동 복권형 발전기

해설

용접기용 발전기
차동 복권의 경우 수하특성이 매우 우수한 발전기이다.

29

3상 유도전동기의 1차 입력 60[kW], 1차 손실 1[kW], 슬립이 3[%]라면 기계적 출력은 약 몇 [kW]인가?

① 57   ② 62
③ 59   ④ 75

해설

기계적인 출력 $P_0 = (1-s)P$
1차 입력이 60[kW], 손실이 1[kW]이므로
60 − 1 = 59[kW]가 2차 입력이 된다.
따라서 $P_0 = (1-0.03) \times 59 = 57.23$[kW]

정답 24 ② 25 ① 26 ③ 27 ② 28 ④ 29 ①

30

변압기에서 퍼센트 저항강하가 3[%], 리액턴스강하가 4[%]일 때 역률 0.8(지상)에서의 전압변동률[%]은?

① 2.4 ② 3.6
③ 4.8 ④ 6.0

해설

변압기 전압변동률 ϵ

$\epsilon = \%p\cos\theta + \%x\sin\theta$
$\quad = 3 \times 0.8 + 4 \times 0.6 = 4.8[\%]$가 된다.

31

3상 동기발전기를 병렬운전시키는 경우 고려하지 않아도 되는 조건은?

① 상회전 방향이 같을 것
② 전압 파형이 같을 것
③ 회전수가 같을 것
④ 발생 전압이 같을 것

해설

동기발전기의 병렬운전조건
1) 기전력의 크기가 같을 것
2) 기전력의 위상이 같을 것
3) 기전력의 주파수가 같을 것
4) 기전력의 파형이 같을 것
5) 상회전 방향이 같을 것

32

3상 전파 정류회로에서 출력전압의 평균전압은? (단, V는 선간전압의 실효값)

① 0.45V[V] ② 0.9V[V]
③ 1.17V[V] ④ 1.35V[V]

해설

3상 전파 정류회로
$E_d = 1.35E$가 된다.

33

보호를 요하는 회로의 전류가 어떤 일정한 값(정정값) 이상으로 흘렀을 때 동작하는 계전기는?

① 과전류 계전기 ② 과전압 계전기
③ 차동 계전기 ④ 비율 차동 계전기

해설

과전류 계전기(OCR)
설정치 이상의 과전류(과부하, 단락)가 흐를 경우 동작하는 계전기를 말한다.

34

다음 중 제동권선에 의한 기동토크를 이용하여 동기전동기를 기동 시키는 방법은?

① 고주파 기동법 ② 저주파 기동법
③ 기동전동기법 ④ 자기기동법

해설

동기전동기의 기동법
1) 자기기동법 : 제동권선
2) 타전동기법 : 유도전동기

35

회전변류기의 직류 측 전압을 조정하려는 방법이 아닌 것은?

① 직렬 리액턴스에 의한 방법
② 부하 시 전압조정 변압기를 사용하는 방법
③ 동기 승압기를 사용하는 방법
④ 여자 전류를 조정하는 방법

해설

회전변류기의 직류 측 전압조정방법
1) 직렬 리액턴스에 의한 방법
2) 유도 전압조정기에 의한 방법
3) 동기 승압기에 의한 방법
4) 부하 시 전압조정 변압기에 의한 방법

정답 30 ③ 31 ③ 32 ④ 33 ① 34 ④ 35 ④

36

60[Hz], 4극 슬립 5[%]인 유도전동기의 회전수는?

① 1,710[rpm] ② 1,746[rpm]

③ 1,800[rpm] ④ 1,890[rpm]

해설

유도전동기의 회전수 N

$N = (1-s)N_s$

  $= (1-0.05) \times 1,800 = 1,710[rpm]$

$N_s = \dfrac{120}{P}f = \dfrac{120}{4} \times 60 = 1,800[rpm]$

37

직류 분권전동기의 계자전류를 약하게 하면 회전수는?

① 감소한다. ② 정지한다.

③ 증가한다. ④ 변화없다.

해설

분권전동기의 계자전류

계자전류와 N은 반비례한다.

$\phi \propto \dfrac{1}{N}$ 이기 때문에 계자전류의 크기가 작아진다는 것은

$\phi \downarrow$ 가 되므로 $N \uparrow$ 이 된다.

38

변압기의 손실에 해당되지 않는 것은?

① 동손 ② 와전류손

③ 히스테리시스손 ④ 기계손

해설

변압기의 손실

1) 무부하손 : 철손(히스테리시스손 + 와류손)

2) 부하손 : 동손

기계손의 경우 회전기의 손실에 해당된다.

39

직류발전기의 전기자의 역할은?

① 기전력을 유도한다.

② 자속을 만든다.

③ 정류작용을 한다.

④ 회전자와 외부회로를 접속한다.

해설

발전기의 전기자

계자에서 발생된 자속을 끊어 기전력을 유도시킨다.

40

수전단 발전소용 변압기의 결선에 주로 사용하고 있으며 한쪽은 중성점을 접지할 수 있고 다른 한쪽은 3고조파에 의한 영향을 없애주는 장점을 가지고 있는 3상 결선 방식은?

① $Y-Y$ ② $\Delta-\Delta$

③ $Y-\Delta$ ④ $\Delta-Y$

해설

변압기의 결선

중성점 접지가 가능하며 3고조파 제거가 가능하다는 것은 $Y-\Delta$ 결선을 말한다.

정답 36 ① 37 ③ 38 ④ 39 ① 40 ③

전기설비

41

하나의 콘센트에 둘 또는 세 가지의 기구를 사용할 때 끼우는 플러그는?

① 테이블탭　　　　② 멀티탭
③ 코드 접속기　　　④ 아이언플러그

해설
멀티탭
하나의 콘센트에 둘 또는 세 가지 기구를 접속할 때 사용된다.

42

단상 3선식 전원(100/200[V])에 100[V]의 전구와 콘센트 및 200[V]의 모터를 시설하고자 한다. 전원 분배가 옳게 결선된 회로는?

①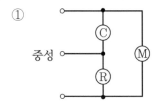

②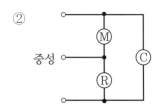

③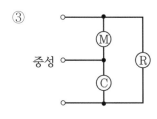

④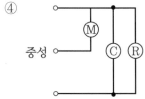

해설
단상 3선식
모터의 경우(200[V]) 선과 선 사이 양단에 걸려야 하므로 1번이 옳은 결선이 된다.

43

전선 6[mm²] 이하의 가는 단선을 직선접속할 때 어느 접속 방법으로 하여야 하는가?

① 브리타니어 접속　　② 우산형 접속
③ 슬리브 접속　　　　④ 트위스트 접속

해설
전선의 접속
6[mm²] 이하의 가는 단선 접속 시 트위스트 접속방법을 사용한다.

44

한 수용가의 인입선에서 분기하여 지지물을 거치지 아니하고 다른 수용장소의 인입구에 이르는 부분의 전선을 무엇이라 하는가?

① 가공인입선　　　　② 옥외 배선
③ 연접인입선　　　　④ 연접가공선

해설
연접인입선
한 수용가의 인입선에서 분기하여 다른 지지물을 거치지 아니하고 다른 수용장소의 인입구에 이르는 전선을 말한다.

45

지선에 사용되는 애자는 무엇인가?

① 인류애자　　　　　② 핀애자
③ 구형애자　　　　　④ 저압 옥애자

정답 41 ② 42 ① 43 ④ 44 ③ 45 ③

해설

구형애자

지선의 중간에 넣어서 사용되는 애자를 구형애자 또는 지선
애자라고 한다.

46

다음 중 과전류 차단기를 설치해야 하는 곳은?

① 접지공사의 접지도체
② 인입선
③ 다선식 전로의 중성선
④ 저압가공전선로의 접지 측 전선

해설

과전류 차단기 시설제한장소

1) 접지공사의 접지도체
2) 다선식 전로의 중성선
3) 전로 일부에 접지공사를 한 저압가공전선로의 접지 측 전선

47

활선 상태에서 전선의 피복을 벗기는 공구는?

① 전선 피박기   ② 애자커버
③ 와이어통   ④ 데드엔드 커버

해설

전선 피박기

활선 시 전선의 피복을 벗기는 공구는 전선 피박기이다.

48

두 개 이상의 회로에서 선행 동작 우선회로 또는 상대
동작 금지회로인 동력배선의 제어회로는?

① 자기유지회로   ② 인터록회로
③ 동작지연회로   ④ 타이머회로

해설

인터록회로

두 개 이상의 회로에서 선행 동작 우선회로 또는 상대 동작
금지회로를 말한다.

49

최대사용전압이 70[kV]인 중성점 직접 접지식 전로
의 절연내력 시험전압은 몇 [V]인가?

① 35,000[V]   ② 42,000[V]
③ 44,800[V]   ④ 50,400[V]

해설

절연내력 시험전압

직접 접지이며 170[kV] 이하이므로

$V \times 0.72$, $70 \times 10^3 \times 0.72 = 50,400[[V]$

50

물체의 두께, 깊이, 안지름 및 바깥지름 등을 모두 측
정할 수 있는 공구의 명칭은?

① 버니어 켈리퍼스   ② 마이크로미터
③ 다이얼 게이지   ④ 와이어 게이지

해설

버니어 켈리퍼스

버니어 켈리퍼스는 물체의 두께, 깊이, 안지름 및 바깥지름
등을 모두 측정할 수 있는 공구이다.

51

다음 [보기] 중 금속관, 애자, 합성수지 및 케이블 공
사가 모두 가능한 특수 장소를 옳게 나열한 것은?

```
┌─ 보기 ┐
 ① 화약고 등의 위험장소
 ② 부식성 가스가 있는 장소
 ③ 위험물 등이 존재하는 장소
 ④ 불연성 먼지가 많은 장소
 ⑤ 습기가 많은 장소
└────────┘
```

① ①, ②, ③   ② ②, ③, ④
③ ②, ④, ⑤   ④ ①, ④, ⑤

정답 46 ② 47 ① 48 ② 49 ④ 50 ① 51 ③

해설
여러 장소의 공사
위 언급된 공사 중 애자 공사는 화약고 또는 위험물이 존재하는 장소는 시설이 불가하다.

52

450/750[V] 일반용 단심 비닐절연전선의 약호는?

① NR
② IR
③ IV
④ NRI

해설
NR
450/750 일반용 단심 비닐절연전선의 약호를 말한다.

53

박강전선관에서 그 호칭이 잘못된 것은?

① 19[mm]
② 22[mm]
③ 25[mm]
④ 51[mm]

해설
박강전선관
박강전선관의 호칭은 홀수가 된다.

54

지선의 허용 최저 인장하중은 몇 [kN] 이상인가?

① 2.31
② 3.41
③ 4.31
④ 5.21

해설
지선의 시설기준
허용 최저 인장하중은 4.31[kN] 이상이어야만 한다.

55

특고압 수전설비의 결선 기호와 명칭으로 잘못된 것은?

① CB – 차단기
② DS – 단로기
③ LA – 피뢰기
④ LF – 전력퓨즈

해설
특고압 수전설비의 기호
전력퓨즈의 경우 PF가 되어야 한다.

56

저압 가공인입선의 인입구에 사용하며 금속관 공사에서 끝 부분의 빗물 침입을 방지하는 데 적당한 것은?

① 플로어 박스
② 엔트런스 캡
③ 부싱
④ 터미널 캡

해설
엔트런스 캡
인입구에 빗물의 침입을 방지하기 위하여 사용된다.

57

금속 전선관 작업에서 나사를 낼 때 필요한 공구는 어느 것인가?

① 파이프 벤더
② 볼트클리퍼
③ 오스터
④ 파이프 렌치

해설
금속관 작업공구
오스터의 경우 금속관 작업 시 나사를 낼 때 필요한 공구를 말한다.

58

금속덕트를 조영재에 붙이는 경우 지지점 간의 거리는 최대 몇 [m] 이하로 하여야 하는가?

① 1.5   ② 2.0
③ 3.0   ④ 3.5

해설

금속덕트의 지지점 간의 거리
조영재 시설 시 3.0[m] 이하 간격으로 견고하게 지지한다.

2020년 CBT 복원문제 2회

📋 전기이론

01

어느 도체에 3[A]의 전류를 1시간 동안 흘렸다. 이동된 전기량 Q[C]은 얼마인가?

① 180[C]   ② 1,800[C]
③ 10,800[C]   ④ 28,000[C]

해설

전기량 $Q = It$[C]이므로
$Q = 3[A] \times 3,600[sec] = 10,800[C]$이다.

02

300[Ω]의 저항 3개를 사용하여 가장 작은 합성저항을 얻는 경우는 몇 [Ω]인가?

① 10   ② 50
③ 100   ④ 500

해설

저항을 직렬 연결할 경우 nR값으로 커지고 병렬 연결할 경우 $\dfrac{R}{n}$값으로 작아지게 된다. 직병렬을 혼합할 경우는 전체 병렬보다는 커진다. 그러므로 가장 작은 값은 병렬 시 $R = \dfrac{300}{3} = 100[\Omega]$이다.

03

기전력 1.5[V], 내부 저항 0.1[Ω]인 전지 10개를 직렬 연결하고 전지 양단에 외부저항 9[Ω]를 연결하였을 때 전류[A]는?

① 1.0   ② 1.5
③ 2.0   ④ 2.5

정답   58 ③ / 01 ③   02 ③   03 ②

해설

전원 측의 전지의 전압은 $E = nV = 10 \times 1.5 = 15[V]$이고 내부저항 $r = 10 \times 0.1 = 1[\Omega]$이고 여기에 양단에 외부저항을 연결 시 직렬의 합성저항은 $R = r + R = 1 + 9 = 10[\Omega]$이다.

전류 $I = \dfrac{V}{R} = \dfrac{15}{10} = 1.5[A]$

04

50[V]를 가하여 30[C]을 3초 걸려서 이동하였다. 이 때의 전력은 몇 [kW]인가?

① 1.5 ② 1.0
③ 0.5 ④ 0.1

해설

전력 $P = \dfrac{W}{t} = \dfrac{QV}{t} = \dfrac{30 \times 50}{3} = 500[kW] = 0.5[kW]$

05

전류의 열작용과 관계가 있는 것은 어느 것인가?

① 키리히호프의 법칙 ② 줄의 법칙
③ 패러데이 법칙 ④ 렌츠의 법칙

해설

저항에 전류를 흘렸을 경우 발생하는 열을 줄 열이라고 한다.

06

콘덴서 C_1, C_2를 직렬로 연결하고 양단에 전압 V[V]를 걸었을 때 C_1에 걸리는 전압이 V_1이었다면 양단의 전체 전압 V[V]는?

① $V = \dfrac{C_2}{C_1 + C_2} V_1$ ② $V = \dfrac{C_1}{C_1 + C_2} V_1$

③ $V = \dfrac{C_1 + C_2}{C_2} V_1$ ④ $V = \dfrac{C_1 + C_2}{C_1 C_2} V_1$

해설

V_1에 걸리는 전압 $V_1 = \dfrac{C_2}{C_1 + C_2} V$이므로

$V = \dfrac{C_1 + C_2}{C_2} V_1$이 된다.

07

용량이 같은 콘덴서가 10개 있다. 이것을 직렬로 접속할 때의 값은 병렬로 접속할 때의 값보다 어떻게 되는가?

① 1/10배로 감소한다. ② 1/100배로 감소한다.
③ 10배로 증가한다. ④ 100배로 증가한다.

해설

직렬 합성 용량은 $C_{직} = \dfrac{C}{n}$, 병렬 합성 용량은 $C_{병} = nC$

이므로 $\dfrac{C_{직}}{C_{병}} = \dfrac{\frac{C}{n}}{nC} = \dfrac{1}{n^2}$가 되므로 $\dfrac{1}{10^2} = \dfrac{1}{100}$ 배로 감소한다.

08

다음은 전기력선의 설명이다. 틀린 것은?

① 전기력선의 접선방향이 전기장의 방향이다.
② 전기력선은 높은 곳에서 낮은 곳으로 향한다.
③ 전기력선은 등전위면과 수직으로 교차한다.
④ 전기력선은 대전된 도체 표면에서 내부로 향한다.

09

일정한 직류 전원에 저항을 접속하여 전류를 흘릴 때 이 전류값을 10[%] 감소시키려면 저항은 처음의 저항에 몇 [%]가 되어야 하는가?

① 10[%] 감소 ② 11[%] 감소
③ 10[%] 증가 ④ 11[%] 증가

정답 04 ③ 05 ② 06 ③ 07 ② 08 ④ 09 ④

해설

저항과 전류는 반비례 관계이다.

$R \propto \dfrac{1}{I} = \dfrac{1}{0.9} = 1.11$ 이므로 11[%] 증가되면 전류는 10[%] 감소하여 흐른다.

10

평행한 두 도선이 같은 방향으로 전류가 흐를 때에 작용하는 힘과 떨어진 거리 r[m]와의 관계는?

① 흡인력이 작용하며 r에 비례한다.
② 반발력이 작용하며 r에 반비례한다.
③ 흡인력이 작용하며 r에 반비례한다.
④ 반발력이 작용하며 r에 제곱비례한다.

해설

평행도선의 작용힘 $F = \dfrac{2I_1 I_2}{r} \times 10^{-7}$[N/m]이므로 r에 반비례하며 동일방향으로 전류가 흐를 경우는 흡인력, 전류가 반대방향 및 왕복일 경우는 반발력이 작용한다.

11

도체가 운동하여 자속을 끊었을 때 기전력의 방향을 알아내는 데 관계된 법칙은?

① 플레밍의 오른손 법칙
② 플레밍의 왼손 법칙
③ 렌츠의 법칙
④ 암페어 오른손 법칙

해설

도체가 운동하여 자속을 끊었을 때 기전력의 방향을 알아내는 데 관계된 법칙은 플레밍의 오른손 법칙이다. 이때 운동하는 속도는 엄지, 자속방향은 검지, 기전력은 중지를 가리킨다.

12

히스테리시스 곡선에서 종축과 만나는 것은 무엇을 나타내는가?

① 자기장 ② 잔류자기
③ 전속밀도 ④ 보자력

해설

히스테리시스 곡선의 종축은 자속밀도, 횡축은 자기장을 의미한다. 그리고 종축과 만나는 것은 잔류자기, 횡축과 만나는 것은 보자력이다.

13

어떤 코일에 전류가 0.2초 동안에 2[A] 변화하여 기전력이 4[V]가 유기되었다면 이 회로의 자기 인덕턴스는 몇 [H]인가?

① 0.1 ② 0.2
③ 0.3 ④ 0.4

해설

인덕턴스의 유기기전력 $e = L\dfrac{di}{dt}$[V]이므로

$L = e \times \dfrac{dt}{di} = 4 \times \dfrac{0.2}{2} = 0.4$[H]

14

자기저항 $R_m = 100$[AT/Wb]인 회로에 코일의 권수를 100회 감고 전류 10[A]를 흘리면 자속 ϕ[Wb]는?

① 0.1 ② 1
③ 10 ④ 100

해설

기자력 $F = NI = \phi R_m$[AT]이므로

자속 $\phi = \dfrac{NI}{R_m} = \dfrac{100 \times 10}{100} = 10$[Wb]이다.

정답 10 ③ 11 ① 12 ② 13 ④ 14 ③

15

자기 인덕턴스가 L_1, L_2, 상호 인덕턴스가 M의 결합계수가 1일 때의 관계식으로 맞는 것은?

① $L_1 L_2 > M$ ② $L_1 L_2 < M$

③ $\sqrt{L_1 L_2} = M$ ④ $\sqrt{L_1 L_2} > M$

해설

상호 인덕턴스 $M = k\sqrt{L_1 L_2}$ [H]에서 결합계수가 1이므로
$\sqrt{L_1 L_2} = M$

16

$i = 100\sqrt{2}\sin(377t - \frac{\pi}{6})$[A]인 교류 전류가 흐를 때 실효전류 I[A]와 주파수 f[Hz]가 맞는 것은?

① $I = 100[A]$, $f = 60[Hz]$
② $I = 100\sqrt{2}[A]$, $f = 60[Hz]$
③ $I = 100\sqrt{2}[A]$, $f = 377[Hz]$
④ $I = 100[A]$, $f = 377[Hz]$

해설

최대전류가 $I_m = 100\sqrt{2}$ 이므로

실효전류 $I = \frac{I_m}{\sqrt{2}} = \frac{100\sqrt{2}}{\sqrt{2}} = 100$[A]이다.

각속도 $\omega = 2\pi f = 377$이므로 $f = \frac{377}{2\pi} = 60$[Hz]

17

파형률의 정의식이 맞는 것은?

① $\frac{실효값}{평균값}$ ② $\frac{실효값}{최대값}$

③ $\frac{최대값}{평균값}$ ④ $\frac{최대값}{실효값}$

해설

파고율 $= \frac{최대값}{실효값}$, 파형률 $= \frac{실효값}{평균값}$

18

각 상의 임피던스가 $Z = 6 + j8$[Ω]인 평형 Y부하에 선간전압 200[V]인 대칭 3상 전압이 가해졌을 때 선전류 I[A]는 얼마인가?

① $\frac{20}{\sqrt{2}}$ ② $\frac{20}{\sqrt{3}}$

③ $20\sqrt{3}$ ④ $20\sqrt{2}$

해설

3상 Y결선은

$I_l = I_p = \frac{V_p}{|Z|} = \frac{\frac{V_l}{\sqrt{3}}}{|Z|} = \frac{\frac{200}{\sqrt{3}}}{\sqrt{6^2 + 8^2}} = \frac{20}{\sqrt{3}}$[A]

19

100[kVA]의 변압기 3대로 △ 결선하여 사용 중 한 대의 고장으로 V결선하였을 때 변압기 2개로 공급할 수 있는 3상 전력 P[kVA]는?

① 300   ② $300\sqrt{3}$

③ $100\sqrt{3}$ ④ 100

해설

V결선의 출력 $P_V = \sqrt{3} P_1$ (P_1 : 변압기 1대 용량)
$P_V = \sqrt{3} \times 100 = 100\sqrt{3}$[kVA]

20

전류 $i = 30\sqrt{2}\sin\omega t + 40\sqrt{2}\sin(3\omega t + \frac{\pi}{4})$[A]의 비정현파의 실효전류 I[A]는?

① 20   ② 30

③ 40   ④ 50

해설

비정현파의 실효값 전류
$I = \sqrt{I_1^2 + I_3^2} = \sqrt{30^2 + 40^2} = 50$[A]

정답   15 ③   16 ①   17 ①   18 ②   19 ③   20 ④

전기기기

21

다음 중 제동권선에 의한 기동토크를 이용하여 동기 전동기를 기동 시키는 방법은?

① 고주파 기동법
② 저주파 기동법
③ 기동전동기법
④ 자기기동법

해설

동기전동기의 기동법
1) 자기기동법 : 제동권선
2) 타전동기법 : 유도전동기

22

3상 유도전동기의 1차 입력 60[kW], 1차 손실 1[kW], 슬립이 3[%]라면 기계적 출력은 약 몇 [kW]인가?

① 57
② 75
③ 85
④ 100

해설

기계적인 출력 $P_0 = (1-s)P$

P 2차 입력이나 1차 입력이 60[kW], 손실이 1[kW]이므로 60 − 1 = 59[kW]가 2차 입력이 된다.

따라서 $P_0 = (1-0.03) \times 59 = 57.23$[kW]

23

일정 전압 및 일정 파형에서 주파수가 상승하면 변압기 철손은 어떻게 변하는가?

① 증가한다.
② 감소한다.
③ 불변이다.
④ 어떤 기간 동안 증가한다.

해설

변압기의 경우 철손과 주파수는 반비례한다.
따라서 주파수 상승 시 철손은 감소한다.

24

동기발전기의 돌발단락전류를 주로 제한하는 것은?

① 동기 리액턴스
② 누설 리액턴스
③ 권선저항
④ 역상 리액턴스

해설

돌발단락전류
돌발단락전류를 제한하는 것은 누설 리액턴스이다.

25

다음 중 자기 소호 제어용 소자는?

① SCR
② TRIAC
③ DIAC
④ GTO

해설

자기 소호 능력이 있는 제어용 소자는 GTO(Gate Trun Off)이다.

26

유도전동기의 동기속도를 N_s, 회전속도를 N이라 할 때 슬립은?

① $s = \dfrac{N_s - N}{N_s}$
② $s = \dfrac{N - N_s}{N}$
③ $s = \dfrac{N_s - N}{N}$
④ $s = \dfrac{N_s + N}{N_s}$

해설

유도전동기의 슬립 s

$$s = \frac{N_s - N}{N_s}$$

정답 21 ④ 22 ① 23 ② 24 ② 25 ④ 26 ①

27

직류전동기를 기동할 때 흐르는 전기자 전류를 제한하는 가감저항기를 무엇이라 하는가?

① 단속저항기　　　　② 제어저항기
③ 가속저항기　　　　④ 기동저항기

해설
기동 시 전기자 전류를 제한하는 가감저항기를 기동저항기라고 한다.

28

그림은 동기기의 위상 특성 곡선을 나타낸 것이다. 전기자 전류가 가장 작게 흐를 때의 역률은?

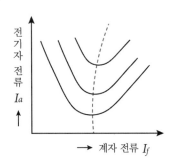

① 1　　　　　　　　② 0.9[진상]
③ 0.9[지상]　　　　④ 0

해설
위상 특성 곡선의 전기자 전류가 최소가 될 때의 역률은 1이다.

29

단상 반파 정류회로에서 직류전압의 평균값으로 가장 적당한 것은? (단, E는 교류전압의 실효값)

① $0.45E[V]$　　　　② $0.9E[V]$
③ $1.17E[V]$　　　　④ $1.35E[V]$

해설
단상 반파 정류회로의 직류전압 $E_d = 0.45E[V]$

30

3상 100[kVA], 13,200/200[V] 변압기의 저압 측 선전류의 유효분은 약 몇 [A]인가? (단, 역률은 0.80이다.)

① 100　　　　　　　② 173
③ 230　　　　　　　④ 260

해설
변압기 저압 측의 선전류의 유효분
$I = I_2 \cos\theta = 288.68 \times 0.8 = 230.94[A]$

저압 측 선전류 $I_2 = \dfrac{P}{\sqrt{3}\,V_2} = \dfrac{100 \times 10^3}{\sqrt{3} \times 200} = 288.68[A]$

31

변압기에 대한 설명 중 틀린 것은?

① 변압기의 정격용량은 피상전력으로 표시한다.
② 전력을 발생하지 않는다.
③ 전압을 변성한다.
④ 정격출력은 1차 측 단자를 기준으로 한다.

해설
변압기의 정격출력은 2차 측 단자를 기준으로 한다.

32

직류발전기의 무부하전압이 104[V], 정격전압이 100[V]이다. 이 발전기의 전압변동률 ϵ[%]은?

① 1　　　　　　　　② 3
③ 4　　　　　　　　④ 9

해설
전압변동률 $\epsilon = \dfrac{V_0 - V_n}{V_n} \times 100$

$\quad = \dfrac{104 - 100}{100} \times 100 = 4[\%]$

33

100[V], 10[A], 전기자저항 1[Ω], 회전수 1,800[rpm]인 전동기의 역기전력은 몇 [V]인가?

① 80 　　　　　② 90
③ 100 　　　　 ④ 110

해설

전동기의 역기전력 E
$E = V - I_a R_a = 100 - 10 \times 1 = 90[\text{V}]$

34

유도전동기의 속도제어방법이 아닌 것은?

① 극수제어 　　　② 2차 저항제어
③ 일그너 제어 　　④ 주파수제어

해설

유도전동기의 속도제어
주어진 조건의 극수제어, 주파수제어의 경우 농형 유도전동기의 속도제어가 되며, 2차 저항제어는 권선형 유도전동기의 속도제어 방법이다. 다만 일그너 제어의 경우 직류 전동기의 속도제어 방법이다.

35

전기설비에 사용되는 과전압 계전기는?

① OVR 　　　　　② OCR
③ UVR 　　　　　④ GR

해설

과전압 계전기
설정치 이상의 전압이 가해졌을 경우 동작하는 계전기로서 OVR(Over Voltage Relay)이라고도 한다.

36

3상 농형유도전동기의 $Y - \Delta$ 기동 시의 기동전류와 기동토크를 전전압 기동 시와 비교하면?

① 전전압 기동의 1/3배로 된다.
② 전전압 기동의 $\sqrt{3}$ 배가 된다.
③ 전전압 기동의 3배로 된다.
④ 전전압 기동의 9배로 된다.

해설

$Y - \Delta$ 기동

$Y - \Delta$ 기동 시 전류는 전전압 기동의 $\frac{1}{3}$ 배가 되며, 기동토크 역시 $\frac{1}{3}$ 배가 된다.

37

디지털(Digital Relay)형 계전기의 장점이 아닌 것은?

① 진동에 매우 강하다.
② 고감도, 고속도 처리가 가능하다.
③ 자기 진단 기능이 있으며 오차가 적다.
④ 소형화가 가능하다.

해설

디지털형 계전기의 특징
고감도, 고속도 처리가 가능하여 신뢰성이 매우 우수하고 자기 진단 기능이 있다. 또한 소형화가 가능하다.

38

계자권선과 전기자 권선이 병렬로 접속되어 있는 직류기는?

① 직권기 　　　　② 분권기
③ 복권기 　　　　④ 타여자기

정답 33 ② 34 ③ 35 ① 36 ① 37 ① 38 ②

해설
분권기
분권의 경우 계자와 전기자가 병렬로 연결된 직류기를 말한다.

39

전기기기의 철심 재료로 규소강판을 많이 사용하는 이유로 가장 적당한 것은?

① 와류손을 줄이기 위해
② 맴돌이 전류를 없애기 위해
③ 히스테리시스손을 줄이기 위해
④ 구리손을 줄이기 위해

해설
철심의 재료
규소강판 : 히스트레시스손을 줄이기 위해 사용한다.
성층철심 : 와류손을 줄이기 위해 사용한다.

40

동기조상기를 부족여자로 하면?

① 저항손의 보상
② 콘덴서로 작용
③ 뒤진 역률 보상
④ 리액터로 작용

해설
동기조상기의 운전
부족여자 시 리액터로 작용한다.

전기설비

41

다음 중 금속 전선관을 박스에 고정시킬 때 사용하는 것은?

① 새들
② 부싱
③ 로크너트
④ 클램프

해설
로크너트
관을 박스에 고정시킬 때 사용되는 것은 로크너트이다.

42

배전반 및 분전반의 설치 장소로 적합하지 못한 것은?

① 안정된 장소
② 전기회로를 쉽게 조작할 수 있는 장소
③ 개폐기를 쉽게 조작할 수 있는 장소
④ 은폐된 장소

해설
배·분전반의 경우 은폐된 장소에는 시설하지 않는다.

43

가연성 분진(소맥분, 전분, 유황 기타 가연성 먼지 등)으로 인하여 폭발할 우려가 있는 저압 옥내 설비공사로 적절한 것은?

① 금속관 공사
② 애자 공사
③ 가요전선관 공사
④ 금속 몰드 공사

해설
가연성 분진이 착화하여 폭발할 우려가 있는 곳에 전기 공사 방법은 금속관, 케이블, 합성수지관 공사에 의한다.

정답 | 39 ③ 40 ④ 41 ③ 42 ④ 43 ①

44

합성수지관 상호 및 관과 박스 접속 시 삽입하는 깊이는 관 바깥 지름의 몇 배 이상으로 하여야 하는가? (단, 접착제를 사용하지 않는 경우이다.)

① 0.6배
② 0.8배
③ 1.2배
④ 1.6배

해설

합성수지관의 접속
관 상호 또는 관과 박스 접속 시 삽입 깊이는 관 바깥 지름의 1.2배 이상이어야 한다. 다만 접착제를 사용 시 0.8배이다.

45

다음 중 전선의 굵기를 측정할 때 사용되는 것은?

① 와이어 게이지
② 파이어 포트
③ 스패너
④ 프레셔 툴

해설

와이어 게이지
전선의 굵기를 측정할 때 사용된다.

46

나전선 상호를 접속하는 경우 일반적으로 전선의 세기를 몇 [%] 이상 감소시키지 아니하여야 하는가?

① 2[%]
② 10[%]
③ 20[%]
④ 80[%]

해설

전선의 접속 시 유의사항
전선의 세기를 20[%] 이상 감소시키지 말 것
전선의 세기를 80[%] 이상 유지할 것

47

지중 또는 수중에 시설하는 양극과 피방식체 간의 전기부식 방지 시설에 대한 설명으로 틀린 것은?

① 지중에 매설하는 양극은 75[cm] 이상의 깊이일 것
② 수중에 시설하는 양극과 그 주위 1[m] 안의 임의의 점과의 전위차는 10[V]를 넘지 않을 것
③ 사용전압은 직류 60[V]를 초과할 것
④ 지표에서 1[m] 간격의 임의의 2점 간의 전위차가 5[V]를 넘지 않을 것

해설

전기부식방지설비
사용전압은 직류 60[V] 이하이어야 한다.

48

굵은 전선을 절단할 때 사용하는 전기공사용 공구는?

① 클리퍼
② 녹아웃 펀치
③ 프레셔 툴
④ 파이프 커터

해설

클리퍼
클리퍼는 펜치로 절단하기 어려운 굵은 전선을 절단 시 사용된다.

49

저압 가공인입선이 횡단보도교 위에 시설되는 경우 노면상 몇 [m] 이상의 높이에 설치되어야 하는가?

① 3
② 4
③ 5
④ 6

해설

저압 가공인입선의 높이
횡단보도교 횡단 시 노면상 3[m] 이상 높이에 시설하여야만 한다.

정답 44 ③ 45 ① 46 ③ 47 ③ 48 ① 49 ①

50

연선 결정에 있어서 중심 소선을 뺀 총수가 3층이다. 소선의 총수 N은 얼마인가?

① 9   ② 19
③ 37   ④ 45

해설

연선의 총 소선수
$N = 3n(n+1) + 1$
$\quad = 3 \times 3 \times (3+1) + 1 = 37$

51

옥내배선 공사에서 절연전선의 피복을 벗길 때 사용하면 편리한 공구는?

① 드라이버   ② 플라이어
③ 압착펜치   ④ 와이어 스트리퍼

해설

와이어 스트리퍼
옥내배선 공사 시 전선의 피복을 벗길 때 사용되는 공구를 말한다.

52

가요전선관을 구부러지는 쪽의 안쪽 반지름을 가요전선관 안지름의 몇 배 이상으로 하여야 하는가?

① 3배   ② 4배
③ 5배   ④ 6배

해설

가요전선관의 경우 구부러지는 쪽의 안쪽 반지름을 가요전선관의 안지름의 6배 이상 구부려야 한다.

53

일반적으로 큐비클형이라고도 하며, 점유 면적이 좁고 운전, 보수에 용이하며 공장, 빌딩 등 전기실에 많이 사용되는 조립형, 장갑형이 있는 배전반은?

① 데드 프런트식 배전반
② 철제 수직형 배전반
③ 라이브 프런트식 배전반
④ 폐쇄식 배전반

해설

큐비클형
가장 많이 사용되는 유형으로 폐쇄식 배전반이라고도 하며 공장, 빌딩 등의 전기실에 널리 이용된다.

54

분기회로에 설치하여 개폐 및 고장을 차단할 수 있는 것은 무엇인가?

① 전력퓨즈   ② COS
③ 배선용 차단기   ④ 피뢰기

해설

분기회로를 개폐하고 고장을 차단하기 위해 설치하는 것은 배선용 차단기이다.

55

다음 공사 방법 중 옳은 것은 무엇인가?

① 금속 몰드 공사 시 몰드 내부에서 전선을 접속하였다.
② 합성수지관 공사 시 몰드 내부에서 전선을 접속하였다.
③ 합성수지 몰드 공사 시 몰드 내부에서 전선을 접속하였다.
④ 접속함 내부에서 전선을 쥐꼬리 접속을 하였다.

정답 50 ③   51 ④   52 ④   53 ④   54 ③   55 ④

해설

전선의 접속

전선의 접속 시 몰드나, 관, 덕트 내부에서는 시행하지 않는다. 접속은 접속함에서 이루어져야 한다.

56

저압 구내 가공인입선으로 DV전선 사용 시 전선의 길이가 15[m]를 초과하는 경우 사용할 수 있는 전선의 굵기는 몇 [mm] 이상이어야 하는가?

① 1.5
② 2.0
③ 2.6
④ 4.0

해설

저압 가공인입선

전선의 굵기는 2.6[mm] 이상이어야 한다. (단, 경간이 15[m] 이하의 경우 2.0[mm] 이상)

57

전원의 380/220[V] 중성극에 접속된 전선을 무엇이라 하는가?

① 접지선
② 중성선
③ 전원선
④ 접지측선

해설

중성선

다선식전로의 중성극에 접속된 전선을 말한다.

2020년 CBT 복원문제 3회

전기이론

01

3[℧]와 6[℧]의 컨덕턴스 두 개를 직렬연결하고 양단의 전압이 300[V]이었다. 3[℧]에 걸리는 단자 전압은 몇 [V]인가?

① 50[V]
② 100[V]
③ 200[V]
④ 250[V]

해설

컨덕턴스 직렬회로에서 한 단자에 걸리는 전압은

$$V_3 = \frac{G_6}{G_3 + G_6} \times V = \frac{6}{3+6} \times 300 = 200[V]$$

02

200[V], 2[kW]의 전열기 2개를 같은 전압에서 직렬로 접속하는 경우의 전력은 병렬로 접속하는 경우의 전력에 몇 배가 되는가?

① 1/2배로 줄어든다.
② 1/4배로 줄어든다.
③ 2배로 증가된다.
④ 4배로 증가된다.

해설

전열기의 저항을 구하면 $P = \frac{V^2}{R}$ 에서

$$R = \frac{V^2}{P} = \frac{200^2}{2,000} = 20[\Omega]$$

직렬 연결일 때 $P_1 = \frac{V^2}{R} = \frac{200^2}{20+20} = 1,000[W]$

병렬 연결일 때 $P_2 = \frac{V^2}{R} = \frac{200^2}{\left(\frac{20}{2}\right)} = 4,000[W]$이므로

직렬의 경우가 병렬의 경우보다 1/4배로 줄어든다.

정답 56 ③ 57 ② / 01 ③ 02 ②

03

10[Ω]의 저항과 R[Ω]의 저항이 병렬로 접속되어 있고, 10[Ω]에는 5[A]가 흐르고 R[Ω]에는 2[A]가 흐른다면 저항 R[Ω]은 얼마인가?

① 20
② 25
③ 30
④ 35

해설

병렬 연결은 전압이 일정하고 10[Ω]에 전류가 5[A]이므로 $V = IR = 5 \times 10 = 50$[V]이며 R[Ω]의 양단의 전압과 같다.

그러므로 2[A]가 흐르는 저항 $R = \dfrac{V}{I} = \dfrac{50}{2} = 25$[Ω]

04

임의의 폐회로에서 키르히호프의 제2법칙을 잘 나타낸 것은?

① 전압강하의 합 = 합성저항의 합
② 합성저항의 합 = 유입전류의 합
③ 기전력의 합 = 전압강하의 합
④ 기전력의 합 = 합성저항의 합

해설

제2법칙은 전압 법칙으로서 임의의 폐회로에서 전압강하의 총합은 기전력의 합과 같다.

05

저항의 병렬접속에서 합성저항을 구하는 설명으로 맞는 것은?

① 연결되는 저항을 모두 합하면 된다.
② 각 저항값의 역수에 대한 합을 구하면 된다.
③ 각 저항값을 모두 합하고 각 저항의 개수로 나누면 된다.
④ 저항값의 역수에 대한 합을 구하고 이를 다시 역수를 취하면 된다.

해설

병렬접속의 합성저항 $R = \dfrac{1}{\dfrac{1}{R_1} + \dfrac{1}{R_2} + \dfrac{1}{R_3} + \cdots}$[Ω]

06

전기장에 대한 설명으로 옳지 않은 것은?

① 대전된 무한장 원통의 내부 전기장은 0이다.
② 대전된 구의 내부 전기장은 0이다.
③ 대전된 도체 내부의 전하 및 전기장은 모두 0이다.
④ 도체 표면에서 외부로 향하는 전기장은 그 표면에 평행하다.

해설

전기장 즉, 전기력선은 도체 표면에서 외부로 수직으로 나간다.

07

0.02[μF], 0.03[μF] 2개의 콘덴서를 병렬로 접속할 때의 합성용량은 몇 [μF]인가?

① 0.01
② 0.05
③ 0.1
④ 0.5

해설

콘덴서의 병렬접속의 합성용량은 $C = C_1 + C_2$이므로
$C = 0.02 + 0.03 = 0.05$

08

다음은 전기력선의 설명이다. 틀린 것은?

① 전기력선의 접선방향이 전기장의 방향이다.
② 전기력선은 높은 곳에서 낮은 곳으로 향한다.
③ 전기력선은 등전위면과 수직으로 교차한다.
④ 전기력선은 대전된 도체 표면에서 내부로 향한다.

정답 03 ② 04 ③ 05 ④ 06 ④ 07 ② 08 ④

09

평행판 콘덴서 C[F]에 일정 전압을 가하고 처음의 극판 간격을 2배로 증가시켰다면 평행판 콘덴서는 처음의 몇 배가 되는가?

① 2배로 증가된다.　② 4배로 증가된다.
③ 1/2배로 줄어든다.　④ 1/4배로 줄어든다.

해설

평행판 콘덴서 $C = \dfrac{\varepsilon S}{d}$[F]에서 간격과 반비례하므로 1/2배로 줄어든다.

10

전류에 의해 발생되는 자장의 크기는 전류의 크기와 전류가 흐르고 있는 도체와 고찰하려는 점까지의 거리에 의해 결정되는 관계 법칙은?

① 비오-샤바르의 법칙
② 플레밍의 오른손 법칙
③ 패러데이의 법칙
④ 쿨롱의 법칙

해설

비오-샤바르의 법칙으로 $dH = \dfrac{Idl \sin\theta}{4\pi r^2}$[AT/m]

11

물질에 따라 자석에 반발하는 물체를 무엇이라 하는가?

① 반자성체　② 상자성체
③ 강자성체　④ 가역성체

해설

반자성체는 자석을 가까이 하면 반발하는 물체로서 자성화되지 않는다.

12

공기 중에서 반지름이 1[m]인 원형 도체에 2[A]의 전류가 흐르면 원형 코일 중심의 자장의 크기[AT/m]는?

① 0.5　② 1
③ 1.5　④ 2

해설

원형 코일 중심의 자계의 세기 $H = \dfrac{NI}{2a} = \dfrac{1 \times 2}{2 \times 1} = 1$[AT/m]

13

자기 인덕턴스가 0.4[H]인 어떤 코일에 전류가 0.2초 동안에 2[A] 변화하여 유기되는 전압[V]은?

① 1　② 2
③ 3　④ 4

해설

인덕턴스의 유기기전력

$$e = -L\dfrac{di}{dt}[V] = -0.4 \times \dfrac{2}{0.2} = -4[V]$$

14

두 개의 자체 인덕턴스를 직렬로 접속하여 합성 인덕턴스를 측정하였더니 95[H]이다. 한 쪽 인덕턴스를 반대로 접속하여 측정하였더니 합성 인덕턴스가 15[H]가 되었다. 이 두 코일의 상호 인덕턴스 M[H]는?

① 40　② 30
③ 20　④ 10

해설

처음 조건은 가동접속이므로 $95 = L_1 + L_2 + 2M$,
두 번째 조건은 차동접속이므로 $15 = L_1 + L_2 - 2M$이다.
이 두 식을 빼면 $(95 - 15) = 4M$, $M = \dfrac{95 - 15}{4} = 20$[H]

정답 **09** ③ **10** ① **11** ① **12** ② **13** ④ **14** ③

15

10[Ω]의 저항 회로에 $v = 100\sin\left(377t + \dfrac{\pi}{3}\right)$[V]의 전압을 인가했을 때 전류의 순시값은?

① $i = 10\sin\left(377t + \dfrac{\pi}{6}\right)$[A]

② $i = 10\sin\left(377t + \dfrac{\pi}{3}\right)$[A]

③ $i = 10\sqrt{2}\sin\left(377t + \dfrac{\pi}{6}\right)$[A]

④ $i = 10\sqrt{2}\sin\left(377t + \dfrac{\pi}{3}\right)$[A]

해설

$i = \dfrac{v}{R} = \dfrac{100}{10}\sin\left(377t + \dfrac{\pi}{3}\right) = 10\sin\left(377t + \dfrac{\pi}{3}\right)$ [A]이다.

16

세 변의 저항 $R_a = R_b = R_c = 15$[Ω]인 △ 결선을 Y 결선으로 변환할 경우 각 변의 저항은?

① 5[Ω]　　② 6[Ω]

③ 7.5[Ω]　　④ 45[Ω]

해설

△ 결선을 Y결선으로 변환할 경우 저항은 1/3배가 되므로

$15 \times \dfrac{1}{3} = 5$[Ω]

17

어떤 정현파의 교류의 최대값이 100[V]이면 평균값 V_a[V]는?

① $\dfrac{200}{\pi}$　　② $\dfrac{200\sqrt{2}}{\pi}$

③ 200π　　④ $200\sqrt{2}\,\pi$

해설

평균값 $V_a = \dfrac{2V_m}{\pi} = \dfrac{2 \times 100}{\pi} = \dfrac{200}{\pi}$[V]

18

220[V]용 100[W] 전구와 200[W] 전구를 직렬로 연결하여 전압을 인가하면 어떻게 되겠는가?

① 두 전구의 밝기는 같다.
② 100[W]의 전구가 더 밝다.
③ 200[W]의 전구가 더 밝다.
④ 두 전구 모두 점등되지 않는다.

해설

직렬 연결은 전류가 일정하므로 저항이 큰 것이 전구 밝기가 크다.

100[W] 전구의 저항값은

$P = \dfrac{V^2}{R}, \quad R = \dfrac{220^2}{100} = 484$[Ω]

200[W] 전구의 저항값은

$P = \dfrac{V^2}{R}, \quad R = \dfrac{220^2}{200} = 161.3$[Ω]

그러므로 100[W]의 전구가 더 밝다.

19

교류 단상 전원 100[V]에 500[W] 전열기를 접속하였더니 흐르는 전류가 10[A]였다면 이 전열기의 역률은?

① 0.8　　② 0.7

③ 0.5　　④ 0.4

해설

교류전력 $P = VI\cos\theta$[W]에서

역률 $\cos\theta = \dfrac{P}{VI} = \dfrac{500}{100 \times 10} = 0.5$

정답 15 ② 16 ① 17 ① 18 ② 19 ③

20

RLC 직렬회로에서 전압과 전류가 동상이 되기 위한 조건은?

① $\omega^2 = LC$ ② $\omega = \sqrt{LC}$

③ $\omega L^2 C = 1$ ④ $\omega^2 LC = 1$

해설

RLC 직렬회로에서 전압과 전류가 동상이 되려면 공진일 때이다.

그러므로 $\omega L = \dfrac{1}{\omega C}$, $\omega^2 LC = 1$일 때 동상이 된다.

 ## 전기기기

21

3상 유도전동기의 원선도를 그리는 데 필요하지 않는 시험은?

① 저항측정 ② 무부하시험

③ 구속시험 ④ 슬립측정

해설

원선도를 그리기 위한 시험법
1) 저항측정시험
2) 무부하시험
3) 구속시험

22

단상 유도전동기를 기동하려고 할 때 다음 중 기동토크가 가장 큰 것은?

① 셰이딩 코일형 ② 반발 기동형

③ 콘덴서 기동형 ④ 분상 기동형

해설

단상유도전동기의 기동토크의 대소 관계
반발 기동형 > 반발 유도형 > 콘덴서 기동형 > 분상 기동형 > 셰이딩 코일형

23

동기속도 1,800[rpm], 주파수 60[Hz]인 동기발전기의 극수는 몇 극인가?

① 2 ② 4

③ 8 ④ 10

정답 20 ④ 21 ④ 22 ② 23 ②

해설

동기속도 N_s

$$N_s = \frac{120}{P}f[\text{rpm}]$$

극수 $P = \frac{120}{N_s}f$

$$= \frac{120 \times 60}{1,800} = 4[극]$$

24

부흐홀쯔 계전기의 설치 위치로 가장 적당한 것은?

① 변압기 주 탱크 내부
② 콘서베이터 내부
③ 변압기 고압 측 부싱
④ 변압기 주탱크와 콘서베이터 사이

해설

부흐홀쯔 계전기의 설치 위치
변압기 내부고장을 보호하는 부흐홀쯔 계전기는 주변압기와 콘서베이터 사이에 설치한다.

25

전기자 저항이 0.1[Ω], 전기자전류 104[A], 유도기전력 110.4[V]인 직류 분권발전기의 단자전압은 몇 [V]인가?

① 98
② 100
③ 102
④ 105

해설

분권발전기의 단자전압
분권발전기의 유기기전력 $E = V + I_aR_a$

단자전압 $V = E - I_aR_a$

$$= 110.4 - 104 \times 0.1 = 100[\text{V}]$$

26

6극의 1,200[rpm]인 동기발전기와 병렬운전하려는 8극 동기발전기의 회전수는 몇 [rpm]인가?

① 600
② 900
③ 1,200
④ 1,800

해설

동기발전기의 병렬운전
병렬운전 시 주파수가 일치하여야 하므로 양 발전기의 주파수는 같다.

따라서 $f = \frac{N_s \times P}{120} = \frac{1,200 \times 6}{120} = [\text{Hz}]$

8극의 동기발전기의 회전수

$$N_s = \frac{120}{P}f = \frac{120}{8} \times 60 = 900[\text{rpm}]$$

27

반도체 내에서 정공은 어떻게 생성되는가?

① 접합 불량
② 자유전자의 이동
③ 결합 전자의 이탈
④ 확산 용량

해설

결합 전자의 이탈로 전자의 빈자리가 생길 경우 그 빈자리를 정공이라 한다.

28

동기기의 전기자 권선법이 아닌 것은?

① 전절권
② 2층 분포권
③ 단절권
④ 중권

해설

동기기의 전기자 권선법
동기발전기의 경우 전기자 권선법은 중권을 채택하며, 분포권, 단절권을 채택한다.

정답 24 ④　25 ②　26 ②　27 ③　28 ①

29

2대의 동기발전기가 병렬운전하고 있을 때 동기화 전류가 흐르는 경우는?

① 기전력의 크기에 차가 있을 때
② 기전력의 파형에 차가 있을 때
③ 부하분담에 차가 있을 때
④ 기전력의 위상차가 있을 때

해설
동기발전기의 병렬운전조건
기전력의 위상차가 다를 경우 동기화전류가 흐르게 된다.

30

다음 중 전력 제어용 반도체 소자가 아닌 것은?

① TRIAC
② GTO
③ IGBT
④ LED

해설
전력 제어용 반도체 소자
LED는 발광소자이다.

31

6,600/200[V]인 변압기의 1차에 2,850[V]를 가하면 2차 전압[V]는?

① 90
② 95
③ 120
④ 105

해설
변압기 권수비
$$a = \frac{V_1}{V_2} = \frac{6,600}{220} = 30$$
따라서 $V_2 = \frac{V_1}{a} = \frac{2,850}{30} = 95[V]$

32

계전기가 설치된 위치에서 고장점까지의 임피던스에 비례하여 동작하여 보호하는 보호계전기는?

① 과전압 계전기
② 단락회로 선택 계전기
③ 방향 단락계전기
④ 거리 계전기

해설
거리 계전기
거리 계전기란 전압, 전류, 위상차 등을 이용하여 고장점까지의 거리를 전기적인 거리(임피던스)로 측정하여 보호하는 보호계전기를 말한다. 주로 송전선로의 단락보호에 적합하며 후비보호로 사용된다.

33

다음은 3상 유도전동기 고정자 권선의 결선도를 나타낸 것이다. 맞는 사항을 고르시오.

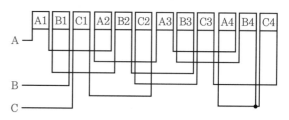

① 3상 4극, △ 결선
② 3상 2극, △ 결선
③ 3상 4극, Y결선
④ 3상 2극, Y결선

해설
그림은 3상(A, B, C) 4극(1, 2, 3, 4)이 하나의 접점에 연결되어 있으므로 Y결선이다.

34

1차 전압 13,200[V], 2차 전압 220[V]인 단상변압기의 1차에 6,000[V]의 전압을 가하면 2차 전압은 몇 [V]인가?

① 100
② 200
③ 50
④ 250

제4과목

✦ C B T 복원문제

해설

변압기의 권수비 a

$$a = \frac{V_1}{V_2} = \frac{13,200}{220} = 60$$

$$V_2 = \frac{V_1}{a} = \frac{6,000}{60} = 100[\text{V}]$$

35

20[kVA]의 단상 변압기 2대를 사용하여 V-V결선으로 하고 3상 전원을 얻고자 한다. 이때 여기에 접속시킬 수 있는 3상 부하의 용량은 약 몇 [kVA]인가?

① 34.6
② 40
③ 44.6
④ 66.6

해설

변압기 V결선

$$P_V = \sqrt{3} \times P$$
$$= \sqrt{3} \times 20 = 34.6[\text{kVA}]$$

36

동기속도 N_s[rpm], 회전속도 N[rpm], 슬립을 s라 하였을 때 2차 효율은?

① $(s-1) \times 100$
② $(1-s)N_s \times 100$
③ $\frac{N}{N_s} \times 100$
④ $\frac{N_s}{N} \times 100$

해설

유도전동기의 2차 효율 η_2

$$\eta_2 = (1-s) \times 100 = \frac{N}{N_s} \times 100$$

37

직류분권전동기의 특징이 아닌 것은?

① 정격으로 운전 중 무여자 운전하면 안 된다.
② 계자권선에 퓨즈를 넣으면 안 된다.

③ 전기자전류가 토크의 제곱에 비례한다.
④ 계자권선과 전기자권선이 병렬로 연결되었다.

해설

직류분권전동기
전기자 전류 I_a는 토크에 비례한다.

38

다음 중 승압용 결선으로 알맞은 것은?

① $\Delta - \Delta$
② $Y - Y$
③ $Y - \Delta$
④ $\Delta - Y$

해설

변압기의 승압용 결선
승압용이 되려면 결선이 $\Delta - Y$결선이 되어야 한다.

39

직류발전기에서 전압정류의 역할을 하는 것은?

① 보극
② 탄소브러쉬
③ 전기자
④ 리액턴스코일

해설

직류발전기의 전압정류
1) 전압정류 = 보극
2) 저항정류 = 탄소브러쉬

40

직류복권발전기를 병렬운전할 때 반드시 필요한 것은?

① 과부하 계전기
② 균압선
③ 용량이 같을 것
④ 외부특성곡선이 일치할 것

해설

직류발전기의 병렬운전조건
직권발전기와 복권발전기는 병렬운전 시 균압선이 필요하다.

정답 35 ① 36 ③ 37 ③ 38 ④ 39 ① 40 ②

📑 전기설비

41

지선의 중간에 넣는 애자의 명칭은?

① 곡핀애자
② 인류애자
③ 구형애자
④ 핀애자

해설

지선
지선의 중간에 넣는 애자는 구형애자이다.

42

화약고 등의 위험 장소의 배선 공사에서 전로의 대지 전압은 몇 [V] 이하로 하도록 되어 있는가?

① 100
② 220
③ 300
④ 400

해설

화약고 등의 시설기준
대지전압은 300[V] 이하로 하여야 한다.

43

셀룰로이드, 성냥, 석유류 및 기타 가연성 위험물질을 제조 또는 저장하는 장소의 배선으로 잘못된 것은?

① 케이블 배선
② 플로어덕트 배선
③ 금속관 배선
④ 합성수지관 배선

해설

셀룰로이드, 성냥, 석유류 및 기타 가연성 위험물질을 제조 또는 저장하는 장소의 배선은 금속관, 케이블, 합성수지관 배선에 의하여야 한다.

44

고압 가공전선로의 전선의 조수가 3조일 때 완금의 길이는 몇 [mm]인가?

① 1,200
② 1,400
③ 1,800
④ 2,400

해설

완금의 길이
고압이며 3조인 경우 1,800[mm]가 된다.

45

전선을 압착시킬 때 사용되는 공구는?

① 와이어 트리퍼
② 프레셔 툴
③ 클리퍼
④ 오스터

해설

프레셔 툴
솔더리스 커넥터 또는 솔더리스 터미널을 압착하는 것

46

접착제를 사용하는 합성수지관 상호 및 관과 박스는 접속 시 삽입하는 깊이는 관 바깥지름의 몇 배 이상으로 하여야 하는가?

① 0.8배
② 1배
③ 1.2배
④ 1.6배

해설

합성수지관의 접속
관과 박스의 접속 시 관 바깥지름의 1.2배 이상이어야 한다. (단, 접착제 사용 시 0.8배)

제4과목

✦ CBT 복원문제

정답 41 ③ 42 ③ 43 ② 44 ③ 45 ② 46 ①

47

전선의 접속에 대한 설명으로 틀린 것은?

① 접속 부분의 전기적인 저항을 20[%] 증가
② 접속 부분의 인장강도를 80[%] 이상 유지
③ 접속 부분의 전선 접속기구를 사용함
④ 알루미늄전선과 구리선의 접속 시 전기적인 부식이 생기지 않도록 함

해설

전선의 접속 시 유의사항
전선의 세기를 20[%] 이상 감소시켜서는 아니 되며, 접속부분의 전기적인 저항이 증가되어서는 안 된다.

48

금속덕트에 넣는 전선의 단면적(절연피복의 단면적 포함)의 합계는 덕트 내부 단면적의 몇 [%] 이하로 하여야 하는가? (단, 전광표시장치, 기타 이와 유사한 장치 또는 제어회로등의 배선만을 넣는 경우가 아니다.)

① 20
② 40
③ 60
④ 80

해설

덕트 내에 넣는 전선의 단면적의 합계는 덕트 내부 단면적에 20[%] 이하로 하여야 한다. (단, 전광표시, 제어회로용의 경우 50[%] 이하)

49

옥내에 저압전로와 대지 사이의 절연저항 측정에 알맞은 계기는?

① 회로 시험기
② 접지 측정기
③ 네온 검전기
④ 메거 측정기

해설

절연저항 측정기는 메거라고 한다.

50

조명기구의 배광에 의한 분류 중 하향광속이 90~100[%] 정도의 빛이 나는 조명방식은?

① 직접조명
② 반직접조명
③ 반간접저명
④ 간접조명

해설

배광에 의한 분류
직접조명의 경우 하향광속의 비율이 90~100[%]가 된다.

51

정션 박스 내에서 전선을 접속할 수 있는 것은?

① S형 슬리브
② 꽂음형 커넥터
③ 와이어 커넥터
④ 매팅타이어

해설

와이어 커넥터는 박스 내에 전선을 접속함에 있어 별도의 테이프나 납땜이 필요 없는 것을 말한다.

52

일반적으로 과전류 차단기를 설치하여야 할 곳은?

① 접지공사의 접지도체
② 다선식 전로의 중성선
③ 저압 가공전로의 접지 측 전선
④ 송배전선의 보호용, 인입선 등 분기선을 보호하는 곳

해설

과전류 차단기 시설제한장소
1) 접지공사의 접지도체
2) 다선식 전로의 중성선
3) 전로일부에 접지공사를 한 저압 가공전선로의 접지 측 전선

정답 47 ① 48 ① 49 ④ 50 ① 51 ③ 52 ④

53

철근콘크리트주의 길이가 12[m]인 지지물을 건주하는 경우에는 땅에 묻히는 최소 길이는 얼마인가? (단, 6.8[kN] 이하의 것을 말한다.)

① 1.0[m] ② 1.2[m]
③ 1.5[m] ④ 2.0[m]

해설
전주의 근입 깊이
15[m] 이하의 경우 전장의 길이 $\times \frac{1}{6}$ 이므로
$12 \times \frac{1}{6} = 2$[m]가 된다.

54

인입용 비닐절연전선의 약호는?

① OW ② DV
③ NR ④ FTC

해설
인입용 비닐절연전선의 약호는 DV전선을 말한다.

55

전원의 380/220[V] 중성극에 접속된 전선을 무엇이라 하는가?

① 접지선 ② 중성선
③ 전원선 ④ 접지측선

해설
중성선
다선식 전로의 중성극에 접속된 전선을 말한다.

56

450/750[V] 일반용 단심 비닐절연전선의 약호는?

① NR ② IR
③ IV ④ NRI

해설
NR
450/750 일반용 단심 비닐절연전선의 약호를 말한다.

57

금속관의 배관을 변경하거나 캐비닛의 구멍을 넓히기 위한 공구는 어느 것인가?

① 체인 파이프 렌치 ② 녹아웃 펀치
③ 프레셔 툴 ④ 잉글리스 스패너

해설
녹아웃 펀치
배전반, 분전반에 배관 변경 또는 이미 설치된 캐비닛에 구멍을 뚫을 때 필요로 한다.

58

승강기 및 승강로 등에 사용되는 전선이 케이블이며 이동용 전선이라면 그 전선의 굵기는 몇 [mm²] 이상이어야 하는가?

① 0.55 ② 0.75
③ 1.2 ④ 1.5

해설
승강기 및 승강로에 사용되는 전선
이동용 케이블의 경우 0.75[mm²] 이상이어야만 한다.

정답 53 ④ 54 ② 55 ② 56 ① 57 ② 58 ②

2020년 CBT 복원문제 4회

전기이론

01

다음 설명 중 잘못된 것은?

① 저항은 전선의 길이에 비례한다.
② 저항은 전선의 단면적의 반지름에 반비례한다.
③ 저항은 전선의 고유저항에 비례한다.
④ 저항은 전선의 단면적에 반비례한다.

해설

저항 $R = \dfrac{\rho l}{S} = \dfrac{l}{kS} = \dfrac{\rho l}{\pi r^2}$ [Ω]이므로 단면적의 반지름 제곱에 반비례한다.

02

전압이 100[V], 내부저항이 1[Ω]인 전지 5개를 병렬 연결하면 전지의 전체 전압은 몇 [V]인가?

① 20   ② 40
③ 80   ④ 100

해설

동일 전기를 m개 병렬 연결하면 내부저항은 $\dfrac{r}{m}$ [Ω]이 되고 전압은 동일한 V[V]이다.

03

일정한 직류 전원에 저항을 접속하여 전류를 흘릴 때 전류를 10[%] 증가시키려면 저항은 어떻게 되겠는가?

① 약 9[%] 감소   ② 약 9[%] 증가
③ 약 10[%] 감소   ④ 약 10[%] 증가

해설

전류와 저항은 반비례하므로

$R \propto \dfrac{1}{I} = \dfrac{1}{1.1} = 0.909 ≒ 0.91$ 이므로 약 9[%] 감소

04

어느 전기기구의 소비전력량이 2[kWh]를 10시간 사용한다면 전력은 몇 [W]인가?

① 100   ② 150
③ 200   ④ 250

해설

전력량 $W = Pt$[J]에서 전력 $P = \dfrac{W}{t} = \dfrac{2 \times 10^3}{10} = 200$[W]

05

서로 다른 금속을 접합하여 두 접합점에 온도차를 주면 전기가 발생하는 현상을 이용하여 열전대에 사용하는 효과는?

① 펠티어 효과   ② 제어벡 효과
③ 핀치 효과   ④ 표피 효과

06

10[C]의 전자량을 이동시키는 데 200[J]의 일이 발생하였다면 이때 인가한 전압은 얼마인가?

① 2,000   ② 200
③ 20   ④ 2

해설

이동에너지 $W = QV$[J]이므로

전압 $V = \dfrac{W}{Q} = \dfrac{200}{10} = 20$[V]이다.

정답   01 ②   02 ④   03 ①   04 ③   05 ②   06 ③

07

진공 중의 어느 한 지점의 전장의 세기가 100[V/m]일 때 5[m] 떨어진 지점의 전위[V]는?

① 500
② 50
③ 200
④ 20

해설

전계와 전위의 관계는 $V = Ed$[V]이므로
$V = 100 \times 5 = 500$[V]이다.

08

다음 전기력선의 성질 중 맞지 않은 것은?

① 전기력선은 전위가 높은 곳에서 낮은 곳으로 향한다.
② 전기력선의 밀도는 전계의 세기와 같다.
③ 전기력선의 법선 방향이 전장의 방향이다.
④ 전기력선은 음전하에서 나와 양전하에서 끝난다.

해설

전기력선은 양전하에서 나와 음전하에서 끝난다.

09

동일한 콘덴서 C[F]의 콘덴서가 10개 있다. 이를 직렬연결하면 병렬연결할 때보다 몇 배가 되겠는가?

① 0.1배
② 0.01배
③ 10배
④ 100배

해설

동일 콘덴서를 직렬연결하면 $\dfrac{C}{m} = \dfrac{C}{10}$
병렬연결하면 $mC = 10C$이다.

그러므로 $\dfrac{직렬 C}{병렬 C} = \dfrac{\frac{C}{10}}{10C} = 0.01$ 배가 된다.

10

진공 중의 투자율 μ_0[H/m] 값은 얼마인가?

① $\mu_0 = 8.855 \times 10^{-12}$
② $\mu_0 = 6.33 \times 10^4$
③ $\mu_0 = 4\pi \times 10^{-7}$
④ $\mu_0 = 9 \times 10^9$

해설

진공 중의 투자율은 $\mu_0 = 4\pi \times 10^{-7}$[H/m]이다.

11

자기장 내에 전류가 흐르는 도선을 놓았을 때 작용하는 힘은 다음 중 어느 법칙인가?

① 플레밍의 오른손 법칙
② 플레밍의 왼손 법칙
③ 암페어의 오른손 법칙
④ 패러데이 법칙

12

반지름이 r[m]인 환상솔레노이드에 권수 N회를 감고 전류 I[A]를 흘리면 자장의 세기는 몇 H[AT/m]인가?

① $\dfrac{NI}{2r}$
② $\dfrac{NI}{2\pi r}$
③ $\dfrac{NI}{4r}$
④ $\dfrac{NI}{4\pi r}$

해설

환상솔레노이드의 자계 $H = \dfrac{NI}{2\pi r}$ 이다.

13

전류가 각각 I_1, I_2가 흐르는 평행한 두 도선이 거리 r[m]만큼 떨어져 있을 때 단위 길이당 작용하는 힘 F[N/m]은?

① $\dfrac{2I_1I_2}{r} \times 10^{-7}$ 　　② $\dfrac{2I_1I_2}{r^2} \times 10^{-7}$

③ $\dfrac{I_1I_2}{r} \times 10^{-7}$ 　　④ $\dfrac{I_1I_2}{r^2} \times 10^{-7}$

14

자기 인덕턴스가 $L_1 = 10$[H], $L_2 = 40$[H] 두 코일을 직렬 가동 접속하면 합성 인덕턴스는 몇 L[H]인가? (단, 상호 인덕턴스가 $M = 1$[H]이다.)

① 52 　　② 48

③ 51 　　④ 47

해설

인덕턴스의 직렬 가동 접속의 합성 인덕턴스는
$L = L_1 + L_2 + 2M$이다.
$L = L_1 + L_2 + 2M = 10 + 40 + 2 \times 1 = 52$[H]

15

코일 권수 100회인 코일 면에 수직으로 1초 동안에 자속이 0.5[Wb]가 변화했다면 이때 코일에 유도되는 기전력[V]은?

① 5 　　② 50

③ 500 　　④ 5,000

해설

유기기전력 $e = -N\dfrac{d\phi}{dt} = -100 \times \dfrac{0.5}{1} = -50$[V]

절대값은 50[V]이다.

16

어느 교류 정현파의 최대값이 1[V]일 때 실효값 V[V]과 평균값 V_a[V]은 각각 얼마인가?

① $V = \dfrac{1}{2}$, $V_a = \dfrac{2}{\pi}$

② $V = \dfrac{1}{\sqrt{2}}$, $V_a = \dfrac{1}{\pi}$

③ $V = \dfrac{1}{\sqrt{2}}$, $V_a = \dfrac{2}{\pi}$

④ $V = \dfrac{1}{\sqrt{3}}$, $V_a = \dfrac{2}{\pi}$

해설

실효값 $V = \dfrac{V_m}{\sqrt{2}}$, 평균값 $V_a = \dfrac{2V_m}{\pi}$ 이므로

$V = \dfrac{1}{\sqrt{2}}$, $V_a = \dfrac{2 \times 1}{\pi} = \dfrac{2}{\pi}$ 이다.

17

코일 L만의 교류회로가 있다. 여기에 $v = V_m \sin\omega t$ [V]의 전압을 인가하여 전류가 흐를 때 전류의 위상은 어떻게 되는가?

① 동상이다. 　　② 60도 앞선다.

③ 90도 앞선다. 　　④ 90도 뒤진다.

해설

교류전류 $i = \dfrac{v}{Z} = \dfrac{V_m \sin\omega t}{\omega L \angle 90°} = \dfrac{V_m}{\omega L} \sin(\omega t - 90°)$[A]가

되므로 전류가 전압보다 90도 뒤진다.

18

3상 Y결선의 전원이 있다. 선전류가 I_l[A], 선간전압이 V_l[V]일 때 전원의 상전압 V_P[V]와 상전류 I_P[A]는 얼마인가?

① V_l, $\sqrt{3}\,I_l$

② $\sqrt{3}\,V_l$, $\sqrt{3}\,I_l$

③ V_l, $\dfrac{I_l}{\sqrt{3}}$

④ $\dfrac{V_l}{\sqrt{3}}$, I_l

해설

Y결선은 선전류와 상전류가 같고 선간전압이 상전압보다 $\sqrt{3}$ 만큼 크다.

즉, $I_l = I_P$, $V_l = \sqrt{3}\,V_P$ 이므로 $V_P = \dfrac{V_l}{\sqrt{3}}$, $I_P = I_l$이다.

19

100[kVA]의 단상 변압기 3대로 △ 결선으로 운전 중 한 대 고장으로 2대로 V결선하려 할 때 공급할 수 있는 3상 전력은 몇 [kVA]인가?

① 141　② 241　③ 173　④ 273

해설

V결선 $P_V = \sqrt{3}\,P_1$이므로

$P_V = \sqrt{3}\,P_1 = \sqrt{3} \times 100 = 173$[kVA]

20

비정현파의 전력을 계산하고자 한다. 어느 경우에 전력 계산이 가능한가?

① 제3고조파의 전류와 제3고조파의 전압이 있는 경우
② 제3고조파의 전류와 제5고조파의 전압이 있는 경우
③ 제5고조파의 전류와 제3고조파의 전압이 있는 경우
④ 제3고조파의 전류와 제4고조파의 전압이 있는 경우

해설

비정현파 전력

$P = V_1 I_1 \cos\theta_1 + V_2 I_2 \cos\theta_2 + V_3 I_3 \cos\theta_3 + \cdots$[W]로서 전압과 전류가 동일 고조파에서만 전력계산이 가능하다.

전기기기

21

주파수 60[Hz]의 회로에 접속되어 슬립 3[%], 회전수 1,164[rpm]으로 회전하고 있는 유도전동기의 극수는?

① 2

② 4

③ 6

④ 10

해설

유도전동기의 극수

$N = (1 - s)N_s$

$N_s = \dfrac{N}{1-s} = \dfrac{1,164}{1 - 0.03} = 1,200$[rpm]

$P = \dfrac{120}{N_s}f = \dfrac{120 \times 60}{1,200} = 6$[극]

22

직류발전기의 전기자의 주된 역할은?

① 기전력을 유도한다.
② 자속을 만든다.
③ 정류작용을 한다.
④ 회전자와 외부회로를 접속한다.

해설

발전기의 구조

전기자의 경우 계자에서 발생된 자속을 끊어 기전력을 유도한다.

23

무부하에서 119[V]되는 분권발전기의 전압변동률이 6[%]이다. 정격 전 부하 전압은 약 몇 [V]인가?

① 110.2

② 112.3

③ 122.5

④ 125.3

정답　18 ④　19 ③　20 ①　21 ③　22 ①　23 ②

해설

전압변동률

$$\epsilon = \frac{V_0 - V}{V} \times 100 [\%]$$

$$V = \frac{V_0}{(\epsilon + 1)} = \frac{119}{1 + 0.06} = 112.26 [V]$$

24

3상 전파 정류회로에서 출력전압의 평균전압은? (단, V는 선간전압의 실효값이다.)

① 0.45V[V] ② 0.9V[V]

③ 1.17V[V] ④ 1.35V[V]

해설

3상 전파 정류회로

$$E_d = 1.35E$$

25

전압이 13,200/220[V]인 변압기의 부하 측에 흐르는 전류가 120[A]이다. 1차 측에 흐르는 전류는 얼마인가?

① 2 ② 20

③ 60 ④ 120

해설

변압기의 1차 측 전류

$$a = \frac{V_1}{V_2} = \frac{I_2}{I_1}$$

$$= \frac{13,200}{220} = 60$$ 이므로 $$I = \frac{120}{60} = 2 [A]$$가 된다.

26

직류 전동기의 규약효율을 표시하는 식은?

① $\dfrac{입력}{출력 + 손실} \times 100 [\%]$

② $\dfrac{입력}{출력} \times 100 [\%]$

③ $\dfrac{입력 - 손실}{입력} \times 100 [\%]$

④ $\dfrac{출력}{입력} \times 100 [\%]$

해설

전동기의 규약효율

$$\eta_{전} = \frac{입력 - 손실}{입력} \times 100 [\%]$$

27

100[kVA]의 용량을 갖는 2대의 변압기를 이용하여 V-V결선하는 경우 출력은 어떻게 되는가?

① 100 ② $100\sqrt{3}$

③ 200 ④ 300

해설

V결선 시 출력

$$P_V = \sqrt{3} P_n = \sqrt{3} \times 100$$

28

동기기의 전기자 권선법이 아닌 것은?

① 전층권 ② 분포권

③ 2층권 ④ 중권

해설

동기기의 전기자 권선법
2층권, 중권, 분포권, 단절권

정답 24 ④ 25 ① 26 ③ 27 ② 28 ①

29

인버터의 용도로 가장 적합한 것은?

① 직류 – 직류 변환
② 직류 – 교류 변환
③ 교류 – 증폭교류 변환
④ 직류 – 증폭직류 변환

해설

인버터
직류를 교류로 변환하는 장치를 말한다.

30

동기발전기에서 전기자 전류가 무부하 유도 기전력보다 $\frac{\pi}{2}$ [rad] 앞서 있는 경우에 나타나는 전기자 반작용은?

① 증자 작용
② 감자 작용
③ 교차 자화 작용
④ 직축 반작용

해설

동기발전기의 전기자 반작용
유기기전력보다 앞선 전류가 흐를 경우 전기자 반작용은 증자작용이 나타난다.

31

변압기의 손실에 해당되지 않는 것은?

① 동손
② 와전류손
③ 히스테리시스손
④ 기계손

해설

변압기의 손실
1) 무부하손 : 철손(히스테리시스손 + 와류손)
2) 부하손 : 동손
기계손의 경우 회전기의 손실이 된다.

32

변압기에서 퍼센트 저항강하가 3[%], 리액턴스강하가 4[%]일 때 역률 0.8(지상)에서의 전압변동률[%]은?

① 2.4
② 3.6
③ 4.8
④ 6.0

해설

변압기 전압변동률 ϵ
$\epsilon = \%p\cos\theta + \%x\sin\theta$
$= 3 \times 0.8 + 4 \times 0.6 = 4.8[\%]$가 된다.

33

직류기의 정류작용에서 전압정류의 역할을 하는 것은?

① 탄소 brush
② 보극
③ 리액턴스 코일
④ 보상권선

해설

정류
전압정류 : 보극
저항정류 : 탄소브러쉬

34

유도전동기의 동기속도를 N_s, 회전속도를 N이라 할 때 슬립은?

① $s = \dfrac{N_s - N}{N_s} \times 100$
② $s = \dfrac{N - N_s}{N} \times 100$

③ $s = \dfrac{N_s - N}{N} \times 100$
④ $s = \dfrac{N_s + N}{N_s} \times 100$

해설

유도전동기의 슬립 s
$s = \dfrac{N_s - N}{N_s} \times 100$

정답 29 ② 30 ① 31 ④ 32 ③ 33 ② 34 ①

35

전기기계의 철심을 규소강판으로 성층하는 이유는?

① 철손 감소   ② 동손 감소

③ 기계손 감소   ④ 제작 용이

해설

철심의 구조

규소강판으로 성층된 철심을 사용하는 이유는 철손을 감소하기 때문이다.

36

3상 유도전동기의 원선도를 그리는 데 필요하지 않은 시험은?

① 저항측정   ② 무부하시험

③ 구속시험   ④ 슬립측정

해설

원선도를 그리기 위한 시험법

1) 저항측정시험

2) 무부하시험

3) 구속시험

37

변압기, 동기기 등 층간 단락 등의 내부고장 보호에 사용되는 계전기는?

① 차동 계전기   ② 접지 계전기

③ 과전압 계전기   ④ 역상 계전기

해설

차동 계전기

차동 계전기란 변압기나 발전기의 내부고장을 보호하는 계전기를 말한다.

38

직류 분권전동기의 계자전류를 약하게 하면 회전수는?

① 감소한다.   ② 정지한다.

③ 증가한다.   ④ 변화없다.

해설

분권전동기의 계자전류

계자전류와 N은 반비례한다.

$\phi \propto \dfrac{1}{N}$ 이기 때문에 계자전류의 크기가 작아진다는 것은

$\phi\downarrow$ 가 되므로 $N\uparrow$ 이 된다.

39

3상 동기발전기를 병렬운전시키는 경우 고려하지 않아도 되는 조건은?

① 상회전 방향이 같을 것

② 전압 파형이 같을 것

③ 크기가 같을 것

④ 회전수가 같을 것

해설

동기발전기의 병렬운전조건

1) 기전력의 크기가 같을 것

2) 기전력의 위상이 같을 것

3) 기전력의 주파수가 같을 것

4) 기전력의 파형이 같을 것

5) 상회전 방향이 같을 것

정답   35 ①   36 ④   37 ①   38 ③   39 ④

40

다음은 3상 유도전동기 고정자 권선의 결선도를 나타낸 것이다. 맞는 사항을 고르시오.

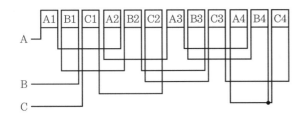

① 3상 4극, Δ결선
② 3상 2극, Δ결선
③ 3상 4극, Y결선
④ 3상 2극, Y결선

해설

그림은 3상(A, B, C) 4극(1, 2, 3, 4)이 하나의 접점에 연결되어 있으므로 Y결선이다.

 전기설비

41

가공전선로의 지지물에 시설하는 지선에 연선을 사용할 경우 소선수는 몇 가닥 이상이어야 하는가?

① 3가닥
② 5가닥
③ 7가닥
④ 9가닥

해설

지선의 시설기준
1) 안전율은 2.5 이상
2) 허용인장하중은 4.31[kN] 이상
3) 소선수는 3가닥 이상

42

화약고 등의 위험 장소의 배선공사에서 전로의 대지전압은 몇 [V] 이하로 하도록 되어 있는가?

① 300
② 400
③ 500
④ 600

해설

화약류 저장고의 시설기준
대지전압은 300[V] 이하이어야 한다.

43

절연전선을 동일 금속덕트 내에 넣을 경우 금속덕트의 크기는 전선의 피복절연물을 포함한 단면적의 총합계가 금속덕트 내의 단면적의 몇 [%] 이하가 되도록 선정하여야 하는가?

① 20
② 30
③ 40
④ 50

정답 40 ③ 41 ① 42 ① 43 ①

해설

덕트 내의 단면적
일반적인 경우 덕트 내 단면적의 20[%] 이하가 되어야 하며, 전광표시, 제어회로용의 경우 50[%] 이하가 되도록 한다.

44

옥내배선 공사에서 절연전선의 피복을 벗길 때 사용하면 편리한 공구는?

① 드라이버
② 플라이어
③ 압착펜치
④ 와이어 스트리퍼

해설

와이어 스트리퍼
절연전선의 피복을 벗기는 데 편리한 공구이다.

45

설치 면적이 넓고 설치비용이 많이 들지만 가장 이상적이고 효과적인 진상용 콘덴서 설치 방법은?

① 수전단 모선과 부하 측에 분산하여 설치
② 수전단 모선에 설치
③ 부하 측에 분산하여 설치
④ 가장 큰 부하 측에만 설치

해설

전력용 콘덴서의 경우 가장 이상적이고 효과적인 설치 방법은 부하 측에 각각 설치하는 경우이다.

46

점착성이 없으나 절연성, 내온성 및 내유성이 있어 연피케이블 접속에 사용되는 테이프는?

① 고무테이프
② 리노테이프
③ 비닐테이프
④ 자기융착 테이프

해설

리노테이프
절연성, 내온성, 내유성이 뛰어나며 연피케이블에 접속된다.

47

전기공사에서 접지저항을 측정할 때 사용하는 측정기는 무엇인가?

① 검류기
② 변류기
③ 메거
④ 어스테스터

해설

접지저항 측정기는 어스테스터를 말한다.

48

옥외용 비닐 절연전선의 약호는?

① OW
② W
③ NR
④ DV

해설

옥외용 비닐 절연선선의 약호는 OW이다.

49

피뢰기의 약호는?

① SA
② COS
③ SC
④ LA

정답 44 ④ 45 ③ 46 ② 47 ④ 48 ① 49 ④

해설

피뢰기는 뇌격 시에 기계기구를 보호하며 LA(Lighting Arrester)라고 한다.

50

물체의 두께, 깊이, 안지름 및 바깥지름 등을 모두 측정할 수 있는 공구의 명칭은?

① 버니어 켈리퍼스　　② 마이크로미터
③ 다이얼 게이지　　　④ 와이어 게이지

해설

버니어 켈리퍼스
버니어 켈리퍼스는 물체의 두께, 깊이, 안지름 및 바깥지름 등을 모두 측정할 수 있는 공구이다.

51

한 수용가의 인입선에서 분기하여 지지물을 거치지 아니하고 다른 수용장소의 인입구에 이르는 부분의 전선을 무엇이라 하는가?

① 가공인입선　　　② 옥외 배선
③ 연접인입선　　　④ 연접가공선

해설

연접인입선
한 수용가의 인입선에서 분기하여 다른 지지물을 거치지 아니하고 다른 수용장소의 인입구에 이르는 전선을 말한다.

52

활선 상태에서 전선의 피복을 벗기는 공구는?

① 전선 피박기　　　② 애자커버
③ 와이어통　　　　④ 데드엔드 커버

해설

전선 피박기
활선 시 전선의 피복을 벗기는 공구는 전선 피박기를 말한다.

53

가연성 분진(소맥분, 전분, 유황 기타 가연성 먼지 등)으로 인하여 폭발할 우려가 있는 저압 옥내 설비공사로 적절한 것은?

① 금속관 공사　　　② 애자 공사
③ 가요전선관 공사　④ 금속 몰드 공사

해설

가연성 분진이 착화하여 폭발할 우려가 있는 곳의 전기 공사 방법은 금속관, 케이블, 합성수지관 공사에 의한다.

54

다음 중 금속 전선관을 박스에 고정시킬 때 사용하는 것은?

① 새들　　　　　　② 부싱
③ 로크너트　　　　④ 클램프

해설

로크너트
관을 박스에 고정시킬 때 사용되는 것은 로크너트이다.

55

주상변압기의 1차 측 보호로 사용하는 것은?

① 리클로저　　　　② 섹셔널라이저
③ 캐치홀더　　　　④ 컷아웃스위치

해설

주상변압기 보호장치
1) 1차 측 : 컷아웃스위치
2) 2차 측 : 캐치홀더

정답 50 ①　51 ③　52 ①　53 ①　54 ③　55 ④

56

조명기구의 배광에 의한 분류 중 하향광속이 90~100[%] 정도의 빛이 나는 조명방식은?

① 직접조명   ② 반직접조명
③ 반간접조명   ④ 간접조명

해설

배광에 의한 분류
직접조명의 경우 하향광속의 비율이 90~100[%]가 된다.

57

설계하중 6.8[kN] 이하인 철근콘크리트 전주의 길이가 7[m]인 지지물을 건주할 경우 땅에 묻히는 깊이로 가장 옳은 것은?

① 0.6[m]   ② 0.8[m]
③ 1.0[m]   ④ 1.2[m]

해설

지지물의 매설깊이는 15[m] 이하의 지지물의 경우 전장의 길이에 $\frac{1}{6}$배 이상 깊이에 매설한다.

$7 \times \frac{1}{6} = 1.16$[m] 이상 매설해야만 한다.

정답 56 ① 57 ④

2021년 CBT 복원문제 1회

전기이론

01

굵기가 일정한 직선도체의 체적은 일정하다고 할 때 이 직선도체를 길게 늘여 지름이 절반이 되게 하였다. 이 경우 길게 늘인 도체의 저항값은 원래 도체의 저항값의 몇 배가 되는가?

① 4배
② 8배
③ 16배
④ 24배

해설

직선도체의 체적은 지름이 d일 때 체적 $v = \dfrac{\pi d^2}{4}l$이므로 지름을 절반으로 하면 $v = \dfrac{\pi (\dfrac{d}{2})^2}{4}l$이 된다. 이때 체적 $v = \dfrac{\pi d^2}{4}l$의 원래식이 되려면 길이가 4배가 되어야 한다.

그러므로 저항 $R = \dfrac{\rho l}{S} = \rho \dfrac{l}{\dfrac{\pi d^2}{4}}$에서

$$R' = \rho \dfrac{4l}{\dfrac{\pi (\dfrac{d}{2})^2}{4}} = \rho \dfrac{4l}{\dfrac{\pi d^2}{4} \times \dfrac{1}{4}} = 16R$$

02

저항 $R_1[\Omega]$과 $R_2[\Omega]$을 직렬 접속하고 $V[V]$의 전압을 인가할 때 저항 R_1의 양단의 전압은?

① $\dfrac{R_2}{R_1 + R_2}V$
② $\dfrac{R_1 R_2}{R_1 + R_2}V$
③ $\dfrac{R_1}{R_1 + R_2}V$
④ $\dfrac{R_1 + R_2}{R_1}V$

해설

$$V_1 = \frac{R_1}{R_1 + R_2}V, \quad V_2 = \frac{R_2}{R_1 + R_2}V$$

03

10[A]의 전류를 흘렸을 때 전력이 50[W]인 저항에 20[A]를 흘렸을 때의 전력은 몇 [W]인가?

① 100
② 200
③ 300
④ 400

해설

$P = I^2 R[W]$에서 $P \propto I^2$이므로

$P_1 : P_2 = I_1^2 : I_2^2$, $50 : P_2 = 10^2 : 20^2$

$P_2 = \dfrac{20^2 \times 50}{10^2} = 200[W]$이다.

04

임의의 한 점에 유입하는 전류의 대수합이 0이 되는 법칙은?

① 플레밍의 법칙
② 패러데이의 법칙
③ 키르히호프의 법칙
④ 옴의 법칙

해설

키르히호프의 제1법칙은 전류법칙으로 임의의 한 점에 유입·유출하는 전류의 합은 0이다.

정답 01 ③ 02 ③ 03 ② 04 ③

05

다음 서로 상호관계가 바르게 연결된 것은?

① 저항열 – 제어벡 효과
② 전기냉동장치 – 펠티어 효과
③ 전기분해 – 톰슨 효과
④ 열전쌍 – 줄의 법칙

해설

저항열은 줄의 법칙, 전기분해는 패러데이 법칙, 열전쌍은 제어벡 효과이다.

06

저항 R_1과 R_2를 병렬 접속하여 여기에 전압 100[V]를 가할 때 R_1에 소비전력을 P_1[W], R_2에 소비전력을 P_2[W]라면 $\dfrac{P_1}{P_2}$의 비는 얼마인가?

① $\dfrac{R_2}{R_1}$

② $\dfrac{R_1}{R_2}$

③ $\dfrac{R_2 + R_1}{R_1}$

④ $\dfrac{R_2}{R_1 + R_2}$

해설

소비전력 $P = \dfrac{V^2}{R}$[W]이므로

$P_1 = \dfrac{100^2}{R_1}$[W], $P_2 = \dfrac{100^2}{R_2}$[W]이므로

$\dfrac{P_1}{P_2} = \dfrac{\dfrac{100^2}{R_1}}{\dfrac{100^2}{R_2}} = \dfrac{R_2}{R_1}$ 이다.

07

정전용량의 단위 [F]과 같은 것은? (단, [V]는 전위, [C]은 전기량, [N]은 힘, [m]은 길이이다.)

① [V/m]

② [C/V]

③ [N/V]

④ [N/C]

해설

콘덴서 충전 전하량 $Q = CV$에서 $C = \dfrac{Q}{V}$[C/V]이다.

08

공기 중에 2개의 같은 점전하가 간격 1[m] 사이에 작용하는 힘이 9×10^{11}[N]이다. 하나의 점전하는 몇 [C]인가?

① 1,000

② 500

③ 100

④ 10

해설

쿨롱의 법칙

힘 $F = 9 \times 10^9 \times \dfrac{Q_1 Q_2}{r^2}$[N]이다.

두 전하가 같으므로

$F = 9 \times 10^9 \times \dfrac{Q^2}{r^2}$, $Q^2 = \dfrac{F \times r^2}{9 \times 10^9} = \dfrac{9 \times 10^{11} \times 1^2}{9 \times 10^9} = 10^2$

그러므로 $Q = 10$[C]이다.

09

콘덴서 $C_1 = 3$[F], $C_2 = 6$[F]를 직렬로 연결하면 합성 정전용량 C[F]은 얼마인가?

① $C = 3 + 6$

② $C = \dfrac{1}{3} + \dfrac{1}{6}$

③ $C = \dfrac{1}{\dfrac{1}{3} + \dfrac{1}{6}}$

④ $C = 3 + \dfrac{1}{6}$

해설

$C = \dfrac{1}{\dfrac{1}{C_1} + \dfrac{1}{C_2}} = \dfrac{C_1 C_2}{C_1 + C_2}$[F]이다.

10

상호 인덕턴스가 10[H], 두 코일의 자기인덕턴스는 각각 20[H], 80[H]일 경우 결합계수는 얼마인가?

① 0.125
② 0.25
③ 0.5
④ 0.75

해설

상호 인덕턴스 $M = k\sqrt{L_1 L_2}$ [H]에서

$$k = \frac{M}{\sqrt{L_1 L_2}} = \frac{10}{\sqrt{20 \times 80}} = 0.25$$

11

자속밀도 5[Wb/m²]의 자계 중에 20[cm]의 도체를 자계와 직각으로 100[m/s]의 속도로 움직였다면 이 때 도체에 유기되는 기전력[V]은?

① 100
② 1,000
③ 200
④ 2,000

해설

유기기전력
$$e = vBl\sin\theta = 100 \times 5 \times 0.2 \times \sin 90° = 100[V]$$

12

발전기의 원리로 적용되는 법칙은?

① 플레밍의 왼손 법칙
② 플레밍의 오른손 법칙
③ 패러데이의 법칙
④ 렌츠의 법칙

해설

플레밍의 왼손 법칙은 전동기 원리, 플레밍의 오른손 법칙은 발전기 원리이다.

13

환상솔레노이드의 코일의 권수를 4배로 증가시키면 인덕턴스는 몇 배가 되는가?

① 2배
② 4배
③ 8배
④ 16배

해설

인덕턴스 $L = \dfrac{\mu S N^2}{l}$ [H]이므로 $L \propto N^2 = (4N)^2 = 16N^2$

14

$i = 100\sqrt{2}\sin\left(120\pi t + \dfrac{\pi}{6}\right)$[A]의 교류 전류에서 주기는 몇 [sec]인가?

① $\dfrac{1}{50}$
② $\dfrac{1}{60}$
③ $\dfrac{1}{90}$
④ $\dfrac{1}{120}$

해설

$\omega = 2\pi f = 120\pi$이므로 주파수 $f = 60$[Hz]이므로

주기 $T = \dfrac{1}{f} = \dfrac{1}{60}$[sec]이다.

15

인덕턴스 L만의 회로에 기본 교류 전압을 가할 때 전류의 위상은?

① 동상이다.
② $\dfrac{\pi}{2}$만큼 앞선다.
③ $\dfrac{\pi}{2}$만큼 뒤진다.
④ $\dfrac{\pi}{3}$만큼 앞선다.

해설

L만의 회로에서 기본 교류 전압을 인가하면 전류는 90도 뒤진다.

정답 10 ② 11 ① 12 ② 13 ④ 14 ② 15 ③

16

RLC 직렬회로에서 공진에 대한 설명으로 맞는 것은?

① 임피던스는 최소가 되어 전류는 최대로 흐른다.
② 전압과 전류의 위상차는 90도이다.
③ 직렬 공진이 되면 리액턴스는 증가한다.
④ 직렬 공진 시 역률는 약 0.8이 된다.

> **해설**
> 공진이 되면 허수부가 0이 되므로 임피던스는 최소가 되어
> 전류는 최대로 흐르며 전압과 전류의 위상은 동상이 되고
> 리액턴스가 0이 되므로 역률은 1이 된다.

17

전압이 100[V], 전류가 3[A]이고 역률이 0.8일 때 유효전력은 몇 [W]인가?

① 200   ② 220
③ 240   ④ 260

> **해설**
> 유효전력 $P = VI\cos\theta = 100 \times 3 \times 0.8 = 240[\text{W}]$이다.

18

3상 Y결선 회로에서 상전압의 위상은 선간전압에 대하여 어떠한가?

① 상전압은 $\dfrac{\pi}{6}$만큼 앞선다.

② 상전압은 $\dfrac{\pi}{6}$만큼 뒤진다.

③ 상전압은 $\dfrac{\pi}{3}$만큼 앞선다.

④ 상전압은 $\dfrac{\pi}{3}$만큼 뒤진다.

> **해설**
> 3상 Y결선의 선간전압은 $V_l = \sqrt{3}\, V_P \angle 30°[\text{V}]$이므로 선간전압이 상전압보다 30도만큼 앞선다. 그러므로 상전압은 반대로 선간전압보다 30도만큼 뒤진다.

19

변압기를 V결선했을 때 이용률은 얼마인가?

① $\dfrac{\sqrt{3}}{2}$ ② $\dfrac{\sqrt{3}}{3}$

③ $\dfrac{\sqrt{2}}{2}$ ④ $\dfrac{\sqrt{2}}{3}$

> **해설**
> V결선 시 이용률은 0.866이다.

20

전력계 두 대로 3상 전력을 측정할 때의 지시가 $W_1 = 300[\text{W}]$, $W_2 = 300[\text{W}]$이라면 유효전력은 몇 [W]인가?

① 300   ② $300\sqrt{3}$
③ 600   ④ $600\sqrt{3}$

> **해설**
> 2전력계법의 유효전력은
> $P = W_1 + W_2 = 300 + 300 = 600[\text{W}]$이다.

정답 16 ① 17 ③ 18 ② 19 ① 20 ③

전기기기

21

다음 그림과 같은 기호의 명칭은?

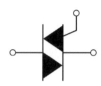

① UJT
② SCR
③ TRIAC
④ GTO

해설
TRIAC
SCR 2개를 역병렬로 접속한 구조를 가지고 있는 소자를 말한다.

22

변압기의 1차 전압이 3,300[V]이며, 2차전압은 330[V]이다. 변압비는 얼마인가?

① $\dfrac{1}{10}$
② 10
③ $\dfrac{1}{100}$
④ 100

해설
변압기의 변압비
$$a = \frac{V_1}{V_2} = \frac{3,300}{330} = 10$$

23

변압기를 $\Delta - Y$ 결선(delta–star connection)한 경우에 대한 설명으로 옳지 않은 것은?

① 1차 변전소의 승압용으로 사용된다.
② 1차 선간전압 및 2차 선간전압의 위상차는 $60°$이다.

③ 제3고조파에 의한 장해가 적다.
④ Y결선의 중성점을 접지할 수 있다.

해설
$\Delta - Y$ 결선
델타와 Y결선의 특징을 모두 갖고 있는 방식으로 1차 선간전압과 2차 선간전압의 위상차는 $30°$이며, 한 상의 고장 시 송전이 불가능하다.

24

발전기를 정격전압 100[V]로 운전하다가 무부하로 운전하였더니, 단자 전압이 103[V]가 되었다. 이 발전기의 전압변동률은 몇 [%]인가?

① 1
② 2
③ 3
④ 4

해설
전압변동률 ϵ
$$\epsilon = \frac{V_0 - V_n}{V_n} \times 100[\%]$$
$$= \frac{103 - 100}{100} \times 100 = 3[\%]$$

25

직류분권전동기의 계자저항을 운전 중에 증가시키면 회전속도는?

① 증가한다.
② 감소한다.
③ 변화 없다.
④ 정지한다.

해설
직류전동기의 회전속도 N
직류전동기의 경우 $\phi \propto \dfrac{1}{N}$ 이 된다.

계자저항이 증가하면 계자전류가 감소하게 되며, 자속도 감소하므로 속도는 증가한다.

정답 21 ③ 22 ② 23 ② 24 ③ 25 ①

26

3상 반파 정류회로에서 직류전압의 평균전압은?

① 0.45V ② 0.9V
③ 1.17V ④ 1.35V

해설

3상 반파 정류회로에서 직류전압

$E_d = 1.17E$

27

동기발전기에서 전기자 전류가 무부하 유도기전력보다 $\frac{\pi}{2}$[rad] 앞서 있는 경우에 나타나는 전기자 반작용은?

① 증자작용 ② 감자작용
③ 교차 자화작용 ④ 직축 반작용

해설

동기발전기의 전기자 반작용
유기기전력보다 전기자 전류의 위상이 앞선 경우 증자작용이 나타난다.

28

직류전동기의 속도제어방법이 아닌 것은?

① 전압제어 ② 계자제어
③ 위상제어 ④ 저항제어

해설

직류전동기의 속도제어방법
① 전압제어
② 계자제어
③ 저항제어

29

브흐홀쯔 계전기로 보호되는 기기는?

① 발전기 ② 변압기
③ 전동기 ④ 회전변류기

해설

브흐홀쯔 계전기
주변압기와 콘서베이터 사이에 설치되는 계전기로서 변압기 내부고장을 보호한다.

30

어떤 변압기에서 임피던스 강하가 5[%]인 변압기가 운전 중 단락되었을 때 그 단락전류는 정격전류의 몇 배인가?

① 5 ② 20 ③ 50 ④ 500

해설

변압기의 단락전류 I_s

$I_s = \frac{100}{\%Z}I_n = \frac{100}{5} \times I_n$이므로

$I_s = 20I_n$이 된다.

31

3상 농형유도전동기의 $Y-\Delta$기동 시 기동전류와 기동토크가 전전압 기동 시 몇 배가 되는가?

① 전전압 기동보다 3배가 된다.

② 전전압 기동보다 $\frac{1}{3}$배가 된다.

③ 전전압 기동보다 $\sqrt{3}$배가 된다.

④ 전전압 기동보다 $\frac{1}{\sqrt{3}}$배가 된다.

해설

$Y-\Delta$기동(전전압 기동대비)
기동전류는 $\frac{1}{3}$배가 되며, 기동토크도 $\frac{1}{3}$배가 된다.

정답 26 ③ 27 ① 28 ③ 29 ② 30 ② 31 ②

32

동기발전기의 전기자 권선을 단절권으로 하면?

① 고조파를 제거한다.   ② 절연이 잘된다.
③ 역률이 좋아진다.   ④ 기전력을 높인다.

해설

동기발전기의 전기자 권선법
단절권의 경우 기전력의 파형을 개선하며, 고조파를 제거하고 동량이 절약된다.

33

3상 유도전동기의 운전 중 전압이 90[%]로 저하되면 토크는 몇 [%]가 되는가?

① 90   ② 81
③ 72   ④ 64

해설

유도전동기의 토크
토크와 전압은 제곱에 비례하므로
$T' = (0.9)^2 T$
$= 0.81 T$

34

변압기의 퍼센트 저항강하가 3[%], 퍼센트 리액턴스 강하가 4[%]이다. 역률이 80[%]라면 이 변압기의 전압변동률[%]은?

① 3.2   ② 4.8
③ 5.0   ④ 5.6

해설

변압기의 전압변동률 ϵ
$\epsilon = \%p\cos\theta \pm \%q\sin\theta$
$= 3 \times 0.8 + 4 \times 0.6 = 4.8[\%]$

35

다음 중 정속도 전동기에 속하는 것은?

① 유도전동기   ② 직권 전동기
③ 분권 전동기   ④ 교류 정류자 전동기

해설

분권 전동기
$N = k\dfrac{V - I_a R_a}{\phi}$ 로서 속도는 부하가 증가할수록 감소하는 특성을 가지나 이 감소가 크지 않아 정속도 특성을 나타낸다.

36

농형 유도전동기의 기동법이 아닌 것은?

① 전전압 기동
② $\Delta - \Delta$ 기동
③ 기동보상기에 의한 기동
④ 리액터 기동

해설

농형 유도전동기의 기동
1) 전전압 기동
2) $Y - \Delta$ 기동
3) 기동보상기에 의한 기동
4) 리액터 기동

37

직류전동기의 규약 효율을 표시하는 식은?

① $\dfrac{출력}{출력 + 손실} \times 100[\%]$

② $\dfrac{출력}{입력} \times 100[\%]$

③ $\dfrac{입력 - 손실}{입력} \times 100[\%]$

④ $\dfrac{입력}{출력 + 손실} \times 100[\%]$

정답 32 ① 33 ② 34 ② 35 ③ 36 ② 37 ③

해설

직류전동기의 규약 효율

$$\eta = \frac{출력}{입력} = \frac{입력 - 손실}{입력} \times 100[\%]$$

38

변압기의 임피던스 전압이란?

① 정격전류가 흐를 때의 변압기 내의 전압 강하
② 여자전류가 흐를 때의 2차 측 단자 전압
③ 정격전류가 흐를 때의 2차 측 단자 전압
④ 2차 단락전류가 흐를 때의 변압기 내의 전압 강하

해설

변압기의 임피던스 전압

$\%Z = \dfrac{IZ}{E} \times 100[\%]$에서 IZ의 크기를 말하며, 정격전류가

흐를 때 변압기 내의 전압 강하를 말한다.

39

기계적인 출력을 P_0, 2차 입력을 P_2, 슬립을 s라고 하면 유도전동기의 2차 효율은?

① $\dfrac{P_2}{P_0}$　　　　　② $1+s$

③ $\dfrac{sP_0}{P_2}$　　　　　④ $1-s$

해설

2차 효율 η_2

$$\eta_2 = \frac{P_0}{P_2} = (1-s) = \frac{N}{N_s}$$

40

2대의 동기발전기의 병렬운전조건으로 같지 않아도 되는 것은?

① 기전력의 위상
② 기전력의 주파수
③ 기전력의 임피던스
④ 기전력의 크기

해설

동기발전기의 병렬운전조건
1) 기전력의 크기가 같을 것
2) 기전력의 위상이 같을 것
3) 기전력의 주파수가 같을 것
4) 기전력의 파형이 같을 것

전기설비

41

한국전기설비규정에서 정한 저압 애자사용 공사의 경우 전선 상호간의 거리는 몇 [m]인가?

① 0.025
② 0.06
③ 0.12
④ 0.25

해설

애자사용 공사
저압의 경우 전선 상호간의 이격거리는 0.06[m] 이상이어야만 한다.
고압의 경우 전선 상호간의 이격거리는 0.08[m] 이상이어야만 한다.

42

합성수지관을 새들 등으로 지지하는 경우에는 그 지지점 간의 거리를 몇 [m] 이하로 하여야 하는가?

① 1.5
② 2.0
③ 2.5
④ 3.0

해설

합성수지관 공사
지지점 간의 거리는 1.5[m] 이하이어야만 한다.

43

노출장소 또는 점검 가능한 장소에서 제2종 가요전선관을 시설하고 제거하는 것이 자유로운 경우 곡률 반지름은 안지름의 몇 배 이상으로 하여야 하는가?

① 2배
② 3배
③ 4배
④ 6배

해설

가요전선관 공사
가요전선관의 경우 노출장소 또는 점검이 가능한 장소에 시설 및 제거하는 것이 자유로운 경우 관 안지름에 3배 이상으로 하여야 하며, 노출장소 또는 점검이 가능한 은폐장소에서 시설 및 제거하는 것이 부자유하거나 또는 점검이 불가능할 경우 관 안지름의 6배 이상으로 한다.

44

다음은 변압기 중성점 접지저항을 결정하는 방법이다. 여기서 k의 값은? (단, I_g란 변압기 고압 또는 특고압 전로의 1선지락전류를 말하며, 자동차단장치는 없도록 한다.)

$$R = \frac{k}{I_g} [\Omega]$$

① 75
② 150
③ 300
④ 600

해설

변압기중성점 접지저항
$R = \frac{150,300,600}{1선지락전류} [\Omega]$

① 150[V] : 아무 조건이 없는 경우(자동차단장치가 없는 경우)
② 300[V] : 2초 이내에 자동차단하는 장치가 있는 경우
③ 600[V] : 1초 이내에 자동차단하는 장치가 있는 경우

45

다음 중 과전류 차단기를 설치하는 곳은?

① 간선의 전원 측 전선
② 접지공사의 접지도체
③ 다선식 전로의 중성선
④ 접지공사를 한 저압 가공전선로의 접지 측 전선

정답 41 ② 42 ① 43 ② 44 ② 45 ①

과전류 차단기 시설제한장소
① 접지공사의 접지도체
② 다선식 전로의 중성선
③ 접지공사를 한 저압 가공전선로의 접지 측 전선

46

점착성이 없으나 절연성, 내온성 및 내유성이 있어 연피케이블 접속에 사용되는 테이프는?

① 고무테이프　　　② 자기융착 테이프
③ 비닐테이프　　　④ 리노테이프

해설
리노테이프
점착성이 없으나 절연성, 내열성 및 내유성이 있어 연피케이블 접속에 주로 사용된다.

47

피시 테이프(fish tape)의 용도는?

① 전선을 테이핑하기 위해 사용
② 전선관의 끝 마무리를 위해서 사용
③ 전선관에 전선을 넣을 때 사용
④ 합성수지관을 구부릴 때 사용

해설
피시 테이프
배관 공사 시 전선을 넣을 때 사용한다.

48

한국전기설비규정에서 정한 가공전선로의 지지물에 승탑 또는 승강용으로 사용하는 발판볼트 등은 지표상 몇 [m] 미만에 시설하여서는 안 되는가?

① 1.2　　　　　② 1.5
③ 1.6　　　　　④ 1.8

해설
발판볼트
지지물에 시설하는 발판볼트의 경우 1.8[m] 이상 높이에 시설한다.

49

동전선의 접속방법에서 종단접속 방법이 아닌 것은?

① 비틀어 꽂는 형의 전선접속기에 의한 접속
② 종단 겹침용 슬리브(E형)에 의한 접속
③ 직선 맞대기용 슬리브(B형)에 의한 압착접속
④ 직선 겹침용 슬리브(P형)에 의한 접속

해설
동전선의 종단접속
① 비틀어 꽂는 형의 전선접속기에 의한 접속
② 종단 겹침용 슬리브(E형)에 의한 접속
③ 직선 겹침용 슬리브(P형)에 의한 접속

50

금속관 공사에 대한 설명으로 잘못된 것은?

① 금속관을 콘크리트에 매설할 경우 관의 두께는 1.0[mm] 이상일 것
② 금속관 안에는 전선의 접속점이 없도록 할 것
③ 교류회로에서 전선을 병렬로 사용하는 경우 관 내에 전자적 불평형이 생기지 않도록 할 것
④ 관의 호칭에서 후강전선관은 짝수, 박강전선관은 홀수로 표시할 것

해설
금속관 공사
콘크리트에 매설되는 경우 관의 두께는 1.2[mm] 이상이어야 한다.

✔ 정답　46 ④　47 ③　48 ④　49 ③　50 ①

51

가공케이블 시설 시 조가용선에 금속테이프 등을 사용하여 케이블 외장을 견고하게 붙여 조가하는 경우 나선형으로 금속테이프를 감는 간격은 몇 [m] 이하를 확보하여 감아야 하는가?

① 0.5   ② 0.3
③ 0.2   ④ 0.1

해설
조가용선의 시설
금속테이프의 경우 0.2[m] 이하 간격으로 감아야 한다.

52

한국전기설비규정에서 정한 무대, 오케스트라박스 등 흥행장의 저압 옥내배선 공사의 사용전압은 몇 [V] 이하인가?

① 200   ② 300
③ 400   ④ 600

해설
무대, 오케스트라박스 등의 흥행장의 저압 공사 시 사용전압은 400[V] 이하이어야만 한다.

53

단로기에 대한 설명 중 옳은 것은?

① 전압 개폐 기능을 갖는다.
② 부하전류 차단 능력이 있다.
③ 고장전류 차단 능력이 있다.
④ 전압, 전류 동시 개폐기능이 있다.

해설
단로기
단로기란 무부하 상태에서 전로를 개폐하는 역할을 한다. 기기의 점검 및 수리 시 전원으로부터 이들 기기를 분리하기 위해 사용한다.
단로기는 전압 개폐 능력만 있다.

54

한국전기설비 규정에서 정한 아래 그림 같이 분기회로 (S_2)의 보호장치 (P_2)는 (P_2)의 전원 측에서 분기점(O) 사이에 다른 분기회로 또는 콘센트의 접속이 없고, 단락의 위험과 화재 및 인체에 대한 위험성이 최소화되도록 시설된 경우, 분기회로의 보호장치 (P_2)는 몇 [m]까지 이동 설치가 가능한가?

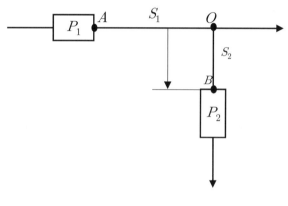

① 1   ② 2
③ 4   ④ 3

해설
분기회로 보호장치
분기회로의 보호장치 (P_2)는 분기회로의 분기점(O)으로부터 3[m]까지 이동하여 설치할 수 있다.

55

한국전기설비규정에서 정한 변압기 중성점 접지도체는 7[kV] 이하의 전로에서는 몇 [mm²] 이상이어야 하는가?

① 6   ② 10
③ 16   ④ 25

정답   51 ③   52 ③   53 ①   54 ④   55 ①

해설

중성점 접지도체의 굵기

중성점 접지용 지도체는 공칭단면적 16[mm²] 이상의 연동선 또는 동등 이상의 단면적 및 세기를 가져야 한다. 다만, 다음의 경우에는 공칭단면적 6[mm²] 이상의 연동선 또는 동등 이상의 단면적 및 강도를 가져야 한다.

① 7[kV] 이하의 전로

② 사용전압이 25[kV] 이하인 특고압 가공전선로. 다만, 중성선 다중접지식의 것으로서 전로에 지락이 생겼을 때 2초 이내에 자동적으로 이를 전로로부터 차단하는 장치가 되어 있는 것

56

한국전기설비규정에서 정한 전선의 식별에서 N의 색상은?

① 흑색   ② 적색

③ 갈색   ④ 청색

해설

전선의 식별

L1 : 갈색, L2 : 흑색, L3 : 회색,
N : 청색, 보호도체 : 녹색 – 노란색

57

한국전기설비규정에서 정한 전선접속 방법에 관한 사항으로 옳지 않은 것은?

① 전선의 세기를 80[%] 이상 감소시키지 아니할 것

② 접속부분은 접속관 기타의 기구를 사용할 것

③ 도체에 알미늄을 사용하는 전선과 동을 사용하는 전선을 접속하는 등 전기화학적 성질이 다른 도체를 접속하는 경우에는 접속부분에 전기적 부식이 생기지 않도록 할 것

④ 코드 상호, 캡타이어 케이블 상호 또는 이들 상호를 접속하는 경우에는 코드접속기, 접속함 기타의 기구를 사용할 것

해설

전선의 접속

전선의 세기를 20[%] 이상 감소시키지 아니할 것

58

금속관을 절단할 때 사용되는 공구는?

① 오스터   ② 녹아웃 펀치

③ 파이프 커터   ④ 파이프렌치

해설

금속관의 공구

금속관을 절단 시 사용되는 공구는 파이프 커터이다.

59

옥외용 비닐 절연전선의 약호(기호)는?

① W   ② DV

③ OW   ④ NR

해설

옥외용 비닐 절연전선(OW)

| 정답 | 56 ④ | 57 ① | 58 ③ | 59 ③ |

2021년 CBT 복원문제 2회

 전기이론

01

저항 R_1, R_2, R_3의 세 개의 저항을 병렬 연결하면 합성저항 $R[\Omega]$은?

① $\dfrac{R_1 + R_2 + R_3}{R_1R_2 + R_2R_3 + R_3R_1}$

② $\dfrac{R_1R_2R_3}{R_1R_2 + R_2R_3 + R_3R_1}$

③ $\dfrac{R_1R_2R_3}{R_1 + R_2 + R_3}$

④ $\dfrac{R_1 + R_2 + R_3}{R_1R_2R_3}$

해설

합성저항

$R = \dfrac{1}{\dfrac{1}{R_1} + \dfrac{1}{R_2} + \dfrac{1}{R_3}} = \dfrac{1}{\dfrac{R_1R_2 + R_2R_3 + R_3R_1}{R_1R_2R_3}}$

$= \dfrac{R_1R_2R_3}{R_1R_2 + R_2R_3 + R_3R_1}[\Omega]$

02

체적이 일정한 도선의 길이가 $l[m]$인 저항 R이 있다. 이 도선의 길이를 n배 잡아 늘리면 저항은 처음 저항의 몇 배가 되겠는가?

① n배

② $\dfrac{1}{n}$ 배

③ n^2 배

④ $\dfrac{1}{n^2}$ 배

해설

체적이 일정하므로 도선의 길이를 n배 잡아 늘리면 도선의 면적이 $\dfrac{1}{n}$ 배로 줄어든다.

그러므로 $R' = \dfrac{\rho\, nl}{\dfrac{1}{n}S} = n^2\dfrac{\rho l}{S} = n^2 R$이다.

03

내부저항 0.5[Ω], 전압 10[V]인 전지 양단에 저항 1.5[Ω]을 연결하면 흐르는 전류는 몇 [A]인가?

① 5　　　　　　② 10

③ 15　　　　　　④ 20

해설

저항 $R = 0.5 + 1.5 = 2[\Omega]$이 되므로

전류 $I = \dfrac{V}{R} = \dfrac{10}{2} = 5[A]$

04

1[kW]의 전열기를 10분간 사용할 때 발생한 열량은 몇 [kcal]인가?

① 121　　　　　② 124

③ 144　　　　　④ 244

해설

발열량

$H = 0.24Pt = 0.24 \times 1{,}000 \times (10 \times 60) = 144{,}000$

$= 144[Kcal]$

정답 01 ② 　 02 ③ 　 03 ① 　 04 ③

05

100[V]의 직류전원에 10[Ω]의 저항만이 연결된 회로의 설명 중 맞는 것은?

① 저항에 흐르는 전류는 0.1[A]이다.
② 회로를 개방하고 전원 양단의 전압을 측정하면 0[V]이다.
③ 회로를 개방하고 전원 양단의 전압을 측정하면 100[V]이다.
④ 10[Ω] 저항의 양단의 전압은 90[V]이다.

해설

전류 $I = \dfrac{V}{R} = \dfrac{100}{10} = 10[A]$이다. 회로를 개방하고 전원 양단의 전압을 측정하면 100[V] 상태이고 회로가 연결된 상태의 10[Ω] 저항의 양단의 전압은 100[V]이다.

06

4[F]과 6[F]의 콘덴서를 직렬연결하고 양단에 100[V]의 전압을 인가할 때 4[F]에 걸리는 전압[V]은?

① 60
② 40
③ 20
④ 10

해설

4[F]에 걸리는 전압

$$V_1 = \frac{C_2}{C_1 + C_2}\,V = \frac{6}{4+6} \times 100 = 60[V]$$

07

전기력선의 성질에 대한 설명으로 틀린 것은?

① 전기력선은 양전하에서 나와 음전하로 끝난다.
② 전기력선은 도체 표면과 내부에 존재한다.
③ 전기력선의 밀도는 전장의 세기이다.
④ 전기력선은 등전위면과 수직이다.

해설

전기력선은 도체 내부에 존재하지 않는다.

08

정전용량 10[μF]인 콘덴서 양단에 100[V]의 전압을 가했을 때 콘덴서에 축적되는 에너지는?

① 50
② 5
③ 0.5
④ 0.05

해설

콘덴서 축적에너지

$$W = \frac{1}{2}\,CV^2 = \frac{1}{2} \times 10 \times 10^{-6} \times 100^2 = 0.05$$

09

자극의 세기 1[Wb], 길이가 10[cm]인 막대 자석을 100[AT/m]의 평등 자계 내에 자계와 수직으로 놓았을 때 회전력은 몇 [N·m]인가?

① 1
② 10
③ 100
④ 100

해설

막대자석의 회전력
$$T = m\,l\,H\sin\theta = 1 \times 10 \times 10^{-2} \times 100 \times \sin 90°$$
$$= 10[N \cdot m]$$

10

전류에 의한 자계의 방향을 결정하는 것은?

① 렌츠의 법칙
② 암페어의 법칙
③ 비오샤바르의 법칙
④ 패러데이의 법칙

해설

• 렌츠의 법칙 – 유기기전력의 방향 결정
• 비오샤바르의 법칙 – 전류에 의한 자계의 크기를 결정
• 패러데이의 법칙 – 유기기전력의 크기 결정

정답 05 ③ 06 ① 07 ② 08 ④ 09 ② 10 ②

11

간격 1[m], 전류가 각각 1[A]인 왕복 평행도선에 1[m]당 작용하는 힘 F[N]은?

① 2×10^{-7}[N], 반발력

② 2×10^{-7}[N], 흡인력

③ 20×10^{-7}[N], 반발력

④ 20×10^{-7}[N], 흡인력

해설

평행도선에 작용하는 힘

$F = \dfrac{2I_1 I_2}{r} \times 10^{-7} = \dfrac{2 \times 1 \times 1}{1} \times 10^{-7} = 2 \times 10^{-7}$이고

전류가 같은 방향일 때는 흡인력이 작용하고 반대방향 또는 왕복일 때는 반발력이 작용한다.

12

권수가 N인 코일이 있다. t[sec] 사이에 자속 ϕ[Wb]가 변하였다면 유기기전력 e[V]는?

① $e = -\dfrac{1}{N}\dfrac{d\phi}{dt}$

② $e = -N\dfrac{d\phi}{dt}$

③ $e = -N^2\dfrac{d\phi}{dt}$

④ $e = -N\dfrac{d\phi^2}{dt}$

해설

패러데이의 유기기전력 $e = -N\dfrac{d\phi}{dt}$[V]이다.

13

자체 인덕턴스 L_1, L_2, 상호 인덕턴스 M인 코일을 같은 방향으로 직렬 연결할 경우 합성 인덕턴스 L[H]는?

① $L = L_1 + L_2 + M$

② $L = L_1 + L_2 - M$

③ $L = L_1 + L_2 - 2M$

④ $L = L_1 + L_2 + 2M$

해설

같은 방향의 직렬 연결은 가동 접속이므로
$L = L_1 + L_2 + 2M$[H]이다.

14

전압 $v = V_m \sin(\omega t + 30°)$[V], 전류 $i = I_m \cos(\omega t - 60°)$[A]일 때 전류는 전압보다 위상은?

① 전압보다 30도만큼 앞선다.

② 전압과 동상이 된다.

③ 전압보다 30도만큼 뒤진다.

④ 전압보다 60도만큼 뒤진다.

해설

전류 $i = I_m \cos(\omega t - 60°)$

$\quad = I_m \sin(\omega t - 60° + 90°)$

$\quad = I_m \sin(\omega t + 30°)$[A]이므로

$\quad\quad$ 전압과 전류는 동상이 된다.

15

RLC 직렬회로의 공진주파수 f[Hz]는?

① $f = \dfrac{\sqrt{LC}}{2\pi}$[Hz]

② $f = \dfrac{2\pi}{\sqrt{LC}}$[Hz]

③ $f = \dfrac{1}{2\pi\sqrt{LC}}$[Hz]

④ $f = \dfrac{1}{\pi\sqrt{LC}}$[Hz]

해설

공진주파수 $f = \dfrac{1}{2\pi\sqrt{LC}}$[Hz]이다.

정답 11 ① 12 ② 13 ④ 14 ② 15 ③

16

저항 6[Ω], 유도리액턴스 10[Ω], 용량리액턴스 2[Ω] 인 직렬회로의 임피던스의 값은?

① 10[Ω] 　　　② 8[Ω]
③ 6[Ω] 　　　④ 5[Ω]

해설

$Z = \sqrt{R^2 + (X_L - X_C)^2} = \sqrt{6^2 + (10-2)^2} = 10[\Omega]$

17

△ 결선 한 변의 저항이 90[Ω]이다. 이를 Y결선으로 변환하면 한 변의 저항은 몇 [Ω]인가?

① 10 　　　② 20
③ 30 　　　④ 40

해설

△ 결선을 Y결선으로 변환하면 저항은 1/3배가 되므로 30 [Ω]이 된다.

18

부하 한 상의 임피던스가 6 + j8[Ω]인 3상 △ 결선회로에 100[V]의 전압을 인가할 때 선전류[A]는?

① 10 　　　② $10\sqrt{3}$
③ 20 　　　④ $20\sqrt{3}$

해설

△ 결선은 선간전압과 상전압이 같고 전류가 $I_l = \sqrt{3}\,I_P$이다.
임피던스 크기는 $\sqrt{6^2 + 8^2} = 10$이므로

$I_l = \sqrt{3}\,I_P = \sqrt{3} \times \dfrac{V_P}{|Z|} = \sqrt{3} \times \dfrac{100}{10} = 10\sqrt{3}$

19

비정현파의 왜형률이란?

① $\dfrac{\text{전고조파의 실효값}}{\text{기본파의 실효값}}$

② $\dfrac{\text{전고조파의 실효값}}{\text{기본파의 평균값}}$

③ $\dfrac{\text{전고조파의 평균값}}{\text{기본파의 평균값}}$

④ $\dfrac{\text{전고조파의 평균값}}{\text{기본파의 실효값}}$

해설

$\text{왜형률} = \dfrac{\text{전고조파의 실효값}}{\text{기본파의 실효값}}$

20

전압 100[V], 전류 5[A]이고 역률이 0.8이라면 유효 전력은 몇 [W]인가?

① 200 　　　② 300
③ 400 　　　④ 500

해설

유효전력 $P = VI\cos\theta = 100 \times 5 \times 0.8 = 400[\text{W}]$

전기기기

21

전부하에서 슬립이 4[%], 2차 저항손이 0.4[kW]이다. 3상 유도전동기의 2차 입력은 몇 [kW]인가?

① 8 ② 10
③ 11 ④ 14

해설

2차 입력

$$P_2 = \frac{P_{c2}}{s} = \frac{0.4}{0.04} = 10[\text{kW}]$$

22

60[Hz]의 변압기에 50[Hz] 전압을 가했을 때 자속밀도는 몇 배가 되는가?

① 1.2배 증가 ② 0.8배 증가
③ 1.2배 감소 ④ 0.8배 감소

해설

변압기의 주파수와 자속밀도

$E = 4.44f\phi N$으로서 $f \propto \frac{1}{\phi} \propto \frac{1}{B}$ (여기서 B는 자속밀도)

가 된다.

따라서 주파수가 감소하였으므로 자속밀도는 1.2배로 증가한다.

23

다음 중 변압기는 어떤 원리를 이용한 기계기구인가?

① 표피작용 ② 전자유도작용
③ 전기자 반작용 ④ 편자작용

해설

변압기의 원리

변압기는 1개의 철심에 두 개의 코일을 감고 한쪽 권선에 교류 전압을 가하면 철심에 교번자계에 의한 자속이 흘러 다른 권선에 지나가면서 전자유도작용에 의해 그 권선에 비례하여 유도 기전력이 발생한다.

24

제동방법 중 급정지하는 데 가장 좋은 제동법은?

① 발전제동 ② 회생제동
③ 단상제동 ④ 역전제동

해설

역전제동

급정지 제동에 많이 사용되며, 플러깅 또는 역상제동이라고도 한다.

25

3상 동기기에 제동권선을 설치하는 주된 목적은?

① 난조 방지 ② 출력 증가
③ 효율 증가 ④ 역률 개선

해설

제동권선

난조 발생을 방지한다.

26

부흐홀쯔 계전기의 설치 위치로 가장 적당한 것은?

① 주변압기와 콘서베이터 사이
② 변압기 주 탱크 내부
③ 콘서베이터 내부
④ 변압기 고압 측 부싱

정답 21 ② 22 ① 23 ② 24 ④ 25 ① 26 ①

해설
부흐홀쯔 계전기
변압기 내부 고장 보호에 사용되는 부흐홀쯔 계전기는 주변압기와 콘서베이터 사이에 설치한다.

27

직류 무부하 분권발전기의 계자저항이 50[Ω]이다. 계자에 흐르는 전류가 2[A]이며, 전기자 저항은 5[Ω]이다. 유기기전력은?

① 120   ② 110
③ 100   ④ 90

해설
분권발전기의 유기기전력 E
$E = V + I_a R_a$ 여기서 $I_a = I + I_f$이나 무부하이므로 $I = 0$
$\quad = 100 + 2 \times 5 = 110[V]$
$I_f = \dfrac{V}{R_f}$
$V = I_f R_f = 2 \times 50 = 100[V]$

28

동기기의 전기자 반작용 중에서 전기자 전류에 의한 자기장의 축이 항상 주 자속의 축과 수직이 되면서 자극편 왼쪽에 있는 주 자속은 증가시키고, 오른쪽에 있는 주 자속은 감소시켜 편자작용을 하는 전기자 반작용은?

① 감자작용   ② 증자작용
③ 직축 반작용   ④ 교차 자화 작용

해설
교차 자화 작용
횡축 반작용을 말하며, 전압과 전류가 동상인 경우를 말한다.

29

다음 중 변압기 무부하손의 대부분을 차지하는 것은?

① 동손   ② 철손
③ 유전체손   ④ 저항손

해설
철손
변압기의 무부하 시의 손실 중 대부분을 차지하는 것은 철손을 말한다. 반면 부하 시의 대부분의 손실은 동손(저항손)을 말한다.

30

동기 임피던스 5[Ω]인 2대의 3상 동기발전기의 유도기전력에 100[V]의 전압 차이가 있다면 무효순환전류는?

① 10[A]   ② 15[A]
③ 20[A]   ④ 25[A]

해설
무효순환전류 $I_c = \dfrac{E_c}{2Z_s} = \dfrac{100}{2 \times 5} = 10[A]$ (단, E_c : 양기기 간 전압차)

31

교류회로에서 양방향 점호(ON) 및 소호(OFF)를 이용하여 위상제어를 할 수 있는 소자는?

① SCR   ② GTO
③ TRIAC   ④ IGBT

해설
TRIAC
양방향성 3단자 소자로 위상제어가 가능하다.

정답   27 ②   28 ④   29 ②   30 ①   31 ③

32

변류기 개방 시 2차 측을 단락하는 이유는?

① 2차 측 과전류 보호 ② 2차 측 절연 보호
③ 측정오차 감소 ④ 변류비 유지

해설

변압기의 개방 시 2차 측의 단락이유
2차 측에 과전압에 의한 2차 측 절연을 보호하기 위함이다.

33

직류 발전기의 철심을 규소강판으로 성층하는 주된 이유는?

① 브러쉬에서의 불꽃 방지 및 정류 개선
② 기계적 강도 개선
③ 전기자 반작용 감소
④ 맴돌이 전류손과 히스테리시스손의 감소

해설

철심을 규소강판으로 성층하는 이유
철손을 감소시키기 위한 주된 목적으로 히스테리시스손(규소강판)과 맴돌이 전류손(성층철심)을 감소시키기 위함이다.

34

변류기 2차 측에 설치되어 부하의 과부나 단락사고를 보호하는 기기를 무엇이라 하는가?

① 과전압계전기 ② 과전류계전기
③ 지락계전기 ④ 단로기

해설

과전류계전기(OCR)
부하의 과부나 단락사고를 보호하는 기기로서 변류기 2차 측에 설치된다.

35

동기전동기의 전기자 전류가 최소일 때 역률은?

① 0.5 ② 0.707
③ 1 ④ 1.5

해설

위상특성곡선
동기전동기의 전기자 전류가 최소일 경우 역률은 1이 된다.

36

직류 직권전동기의 회전수가 $\frac{1}{3}$ 배로 감소하였다. 토크는 몇 배가 되는가?

① 3배 ② $\frac{1}{3}$ 배
③ 9배 ④ $\frac{1}{9}$ 배

해설

직권전동기의 토크와 회전수
$$T \propto \frac{1}{N^2} = \frac{1}{(\frac{1}{3})^2} = 9배가 된다.$$

37

다음 그림은 직류발전기의 분류 중 어느 것에 해당되는가?

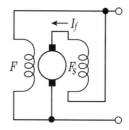

① 분권발전기 ② 직권발전기
③ 자석발전기 ④ 복권발전기

정답 32 ② 33 ④ 34 ② 35 ③ 36 ③ 37 ④

38

변압기의 규약효율은?

① $\dfrac{출력}{입력}$ ② $\dfrac{출력}{출력+손실}$

③ $\dfrac{출력}{입력+손실}$ ④ $\dfrac{입력-손실}{입력}$

해설

변압기의 규약효율

$\eta_t = \dfrac{출력}{출력+손실}$

39

전압을 일정하게 유지하기 위해서 이용되는 다이오드는?

① 제너 다이오드 ② 발광 다이오드
③ 바리스터 다이오드 ④ 포토 다이오드

해설

제너 다이오드
정전압을 위해 사용되는 다이오드이다.

40

변압기 내부고장 보호에 쓰이는 계전기는?

① 접지 계전기 ② 차동 계전기
③ 과전압 계전기 ④ 역상 계전기

해설

변압기 내부고장 보호계전기
차동 또는 비율 차동 계전기는 발전기, 변압기의 내부고장 보호에 사용되는 계전기를 말한다.

📑 전기설비

41

일반적으로 큐비클형(cubicle type)이라 하며, 점유 면적이 좁고 운전, 보수에 안전하므로 공장, 빌딩 등 전기실에 많이 사용되는 조립형, 장갑형이 있는 배전반은?

① 데드 프런트식 배전반
② 폐쇄식 배전반
③ 철제 수직형 배전반
④ 라이브 프런트식 배전반

해설

폐쇄식 배전반
큐비클형이라고 하며, 안정성이 매우 우수하여 공장, 빌딩 등의 전기실에 많이 사용된다.

42

저압 옥내배선을 보호하는 배선용 차단기의 약호는?

① ACB ② ELB
③ VCB ④ MCCB

해설

배선용 차단기
옥내배선에서 사용하는 대표적 과전류보호 장치로서 MCCB라고도 한다.

43

전선의 굵기를 측정할 때 사용되는 것은?

① 와이어 게이지 ② 파이프 포트
③ 스패너 ④ 프레셔 툴

해설

와이어 게이지
전선의 굵기를 측정한다.

정답 38 ② 39 ① 40 ② 41 ② 42 ④ 43 ①

44

다음 중 과전류 차단기를 시설해야 하는 장소로 옳은 것은?

① 접지공사의 접지도체
② 다선식 전로의 중성선
③ 저압가공전선로의 접지 측 전선
④ 인입선

해설
과전류 차단기의 시설제한장소
1) 접지공사의 접지도체
2) 다선식 전로의 중성선
3) 전로 일부에 접지공사를 한 저압가공전선로의 접지 측 전선

45

한국전기설비규정에서 정한 사람이 접촉될 우려가 있는 곳에 시설하는 접지극은 지하 몇 [cm] 이상의 깊이에 매설하여야 하는가?

① 30
② 45
③ 50
④ 75

해설
접지극의 시설기준
접지극의 경우 지하 75[cm] 이상 깊이에 매설한다.

46

4심 캡타이어 케이블의 심선의 색상으로 옳은 것은?

① 흑, 적, 청, 녹
② 흑, 청, 적, 황
③ 흑, 적, 백, 녹
④ 흑, 녹, 청, 백

해설
4심 캡타이어 케이블의 색상
흑, 백, 적, 녹

47

가연성 가스가 존재하는 장소의 저압 시설 공사방법으로 옳은 것은?

① 가요전선관 공사
② 금속관 공사
③ 금속 몰드 공사
④ 합성수지관 공사

해설
가연성 가스
가연성 가스가 체류하는 곳에서의 전기공사는 금속관, 케이블 공사에 의한다.

48

절연전선으로 가선된 배전 선로에서 활선 상태인 경우 전선의 피복을 벗기는 것은 매우 곤란한 작업이다. 이런 경우 활선 상태에서 전선의 피복을 벗기는 공구는?

① 전선피박기
② 애자커버
③ 와이어통
④ 데드엔트커버

해설
전선피박기
활선 상태에서 전선의 피복을 벗기는 공구를 말한다.

49

노출장소 또는 점검이 가능한 장소에서 제2종 가요전선관을 시설하고 제거하는 것이 자유로운 경우 곡률 반지름은 안지름의 몇 배 이상으로 하여야 하는가?

① 2배
② 3배
③ 4배
④ 6배

해설
가요전선관
노출장소, 점검 가능한 장소에서 시설 제거하는 것이 자유로운 경우 관 안지름의 3배 이상으로 하여야 한다.

정답 44 ④ 45 ④ 46 ③ 47 ② 48 ① 49 ②

50

버스덕트의 종류가 아닌 것은?

① 피더 버스덕트
② 플러그인 버스덕트
③ 플로어 버스덕트
④ 트롤리 버스덕트

해설
버스덕트의 종류
1) 피더 버스덕트
2) 플러그인 버스덕트
3) 트롤리 버스덕트

51

특고압 수전설비의 결선 기호와 명칭으로 잘못된 것은?

① CB – 차단기   ② DS – 단로기
③ LA – 피뢰기   ④ LF – 전력퓨즈

해설
수전설비의 명칭
전력퓨즈의 경우 PF를 말한다.

52

조명용 백열전등을 호텔 또는 여관 객실의 입구에 설치할 때나 일반 주택 및 아파트 각 호실의 현관에 설치할 때 사용되는 스위치는?

① 누름버튼 스위치   ② 타임스위치
③ 토글스위치   ④ 로터리스스위치

해설
타임스위치
호텔 또는 여관 객실의 입구, 주택 및 아파트 현관에 설치할 때 사용되는 스위치를 말한다.

53

분전반에 대한 설명으로 틀린 것은?

① 배선과 기구는 모두 전면에 배치하였다.
② 두께 1.5[mm] 이상의 난연성 합성수지로 제작하였다.
③ 강판제의 분전함은 두께 1.2[mm] 이상의 강판으로 제작하였다.
④ 배선은 모두 분전반 이면으로 하였다.

해설
분전반
분전반의 뒷면에는 배선 및 기구를 배치하지 아니하며, 다만 쉽게 점검이 가능한 구조, 카터 내의 배선은 그러하지 아니하다.

54

저압 가공인입선의 인입구에 사용하며 금속관 공사에서 끝 부분의 빗물 침입을 방지하는 데 적당한 것은?

① 플로어 박스   ② 엔트런스 캡
③ 부싱   ④ 터미널 캡

해설
엔트런스 캡
인입구에 빗물의 침입을 방지하기 위해 사용한다.

55

설계하중이 6.8[kN] 이하인 철근콘크리트주의 전주의 길이가 10[m]인 지지물을 건주할 경우 묻히는 최소 매설깊이는 몇 [m] 이상인가?

① 1.67[m]   ② 2[m]
③ 3[m]   ④ 3.5[m]

해설
지지물의 매설깊이 15[m] 이하의 경우
$$길이 \times \frac{1}{6} = 10 \times \frac{1}{6} = 1.67[m]$$

정답 50 ③   51 ④   52 ②   53 ④   54 ②   55 ①

56

가공케이블 시설 시 조가용선에 금속테이프 등을 사용하여 케이블 외장을 견고하게 붙여 조가하는 경우 나선형으로 금속테이프를 감는 간격은 몇 [cm] 이하를 확보하여 감아야 하는가?

① 50

② 30

③ 20

④ 10

해설

조가용선의 시설

조가용선을 케이블에 접촉시켜 금속테이프를 감는 경우 20[cm] 이하 간격으로 나선상으로 한다.

57

저압 구내 가공인입선에서 사용할 수 있는 전선의 최소 굵기는 몇 [mm] 이상인가? (단, 경간이 15[m]를 초과하는 경우이다.)

① 2.0

② 2.6

③ 4

④ 6

해설

저압 가공인입선의 최소 굵기

2.6[mm] 이상의 경동선(단, 15[m] 이하 시 2.0[mm] 이상)

58

배전반 및 분전반과 연결된 배관을 변경하거나 이미 설치되어 있는 캐비닛에 구멍을 뚫을 때 필요한 공구는?

① 오스터

② 클리퍼

③ 토치램프

④ 녹아웃펀치

해설

녹아웃펀치

배전반 및 분전반과 연결된 배관을 변경하거나 이미 설치되어 있는 캐비닛에 구멍을 뚫을 때 사용한다.

59

화약류 저장고 내에 조명기구의 전기를 공급하는 배선의 공사방법은?

① 합성수지관공사

② 금속관공사

③ 버스덕트공사

④ 합성수지몰드공사

해설

화약류 저장고 내의 조명기구의 전기공사

금속관공사 또는 케이블 공사에 의한다.

60

1종 가요전선관을 시설할 수 있는 장소는?

① 점검할 수 없는 장소

② 전개되지 않는 장소

③ 전개된 장소로서 점검이 불가능한 장소

④ 점검할 수 있는 은폐장소

해설

1종 가요전선관의 시설가능 장소

가요전선관의 경우 2종 금속제 가요전선관이어야 하나 다음의 경우 1종 가요전선관을 사용할 수 있다.

1) 전개된 장소

2) 점검할 수 있는 은폐장소

정답 56 ③ 57 ② 58 ④ 59 ② 60 ④

2021년 CBT 복원문제 3회

 전기이론

01

옴의 법칙에 대하여 맞는 것은?

① 전류는 저항에 비례한다.
② 전압은 전류에 비례한다.
③ 저항은 전압에 반비례한다.
④ 전압은 전류에 반비례한다.

해설

옴의 법칙은 $V = IR$[V], $I = \dfrac{V}{R}$[A], $R = \dfrac{V}{I}$[Ω]이다.

02

전기량 1[Ah]는 몇 [C]인가?

① 60
② 600
③ 360
④ 3,600

해설

전기량 $Q = It$[A · sec] = [C]이므로
1[Ah] = 1[A · 3,600sec] = 1 × 3,600[C]이다.

03

내부저항 r[Ω]인 전지 10개가 있다. 이 전지 10개를 연결하여 가장 작은 합성 내부저항을 만들면 얼마인가?

① $\dfrac{r}{10}$
② $10r$
③ r
④ $\dfrac{r}{2}$

해설

가장 작은 합성 내부저항을 만들려면 전지를 모두 병렬 접속할 때 얻어지므로 병렬의 합성 내부저항 $R = \dfrac{r}{n} = \dfrac{r}{10}$ 이 된다.

04

열작용에 관련 법칙은?

① 줄의 법칙
② 패러데이 법칙
③ 비오샤바르의 법칙
④ 플레밍의 법칙

해설

전류의 발열작용 법칙은 줄의 법칙이다.

05

1차 전지로 가장 많이 사용되는 전지는?

① 니켈전지
② 이온전지
③ 폴리머전지
④ 망간전지

해설

니켈전지, 이온전지, 폴리머전지는 모두 2차 전지로서 축전지용이며, 1차 전지는 망간전지이다.

06

두 개의 서로 다른 금속의 접속점에 온도차를 주면 기전력이 생기는 현상은?

① 제어벡 효과
② 펠티어 효과
③ 톰슨 효과
④ 호올 효과

해설

두 종류의 금속을 접속하고 그 접속점에 온도를 주면 두 금속 양단에서 기전력이 발생하는 효과는 제어벡 효과로서 열전대에 사용된다.

정답 01 ② 02 ④ 03 ① 04 ① 05 ④ 06 ①

07

용량을 변화시킬 수 있는 콘덴서는?

① 마일러 콘덴서　　　② 바리콘
③ 전해 콘덴서　　　　④ 세라믹 콘덴서

해설
바리콘은 가변 콘덴서라고도 불리며 주로 주파수 조정 등에 사용된다.

08

같은 콘덴서가 10개 있다. 이것을 병렬로 접속할 때의 값은 직렬로 접속할 때의 값에 몇 배가 되는가?

① 1배　　　　　　　② 10배
③ 100배　　　　　　④ 1,000배

해설
동일 콘덴서의 직렬 합성은 $\dfrac{C}{n}$[F]이고 병렬 합성은 nC[F]이므로 $\dfrac{C_{병렬}}{C_{직렬}} = \dfrac{nC}{\dfrac{C}{n}} = n^2$배가 된다. 그러므로 $10^2 = 100$배가 된다.

09

다음 중 전기력선의 성질이 맞지 않는 것은?

① 전기력선은 등전위면과 수직교차한다.
② 전기력선은 상호간에 교차한다.
③ 전기력선의 집신 방향은 전계의 방향이다.
④ 전기력선은 높은 곳에서 낮은 곳으로 향한다.

해설
전기력선은 서로 교차할 수 없다.

10

영구 자석으로 알맞은 물질 특성은?

① 잔류자기는 크고 보자력은 작아야 한다.
② 잔류자기는 작고 보자력은 커야 한다.
③ 잔류자기와 보자력 모두 커야 한다.
④ 잔류자기와 보자력 모두 작아야 한다.

해설
영구 자석의 물질은 히스테리시스 곡선에서 잔류자기와 보자력 모두 커야 한다.

11

다음 중 비유전율이 가장 작은 것은?

① 산화티탄자기　　　② 종이
③ 공기　　　　　　　④ 운모

해설
비유전율은 산화티탄자기(115~5,000), 종이(2~2.6), 운모(5.5~6.6)이며 공기는 1이다.

12

평행하게 같은 방향으로 전류가 흐르는 도선이 1[m] 떨어져 있을 때 작용하는 힘 $F = 8 \times 10^{-7}$[N]이라면 전류는 몇 [A]인가?

① 1　　　　　　　　② 2
③ 3　　　　　　　　④ 4

해설
평행도선
힘 $F = \dfrac{2I_1 I_2}{r} \times 10^{-7} = \dfrac{2I^2}{r} \times 10^{-7}$[N]이므로
$I = \sqrt{\dfrac{F \times r}{2 \times 10^{-7}}} = \sqrt{\dfrac{8 \times 10^{-7} \times 1}{2 \times 10^{-7}}} = 2$[A]이다.

정답　07 ②　08 ③　09 ②　10 ③　11 ③　12 ②

제4과목 ✦ CBT 복원문제

13

자기저항의 단위는?

① AT/Wb   ② AT/m

③ H/m   ④ Wb/AT

해설

자기저항은 기자력 $F = NI = \phi R_m$[AT]에서

$R_m = \dfrac{NI}{\phi}$[AT/Wb]이다.

14

공기 중에서 자기장의 크기가 1,000[AT/m]이라면 자속밀도 B[Wb/m²]는?

① $4\pi \times 10^{-3}$ ② $4\pi \times 10^{-4}$

③ $4\pi \times 10^{3}$ ④ $4\pi \times 10^{4}$

해설

자속밀도

$B = \mu_0 H = 4\pi \times 10^{-7} \times 1,000 = 4\pi \times 10^{-4}$[Wb/m²]이다.

15

발전기의 유도 전압을 구하는 법칙은 어느 것인가?

① 플레밍의 오른손 법칙

② 플레밍의 왼손 법칙

③ 암페어의 오른손 법칙

④ 패러데이의 법칙

해설

발전기의 유기기전력은 플레밍의 오른손 법칙으로서 유기 기전력은

$e = vBl\sin\theta$[V]이다.

16

어드미턴스의 실수부분은?

① 인덕턴스   ② 서셉턴스

③ 컨덕턴스   ④ 리액턴스

해설

어드미턴스 $Y = G + jB$[℧]에서 실수부 G는 컨덕턴스이고 허수부 B는 서셉턴스이다.

17

전력계 두 대로 3상전력을 측정하여 전력계 두 대의 지시값이 각각 200[W]와 600[W]가 되었다면 유효 전력은 몇 [W]인가?

① 300   ② 600

③ 800   ④ 900

해설

2전력계법의 유효전력은 두 전력계의 합성이므로

$P = P_1 + P_2 = 200 + 600 = 800$[W]

18

단상 유도전동기에 220[V]의 전압을 공급하여 전류가 10[A]가 흐를 때 전력이 2[kW]가 되었다면 전동기의 역률은 몇 [%]가 되는가?

① 70.5   ② 80.9

③ 85.7   ④ 90.9

해설

단상전력 $P = VI\cos\theta$[W]에서

역률 $\cos\theta = \dfrac{P}{VI} = \dfrac{2 \times 10^3}{220 \times 10} = 0.9090$이다.

정답   13 ①   14 ②   15 ①   16 ③   17 ③   18 ④

19

비정현파 전압이 $v = 10 + 30\sqrt{2}\sin\omega t + 40\sqrt{2}\sin3\omega t$[V]**일 때 실효전압 V[V]는?**

① 약 41   ② 약 51
③ 약 61   ④ 약 71

해설

비정현파 실효전압은 $V = \sqrt{V_0^2 + V_1^2 + V_3^2}$ 이므로

$V = \sqrt{10^2 + 30^2 + 40^2} = 50.99$[V]

20

3상 △결선 부하에 선간전압 200[V]를 인가하여 선전류 10[A]가 흘렀다면 상전압과 상전류는 각각 얼마인가?

① 200[V], $10\sqrt{3}$ [A]
② $200\sqrt{3}$ [V], 10[A]
③ 200[V], $\dfrac{10}{\sqrt{3}}$ [A]
④ $\dfrac{200}{\sqrt{3}}$[V], 10[A]

해설

△결선은 선간전압과 상전압이 같고 선전류는 상전류보다 $\sqrt{3}$ 배만큼 크다.

그러므로 상전압은 선간전압과 같이 200[V]이고 상전류는 $\dfrac{10}{\sqrt{3}}$ 이 된다.

전기기기

21

변압기 내부고장 보호에 쓰이는 계전기로서 가장 적당한 것은?

① 차동계전기   ② 접지계전기
③ 과전류계전기   ④ 역상계전기

해설

변압기 내부고장 보호계전기
1) 부흐홀쯔 계전기
2) 비율차동 계전기
3) 차동계전기

22

부흐홀쯔 계전기의 설치 위치로 가장 적당한 것은?

① 변압기 주 탱크 내부
② 콘서베이터 내부
③ 변압기 고압 측 부싱
④ 변압기 주 탱크와 콘서베이터 사이

해설

부흐홀쯔 계전기의 설치 위치
변압기 내부고장 보호에 사용되는 부흐홀쯔 계전기의 설치 위치는 변압기의 주 탱크와 콘서베이터 사이에 설치한다.

23

다음 중 변압기의 온도 상승 시험법으로 가장 널리 사용되는 것은?

① 반환부하법   ② 유도시험법
③ 절연내력시험법   ④ 고조파 억제법

정답 19 ② 20 ③ 21 ① 22 ④ 23 ①

해설

변압기의 온도 상승 시험

동일 정격의 변압기가 2대 이상이 있을 경우 채용되며, 전력소비가 적으며, 철손과 동손을 따로 공급하는 것으로서 가장 널리 사용된다.

24

회전자 입력이 10[kW], 슬립이 4[%]인 3상 유도전동기의 2차 동손은 몇 [W]인가?

① 400　　　　　　② 300

③ 500　　　　　　④ 1,000

해설

유도전동기의 2차 동손

$P_{c2} = sP_2$

　　$= 0.04 \times 10 = 0.4[kW]$

　　$= 400[W]$

25

6극의 72홈, 농형 3상 유도전동기의 매극 매상당의 홈수는?

① 2　　　　　　　② 3

③ 4　　　　　　　④ 12

해설

매극 매상당 슬롯수 q

$q = \dfrac{s}{P \times m}$ (s : 슬롯수, P : 극수, m : 상수)

　$= \dfrac{72}{6 \times 3} = 4$

26

단락비가 큰 동기기는?

① 안정도가 높다.　　② 기계가 소형이다.

③ 전압변동률이 크다.　④ 전기자 반작용이 크다.

해설

단락비가 큰 동기기

1) 안정도가 높다.
2) 전기자 반작용이 작다.
3) 동기임피던스가 작다.
4) 전압변동률이 작다.
5) 단락전류가 크다.
6) 기계가 대형이며, 무겁고, 가격이 비싸고 효율이 나쁘다.

27

직류발전기가 있다. 자극수는 6, 전기자 총도체수는 400, 회전수는 600[rpm]이다. 전기자에 유도되는 기전력이 120[V]라고 하면, 매극 매상당 자속[Wb]는? (단, 전기자 권선은 파권이다.)

① 0.01　　　　　　② 0.02

③ 0.05　　　　　　④ 0.19

해설

직류발전기의 유기기전력

$E = \dfrac{PZ\phi N}{60a}$ (파권이므로 $a = 2$)

여기서 $\phi = \dfrac{E \times 60a}{PZN}$ [Wb]

　　　　$= \dfrac{120 \times 60 \times 2}{6 \times 400 \times 600} = 0.01[Wb]$

28

낙뢰, 수목 접촉, 일시적인 섬락 등 순간적인 사고로 계통에서 분리된 구간을 신속히 계통에 투입시킴으로써 계통의 안정도를 향상시키고 정전 시간을 단축시키기 위해 사용되는 계전기는?

① 차동 계전기　　　② 과전류 계전기

③ 거리 계전기　　　④ 재폐로 계전기

정답　24 ①　25 ③　26 ①　27 ①　28 ④

해설

재폐로 계전기

고장 구간을 잠시 차단 후 일정시간 후 재투입함으로써 정전시간 및 안정도를 향상시키는 역할을 한다.

29

다음 그림에서 직류 분권 전동기의 속도 특성 곡선은?

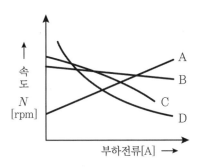

① A
② B
③ C
④ D

해설

전동기의 속도 특성 곡선
1) A : 차동복권
2) B : 분권
3) C : 가동복권
4) D : 직권

30

분권전동기의 토크와 속도(N)는 어떤 관계를 갖는가?

① $T \propto N$
② $T \propto \dfrac{1}{N}$

③ $T \propto N^2$
④ $T \propto \dfrac{1}{N^2}$

해설

분권전동기의 특성

분권전동기의 토크 $T \propto \dfrac{1}{N}$ 의 관계를 갖는다.

31

전기기계의 철심을 성층하는 이유는?

① 히스테리시스손을 적게 하기 위하여
② 기계손을 적게 하기 위하여
③ 표유부하손을 적게 하기 위하여
④ 맴돌이손을 적게 하기 위하여

해설

규소강판 성층철심

전기기계의 철심을 규소강판을 사용하는 이유는 히스테리시스손을 감소하기 위함이며, 이를 성층하는 이유는 와류(맴돌이)손을 줄이기 위함이다.

32

동기조상기가 전력용 콘덴서보다 우수한 점은?

① 진상, 지상역률을 얻는다.
② 손실이 적다.
③ 가격이 싸다.
④ 유지보수가 적다.

해설

동기조상기

동기조상기는 과여자, 부족여자를 통하여 진상, 지상역률을 얻을 수 있다. 다만 전력용 콘덴서는 진상역률만을 얻을 수 있다.

33

3상 유도전동기의 회전방향을 바꾸기 위한 방법은?

① 3상의 3선 중 2선의 접속을 바꾼다.
② 3상의 3선 접속을 모두 바꾼다.
③ 3상의 3선 중 1선에 리액턴스를 연결한다.
④ 3상의 3선 중 2선에 같은 값의 리액턴스를 연결한다.

정답 29 ② 30 ② 31 ④ 32 ① 33 ①

34

단상 전파 사이리스터 정류회로에서 부하가 큰 인덕턴스가 있는 경우, 점호각이 60°일 때 정류전압은 약 몇 [V]인가? (단, 전원 측 전압의 실효값은 100[V]이고 직류 측 전류는 연속이다.)

① 141　　　　② 100

③ 85　　　　④ 45

단상 전파정류회로의 정류전압

$E_d = \dfrac{2\sqrt{2}\,E}{\pi}\cos\alpha = \dfrac{2\sqrt{2}\times100}{\pi}\cos60 = 45[\text{V}]$

35

유도전동기의 슬립을 측정하는 방법으로 옳은 것은?

① 전압계법　　② 스트로보법

③ 평형 브리지법　④ 전류계법

슬립측정법
1) DC 볼트미터계법
2) 스트로보법
3) 수화기법

36

동기발전기를 회전계자형으로 하는 이유가 아닌 것은?

① 고전압에 견딜 수 있게 전기자 권선을 절연하기가 쉽다.
② 전기자 단자에 발생한 고전압을 슬립링 없이 간단하게 외부회로에 인가할 수 있다.
③ 기계적으로 튼튼하게 만드는 데 용이하다.
④ 전기자가 고정되어 있지 않아 제작비용이 저렴하다.

회전계자형을 사용하는 이유
1) 전기자 권선은 전압이 높고 결선이 복잡하여, 절연이 용이하다.
2) 기계적으로 튼튼하게 만드는 데 용이하다.
3) 전기자 단자에 발생된 고전압을 슬립링 없이 간단하게 외부로 인가할 수 있다.

37

34극 60[MVA], 역률 0.8, 60[Hz], 22.9[kV]의 수차발전기의 전부하 손실이 1,600[kW]라면 전부하 시 효율[%]은?

① 90　　　　② 95

③ 97　　　　④ 99

발전기의 효율 η

$\eta = \dfrac{\text{출력}}{\text{출력}+\text{손실}} = \dfrac{48}{48+1.6}\times100 = 96.7[\%]$

출력 $= 60\times0.8 = 48[\text{MW}]$

38

1차 전압 6,300[V], 2차 전압 210[V], 주파수 60[Hz]의 변압기가 있다. 이 변압기의 권수비는?

① 30　　　　② 40

③ 50　　　　④ 60

변압기 권수비 a

$a = \dfrac{V_1}{V_2} = \dfrac{6,300}{210} = 30$

정답 34 ④　35 ②　36 ④　37 ③　38 ①

39

직류를 교류로 변환하는 기기는?

① 변류기　　　　　② 정류기
③ 초퍼　　　　　　④ 인버터

해설

인버터
직류를 교류로 변환하는 역할을 한다.

40

다음 중 2대의 동기발전기가 병렬운전하고 있을 때 무효횡류(무효순환전류)가 흐르는 경우는?

① 부하 분담의 차가 있을 때
② 기전력의 주파수에 차가 있을 때
③ 기전력의 위상의 차가 있을 때
④ 기전력의 크기의 차가 있을 때

해설

동기발전기의 병렬운전조건
기전력의 크기가 다를 경우 무효횡류가 흐르게 된다.

전기설비

41

한국전기설비규정에 따라 관광업 및 숙박업 등에 객실의 입구에 백열 전등을 설치할 경우 몇 분 이내에 소등되는 타임스위치를 시설하여야 하는가?

① 1　　　② 2　　　③ 3　　　④ 4

해설

타임스위치의 시설
1) 관광업 및 숙박업의 경우 1분 이내 소등
2) 주택 및 아파트의 경우 3분 이내 소등

42

구리 전선과 전기 기계 기구 단자를 접속하는 경우에 진동 등으로 인하여 헐거워질 염려가 있는 곳에는 어떤 것을 사용하여 접속하는가?

① 평와서 2개를 끼운다.
② 스프링 와셔를 끼운다.
③ 코드 패스너를 끼운다.
④ 정 슬리브를 끼운다.

해설

스프링 와셔
진동이 있는 단자에 전선을 접속할 경우 스프링 와셔를 사용한다.

43

한국전기설비규정에 따라 저압전로에 사용하는 배선용 차단기(산업용)의 정격전류가 30[A]이다. 여기에 39[A]의 전류가 흐를 때 동작시간은 몇 분 이내가 되어야 하는가?

① 30분　　② 60분　　③ 90분　　④ 120분

정답　39 ④　40 ④　41 ①　42 ②　43 ②

배선용 차단기 정격(산업용)

정격전류	동작시간	부동작전류	동작전류
63[A] 이하	60분	1.05배	1.3배
63[A] 초과	120분	1.05배	1.3배

44

노출장소 또는 점검 가능한 장소에서 제2종 가요전선관을 시설하고 제거하는 것이 자유로운 경우 곡률 반지름은 안지름의 몇 배 이상으로 하여야 하는가?

① 2배   ② 3배
③ 4배   ④ 6배

해설
가요전선관의 시설
2종 가요전선관을 구부릴 경우 노출장소 또는 점검 가능한 장소에서 시설 제거하는 것이 자유로운 경우 관 안지름의 3배 이상으로 하여야 한다.

45

고압 가공전선로의 지지물로 철탑을 사용하는 경우 경간은 몇 [m] 이하이어야 하는가?

① 150[m]   ② 300[m]
③ 500[m]   ④ 600[m]

해설
가공전선로의 경간

지지물의 종류	표준경간
목주, A종 철주, A종 철근콘크리트주	150[m] 이하
B종 철주, B종 철큰콘크리트주	250[m] 이하
철탑	600[m] 이하

46

가연성분진(소맥분, 전분, 유황 기타 가연성 먼지 등)으로 인하여 폭발할 우려가 있는 저압 옥내 설비공사로 적절하지 않은 것은?

① 케이블 공사   ② 금속관 공사
③ 합성수지관 공사   ④ 플로어덕트 공사

해설
가연성 분진의 시설
금속관, 케이블, 합성수지관 공사에 의한다.

47

한국전기설비규정에 따라 사람이 상시 통행하는 터널 내의 공사방법으로 적절하지 않은 것은?

① 금속관 공사
② 합성수지관 공사
③ 금속제 가요전선관 공사
④ 금속몰드 공사

해설
사람이 상시 통행하는 터널 안 공사방법
금속관, 합성수지관, 금속제 가요전선관, 케이블, 애자 공사에 의한다.

48

특고압 수전설비의 결선 기호와 명칭으로 잘못된 것은?

① CB – 차단기   ② DS – 단로기
③ LA – 피뢰기   ④ LF – 전력퓨즈

해설
전력퓨즈의 경우 약호로 PF가 된다.

정답   44 ②   45 ④   46 ④   47 ④   48 ④

49

나전선 상호를 접속하는 경우 일반적으로 전선의 세기를 몇 [%] 이상 감소시키지 아니하여야 하는가?

① 2
② 3
③ 20
④ 80

해설

전선의 접속 시 유의사항
전선의 세기를 20[%] 이상 감소시키지 말 것

50

폴리에틸렌 절연 비닐 시스 케이블의 약호는?

① DV
② EE
③ EV
④ OW

해설

케이블의 약호
EV : 폴리에틸렌 절연 비닐 시스 케이블

51

후강전선관의 호칭은 (ㄱ) 크기로 정하여 (ㄴ)로 표시한다. (ㄱ)과 (ㄴ)에 들어갈 내용으로 옳은 것은?

① (ㄱ) 안지름 (ㄴ) 짝수
② (ㄱ) 바깥지름 (ㄴ) 짝수
③ (ㄱ) 바깥지름 (ㄴ) 홀수
④ (ㄱ) 안지름 (ㄴ) 홀수

해설

후강전선관의 호칭
안지름을 기준으로 짝수로 표시한다.

52

옥내배선 공사에서 절연전선의 피복을 벗길 때 사용하면 편리한 공구는?

① 드라이버
② 플라이어
③ 압착펜치
④ 와이어 스트리퍼

해설

와이어 스트리퍼
전선의 피복을 벗길 때 자동으로 벗기는 공구를 말한다.

53

한국전기설비규정에 따라 교통신호등 회로의 사용전압이 몇 [V]를 초과하는 경우에는 지락 발생 시 자동적으로 전로를 차단하는 누전차단기를 시설하여야 하는가?

① 50
② 100
③ 150
④ 200

해설

교통신호등
사용전압이 150[V]를 초과하는 경우 전로에 지락이 생겼을 때 이를 자동적으로 차단하는 누전차단기를 시설하여야 한다.

54

아웃렛 박스 등의 녹아웃의 지름이 관의 지름보다 클 때 관을 박스에 고정시키기 위해 쓰이는 재료의 명칭은?

① 터미널 캡
② 링 리듀셔
③ 앤트런스 캡
④ C형 엘보

해설

링 리듀셔
금속관 공사 시 녹아웃의 지름이 관 지름보다 클 때 관을 박스에 고정하기 위해 사용되는 재료를 말한다.

제4과목 ✦ CBT 복원문제

정답 49 ③ 50 ③ 51 ① 52 ④ 53 ③ 54 ②

55

일반적으로 큐비클형(cubicle type)이라 하며, 점유 면적이 좁고 운전, 보수에 안전하므로 공장, 빌딩 등 전기실에 많이 사용되는 조립형, 장갑형이 있는 배전 반은?

① 폐쇄식 배전반
② 데드 프런트식 배전반
③ 철제 수직형 배전반
④ 라이브 프런트식 배전반

해설

큐비클형
폐쇄식 배전반을 말하며 점유 면적이 좁고 운전, 보수에 안 전하므로 공장, 빌딩 등 전기실에 많이 사용되는 조립형, 장 갑형이 있는 배전반이다.

56

ACB의 약호는?

① 기중차단기   ② 유입차단기
③ 공기차단기   ④ 진공차단기

해설

차단기의 약호
1) 기중차단기(ACB)
2) 유입차단기(OCB)
3) 공기차단기(ABB)
4) 진공차단기(VCB)

57

가공전선의 지지물에 지선으로 그 강도를 분담하여서 는 안 되는 곳은?

① 목주   ② 철주
③ 철탑   ④ 철근콘크리트주

해설

지선의 시설기준
철탑의 경우 지선을 사용하여 그 강도를 분담하여서는 아니 된다.

58

한국전기설비규정에 따라 아래 그림 같이 분기회로 (S_2)의 보호장치 (P_2)는 (P_2)의 전원 측에서 분기점 (O) 사이에 다른 분기회로 또는 콘센트의 접속이 없 고, 단락의 위험과 화재 및 인체에 대한 위험성이 최 소화되도록 시설된 경우, 분기회로의 보호장치 (P_2) 는 몇 [m]까지 이동 설치가 가능한가?

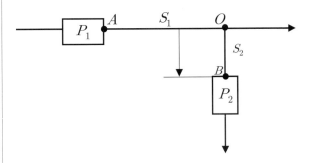

① 1   ② 2
③ 4   ④ 3

해설

분기회로 보호장치
분기회로의 보호장치 (P_2)는 분기회로의 분기점(O)으로부 터 3[m]까지 이동하여 설치할 수 있다.

▶ 정답   55 ①   56 ①   57 ③   58 ④

59

한국전기설비규정에 따라 변압기 중성점 접지도체는 몇 [mm²] 이상이어야 하는가? (단, 사용전압이 25 [kV] 이하인 특고압 가공전선로. 다만, 중성선 다중 접지식의 것으로서 전로에 지락이 생겼을 때 2초 이내에 자동적으로 이를 전로로부터 차단하는 장치가 되어 있는 것을 말한다.)

① 6   ② 10
③ 16   ④ 25

해설

중성점 접지도체의 굵기

중성점 접지용 도체는 공칭단면적 16[mm²] 이상의 연동선 또는 동등 이상의 단면적 및 세기를 가져야 한다. 다만, 다음의 경우에는 공칭단면적 6[mm²] 이상의 연동선 또는 동등 이상의 단면적 및 강도를 가져야 한다.

1) 7[kV] 이하의 전로
2) 사용전압이 25[kV] 이하인 특고압 가공전선로. 다만, 중성선 다중접지식의 것으로서 전로에 지락이 생겼을 때 2초 이내에 자동적으로 이를 전로로부터 차단하는 장치가 되어 있는 것

60

연선의 층수를 n이라 하였을 때 총소선수 N은?

① $N=3n(n+1)+1$
② $N=3n(n+2)+1$
③ $N=3n(n+1)$
④ $N=3n(n+2)$

해설

연선의 총소선수 N
$N=3n(n+1)+1$

2021년 CBT 복원문제 4회

전기이론

01

전기량 $Q=25$[C]을 이동시키는 데 100[J]이 필요하였다. 이때의 기전력은 몇 [V]인가?

① 2   ② 4
③ 6   ④ 8

해설

기전력 $V=\dfrac{W}{Q}$[V]이므로 $V=\dfrac{100}{25}=4$[V]이다.

02

동일 저항 R[Ω]을 n개 접속한 회로에 전압 V[V]를 인가하였다. 다음 설명 중 틀린 것은?

① 동일 저항을 직렬로 접속하면 합성저항은 nR이 된다.
② 동일 저항을 병렬로 접속하면 합성저항은 $\dfrac{R}{n}$이 된다.
③ 동일 저항을 직렬로 접속하면 각 저항에 전압과 전류는 분배가 된다.
④ 동일 저항을 병렬로 접속하면 각 저항의 전압은 일정하게 된다.

해설

동일 저항을 직렬로 접속하면 각 저항에 흐르는 전류는 일정해지고, 전압이 분배가 된다.

정답 59 ① 60 ① / 01 ② 02 ③

03

저항 6[Ω]과 3[Ω]이 병렬 접속된 회로에 전압 100[V]을 인가하면 흐르는 전체 전류는 몇 [A]인가?

① 5
② 50
③ 25
④ 90

해설

병렬 합성저항은 $R = \dfrac{6 \times 3}{6+3} = \dfrac{18}{9} = 2[\Omega]$이므로

전류 $I = \dfrac{V}{R} = \dfrac{100}{2} = 50[A]$이다.

04

전열기에 전압 V[V]을 인가하여 I[A] 전류를 t[sec] 동안 흘렸다. 발생하는 열량[cal]은?

① $0.24V^2It$
② $0.24VI^2t$
③ $0.24VIt$
④ $0.24VIt^2$

해설

발열량

$$H = 0.24Pt = 0.24VIt = 0.24I^2Rt = 0.24\dfrac{V^2}{R}t[cal]$$

05

어떤 저항에 10[A]의 전류가 흐를 때의 전력이 50[W]였다면 전류를 20[A]를 흘리면 전력은 몇 [W]가 되는가?

① 50
② 150
③ 200
④ 250

해설

전류와 저항과의 관계의 전력 $P = I^2R[W]$이므로 $P \propto I^2$관계이다. 그러므로

$50 : 10^2 = P' : 20^2$, $P = \dfrac{20^2}{10^2} \times 50 = 200[W]$가 된다.

06

전극에서 석출되는 물질의 양은 통과한 전기량에 비례하고 전기화학당량에 비례하는 법칙은?

① 패러데이의 법칙
② 가우스의 법칙
③ 암페어의 법칙
④ 플레밍의 법칙

해설

석출량 $W = kQ = kIt[g]$은 패러데이의 법칙이다.

07

진공 중의 두 점전하 $+Q_1$[C], $+Q_2$[C]이 거리 r[m] 사이에 작용하는 정전력 F[N]는?

① $F = 9 \times 10^9 \times \dfrac{Q_1Q_2}{r}$[N], 흡인력

② $F = 9 \times 10^9 \times \dfrac{Q_1Q_2}{r^2}$[N], 반발력

③ $F = 9 \times 10^9 \times \dfrac{Q_1Q_2}{r}$[N], 반발력

④ $F = 9 \times 10^9 \times \dfrac{Q_1Q_2}{r^2}$[N], 흡인력

해설

두 전하 사이의 힘은 서로 동일 부호는 반발력, 서로 다른 부호는 흡인력이 생긴다.

두 전하 사이에 작용하는 힘 $F = 9 \times 10^9 \times \dfrac{Q_1Q_2}{r^2}$[N]이다.

08

전기력선 밀도는 무엇과 같은가?

① 전위차
② 전속밀도
③ 정전력
④ 전계의 세기

해설

전기력선 성질 중에서 전기력선 밀도는 전계의 세기와 같다.

정답 03 ② 04 ③ 05 ③ 06 ① 07 ② 08 ④

09

간격 d[m], 평행판 면적이 S[m²]인 평행 평판 콘덴서가 있다. 여기서 간격을 2배로 하면 처음의 콘덴서보다 몇 배가 되는가?

① 변하지 않는다.　② $\frac{1}{2}$ 배

③ 2배　　　　　　④ 4배

해설

평행판 콘덴서 $C = \frac{\varepsilon S}{d}$[F]이므로 $C \propto \frac{1}{d}$ 이다. 그러므로 간격이 두 배가 되면 콘덴서는 $\frac{1}{2}$ 배가 된다.

10

자기장의 세기가 100[AT/m]인 곳에 2[Wb]의 자극을 놓았을 때 작용하는 힘 F[N]는?

① 100　　　　　　② 200

③ 50　　　　　　④ 2,000

해설

힘 $F = mH = 2 \times 100 = 200$[N]이다.

11

자기저항이 100[AT/Wb]인 환상 솔레노이드에 200회 감아 자속이 10[Wb]가 발생하려면 몇 [A]의 전류를 흘려야 하는가?

① 5　　　　　　② 50

③ 2　　　　　　④ 20

해설

기자력 $F = NI = \phi R_m$[AT]이므로

전류 $I = \frac{\phi R_m}{N} = \frac{10 \times 100}{200} = 5$[A]이다.

12

전자유도의 현상에 의해 유기기전력이 만들어진다. 유기기전력에 관한 법칙과 거리가 먼 것은?

① 패러데이의 법칙　② 플레밍의 왼손 법칙

③ 렌츠의 법칙　　　④ 플레밍의 오른손 법칙

해설

플레밍의 왼손 법칙은 전동기의 원리이며 전자력 힘의 법칙이다.

13

동일한 인덕턴스 L[H]인 두 코일을 같은 방향으로 직렬 접속하면 합성 인덕턴스는? (단, 결합계수는 0.5이다.)

① 0.5L　　　　② L

③ 2L　　　　④ 3L

해설

두 코일의 같은 방향 직렬 접속 합성 인덕턴스
$L = L_1 + L_2 + 2M$[H]이다.
여기서 $L_1 = L_2 = L$이고,
상호 인덕턴스는 $M = k\sqrt{L_1 L_2} = 0.5 \times \sqrt{L \times L} = 0.5L$이므로
합성 인덕턴스 $L_1 + L_2 + 2M = L + L + 2 \times 0.5L = 3L$이다.

14

정현파의 교류 최대 전압이 300[V]이면 평균전압은 몇 [V]인가?

① 181　　　　② 191

③ 211　　　　④ 221

해설

정현파의 평균전압 $V_a = \frac{2V_m}{\pi} = \frac{2 \times 300}{\pi} = 191$[V]

정답 **09** ②　**10** ②　**11** ①　**12** ②　**13** ④　**14** ②

15

교류 전압을 인가할 때 전류에 대한 설명으로 맞는 것은?

① L만의 회로는 전류가 전압보다 위상은 90도 앞선다.
② L만의 회로는 전압과 전류의 위상은 동상이 된다.
③ C만의 회로는 전압보다 전류의 위상은 90도 앞선다.
④ C만의 회로는 전압과 전류의 위상은 동상이 된다.

해설

L만의 회로는 전류가 전압보다 90도 뒤지고(지상), C만의 회로는 전류가 전압보다 90도 앞선다(진상).

16

저항 6[Ω], 유도리액턴스 8[Ω]을 직렬 접속시키고 100[V]의 교류전압을 인가하면 소비 전력은?

① 600[W]
② 1,200[W]
③ 800[W]
④ 1,600[W]

해설

교류전력

$$P = I^2 R = (\frac{V}{Z})^2 R = \left(\frac{100}{\sqrt{6^2+8^2}}\right)^2 \times 6 = 600[\text{W}]\text{이다.}$$

17

△ 결선 변압기가 한 대 고장 시 V결선하여 3상 전력을 공급하였을 때 이용률은 몇 [%]인가?

① 57.7
② 75
③ 86.6
④ 96

해설

$$\text{V결선 이용률} = \frac{V\text{결선 시 용량}}{\text{변압기 2대의 용량}} = \frac{\sqrt{3}\,P}{2P} = 0.866\text{이다.}$$

18

선간전압이 $100\sqrt{3}$ [V]인 3상 평형 Y결선일 때 상전압의 크기는 몇 [V]인가?

① $100\sqrt{3}$
② 100
③ 200
④ $200\sqrt{3}$

해설

Y결선의 선간전압과 상전압과의 관계는 $V_l = \sqrt{3}\,V_p$이므로 상전압 $V_p = \frac{V_l}{\sqrt{3}} = \frac{100\sqrt{3}}{\sqrt{3}} = 100[\text{V}]$이다.

19

다음 중 비정현파의 푸리에 급수 성분이 맞는 것은?

① 직류분 + 기본파 + 고조파
② 직류분 − 기본파 − 고조파
③ 직류분 + 기본파 − 고조파
④ 직류분 − 기본파 + 고조파

해설

비정현파의 푸리에 급수는 직류분 + 기본파 + 고조파이다.

20

3상 △결선의 각 상의 임피던스가 30[Ω]일 때 Y결선으로 변환하면 각 상의 임피던스는 얼마인가?

① 90
② 30
③ 10
④ 3

해설

각 상의 임피던스가 같은 조건에서 △결선을 Y결선으로 바꾸면 $\frac{1}{3}$으로 감소하므로 $\frac{30}{3} = 10[\text{Ω}]$이 된다.

정답　15 ③　16 ①　17 ③　18 ②　19 ①　20 ③

📝 전기기기

21

직류 발전기에서 계자 철심에 잔류자기가 없어도 발전할 수 있는 발전기는?

① 분권 발전기   ② 직권 발전기
③ 복권 발전기   ④ 타여자 발전기

해설

타여자 발전기

타여자 발전기의 경우 잔류자기가 없어도 발전이 가능한 특성을 갖는다.

22

동기발전기의 권선을 분포권으로 사용하는 이유로 옳은 것은?

① 권선의 누설리액턴스가 커진다.
② 전기자 권선이 과열이 되어 소손되기 쉽다.
③ 파형이 좋아진다.
④ 집중권에 비하여 합성 유기전력이 높아진다.

해설

분포권

동기발전기의 권선을 분포권으로 선택할 경우 기전력의 파형이 개선되며, 누설리액턴스를 감소시킨다.

23

1차 권수 6,000회, 2차 권수 200회인 변압기의 변압비는?

① 30   ② 60   ③ 90   ④ 120

해설

변압기의 변압비

$$a = \frac{N_1}{N_2} = \frac{V_1}{V_2} = \frac{I_2}{I_1}$$
$$= \frac{6,000}{20} = 30$$

24

다음 중 단락비가 큰 동기발전기의 경우 그 값이 작아지는 경우는?

① 동기임피던스와 단락전류
② 기기의 중량
③ 공극
④ 전압변동률과 전기자 반작용

해설

동기발전기의 단락비

단락비가 큰 경우 다음과 같은 특성을 갖는다.
1) 안정도가 높다.
2) 동기임피던스가 작다.
3) 전기자 반작용이 작다.
4) 전압변동률이 작다.
5) 단락전류가 크다.
6) 기기의 중량이 크고 효율이 떨어지며, 철기계에 해당한다.

25

교류 전압의 실효값이 200[V]일 때 단상 반파정류에 의하여 발생하는 직류전압의 평균값은 약 몇 [V]인가?

① 45   ② 90
③ 105   ④ 110

해설

단상 반파정류회로

직류전압 $E_d = 0.45E$
$$= 0.45 \times 200 = 90[V]$$

26

변압기유로 쓰이는 절연유에 요구되는 성질인 것은?

① 인화점은 높고 응고점이 낮을 것
② 점도가 클 것
③ 비열이 커서 냉각효과가 적을 것
④ 절연 재료 및 금속 재료에 화학 작용을 일으킬 것

정답   21 ④   22 ③   23 ①   24 ④   25 ②   26 ①

변압기유의 특성
1) 절연내력이 클 것
2) 점도는 낮을 것
3) 인화점은 높고 응고점은 낮을 것
4) 냉각효과는 클 것

27

변압기 내부고장 보호에 쓰이는 계전기로서 가장 적당한 것은?

① 차동계전기   ② 접지계전기
③ 과전류계전기   ④ 역상계전기

해설
변압기 내부고장 보호계전기
1) 브흐홀쯔계전기
2) 비율차동계전기
3) 차동계전기

28

브리지 정류회로로 알맞은 것은?

①
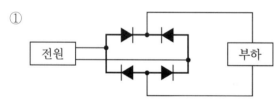

②
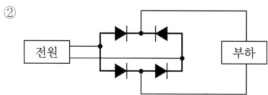

③
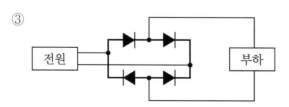

④
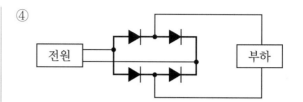

29

보호계전기의 시험을 하기 위한 유의 사항이 아닌 것은?

① 시험회로 결선 시 교류와 직류 확인
② 영점의 정확성 확인
③ 계전기 시험 장비의 오차 확인
④ 시험회로 결선 시 교류의 극성 확인

해설
보호계전기 시험 시 유의 사항
1) 영점의 정확성 확인
2) 계전기 시험 장비의 오차 확인
3) 시험회로 결선 시 교류와 직류 확인

30

타여자 발전기와 같이 전압변동률이 적고 자여자이므로 다른 여자 전원이 필요 없고, 계자저항기를 사용하여 저항 조정이 가능하므로 전기화학용 전원, 전지의 충전용, 동기기의 여자용으로 쓰이는 발전기는?

① 분권발전기   ② 직권발전기
③ 과복권 발전기   ④ 차동복권 발전기

해설
분권발전기
분권발전기는 계자저항기를 사용하여 전압을 조정할 수 있으므로 전기화학 공업용 전원, 축전지의 충전용, 동기기의 여자용 및 일반 직류 전원으로 사용된다.

정답   27 ①   28 ①   29 ④   30 ①

31

변류기 개방 시 2차 측을 단락하는 이유는?

① 2차 측 절연 보호
② 2차 측 과전류 보호
③ 측정오차 감소
④ 변류비 유지

해설

변류기의 2차 측을 단락하는 이유
2차 측을 단락하는 이유는 과전압에 따른 절연을 보호하기 때문이다.

32

보호를 요하는 회로의 전류가 어떤 일정한 값(정정값) 이상으로 흘렀을 때 동작하는 계전기는?

① 비율차동계전기
② 과전류계전기
③ 차동계전기
④ 과전압계전기

해설

과전류계전기(OCR)
설정치 이상의 전류가 인가되면 동작하여 차단기를 트립시킨다.

33

전기기계의 철심을 규소강판으로 성층하는 이유는?

① 제작이 용이
② 동손 감소
③ 철손 감소
④ 기계손 감소

해설

규소강판을 성층하는 이유
철손은 히스테리시스손과 와류손으로 구분된다. 전기기계 기구를 규소강판을 사용 시 히스테리시스손을 감소하며, 성층철심을 사용하는 경우 와류손을 감소시킨다.

34

낮은 전압을 높은 전압으로 승압할 때 일반적으로 사용되는 변압기의 3상 결선방식은?

① $\Delta-\Delta$
② $\Delta-Y$
③ $Y-Y$
④ $Y-\Delta$

해설

승압결선
Δ결선은 선간전압과 상전압이 같다. Y결선은 선간전압이 상전압에 $\sqrt{3}$ 배가 되므로 승압결선이 되어야 한다면 $\Delta-Y$결선을 말한다.

35

100[kVA]의 단상 변압기 2대를 사용하여 V-V결선으로 3상 전원을 얻고자 한다. 이때 여기에 접속시킬 수 있는 3상 부하의 용량은 약 몇 [kVA]인가?

① 34.6
② 300
③ 100
④ 173.2

해설

V결선 출력
$$P_V = \sqrt{3}\, P_n = \sqrt{3} \times 100 = 173.2[\text{kVA}]$$

36

동기발전기에서 앞선 전류가 흐를 때 어느 것이 옳은가?

① 감자작용을 받는다.
② 증자작용을 받는다.
③ 속도가 상승한다.
④ 효율이 좋아진다.

해설

동기발전기의 전기자 반작용
앞선 전류가 흐를 경우 증자작용을 받는다.

정답 31 ① 32 ② 33 ③ 34 ② 35 ④ 36 ②

37

직류발전기에서 자극수 6, 전기자 도체수 400, 각 극의 유효자속 수 0.01[Wb], 회전수 600[rpm]인 경우 유기기전력은? (단, 전기자권선은 파권이다.)

① 90 ② 120
③ 150 ④ 180

해설

유기기전력

$E = \dfrac{PZ\phi N}{60a}[\text{V}]$ (파권이므로 $a = 2$)

$= \dfrac{6 \times 400 \times 0.01 \times 600}{60 \times 2} = 120[\text{V}]$

38

유도전동기의 원선도를 작성하는 데 필요한 시험이 아닌 것은?

① 저항측정 ② 슬립측정
③ 개방시험 ④ 구속시험

해설

유도전동기의 원선도를 그리는 데 필요한 시험
1) 저항시험
2) 무부하시험
3) 구속시험

39

직류발전기의 구조 중 전기자 권선에서 생긴 교류를 직류로 바꾸어 주는 부분을 무엇이라 하는가?

① 계자 ② 전기자
③ 브러쉬 ④ 정류자

해설

정류자
직류발전기의 정류자는 교류를 직류로 변환하는 부분으로서 브러쉬와 단락되어 있다.

40

전기자 저항이 0.1[Ω], 전기자 전류 100[A], 유도기전력이 110[V]인 직류 분권발전기의 단자전압[V]은?

① 110 ② 106
③ 102 ④ 100

해설

분권발전기의 단자전압
$V = E - I_a R_a = 110 - (100 \times 0.1) = 100[\text{V}]$

전기설비

41

전선의 굵기를 측정할 때 사용되는 것은?

① 와이어 게이지 　　② 파이프 포트
③ 스패너 　　　　　　④ 프레셔 툴

해설
와이어 게이지
전선의 굵기를 측정 시 사용된다.

42

사람이 접촉될 우려가 있는 곳에 시설하는 경우 접지극은 지하 몇 [cm] 이상의 깊이에 매설하여야 하는가?

① 30 　　　　　　　　② 45
③ 50 　　　　　　　　④ 75

해설
접지극의 매설기준
접지극은 지하 75[cm] 이상 깊이에 매설하여야만 한다.

43

가연성 가스가 존재하는 장소의 저압 시설 공사 방법으로 옳은 것은?

① 가요전선관 공사　② 합성수지관 공사
③ 금속관 공사　　　④ 금속 몰드 공사

해설
가연성 가스가 존재하는 장소의 전기공사
1) 금속관 공사
2) 케이블 공사

44

절연전선으로 가선된 배전 선로에서 활선 상태인 경우 전선의 피복을 벗기는 것은 매우 곤란한 작업이다. 이런 경우 활선 상태에서 전선의 피복을 벗기는 공구는?

① 전선피박기 　　　② 애자커버
③ 와이어 통 　　　　④ 데드엔드 커버

해설
전선피박기
활선 시 전선의 피복을 벗기는 공구를 말한다.

45

가공전선로의 지지물이 아닌 것은?

① 목주 　　　　　　　② 지선
③ 철근콘크리트주 　 ④ 철탑

해설
지지물의 종류
1) 목주
2) 철주
3) 철근콘크리트주
4) 철탑

46

노출장소 또는 점검이 가능한 장소에서 제2종 가요전선관을 시설하고 제거하는 것이 자유로운 경우 곡률 반지름은 안지름의 몇 배 이상으로 하여야 하는가?

① 2배 　　　　　　　② 3배
③ 4배 　　　　　　　④ 6배

해설
가요전선관의 시설
2종 가요전선관을 구부릴 경우 노출장소 또는 점검이 가능한 장소에서 시설 제거하는 것이 자유로운 경우는 안지름의 3배 이상으로 한다.

정답 41 ① 　42 ④ 　43 ③ 　44 ① 　45 ② 　46 ②

47

한국전기설비규정에서 정한 가공전선로의 지지물에 승탑 또는 승강용으로 사용하는 발판볼트 등은 지표 상 몇 [m] 미만에 시설하여서는 안 되는가?

① 1.2　　　　② 1.5
③ 1.6　　　　④ 1.8

해설
발판볼트
지지물에 시설하는 발판볼트의 경우 1.8[m] 이상 높이에 시설한다.

48

특고압 수전설비의 결선 기호와 명칭으로 잘못된 것은?

① CB – 차단기　　② LF – 전력퓨즈
③ LA – 피뢰기　　④ DS – 단로기

해설
수전설비의 기호
전력퓨즈의 경우 PF를 말한다.

49

분전반에 대한 설명으로 틀린 것은?

① 배선과 기구는 모두 전면에 배치하였다.
② 두께 1.5[mm] 이상의 난연성 합성수지로 제작하였다.
③ 강판제의 분전함은 두께 1.2[mm] 이상의 강판으로 제작하였다.
④ 배선은 모두 분전반 뒷면에 배치하였다.

해설
분전반의 시설
배선과 기구는 분전반 뒷면에 배치하면 안 된다.

50

다음 중 차단기를 시설해야 하는 곳으로 가장 적당한 것은?

① 고압에서 저압으로 변성하는 2차 측의 저압 측 전선
② 접지공사를 한 저압가공전선로의 접지 측 전선
③ 접지공사의 접지도체
④ 다선식 전로의 중성선

해설
과전류 차단기 시설제한장소
1) 접지공사의 접지도체
2) 다선식 전로의 중성선
3) 전로일부에 접지공사를 한 저압가공전선로의 접지 측 전선

51

정선 박스 내에서 전선을 접속할 수 있는 것은?

① s형 슬리브　　② 꽂음형 커넥터
③ 와이어 커넥터　④ 매팅타이어

해설
와이어 커넥터
박스 내에서 전선의 접속 시 사용된다.

52

저압 구내 가공인입선의 경우 전선의 굵기는 몇 [mm] 이상이어야 하는가? (단, 전선의 길이가 15[m]를 초과하는 경우를 말한다.)

① 1.6　　　　② 2.0
③ 2.6　　　　④ 3.2

해설
저압 가공인입선
전선의 굵기는 2.6[mm] 이상의 경동선일 것. (단, 15[m] 이하 시 2.0[mm]도 가능하다.)

정답 47 ④　48 ②　49 ④　50 ①　51 ③　52 ③

53

다음 중 버스덕트가 아닌 것은?

① 플로어 버스덕트
② 피더 버스덕트
③ 트롤리 버스덕트
④ 플러그인 버스덕트

해설

버스덕터의 종류
플로어 덕트는 덕트의 종류이며, 버스덕트의 종류가 아니다.

54

일반적으로 큐비클형(cubicle type)이라 하며, 점유 면적이 좁고 운전, 보수에 안전하므로 공장, 빌딩 등 전기실에 많이 사용되는 조립형, 장갑형이 있는 배전반은?

① 데드 프런트식 배전반
② 폐쇄식 배전반
③ 철제 수직형 배전반
④ 라이브 프런트식 배전반

해설

폐쇄식 배전반
큐비클형이라고 하며, 안정성이 매우 우수하여 공장, 빌딩 등의 전기실에 많이 사용된다.

55

저압 옥내배선을 보호하는 배선용 차단기의 약호는?

① ACB
② ELB
③ VCB
④ MCCB

해설

배선용 차단기
옥내배선에서 사용하는 대표적 과전류보호 장치로서 MCCB 라고도 한다.

56

1종 가요전선관을 시설할 수 있는 장소는?

① 점검할 수 없는 장소
② 전개되지 않는 장소
③ 전개된 장소로서 점검이 불가능한 장소
④ 점검할 수 있는 은폐장소

해설

1종 가요전선관의 시설가능 장소
가요전선관의 경우 2종 금속제 가요전선관이어야 하나 다음의 경우 1종 가요전선관을 사용할 수 있다.
1) 전개된 장소
2) 점검할 수 있는 은폐장소

57

화약류 저장고 내에 조명기구의 전기를 공급하는 배선의 공사방법은?

① 합성수지관공사
② 금속관공사
③ 버스덕트공사
④ 합성수지몰드공사

해설

화약류 저장고 내의 조명기구의 전기공사
금속관 공사 또는 케이블 공사에 의한다.

58

설계하중이 6.8[kN] 이하인 철근콘크리트주의 전주의 길이가 10[m]인 지지물을 건주할 경우 묻히는 최소 매설깊이는 몇 [m] 이상인가?

① 1.67[m]
② 2[m]
③ 3[m]
④ 3.5[m]

해설

지지물의 매설깊이
15[m] 이하의 경우 길이$\times \frac{1}{6} = 10 \times \frac{1}{6} = 1.67[m]$

▶ 정답 53 ① 54 ② 55 ④ 56 ④ 57 ② 58 ①

59

4심 캡타이어 케이블의 심선의 색상으로 옳은 것은?

① 흑, 적, 청, 녹
② 흑, 청, 적, 황
③ 흑, 백, 적, 녹
④ 흑, 녹, 청, 백

해설

4심 캡타이어 케이블의 색상
흑, 백, 적, 녹

60

한국전기설비규정에 따라 교통신호등 회로의 사용전압이 몇 [V]를 초과하는 경우에는 지락 발생 시 자동적으로 전로를 차단하는 누전차단기를 시설하여야 하는가?

① 50
② 100
③ 150
④ 200

해설

교통신호등
사용전압이 150[V]를 초과하는 경우 전로에 지락이 생겼을 때 이를 자동적으로 차단하는 누전차단기를 시설하여야 한다.

정답 59 ③ 60 ③

2022년 CBT 복원문제 1회

 전기이론

01

전류를 흐르게 하는 능력을 무엇이라 하는가?

① 전기량 ② 기전력
③ 기자력 ④ 전자력

해설

전류를 흐르게 하는 능력을 기전력이라 한다.

02

동일 저항 4개를 합성하여 양단에 일정 전압을 인가할 때 소비 전력이 가장 커지게 되는 저항 합성은?

① 저항 두 개씩 병렬조합하고 직렬로 조합할 때
② 저항 세 개를 병렬조합하고 하나를 직렬로 조합할 때
③ 저항 네 개를 모두 병렬로 조합할 때
④ 저항 네 개를 모두 직렬로 조합할 때

해설

전압을 일정하게 인가할 때 저항에 의한 전력은 $P = \dfrac{V^2}{R}$

[W]이므로 합성저항이 작은 조합일 때 소비 전력이 가장 커진다. 따라서 저항 네 개를 모두 병렬로 조합할 때이다.

03

저항 2[Ω]과 8[Ω]을 병렬연결하고 여기에 10[Ω]을 직렬연결하면 전체 합성저항은 몇 [Ω]인가?

① 10.6 ② 11.6
③ 12.6 ④ 20

해설

병렬 합성저항은 $R = \dfrac{2 \times 8}{2+8} = \dfrac{16}{10} = 1.6$[Ω]이므로 여기에 10[Ω]을 직렬연결하면 합성저항은 1.6 + 10 = 11.6[Ω]이다.

04

5[Ω], 6[Ω], 9[Ω]의 저항 3개가 직렬 접속된 회로에 5[A]의 전류가 흐르면 전체 전압은 몇 [V]인가?

① 200 ② 150
③ 100 ④ 50

해설

전압 $V = IR$

$\therefore 5 \times (5+6+9) = 100$[V]

05

두 종류의 금속의 접합부에 전류를 흘리면 전류의 방향에 따라 줄열 이외에 열의 흡수 또는 발생 현상이 생긴다. 이 현상을 무슨 효과라 하는가?

① 펠티어 효과 ② 제어벡 효과
③ 볼타 효과 ④ 톰슨 효과

해설

펠티어 효과란 서로 다른 두 종류의 금속을 접합하여 접합부에 전류를 흘리면 열의 흡수 또는 발생 현상이 생기는 것을 말한다.

정답 01 ② 02 ③ 03 ② 04 ③ 05 ①

06

10[F], 5[F]인 콘덴서 두 개를 병렬연결하고 양단에 100[V]의 전압을 인가할 때 10[F]에 충전되는 전하량[C]은 얼마인가?

① 1,000   ② 500

③ 2,000   ④ 1,500

해설

병렬연결에 인가되는 전압은 일정하므로 충전되는 전하량은 해당 콘덴서에 $Q = CV$[C]이다.

그러므로 $Q = CV = 10 \times 100 = 1,000$[C]이다.

07

2[F]의 콘덴서에 100[V]의 전압을 인가하면 콘덴서에 축적되는 에너지는 몇 [J]인가?

① 2×10^4 ② 1×10^4

③ 4×10^4 ④ 3×10^4

해설

콘덴서 축적 에너지

$$W = \frac{1}{2}CV^2 = \frac{1}{2} \times 2 \times 100^2 = 10,000[\text{J}]$$

08

진공 중의 두 자극 사이에 작용하는 힘은 몇 [N]인가? (단, m_1, m_2 : 자극의 세기, r : 자극 간의 거리, K : 진공 중의 비례상수)

① $F = K\dfrac{m_1 m_2}{r}$ ② $F = K\dfrac{m_1^2 m_2}{r^2}$

③ $F = K\dfrac{m_1^2 m_2^2}{r}$ ④ $F = K\dfrac{m_1 m_2}{r^2}$

해설

두 자극 사이에 작용하는 힘은 쿨롱의 법칙

$$F = \frac{m_1 m_2}{4\pi\mu_0 r^2} = \frac{1}{4\pi\mu_0} \times \frac{m_1 m_2}{r^2} = K\frac{m_1 m_2}{r^2}[\text{N}]$$

09

자극의 세기가 m[Wb]이고 길이가 l[m]인 자석의 자기 모멘트[Wb·m]는?

① $m l^2$ ② $m l$

③ $\dfrac{m}{l}$ ④ $\dfrac{m^2}{l}$

해설

자기 모멘트 또는 자기쌍극자 모멘트 $M = ml$ 이다.

10

전류에 의한 자장의 방향을 결정하는 것은 무슨 법칙인가?

① 비오-샤바르 법칙

② 앙페르의 오른손 법칙

③ 플레밍의 왼손 법칙

④ 렌쯔의 법칙

해설

전류에 의한 자장의 방향을 결정하는 법칙은 앙페르의 오른손 법칙이다.

11

히스테리시스 곡선의 종축과 만나는 점은 무엇을 나타내는가?

① 잔류자기   ② 보자력

③ 기자력   ④ 자기저항

해설

히스테리시스 곡선의 횡축은 자계, 종축은 자속밀도 항목일 때 자성체의 포화곡선을 그려보면 횡축과 만나는 점은 보자력, 종축과 만나는 점은 잔류자기를 나타낸다.

정답   06 ①   07 ②   08 ④   09 ②   10 ②   11 ①

12

각각 1[A]의 전류가 흐르는 두 평행 도선에 작용하는 힘이 2×10^{-7}[N/m]이라면 두 도선의 떨어진 거리는 몇 [m]인가?

① 0.5

② 1

③ 1.5

④ 2.0

해설

두 평행 도선에 작용하는 힘 $F = \dfrac{2I_1 I_2}{r} \times 10^{-7}$[N/m]이므로
두 평행 도선의 떨어진 거리는 1[m]이다.

13

10[Wb/m²]의 평등 자장 중에 길이 2[m]의 도선을 자장의 방향과 30°의 각도로 놓고 이 도체에 10[A]의 전류가 흐르면 도선에 작용하는 힘은 몇 [N]인가?

① 1,000

② 500

③ 200

④ 100

해설

자기장 안에 전류가 흐르는 도선을 놓으면 작용하는 힘은 플레밍의 왼손 법칙이다.
그러므로 힘 $F = IBl \sin\theta = 10 \times 10 \times 2 \times \sin 30° = 100$[N]이다.

14

자로 길이가 ℓ[m], 면적이 A[m²]인 철심의 투자율이 μ라면 자기저항 R_m[AT/Wb]은?

① $\dfrac{l^2}{\mu A}$

② $\dfrac{l}{\mu A}$

③ $\dfrac{\mu l}{A}$

④ $\dfrac{lA}{\mu}$

해설

자기저항 $R_m = \dfrac{l}{\mu A}$[AT/Wb]이다.

15

교류 실효 전압 100[V], 주파수 60[Hz]인 교류 순시 값 전압 표현으로 맞는 것은?

① $v = 100 \sin 120\pi t$[V]

② $v = 100\sqrt{2} \sin 60\pi t$[V]

③ $v = 100\sqrt{2} \sin 120\pi t$[V]

④ $v = 100 \sin 60\pi t$[V]

해설

교류 전압의 순시값은
$v = V_m \sin\omega t = \sqrt{2}\, V \sin(2\pi f)t = 100\sqrt{2} \sin(120\pi)t$
[V]이다.

16

어떤 정현파 교류 평균 전압이 191[V]이면 실효값은 몇 [V]인가?

① 212

② 300

③ 119

④ 416

해설

평균값 $V_a = \dfrac{2V_m}{\pi}$에서

최대값 $V_m = \dfrac{V_a \times \pi}{2} = \dfrac{191 \times \pi}{2} \fallingdotseq 300$[V]이다.

그러므로 실효값 $V = \dfrac{V_m}{\sqrt{2}} = \dfrac{300}{\sqrt{2}} \fallingdotseq 212$[V]이다.

17

10[W]의 백열 전구에 100[V]의 교류 전압을 사용하고 있다. 이 교류 전압의 최대값은 몇 [V]인가?

① 200

② 164

③ 141

④ 70

정답 12 ② 13 ④ 14 ② 15 ③ 16 ① 17 ③

해설

문제에서 사용하고 있는 전압은 실효 전압을 의미하므로

$V = \dfrac{V_m}{\sqrt{2}}[V]$에서 최대 전압 $V_m = \sqrt{2}\,V = \sqrt{2} \times 100[V]$

이다.

18

대칭 3상의 주파수와 전압이 같다면 각 상이 이루는 위상차는 몇 라디안[rad]인가?

① 2π ② $\dfrac{2\pi}{3}$

③ π ④ $\dfrac{3\pi}{2}$

해설

대칭 3상의 각 상의 위상차는 120°이므로 $120° = \dfrac{2\pi}{3}$ 이다.

19

비정현파의 일그러짐율을 나타내는 왜형률은?

① $\dfrac{\text{전고조파의 실효값}}{\text{기본파의 실효값}}$

② $\dfrac{\text{기본파의 실효값}}{\text{전고조파의 실효값}}$

③ $\dfrac{\text{전고조파의 실효값}}{\text{제3고조파의 실효값}}$

④ $\dfrac{\text{전고조파의 평균값}}{\text{기본파의 평균값}}$

해설

왜형률 $= \dfrac{\text{전고조파의 실효값}}{\text{기본파의 실효값}}$

20

용량 100[kVA]인 단상 변압기 3대로 △결선하여 3상 전력을 공급하던 중 1대가 고장으로 V결선하였다면 3상 전력 공급은 몇 [kVA]인가?

① 100   ② $100\sqrt{2}$

③ $100\sqrt{3}$ ④ 300

해설

V결선의 출력 $P_V = \sqrt{3}\,P = \sqrt{3} \times 100[kVA]$이다.

정답 18 ②   19 ①   20 ③

전기기기

21

변압기 내부고장 보호에 쓰이는 계전기는?

① 접지 계전기　　　② 차동 계전기
③ 과전압 계전기　　④ 역상 계전기

해설
변압기 내부고장 보호 계전기
차동 또는 비율차동 계전기의 경우 발전기, 변압기의 내부
고장 보호에 사용되는 계전기를 말한다.

22

정류방식 중 3상 반파방식의 직류전압의 평균값은 얼마인가? (단, V는 실효값을 말한다.)

① 0.45V　　　② 0.9V
③ 1.17V　　　④ 1.35V

해설
3상 전파방식의 직류전압
$E_d = 1.17E$(단, E는 교류전압)

23

보호를 요하는 회로의 전압이 일정한 값 이상으로 인가되었을 때 동작하는 계전기는 무엇인가?

① 과전류 계전기　　② 과전압 계전기
③ 비율차동 계전기　④ 차동 계전기

해설
OVR(Over Voltage Relay)
과전압 계전기는 회로의 전압이 설정치 이상으로 인가 시 동작한다.

24

발전기의 정격전압이 100[V]로 운전하다 무부하시의 운전전압이 103[V]가 되었다. 이 발전기의 전압변동률은 몇 [%]인가?

① 4　　② 3　　③ 11　　④ 14

해설
전압변동률
$$\epsilon = \frac{V_0 - V_n}{V_n} \times 100 = \frac{103-100}{100} \times 100 = 3[\%]$$

25

동기발전기의 전기자 반작용에서 공급전압보다 전기자 전류의 위상이 앞선 경우 어떤 반작용이 일어나는가?

① 교차 자화작용　　② 증자 작용
③ 감자 작용　　　　④ 횡축 반작용

해설
동기발전기의 전기자 반작용
발전기의 경우 유기기전력보다 전기자 전류의 위상이 앞선 경우 증자 작용이 발생한다.
유기기전력보다 전기자 전류의 위상이 뒤진 경우 감자 작용이 발생한다.

26

직류 분권전동기의 자속이 감소하면 회전속도는 어떻게 되는가?

① 감소한다.　　　② 변함없다.
③ 전동기가 정지한다.　④ 증가한다.

해설
전동기의 경우 $\phi \propto \frac{1}{N}$의 관계를 갖는다.
따라서 자속이 감소하면 속도는 증가한다.

정답 21 ②　22 ③　23 ②　24 ②　25 ②　26 ④

27

직류전동기의 속도제어법이 아닌 것은?

① 전압제어법 ② 계자제어법
③ 저항제어법 ④ 위상제어법

해설
직류전동기의 속도제어법
• 전압제어
• 계자제어
• 저항제어

28

1차측의 권수가 3,300회, 2차측 권수가 330회라면 변압기의 변압비는?

① 33 ② 10
③ $\dfrac{1}{33}$ ④ $\dfrac{1}{10}$

해설
변압기 권수비
$$a = \frac{N_1}{N_2} = \frac{3,300}{330} = 10$$

29

100[kVA] 변압기 2대를 V결선 시 출력은 몇 [kVA]가 되는가?

① 200 ② 86.6
③ 173.2 ④ 300

해설
V결선 시 출력
$$P_V = \sqrt{3}\,P_n$$
$$= \sqrt{3} \times 100 = 173.2[\text{kVA}]$$

30

3상 농형 유도전동기의 $Y-\Delta$기동 시의 기동전류와 기동토크를 전전압 기동 시와 비교하면?

① 전전압 기동의 1/3로 된다.
② 전전압 기동의 $\sqrt{3}$ 배가 된다.
③ 전전압 기동의 3배로 된다.
④ 전전압 기동의 9배로 된다.

해설
$Y-\Delta$기동
$Y-\Delta$기동 시 기동전류는 전전압 기동의 $\dfrac{1}{3}$이 되며, 기동토크 역시 $\dfrac{1}{3}$이 된다.

31

동기속도 N_s[rpm], 회전속도 N[rpm], 슬립을 s라 하였을 때 2차효율은?

① $(s-1) \times 100$ ② $(1-s)N_s \times 100$
③ $\dfrac{N}{N_s} \times 100$ ④ $\dfrac{N_s}{N} \times 100$

해설
유도전동기의 2차효율 η_2
$$\eta_2 = (1-s) \times 100 = \frac{N}{N_s} \times 100$$

32

다음 그림과 같은 기호의 명칭은?

① UJT
② SCR
③ TRIAC
④ GTO

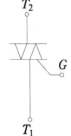

해설
TRIAC
SCR 2개를 역병렬로 접속한 구조를 가지고 있는 소자를 말한다.

정답 27 ④ 28 ② 29 ③ 30 ① 31 ③ 32 ③

33

변압기를 $\Delta - Y$결선(delta-star connection)한 경우에 대한 설명으로 옳지 않은 것은?

① 1차 변전소의 승압용으로 사용된다.
② 1차 선간전압 및 2차 선간전압의 위상차는 $60°$이다.
③ 제3고조파에 의한 장해가 적다.
④ Y결선의 중성점을 접지할 수 있다.

해설

$\Delta - Y$결선
델타와 Y결선의 특징을 모두 갖고 있는 방식으로 1차 선간전압과 2차 선간전압의 위상차는 $30°$이며, 한 상의 고장 시 송전이 불가능하다.

34

어떤 변압기에서 임피던스 강하가 5[%]인 변압기가 운전 중 단락되었을 때 그 단락전류는 정격전류의 몇 배인가?

① 5   ② 20
③ 50   ④ 500

해설

변압기의 단락전류 I_s
$I_s = \dfrac{100}{\%Z}I_n = \dfrac{100}{5} \times I_n$이므로
$I_s = 20I_n$이 된다.

35

동기발전기의 전기자 권선을 단절권으로 하면?

① 고조파를 제거한다.
② 절연이 잘 된다.
③ 역률이 좋아진다.
④ 기전력을 높인다.

해설

동기발전기의 전기자 권선법
단절권의 경우 기전력의 파형을 개선하고, 고조파를 제거하며, 동량이 절약된다.

36

3상 유도전동기의 운전 중 전압이 90[%]로 저하되면 토크는 몇 [%]가 되는가?

① 90   ② 81
③ 72   ④ 64

해설

유도전동기의 토크
토크와 전압은 제곱에 비례하므로
$T' = (0.9)^2 T$
$= 0.81T$

37

다음 중 정속도 전동기에 속하는 것은?

① 유도전동기   ② 직권전동기
③ 분권전동기   ④ 교류 정류자전동기

해설

분권전동기
$N = k\dfrac{V - I_a R_a}{\phi}$ 로서 속도는 부하가 증가할수록 감소하는 특성을 가지나 이 감소가 크지 않아 정속도 특성을 나타낸다.

38

농형 유도전동기의 기동법이 아닌 것은?

① 전전압 기동
② $\Delta - \Delta$기동
③ 기동보상기에 의한 기동
④ 리액터 기동

정답 33 ② 34 ② 35 ① 36 ② 37 ③ 38 ②

농형 유도전동기의 기동법
- 전전압 기동
- $Y-\Delta$ 기동
- 기동보상기에 의한 기동
- 리액터 기동

39

변압기의 임피던스 전압이란?

① 정격전류가 흐를 때의 변압기 내의 전압강하
② 여자전류가 흐를 때의 2차측 단자전압
③ 정격전류가 흐를 때의 2차측 단자전압
④ 2차 단락전류가 흐를 때의 변압기 내의 전압강하

해설

변압기의 임피던스 전압

$\%Z = \dfrac{IZ}{E} \times 100[\%]$ 에서 IZ의 크기를 말하며, 정격의 전류

가 흐를 때 변압기 내의 전압강하를 말한다.

40

다음은 분권발전기를 말한다. 전기자 전류는 100[A] 이다. 이때 계자에 흐르는 전류가 6[A]라면 부하에 흐르는 전류는 어떻게 되는가?

① 106
② 100
③ 94
④ 90

해설

분권발전기의 부하전류
$I_a = I + I_f$ 이므로 $I_a = 100[A]$ 이다.
따라서 $I = 100 - 6 = 94[A]$ 가 된다.

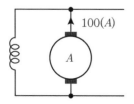

전기설비

41

일반적으로 큐비클형(cubicle type)이라 하며, 점유 면적이 좁고 운전, 보수에 안전하므로 공장, 빌딩 등 전기실에 많이 사용되는 조립형, 장갑형이 있는 배전 반은?

① 데드 프런트식 배전반
② 폐쇄식 배전반
③ 철제 수직형 배전반
④ 라이브 프런트식 배전반

해설

폐쇄식 배전반
큐비클형이라고 하며, 안정성이 매우 우수하여 공장, 빌딩 등의 전기실에 많이 사용된다.

42

노출장소 또는 점검이 가능한 장소에서 제2종 가요전 선관을 시설하고 제거하는 것이 부자유로운 경우 곡률 반지름은 안지름의 몇 배 이상으로 하여야 하는가?

① 2배
② 3배
③ 4배
④ 6배

해설

가요전선관
노출장소, 점검 가능한 장소에 시설 제거하는 것이 부자유 로운 경우 관 안지름의 6배 이상으로 하여야 한다.

43

저압 구내 가공인입선에서 사용할 수 있는 전선의 최 소 굵기는 몇 [mm] 이상인가? (단, 경간이 15[m]를 초과하는 경우이다.)

① 2.0
② 2.6
③ 4
④ 6

정답 39 ① 40 ③ / 41 ② 42 ④ 43 ②

해설

저압 가공인입선의 최소 굵기
2.6[mm] 이상의 경동선(단, 15[m] 이하 시 2.0[mm] 이상)

44

다음 중 금속관을 박스에 고정시킬 때 사용되는 것은 무엇이라 하는가?

① 로크너트　　② 엔트런스캡
③ 터미널　　　④ 부싱

해설

금속관의 부품
로크너트는 관을 박스에 고정시킬 때 사용되는 부속품을 말한다.

45

합성수지관 상호 접속 시 관을 삽입하는 깊이는 관 바깥지름의 몇 배 이상으로 하여야 하는가?

① 0.6　　② 0.8
③ 1.0　　④ 1.2

해설

합성수지관 공사
관 상호 간 및 박스와의 삽입 깊이는 관 바깥지름의 1.2배(접착제를 사용 시 0.8배) 이상으로 하여야 하며 또한 꽂은 접속에 의하여 견고하게 접속한다.

46

옥내배선 공사에서 절연전선의 피복을 벗길 때 사용하면 편리한 공구는?

① 드라이버　　　② 플라이어
③ 압착펜치　　　④ 와이어 스트리퍼

해설

와이어 스트리퍼
절연전선의 피복을 벗기는 데 편리한 공구이다.

47

가연성 분진(소맥분, 전분, 유황 기타 가연성 먼지 등)으로 인하여 폭발할 우려가 있는 곳에서의 저압 옥내 설비공사로 옳은 것은?

① 애자 공사　　② 금속관 공사
③ 버스덕트 공사　　④ 플로어덕트 공사

해설

가연성 분진이 착화하여 폭발할 우려가 있는 곳에서의 전기공사 방법은 금속관 공사, 케이블 공사, 합성수지관 공사에 의한다.

48

굵은 전선을 절단할 때 사용하는 전기공사용 공구는?

① 프레셔 툴　　② 녹 아웃 펀치
③ 파이프 커터　　④ 클리퍼

해설

클리퍼란 펜치로 절단하기 어려운 굵은 전선을 절단할 때 사용되는 전기공사용 공구를 말한다.

49

다음 전선의 접속 시 유의사항으로 옳은 것은?

① 전선의 강도를 5[%] 이상 감소시키지 말 것
② 전선의 강도를 10[%] 이상 감소시키지 말 것
③ 전선의 강도를 20[%] 이상 감소시키지 말 것
④ 전선의 강도를 40[%] 이상 감소시키지 말 것

해설

전선의 접속 시 유의사항
전선의 강도를 20[%] 이상 감소시키지 말 것

정답 44 ① 45 ④ 46 ④ 47 ② 48 ④ 49 ③

50

배전반 및 분전반의 설치 장소로 적합하지 못한 것은?

① 안정된 장소
② 전기회로를 쉽게 조작할 수 있는 장소
③ 개폐기를 쉽게 조작할 수 있는 장소
④ 은폐된 장소

해설
배·분전반의 경우 은폐된 장소에는 시설하지 않는다.

51

지중 또는 수중에 시설하는 양극과 피방식체 간의 전기부식 방지 시설에 대한 설명으로 틀린 것은?

① 지중에 매설하는 양극은 75[cm] 이상의 깊이일 것
② 수중에 시설하는 양극과 그 주위 1[m] 안의 임의의 점과의 전위차는 10[V]를 넘지 않을 것
③ 사용전압은 직류 60[V]를 초과할 것
④ 지표에서 1[m] 간격의 임의의 2점 간의 전위차가 5[V]를 넘지 않을 것

해설
전기부식 방지 설비
사용전압은 직류 60[V] 이하이어야 한다.

52

저압 가공인입선이 횡단보도교 위에 시설되는 경우 노면상 몇 [m] 이상의 높이에 설치되어야 하는가?

① 3
② 4
③ 5
④ 6

해설
저압 가공인입선의 높이
횡단보도교 횡단 시 노면상 3[m] 이상의 높이에 시설하여야만 한다.

53

분기회로에 설치하여 개폐 및 고장을 차단할 수 있는 것은 무엇인가?

① 전력퓨즈
② COS
③ 배선용 차단기
④ 피뢰기

해설
분기회로를 개폐하고 고장을 차단하기 위해 설치하는 것은 배선용 차단기를 말한다.

54

다음 공사 방법 중 옳은 것은 무엇인가?

① 금속몰드 공사 시 몰드 내부에서 전선을 접속하였다.
② 합성수지관 공사 시 관 내부에서 전선을 접속하였다.
③ 합성수지 몰드 공사 시 몰드 내부에서 전선을 접속하였다.
④ 접속함 내부에서 전선을 쥐꼬리 접속을 하였다.

해설
전선의 접속
전선의 접속 시 몰드나 관, 덕트 내부에서는 시행하지 않는다. 접속은 접속함에서 이루어져야 한다.

55

연선 결정에 있어서 중심 소선을 뺀 총수가 3층이다. 소선의 총수 N은 얼마인가?

① 9
② 19
③ 37
④ 45

해설
연선의 총 소선수
$N = 3n(n+1) + 1$
$\quad = 3 \times 3 \times (3+1) + 1$
$\quad = 37$

정답 50 ④ 51 ③ 52 ① 53 ③ 54 ④ 55 ③

56

배전선로의 보안장치로서 주상변압기의 2차측, 저압 분기회로에서 분기점 등에 설치되는 것은?

① 콘덴서　　　　② 캐치홀더
③ 컷아웃 스위치　④ 피뢰기

해설
배전선로의 주상변압기 보호장치
• 1차측 : COS(컷아웃 스위치)
• 2차측 : 캐치홀더

57

0.2[kW]를 초과하는 전동기의 과부하 보호장치를 생략할 수 있는 조건으로 몇 [A] 이하의 배선용 차단기를 시설하는 경우 과부하 보호장치를 생략할 수 있는가?

① 16　　② 20
③ 25　　④ 30

해설
전동기의 과부하 보호장치 생략조건
20[A] 이하의 배선용 차단기 또는 16[A] 이하의 과전류 차단기 시설 시 생략이 가능하다.

58

한국전기설비규정에서 정한 가공전선로의 지지물에 승탑 또는 승강용으로 사용하는 발판볼트 등은 지표상 몇 [m] 미만에 시설하여서는 안 되는가?

① 1.2　　② 1.5
③ 1.6　　④ 1.8

해설
발판볼트
지지물에 시설하는 발판볼트의 경우 1.8[m] 이상 높이에 시설한다.

59

사람이 접촉될 우려가 있는 곳에 시설하는 경우 접지극은 지하 몇 [cm] 이상의 깊이에 매설하여야 하는가?

① 30　　② 45
③ 50　　④ 75

해설
접지극의 매설기준
접지극은 지하 75[cm] 이상의 깊이에 매설하여야만 한다.

60

한국전기설비규정에서 정한 무대, 오케스트라박스 등 흥행장의 저압 옥내배선 공사 시 사용전압은 몇 [V] 이하인가?

① 200　　② 300
③ 400　　④ 600

해설
무대, 오케스트라박스 등 흥행장의 저압 공사 시 사용전압은 400[V] 이하이어야만 한다.

정답 56 ② 57 ② 58 ④ 59 ④ 60 ③

2022년 CBT 복원문제 2회

 전기이론

01

다음 중 가장 무거운 것은?

① 양성자의 질량과 중성자의 질량의 합
② 양성자의 질량과 전자의 질량의 합
③ 원자핵의 질량과 전자의 질량의 합
④ 중성자의 질량과 전자의 질량의 합

해설

원자핵은 양성자와 중성자가 모두 포함되어 있다. 그러므로 원자핵과 전자의 질량의 합이 가장 무겁다.

질량 : 양성자(1.673×10^{-27}[kg]), 중성자(1.675×10^{-27}[kg]), 전자(9.109×10^{-31}[kg])

02

저항 R_1[Ω], R_2[Ω] 두 개를 병렬연결하면 합성 저항은 몇 [Ω]인가?

① $\dfrac{1}{R_1 + R_2}$

② $\dfrac{R_1}{R_1 + R_2}$

③ $\dfrac{R_1 R_2}{R_1 + R_2}$

④ $\dfrac{R_2}{R_1 + R_2}$

해설

저항 병렬의 합성 저항은 $R = \dfrac{1}{\dfrac{1}{R_1} + \dfrac{1}{R_2}} = \dfrac{R_1 R_2}{R_1 + R_2}$[Ω]이다.

03

저항 2[Ω]과 8[Ω]의 저항을 직렬 연결하였다. 이때 합성 콘덕턴스는 몇 [℧]인가?

① 10

② 0.1

③ 4

④ 1.6

해설

직렬 합성 저항은 $R = 2 + 8 = 10$[Ω]이고

콘덕턴스 $G = \dfrac{1}{R} = \dfrac{1}{10} = 0.1$[℧]이다.

04

1[m]의 전선의 저항은 10[Ω]이다. 이 전선을 2[m]로 잡아 늘리면 처음의 저항보다 얼마의 저항으로 변하게 되는가? (단, 전선의 체적은 일정하다.)

① 40[Ω]

② 20[Ω]

③ 10[Ω]

④ 0.1[Ω]

해설

전선의 체적이 일정한 상태에서 길이를 n배 늘리면 변화 저항은 $R' = n^2 R$이 된다.

즉, 전선의 길이가 늘어나면서 면적은 상대적으로 줄어들기 때문이다.

그러므로 $R' = n^2 R = 2^2 \times 10 = 40$[Ω]이 된다.

05

두 종류의 금속의 접합부에 전류를 흘리면 전류의 방향에 따라 줄열 이외의 열의 흡수 또는 발생 현상이 생긴다. 이 현상을 무슨 효과라 하는가?

① 펠티어 효과

② 제어벡 효과

③ 볼타 효과

④ 톰슨 효과

해설

펠티어 효과란 서로 다른 두 종류의 금속을 접합하여 접합부에 전류를 흘리면 열의 흡수 또는 발생 현상이 생기는 것을 말한다.

정답 01 ③ 02 ③ 03 ② 04 ① 05 ①

06

220[V], 100[W] 백열전구와 220[V], 200[W] 백열전구를 직렬 연결하고 220[V] 전원에 연결할 때 어느 전구가 더 밝은가?

① 100[W] 백열전구가 더 밝다.
② 200[W] 백열전구가 더 밝다.
③ 같은 밝기다.
④ 수기로 변동한다.

해설

전력 $P = \dfrac{V^2}{R}$[W]에서 $R = \dfrac{V^2}{P}$[Ω]이므로

100[W] 전구 저항 $R_1 = \dfrac{220^2}{100} = 484$[Ω],

200[W] 전구 저항 $R_2 = \dfrac{220^2}{200} = 242$[Ω]이다.

백열전구 두 개를 직렬 연결하면 전류는 일정하므로 소비전력 $P = I^2 R$[W]에서 저항이 클수록 소비전력이 크고 더 밝다.

07

비유전율이 큰 산화티탄 등을 유전체로 사용한 것으로 극성이 없으며 가격에 비해 성능이 우수하여 널리 사용되고 있는 콘덴서의 종류는?

① 마일러 콘덴서
② 마이카 콘덴서
③ 세라믹 콘덴서
④ 전해 콘덴서

해설

마일러 콘덴서 : 필름 콘덴서의 한 종류로서 극성이 없어 직류 교류 모두 사용가능
마이카 콘덴서 : 전기 용량을 크게 하기 위하여 금속판 사이에 운모를 끼운 콘덴서
전해 콘덴서 : 전기 분해하여 금속의 표면에 산화 피막을 만들어 이것을 이용

08

다음 중 큰 값일수록 좋은 것은?

① 접지 저항
② 접촉 저항
③ 도체 저항
④ 절연 저항

해설

도체 저항, 접촉 저항, 접지 저항은 낮을수록 좋으며 절연 저항은 클수록 좋다.

09

평행 평판 도체의 정전 용량에 대한 설명 중 틀린 것은?

① 평행 평판 간격에 비례한다.
② 평행 평판 사이의 유전율에 비례한다.
③ 평행 평판 면적에 비례한다.
④ 평행 평판 비유전율에 비례한다.

해설

평행판 콘덴서의 $C = \dfrac{\varepsilon S}{d}$[F]이다.

10

전류에 의한 자기장의 방향을 결정하는 법칙은?

① 플레밍의 오른손 법칙
② 암페어의 오른손 법칙
③ 플레밍의 왼손 법칙
④ 렌쯔 법칙

해설

플레밍의 오른손 법칙 : 도체 운동에 의한 기전력 방향 결정
플레밍의 왼손 법칙 : 전류에 의한 힘의 방향 결정
렌츠의 법칙 : 전자 유도에 의한 기전력 방향 결정

정답 06 ① 07 ③ 08 ④ 09 ① 10 ②

11

전류 I[A]의 전류가 흐르고 있는 도체의 미소 부분 $\triangle l$의 전류에 의해 이 부분이 r[m] 떨어진 지점의 미소 자기장 $\triangle H$[AT/m]를 구하는 비오-샤바르 법칙은?

① $\triangle H = \dfrac{I\triangle l}{4\pi r^2}\sin\theta$ ② $\triangle H = \dfrac{I\triangle l}{4\pi r^2}\cos\theta$

③ $\triangle H = \dfrac{I\triangle l}{4\pi r}\sin\theta$ ④ $\triangle H = \dfrac{I\triangle l}{4\pi r}\cos\theta$

해설

비오-샤바르의 미소 자기장 $\triangle H = \dfrac{I\triangle l}{4\pi r^2}\sin\theta$[AT/m]이다.

12

자기장 안에 전류가 흐르는 도선을 놓으면 힘이 작용하는데 이 전자력을 응용한 대표적인 것은?

① 전열기 ② 전동기
③ 축전지 ④ 전등

해설

전자력은 플레밍의 왼손 법칙이고 전동기의 원리이다.

13

B[Wb/m²]의 평등 자장 중에 길이 l[m]의 도선을 자장의 방향과 직각으로 놓고 이 도체에 I[A]의 전류가 흐르면 도선에 작용하는 힘은 몇 [N]인가?

① $\dfrac{I}{Bl}$ ② $\dfrac{1}{IBl}$

③ I^2Bl ④ IBl

해설

자기장 안에 전류가 흐르는 도선을 놓으면 작용하는 힘은 플레밍의 왼손 법칙이다.
그러므로 힘 $F = IBl\sin\theta = IBl \times \sin90° = IBl$[N]이다.

14

2개의 코일을 서로 근접시켰을 때 한 쪽 코일의 전류가 변화하면 다른 쪽 코일에 유도기전력이 발생하는 현상을 무엇이라 하는가?

① 상호 결합 ② 상호 유도
③ 자체 유도 ④ 자체 결합

해설

한 코일에서 발생한 자속이 다른 코일에 쇄교하는 것을 상호 유도 작용이라 한다.

15

비투자율 100인 철심에 자속밀도가 1[Wb/m²]이었다면 단위 체적당 에너지 밀도[J/m³]은?

① $\dfrac{10^5}{2\pi}$ ② $\dfrac{10^5}{4\pi}$

③ $\dfrac{10^5}{8\pi}$ ④ $\dfrac{10^5}{16\pi}$

해설

단위 체적당 에너지 밀도 $W = \dfrac{1}{2}\mu H^2 = \dfrac{B^2}{2\mu} = \dfrac{1}{2}HB$[J/m³]

이므로 $W = \dfrac{B^2}{2\mu} = \dfrac{1^2}{2\mu_0\mu_s} = \dfrac{1}{2 \times 4\pi \times 10^{-7} \times 100} = \dfrac{10^5}{8\pi}$

[J/m³]이다.

16

매초 1[A]의 비율로 전류가 변하여 100[V]의 기전력이 유도될 때 코일의 자기인덕턴스는 몇 [H]인가?

① 100 ② 10
③ 1 ④ 0.1

해설

유기기전력 $e = -L\dfrac{di}{dt}$[V]에서

$L = \left|e \times \dfrac{dt}{di}\right| = 100 \times \dfrac{1}{1} = 100$[H]이다.

정답 11 ① 12 ② 13 ④ 14 ② 15 ③ 16 ①

17

자기 인턱턴스 L_1[H]의 코일에 전류 I_1[A]를 흘릴 때 코일 축적에너지가 W_1[J]이었다. 전류를 $I_2 = 3I_1$[A] 으로 흘리고 축적에너지를 일정하게 하려면 L_2[H]는 얼마인가?

① $L_2 = \dfrac{1}{9}L_1$ ② $L_2 = \dfrac{1}{3}L_1$

③ $L_2 = 9L_1$ ④ $L_2 = 3L_1$

해설

처음의 코일 축적에너지 $W_1 = \dfrac{1}{2}L_1 I_1^2$[H]이고 전류 변화 후

$W_2 = \dfrac{1}{2}L_2 I_2^2 = \dfrac{1}{2}L_2(3I_1)^2$이므로 $L_2 = \dfrac{1}{9}L_1$이어야 처음의 축적에너지와 같아진다.

18

△ 결선된 3대의 변압기로 공급되는 전력에서 1대를 없애고 V결선으로 바꾸어 전력을 공급하면 출력비는 몇 [%]인가?

① 47.7   ② 57.7

③ 67.7   ④ 86.6

해설

V결선의 출력비 $= \dfrac{V결선\ 출력}{\triangle 결선\ 출력} = \dfrac{\sqrt{3}P_1}{3P_1} = 0.577$

19

비정현파를 여러 개의 정현파의 합으로 표시하는 방법은?

① 푸리에 분석   ② 키르히호프의 법칙
③ 노튼의 정리   ④ 테일러의 분석

해설

비사인파 교류를 직류분+기본파+고조파로 표시하는 방법은 푸리에 분석이다.

20

△ 결선의 전원에서 선전류가 40[A]이고 선간전압이 220[V]일 때의 상전류[A]는?

① 약 13[A]   ② 약 23[A]
③ 약 42[A]   ④ 약 64[A]

해설

△ 결선의 선전류 $I_l = \sqrt{3}I_P$이므로

$I_P = \dfrac{I_l}{\sqrt{3}} = \dfrac{40}{\sqrt{3}} ≒ 23$[A]

📋 전기기기

21

다음 중 자기 소호 능력이 우수한 제어용 소자는?

① SCR
② TRIAC
③ DIAC
④ GTO

해설

GTO(Gate Turn Off)
게이트를 이용한 자기소호능력이 있다.

22

직류전동기의 규약효율을 표시하는 식은?

① $\dfrac{출력}{출력+손실}\times100[\%]$

② $\dfrac{출력}{입력}\times100[\%]$

③ $\dfrac{입력}{출력+손실}\times100[\%]$

④ $\dfrac{입력-손실}{입력}\times100[\%]$

해설

직류전동기의 규약효율

$\eta_\text{전} = \dfrac{입력-손실}{입력}\times100[\%]$

23

변압기유의 열화 방지와 관계가 가장 먼 것은?

① 브리더방식
② 불활성 질소
③ 콘서베이터
④ 부싱

해설

변압기유의 열화방지대책

1) 콘서베이터
2) 불활성 질소
3) 브리더

24

부흐홀쯔 계전기의 설치 위치로 가장 적당한 것은?

① 변압기 주 탱크 내부
② 콘서베이터 내부
③ 변압기 고압 측 부싱
④ 변압기 주 탱크와 콘서베이터 사이

해설

부흐홀쯔 계전기 설치 위치
주변압기와 콘서베이터 사이에 설치되는 계전기로서 변압기 내부고장을 보호한다.

25

반도체로 만든 PN접합은 주로 무슨 작용을 하는가?

① 변조작용
② 발진작용
③ 증폭작용
④ 정류작용

해설

PN접합
PN접합은 정류작용을 한다.

26

직류 직권전동기에서 벨트를 걸고 운전하면 안 되는 이유는?

① 벨트가 마멸보수가 곤란하므로
② 벨트가 벗겨지면 위험 속도에 도달하므로
③ 손실이 많아지므로
④ 직결하지 않으면 속도 제어가 곤란하므로

해설

직류 직권전동기의 운전
정격전압으로 운전 중 무부하 운전, 또는 부하와 벨트 운전을 하면 안 된다. 벨트가 마모되어 벗겨지면 무부하 상태가 되므로 위험속도에 도달할 우려가 있기 때문이다.

정답 21 ④ 22 ④ 23 ④ 24 ④ 25 ④ 26 ②

27

직류 분권전동기의 계자 저항을 운전 중에 증가시키면 회전속도는?

① 증가한다.   ② 감소한다.
③ 변화없다.   ④ 정지한다.

해설
계자 저항과 회전속도
$\phi \propto \dfrac{1}{N}$의 관계를 갖는다.

계자 저항이 증가하면 계자에 흐르는 전류는 감소하므로 자속이 감소하여 속도는 증가한다.

28

3상 권선형 유도전동기의 기동 시 2차측에 저항을 접속하는 이유는?

① 기동 토크를 크게 하기 위해
② 회전수를 감소시키기 위해
③ 기동 전류를 크게 하기 위해
④ 역률을 개선하기 위해

해설
권선형 유도전동기의 운전
2차측에 저항을 접속시키는 이유는 슬립을 조정하여 기동 토크를 크게 하기 위해서이다.

29

동기발전기의 병렬운전 중에 기전력의 위상차가 생기면?

① 위상이 일치하는 경우보다 출력이 감소한다.
② 부하 분담이 변한다.
③ 무효순환전류가 흘러 전기자 권선이 과열된다.
④ 유효순환전류가 흐른다.

해설
동기발전기의 병렬운전조건
1) 기전력의 크기가 같을 것 → 다를 경우 무효순환전류가 흐른다.
2) 기전력의 위상이 같을 것 → 다를 경우 유효순환전류가 흐른다.
3) 기전력의 주파수가 같을 것 → 다를 경우 난조가 발생한다.
4) 기전력의 파형이 같을 것 → 다를 경우 고조파 무효순환전류가 흐른다.

30

3상 전파 정류회로에서 출력전압의 평균값은? (단, V는 선간전압의 실효값이다.)

① $0.45\,V$ ② $0.9\,V$
③ $1.17\,V$ ④ $1.35\,V$

해설
3상 전파 정류회로의 평균값
$E_d = 1.35\,V$

31

동기발전기에서 전기자 전류가 무부하 유도기전력보다 $\dfrac{\pi}{2}$rad 앞서는 경우에 나타나는 전기자 반작용은?

① 증자 작용   ② 감자 작용
③ 교차 자화 작용   ④ 직축 반작용

해설
동기발전기의 전기자 반작용
앞선전류, 진상전류, 진전류가 흐를 경우 증자 작용을 받는다.
뒤진전류, 지상전류, 지전류가 흐를 경우 감자 작용을 받는다.

정답 27 ①   28 ①   29 ④   30 ④   31 ①

32

전기기계에서 있어 와전류손(eddy current loss)을 감소하기 위한 적절한 방법은?

① 보상권선을 설치한다.
② 규소강판을 성층철심을 사용한다.
③ 교류전원을 사용한다.
④ 냉각 압연한다.

해설

와전류손
철심을 성층함으로서 와전류손을 감소시킬 수 있다.

33

동기발전기의 병렬 운전에 필요한 조건이 아닌 것은?

① 기전력의 크기가 같을 것
② 기전력의 위상이 같을 것
③ 기전력의 파형이 같을 것
④ 기전력의 임피던스가 같을 것

해설

동기발전기의 병렬 운전 조건
1) 기전력의 크기가 같을 것
2) 기전력의 위상이 같을 것
3) 기전력의 주파수가 같을 것
4) 기전력의 파형이 같을 것
5) 상회전 방향이 같을 것

34

발전기의 정격전압이 100[V]로 운전하다 무부하시의 운전전압이 103[V]가 되었다. 이 발전기의 전압변동률은 몇 [%]인가?

① 3   ② 6
③ 8   ④ 10

해설

전압변동률

$$\epsilon = \frac{V_0 - V_n}{V_n} \times 100 = \frac{103 - 100}{100} \times 100 = 3[\%]$$

35

병렬 운전 중인 두 동기발전기의 유도기전력이 2,000[V], 위상차 60°, 동기 리액턴스를 100[Ω]이라면 유효순환전류는?

① 5   ② 10
③ 15   ④ 20

해설

유효순환전류

$$I_c = \frac{E}{Z_s} \sin\frac{\delta}{2}$$

$$= \frac{2000}{100} \sin\frac{60}{2} = 10[A]$$

동기기의 경우 동기 임피던스는 동기 리액턴스를 실용상 같게 해석한다.

36

다음 중 회전의 방향을 바꿀 수 없는 단상 유도전동기는 무엇인가?

① 반발 기동형   ② 콘덴서 기동형
③ 분상 기동형   ④ 셰이딩 코일형

해설

셰이딩 코일형
셰이딩 코일형의 경우 회전의 방향을 바꿀 수 없는 전동기이다.

정답 32 ② 33 ④ 34 ① 35 ② 36 ④

37

교류 전동기를 기동할 때 그림과 같은 기동특성을 가지는 전동기는? (단, 곡선 (1)~(5)는 기동단계에 대한 토크 특성 곡선이다.)

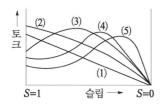

① 3상 권선형 유도전동기
② 반발 유도전동기
③ 3상 분권 정류자 전동기
④ 2중 농형 유도 전동기

해설

비례추이

그림의 곡선은 비례추이 곡선을 말하며 권선형 유도전동기를 말한다.

38

13,200/220인 단상 변압기가 있다. 조명부하에 전원을 공급하는데 2차측에 흐르는 전류가 120[A]라고 한다. 1차측에 흐르는 전류는 몇 [A]인가?

① 2   ② 20
③ 60   ④ 120

해설

변압기의 1차측에 흐르는 전류

$$a = \frac{V_1}{V_2} = \frac{13,200}{220} = 60$$

$$I_1 = \frac{I_2}{a} = \frac{120}{60} = 2[A]$$

39

유도전동기의 주파수가 60[Hz]에서 운전하다 50[Hz]로 감소 시 회전속도는 몇 배가 되는가?

① 변함이 없다.   ② 1.2배로 증가
③ 1.4배로 증가   ④ 0.83배로 감소

해설

유도전동기의 속도

$$N \propto \frac{1}{f} = \frac{50}{60} = 0.83 \text{ 배로 감소된다.}$$

40

1차측의 권수가 3,300회, 2차측의 권수가 330회라면 변압기의 권수비는?

① 33   ② 10
③ $\frac{1}{33}$ ④ $\frac{1}{10}$

해설

변압기 권수비

$$a = \frac{N_1}{N_2} = \frac{3,300}{330} = 10$$

제4과목

✦ CBT 복원문제

📝 전기설비

41

450/750 일반용 단심 비닐절연전선의 약호는?

① RI
② DV
③ NR
④ ACSR

해설

NR전선
450/750 일반용 단심 비닐절연전선을 말한다.

42

지선의 중간에 넣는 애자의 명칭은?

① 구형애자
② 곡핀애자
③ 인류애자
④ 핀애자

해설

지선의 시설
지선의 중간에 넣는 애자는 구형애자를 말한다.

43

과전류 차단기를 꼭 설치해야 하는 곳은?

① 접지공사의 접지도체
② 저압 옥내 간선의 전원측 전로
③ 다선식 전로의 중성선
④ 전로의 일부에 접지 공사를 한 저압 가공전선로의 접지측 전선

해설

과전류 차단기 시설제한장소
1) 접지공사의 접지도체
2) 다선식 전로의 중성선
3) 전로의 일부에 접지 공사를 한 저압 가공전선로의 접지측 전선

44

최대사용전압이 70[kV]인 중성점 직접 접지식 전로의 절연내력 시험전압은 몇 [V]인가?

① 35,000[V]
② 42,000[V]
③ 44,800[V]
④ 50,400[V]

해설

중성점 직접 접지식 전로의 절연내력 시험전압
170[kV] 이하의 경우
$V \times 0.72 = 70,000 \times 0.72 = 50,400$[V]가 된다.

45

전주의 외등 설치 시 조명기구를 전주에 부착하는 경우 설치 높이는 몇 [m] 이상으로 하여야 하는가?

① 3.5
② 4
③ 4.5
④ 5

해설

전주의 외등 설치 시 그 높이는 4.5[m] 이상으로 하여야 한다.

46

활선 상태에서 전선의 피복을 벗기는 공구는?

① 전선 피박기
② 애자커버
③ 와이어 통
④ 데드엔드 커버

해설

전선피박기
활선 시 전선의 피복을 벗기는 공구는 전선 피박기이다.

정답 41 ③ 42 ① 43 ② 44 ④ 45 ③ 46 ①

47

박강전선관에서 그 호칭이 잘못된 것은?

① 19[mm] ② 16[mm]

③ 25[mm] ④ 31[mm]

해설

박강전선관

박강전선관의 호칭은 홀수가 된다.

48

하나의 콘센트에 둘 또는 세 가지의 기구를 사용할 때 끼우는 플러그는?

① 테이블탭 ② 멀티탭

③ 코드 접속기 ④ 아이언플러그

해설

멀티탭

하나의 콘센트에 둘 또는 세 가지 기구를 접속할 때 사용된다.

49

단상 3선식 전원(100/200[V])에 100[V]의 전구와 콘센트 및 200[V]의 모터를 시설하고자 한다. 전원 분배가 옳게 결선된 회로는?

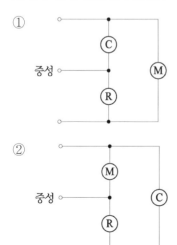

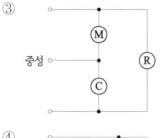

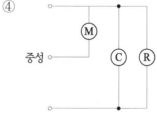

해설

단상 3선식

모터의 경우(200[V]) 선과 선 사이 양단에 걸려야 하므로 ①이 옳은 결선이 된다.

50

가공전선로의 지지물에서 출발하여 다른 지지물을 거치지 아니하고 수용장소의 인입구에 이르는 부분의 전선을 무엇이라 하는가?

① 가공 인입선 ② 옥외 배선

③ 연접 인입선 ④ 연접 가공선

해설

가공인입선

지지물에서 출발하여 다른 지지물을 거치지 않고 한 수용장소 인입구에 이르는 전선을 가공 인입선이라 한다.

51

전선 6[mm²] 이하의 가는 단선을 직선 접속할 때 어느 접속 방법으로 하여야 하는가?

① 브리타니어 접속 ② 우산형 접속

③ 트위스트 접속 ④ 슬리브 접속

정답 47 ② 48 ② 49 ① 50 ① 51 ③

해설

전선의 접속

6[mm²] 이하의 가는 단선 접속 시 트위스트 접속방법을 사용한다.

52

가공전선로에 사용되는 지선의 안전율은 2.5 이상이어야 한다. 이때 사용되는 지선의 허용 최저 인장하중은 몇 [kN] 이상인가?

① 2.31 　　　　② 3.41
③ 4.31 　　　　④ 5.21

해설

지선의 시설기준

허용 최저 인장하중은 4.31[kN] 이상이어야만 한다.

53

다음 [보기] 중 금속관, 애자, 합성수지 및 케이블공사가 모두 가능한 특수 장소를 옳게 나열한 것은?

─────[보 기]─────
① 화약고 등의 위험장소
② 부식성 가스가 있는 장소
③ 위험물 등이 존재하는 장소
④ 습기가 많은 장소

① ①, ② 　　　　② ②, ④
③ ②, ③ 　　　　④ ①, ④

해설

여러 공사의 시설

[보기] 조건에서 애자공사의 경우 화약고 및 위험물 등이 존재하는 장소에 시설이 불가하다.

54

전주에서 cos 완철 설치 시 최하단 전력용 완철에서 몇 [m] 하부에 설치하여야 하는가?

① 1.2 　　　　② 0.9
③ 0.75 　　　　④ 0.3

해설

cos 완철의 설치

최하단 전력용 완철에서 0.75[m] 하부에 설치하여야 한다.

55

접지저항 측정방법으로 가장 적당한 것은?

① 절연저항계 　　　　② 전력계
③ 교류의 전압, 전류계 　　④ 콜라우시 브리지

해설

접지저항 측정법

접지저항을 측정하기 위한 방법은 어스테스터 또는 콜라우시 브리지법을 말한다.

56

커플링을 사용하여 금속관을 서로 접속할 경우 사용되는 공구는?

① 파이프커터 　　　　② 파이프바이스
③ 파이프벤더 　　　　④ 파이프렌치

해설

파이프렌치

커플링 사용 시 조이는 공구를 말한다.

정답 52 ③ 53 ② 54 ③ 55 ④ 56 ④

57

가연성 분진(소맥분, 전분, 유황 기타 가연성 먼지 등)으로 인하여 폭발할 우려가 있는 저압 옥내 설비공사로 적절한 것은?

① 금속관 공사　　② 애자 공사
③ 가요전선관 공사　④ 금속 몰드 공사

해설
가연성 분진이 착화하여 폭발할 우려가 있는 곳에 전기 공사 방법은 금속관, 케이블, 합성수지관공사에 의한다.

58

보호를 요하는 회로의 전류가 어떤 일정한 값 이상으로 흘렀을 때 동작하는 계전기는?

① 과전류계전기　　② 과전압계전기
③ 차동계전기　　　④ 비율차동계전기

해설
과전류계전기(OCR)
정정치 이상의 전류가 흘렀을 때 동작하는 계전기를 말한다.

59

불연성 먼지가 많은 장소에서 시설할 수 없는 저압 옥내배선 방법은?

① 플로어 덕트공사
② 금속관 공사
③ 금속덕트 공사
④ 애자 공사

해설
불연성 먼지가 많은 장소의 시설
금속관 공사, 금속덕트 공사, 애자 공사, 케이블 공사가 가능하다.

60

다음 중 소세력회로의 전선을 조영재에 붙여 시설할 경우 옳지 않은 것은?

① 전선이 손상을 받을 우려가 있는 곳에 시설하는 경우 적절한 방호장치를 할 것
② 전선은 금속제의 수관 및 가스관 또는 이와 유사한 것과 접촉되지 않아야 한다.
③ 전선은 케이블인 경우 이외에 공칭 단면적 2.5[mm^2] 이상의 연동선 또는 이와 동등 이상의 세기 또는 굵기일 것
④ 전선은 금속망 또는 금속판을 목조 조영재에 시설하는 경우 전선을 방호장치에 넣어 시설할 것

해설
소세력회로의 시설
전선의 경우 공칭 단면적 1[mm^2] 이상의 연동선 또는 이와 동등 이상의 세기 및 굵기일 것

정답　57 ①　58 ①　59 ①　60 ③

2022년 CBT 복원문제 3회

 전기이론

01

저항이 $R[\Omega]$인 도체의 반지름을 $\frac{1}{2}$배로 할 때의 저항을 $R_1[\Omega]$이라고 한다면 R_1과 R의 관계는?

① $R_1 = R$ ② $R_1 = 2R$

③ $R_1 = 4R$ ④ $R_1 = 11R$

해설

저항 $R = \dfrac{\rho l}{S} = \dfrac{\rho l}{\pi r^2}$ 이므로 저항은 반지름에 $R \propto \dfrac{1}{r^2}$ 관계이다.

그러므로 $R : \dfrac{1}{r^2} = R_1 : \dfrac{1}{(\frac{1}{2}r)^2}$

$R : \dfrac{1}{r^2} = R_1 : \dfrac{4}{r^2}$, $R : 1 = R_1 : 4$, $R_1 = 4R$ 이다.

02

어떤 물질을 서로 마찰시키면 물질의 전자의 수가 많아지거나 적어지는 현상이 생긴다. 이를 무엇이라 하는가?

① 방전   ② 충전

③ 대전   ④ 감전

해설

물질의 전자가 정상상태에서 마찰에 의해 전자수가 많아지거나 적어지는 현상을 대전이라 한다.

03

전압과 전류의 측정범위를 높이기 위해 배율기와 분류기를 사용한다면 전압계와 전류계에 연결 방법 중 맞는 것은?

① 배율기는 전압계와 병렬연결, 분류기는 전류계와 직렬연결한다.

② 배율기는 전압계와 직렬연결, 분류기는 전류계와 병렬연결한다.

③ 배율기는 전압계와 직렬연결, 분류기도 전류계와 직렬연결한다.

④ 배율기는 전압계와 병렬연결, 분류기도 전류계와 병렬연결한다.

해설

배율기는 전압계와 직렬연결, 분류기는 전류계와 병렬연결한다.

04

용량 120[Ah]의 축전지가 있다. 10[A] 전류를 사용하는 부하가 있다면 몇 시간을 사용할 수 있는가?

① 12[h]   ② 10[h]

③ 6[h]   ④ 4[h]

해설

축전지 용량[Ah]은 방전전류[A]와 방전시간[h]의 곱이므로

$$시간 = \dfrac{용량}{전류} = \dfrac{120}{10} = 12[h]$$

정답   01 ③   02 ③   03 ②   04 ①

05

두 종류의 금속의 접합부에 전류를 흘리면 전류의 방향에 따라 줄열 이외의 열의 흡수 또는 발생 현상이 생긴다. 이 현상을 무슨 효과라 하는가?

① 톰슨 효과
② 제어벡 효과
③ 볼타 효과
④ 펠티어 효과

해설

펠티어 효과란 서로 다른 두 종류의 금속을 접합하여 접합부에 전류를 흘리면 열의 흡수 또는 발생 현상이 생기는 것을 말한다.

06

220[V], 50[W] 백열전구 10개를 하루에 10시간만 사용하였다면 일일 전력량은 몇 [kWh]인가?

① 5
② 10
③ 15
④ 20

해설

전력량 $W = Pt$[Wsec]이므로
일일 전력량 $W = Pt = 50 \times 10 \times 10 = 5,000 = 5$[kWh]이다.

07

내부저항이 0.5[Ω], 전압 1.5[V]인 전지 5개를 직렬 연결하고 양단에 외부저항 2.5[Ω]을 연결하면 흐르는 전류는 몇 [A]인가?

① 1.0
② 1.25
③ 1.5
④ 2.0

해설

전지를 n개 직렬연결하면 전압 nV, 내부저항 nr이 되며 여기에 외부저항 R을 연결하면

이때 전류 $I = \dfrac{nV}{nr+R} = \dfrac{5 \times 1.5}{5 \times 0.5 + 2.5} = \dfrac{7.5}{5} = 1.5$[A]이다.

08

전기장의 세기의 단위는?

① H/m
② F/m
③ N/m
④ V/m

해설

전계(전기장, 전장)의 세기의 단위는 [N/C] 또는 [V/m]이다.

09

평행 평판 도체의 정전용량을 증가시키는 방법 중 잘못된 것은?

① 평행 평판 사이의 유전율을 감소시킨다.
② 평행 평판 면적을 증가시킨다.
③ 평행 평판 사이의 간격을 감소시킨다.
④ 평행 평판 사이의 비유전율이 큰 것을 사용한다.

해설

평행판 콘덴서의 $C = \dfrac{\varepsilon S}{d}$[F]이므로 면적과 유전율을 증가시키고, 간격을 줄이면 정전용량은 커진다.

10

임의의 도체를 접지된 다른 도체가 완전 포위시켜 정전유도 현상을 완전 차단하는 것을 무엇이라 하는가?

① 전자차폐
② 정전차폐
③ 자기차폐
④ 전파차폐

해설

정전유도 현상을 완전 차단하는 것을 정전차폐라 한다.

정답 05 ④ 06 ① 07 ③ 08 ④ 09 ① 10 ②

11

정전용량이 7[F]과 3[F]인 콘덴서 두 개를 병렬연결하고 양단에 1,000[V]를 인가하면 전기량 Q[C]은 얼마인가?

① 1×10^4 ② 1×10^{-4}

③ 1×10^2 ④ 1×10^{-2}

해설

콘덴서 두 개를 병렬연결하면
합성 $C = C_1 + C_2 = 7 + 3 = 10$[F]이 된다.
따라서 전기량 $Q = CV = 10 \times 1,000 = 1 \times 10^4$[C]이다.

12

물질을 자계 안에 놓았는데 아무 반응이 없었다. 이 물질은 어느 자성체인가?

① 강자성체   ② 반자성체

③ 상자성체   ④ 반강자성체

해설

물질을 자계 안에 놓았을 때 아무 반응이 없는 물질은, 비자성체로서 '반자성체' 또는 '역자성체'라고 한다.

13

히스테리시스 곡선에서 종축과 횡축의 항목으로 맞는 것은?

① 종축 : 자속밀도와 잔류자기, 횡축 : 자계와 보자력
② 종축 : 자계와 보자력, 횡축 : 자속밀도와 잔류자기
③ 종축 : 전속밀도와 잔류자기, 횡축 : 전계와 보자력
④ 종축 : 전계와 보자력, 횡축 : 전속밀도와 잔류자기

해설

히스테리시스 곡선의 종축은 자속밀도와 잔류자기, 횡축은 자계와 보자력을 뜻한다.

14

2개의 코일을 서로 근접시켰을 때 한 쪽 코일의 전류가 변화하면 다른 쪽 코일에 유도 기전력이 발생하는 현상을 무엇이라 하는가?

① 상호 결합   ② 상호 유도

③ 자체 유도   ④ 자체 결합

해설

한 코일에서 발생한 자속이 다른 코일에 쇄교하는 것을 상호 유도 작용이라 한다.

15

코일의 권수가 100회인 코일에 1초 동안 자속이 0.8[Wb]가 변하였다면 코일에 유기되는 기전력은 몇 [V]인가?

① 40   ② 60

③ 80   ④ 100

해설

권수와 자속에 의한 유기기전력은 $e = -N\dfrac{d\phi}{dt}$[V]이다.

$e = -100 \times \dfrac{0.8}{1} = -80$[V]이고 절댓값은 80[V]이다.

16

인덕턴스가 100[H]인 코일에 전류 I[A]를 흘려 전자 에너지가 800[J]이 되었다면 이에 해당하는 전류는 몇 [A]인가?

① 1   ② 2

③ 4   ④ 8

해설

전자에너지 $W = \dfrac{1}{2}LI^2$[J]이므로

전류 $I = \sqrt{\dfrac{2W}{L}} = \sqrt{\dfrac{2 \times 800}{100}} = 4$[A]이다.

정답 11 ① 12 ② 13 ① 14 ② 15 ③ 16 ③

17

교류 30[W], 220[V] 백열전구를 사용하고 있다. 이 백열전구의 평균값은 몇 [V]인가?

① 198   ② 220
③ 238   ④ 298

해설

220[V]는 실효값을 의미하고 평균값 $V_a = \dfrac{2I_m}{\pi}$ 이므로

$$V_a = \frac{2V_m}{\pi} = \frac{2 \times \sqrt{2}\,V}{\pi} = \frac{2\sqrt{2} \times 220}{\pi} = 198[V]이다.$$

18

파형률의 공식으로 맞는 것은?

① $\dfrac{평균값}{실효값}$ ② $\dfrac{실효값}{평균값}$
③ $\dfrac{최댓값}{실효값}$ ④ $\dfrac{최댓값}{평균값}$

해설

파형률 $= \dfrac{실효값}{평균값}$, 파고율 $= \dfrac{최댓값}{실효값}$

19

RL 직렬회로에 직류전압 100[V]을 인가했을 때 전류 25[A]가 흘렀다. 여기에 교류전압 250[V]를 인가했을 때 전류 50[A]가 흘렀다. 저항 R[Ω]과 X_L[Ω]은 각각 얼마인가?

① $R=4,\ X_L=3$ ② $R=3,\ X_L=4$
③ $R=5,\ X_L=4$ ④ $R=8,\ X_L=6$

해설

직류전압을 인가하면 저항만의 회로가 되므로

$V=IR,\ R = \dfrac{V}{I} = \dfrac{100}{25} = 4[Ω]이 된다.$

교류전압을 인가하면 임피던스 회로가 되므로

$V=I|Z|,\ |Z| = \dfrac{V}{I} = \dfrac{250}{50} = 5[Ω]이 되고$

$|Z| = \sqrt{R^2 + X_L^2}\,,\ 5 = \sqrt{4^2 + X_L^2}\,,\ X_L = 3[Ω]이다.$

20

비정현파의 실효값은?

① 최댓값의 실효값
② 각 고조파의 실효값의 합
③ 각 고조파 실효값의 합의 제곱근
④ 각 파의 실효값의 제곱의 합의 제곱근

해설

비정현파의 실효값은 $V = \sqrt{V_1^2 + V_2^2 + V_3^2 + \cdots}$ 이다.

전기기기

21

다음 중 반도체 소자가 아닌 것은?

① LED　　　　　② TRIAC
③ GTO　　　　　④ SCR

해설

반도체 소자

LED의 경우 발광 소자를 말한다.

22

변압기 보호계전기 중 브흐홀쯔 계전기의 설치위치는?

① 변압기 주 탱크 내부
② 콘서베이터 내부
③ 변압기 고압 측 부싱
④ 변압기 주 탱크와 콘서베이터 사이

해설

브흐홀쯔 계전기

브흐홀쯔 계전기는 변압기의 내부고장을 보호하는 기계적 보호 대책으로 주변압기와 콘서베이터 사이에 설치된다.

23

동기발전기의 돌발단락전류를 주로 제한하는 것은?

① 누설 리액턴스　　　② 동기 리액턴스
③ 권선 저항　　　　　④ 역상 리액턴스

해설

동기발전기의 순간, 돌발단락전류를 제한하는 것은 누설 리액턴스이다.

24

발전기 권선의 층간단락보호에 가장 적합한 계전기는?

① 과부하계전기　　　② 차동계전기
③ 접지계전기　　　　④ 온도계전기

해설

발전기의 내부고장 보호

권선의 층간단락보호에 적용되는 계전기로 가장 적당한 것은 차동계전기이다.

25

보호를 요하는 회로의 전류가 어떤 일정한 값(정정값) 이상으로 흘렀을 때 동작하는 계전기는?

① 과전류 계전기　　　② 과전압 계전기
③ 차동 계전기　　　　④ 비율 차동 계전기

해설

과전류 계전기(OCR)

설정치 이상의 과전류(과부하, 단락)가 흐를 경우 동작하는 계전기를 말한다.

26

동기발전기의 전기자 권선을 단절권으로 하면?

① 기전력을 높인다.
② 절연이 잘 된다.
③ 역률이 좋아진다.
④ 고조파를 제거한다.

해설

동기발전기의 전기자 권선법

단절권의 경우 기전력의 파형을 개선하며, 고조파를 제거하고, 동량이 절약된다.

정답 21 ①　22 ④　23 ①　24 ②　25 ①　26 ④

27

3상 유도전동기의 운전 중 전압이 80[%]로 저하되면 토크는 몇 [%]가 되는가?

① 90 ② 81
③ 72 ④ 64

해설
유도전동기의 토크
토크와 전압은 제곱에 비례한다.
$T' = (0.8)^2 T = 0.64T$

28

직류발전기가 있다. 자극 수는 6, 전기자 총도체수는 400, 회전수는 600[rpm]이다. 전기자에 유도되는 기전력이 120[V]라고 하면, 매극 매상당 자속[Wb]는? (단, 전기자 권선은 파권이다.)

① 0.01 ② 0.02
③ 0.05 ④ 0.19

해설
직류발전기의 유기기전력
$E = \dfrac{PZ\phi N}{60a}$(파권이므로 $a = 2$)
여기서 $\phi = \dfrac{E \times 60a}{PZN}$[Wb] $= \dfrac{120 \times 60 \times 2}{6 \times 400 \times 600} = 0.01$[Wb]

29

동기전동기의 자기기동에서 계자권선을 단락하는 이유는?

① 기동이 쉽다.
② 고전압이 유도된다.
③ 기동 권선을 이용한다.
④ 전기자 반작용을 방지한다.

해설
동기전동기의 기동법
자기기동 시 계자권선에 고전압이 유도되어 절연이 파괴될 우려가 있으므로 방전저항을 접속 단락상태로 기동한다.

30

유도전동기의 2차 측 저항을 2배로 하면 그 최대 회전력은 어떻게 되는가?

① $\sqrt{2}$ 배 ② 변하지 않는다.
③ 2배 ④ 4배

해설
비례추이
2차 측의 저항을 증가 시 기동토크가 커지고 기동의 전류가 작아진다. 그러나 최대 토크는 불변이다.

31

다음 중 변압기는 어떤 원리를 이용한 기계기구인가?

① 전기자반작용 ② 전자유도작용
③ 정전유도작용 ④ 교차자화작용

해설
변압기의 원리
변압기는 철심에 두 개의 코일을 감고 한쪽 권선에 교류전압을 인가 시 철심의 자속이 흘러 다른 권선을 지나가면서 전자유도작용에 의해 유도기전력이 발생된다.

32

50[Hz]의 변압기에 60[Hz] 전압을 가했을 때 자속밀도는 50[Hz]일 때의 몇 배가 되는가?

① 1.2배 증가 ② 0.83배 증가
③ 1.2배 감소 ④ 0.83배 감소

해설
변압기의 주파수와 자속밀도
$E = 4.44f\phi N$으로서 $f \propto \dfrac{1}{\phi} \propto \dfrac{1}{B}$(여기서 B는 자속밀도)가 된다.
따라서 주파수가 증가하였으므로 자속밀도는 0.83배로 감소한다.

정답 27 ④ 28 ① 29 ② 30 ② 31 ② 32 ④

33

직류전동기 중 무부하 운전이나 벨트운전을 하면 안되는 전동기는?

① 직권 ② 가동복권
③ 분권 ④ 차동복권

해설

직권전동기

직권전동기는 정격전압으로 운전 중 무부하 또는 벨트운전을 하게 될 경우 위험속도에 도달할 우려가 있다.

34

속도를 광범위하게 조정할 수 있으므로 압연기나 엘리베이터 등에 사용되는 직류전동기는?

① 직권전동기 ② 분권전동기
③ 타여자전동기 ④ 가동 복권전동기

해설

타여자전동기

속도를 광범위하게 조정가능하며, 압연기, 엘리베이터 등에 사용된다.

35

변압기 V결선의 특징으로 틀린 것은?

① V결선 시 출력은 Δ결선 시 출력과 그 크기가 같다.
② 단상 변압기 2대로 3상 전력을 공급한다.
③ V결선 시 이용률은 86.6[%]이다.
④ 고장 시 응급처치 방법으로도 쓰인다.

해설

V결선

$\Delta - \Delta$ 운전 중 1대가 고장이 날 경우 V결선으로 3상 전력을 공급할 수 있다. 이때 출력은 Δ결선 시의 57.7[%]가 된다.

36

농형 회전자에 비뚤어진 홈을 쓰는 이유는?

① 출력을 높인다. ② 회전수를 증가시킨다.
③ 미관상 좋다. ④ 소음을 줄인다.

해설

농형 유도전동기

회전자에 비뚤어진 홈을 쓰는 이유는 전동기의 소음을 경감시키기 위함이다.

37

15[kW], 50[Hz], 4극의 3상 유도전동기가 있다. 전부하가 걸렸을 때의 슬립이 4[%]라면 이때의 2차(회전자) 측 동손은 몇 [W]인가?

① 625 ② 1,000
③ 417 ④ 250

해설

2차 동손

$$P_{c2} = sP_2 = 0.04 \times 15,625 = 625[\text{W}]$$
$$\text{출력 } P_0 = (1-s)P_2 \text{이므로}$$
$$P_2 = \frac{15 \times 10^3}{(1-0.04)} = 15,625[\text{W}]$$

38

복잡한 전기회로를 등가 임피던스를 사용하여 간단히 변화시킨 회로는?

① 유도회로 ② 전개회로
③ 등가회로 ④ 단순회로

해설

등가회로

등가 임피던스를 이용하여 복잡한 전기회로를 간단히 변화시킨 회로를 말한다.

정답 33 ① 34 ③ 35 ① 36 ④ 37 ① 38 ③

39

6,600/220[V]인 변압기의 1차에 2,850[V]를 가하면 2차 전압[V]는?

① 90
② 95
③ 120
④ 105

해설

변압기 권수비

$$a = \frac{V_1}{V_2} = \frac{6,600}{220} = 30$$

따라서 $V_2 = \frac{V_1}{a} = \frac{2,850}{30} = 95[V]$

40

실리콘 제어 정류기(SCR)의 게이트는 어떤 형의 반도체인가?

① N형
② P형
③ NP형
④ PN형

해설

SCR의 게이트
P형 반도체를 말한다.

전기설비

41

굵은 전선을 절단할 때 사용하는 전기공사용 공구는?

① 프레셔 툴
② 녹아웃 펀치
③ 클리퍼
④ 파이프 커터

해설

클리퍼
펜치로 절단이 어려운 굵은 전선을 절단할 때 사용한다.

42

점착성이 없으나 절연성, 내온성 및 내유성이 있어 연피케이블 접속에 사용되는 테이프는?

① 고무테이프
② 리노테이프
③ 비닐테이프
④ 자기융착테이프

해설

리노테이프
절연성, 내온성, 내유성이 뛰어나며 연피케이블에 접속된다.

43

일반적으로 큐비클형(cubicle type)이라 하며, 점유면적이 좁고 운전, 보수에 안전하므로 공장, 빌딩 등 전기실에 많이 사용되는 조립형, 장갑형이 있는 배전반은?

① 데드 프런트식 배전반
② 폐쇄식 배전반
③ 철제 수직형 배전반
④ 라이브 프런트식 배전반

해설

폐쇄식 배전반
큐비클형이라고 하며, 안정성이 매우 우수하여 공장, 빌딩 등의 전기실에 많이 사용된다.

정답 39 ② 40 ② / 41 ③ 42 ② 43 ②

44

다음 전선의 접속 시 유의사항으로 옳은 것은?

① 전선의 강도를 5[%] 이상 감소시키지 말 것
② 전선의 강도를 10[%] 이상 감소시키지 말 것
③ 전선의 강도를 20[%] 이상 감소시키지 말 것
④ 전선의 강도를 40[%] 이상 감소시키지 말 것

해설

전선의 접속 시 유의사항
전선의 강도를 20[%] 이상 감소시키지 말 것

45

지지물에 완금, 완목, 애자 등의 장치를 하는 것을 무엇이라 하는가?

① 목주   ② 건주
③ 장주   ④ 가선

해설

장주
지지물에 완금, 완목, 애자 등을 장치하는 것을 말한다.

46

한국전기설비규정에서 정한 저압 애자사용 공사의 경우 전선 상호 간의 거리는 몇 [m]인가?

① 0.025   ② 0.06
③ 0.12   ④ 0.25

해설

애자사용 공사
저압의 경우 전선 상호 간의 이격거리는 0.06[m] 이상이어야만 한다.
고압의 경우 전선 상호 간의 이격거리는 0.08[m] 이상이어야만 한다.

47

주위온도가 일정 상승률 이상이 되는 경우에 작동하는 것으로 일정한 장소의 열에 의하여 작동하는 화재 감지기는?

① 차동식 분포형 감지기
② 광전식 연기 감지기
③ 이온화식 연기 감지기
④ 차동식 스포트형 감지기

해설

차동식 스포트형 감지기
차동식 스포트형 감지기는 온도상승률이 어느 한도 이상일 때 동작하는 감지기를 말한다.

48

조명기구를 배광에 따라 분류하는 경우 특정한 장소만을 고조도로 하기 위한 조명기구는?

① 직접 조명기구   ② 전반확산 조명기구
③ 광천장 조명기구   ④ 반직접 조명기구

해설

특정 장소만을 고조도로 하기 위한 조명기구는 직접 조명기구를 말한다.

49

교류 배전반에서 전류가 많이 흘러 전류계를 직접 주회로에 연결할 수 없을 때 사용하는 기기는?

① 전류계용 전환개폐기   ② 계기용 변류기
③ 전압계용 전환개폐기   ④ 계기용 변압기

해설

CT(계기용 변류기)
교류 전류계의 측정범위를 확대하기 위해 사용되며, 대전류를 소전류로 변류한다.

정답 44 ③ 45 ③ 46 ② 47 ④ 48 ① 49 ②

50

아웃렛 박스 등의 녹아웃의 지름이 관의 지름보다 클 때 관을 박스에 고정시키기 위해 쓰이는 재료의 명칭은?

① 터미널 캡
② 링 리듀셔
③ 앤트런스 캡
④ C형 엘보

해설

링 리듀셔

금속관 공사 시 녹아웃의 지름이 관 지름보다 클 때 관을 박스에 고정하기 위해 사용되는 재료를 링 리듀셔라 한다.

51

1종 가요전선관을 시설할 수 있는 장소는?

① 점검할 수 없는 장소
② 전개되지 않는 장소
③ 전개된 장소로서 점검이 불가능한 장소
④ 점검할 수 있는 은폐장소

해설

1종 가요전선관의 시설가능 장소

가요전선관의 경우 2종 금속제 가요전선관이어야 하나 다음의 경우 1종 가요전선관을 사용할 수 있다.
1) 전개된 장소
2) 점검할 수 있는 은폐장소

52

다음 중 경질비닐전선관의 규격이 아닌 것은?

① 22
② 36
③ 50
④ 70

해설

경질비닐전선관의 규격[mm]

14, 16, 22, 28, 36, 42, 54, 70 등이 있다.

53

금속전선관을 구부릴 때 금속관은 단면이 심하게 변형이 되지 않도록 구부려야 하며, 일반적으로 그 안 측의 반지름은 관 안지름의 몇 배 이상이 되어야 하는가?

① 2배
② 4배
③ 6배
④ 8배

해설

금속관을 구부릴 경우 굴곡 바깥지름은 관 안지름의 6배 이상이 되어야 한다.

54

셀룰로이드, 성냥, 석유류 등 기타 가연성 위험물질을 제조 또는 저장하는 장소의 배선 방법이 아닌 것은?

① 배선은 금속관 배선, 합성수지관 배선 또는 케이블에 의할 것
② 합성수지관 배선에 사용하는 합성수지관 및 박스 기타 부속품은 손상될 우려가 없도록 시설할 것
③ 금속관은 박강 전선관 또는 이와 동등 이상의 강도가 있는 것을 사용할 것
④ 두께가 2[mm] 미만의 합성수지제 전선관을 사용할 것

해설

셀룰로이드, 성냥, 석유류 등 가연성 위험물질 제조 또는 저장장소의 배선 방법

두께가 2[mm] 이상의 합성수지제 전선관을 사용하여야 한다.

55

고압 전선로에서 사용되는 옥외용 가교폴리에틸렌 절연전선의 약칭은?

① DV
② OW
③ OC
④ HIV

해설

옥외용 가교폴리에틸렌 절연전선의 약호는 OC가 된다.

정답 50 ② 51 ④ 52 ③ 53 ③ 54 ④ 55 ③

56

절연전선 중 OW전선이라 함은?

① 옥외용 비닐절연전선
② 인입용 비닐절연전선
③ 450/750[V] 일반용 단심비닐절연전선
④ 내열용 비닐절연전선

해설
OW전선
옥외용 비닐절연전선의 약호를 말한다.

57

한국전기설비규정에 따라 캡타이어 케이블을 조영재에 시설하는 경우 그 지지점 간의 거리는 얼마 이하로 하여야 하는가?

① 1.0[m] 이하　② 1.5[m] 이하
③ 2.0[m] 이하　④ 2.5[m] 이하

해설
캡타이어 케이블의 시설
캡타이어 케이블을 조영재를 따라 시설할 경우 1[m] 이하마다 지지한다.

58

가공전선에 케이블을 사용할 경우 케이블은 조가용선으로 지지하고자 한다. 이때 조가용선은 몇 [mm²] 이상이어야 하는가? (단, 조가용선은 아연도강연선이다.)

① 22　② 50
③ 100　④ 120

해설
조가용선의 시설
굵기의 경우 22[mm²] 이상의 아연도금강연선일 것

59

접지시스템의 종류가 아닌 것은?

① 단독접지　② 통합접지
③ 공통접지　④ 보호접지

해설
접지시스템의 종류
1) 단독접지
2) 공통접지
3) 통합접지

60

대지와의 사이의 전기저항값이 몇 [Ω] 이하인 값을 유지하는 건축물·구조물의 철골 기타의 금속제는 접지공사의 접지극으로 사용할 수 있는가?

① 2　② 3
③ 10　④ 100

해설
철골접지
2[Ω] 이하를 유지하는 건축물·구조물의 철골 기타의 금속제는 접지공사의 접지극으로 사용할 수 있다.

정답 56 ① 57 ① 58 ① 59 ④ 60 ①

2022년 CBT 복원문제 4회

 전기이론

01

전선에 일정량 이상의 전류가 흘러서 온도가 높아지면 절연물은 열화되고 나빠진다. 각 전선 도체에는 안전하게 흘릴 수 있는 최대전류가 있다. 이 전류를 무엇이라 하는가?

① 평형 전류　　　　② 허용 전류
③ 불평형 전류　　　④ 줄 전류

해설

전선에 안전하게 흘릴 수 있는 최대전류를 허용 전류라 한다.

02

다음 설명 중 잘못된 것은?

① 양전하를 많이 가진 물질은 전위가 낮다.
② 1초 동안에 1[C]의 전기량이 이동하면 전류는 1[A]이다.
③ 전위차가 높으면 높을수록 전류는 잘 흐른다.
④ 직류에서 전류의 방향은 전자의 이동방향과는 반대방향이다.

해설

양전하를 많이 가진 물질은 전위가 높다.

03

20[Ω], 30[Ω], 60[Ω]의 저항 3개를 병렬로 접속하고 여기에 60[V]의 전압을 가했을 때, 이 회로에 흐르는 전체 전류는 몇 [A]인가?

① 3[A]　　　　② 6[A]
③ 30[A]　　　④ 60[A]

해설

병렬의 합성 저항은 $R = \dfrac{1}{\dfrac{1}{20} + \dfrac{1}{30} + \dfrac{1}{60}} = 10[\Omega]$이고

여기에 60[V]의 전압을 가하면 전류 $I = \dfrac{V}{R} = \dfrac{60}{10} = 6[A]$이다.

04

기전력 1.5, 내부저항 0.1[Ω]인 전지 10개를 직렬로 연결하여 2[Ω]의 저항을 가진 전구에 연결할 때 전구에 흐르는 전류는 몇 [A]인가?

① 2　　　　② 3
③ 4　　　　④ 5

해설

전지 직렬 연결 시 흐르는 전류 $I = \dfrac{nE}{nr + R}[A]$이므로

$I = \dfrac{10 \times 1.5}{10 \times 0.1 + 2} = 5[A]$

05

20분간에 876,000[J]의 일을 할 때 전력은 몇 [kW]인가?

① 0.73　　　　② 90
③ 120　　　　④ 135

해설

전력량에서 전력은 $W = Pt$, $P = \dfrac{W}{t} = \dfrac{876,000}{20 \times 60} = 730[W]$

정답 01 ②　02 ①　03 ②　04 ④　05 ①

06

정격전압에서 1[kW]의 전력을 소비하는 저항에 정격의 90[%] 전압을 가했을 때, 전력은 몇 [W]가 되는가?

① 630[W] ② 780[W]

③ 810[W] ④ 900[W]

해설

저항과 전압관계의 전력은 $P = \dfrac{V^2}{R}$[W]이므로 $P \propto V^2$이다.

$P : V^2 = P' : V'^2$, $1{,}000 : V^2 = P' : (0.9\,V)^2$,

$P' = 1{,}000 \times 0.81 = 810$[W]

07

4×10^{-5}[C]과 6×10^{-5}[C]의 두 전하가 자유공간에 2[m]의 거리에 있을 때, 그 사이에 작용하는 힘은?

① 5.4[N], 흡입력이 작용한다.

② 5.4[N], 반발력이 작용한다.

③ 7/9[N], 흡인력이 작용한다.

④ 7/9[N], 반발력이 작용한다.

해설

두 전하사이에 작용하는 힘 $F = 9 \times 10^9 \times \dfrac{Q_1 Q_2}{r^2} = 9 \times 10^9$

$\times \dfrac{4 \times 10^{-5} \times 6 \times 10^{-5}}{2^2} = 5.4$[N]이고 동일부호이므로 힘은 반발력이 작용한다.

08

전기장에 대한 설명으로 옳지 않은 것은?

① 대전된 무한장 원통의 내부 전기장은 0이다.

② 대전된 구의 내부 전기장은 0이다.

③ 대전된 도체내부의 전하 및 전기장은 모두 0이다.

④ 도체표면의 전기장은 그 표면에 평행이다.

해설

도체표면의 전기장은 그 표면에 수직방향이다.

09

2[μF]과 3[μF]의 직렬회로에서 3[μF]의 양단에 60[V]의 전압이 가해졌다면, 이 회로의 전 전기량은 몇 [μC]인가?

① 60 ② 180

③ 24 ④ 360

해설

직렬회로에서는 전기량이 일정하므로 $Q = C_1 V_1 = C_2 V_2$ [C]이 된다.

$Q = C_2 V_2 = 3 \times 10^{-6} \times 60 = 180[\mu C]$

10

C_1, C_2를 직렬로 접속한 회로에 C_3를 병렬로 접속하였다. 이 회로의 합성 정전용량[F]은?

① $\dfrac{1}{\dfrac{1}{C_1} + \dfrac{1}{C_2}} + C_3$ ② $\dfrac{1}{\dfrac{1}{C_2} + \dfrac{1}{C_3}} + C_1$

③ $\dfrac{C_1 + C_2}{C_3}$ ④ $C_1 + C_2 + \dfrac{1}{C_3}$

해설

C_1, C_2를 직렬로 접속한 회로를 먼저 합성하면 $\dfrac{1}{\dfrac{1}{C_1} + \dfrac{1}{C_2}}$

이 되고

여기에 C_3를 병렬로 접속하면 $\dfrac{1}{\dfrac{1}{C_1} + \dfrac{1}{C_2}} + C_3$이 된다.

정답 06 ③ 07 ② 08 ④ 09 ② 10 ①

11

공기 중에서 m[Wb]로부터 나오는 자력선의 총수는?

① $\dfrac{\mu_0}{m}$ 　　　　② $\dfrac{m}{\mu_s}$

③ $\dfrac{m}{\mu_0}$ 　　　　④ $\mu_0 m$

해설

공기주이므로 투자율 μ_0이므로 자기력선 수 $N = \dfrac{m}{\mu_0}$

12

무한장 솔레노이드의 단위길이당 권수가 n[회/m]이고 전류가 I[A]가 흐르면 솔레노이드 중심의 자계 H[AT/m]는?

① $\dfrac{I}{n}$ 　　　　② $n I$

③ $\dfrac{n}{I}$ 　　　　④ $n I^2$

해설

무한장 솔레노이드 $H = \dfrac{NI}{l} = nI$ (여기서 $\dfrac{N}{l} = n$은 단위 길이당 권수이다.)

13

"자기저항은 자기회로의 길이에 (ⓐ) 하고 자로의 단면적과 투자율의 곱에 (ⓑ)한다." ( ) 안에 들어갈 말은?

① ⓐ 비례, ⓑ 반비례 　② ⓐ 반비례, ⓑ 비례
③ ⓐ 비례, ⓑ 비례 　　④ ⓐ 반비례, ⓑ 반비례

해설

자기저항 공식은 $R_m = \dfrac{l}{\mu S}$[AT/Wb]이므로 길이에 비례하고 단면적과 투자율의 곱에 반비례한다.

14

평등자장 내에 있는 도선에 전류가 흐를 때 자장의 방향과 어떤 각도로 되어 있으면 작용하는 힘이 최대가 되는가?

① 30° 　　　　② 45°
③ 60° 　　　　④ 90°

해설

전자력 $F = IBl \sin\theta$이므로 $\sin 90° = 1$일 때가 최대가 된다. 따라서, 90°일 때 최대가 된다.

15

전기저항 25[Ω]에 50[V]의 사인파 전압을 가할 때 전류의 순시값은? (단, 각속도 $\omega = 377$[rad/sec]임)

① $2 \sin 377t$ 　　　② $2\sqrt{2} \sin 377t$
③ $4 \sin 377t$ 　　　④ $4\sqrt{2} \sin 377t$

해설

실효전류 $I = \dfrac{V}{R} = \dfrac{50}{25} = 2$[A]이므로

순시값 $i = I_m \sin\omega t = \sqrt{2}\, I \sin\omega t = 2\sqrt{2} \sin 377t$[A]

16

전압 $v = \sqrt{2}\, V \sin\left(\omega t - \dfrac{\pi}{3}\right)$[V]를 공급하여 전류가

$i = \sqrt{2}\, I \sin\left(\omega t - \dfrac{\pi}{6}\right)$[A]가 흘렸다면 위상차는 어떻게 되는가?

① 전류가 $\pi/3$만큼 앞선다.
② 전압이 $\pi/3$만큼 앞선다.
③ 전압이 $\pi/6$만큼 앞선다.
④ 전류가 $\pi/6$만큼 앞선다.

제4과목

✦ CBT 복원문제

해설

위상차 $\theta = -60° - (-30°) = -30°$이므로 전압은 전류보다 30도 뒤지고, 전류는 전압보다 30도 앞선다.

17

저항 8[Ω]과 코일이 직렬로 접속된 회로에 200[V]의 교류 전압을 가하면, 20[A]의 전류가 흐른다. 코일의 리액턴스는 몇 [Ω]인가?

① 2   ② 4
③ 6   ④ 8

해설

임피던스 $Z = \dfrac{V}{I} = \dfrac{200}{20} = 10[\Omega]$이므로 RL직렬회로의 임피던스 크기는

$Z = \sqrt{R^2 + X_L^2}$, $10 = \sqrt{8^2 + X_L^2}$ 이므로 $X_L = 6[\Omega]$

18

200[V]의 교류전원에 선풍기를 접속하고 전력과 전류를 측정하였더니 600[W], 5[A]이었다. 이 선풍기의 역률은?

① 0.5   ② 0.6
③ 0.7   ④ 0.8

해설

유료전력 $P = VI\cos\theta$[W]이므로

역률 $\cos\theta = \dfrac{P}{VI} = \dfrac{600}{200 \times 5} = 0.6$

19

평형 3상 교류회로의 Y회로로부터 Δ회로로 등가 변환하기 위해서는 어떻게 하여야 하는가?

① 각 상의 임피던스를 3배로 한다.
② 각 상의 임피던스를 $\sqrt{3}$ 배로 한다.
③ 각 상의 임피던스를 $\sqrt{2}$ 배로 한다.
④ 각 상의 임피던스를 1/3로 한다.

해설

$Y \to \Delta$ 변환하면 임피던스, 전류, 전력 모두 3배가 된다. 또한 $\Delta \to Y$ 변환하면 모두 1/3배가 된다.

20

어느 회로의 전류가 다음과 같을 때, 이 회로에 대한 전류의 실효값은?

$$i = 3 + 10\sqrt{2}\sin\omega t + 5\sqrt{2}\sin 3\omega t [\text{A}]$$

① 11.6   ② 22.3
③ 44   ④ 50.6

해설

비정현파의 전류 실효값
$I = \sqrt{I_0^2 + I_1^2 + I_2^2} = \sqrt{3^2 + 10^2 + 5^2} = 11.6[\text{A}]$

전기기기

21

동기속도 1,800[rpm], 주파수 60[Hz]인 동기발전기의 극수는 몇 극인가?

① 10　　　　　② 8

③ 4　　　ㅂ④ 2

해설

동기발전기의 극수

동기속도 $N_s = \dfrac{120}{P}f$ 로서

극수 $P = \dfrac{120}{N_s}f = \dfrac{120}{1,800} \times 60 = 4$극

22

부흐홀츠 계전기의 설치 위치로 가장 적당한 것은?

① 변압기 주 탱크 내부
② 콘서베이터 내부
③ 변압기 고압 측 부싱
④ 변압기 주 탱크와 콘서베이터 사이

해설

부흐홀츠 계전기

변압기 내부 고장 보호에 사용되는 부흐홀츠 계전기는 변압기의 주 탱크와 콘서베이터 사이에 설치한다.

23

1차 전압 13,200[V], 2차 전압 220[V]인 단상 변압기의 1차에 6,000[V]의 전압을 가하면 2차 전압은 몇 [V]인가?

① 100　　　　　② 200

③ 50　　　　　④ 250

해설

변압기의 권수비

$a = \dfrac{V_1}{V_2} = 60$

$V_2 = \dfrac{V_1}{a} = \dfrac{6,000}{60} = 100[V]$

24

분권전동기에 대한 설명으로 옳지 않은 것은?

① 계자회로에 퓨즈를 넣어서는 안 된다.
② 부하전류에 따른 속도 변화가 거의 없다.
③ 토크는 전기자 전류의 자승에 비례한다.
④ 계자권선과 전기자권선이 전원에 병렬로 접속되어 있다.

해설

분권전동기

토크와 전기자 전류는 비례한다.

25

다음 중 단상 유도전동기의 기동 방법 중 기동 토크가 가장 큰 것은?

① 분상 기동형　　　② 반발 유도형
③ 콘덴서 기동형　　④ 반발 기동형

해설

단상 유도전동기의 기동 토크가 큰 순서

반발 기동형 > 반발 유도형 > 콘덴서 기동형 > 분상 기동형 > 셰이딩 코일형

제4과목

✦ C B T 복원문제

26

동기기의 전기자 권선법이 아닌 것은?

① 2층권 ② 단절권
③ 중권 ④ 전절권

해설

동기기의 전기자 권선법 : 고상권, 폐로권, 이층권, 중권, 분포권, 단절권

27

6극 1,200[rpm] 동기발전기로 병렬 운전하는 극수 8극의 교류 발전기의 회전수는 몇 [rpm]인가?

① 3,600 ② 1,800
③ 900 ④ 750

해설

동기발전기의 병렬 운전

병렬운전시 주파수가 같아야 하므로 6극과 8극의 발전기는 주파수가 같다.

따라서 $N_s = \dfrac{120}{P}f$

여기서 $f = \dfrac{N_s \times P}{120} = \dfrac{1,200 \times 6}{120} = 60[\text{Hz}]$

8극의 회전수 $N_s = \dfrac{120}{P}f = \dfrac{120}{8} \times 60 = 900[\text{rpm}]$

28

반도체 내에서 정공은 어떻게 생성되는가?

① 결합 전자의 이탈 ② 자유 전자의 이동
③ 접합 불량 ④ 확산 용량

해설

결합 전자의 이탈로 전자의 빈자리가 생길 경우 그 빈자리를 정공이라 한다.

29

2대의 동기발전기가 병렬운전하고 있을 때 동기화 전류가 흐르는 경우는?

① 기전력의 크기에 차가 있을 때
② 기전력의 위상에 차가 있을 때
③ 부하분담에 차가 있을 때
④ 기전력의 파형에 차가 있을 때

해설

동기발전기의 병렬운전조건

기전력의 위상에 차가 발생할 경우 동기화 전류가 흐르게 된다.

30

다음 중 전력 제어용 반도체 소자가 아닌 것은?

① TRIAC ② LED
③ IGBT ④ GTO

해설

② LED의 경우 발광소자이다.

31

다음은 3상 유도전동기의 고정자 권선의 결선도를 나타낸 것이다. 옳은 것은?

① 3상 4극, △결선 ② 3상 2극, △결선
③ 3상 4극, Y결선 ④ 3상 2극, Y결선

32

변압기의 1차 권회수 80회, 2차 권회수 320회 일 때 2차측 전압이 100[V]이면 1차 전압은?

① 15　　　　　　② 25
③ 50　　　　　　④ 100

해설

변압기의 권수비

$$a = \frac{N_1}{N_2} = \frac{80}{320} = 0.25$$

$$a = \frac{V_1}{V_2} \text{이므로 } V_1 = a \times V_2 = 0.25 \times 100 = 25[\text{V}]$$

33

전기자 저항이 0.1[Ω], 전기자 전류 104[A], 유도 기전력 110.4[V]인 직류 분권발전기의 단자전압은 몇 [V]인가?

① 98　　　　　　② 100
③ 102　　　　　　④ 105

해설

직류 분권발전기의 단자전압

$$V = E - I_a R_a = 110.4 - 104 \times 0.1 = 100[\text{V}]$$

34

직류발전기의 구조 중 전기자 권선에서 생긴 교류를 직류로 바꾸어 주는 부분을 무엇이라 하는가?

① 계자　　　　　② 전기자
③ 브러쉬　　　　④ 정류자

해설

정류자

직류발전기의 정류자는 교류를 직류로 변환하는 부분으로 서 브러쉬와 단락되어 있다.

35

20[kVA]의 단상 변압기 2대를 사용하여 V-V결선으로 하고 3상 전원을 얻고자 한다. 이때 여기에 접속시킬 수 있는 3상 부하의 용량은 약 몇 [kVA]인가?

① 34.6　　　　　② 44.6
③ 54.6　　　　　④ 66.6

해설

V결선 출력

$$P_V = \sqrt{3}\, P_1 = \sqrt{3} \times 20 = 34.6[\text{kVA}]$$

36

보호를 요하는 회로의 전류가 어떤 일정한 값(정정값) 이상으로 흘렀을 때 동작하는 계전기는?

① 비율차동 계전기　　② 과전류 계전기
③ 차동 계전기　　　　④ 과전압 계전기

해설

과전류 계전기(OCR)

설정치 이상의 전류가 인가되면 동작하여 차단기를 트립시킨다.

37

동기속도 N_s[rpm], 회전속도 N[rpm], 슬립을 s라 하였을 때 2차 효율은?

① $(s-1) \times 100$　　② $(1-s)N_s \times 100$

③ $\dfrac{N}{N_s} \times 100$　　④ $\dfrac{N_s}{N} \times 100$

해설

유도전동기의 2차 효율 η_2

$$\eta_2 = (1-s) \times 100 = \frac{N}{N_s} \times 100$$

38

3상 유도전동기의 원선도를 그리는 데 필요하지 않는 것은?

① 저항측정　　　　② 무부하시험
③ 구속시험　　　　④ 슬립측정

해설

유도전동기의 원선도를 그리기 위해 필요한 시험

1) 저항시험
2) 무부하시험
3) 구속시험

39

일반적으로 전압을 높은 전압으로 승압할 때 사용되는 변압기의 3상 결선방식은?

① $\Delta - \Delta$　　　　② $\Delta - Y$
③ $Y - Y$　　　　④ $Y - \Delta$

해설

승압결선

2차측 결선이 Y결선이어야 한다.

40

농형 유도전동기의 기동법이 아닌 것은?

① 전전압 기동
② $\Delta - \Delta$ 기동
③ 기동보상기에 의한 기동
④ 리액터 기동

해설

농형 유도전동기의 기동

1) 전전압 기동
2) $Y - \Delta$ 기동
3) 기동보상기에 의한 기동
4) 리액터 기동

전기설비

41

다음 중 지중전선로의 매설 방법이 아닌 것은?

① 관로식　　　　② 암거식
③ 행거식　　　　④ 직접매설식

해설

지중전선로의 매설 방법

1) 직접매설식
2) 관로식
3) 암거식

42

한국전기설비규정에 따라 합성수지관 상호 접속시 관을 삽입하는 깊이는 관 바깥지름의 몇 배 이상으로 하여야 하는가? (단, 접착제를 사용하는 경우가 아니다.)

① 0.6　　　　② 0.8
③ 1.0　　　　④ 1.2

해설

합성수지관 공사

관 상호간 및 박스와의 삽입 깊이는 관 바깥지름의 1.2배(접착제를 사용시 0.8배) 이상으로 하여야 하며 또한 꽂은 접속에 의하여 견고하게 접속한다.

43

금속관에 나사를 내는 공구는?

① 오스터　　　　② 파이프 커터
③ 리머　　　　④ 스패너

해설

금속관에 나사를 낼 때 사용되는 공구는 오스터이다.

정답 38 ④　39 ②　40 ②　/　41 ③　42 ④　43 ①

44

한국전기설비규정에 따라 저압전로에 사용하는 배선용 차단기(산업용)의 정격전류가 30[A]이다. 여기에 39[A]의 전류가 흐를 때 동작시간은 몇 분 이내가 되어야 하는가?

① 30분
② 60분
③ 90분
④ 120분

해설

배선용 차단기 정격(산업용)

정격전류	동작시간	부동작전류	동작전류
63[A] 이하	60분	1.05배	1.3배
63[A] 초과	120분	1.05배	1.3배

45

고압 가공전선로의 지지물로 철탑을 사용하는 경우 경간은 몇 [m] 이하이어야 하는가?

① 150[m]
② 300[m]
③ 500[m]
④ 600[m]

해설

가공전선로의 경간

지지물의 종류	표준경간
목주, A종 철주, A종 철근콘크리트주	150[m] 이하
B종 철주, B종 철큰콘크리트주	250[m] 이하
철탑	600[m] 이하

46

금속관 공사에 대한 설명으로 잘못된 것은?

① 금속관을 콘크리트에 매설할 경우 관의 두께는 1.0[mm] 이상일 것
② 금속관 안에는 전선의 접속점이 없도록 할 것
③ 교류회로에서 전선을 병렬로 사용하는 경우 관내에 전자적 불평형이 생기지 않도록 할 것
④ 관의 호칭에서 후강전선관은 짝수, 박강전선관은 홀수로 표시할 것

해설

금속관 공사
콘크리트에 매설되는 경우 관의 두께는 1.2[mm] 이상이어야 한다.

47

옥외용 비닐 절연전선의 약호(기호)는?

① W
② DV
③ OW
④ NR

해설

옥외용 비닐 절연전선의 기호는 OW이다.

48

대지와의 사이에 전기저항값이 몇 [Ω] 이하인 값을 유지하는 건축물·구조물의 철골 기타의 금속제는 접지공사의 접지극으로 사용할 수 있는가?

① 2
② 3
③ 10
④ 100

해설

철골접지
2[Ω] 이하를 유지하는 건축물·구조물의 철골 기타의 금속제는 접지공사의 접지극으로 사용할 수 있다.

49

동전선 접속에 S형 슬리브를 직선 접속할 경우 전선을 몇 회 이상 비틀어 사용하여야 하는가?

① 2회
② 4회
③ 5회
④ 7회

해설

동전선의 S형 슬리브의 직선 접속
전선을 2회 이상 비틀어 접속한다.

정답 44 ② 45 ④ 46 ① 47 ③ 48 ① 49 ①

50

터널 · 갱도 기타 유사한 장소에서 사람이 상시 통행하는 터널 내의 배선방법으로 적절하지 않는 것은? (단, 저압의 경우를 말한다.)

① 라이팅 덕트배선
② 금속제 가요전선관 배선
③ 합성수지관 배선
④ 애자사용 배선

해설

사람이 상시 통행하는 터널 안 배선

금속관, 합성수지관, 금속제 가요전선관, 애자, 케이블배선이 가능하다.

51

저압 가공 인입선이 도로를 횡단하는 경우 노면상 높이는 몇 [m] 이상인가?

① 4[m]
② 5[m]
③ 6[m]
④ 6.5[m]

해설

저압 가공 인입선의 지표상 높이

도로 횡단시 5[m] 이상 높이에 시설하여야 한다.

52

수전전력 500[kW] 이상인 고압 수전설비의 인입구에 낙뢰나 혼촉 사고에 의한 이상전압으로부터 선로와 기기를 보호할 목적으로 시설하는 것은?

① 피뢰기
② 단로기
③ 누전차단기
④ 배선용차단기

해설

피뢰기(LA)는 이상전압(뇌)으로부터 기계기구를 보호할 목적으로 시설이 된다.

53

티탄을 제조하는 공장으로 먼지가 쌓여진 상태에서 착회된 때에 폭발할 우려가 있는 곳에 저압 옥내배선을 설치하고자 한다. 알맞은 공사방법은?

① 합성수지 몰드공사
② 라이팅 덕트공사
③ 금속몰드공사
④ 금속관 공사

해설

폭연성 분진의 시설 : 금속관, 케이블공사

54

큰 건물의 공사에서 콘크리트에 구멍을 뚫어 드라이브 핀을 경제적으로 고정하는 공구는?

① 스패너
② 드라이브이트 툴
③ 오스터
④ 록 아웃 펀치

해설

드라이브이트 툴 : 콘크리트에 구멍을 뚫어 드라이브 핀을 고정하는 공구를 말한다.

55

한국전기설비규정에 따라 전원측에서 분기점 사이에 다른 분기회로 또는 콘센트의 접속이 없고, 단락의 위험과 화재 및 인체에 대한 위험성이 최소화되도록 시설되는 경우, 분기회로의 보호장치는 분기회로의 분기점으로부터 몇 [m]까지 이동하여 설치할 수 있는가?

① 2
② 3
③ 4
④ 5

해설

과부하 보호장치의 설치 위치

전원측에서 분기점 사이에 다른 분기회로 또는 콘센트의 접속이 없고, 단락의 위험과 화재 및 인체에 대한 위험성이 최소화 되도록 시설되는 경우, 분기회로의 보호장치는 분기회로의 분기점으로부터 3[m]까지 이동하여 설치할 수 있다.

정답 50 ① 51 ② 52 ① 53 ④ 54 ② 55 ②

56

한국 전기설비규정에 의해 저압전로 중의 전동기 보호용 과전류 차단기의 시설에서 과부하 보호장치와 단락보호 전용 퓨즈를 조합한 장치는 단락보호 전용 퓨즈의 정격전류는 어떻게 되어야 하는가?

① 과부하 보호장치의 설정 전류값 이하가 되도록 시설한 것일 것
② 과부하 보호장치의 설정 전류값 이상이 되도록 시설한 것일 것
③ 과부하 보호장치의 설정 전류값 미만이 되도록 시설한 것일 것
④ 과부하 보호장치의 설정 전류값 초과가 되도록 시설한 것일 것

해설

저압전로 중의 전동기 보호용 과전류 보호장치의 시설
저압전로 중의 전동기 보호용 과전류 차단기의 시설에서 과부하 보호장치와 단락보호 전용 퓨즈를 조합한 장치는 단락보호 전용 퓨즈의 정격전류가 과부하 보호장치의 설정 전류값 이하가 되도록 시설한 것일 것

57

한국전기설비규정에 의해 교통신호등 제어장치의 2차측 배선의 최대 사용전압은 몇 [V] 이하이어야 하는가?

① 150　　　　② 200
③ 300　　　　④ 400

해설

교통신호등 : 제어장치의 2차측 배선의 최대 사용전압은 300[V] 이하이어야 한다.

58

옥내의 건조한 콘크리트 또는 신더 콘크리트 플로어 내에 매입할 경우에 시설할 수 있는 공사방법은?

① 라이팅 덕트　　② 플로어 덕트
③ 버스 덕트　　　④ 금속 덕트

해설

플로어덕트
옥내의 건조한 콘크리트 또는 신더 콘크리트 플로어 내에 매입할 경우에 시설할 수 있는 공사방법이다.

59

다음 중 금속관을 박스에 고정시킬 때 사용되는 것은 무엇이라 하는가?

① 로크너트　　　② 엔트런스캡
③ 터미널　　　　④ 부싱

해설

금속관의 부품 : 로크너트의 경우 관을 박스에 고정시킬 때 사용되는 부속품을 말한다.

60

배전선로의 보안장치로서 주상변압기의 2차측, 저압 분기회로에서 분기점 등에 설치되는 것은?

① 콘덴서　　　　② 캐치홀더
③ 컷아웃 스위치　④ 피뢰기

해설

배전선로의 주상변압기 보호장치
1) 1차측 : COS(컷아웃 스위치)
2) 2차측 : 캐치홀더

정답 56 ①　57 ③　58 ②　59 ①　60 ②

2023년 CBT 복원문제 1회

01

1[℧]인 컨덕턴스 3개를 직렬연결한 후 양단에 전압 120[V]를 가하면 흐르는 전류는 몇 [A]인가?

① 40
② 140
③ 230
④ 360

해설

동일 컨덕턴스를 직렬연결하면 $G_n = \dfrac{G}{n} = \dfrac{1}{3}[℧]$이므로 전류 $I = \dfrac{V}{R} = GV = \dfrac{1}{3} \times 120 = 40[A]$이다.

02

저항 10[Ω], 20[Ω] 두 개를 직렬연결하고 여기에 30[Ω]을 병렬로 연결하면 합성 저항은 몇 [Ω]인가?

① 5
② 10
③ 15
④ 20

해설

저항 10[Ω], 20[Ω] 두 개를 직렬연결하면 $R = 10 + 20 = 30[Ω]$, 여기에 30[Ω]을 병렬로 연결하면 합성 저항 $R = \dfrac{30 \times 30}{30 + 30} = 15[Ω]$이다.

03

기전력이 3[V], 내부저항이 0.1[Ω]인 전지 10개를 직렬연결 후 양단에 외부저항 2[Ω]을 연결하면 흐르는 전류는 몇 [A]인가?

① 5
② 10
③ 15
④ 20

해설

동일 전지 10개를 직렬연결하면 전압은 nV, 내부저항은 nr이 되므로 $V = 10 \times 3 = 30[V]$, $r = 10 \times 0.1 = 1[Ω]$이 된다.

여기에 2[Ω]을 직렬연결하면 전류 $I = \dfrac{nV}{nr + R} = \dfrac{30}{1+2} = 10[A]$이다.

04

다음 중 전류의 발열작용을 이용한 것이 아닌 것은?

① 전기난로
② 토스터기
③ 다리미
④ 전자기 모터

해설

전류의 발열작용을 이용하는 것은 전기난로, 토스터기, 다리미이고, 전자기 모터는 전류의 자기작용을 이용한다.

05

전기장 내에 1[C]의 전하를 놓았을 때 그것에 200[N]의 힘이 작용하였다면 전계의 세기[V/m]는?

① 200
② 400
③ 20
④ 40

해설

전계의 세기 E

$E = \dfrac{F}{Q} = \dfrac{200}{1} = 200[V/m]$

정답 01 ① 02 ③ 03 ② 04 ④ 05 ①

06

어떤 물체에 충격 또는 마찰에 의해 전자들이 이동하여 전기를 띠게 되는 현상을 무엇이라 하는가?

① 대전
② 기자력
③ 전위
④ 기전력

해설

어떤 물체에 충격 또는 마찰에 의해 전자들이 이동하여 전기를 띠게 되는 현상을 대전이라 한다.

07

유전율이 큰 재료를 사용하며 전극에 극성이 없고 온도특성과 고주파에 대한 특성이 우수하여 온도보상용으로 많이 사용되는 콘덴서는?

① 바리콘 콘덴서
② 마이카 콘덴서
③ 세라믹 콘덴서
④ 전해 콘덴서

해설

• 바리콘 콘덴서 : 공기를 유전체로 사용한 가변 용량 콘덴서
• 마이카 콘덴서 : 전기 용량을 크게 하기 위하여 금속판 사이에 운모를 끼운 콘덴서
• 전해 콘덴서 : 전기 분해하여 금속의 표면에 산화 피막을 만들어 이것을 이용한 콘덴서

08

저항 R[Ω], 유도성 리액턴스 X_L[Ω], 용량성 리액턴스 X_C[Ω]를 직렬로 연결하면 합성 임피던스 Z[Ω]의 크기는?

① $\sqrt{R^2+(X_L+X_C^2)}$
② $\sqrt{R^2+(X_L+X_C)^2}$
③ $\sqrt{R^2+(X_C-X_L^2)}$
④ $\sqrt{R^2+(X_L-X_C)^2}$

해설

RLC 직렬회로의 임피던스 $Z=R+j(\omega L-\dfrac{1}{\omega C})$

$=R+j(X_L-X_C)$[Ω]

그러므로 $|Z|=\sqrt{R^2+(X_L-X_C)^2}$[Ω]

09

같은 크기의 두 개의 인덕턴스를 같은 방향으로 직렬연결, 합성 인덕턴스와 반대 방향으로 직렬연결하면 두 합성 인덕턴스의 차는 얼마인가?

① M
② $2M$
③ $3M$
④ $4M$

해설

같은 방향은 가동 접속이므로 $L_{가동}=L_1+L_2+2M$,
반대 방향은 차동 접속이므로 $L_{차동}=L_1+L_2-2M$이다.
그러므로 두 합성 인덕턴스의 차는 $L_{가동}-L_{차동}=4M$이 된다.

10

자기 인덕턴스가 각각 L_1, L_2이고 결합계수가 1일 때 상호 인덕턴스 M[H]를 만족하는 것은?

① $M=\sqrt{L_1-L_2}$
② $M=\sqrt{L_1\times L_2}$
③ $M=L_1\times L_2$
④ $M=2\sqrt{L_1\times L_2}$

해설

상호 인덕턴스 $M=k\sqrt{L_1\times L_2}$[H]
결합계수 $k=1$일 때 $M=\sqrt{L_1\times L_2}$

정답 06 ① 07 ③ 08 ④ 09 ④ 10 ②

11

다음은 자기회로와 전기회로의 대응 관계이다. 잘못 짝지은 것은?

① 투자율 – 유전율   ② 자기저항 – 전기저항
③ 기자력 – 기전력   ④ 자속 – 전류

해설

자기회로의 투자율에 대응하는 것은 전기회로의 도전율이다.

전기저항 : $R = \rho \cdot \dfrac{\ell}{s} = \dfrac{\ell}{ks}$

자기저항 : $R_m = \dfrac{\ell}{\mu s}$

12

다음 중 유효전력은 어느 것인가? (단, 전압 E[V], 전류 I[A], 역률 $\cos\theta$, 무효율 $\sin\theta$이다.)

① $P = EI$ ② $P = EI\cos\theta$
③ $P = EI\sin\theta$ ④ $P = EI^2\cos\theta$

해설

유효전력 $P = EI\cos\theta$[W]

13

$R = 40[\Omega]$, $L = 80$[mH]인 직렬회로에 주파수 60[Hz]인 전압 200[V]를 인가하면 흐르는 전류는 몇 [A]인가?

① 1   ② 2
③ 3   ④ 4

해설

RL 직렬회로의 임피던스

$Z = R + j\omega L = 40 + j(2\pi \times 60 \times 80 \times 10^{-3})$
$\quad = 40 + j30[\Omega]$

$\therefore$ 전류 $I = \dfrac{V}{|Z|} = \dfrac{200}{\sqrt{40^2 + 30^2}} = 4$[A]

14

공기 중에 어느 지점의 자계의 세기가 200[A/m]이라면 자속밀도 B[Wb/m²]은?

① $4\pi \times 10^{-5}$ ② $8\pi \times 10^{-5}$
③ $2\pi \times 10^{-7}$ ④ $6\pi \times 10^{-7}$

해설

공기 중의 자속밀도 B

$B = \mu_0 H = 4\pi \times 10^{-7} \times 200 = 8\pi \times 10^{-5}$[Wb/m²]

15

진공 중의 투자율 값은 몇 [H/m]인가?

① 8.855×10^{-12} ② 9×10^9
③ $4\pi \times 10^{-7}$ ④ 6.33×10^4

해설

진공 중의 투자율 μ_0

$\mu_0 = 4\pi \times 10^{-7}$[H/m]

16

자극의 세기가 m[Wb], 길이가 l[m]인 자석의 자기 모멘트 M[Wb·m]는?

① ml ② ml^2
③ $\dfrac{m}{l}$ ④ $\dfrac{l}{m}$

해설

자기 쌍극자 모멘트 $M = ml$[Wb·m]

정답 11 ① 12 ② 13 ④ 14 ② 15 ③ 16 ①

17

200회를 감은 어떤 코일에 2,000[AT]의 기자력이 생겼다면 흐른 전류는 몇 [A]인가?

① 10   ② 20

③ 30   ④ 40

해설

기자력 $F = NI$[AT]

전류 $I = \dfrac{F}{N} = \dfrac{2,000}{200} = 10$[A]

18

저항 3[Ω], 유도성 리액턴스 X_L[Ω]인 직렬회로에 $v = 100\sqrt{2}\sin\omega t$[V]의 교류전압을 인가하였을 때 20[A]의 전류가 흘렀다면 X_L[Ω]은 얼마인가?

① 2   ② 4

③ 20   ④ 40

해설

교류전압에서 실효전압은 100[V], RL 직렬회로의 임피던스 크기는 $Z = \sqrt{R^2 + X_L^2}$

교류전압 $V = IZ$, $100 = 20 \times \sqrt{3^2 + X_L^2}$ 이므로

$X_L = 4$[Ω]

19

RLC 직렬회로의 공진 조건이 아닌 것은?

① $\omega L = \omega C$ ② $\omega L = \dfrac{1}{\omega C}$

③ $\omega^2 LC = 1$ ④ $\omega L - \dfrac{1}{\omega C} = 0$

해설

RLC 직렬회로의 임피던스 $Z = R + j\left(\omega L - \dfrac{1}{\omega C}\right)$[Ω]에서

$\omega L - \dfrac{1}{\omega C} = 0$일 때 공진이 된다.

20

어떤 평형 3상 부하에 220[V]의 3상을 가하니 전류는 10[A]가 흘렀다. 역률이 0.8일 때 피상전력은 약 몇 [VA]인가?

① 2,700   ② 3,810

③ 4,320   ④ 6,710

해설

3상 피상전력 P_a

$P_a = \sqrt{3}\, VI = \sqrt{3} \times 220 \times 10 = 3,811$[VA]

21

동기속도 1,800[rpm], 주파수 60[Hz]인 동기발전기의 극수는 몇 극인가?

① 2   ② 4

③ 8   ④ 10

해설

동기속도 $N_s = \dfrac{120}{P} f$[rpm]

극수 $P = \dfrac{120}{N_s} f$

$= \dfrac{120}{1,800} \times 60$

$= 4$[극]

22

슬립이 5[%], 2차 저항 $r_1 = 0.1$[Ω]인 유도전동기의 등가저항 r[Ω]은 얼마인가?

① 0.4   ② 0.5

③ 1.9   ④ 2.0

정답   17 ①   18 ②   19 ①   20 ②   21 ②   22 ③

해설

$$R = r_2\left(\frac{1}{s} - 1\right)$$

$$= 0.1 \times \left(\frac{1}{0.05} - 1\right)$$

$$= 1.9[\Omega]$$

23

변압기유로 쓰이는 절연유에 요구되는 성질이 아닌 것은?

① 점도가 클 것
② 인화점이 높고 응고점이 낮을 것
③ 절연내력이 클 것
④ 비열이 커서 냉각효과가 클 것

해설

변압기유의 구비조건
• 절연내력이 클 것
• 점도는 낮을 것
• 인화점은 높고 응고점은 낮을 것
• 냉각효과가 클 것

24

농형 유도전동기의 기동법이 아닌 것은?

① 기동 보상기에 의한 기동법
② 2차 저항 기동법
③ 리액터 기동법
④ Y-Δ 기동법

해설

농형 유도전동기의 기동법
• 전전압 기동법
• Y-Δ 기동법
• 리액터 기동법
• 기동 보상기에 의한 기동법

25

동기발전기의 돌발 단락전류를 주로 제한하는 것은?

① 권선 저항
② 동기리액턴스
③ 누설리액턴스
④ 역상리액턴스

해설

동기발전기의 돌발 단락전류
순간이나 돌발 단락전류를 제한하는 것은 누설리액턴스이다.

26

전기자를 고정자로 하고 자극 N, S를 회전시키는 동기발전기를 무엇이라 하는가?

① 회전전기자형
② 회전계자형
③ 유도자형
④ 회전발전기형

해설

회전계자형
동기발전기의 경우 전기자를 고정자로 하고 계자를 회전자로 사용하는 동기발전기를 회전계자형기기라고 한다.

27

양방향으로 전류를 흘릴 수 있는 소자는?

① SCR
② GTO
③ MOSFET
④ TRIAC

해설

양방향 소자는 TRIAC이고, SCR, GTO, MOSFET 모두 단방향 소자이다.

28

변압기를 △-Y결선(Delta-star connection)한 경우에 대한 설명으로 옳지 않은 것은?

① 1차 선간전압 및 2차 선간전압의 위상차는 60°이다.
② 1차 변전소의 승압용으로 사용된다.
③ 제3고조파에 의한 장해가 적다.
④ Y결선의 중성점을 접지할 수 있다.

해설

변압기를 △-Y결선한 경우 1차 선간전압과 2차 선간전압의 위상차는 30°이다.

29

직류 전동기에 있어서 무부하일 때의 회전수 n_0은 1,200[rpm], 정격부하일 때의 회전수 n_n은 1,150[rpm]이라 한다. 속도변동률은 약 몇 [%]인가?

① 3.45
② 4.16
③ 4.35
④ 5

해설

속도변동률 ϵ

$$\epsilon = \frac{N_0 - N_n}{N_n} \times 100[\%] = \frac{1,200 - 1,150}{1,150} \times 100 = 4.35[\%]$$

30

권선저항과 온도와의 관계는?

① 온도가 상승함에 따라 권선의 저항은 감소한다.
② 온도가 상승함에 따라 권선의 저항은 증가한다.
③ 온도와 무관하다.
④ 온도가 상승함에 따라 권선의 저항은 증가와 감소를 반복한다.

해설

권선의 저항의 온도계수
(+) 온도계수를 갖으며, 온도가 상승하면 저항이 증가한다.

31

측정이나 계산으로 구할 수 없는 손실로 부하전류가 흐를 때 도체 또는 철심의 내부에서 생기는 손실을 무엇이라 하는가?

① 구리손
② 표류부하손
③ 맴돌이 전류손
④ 히스테리시스손

해설

표류부하손
측정이나 계산으로 구할 수 없는 손실로 부하전류가 흐를 때 도체 또는 철심의 내부에서 생기는 손실을 말한다.

32

그림과 같은 분상 기동형 단상 유도전동기를 역회전시키기 위한 방법이 아닌 것은?

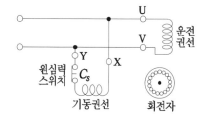

① 기동권선을 반대로 접속한다.
② 운전권선의 접속을 반대로 한다.
③ 기동권선이나 운전권선의 어느 한 권선의 단자의 접속을 반대로 한다.
④ 원심력 스위치를 개로 또는 폐로한다.

해설

분상 기동형 전동기의 역회전 방법
기동권선이나 운전권선의 어느 한 권선의 단자의 접속을 반대로 한다.

정답 28 ① 29 ③ 30 ② 31 ② 32 ④

33

병렬운전 중인 동기발전기의 난조를 방지하기 위하여 자극 면에 유도전동기의 농형권선과 같은 권선을 설치하는데 이 권선의 명칭은 무엇인가?

① 계자권선　　　　② 제동권선
③ 전기자권선　　　④ 보상권선

해설

제동권선

동기발전기의 난조를 방지하기 위해 자극 면에 제동권선을 설치한다.

34

3상 유도전동기의 토크를 일정하게 하고 2차 저항을 2배로 하면 슬립은 몇 배가 되는가?

① $\sqrt{2}$ 배　　　② 2배
③ $\sqrt{3}$ 배　　　④ 3배

해설

2차 저항과 슬립

2차 저항과 슬립은 비례관계이므로 저항이 2배가 되면 슬립도 2배가 된다.

35

일정 방향으로 일정 값 이상의 전류가 흐를 때 동작하는 계전기는?

① 방향 단락 계전기　② 비율 차동 계전기
③ 거리 계전기　　　④ 과전압 계전기

해설

방향 단락 계전기

일정한 방향으로 일정 값 이상의 고장전류가 흐를 때 동작한다.

36

어느 단상 변압기의 2차 무부하전압이 104[V]이며, 정격의 부하시 2차 단자전압이 100[V]이었다. 전압변동률은 몇 [%]인가?

① 2　　　　② 3
③ 4　　　　④ 5

해설

전압변동률 ϵ

$$\epsilon = \frac{V_{20} - V_{2n}}{V_{2n}} \times 100$$

$$= \frac{104 - 100}{100} \times 100$$

$$= 4[\%]$$

37

TRIAC의 기호는?

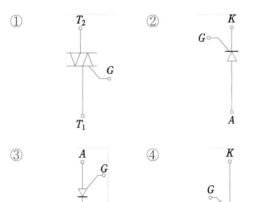

해설

TRIAC는 양방향성 3단자 소자를 말한다.

38

자속을 흐르게 하는 원동력은?

① 전자력　　　　② 정전력
③ 기자력　　　　④ 기전력

해설

기자력
자속을 발생시키는 원동력을 말한다.

39

직류전동기의 규약효율을 표시하는 식은?

① $\dfrac{출력}{출력 + 손실} \times 100[\%]$

② $\dfrac{출력}{입력} \times 100[\%]$

③ $\dfrac{입력 - 손실}{입력} \times 100[\%]$

④ $\dfrac{입력}{출력 + 손실} \times 100[\%]$

해설

직류전동기의 규약효율 η

$\eta = \dfrac{입력 - 손실}{입력} \times 100[\%]$

40

3상 동기발전기 병렬운전 조건이 아닌 것은?

① 전압의 크기가 같을 것
② 회전수가 같을 것
③ 주파수가 같을 것
④ 전압의 위상이 같을 것

해설

동기발전기의 병렬운전 조건
• 기전력의 크기가 같을 것
• 기전력의 위상이 같을 것
• 기전력의 주파수가 같을 것
• 기전력의 파형이 같을 것

41

접지의 목적과 거리가 먼 것은?

① 감전의 방지
② 보호계전기의 확실한 동작 확보
③ 이상전압의 억제
④ 송전용량의 증대

해설

접지의 목적
접지를 하는 이유는 안전을 확보하기 위함이며 용량 증대와는 무관하다.

42

점유면적이 좁고 운전 및 보수에 안전하므로 공장 등의 전기실에서 많이 사용되는 배전반은?

① 큐비클형 배전반
② 철제 수직형 배전반
③ 데드프런트식 배전반
④ 라이브 프런트식 배전반

해설

큐비클형 배전반
폐쇄식 배전반이라고도 하며, 운전 및 보수에 안전하여 공장 등의 전기실에서 널리 사용된다.

43

작업대로부터 광원의 높이가 2.4[m]인 위치에 조명기구를 배치할 경우 등과 등 사이 간격은 최대 몇 [m]로 배치하여 설치하는가?

① 1.8　　② 2.4　　③ 3.6　　④ 4.8

해설

등과 등 사이 간격 s
등과 등 사이 간격은 등고의 1.5배 이하가 되어야 하므로, 등 사이 간격 $s = 2.4 \times 1.5 = 3.6[m]$이다.

정답　38 ③　39 ③　40 ②　41 ④　42 ①　43 ③

44

셀룰로이드, 성냥, 석유류 및 기타 가연성 위험물질을 제조 또는 저장하는 장소의 공사 방법으로 잘못된 것은?

① 금속관 공사
② 두께 2[mm] 이상의 합성수지관 공사
③ 플로어덕트 공사
④ 케이블 공사

해설
위험물을 제조하는 장소의 전기공사
• 금속관 공사
• 케이블 공사
• 합성수지관 공사(두께 2[mm] 이상이어야만 한다)

45

한국전기설비규정에 의한 사용전압이 400[V] 이하의 애자사용 공사를 할 경우 전선과 조영재 사이의 이격거리는 최소 몇 [mm] 이상이어야만 하는가?

① 15
② 25
③ 45
④ 120

해설
400[V] 이하의 애자 공사
전선과 조영재와의 이격거리는 2.5[cm] 이상이어야만 한다.

46

합성수지관 상호 및 관과 박스를 접속시 삽입하는 깊이는 관 바깥지름의 몇 배 이상으로 하여야 하는가? (단, 접착제를 사용하는 경우가 아니다.)

① 0.6배
② 0.8배
③ 1.2배
④ 1.6배

해설
합성수지관의 접속
합성수지관 상호 및 관과 박스를 삽입할 경우 삽입하는 깊이는 관 바깥지름의 1.2배 이상이어야만 한다(단, 접착제를 사용할 경우 0.8배 이상).

47

터널·갱도 기타 유사한 장소에서 사람이 상시 통행하는 터널 내의 공사방법으로 적절하지 않는 것은?

① 금속제 가요전선관 공사
② 금속관 공사
③ 합성수지관 공사
④ 금속몰드 공사

해설
사람이 상시 통행하는 터널 내 공사
금속관 공사, 합성수지관 공사, 금속제 가요전선관 공사, 케이블 공사, 애자 공사가 가능하다.

48

합성수지제 가요전선관의 호칭은?

① 홀수인 안지름
② 짝수인 바깥지름
③ 짝수인 안지름
④ 홀수인 바깥지름

해설
합성수지제 가요전선관의 호칭
안지름의 크기를 기준으로 한 짝수호칭을 갖는다(14, 16, 22, 28 등).

49

금속덕트 내에 절연전선을 넣을 경우 금속덕트의 크기는 전선의 피복절연물을 포함한 단면적의 총 합계가 금속덕트 내 단면적의 몇 [%] 이하가 되도록 선정하여야 하는가?

① 20
② 32
③ 48
④ 50

정답 44 ③ 45 ② 46 ③ 47 ④ 48 ③ 49 ①

해설

덕트 내에 전선의 단면적

덕트 내에 넣는 전선의 단면적은 20[%] 이하이어야 한다
(단, 전광표시, 제어회로용의 경우 50[%]).

50

관광업 및 숙박시설의 객실 입구 등을 시설하는 경우
몇 분 이내에 소등되는 타임스위치를 시설하여야만
하는가?

① 1분   ② 2분
③ 3분   ④ 5분

해설

타임스위치의 시설

관광업 및 숙박시설의 객실 입구 등을 시설하는 경우 1분
이내에 소등되는 타임스위치를 시설한다.

51

고압 가공인입선이 도로를 횡단할 경우 설치 높이는?

① 3[m] 이상   ② 3.5[m] 이상
③ 5[m] 이상   ④ 6[m] 이상

해설

고압 가공인입선

도로를 횡단할 경우 6[m] 이상이어야만 한다.

52

금속전선관 공사에서 사용하는 후강전선관의 규격이
아닌 것은?

① 16   ② 22
③ 28   ④ 48

해설

후강전선관의 규격[mm]

16, 22, 28, 36, 42, 54, 70 등이 있다.

53

배전반 및 분전반과 연결된 배관을 변경하거나 이미 설
치되어 있는 캐비닛에 구멍을 뚫을 때 필요한 공구는?

① 오스터   ② 클리퍼
③ 토치램프   ④ 녹아웃펀치

해설

녹아웃펀치

배전반 및 분전반과 연결된 배관을 변경하거나 이미 설치되
어 있는 캐비닛에 구멍을 뚫을 때 사용한다.

54

옥내배선 공사에서 절연전선의 피복을 벗길 때 사용
하면 편리한 공구는?

① 와이어 스트리퍼   ② 롱로즈
③ 압착펜치   ④ 플라이어

해설

와이어 스트리퍼

전선의 피복을 벗기는 경우 편리하게 사용할 수 있는 공구
이다.

55

한국전기설비규정에 의하여 가공전선에 케이블을 사
용하는 경우 케이블은 조가용선에 시설하여야 한다.
조가용선의 굵기는 몇 [mm²] 이상이어야만 하는가?

① 16   ② 20
③ 22   ④ 24

해설

조가용선의 굵기

22[mm²] 이상의 아연도강연선을 사용한다.

정답   50 ①   51 ④   52 ④   53 ④   54 ①   54 ③

56

450/750[V] 일반용 단심 비닐절연전선의 약호는?

① NRI   ② NR
③ OW   ④ OC

해설

NR

450/750[V] 일반용 단심 비닐절연전선을 말한다.

57

무대 · 무대마루 밑, 오케스트라 박스 및 영사실의 전로에는 전용의 개폐기 및 과전류 차단기를 시설하여야 한다. 이때 비상조명을 제외한 조명용 분기회로 및 정격 32[A] 이하의 콘센트용 분기회로는 정격 감도전류[mA] 몇 이하의 누전차단기로 보호하여야 하는가?

① 20   ② 30
③ 40   ④ 100

해설

개폐기 및 과전류 차단기의 시설

무대 · 무대마루 밑, 오케스트라 박스 및 영사실의 전로에는 전용의 개폐기 및 과전류 차단기를 시설하여야 한다. 이때 비상조명을 제외한 조명용 분기회로 및 정격 32[A] 이하의 콘센트용 분기회로는 정격 감도전류 30[mA] 이하의 누전 차단기로 보호한다.

58

전동기의 과부하, 결상, 구속운전에 대해 보호하며, 차단 등의 시간특성이 조절이 가능한 보호설비는 무엇인가?

① 과전압 계전기   ② 전자식 과전류 계전기
③ 온도 계전기   ④ 압력 계전기

해설

전자식 과전류 계전기(EOCR)

전동기의 과부하, 결상, 구속운전에 대해 보호하며, 차단 등의 시간특성이 조절이 가능한 보호설비이다.

59

세탁기에 사용하는 콘센트로 적합한 것은?

① 접지극이 없는 15[A]의 2극 콘센트
② 접지극이 있는 15[A]의 2극 콘센트
③ 접지극이 없는 15[A]의 3극 콘센트
④ 접지극이 있는 15[A]의 3극 콘센트

해설

콘센트의 시설

주택의 옥내전로에는 접지극이 있는 콘센트를 사용하며, 가정용의 경우 2극 콘센트를 사용한다.

60

UPS에 대한 설명으로 옳은 것은?

① 교류를 직류로 변환하는 장치이다.
② 직류를 교류로 변환하는 장치이다.
③ 무정전전원 공급장치이다.
④ 회전수를 조절하는 장치이다.

해설

UPS

무정전전원을 공급하는 장치를 말한다.

정답   56 ②   57 ②   58 ②   59 ②   60 ③

2023년 CBT 복원문제 2회

01

저항 2[Ω]과 6[Ω]을 직렬연결하고 r[Ω]의 저항을 추가로 직렬연결하였다. 이 회로 양단에 전압 100[V]를 인가하였더니 10[A]의 전류가 흘렀다면 r[Ω]의 값은?

① 2 　　　　② 4
③ 6 　　　　④ 8

해설

직렬 합성저항은 2 + 6 + r = 8 + r[Ω]

전류 $I = \dfrac{V}{R} = \dfrac{100}{8+r} = 10$[A]

∴ 저항 r = 2[Ω]

02

저항이 R[Ω]인 전선을 3배로 잡아 늘리면 저항은 몇 배가 되는가? (단, 전선의 체적은 일정하다.)

① 3배 감소 　　　② 3배 증가
③ 9배 감소 　　　④ 9배 증가

해설

전선의 체적이 일정하므로 전선의 길이를 n배로 하면 전선의 단면적은 $\dfrac{1}{n}$ 배가 된다.

저항 $R = \dfrac{\rho l}{S}$ 에서 $R = \dfrac{\rho \times nl}{\frac{1}{n}S} = n^2\dfrac{\rho l}{S}$[Ω]이 되므로

n^2배가 된다.

따라서 $3^2 = 9$배 증가한다.

03

전류계와 전압계의 측정범위를 확대하기 위해 전류계에는 분류기를, 전압계에는 배율기를 연결하려고 할 때 맞는 연결은?

① 분류기는 전류계와 직렬연결, 배율기는 전압계와 병렬연결
② 분류기는 전류계와 병렬연결, 배율기는 전압계와 직렬연결
③ 분류기는 전류계와 직렬연결, 배율기는 전압계와 직렬연결
④ 분류기는 전류계와 병렬연결, 배율기는 전압계와 병렬연결

해설

회로에 전류계는 직렬연결하고 분류기는 전류계와 병렬연결, 회로에 전압계는 병렬연결하고 배율기는 전압계와 직렬연결하여 각각의 측정범위를 확대한다.

04

전극에서 석출되는 물질의 양은 통과한 전기량에 비례하고 전기화학당량에 비례한다는 법칙은?

① 패러데이의 법칙
② 가우스의 법칙
③ 암페어의 법칙
④ 플레밍의 법칙

해설

석출량 $W = kQ = kIt$[g]은 패러데이의 법칙이다.

05

200[V] 전압을 공급하여 일정한 저항에서 소비되는 전력이 1[kW]였다. 전압을 300[V]를 가하면 소비되는 전력은 몇 [kW]인가?

① 1   ② 1.5
③ 2.25   ④ 3.6

해설

전력 $P = \dfrac{V^2}{R}$, $P \propto V^2$ 관계이므로

$P : P' = V^2 : V'^2$, $P' = (\dfrac{300}{200})^2 \times 1 = 2.25 [kW]$

06

콘덴서 3[F]과 6[F]을 직렬연결하고 양단에 300[V]의 전압을 가할 때 3[F]에 걸리는 전압 V_1[V]은?

① 100   ② 200
③ 450   ④ 600

해설

콘덴서를 직렬연결했을 때 전압분배 $V_1 = \dfrac{C_2}{C_1 + C_2} V$[V]

$\therefore V_1 = \dfrac{6}{3+6} \times 300 = 200 [V]$

07

콘덴서 C[F]이란?

① 전기량 × 전위차   ② $\dfrac{전위차}{전기량}$

③ $\dfrac{전기량}{전위차}$ ④ 전기량 × 전위차^2

해설

콘덴서의 전기량 $Q = CV$[C]

$\therefore C = \dfrac{Q}{V} = \dfrac{전기량}{전위차}$ [F]

08

용량이 같은 콘덴서가 10개 있다. 이것을 병렬로 접속할 때의 값은 직렬로 접속할 때의 값보다 어떻게 되는가?

① 1/10배로 감소한다.   ② 1/100배로 감소한다.
③ 10배로 증가한다.   ④ 100배로 증가한다.

해설

직렬 합성용량은 $C_직 = \dfrac{C}{n}$, 병렬 합성용량은 $C_병 = nC$

$\dfrac{C_{병렬}}{C_{직렬}} = \dfrac{nC}{\dfrac{C}{n}} = n^2$배가 되므로 $10^2 = 100$배로 증가한다.

09

진공 중에 Q_1[C]과 Q_2[C]의 두 전하를 거리 d[m] 간격에 놓았을 때 그 사이에 작용하는 힘은 몇 [N]인가?

① $9 \times 10^9 \times \dfrac{Q_1 Q_2}{d^2}$ ② $9 \times 10^9 \times \dfrac{Q_1 Q_2}{d}$

③ $9 \times 10^9 \times \dfrac{Q_1^2 Q_2}{d}$ ④ $9 \times 10^9 \times Q_1 Q_2 d$

해설

진공 중의 두 전하에 작용하는 힘

$F = \dfrac{Q_1 Q_2}{4\pi\varepsilon_0 d^2} = 9 \times 10^9 \times \dfrac{Q_1 Q_2}{d^2}$ [N]

10

10[AT/m]의 자계 중에 자극의 세기가 50[Wb]인 자극을 놓았을 때 힘 F[N]은 얼마인가?

① 150   ② 300
③ 500   ④ 750

정답   05 ③   06 ②   07 ③   08 ④   09 ①   10 ③

해설

자계 중에 자극을 놓았을 때 작용하는 힘

$F = mH = 50 \times 10 = 500[\text{N}]$

11

반지름이 r[m], 권수가 N회 감긴 환상 솔레노이드가 있다. 코일에 전류 I[A]를 흘릴 때 환상 솔레노이드의 자계 H[AT/m]는?

① 0

② $\dfrac{NI}{2r}$

③ $\dfrac{NI}{2\pi r}$

④ $\dfrac{NI}{4\pi r}$

해설

환상 솔레노이드 자계의 세기 H = $\dfrac{NI}{2\pi r}$[AT/m]

12

동일한 인덕턴스 L[H]인 두 코일을 같은 방향으로 감고 직렬연결했을 때의 합성 인덕턴스[H]는? (단, 두 코일의 결합계수는 0.5이다.)

① 2L

② 3L

③ 4L

④ 5L

해설

동일 방향이므로 가동접속의 합성 인덕턴스이다.

$L_T = L_1 + L_2 + 2 \times k\sqrt{L_1 \times L_2}$
$\quad = L + L + 2 \times 0.5 \times \sqrt{L \times L} = 3L$

13

1[A]의 전류가 흐르는 코일의 인덕턴스가 20[H]일 때 이 코일에 저축된 전자 에너지는 몇 [J]인가?

① 10

② 20

③ 0.1

④ 0.2

해설

코일 축적에너지 W

$W = \dfrac{1}{2}LI^2 = \dfrac{1}{2} \times 20 \times 1^2 = 10[\text{J}]$

14

파형률이란 무엇인가?

① $\dfrac{\text{최댓값}}{\text{평균값}}$

② $\dfrac{\text{실효값}}{\text{최댓값}}$

③ $\dfrac{\text{실효값}}{\text{평균값}}$

④ $\dfrac{\text{평균값}}{\text{실효값}}$

해설

파형률 = $\dfrac{\text{실효값}}{\text{평균값}}$, 파고율 = $\dfrac{\text{최댓값}}{\text{실효값}}$ 을 뜻한다.

15

교류 순시전압 $v = 100\sqrt{2}\sin\left(100\pi t - \dfrac{\pi}{6}\right)$[V]일 때 다음 설명 중 틀린 것은?

① 실효전압 V=100[V]이다.

② 주파수는 50[Hz]이다.

③ 전압의 위상은 30도 뒤진다.

④ 주기는 0.2[sec]이다.

해설

실효전압 $V = \dfrac{V_m}{\sqrt{2}} = \dfrac{100\sqrt{2}}{\sqrt{2}} = 100[\text{V}]$,

주파수는 $\omega = 2\pi f = 100\pi$, $f = \dfrac{100\pi}{2\pi} = 50[\text{Hz}]$,

위상은 (−)이므로 30도 뒤지며, 주기는 $T = \dfrac{1}{f} = \dfrac{1}{50} = 0.02$ [sec]이다.

정답 11 ③ 12 ② 13 ① 14 ③ 15 ④

16

저항 6[Ω]과 용량성 리액턴스 8[Ω]의 직렬회로에 전류가 10[A]가 흘렀다면 이 회로 양단에 인가된 교류전압은 몇 [V]인가?

① $60 - j80$
② $60 + j80$
③ $80 - j60$
④ $80 + j60$

해설

교류전압 $V = IZ$[V], 임피던스 $Z = R - j\dfrac{1}{\omega C} = 6 - j8$[Ω]

∴ $V = 10 \times (6 - j8) = 60 - j80$[V]

17

단상 교류 피상전력 P_a, 무효전력 P_r일 때 유효전력 P[W]는?

① $\sqrt{P_a^2 - P_r^2}$
② $\sqrt{P_a^2 + P_r^2}$
③ $\sqrt{P_r^2 - P_a^2}$
④ $\sqrt{P_r^2 + P_a^2}$

해설

피상전력 $P_a = \sqrt{P^2 + P_r^2}$ [VA]이므로

$P_a^2 = P^2 + P_r^2$[W]

∴ $P = \sqrt{P_a^2 - P_r^2}$

18

한 상의 저항 6[Ω]과 리액턴스 8[Ω]인 평형 3상 △ 결선의 선간전압이 100[V]일 때 선전류는 몇 [A]인가?

① $20\sqrt{3}$
② $10\sqrt{3}$
③ $2\sqrt{3}$
④ $100\sqrt{3}$

해설

△ 결선의 선전류 I_l

$I_l = \sqrt{3}\, I_P = \sqrt{3} \times \dfrac{V_P}{Z} = \sqrt{3} \times \dfrac{100}{10} = 10\sqrt{3}$

19

3상 △ 결선의 각 상의 임피던스가 30[Ω]일 때 Y결선으로 변환하면 각 상의 임피던스는 얼마인가?

① 10[Ω]
② 30[Ω]
③ 60[Ω]
④ 90[Ω]

해설

△ 결선을 Y결선으로 변환하면 임피던스는 $\dfrac{1}{3}$ 배가 되므로

$30 \times \dfrac{1}{3} = 10$[Ω]이 된다.

20

비정현파 전압 $v = 30\sin\omega t + 40\sin 3\omega t$ [V]의 실효전압은 몇 [V]인가?

① 50
② $\dfrac{50}{\sqrt{2}}$
③ $50\sqrt{2}$
④ 25

해설

비정현파의 실효전압 V

$$V = \sqrt{V_1^2 + V_3^2} = \sqrt{\left(\dfrac{30}{\sqrt{2}}\right)^2 + \left(\dfrac{40}{\sqrt{2}}\right)^2} = \dfrac{50}{\sqrt{2}}\,[V]$$

21

유도전동기의 속도 제어 방법이 아닌 것은?

① 극수 제어
② 2차 저항 제어
③ 일그너 제어
④ 주파수 제어

해설

유도전동기의 속도 제어

극수 제어, 주파수 제어의 경우 농형 유도전동기의 속도 제어 방법이며, 2차 저항 제어는 권선형 유도전동기의 속도 제어 방법이다. 다만 일그너 제어의 경우 직류전동기의 속도 제어 방법에 해당한다.

정답　16 ①　17 ①　18 ②　19 ①　20 ②　21 ③

22

동기 전동기의 자기기동에서 계자권선을 단락하는 이유는?

① 기동이 쉽다.
② 기동 권선을 이용한다.
③ 고전압이 유도된다.
④ 전기자 반작용을 방지한다.

해설

자기기동시 계자권선을 단락하는 이유는 계자권선에 고전압이 유도되어 절연이 파괴될 우려가 있으므로 방전저항을 접속하여 단락상태로서 기동하는 것이다.

23

변압기, 동기기 등 층간 단락 등의 내부고장 보호에 사용되는 계전기는?

① 역상 계전기
② 접지 계전기
③ 과전압 계전기
④ 차동 계전기

해설

변압기 내부고장 보호 계전기
차동 또는 비율 차동 계전기는 발전기, 변압기의 내부고장 보호에 사용되는 계전기이다.

24

인버터의 용도로 가장 적합한 것은?

① 직류 – 직류 변환
② 직류 – 교류 변환
③ 교류 – 증폭교류 변환
④ 직류 – 증폭직류 변환

해설

인버터
직류를 교류로 변환하는 장치를 말한다.

25

낙뢰, 수목 접촉, 일시적인 섬락 등 순간적인 사고로 계통에서 분리된 구간을 신속히 계통에 투입시킴으로써 계통의 안정도를 향상시키고 정전 시간을 단축시키기 위해 사용되는 계전기는?

① 차동 계전기
② 과전류 계전기
③ 거리 계전기
④ 재폐로 계전기

해설

재폐로 계전기(Reclosing Relay)
고장구간을 신속히 개방 후 일정시간 후 재투입함으로써 계통의 안정도 및 신뢰도를 향상시키며 복구 운전원의 노력을 경감한다.

26

단상 유도 전압 조정기의 단락권선의 역할은?

① 철손 경감
② 절연 보호
③ 전압조정 용이
④ 전압강하 경감

해설

단상 유도 전압 조정기의 단락권선은 누설리액턴스에 의한 전압강하를 경감하기 위함이다.

27

200[kVA] 단상 변압기 2대를 이용하여 V–V결선하여 3상 전력을 공급할 경우 공급 가능한 최대전력은 몇 [kVA]가 되는가?

① 173.2
② 200
③ 346.41
④ 400

해설

V결선 출력
$P_V = \sqrt{3} P_1$
$= \sqrt{3} \times 200 = 346.41[kVA]$

정답 22 ③ 23 ④ 24 ② 25 ④ 26 ④ 27 ③

28

변압기 내부고장시 급격한 유류 또는 Gas의 이동이 생기면 동작하는 브흐홀쯔 계전기의 설치 위치는?

① 변압기 본체
② 변압기의 고압측 부싱
③ 콘서베이터 내부
④ 변압기의 본체와 콘서베이터를 연결하는 파이프

해설

브흐홀쯔 계전기
변압기 내부고장으로 발생하는 기름의 분해가스, 증기, 유류를 이용하여 부저를 움직여 계전기의 접점을 닫는 것으로 변압기의 주탱크와 콘서베이터 연결관 사이에 설치한다.

29

계자 권선과 전기자 권선이 병렬로 접속되어 있는 직류기는?

① 직권기
② 분권기
③ 복권기
④ 타여자기

해설

분권기
분권의 경우 계자와 전기자가 병렬로 연결된 직류기를 말한다.

30

다음 중 3단자 사이리스터가 아닌 것은?

① SCR
② SCS
③ GTO
④ TRIAC

해설

SCS
단방향 4단자 소자를 말한다.

31

동기발전기에서 전기자 전류가 무부하 유도기전력보다 $\frac{\pi}{2}$[rad] 앞서있는 경우에 나타나는 전기자 반작용은?

① 증자 작용
② 감자 작용
③ 교차 자화 작용
④ 직축 반작용

해설

동기발전기의 전기자 반작용
유기기전력보다 앞선 전류가 흐를 경우 전기자 반작용 증자 작용이 나타난다.

32

동기기의 전기자 권선법이 아닌 것은?

① 전층권
② 분포권
③ 2층권
④ 중권

해설

동기기의 전기자 권선법
2층권, 중권, 분포권, 단절권

33

변압기의 임피던스 전압이란?

① 정격전류가 흐를 때의 변압기 내의 전압강하
② 여자전류가 흐를 때의 2차측 단자전압
③ 정격전류가 흐를 때의 2차측 단자전압
④ 2차 단락전류가 흐를 때의 변압기 내의 전압강하

해설

변압기의 임피던스 전압
$\%Z = \frac{IZ}{E} \times 100[\%]$에서 IZ의 크기를 말하며, 정격의 전류가 흐를 때 변압기 내의 전압강하를 말한다.

정답 28 ④ 29 ② 30 ② 31 ① 32 ① 33 ①

34

슬립 $s = 5[\%]$, 2차 저항 $r_2 = 0.1[\Omega]$인 유도전동기의 등가저항 $R[\Omega]$은 얼마인가?

① 0.4   ② 0.5

③ 1.9   ④ 2.0

해설

등가저항

$$R_2 = r_2 \left(\frac{1}{s} - 1 \right)$$
$$= 0.1 \times \left(\frac{1}{0.05} - 1 \right) = 1.9[\Omega]$$

35

변압기의 권수비가 60일 때 2차측 저항이 0.1[Ω]이다. 이것을 1차로 환산하면 몇 [Ω]인가?

① 310   ② 360

③ 390   ④ 41

해설

변압기의 권수비

$$a = \sqrt{\frac{R_1}{R_2}}$$
$$R_1 = a^2 R_2$$
$$= 60^2 \times 0.1 = 360[\Omega]$$

36

3상 유도전동기에서 2차측 저항을 2배로 하면 그 최대 토크는 어떻게 되는가?

① 변하지 않는다.   ② 2배로 된다.

③ $\sqrt{2}$ 배로 된다.   ④ $\frac{1}{2}$ 배로 된다.

해설

3상 권선형 유도전동기의 최대 토크는 2차측의 저항을 2배로 하더라도 변하지 않는다.

37

100[kVA]의 용량을 갖는 2대의 변압기를 이용하여 V-V결선하는 경우 출력은 어떻게 되는가?

① 100   ② $100\sqrt{3}$

③ 200   ④ 300

해설

V결선시 출력

$$P_V = \sqrt{3} P_n = \sqrt{3} \times 100$$

38

유도전동기의 회전수가 1,164[rpm]일 경우 슬립이 3[%]이었다. 이 전동기의 극수는? (단, 주파수는 60[Hz]라고 한다.)

① 2   ② 4

③ 6   ④ 8

해설

동기속도 $N_s = \dfrac{N}{1-s} = \dfrac{1,164}{1-0.03} = 1,200[\text{rpm}]$

$P = \dfrac{120}{N_s} f = \dfrac{120}{1,200} \times 60 = 6$

39

다음의 변압기 극성에 관한 설명에서 틀린 것은?

① 우리나라는 감극성이 표준이다.

② 1차와 2차 권선에 유기되는 전압의 극성이 서로 반대이면 감극성이다.

③ 3상 결선시 극성을 고려해야 한다.

④ 병렬운전시 극성을 고려해야 한다.

해설

변압기의 감극성

1차측 전압과 2차측 전압의 발생 방향이 같을 경우 감극성이라고 한다.

정답   **34** ③   **35** ②   **36** ①   **37** ②   **38** ③   **39** ②

40

일정 방향으로 일정 값 이상의 전류가 흐를 때 동작하는 계전기는?

① 방향 단락 계전기   ② 비율 차동 계전기
③ 거리 계전기   ④ 과전압 계전기

해설

방향 단락 계전기
일정한 방향으로 일정 값 이상의 고장전류가 흐를 때 동작한다.

41

단로기에 대한 설명 중 옳은 것은?

① 전압 개폐 기능을 갖는다.
② 부하전류 차단 능력이 있다.
③ 고장전류 차단 능력이 있다.
④ 전압, 전류 동시 개폐기능이 있다.

해설

단로기
단로기란 무부하 상태에서 전로를 개폐하는 역할을 한다. 기기의 점검 및 수리시 전원으로부터 이들 기기를 분리하기 위해 사용한다. 단로기는 전압 개폐 능력만 있다.

42

합성수지관을 새들 등으로 지지하는 경우에는 그 지지점 간의 거리를 몇 [m] 이하로 하여야 하는가?

① 1.5   ② 2.0
③ 2.5   ④ 3.0

해설

합성수지관 공사
지지점 간의 거리는 1.5[m] 이하이어야만 한다.

43

노출장소 또는 점검 가능한 장소에서 제2종 가요전선관을 시설하고 제거하는 것이 자유로운 경우 곡률 반지름은 안지름의 몇 배 이상으로 하여야 하는가?

① 2배   ② 3배
③ 4배   ④ 6배

해설

가요전선관 공사
가요전선관의 경우 노출장소 또는 점검이 가능한 장소에서 시설 및 제거하는 것이 자유로운 경우 관 안지름의 3배 이상으로 하여야 하며, 노출장소 또는 점검이 가능한 은폐장소에서 시설 및 제거하는 것이 부자유하거나 또는 점검이 불가능할 경우 관 안지름의 6배 이상으로 한다.

44

한국전기설비규정에서 정한 가공전선로의 지지물에 승탑 또는 승강용으로 사용하는 발판 볼트 등은 지표상 몇 [m] 미만에 시설하여서는 안 되는가?

① 1.2   ② 1.5
③ 1.6   ④ 1.8

해설

발판 볼트
지지물에 시설하는 발판 볼트의 경우 1.8[m] 이상 높이에 시설한다.

45

다음 중 과전류 차단기를 설치하는 곳은?

① 간선의 전원측 전선
② 접지공사의 접지도체
③ 다선식 전로의 중성선
④ 접지공사를 한 저압 가공전선로의 접지측 전선

정답 40 ① 41 ① 42 ① 43 ② 44 ④ 45 ①

해설

과전류 차단기 시설 제한 장소
- 접지공사의 접지도체
- 다선식 전로의 중성선
- 접지공사를 한 저압 가공전선로의 접지측 전선

46

점착성이 없으나 절연성, 내온성 및 내유성이 있어 연피케이블 접속에 사용되는 테이프는?

① 고무테이프　　　② 자기융착 테이프
③ 비닐테이프　　　④ 리노테이프

해설

리노테이프

점착성이 없으나 절연성, 내열성 및 내유성이 있어 연피케이블 접속에 주로 사용된다.

47

피시 테이프(fish tape)의 용도는?

① 전선을 테이핑하기 위해 사용
② 전선관의 끝 마무리를 위해서 사용
③ 전선관에 전선을 넣을 때 사용
④ 합성수지관을 구부릴 때 사용

해설

피시 테이프(fish tape)

배관 공사시 전선을 넣을 때 사용한다.

48

다음은 변압기 중성점 접지저항을 결정하는 방법이다. 여기서 k의 값은? (단, I_g란 변압기 고압 또는 특고압 전로의 1선 지락전류를 말하며, 자동차단장치는 없도록 한다.)

$$R = \frac{k}{I_g}[\Omega]$$

① 75　　　　　　② 150
③ 300　　　　　④ 600

해설

변압기 중성점 접지저항 R

$$R = \frac{150, 300, 600}{1선\ 지락전류}[\Omega]$$

- 150[V] : 아무 조건이 없는 경우(자동차단장치가 없는 경우)
- 300[V] : 2초 이내에 자동차단하는 장치가 있는 경우
- 600[V] : 1초 이내에 자동차단하는 장치가 있는 경우

49

동전선의 접속방법에서 종단접속 방법이 아닌 것은?

① 비틀어 꽂는 형의 전선접속기에 의한 접속
② 종단 겹침용 슬리브(E형)에 의한 접속
③ 직선 맞대기용 슬리브(B형)에 의한 압착접속
④ 직선 겹침용 슬리브(P형)에 의한 접속

해설

동전선의 종단접속
- 비틀어 꽂는 형의 전선접속기에 의한 접속
- 종단 겹침용 슬리브(E형)에 의한 접속
- 직선 겹침용 슬리브(P형)에 의한 접속

정답 46 ④ 47 ③ 48 ② 49 ③

50

은행, 상점에서 사용하는 표준부하[VA/m²]는?

① 5 ② 10

③ 20 ④ 30

해설

표준부하

은행, 상점 사무실, 이발소, 미장원 등의 표준부하는 30 [VA/m²]이다.

51

가공케이블 시설시 조가용선에 금속테이프 등을 사용하여 케이블 외장을 견고하게 붙여 조가하는 경우 나선형으로 금속테이프를 감는 간격은 몇 [m] 이하를 확보하여 감아야 하는가?

① 0.5 ② 0.3

③ 0.2 ④ 0.1

해설

조가용선의 시설

금속테이프의 경우 0.2[m] 이하 간격으로 감아야 한다.

52

한국전기설비규정에서 정한 무대, 오케스트라박스 등 흥행장의 저압 옥내배선 공사의 사용전압은 몇 [V] 이하인가?

① 200 ② 300

③ 400 ④ 600

해설

무대, 오케스트라박스 등 흥행장의 저압 공사시 사용전압은 400[V] 이하이어야 한다.

53

한국전기설비규정에서 정한 저압 애자사용 공사의 경우 전선 상호 간의 거리는 몇 [m]인가?

① 0.025 ② 0.06

③ 0.12 ④ 0.25

해설

애자사용 공사

• 저압의 경우 전선 상호 간의 이격거리는 0.06[m] 이상이어야만 한다.

• 고압의 경우 전선 상호 간의 이격거리는 0.08[m] 이상이어야만 한다.

54

한국전기설비규정에서 정한 아래 그림 같이 분기회로 (S_2)의 보호장치 (P_2)는 (P_2)의 전원 측에서 분기점 (O) 사이에 다른 분기회로 또는 콘센트의 접속이 없고, 단락의 위험과 화재 및 인체에 대한 위험성이 최소화되도록 시설된 경우, 분기회로의 보호장치 (P_2)는 몇 [m]까지 이동 설치가 가능한가?

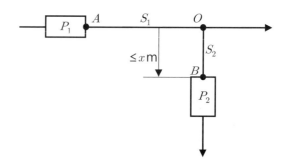

① 1 ② 2

③ 4 ④ 3

해설

분기회로 보호장치

분기회로의 보호장치 (P_2)는 분기회로의 분기점(O)으로부터 3[m]까지 이동하여 설치할 수 있다.

정답 50 ④ 51 ③ 52 ③ 53 ② 54 ④

55

저압 가공인입선이 횡단보도교 위에 시설되는 경우 노면상 몇 [m] 이상의 높이에 설치되어야 하는가?

① 3
② 4
③ 5
④ 6

해설

저압 가공인입선의 높이
횡단보도교 횡단시 노면상 3[m] 이상 높이에 시설하여야만 한다.

56

한국전기설비규정에서 정한 변압기 중성점 접지도체는 7[kV] 이하의 전로에서는 몇 [mm^2] 이상이어야 하는가?

① 6
② 10
③ 16
④ 25

해설

중성점 접지도체의 굵기
중성점 접지용 접지도체는 공칭단면적 16[mm^2] 이상의 연동선 또는 동등 이상의 단면적 및 세기를 가져야 한다. 다만, 다음의 경우에는 공칭단면적 6[mm^2] 이상의 연동선 또는 동등 이상의 단면적 및 강도를 가져야 한다.
• 7[kV] 이하의 전로
• 사용전압이 25[kV] 이하인 특고압 가공전선로. 다만, 중성선 다중접지식의 것으로서 전로에 지락이 생겼을 때 2초 이내에 자동적으로 이를 전로로부터 차단하는 장치가 되어 있는 것

57

한국전기설비규정에서 정한 전선 접속 방법에 관한 사항으로 옳지 않은 것은?

① 도체에 알미늄을 사용하는 전선과 동을 사용하는 전선을 접속하는 등 전기화학적 성질이 다른 도체를 접속하는 경우에는 접속 부분에 전기적 부식이 생기지 않도록 할 것
② 접속 부분은 접속관 기타의 기구를 사용할 것
③ 전선의 세기를 80[%] 이상 감소시키지 아니할 것
④ 코드 상호, 캡타이어 케이블 상호 또는 이들 상호를 접속하는 경우에는 코드접속기, 접속함 기타의 기구를 사용할 것

해설

전선의 접속 방법
전선의 세기를 20[%] 이상 감소시키지 아니할 것

58

금속관을 절단할 때 사용되는 공구는?

① 오스터
② 녹아웃 펀치
③ 파이프 커터
④ 파이프렌치

해설

금속관의 공구
금속관을 절단할 때 사용되는 공구는 파이프 커터이다.

정답 55 ① 56 ① 57 ③ 58 ③

59

인입용 비닐 절연전선의 약호(기호)는?

① W
② DV
③ OW
④ NR

해설

인입용 비닐 절연전선 : DV

60

금속관 공사에 대한 설명으로 잘못된 것은?

① 교류회로에서 전선을 병렬로 사용하는 경우 관내에 전자적 불평형이 생기지 않도록 할 것
② 금속관 안에는 전선의 접속점이 없도록 할 것
③ 금속관을 콘크리트에 매설할 경우 관의 두께는 1.0[mm] 이상일 것
④ 관의 호칭에서 후강전선관은 짝수, 박강전선관은 홀수로 표시할 것

해설

금속관 공사

콘크리트에 매설되는 경우 관의 두께는 1.2[mm] 이상이어야 한다.

2023년 CBT 복원문제 3회

01

파형률은 어느 것인가?

① $\dfrac{평균값}{실효값}$
② $\dfrac{실효값}{최댓값}$
③ $\dfrac{실효값}{평균값}$
④ $\dfrac{최댓값}{실효값}$

해설

파형률과 파고율

• 파형률 $= \dfrac{실효값}{평균값}$

• 파고율 $= \dfrac{최댓값}{실효값}$

02

Y결선에서 상전압이 220[V]이면 선간전압은 약 몇 [V]인가?

① 110
② 220
③ 380
④ 440

해설

Y결선의 경우 전류가 일정하다. $I_l = I_P$

전압의 경우, 선간전압 $V_l = \sqrt{3}\,V_P$가 된다.

그러므로 $V_l = \sqrt{3} \times 220 = 380[V]$이다.

03

저항 9[Ω], 용량 리액턴스 12[Ω]인 직렬회로의 임피던스는 몇 [Ω]인가?

① 3
② 15
③ 21
④ 32

정답 59 ② 60 ③ / 01 ③ 02 ③ 03 ②

해설

직렬회로의 임피던스 $Z = \sqrt{R^2 + X^2}$

$\therefore \ Z = \sqrt{9^2 + 12^2} = 15[\Omega]$

04

출력 P[kVA]의 단상 변압기 전원 2대를 V결선한 때의 3상 출력[kVA]은?

① P　　　　　② $\sqrt{3}\,P$

③ $2P$　　　　④ $3P$

해설

V결선의 출력 $P_V = \sqrt{3}\,P_n$

$\therefore \ P_n$: 변압기 1대 용량[kVA]

05

2[Ω]의 저항과 3[Ω]의 저항을 직렬로 접속할 때 합성 컨덕턴스는 몇 [℧]인가?

① 5　　　　　② 2.5

③ 1.5　　　　④ 0.2

해설

합성저항 $R_0 = 2 + 3 = 5[\Omega]$

컨덕턴스 $G = \dfrac{1}{R} = \dfrac{1}{5} = 0.2[\text{℧}]$

06

플레밍의 왼손 법칙에서 엄지손가락이 뜻하는 것은?

① 자기력선속의 방향　② 힘의 방향

③ 기전력의 방향　　　④ 전류의 방향

해설

플레밍의 왼손 법칙(전동기)

• 엄지 : 운동(힘)의 방향

• 인지 : 자속의 방향

• 중지 : 전류의 방향

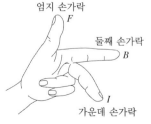

07

기전력 4[V], 내부저항 0.2[Ω]의 전지 10개를 직렬로 접속하고 두 극 사이에 부하저항을 접속하였더니 4[A]의 전류가 흘렀다. 이때의 외부저항은 몇 [Ω]이 되겠는가?

① 6　　　　　② 7

③ 8　　　　　④ 9

해설

기전력이 4[V]인 전지 10개를 직렬로 연결하였으므로 전압은 40[V]가 된다.

전류 $I = \dfrac{4 \times 10}{R + 0.2 \times 10} = 4[\text{A}]$가 되므로

저항 $R = \dfrac{4 \times 10}{4} - (0.2 \times 10) = 8[\Omega]$

08

최댓값이 V_m[V]인 사인파 교류에서 평균값 V_a[V] 값은?

① $0.557\,V_m$　　　② $0.637\,V_m$

③ $0.707\,V_m$　　　④ $0.866\,V_m$

해설

정현파의 경우 실효값은 $\dfrac{V_m}{\sqrt{2}}$ 이며, 평균값은 $\dfrac{2V_m}{\pi}$ 이다.

09

전류를 계속 흐르게 하려면 전압을 연속적으로 만들어주는 어떤 힘이 필요하게 되는데, 이 힘을 무엇이라 하는가?

① 자기력　　　　② 전자력

③ 기전력　　　　④ 전기장

정답 04 ② 05 ④ 06 ② 07 ③ 08 ② 09 ③

해설

기전력

전하를 이동시켜 연속적으로 전위를 발생시켜 전류를 흐르게 해주는 것을 기전력이라 한다.

10

30[μF]과 40[μF]의 콘덴서를 병렬로 접속한 다음 100[V]의 전압을 가했을 때 전 전하량은 몇 [C]인가?

① 17×10^{-4}　　② 34×10^{-4}

③ 56×10^{-4}　　④ 70×10^{-4}

해설

병렬접속이므로 합성 정전용량 $C = C_1 + C_2 = 30 + 40 = 70$ [μF]

∴ 전하량 $Q = CV = 70 \times 10^{-6} \times 100 = 70 \times 10^{-4}$[C]

11

비오-사바르의 법칙은 어떤 관계를 나타낸 것인가?

① 기전력과 회전력　　② 기자력과 자화력
③ 전류와 자장의 세기　④ 전압과 전장의 세기

해설

$$dH = \frac{Idl\sin\theta}{4\pi r^2}[\text{AT/m}]$$

전류에 의해 발생되는 자장의 크기는 전류의 크기와 전류가 흐르고 있는 도체와의 고찰하려는 점까지의 거리에 의해 결정되는 관계식은 비오 – 사바르의 법칙이다.

12

규격이 같은 축전지 2개를 병렬로 연결하였다. 다음 설명 중 옳은 것은?

① 용량과 전압이 모두 2배가 된다.
② 용량과 전압이 모두 1/2배가 된다.

③ 용량은 불변이고 전압은 2배가 된다.
④ 용량은 2배가 되고 전압은 불변이다.

해설

• 축전지를 병렬로 연결할 경우 : 용량은 2배, 전압은 일정
• 축전지를 직렬로 연결할 경우 : 용량은 일정, 전압은 2배

13

다음 중 도전율의 단위는?

① [$\Omega \cdot$m]　　② [℧$\cdot$m]

③ [Ω/m]　　④ [℧/m]

해설

도전율 σ[℧/m]

14

100[μF]의 콘덴서에 1,000[V]의 전압을 가하여 충전한 뒤 저항을 통하여 방전시키면 저항에 발생하는 열량은 몇 [cal]인가?

① 3[cal]　　② 5[cal]

③ 12[cal]　　④ 43[cal]

해설

콘덴서의 에너지 $W = \frac{1}{2}CV^2$[J], 1[J] = 0.24[cal]

$W = \frac{1}{2} \times 100 \times 10^{-6} \times 1,000^2 = 50$[J]

∴ 열량 $Q = 0.24W = 0.24 \times 50 = 12$[cal]

15

용량이 45[Ah]인 납축전지에서 3[A]의 전류를 연속하여 얻는다면 몇 시간 동안 축전지를 이용할 수 있는가?

① 10시간　　② 15시간

③ 30시간　　④ 45시간

정답 　10 ④　11 ③　12 ④　13 ④　14 ③　15 ②

해설

시간 $h = \dfrac{용량}{전류} = \dfrac{45}{3} = 15시간$

해설

평행판 전극의 전계의 세기는 극판의 간격 d와 반비례하므로 $\dfrac{1}{2}$배가 된다.

16

0.02[μF], 0.03[μF] 2개의 콘덴서를 병렬로 접속할 때의 합성용량은 몇 [μF]인가?

① 0.05[μF]
② 0.012[μF]
③ 0.06[μF]
④ 0.016[μF]

해설

콘덴서의 병렬연결은 저항의 직렬연결과 같다.

∴ $C_0 = C_1 + C_2 = 0.02 \times 10^{-6} + 0.03 \times 10^{-6} = 0.05[\mu F]$

17

전류에 의해 만들어지는 자기장의 자력선의 방향을 간단하게 알아보는 법칙은?

① 앙페르의 오른 나사의 법칙
② 플레밍의 오른손 법칙
③ 플레밍의 왼손 법칙
④ 렌쯔의 법칙

해설

전류가 흐르면 자계가 형성되며, 도체가 수직인 평면상에 오른 나사가 진행하는 방향으로 자계가 발생하는데, 이것을 앙페르의 오른 나사의 법칙이라 한다.

18

평행판 전극에 일정 전압을 가하면서 극판의 간격을 2배로 하면 내부 전기장의 세기는 몇 배가 되는가?

① 4배로 커진다.
② $\dfrac{1}{2}$로 작아진다.
③ 2배로 커진다.
④ $\dfrac{1}{4}$로 작아진다.

19

공기 중에 10[μC]과 20[μC]를 1[m] 간격으로 놓을 때 발생되는 정전력[N]은?

① 1.8[N]
② 2×10^{-10}[N]
③ 200[N]
④ 98×10^9[N]

해설

쿨롱의 법칙 $F = \dfrac{Q_1 Q_2}{4\pi\varepsilon_0 r^2}$

$= 9 \times 10^9 \times \dfrac{Q_1 Q_2}{r^2}$[N]

$= 9 \times 10^9 \times \dfrac{10 \times 10^{-6} \times 20 \times 10^{-6}}{1^2}$

$= 1.8$[N]

20

두 코일이 있다. 한 코일에 매초 전류가 150[A]의 비율로 변할 때 다른 코일에 60[V]의 기전력이 발생하였다면, 두 코일의 상호 인덕턴스는 몇 [H]인가?

① 0.4[H]
② 2.5[H]
③ 4.0[H]
④ 25[H]

해설

기전력 $e = M\dfrac{di}{dt}$

상호 인덕턴스 $M = \dfrac{dt}{di} e = \dfrac{1}{150} \times 60 = 0.4[H]$

정답 16 ① 17 ① 18 ② 19 ① 20 ①

21

직류발전기의 단자전압을 조정하려면 어느 것을 조정하여야 하는가?

① 기동저항　　　　② 계자저항
③ 방전저항　　　　④ 전기자저항

해설
발전기의 전압조정
발전기의 전압을 조정하려면 계자에 흐르는 전류를 조정하여야 하므로 계자저항을 조정하여야 한다.

22

동기전동기의 자기기동에서 계자권선을 단락하는 이유는?

① 기동이 쉽다.
② 기동권선을 이용한다.
③ 고전압이 유도되어 절연파괴 우려가 있다.
④ 전기자 반작용을 방지한다.

해설
자기기동시 계자권선을 단락하는 이유는 계자권선에 고전압이 유도되어 절연이 파괴될 우려가 있으므로 방전저항을 접속하여 단락상태로서 기동한다.

23

슬립 $s = 5[\%]$, 2차 저항 $r_2 = 0.1[\Omega]$인 유도전동기의 등가저항 $R[\Omega]$은 얼마인가?

① 0.4　　　　② 0.3
③ 1.9　　　　④ 2.5

해설
등가저항 R
$$R_2 = r_2\left(\frac{1}{s} - 1\right) = 0.1 \times \left(\frac{1}{0.05} - 1\right) = 1.9[\Omega]$$

24

동기발전기에서 전기자 전류가 무부하 유도기전력보다 $\frac{\pi}{2}[rad]$ 앞서있는 경우에 나타나는 전기자 반작용은?

① 증자 작용　　　　② 감자 작용
③ 교차 자화 작용　　④ 직축 반작용

해설
동기발전기의 전기자 반작용
유기기전력보다 앞선 전류가 흐를 경우 전기자 반작용 증자작용이 나타난다.

25

일정 방향으로 정정값 이상의 전류가 흐를 때 동작하는 계전기는?

① 방향 단락 계전기　　② 브흐홀쯔 계전기
③ 거리 계전기　　　　④ 과전압 계전기

해설
방향 단락 계전기
일정한 방향으로 정정값 이상의 고장전류가 흐를 때 동작한다.

26

다음 중 3단자 사이리스터가 아닌 것은?

① SCR　　　　② TRIAC
③ GTO　　　　④ SCS

해설
SCS
SCS의 경우 단방향 4단자 소자를 말한다.

정답　21 ②　22 ③　23 ③　24 ①　25 ①　26 ④

27

다이오드 중 디지털 계측기, 탁상용 계산기 등에 숫자 표시기 등으로 사용되는 것은 무엇인가?

① 터널 다이오드 ② 제너 다이오드
③ 광 다이오드 ④ 발광 다이오드

해설

발광 다이오드

발광 다이오드의 경우 가시광을 방사하여 디지털 계측기, 탁상용 계산기 등에 숫자 표시기 등으로 사용된다.

28

변압기 내부고장시 급격한 유류 또는 Gas의 이동이 생기면 동작하는 브흐홀쯔 계전기의 설치 위치는?

① 변압기 본체
② 변압기의 고압측 부싱
③ 콘서베이터 내부
④ 변압기의 본체와 콘서베이터를 연결하는 파이프

해설

브흐홀쯔 계전기

변압기 내부고장으로 발생하는 기름의 분해가스, 증기, 유류를 이용하여 부저를 움직여 계전기의 접점을 닫는 것으로 변압기의 주탱크와 콘서베이터 연결관 사이에 설치한다.

29

계자 권선과 전기자 권선이 병렬로 접속되어 있는 직류기는?

① 직권기 ② 복권기
③ 분권기 ④ 타여자기

해설

분권기

분권의 경우 계자와 전기자가 병렬로 연결된 직류기를 말한다.

30

다음의 변압기 극성에 관한 설명에서 틀린 것은?

① 3상 결선시 극성을 고려해야 한다.
② 1차와 2차 권선에 유기되는 전압의 극성이 서로 반대이면 감극성이다.
③ 우리나라는 감극성이 표준이다.
④ 병렬운전시 극성을 고려해야 한다.

해설

변압기의 감극성

1차측 전압과 2차측 전압의 발생 방향이 같을 경우 감극성이라고 한다.

31

인버터의 용도로 가장 적합한 것은?

① 직류 – 직류 변환
② 직류 – 교류 변환
③ 교류 – 증폭교류 변환
④ 직류 – 증폭직류 변환

해설

인버터

직류를 교류로 변환하는 장치를 말한다.

32

변압기의 권수비가 60일 때 2차측 저항이 0.1[Ω]이다. 이것을 1차로 환산하면 몇 [Ω]인가?

① 310 ② 360 ③ 390 ④ 41

해설

변압기의 권수비

$$a = \sqrt{\frac{R_1}{R_2}}$$

$R_1 = a^2 R_2 = 60^2 \times 0.1 = 360[Ω]$

제4과목 ✦ CBT 복원문제

정답 27 ④ 28 ④ 29 ③ 30 ② 31 ② 32 ②

33

변압기, 발전기의 층간 단락 및 상간 단락 보호에 사용되는 계전기는?

① 역상 계전기　　　② 접지 계전기
③ 과전압 계전기　　④ 차동 계전기

해설

차동 계전기
변압기나 발전기의 내부고장을 보호하는 계전기를 말한다.

34

보극이 없는 직류기의 운전 중 중성점의 위치가 변하지 않은 경우는?

① 무부하일 때　　　② 중부하일 때
③ 과부하일 때　　　④ 전부하일 때

해설

전기자 반작용
전기자 반작용에 의해 운전 중 중성점의 위치가 변화한다. 하지만 전기자에 전류가 흐르지 않는 상태인 무부하일 경우는 중성점의 위치가 변하지 않는다.

35

동기기의 전기자 권선법이 아닌 것은?

① 전층권　　　　　② 분포권
③ 2층권　　　　　　④ 중권

해설

동기기의 전기자 권선법
2층권, 중권, 분포권, 단절권

36

3상 유도전동기에서 2차측 저항을 2배로 하면 그 최대 토크는 어떻게 되는가?

① 2배로 된다.　　　② 변하지 않는다.
③ $\sqrt{2}$ 배로 된다.　④ $\frac{1}{2}$ 배로 된다.

해설

3상 권선형 유도전동기의 최대 토크는 2차측의 저항을 2배로 하더라도 변하지 않는다.

37

100[kVA]의 용량을 갖는 2대의 변압기를 이용하여 V−V결선하는 경우 출력은 어떻게 되는가?

① 100　　　　　　　② $100\sqrt{3}$
③ 200　　　　　　　④ 300

해설

V결선시 출력
$$P_V = \sqrt{3}\,P_n = \sqrt{3} \times 100$$

38

유도전동기의 회전수가 1,164[rpm]일 경우 슬립이 3[%]이었다. 이 전동기의 극수는? (단, 주파수는 60[Hz]라고 한다.)

① 2　　　　　　　　② 4
③ 6　　　　　　　　④ 8

해설

$$동기속도\ N_s = \frac{N}{1-s} = \frac{1,164}{1-0.03} = 1,200[\text{rpm}]$$

$$P = \frac{120}{N_s}f = \frac{120}{1,200} \times 60 = 6$$

정답 33 ④　34 ①　35 ①　36 ②　37 ②　38 ③

39

단상 유도 전압 조정기의 단락권선의 역할은?

① 전압조정 용이 ② 절연 보호
③ 철손 경감 ④ 전압강하 경감

해설
단상 유도 전압 조정기의 단락권선은 누설리액턴스에 의한 전압강하를 경감하기 위함이다.

40

낙뢰, 수목 접촉, 일시적인 섬락 등 순간적인 사고로 계통에서 분리된 구간을 신속히 계통에 투입시킴으로써 계통의 안정도를 향상시키고 정전 시간을 단축시키기 위해 사용되는 계전기는?

① 재폐로 계전기 ② 과전류 계전기
③ 거리 계전기 ④ 차동 계전기

해설
재폐로 계전기(Reclosing Relay)
고장구간을 신속히 개방 후 일정시간 후 재투입함으로써 계통의 안정도 및 신뢰도를 향상시키며 복구 운전원의 노력을 경감한다.

41

다음은 소세력회로의 전선을 조영재를 붙여 시설할 경우 옳지 않은 것은?

① 전선은 케이블인 경우 이외에 공칭단면적 2.5[mm²] 이상의 연동선 또는 이와 동등 이상의 세기 또는 굵기일 것
② 전선은 금속제의 수관 및 가스관 또는 이와 유사한 것과 접촉되지 않을 것
③ 전선이 손상을 받을 우려가 있는 곳에 시설하는 경우 적절한 방호장치를 할 것
④ 전선은 금속망 또는 금속판을 목조 조영재에 시설하는 경우 전선을 방호장치에 넣어 시설할 것

해설
소세력회로의 시설
전선의 경우 공칭단면적 1[mm²] 이상의 연동선 또는 이와 동등 이상의 세기 및 굵기일 것

42

한국전기설비규정에 따라 폭연성, 가연성 분진을 제외한 장소로서 먼지가 많은 장소에서 시설할 수 없는 저압 옥내배선 방법은?

① 애자 공사 ② 금속관 공사
③ 금속덕트 공사 ④ 플로어덕트 공사

해설
먼지가 많은 장소의 시설
금속관 공사, 금속덕트 공사, 애자 공사, 케이블 공사가 가능하다.

43

전주에서 cos 완철 설치시 최하단 전력용 완철에서 몇 [m] 하부에 설치하여야 하는가?

① 0.9 ② 0.95
③ 0.8 ④ 0.75

해설
cos 완철의 설치
최하단 전력용 완철에서 0.75[m] 하부에 설치하여야 한다.

44

접지저항 측정방법으로 가장 적당한 것은?

① 전력계 ② 절연저항계
③ 콜라우시 브리지 ④ 교류의 전압, 전류계

해설

발판볼트

접지저항을 측정하기 위한 방법에는 어스테스터 또는 콜라우시 브리지법이 적당하다.

45

커플링을 사용하여 금속관을 서로 접속할 경우 사용되는 공구는?

① 파이프 렌치　　② 파이프 바이스

③ 파이프 벤더　　④ 파이프 커터

해설

파이프 렌치

커플링 사용시 조이는 공구를 말한다.

46

단상 3선식 전원(100/200[V])에 100[V]의 전구와 콘센트 및 200[V]의 모터를 시설하고자 한다. 전원 분배가 옳게 결선된 회로는?

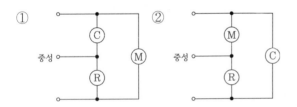

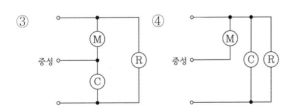

해설

단상 3선식

모터의 경우(200[V]) 선과 선 사이 양단에 걸려야 하므로 1번이 옳은 결선이 된다.

47

활선 상태에서 전선의 피복을 벗기는 공구는?

① 데드엔드 커버　　② 애자커버

③ 와이어 통　　④ 전선 피박기

해설

전선 피박기

활선시 전선의 피복을 벗기는 공구이다.

48

지선의 중간에 넣는 애자의 명칭은?

① 곡핀애자　　② 구형애자

③ 인류애자　　④ 핀애자

해설

지선의 시설

지선의 중간에 넣는 애자는 구형애자이다.

49

450/750 일반용 단심 비닐 절연전선의 약호는?

① RI　　② NR

③ DV　　④ ACSR

해설

NR전선

450/750 일반용 단심 비닐 절연전선을 말한다.

50

전주의 외등 설치시 조명기구를 전주에 부착하는 경우 설치 높이는 몇 [m] 이상으로 하여야 하는가?

① 3.5　　② 4

③ 4.5　　④ 5

정답 45 ①　46 ①　47 ④　48 ②　49 ②　50 ③

전주의 외등 설치시 그 높이는 4.5[m] 이상으로 하여야 한다.

51

하나의 콘센트에 여러 기구를 사용할 때 끼우는 플러
그는?

① 테이블탭　　　　　② 코드 접속기
③ 멀티탭　　　　　　④ 아이언플러그

해설
멀티탭
하나의 콘센트에 둘 또는 세 가지 기구를 접속할 때 사용된다.

52

가공전선로에 사용되는 지선의 안전율은 2.5 이상이
어야 한다. 이때 사용되는 지선의 허용 최저 인장하중
은 몇 [kN] 이상인가?

① 2.31　　　　　　② 3.41
③ 4.31　　　　　　④ 5.21

해설
지선의 시설기준
허용 최저 인장하중은 4.31[kN] 이상이어야 한다.

53

다음 [보기] 중 금속관, 애자, 합성수지 및 케이블 공
사가 모두 가능한 특수 장소를 옳게 나열한 것은?

┌─ 보기 ─────────────────┐
│ ⓐ 화약고 등의 위험장소 │
│ ⓑ 위험물 등이 존재하는 장소 │
│ ⓒ 부식성 가스가 있는 장소 │
│ ⓓ 습기가 많은 장소 │
└───────────────────────┘

① ⓐ, ⓑ　　　　　② ⓐ, ⓒ
③ ⓒ, ⓓ　　　　　④ ⓑ, ⓓ

해설
여러 공사의 시설
[보기]에서 애자 공사의 경우 화약고 및 위험물 등이 존재
하는 장소에서는 시설이 불가하다.

54

동 전선 6[mm²] 이하의 가는 단선을 직선 접속할 때
어느 접속 방법으로 하여야 하는가?

① 브리타니어 접속　　② 우산형 접속
③ 트위스트 접속　　　④ 슬리브 접속

해설
전선의 접속
6[mm²] 이하의 가는 단선 접속시 트위스트 접속 방법을 사
용한다.

55

가공전선로의 지지물에서 출발하여 다른 지지물을 거
치지 아니하고 수용장소의 인입구에 이르는 부분의
전선을 무엇이라 하는가?

① 가공인입선　　　　② 옥외배선
③ 연접인입선　　　　④ 연접가공선

해설
가공인입선
지지물에서 출발하여 다른 지지물을 거치지 않고 한 수용장
소의 인입구에 이르는 전선을 말한다.

정답　51 ③　52 ③　53 ③　54 ③　55 ①

56

과전류 차단기를 꼭 설치해야 하는 곳은?

① 접지공사의 접지도체
② 전로의 일부에 접지공사를 한 저압 가공전선로의
  접지측 전선
③ 다선식 전로의 중성선
④ 저압 옥내 간선의 전원측 전로

해설

과전류 차단기 시설 제한 장소
• 접지공사의 접지도체
• 다선식 전로의 중성선
• 전로의 일부에 접지공사를 한 저압 가공전선로의 접지측
  전선

57

최대 사용전압이 70[kV]인 중성점 직접 접지식 전로의 절연내력 시험전압은 몇 [V]인가?

① 35,000[V]
② 42,000[V]
③ 44,800[V]
④ 50,400[V]

해설

중성점 직접 접지식 전로의 절연내력 시험전압
170[kV] 이하의 경우 $V \times 0.72 = 70,000 \times 0.72 = 50,400$
[V]가 된다.

58

박강전선관에서 그 호칭이 잘못된 것은?

① 19[mm]
② 31[mm]
③ 25[mm]
④ 16[mm]

해설

박강전선관
박강전선관의 호칭은 홀수가 된다.

59

코드 및 캡타이어 케이블을 전기기계 기구와 접속시 연선의 경우 몇 [mm²]를 초과하는 경우 터미널러그 (압착단자)를 접속하여야 하는가?

① 2.5
② 4
③ 6
④ 16

해설

코드 및 캡타이어 케이블과 전기기계 기구와의 접속
연선의 경우 6[mm²]를 초과하는 경우 터미널러그에 접속하
여야 한다.

60

저압 가공인입선에서 금속관으로 옮겨지는 곳 또는 금속관으로부터 전선을 뽑아 전동기 단자부분에 접속할 때 사용하는 것은 무엇인가?

① 유니버셜 엘보
② 유니온 커플링
③ 터미널캡
④ 픽스쳐스터드

해설

터미널캡
저압 가공인입선에서 금속관으로 옮겨지는 곳 또는 금속관
으로부터 전선을 뽑아 전동기 단자 부분에 접속할 때 사용
한다.

정답 56 ④ 57 ④ 58 ④ 59 ③ 60 ③

2023년 CBT 복원문제 4회

01

그림과 같은 회로를 고주파 브리지로 인덕턴스를 측정하였더니 그림 (a)는 40[mH], 그림 (b)는 24[mH]이었다. 이 회로의 상호 인덕턴스 M은?

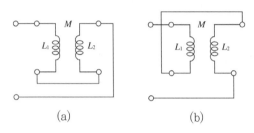

(a)　　　　　　　　(b)

① 2[mH]　　　　② 4[mH]
③ 6[mH]　　　　④ 8[mH]

해설

상호 인덕턴스 M은
(a) 가동결합 $40 = L_1 + L_2 + 2M$
(b) 차동결합 $24 = L_1 + L_2 - 2M$

(a), (b)로부터 $M = \frac{1}{4}(40-24) = 4[mH]$

02

길이 1[m]인 도선의 저항값이 20[Ω]이었다. 이 도선을 고르게 2[m]로 늘렸을 때 저항값은?

① 10[Ω]　　　　② 40[Ω]
③ 80[Ω]　　　　④ 140[Ω]

해설

저항 $R = \rho\frac{l}{A}[Ω]$, $A = 2\pi r = 2r$

길이가 2배, 부피는 그대로이므로 지름은 1/2배가 된다.

$R' = \frac{2}{\frac{1}{2}} = 4$배, $R' = 4 \times 20 = 80[Ω]$

03

어떤 전지에서 5[A]의 전류가 10분간 흘렀다면 이 전지에서 나온 전기량은?

① 0.83[C]　　　　② 50[C]
③ 250[C]　　　　④ 3,000[C]

해설

전기량 Q
$Q = I \cdot t = 5 \times 10 \times 60 = 3,000[C]$

04

△결선의 전원에서 선전류가 40[A]이고 선간전압이 220[V]일 경우 상전류는?

① 13[A]　　　　② 23[A]
③ 69[A]　　　　④ 120[A]

해설

△결선의 경우 상전압 V_p와 선간전압 V_l은 같다.
하지만 선전류 $I_l = \sqrt{3}\,I_p$가 된다.

05

$R = 10[Ω]$, $X = 3[Ω]$인 R-L-C 직렬회로에서 5[A]의 전류가 흘렀다면 이때의 전압은?

① 15[V]　　　　② 20[V]
③ 25[V]　　　　④ 125[V]

해설

R-L-C 직렬회로
$I = \frac{V}{Z}[A]$
$V = I \cdot Z = 5 \times \sqrt{4^2 + 3^2} = 25[V]$

정답 01 ② 02 ③ 03 ④ 04 ② 05 ③

06

길이 5[cm]의 균일한 자로에 10회의 도선을 감고 1[A]의 전류를 흘릴 때 자로의 자장의 세기[AT/m]는?

① 5[AT/m]
② 50[AT/m]
③ 200[AT/m]
④ 500[AT/m]

해설

솔레노이드의 자장의 세기

$$H = \frac{NI}{l} = \frac{10}{5 \times 10^{-2}} \times 1 = 200[\text{AT/m}]$$

07

내부 저항이 0.1[Ω]인 전지 10개를 병렬연결하면, 전체 내부 저항은?

① 0.01[Ω]
② 0.05[Ω]
③ 0.1[Ω]
④ 1[Ω]

해설

동일 크기의 전지를 병렬연결할 경우 합성저항

$$R = \frac{r}{n} = \frac{0.1}{10} = 0.01[\Omega]$$

08

1[Ω · m]는?

① $10^3[\Omega \cdot \text{cm}]$
② $10^6[\Omega \cdot \text{cm}]$
③ $10^3[\Omega \cdot \text{mm}^2/\text{m}]$
④ $10^6[\Omega \cdot \text{mm}^2/\text{m}]$

해설

$1[\Omega \cdot \text{m}] = 10^6[\Omega \cdot \text{mm}^2/\text{m}]$

09

종류가 다른 두 금속을 접합하여 폐회로를 만들고 두 접합점의 온도를 다르게 하면 이 폐회로에 기전력이 발생하여 전류가 흐르게 되는데 이 현상을 지칭하는 것은?

① 줄의 법칙(Joule's law)
② 톰슨 효과(Thomson effect)
③ 펠티어 효과(Peltier effect)
④ 제어벡 효과(Seeback effect)

해설

서로 다른 두 종류의 금속을 접합하여 온도차를 주면 기전력이 발생하는 현상을 제어백 효과라고 한다.

10

$Z_1 = 2 + j11[\Omega]$, $Z_2 = 4 - j3[\Omega]$의 직렬회로에서 교류전압 100[V]를 가할 때 합성 임피던스는?

① 6[Ω]
② 8[Ω]
③ 10[Ω]
④ 14[Ω]

해설

직렬일 경우 합성 임피던스 $Z_0 = Z_1 + Z_2$

$$Z_0 = (2 + j11) + (4 - j3) = 6 + j8 = \sqrt{6^2 + 8^2} = 10[\Omega]$$

11

다음 중 반자성체는?

① 안티몬
② 알루미늄
③ 코발트
④ 니켈

해설

반자성체

은(Ag), 구리(Cu), 비스무트(Bi), 물(H_2O), 안티몬(sb)

정답 06 ③ 07 ① 08 ④ 09 ④ 10 ③ 11 ①

12

$R = 4[\Omega]$, $X_L = 8[\Omega]$, $X_C = 5[\Omega]$가 직렬로 연결된 회로에 100[V]의 교류를 가했을 때 흐르는 ㉠ 전류와 ㉡ 임피던스는?

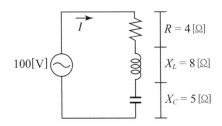

① ㉠ 5.9[A], ㉡ 용량성
② ㉠ 5.9[A], ㉡ 유도성
③ ㉠ 20[A], ㉡ 용량성
④ ㉠ 20[A], ㉡ 유도성

해설

㉠ 전류

$$I = \frac{V}{Z} = \frac{100}{\sqrt{R^2 + (X_L - X_c)^2}} = \frac{100}{\sqrt{4^2 + (8-5)^2}}$$
$$= \frac{100}{5} = 20[A]$$

㉡ 합성 임피던스

$$Z = R + j(X_L - X_c)$$
$$= 4 + j(8-5) = 4 + j3[\Omega] \ (\text{유도성})$$

13

그림에서 a-b 간의 합성 정전용량은 10[μF]이다. C_s의 정전용량은?

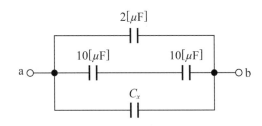

① 3[μF]
② 4[μF]
③ 5[μF]
④ 6[μF]

해설

콘덴서를 직렬로 연결할 경우 정전용량은 저항의 병렬연결과 같으며, 콘덴서를 병렬로 연결할 경우 정전용량은 저항의 직렬연결과 같다. 직렬연결의 정전용량을 C_a라 하고, 병렬연결의 저항을 C_b라고 한다면

$$C_a = \frac{C_1 \times C_2}{C_1 + C_2}[F], \ C_b = C_1 + C_2$$

$$C_{ab} = 10 = 2 + \frac{10 \times 10}{10 + 10} + C_x$$

$$\therefore \ C_x = 3[\mu F]$$

14

용량이 250[kVA]인 단상 변압기 3대를 △결선으로 운전 중 1대가 고장나서 V결선으로 운전하는 경우 출력은 약 몇 [kVA]인가?

① 144[kVA]
② 353[kVA]
③ 433[kVA]
④ 525[kVA]

해설

V결선시 출력 $P_V = \sqrt{3}\,P_n = \sqrt{3} \times 250 = 433[kVA]$

15

세 변의 저항 $R_a = R_b = R_c = 15[\Omega]$인 Y결선 회로가 있다. 이것과 등가인 △결선 회로의 각 변의 저항은?

① $\frac{15}{\sqrt{3}}[\Omega]$
② $\frac{15}{3}[\Omega]$
③ $15\sqrt{3}[\Omega]$
④ $45[\Omega]$

해설

Y → △로 등가변환할 경우 저항은 3배가 된다.

$$\therefore \ 15 \times 3 = 45[\Omega]$$

정답 12 ④ 13 ① 14 ③ 15 ④

16

비유전율 2.5의 유전체 내부의 전속밀도가 2×10^{-6} [C/m²]되는 점의 전기장의 세기는?

① $18 \times 10^4 \text{[V/m]}$ ② $9 \times 10^4 \text{[V/m]}$

③ $6 \times 10^4 \text{[V/m]}$ ④ $3.6 \times 10^4 \text{[V/m]}$

해설

전속밀도 $D = \varepsilon E = \varepsilon_0 \varepsilon_s E$

전기장의 세기

$$E = \frac{D}{\varepsilon_0 \varepsilon_s} = \frac{2 \times 10^{-6}}{8.855 \times 10^{-12} \times 2.5} = 9 \times 10^4 \text{[V/m]}$$

17

자체 인덕턴스 20[mH]의 코일에 30[A]의 전류를 흘 릴 때 저축되는 에너지는?

① 1.5[J] ② 3[J]

③ 9[J] ④ 18[J]

해설

코일의 에너지 $W = \frac{1}{2}LI^2 = \frac{1}{2} \times 0.02 \times 30^2 = 9\text{[J]}$

18

히스테리시스 곡선의 ㉠ 가로축(횡축)과 ㉡ 세로축 (종축)은 무엇을 나타내는가?

① ㉠ 자속밀도, ㉡ 투자율

② ㉠ 자기장의 세기, ㉡ 자속밀도

③ ㉠ 자화의 세기, ㉡ 자기장의 세기

④ ㉠ 자기장의 세기, ㉡ 투자율

해설

히스테리시스 곡선의 ㉠ 횡축은 보자력(자기장의 세기), ㉡ 종축은 잔류자기(자속밀도)를 나타낸다.

19

PN접합 다이오드의 대표적 응용 작용은?

① 증폭 작용 ② 발진 작용

③ 정류 작용 ④ 변조 작용

해설

PN접합 다이오드의 가장 큰 특징은 정류 작용을 한다는 것 이다.

20

비사인파 교류의 일반적인 구성이 아닌 것은?

① 기본파 ② 직류분

③ 고조파 ④ 삼각파

해설

비정현파 교류의 구성은 기본파 + 고조파 + 직류분이다.

21

전부하시 슬립이 4[%], 2차 동손이 0.4[kW]인 3상 유도전동기의 2차 입력은 몇 [kW]인가?

① 0.1 ② 10

③ 20 ④ 30

해설

유도전동기의 2차 입력

$$P_2 = \frac{P_{c2}}{s} = \frac{0.4}{0.04} = 10\text{[kW]}$$

정답 16 ② 17 ③ 18 ② 19 ③ 20 ④ 21 ②

22

다음 중 변압기의 원리와 관계있는 것은?

① 전기자 반작용
② 전자 유도 작용
③ 플레밍의 오른손 법칙
④ 플레밍의 왼손 법칙

해설

변압기는 전자 유도 작용을 이용한 기계기구를 말한다.

23

3상 동기기에 제동권선을 설치하는 주된 목적은?

① 출력 증가
② 효율 증가
③ 난조 방지
④ 역률 개선

해설

제동권선은 난조가 발생하는 것을 방지한다.

24

동기기의 전기자 반작용 중에서 전기자 전류에 의한 자기장의 축이 항상 주자속의 축과 수직이 되면서 자극편 왼쪽에 있는 주자속은 증가시키고, 오른쪽에 있는 주자속은 감소시켜 편자 작용을 하는 것은?

① 증자 작용
② 감자 작용
③ 교차 자화 작용
④ 직축 반작용

해설

교차 자화 작용
주자속 축과 수직이 되는 것을 말하며 횡축 반작용이라고도 한다.

25

제동 방법 중 급정지하는 데 가장 좋은 제동법은?

① 발전제동
② 단상제동
③ 단상제동
④ 역전제동

해설

역전(역상, 플러깅)제동
전동기 급제동시 사용되는 방법으로 전원 3선 중 2선의 방향을 바꾸어 급정지하는 데 사용되는 제동법을 말한다.

26

변전소의 전력기기를 시험하기 위하여 회로를 분리하거나 또는 계통의 접속을 바꾸는 경우에 사용되는 것은?

① 단로기
② 퓨즈
③ 나이프스위치
④ 차단기

해설

단로기
단로기는 기기의 점검 및 수리 등 회로를 분리하거나 계통의 접속을 바꿀 때 사용한다.

27

같은 회로에 두 점에서 전류가 같을 때에는 동작하지 않으나 고장시에 전류의 차가 생기면 동작하는 계전기는?

① 과전류 계전기
② 거리 계전기
③ 접지 계전기
④ 차동 계전기

해설

차동 계전기
차동 계전기는 1차와 2차의 전류 차에 의해 동작한다.

제4과목 ✦ CBT 복원문제

정답 22 ② 23 ③ 24 ③ 25 ④ 26 ① 27 ④

28

다음 중 변압기 무부하손의 대부분을 차지하는 것은?

① 유전체손   ② 철손
③ 동손   ④ 저항손

해설

변압기의 손실
• 무부하손 : 철손
• 부하손 : 동손

29

교류회로에서 양방향 점호(ON)가 가능하며, 위상제어를 할 수 있는 소자는?

① TRIAC   ② SCR
③ GTO   ④ IGBT

해설

TRIAC
양방향 점호가 가능하다.

30

그림은 동기기의 위상 특성 곡선을 나타낸 것이다. 전기자 전류가 가장 작게 흐를 때의 역률은?

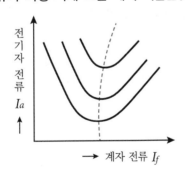

① 1   ② 0.9[진상]
③ 0.9[지상]   ④ 0

해설

위상 특성 곡선
전기자 전류가 최소가 될 때 역률은 1이 된다.

31

동기 임피던스가 5[Ω]인 2대의 3상 동기발전기의 유도기전력에 100[V]의 전압 차이가 있다면 무효 순환 전류는?

① 10[A]   ② 15[A]
③ 20[A]   ④ 25[A]

해설

무효 순환 전류

$$I_c = \frac{E_c}{2Z_s} = \frac{100}{2 \times 5} = 10[A]$$

32

발전기를 정격전압 100[V]로 운전하다가 무부하로 운전하였더니, 단자전압이 103[V]가 되었다. 이 발전기의 전압변동률은 몇 [%]인가?

① 1   ② 2
③ 3   ④ 4

해설

전압변동률 ϵ

$$\epsilon = \frac{V_0 - V_n}{V_n} \times 100[\%]$$

$$= \frac{103 - 100}{100} \times 100 = 3[\%]$$

정답   28 ②   29 ①   30 ①   31 ①   32 ③

33

직류발전기의 철심을 규소 강판으로 성층하여 사용하는 주된 이유는?

① 브러쉬에서의 불꽃 방지 및 정류 개선
② 전기자 반작용의 감소
③ 기계적 강도 개선
④ 맴돌이 전류손과 히스테리시스손의 감소

해설

철심의 특징
규소 강판으로 성층하는 이유는 철손을 감소하기 위한 것으로 맴돌이 전류손과 히스테리시스손의 감소가 주된 이유이다.

34

변압기 Y-Y결선의 특징이 아닌 것은?

① 고조파 포함   ② 절연 용이
③ V-V결선 가능   ④ 중성점 접지

해설

Y-Y결선
V결선의 경우 $\Delta-\Delta$결선이 가능하다.

35

다음 그림은 직류발전기의 분류 중 어느 것에 해당되는가?

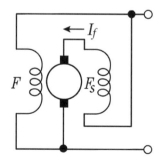

① 분권발전기   ② 직권발전기
③ 자속발전기   ④ 복권발전기

해설

복권발전기
그림은 복권발전기에 해당한다.

36

무부하 분권발전기의 계자저항이 50[Ω]이며, 계자전류는 2[A], 전기자 저항이 5[Ω]이라 하였을 때 유도기전력은 약 몇 [V]인가?

① 100   ② 110
③ 120   ④ 130

해설

분권발전기의 유도기전력 E
$E = V + I_a R_a = 100 + 2 \times 5 = 110[\text{V}]$
$I_a = I + I_f$ (무부하이므로 $I = 0$)
$V = I_f R_f = 2 \times 50 = 100[\text{V}]$

37

동기발전기의 전기자 권선을 단절권으로 하면?

① 고조파를 제거한다.   ② 절연이 잘된다.
③ 역률이 좋아진다.   ④ 기전력을 높인다.

해설

동기발전기의 전기자 권선법
단절권의 경우 기전력의 파형을 개선하며, 고조파를 제거하고, 동량이 절약된다.

38

직류 직권전동기의 회전수가 $\frac{1}{3}$배로 감소하였다. 토크는 몇 배가 되는가?

① 3배   ② $\frac{1}{3}$배

③ 9배   ④ $\frac{1}{9}$배

정답 33 ④ 34 ③ 35 ④ 36 ② 37 ① 38 ③

해설

직권전동기의 토크와 회전수

$$T \propto \frac{1}{N^2} = \frac{1}{(\frac{1}{3})^2} = 9배가 된다.$$

39

유도전동기 기동시 회전자 측에 저항을 넣는 이유는 무엇인가?

① 기동토크 감소　　② 회전수 감소
③ 기동전류 감소　　④ 역률 개선

해설

기동시 회전자에 저항을 넣는 이유

기동시 기동전류를 감소하고, 기동토크를 크게 하기 위함이다.

40

기계적인 출력을 P_0, 2차 입력을 P_2, 슬립을 s 라고 하면 유도전동기의 2차 효율은?

① $\dfrac{P_2}{P_0}$　　　　② $1 + s$

③ $\dfrac{s P_0}{P_2}$　　　　④ $1 - s$

해설

2차 효율 η_2

$$\eta_2 = \frac{P_0}{P_2} = (1 - s) = \frac{N}{N_s}$$

41

합성수지관 공사에 대한 설명 중 옳지 않은 것은?

① 습기가 많은 장소 또는 물기가 있는 장소에 시설하는 경우에는 방습 장치를 한다.
② 관 상호 간 및 박스와는 관을 삽입하는 길이를 관 바깥지름의 1.2배 이상으로 한다.
③ 관의 지지점 간의 거리는 3[m] 이하로 한다.
④ 합성수지관 안에는 전선의 접속점이 없도록 한다.

해설

합성수지관 공사

관의 지지점 간의 거리는 1.5[m] 이하로 하여야 한다.

42

한국전기설비규정에서 정하는 접지공사에 대한 보호도체의 색상은?

① 흑색　　　　② 회색
③ 녹색-노란색　　④ 녹색-흑색

해설

접지공사에 대한 보호도체의 색상 : 녹색 - 노란색

43

다음 중 후강전선관의 호칭이 아닌 것은?

① 36　　　　② 28
③ 20　　　　④ 16

해설

후강전선관의 호칭

16, 22, 28, 36 등이 있다.

정답 39 ③　40 ④　41 ③　42 ③　43 ③

44

가공전선로의 지지물에 시설하는 지선에 연선을 사용할 경우 소선 수는 몇 가닥 이상이어야 하는가?

① 3가닥　　　　② 5가닥
③ 7가닥　　　　④ 9가닥

해설
지선의 시설
지선의 경우 소선 수는 3가닥 이상이어야만 한다.

45

건축물의 종류가 사무실, 은행, 상점인 경우 표준부하는 몇 [VA/m²]인가?

① 10　　　　② 20
③ 30　　　　④ 40

해설
표준부하
사무실, 은행, 상점의 경우 표준부하는 30[VA/m²]이다.

46

가요전선관과 금속관의 상호 접속에 쓰이는 것은?

① 스프리트 커플링
② 앵글 박스 커넥터
③ 스트레이트 박스 커넥터
④ 콤비네이션 커플링

해설
콤비네이션 커플링
가요전선관과 금속관 상호 접속에 사용된다.

47

가공전선로의 지지물에 취급자가 오르고 내리는 데 사용하는 발판 볼트 등은 지표상 몇 [m] 이상 높이에 시설하여야만 하는가?

① 0.75　　　　② 1.2
③ 1.8　　　　④ 2.0

해설
발판 볼트의 높이
지표상 1.8[m] 이상 높이에 시설하여야만 한다.

48

코드 상호, 캡타이어 케이블 상호 접속시 사용하여야 하는 것은?

① 와이어 커넥터　　② 코드 접속기
③ 케이블타이　　　④ 테이블 탭

해설
코드 접속기
코드 및 캡타이어 케이블 상호 접속시 사용하는 것을 말한다.

49

합성수지관의 장점이 아닌 것은?

① 기계적 강도가 높다
② 절연이 우수하다.
③ 시공이 쉽다.
④ 내부식성이 우수하다.

해설
합성수지관의 특징
절연성과 내부식성이 우수하고 시공이 쉬우나 기계적 강도는 약하다.

정답 44 ① 45 ③ 46 ④ 47 ③ 48 ② 49 ①

50

한 개의 전등을 두 곳에서 점멸할 수 있는 배선으로 옳은 것은?

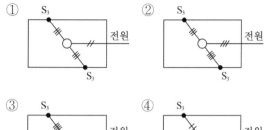

2개소 점멸로 올바른 결선은 1번이다.

51

주로 변류기 2차측에 접속되어 과부하에 대한 사고나 단락 등에 동작하는 계전기는 무엇을 말하는가?

① 과전압 계전기　　② 지락 계전기
③ 과전류 계전기　　④ 거리 계전기

해설
과전류 계전기
변류기 2차측에 접속되며 과부하, 단락사고를 보호한다.

52

고압전로에 지락사고가 생겼을 때 지락전류를 검출하는 데 사용하는 것은?

① CT　　　　　　② ZCT
③ MOF　　　　　④ PT

해설
ZCT(영상변류기)
비접지 회로에 지락사고시 지락전류를 검출한다.

53

접지저항을 측정하는 방법으로 가장 적당한 것은?

① 절연 저 항계　　② 교류의 전압, 전류계
③ 전력계　　　　④ 콜라우시 브리지

해설
접지저항 측정법
콜라우시 브리지법은 접지저항을 측정한다.

54

옥내배선 공사에서 절연전선의 피복을 벗길 때 사용하면 편리한 공구는?

① 드라이버　　　　② 플라이어
③ 압착펜치　　　　④ 와이어 스트리퍼

해설
와이어 스트리퍼
전선의 피복을 벗길 때 사용하면 편리한 공구이다.

55

화약류 저장고 내의 조명기구의 전기를 공급하는 배선의 공사방법은?

① 합성수지관 공사　　② 금속관 공사
③ 버스덕트 공사　　　④ 합성 수지몰드 공사

해설
화약류 저장고 내의 조명기구의 전기 공사는 금속관 공사 또는 케이블 공사에 의한다.

정답　50 ①　51 ③　52 ②　53 ④　54 ④　55 ②

56

분기회로에 사용되는 것으로서 개폐기와 자동차단기의 역할을 하는 것은 무엇인가?

① 유입 차단기
② 컷아웃 스위치
③ 배선용 차단기
④ 통형 퓨즈

해설

배선용 차단기

분기회로의 보호장치로서 개폐기 및 자동차단기의 역할을 한다.

57

다음은 무엇을 나타내는가?

① 접지단자
② 전류 제한기
③ 누전 경보기
④ 지진 감지기

해설

지진 감지기를 나타낸다.

58

철근 콘크리트 전주의 길이가 7[m]인 지지물을 건주할 경우 땅에 묻히는 깊이로 가장 옳은 것은? (단, 설계하중은 6.8[kN] 이하이다.)

① 0.6[m]
② 0.8[m]
③ 1.0[m]
④ 1.2[m]

해설

지지물의 매설깊이

지지물의 매설깊이는 15[m] 이하의 지지물의 경우 전장의 길이의 $\frac{1}{6}$ 배 이상 깊이에 매설한다.

따라서 $7 \times \frac{1}{6} = 1.16$[m] 이상 매설해야만 한다.

59

박스나 접속함 내에서 전선의 접속시 사용되는 방법은?

① 슬리브 접속
② 트위스트 접속
③ 종단 접속
④ 브리타니어 접속

해설

종단 접속

박스나 접속함 내에서 전선의 접속시 사용된다.

60

옥외 백열전등의 인하선의 경우 2.5[m] 미만 부분의 경우 몇 [mm²] 이상의 전선을 사용하여야 하는가? (단, 옥외용 비닐 절연전선은 제외한다.)

① 1.5
② 2.5
③ 4
④ 6

해설

옥외 백열전등 인하선의 시설

2.5[mm²] 이상의 전선을 사용하여야 한다.

정답 56 ③ 57 ④ 58 ④ 59 ③ 60 ②

단끝
전기기능사

필기 핵심이론 + 기출문제

제2판 인쇄 2024. 1. 25. | **제2판 발행** 2024. 1. 30. | **편저자** 정용걸

발행인 박 용 | **발행처** (주)박문각출판 | **등록** 2015년 4월 29일 제2015-000104호

주소 06654 서울시 서초구 효령로 283 서경 B/D 4층 | **팩스** (02)584-2927

전화 교재 문의 (02)6466-7202

저자와의
협의하에
인지생략

정가 26,000원
ISBN 979-11-6987-568-4

Memo

Memo